U0193727

农业气候的
理论与实践

韩湘玲 等 著

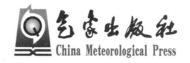
气象出版社
China Meteorological Press

图书在版编目(CIP)数据

农业气候的理论与实践/韩湘玲等著. —北京：
气象出版社,2015.11
　ISBN 978-7-5029-5918-0

　Ⅰ.①农…　Ⅱ.①韩…　Ⅲ.①农业气象-研究
Ⅳ.①S16

　中国版本图书馆 CIP 数据核字(2014)第 071734 号

Nongye Qihou de Lilun yu Shijian
农业气候的理论与实践

出版发行：气象出版社	
地　　址：北京市海淀区中关村南大街 46 号	邮政编码：100081
总 编 室：010-68407112	发 行 部：010-68409198
网　　址：http://www.qxcbs.com	E-mail：qxcbs@cma.gov.cn
责任编辑：崔晓军　姜　昊	终　审：周诗健
封面设计：燕　彤	责任技编：吴庭芳
印　　刷：北京中新伟业印刷有限公司	
开　　本：889 mm×1194 mm　1/16	印　张：29.75
字　　数：1018 千字	彩　插：8
版　　次：2015 年 11 月第 1 版	印　次：2015 年 11 月第 1 次印刷
定　　价：168.00 元	

编 委 会

主　编：韩湘玲

副主编：王道龙　潘学标　杜　荣　刘　文

　　　　游松财　刘金铜　陆诗雷

编委成员（按拼音顺序）：

　　　　陈　流　董占山　杜　荣　葛继新

　　　　韩湘玲　瞿唯青　刘　文　刘金铜

　　　　陆诗雷　潘学标　钱海滨　王道龙

　　　　王恩利　吴连海　游松财　张明霞

　　　　钟克友

编选工作组：潘学标　杨晓光　董宛麟　王雪姣

　　　　　　邵长秀　韦潇宇

序　　一

中国农业大学潘学标教授受韩湘玲教授委托,给我寄来韩湘玲研究团队论文选集《农业气候的理论与实践》的电子稿,希望我为此书写序,我欣然从命。

阅读这本韩湘玲团队的论文选集,让我回忆起我国农业气象学的开始与成长的历史。

从我国农业气象学的发展历史来说,湘玲和我都属于新中国第一代农业气象学工作者。

1953 年,中国科学院副院长竺可桢和中央军委气象局局长涂长望联名向中央提出建议:应创建中国的农业气象事业。农业部委托军委气象局华东气象处,在江苏省丹阳县举办中国首届农业气象训练班,并要求各省派出农学院毕业的大学生,学习气象知识。

丹阳农业气象训练班是我国农业气象开始的标志性事件之一。当然,同年华北农业科学研究所与中国科学院地球物理研究所合作建立农业气象研究组,随后北京农业大学建立农业气象专业,都是我国农业气象开创时期的重要事件。

湘玲是北京农业大学[*]派到丹阳训练班学习农业气象学的该校 5 个学员之一。她担任训练班的团支部宣传委员,我担任的是班委会的学习委员,兼农业气象学课代表。

在 1954—1966 年我国农业气象事业发展的初创时期,湘玲和她的团队已经在华北地区的农业气象条件的分析方面做出了成绩,并在生产上发挥作用。《农业气候的理论与实践》一书中,有若干篇论文是20 世纪 60 年代前期发表的,如《1963—1964 年北京地区冬小麦生产年度的农业气象条件分析》《北京地区冬小麦水分供应的初步鉴定》等。后一篇论文对于北京地区冬小麦的灌溉方法提出了很具体的建议。

但 1966 年"文革"开始了,农业气象教学和科研都受到相当程度的影响。后来,北京农业大学的师生全部下放到延安,农业气象专业的教学工作停顿了。

进入 20 世纪 80 年代后,随着国家形势的好转,我国的农业气象研究与应用都得到全面的恢复与发展。本书的大部分论文,都是湘玲和她的团队在 20 世纪 80—90 年代完成与发表的。

阅读了这本书后,我对于湘玲团队的工作,有了比较全面的了解。我认为,湘玲和她的团队,在农业气候研究方面,体现了农业气候生态的研究观念。

所谓农业气候生态观念,就是紧密结合农业生产问题进行农业气候研究,要求农业气候研究能直接地指导农业生产,始终以农业问题为中心,以农作物与气候的农业生态关系为主要研究内容。

关于黄淮海地区种植制度的农业气候研究最能说明农业气候生态研究的特色。它并不以划出几条气候区划的线条、分出若干气候区为目标,而是要提出该地区种植制度合理布局及其调整的意见,以实现该地区农业的稳产高产目标。书中有几篇论文从农业气候研究角度提出对于改进小麦灌溉方法的建议。

从这本书中,我们能见到湘玲和她的团队在以下几个方面都做出了重要贡献:

(1)北京地区或华北地区的农业气候分析研究。这方面的研究中,他们紧密结合了小麦的水分供应与管理、品种和播期的选定等农业生产中的实际问题。

(2)黄淮海地区资源利用的农业气候研究。针对以小麦—玉米的套复种问题的农业气候进行了深入研究,对于当时该地区实现粮食增产发挥了积极作用。

(3)中国的气候条件与种植制度的关系的研究。湘玲的研究团队在我国种植制度农业气候研究与

---

[*] 1995 年 10 月,北京农业大学与北京农业工程大学合并为中国农业大学

区划中开展了卓有成效的工作,有关种植制度区划至今仍有影响力。

（4）关于农业气候的作物生产力的研究。农业气候生产力是 20 世纪 80 年代后国际上形成的新概念,根据农业气候与土地的生产力,可以清晰地估算出在各地气候、土壤等条件下各种作物的生产潜力,有助于正确地制定农业与作物生产规划。

（5）农业气候研究中作物计算机模型的研究。作物模型研究是 20 世纪 60 年代由荷兰和美国科学家开创的,它为农业气候研究提供了生态学与植物生理学的机理性基础,是提高农业气候研究水平的一个新的技术途径。湘玲和她的团队在多方面,如棉花模型、节水省肥模型、生产力估算模型等方面,都获得了优秀的成果,为我国农业模型研究做出了重要贡献。

本书总结了韩湘玲教授和她的团队几十年来在我国农业气候领域的研究成果,为我国农业气象科学提供了一本十分有价值的宝贵文献。

对于这部著作的出版,我感到由衷的高兴。为此,我特向湘玲和她的团队的全体朋友,表示衷心的祝贺! 也向我国的中青年农业气候工作者,热忱地推荐这部好书。

高亮之

2014 年 5 月 18 日

序　二

　　农业生产,特别是粮食生产,关系着国计民生,而作物产量的稳定性,在很大程度上取决于农业气候条件。在全球气候变化的大背景下,对某些季风区域而言,其降水量可能发生较大的时空变化。较高的气温和地表温度更增加了田间作物的实际蒸散量,降低了作物水分的有效性。

　　在世界上,我国人口最多,但可耕地有限。早在20世纪80年代初,为了巩固和提高我国粮、棉、油料作物的自给程度,国家提出在全国建立若干个商品作物生产基地的计划。黄淮海平原是我国各大农业区中耕地面积最多的地区,它占有全国总耕地面积的22.55%,是主要的商品粮基地之一,也是我国夏粮和棉花的主产区。当时,韩湘玲教授及其研究生们,组成了科研团队,立足于黄淮海平原,以北京、河北曲周、河南淮阳为基点,应用现代化的理论、手段和方法,进行农业气候与作物生产关系的研究工作。他们从该地区的农业气候资源分析入手,深入探讨了一些主要农作物产量、品质与生产年度气候条件的关系,对主要农作物热量、水分方面的丰歉年型提出了相应对策;研究了间、复、套种等对气候的适应性,提出种植制度改革的方案;进而研究了气候-土地-农业生产力的估算,建立了作物生长发育模拟模型,提出了该地区气候资源的开发利用对策等。

　　韩湘玲教授勤奋好学,求实认真,兼容并蓄。研究团队中分工协作,相互配合,和谐友爱,成绩斐然。在校内,他们常与外专业科研小组密切合作,多学科协同解决农业生产上的关键性问题。在校外,该团队与黄淮海地区的地方农业部门之间长期协作,共同研究,在工作中,也是非常融洽而高效的。

　　韩湘玲教授的科研团队理论与实践相结合,从实践中求真知。当时,韩湘玲教授经常与团队成员一道,仆仆风尘,奔波于学校与基地、地区各县之间,一心扑在工作上。通过生产实践,将研究结果迅速反馈到农业生产中,进一步验证、改进并提高。把一些研究成果及时应用到教学,提高教学质量。

　　在韩湘玲教授几十年的农业气象科研工作中,她带领团队先后共发表了200余篇研究报告和论文,其中部分选编成本书。其主要内容可概括为五个方面,即农业气候分析、中国气候与多熟种植、黄淮海地区资源开发利用、土壤-气候-作物生产力及系统模型的研究等。这些论文,是他们团队几十年辛勤劳动的结晶。

　　而今,韩湘玲教授已届耄耋之年,虽已退休多年,但是,她的这个科研团队和谐、团结、协作的精神,勤奋好学、求真务实的工作作风,已在年轻一代后继者中薪火相传,发扬光大。在此预祝他们,今后在奔向小康,实现中华民族伟大复兴中国梦的征途上,与时俱进,不断取得新的辉煌!

2014 年 5 月 10 日

韩湘玲80华诞

2011年11月11日，韩湘玲80华诞活动中，高亮之先生（左）给韩湘玲（右）的赠言

2011年11月11日，韩湘玲与历届毕业研究生在一起。前排左起：潘学标、杜荣、韩湘玲、王道龙、刘文、吴连海。后排左起：刘金铜、游松财、钟克友、胡飞、钱海滨、周学军、陆诗雷

2011年11月11日，韩湘玲与学生及友人在家中。左起：潘学标、冯利平、许启凤、韩湘玲、高亮之、冯硕、杨璇、谭英

2011年11月11日，韩湘玲80华诞活动中全体参会人员合影

韩湘玲80华诞

2011年11月11日，韩湘玲80华诞活动会场

1987年，韩湘玲（左2）在北京农业大学主楼前欢送1987届研究生。王恩利（左1）、游松财（左3）、刘金铜（左4）

1991年，韩湘玲（前排左3）与研究组的教师和学生在怀柔一渡河试验基地

韩湘玲与学生合影

1995年，韩湘玲（左）与潘学标（中）、刘学著（右）在一起讨论论文

1995年，韩湘玲（左2）与李子忠（左1）、潘学标（右2）、郑大玮（右1）在一起

韩湘玲（右）与1964届毕业生沈国权（左）在实验室研讨

2006年10月3日，1968届农业气象专业毕业生曾凡喜（左1）来家探望韩湘玲（右2）

韩湘玲（右）与王天铎先生（中）等在一起

2009年，韩湘玲（左）与导师朱岗崑先生（中）等合影

2009年，韩湘玲（右2）夫妇看望导师朱岗崑先生（左2）

2011年，毕业学生来访，左3为韩湘玲

1960年底，韩湘玲（后排左2）与教工在气象观测场，前排左3为刘汉中教授

2005年2月3日，韩湘玲在试验田

1992年8月，韩湘玲考察海南热带作物

1991年8月，韩湘玲指导的研究生刘文进行硕士论文答辩

韩湘玲组织教材编写讨论会

大田取土

样地观测

团队田间试验与观测

苗情观测

小麦/玉米套作

小麦/棉花套作

站点取土

高光谱观测

陪同外宾田间考察

小麦/花生套作

一季有余两季不足地区
的小麦/马铃薯套作

1964年，曾参加1953年丹阳农业气象训练班的师生合影。刘汉中（左1）、韩湘玲（左2）、郭可展（左3）、高亮之（左4）、吕炯（左5）、李倬（左6）

丹阳农业气象训练班女生结业留影。韩湘玲（左6）、贺龄萱（左1）、谭令娴（左4）

韩湘玲等农业气象系教师与部分20世纪60年代初毕业生合影。前两排右起：魏淑秋、宛公展、张汉元、王伟民、韩湘玲、林美英、贺龄萱、郑维、杨昌业、吕丛中、郑剑非、龚绍先、何维勋、金姓。后排右起：冯玉香、张厚瑄、郝允理、林家栋、（记不清）、赵明斋、章荣田、王书裕、刘志民

1990年春，韩湘玲（二排右4）与1953届大学毕业同学在北京农业大学校门前留影

2004年，韩湘玲（左5）参加重庆南开中学1950届毕业生在重庆的聚会

2009年2月10日，韩湘玲（右2）与季学禄先生（左1）等在一起

韩湘玲（左3）参加老年文体活动

1987年9月，韩湘玲带领青年教师王恩利等参加国际旱地农业会议，在会上发言、交流，并实地考察黄土高原地貌及水土保持设施

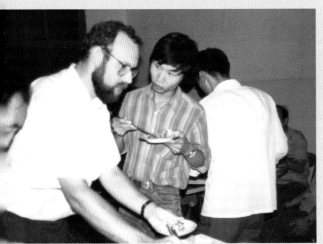

1957年，苏联农业气象专家B. B.西涅里席柯夫（前排右6）应邀来北京农业大学农业气象系讲学，与时任北京农业大学校长孙晓村（前排右7）、教师及学员合影。前排右5为杨昌业教授

1980年6月，韩湘玲（前排右3）与时任国家气象局总工程师程纯枢先生（左5）一起出访考察

韩湘玲（后排右4）与时任北京农业大学副校长沈其益先生（前排右6）在北京农业大学中德合作中心（CIAD）楼前合影

1987年8月，韩湘玲（前排右4）参加北京农业气象国际会议

1992年10月，韩湘玲参加全国农业气象研讨会

1992年5月，韩湘玲参加21世纪中国的环境与发展研讨会

2004年11月20日，韩湘玲（左3）与冯玉香（左1）、徐师华（左2）、信乃诠（左4）、江爱良（左5）、陶毓汾（右3）、崔读昌（右2）、程延年（右1）在京郊参加农业气象分会活动合影

2004年11月20日，韩湘玲在京郊参加中国农学会农业气象分会第五届会员代表大会暨学术研讨会。左起：吴崇浩、王天铎、高亮之、韩湘玲、江爱良、信乃诠、陶毓汾

1993年5月26日，韩湘玲（左3）参加北京气候变化、自然灾害与农业战略国际会议，与时任北京农业大学校长石元春（前排右5）、副校长毛达如（前排右1）及与会代表合影

20世纪50年代，苏联专家来北京农业大学指导田间试验

韩湘玲（前排右1）和其他当年丹阳农业气象训练班毕业学员与授课老师吕炯先生（前排右4）合影

韩湘玲（右1）考察CPN503DR中子水分仪

20世纪80年代末，韩湘玲（前排中）与20世纪60年代毕业校友冯定原（前排右2）、李继由（后排右2）、郑大玮（前排左2）等在一起

1989年11月，韩湘玲（前排左4）在湖南慈利参加中国农业气象研究会第二届代表大会，与江爱良先生（前排左3）及本系毕业校友何维勋（后排右1）、汪永钦（二排左5）、王化兰（前排右2）等合影

1996年2月，韩湘玲（中）在美国考察地物光谱仪

韩湘玲（右2）在加拿大考察

1994年8月，韩湘玲（左）与澳大利亚仪器专家Peter Cull（中）和郑大玮（右）在北京农业大学校门前合影　　　　韩湘玲（右1）在加拿大考察

韩湘玲成长历程

1934年韩湘玲3岁在上海　　1945年韩湘玲在重庆　　1948年韩湘玲在上海

韩湘玲（右1）与母亲
（中）和妹妹（左1）

重庆南开中学女子歌咏队合影。前排右4为韩湘玲

1953年大学毕业时的韩湘玲

1960年9月韩湘玲与丈夫许启凤先生

目 录

农业气候分析

中国的气候与多熟种植

黄淮海地区资源开发利用

土地-气候-作物生产力

系统模型的开展及有关研究方法

农业气候分析

略论农业气候资源*

韩 湘 玲

（北京农业大学）

1 农业气候资源是一种生产力

人们一般所说的"资源"是指可以被人类所利用的自然物质和自然能量,如石油、煤、金属矿、土地、水、生物等。从农业的观点看,气候是重要的资源,我们称之为"农业气候资源",它是指提供并保证农业生产获得收成的气候因子及其组合,包括太阳辐射、热量、降水、风、空气（主要是 CO_2, O_2, N_2）,这些都是农业生产所必需的物质和能量。

农业气候资源具体的是指生长期的长短、总热量的多少、热量的季节分配及强度等。生长期（指大于 0 ℃的天数）和总热量（指大于 0 ℃积温）表示供作物生育的天数和热量。如广州生长期有 365 d,大于 0 ℃积温 7 900 ℃·d,全年都能生长作物,一年可三四熟,还能种植多年生亚热带果木;北京平原地区生长期 275 d,大于 0 ℃积温 4 600 ℃·d,冬季约有 3 个月作物停止生长,一年内有供两熟的热量,只能种植温带果木;东北的哈尔滨生长期只有 211 d,大于 0 ℃积温低于 3 500 ℃·d,供作物所需的热量和生育的天数就更少。生长期的天数与大于 0 ℃积温有一定的相关性,只是表示的形式不同,后者更能反映温度和作物的关系。供给作物所需热量的强度以最热月的平均气温表示,而低限要求或限制温度以最冷月平均气温或极端最低气温平均值表示。能否满足作物不同季节对热量的要求,往往看温度的季节变化与作物的生育动态是否相适应。

年降水量和降水量的季节分配、变率、保证率等对作物的生育和产量形成有密切的关系,这表示该地区能供作物需水的总毫米数、不同季节的供应特点及保证程度等。降水量较多,季节分配均匀,年际变化较小,就对作物生育较为有利。降水量除去径流、渗漏等,大多以土壤有效水分贮存量表示水分资源,则可反映水分对作物供应的程度。

太阳辐射年总量的多少,高峰值所处的季节,年日照时数及其变化规律,以及作物田间可截取的光量和光质等,表示供应作物生命活动的能量水平及其供应的季节差别。

空气中 CO_2 含量的多少及其季节变化规律,表示作物进行光合作用原料的供应状况。

"万物生长靠太阳",太阳辐射是生物再生产的能源,作物有机体制造有机质,一般是由作物绿色体（其中主要是绿叶）中的叶绿素,在阳光下吸收空气中的 CO_2 和土壤中的水分、养分进行光合作用,并通过一系列复杂的生物化学作用,将转化的初级有机质——碳水化合物（原始糖类）合成为人类需要的可利用的复杂糖类、淀粉、蛋白质、脂肪、维生素等。一般用下式表示:

$$6CO_2 + 12H_2O \xrightarrow[\text{叶绿素}]{\text{光}(112 \text{ kcal}^{**}/\text{mol } CO_2)} C_6H_{12}O_6 + 6H_2O + 6O_2$$

可见,太阳辐射是光合作用唯一的能源,同时它又可转化为化学能。

热量和水分也是进行光合作用不可缺少的条件。正常光合作用要求一定的温度。如 C_4 作物玉米,光合作用最适温度为 30～40 ℃,C_3 作物小麦适宜的温度范围为 10～25 ℃。没有足够的温度不能使作物正常地生育和形成产量,如玉米播种——出苗要求日平均温度 10～15 ℃,抽雄——开花要求 24～26 ℃,灌浆成

---

* 原文发表于《资源科学》,1981,(4):1-4.

** 1 cal＝4.18 J,余同

熟要求 22~24 ℃等。水分和 CO_2 是进行光合作用必需的原料。水分既是作物本身的重要组成部分,也是维持能量平衡与生命活动不可缺少的调节物。光、热、水、气是农业生产必需的物质和能量,农业生产就是在一定的光、热、水、气、养分等条件下将太阳能转化为可供人类生存的化学能的过程。

一个工厂能正常生产,就需要建造厂房,购买原料、机器,准备能源及有关的物质设备。而农业生产是在露天工厂中进行生物再生产的。广大的农田是厂房(包括土地、作物),绿叶是进行农业生产的机器,CO_2、水和养分是原料,太阳光是能源,热量是生命活动的重要条件,水是介质。作物生育和产量形成是水、肥、土、光、热、气等因素综合作用的结果。每卡辐射能量、每度温度、每毫米的水分都是构成农业生产不可缺少的物质和能量。众所周知,土地是农作物生长的基础,是重要的生产力,而气候资源同样也是一种生产力。对石油、煤矿等资源不去开采是一种浪费,森林起火是重大的损失,而对光、热、水的浪费往往视而不见。在农业生产中,人们一般都重视耕地,特别是在人多地少的地区,用见缝插针和合理搭配作物、用地养地相结合的办法来充分利用地力,这确实是极为重要的,然而人们对气候资源的充分合理利用却往往认识不足。其实,浪费气候资源也是同样影响产量的。如少利用 200~300 ℃·d 积温,每亩*产量往往可差50~100 kg;少利用 10 kcal/cm² 的辐射能,相应的产量也可差 50~100 kg。或多用 200 ℃·d 积温(如选用生育期长的品种),但后期温度强度不够,影响正常生育,也将影响产量。必须使光、热、水资源配合得好,年生产力才高。在良好的生产条件下,在不同气候区,产量是不相同的,如广东一年每亩地可以生产干物质 5 000 kg;北京只不过 2 500 kg;热带雨林和荒漠的生产量相差也是极为可观的。

2　农业气候资源的特性

光、热、水的各种组合形成了各地、各季不同的气候条件。不同的农业气候资源也就决定了该地农作物的种类、种植制度、农业的结构、产量的高低和品质的优劣。农业气候资源的特性概括起来是:

(1)常年的有限和永无穷尽的循环性。某一地区每年的光、热、水资源是有一定数量的,如每年有一定的积温数、降水量和总辐射量。但每年被农作物摄用的光能及利用的季节和消耗的降水量等,第二年又可以重新得到。从总体看,气候资源是无穷尽的、循环的,是一种再生性资源。

(2)时间、空间分布不均衡性及作物的适宜性。由于太阳和地球的位置及其运动特点,地球表面的海陆分布及地形、地势、下垫面特性等不同,造成光、热、水的不同分布,形成数量及其配合的地区性和不均衡性,并且造成季节分配的差异性。此外,年际间的变化引起的差异可使某些年某些因子的数量过多(如降水过多、温度过高);某些年则不足(如降水过少、温度过低或光照极差);有的年份配合不好,光、热、水不协调,对农业造成不利影响和多种灾害,而有的年份则配合良好。农业气候资源和矿产、土、生物资源不同,对某类作物来说,不一定数量越多越好。如一季水稻在本田要求 2 400 ℃·d 积温,在这种情况下并非积温越多越好,而在其生育期间各阶段所要求的温度必须适当分配,光和水也是这样,过多或不足往往都会遭灾。只有光、热、水都满足作物生育的要求,才是良好的农业气候资源。由于其分布的不均衡性,就使气候条件既是农业的重要资源,又给农业带来不利和灾害。总之,农业气候资源地区性和年际及季节的不均衡性使农业气候资源生产力效益产生很大的差异。

(3)相互制约性和不可代替性。光、热、水各因子中,一种因子的变化会引起其他因子的变化。一般情况下,降水量多的地区太阳辐射弱;辐射强的季节温度较高;降水量多的时期比降水量少的同期温度偏低等。但各因子对农作物来说是同等重要且不可代替的。

(4)可变性和潜在性。到达地面的辐射、热量、水分等在一定的地区,一定的时期内有一定的数量,并且有有利和不利的两面,但这是相对的。可以通过兴修水利,营造护田林,使旱地变水浇地,沙漠变绿洲,形成各种有利的农田小气候条件等。如果将喜干凉的作物种植在高温、高湿的地区或季节则带来不利或无收。另一方面,人们在一定的技术水平下利用资源的能力是有限的,但随着科学技术的发展和生产条件的改善,采用先进的农业技术,培育优良的品种就能提高光、热、水的利用率,增产的潜力是很大的。当前,在同样的气候条件下产量水平差距悬殊。如华北平原地区年亩产一般不过 200 kg,而高产

---

*　1 亩=1/15 hm²,余同

的地块可达 750～1 000 kg,可见增产的潜力之大。

(5)农业气候资源和土地、生物资源的相互依存性。气候、土壤、植物构成一个整体,若没有肥沃的土壤与优良的作物品种,或者它们不与气候条件相配合,也就发挥不出农业气候资源的优越性,产量也难提高。因此,只有不断培肥地力,在耕地及非耕地上适地、适种多种经营,气候—土壤—作物三者协调才能达到高产、稳产、优质的效果。

3　充分合理地利用农业气候资源

对中国的农业气候资源应怎样评价呢?一种说法是"丰而不富";一种说法是"贫乏多灾"。我们认为中国的气候资源是丰富多样、差异显著、缺陷不少、潜力很大的。中国东南部和南部属季风气候区,尤其是亚热带地区中的海洋性季风气候区,这是一个宝库。如江南虽也遭受干旱、低温、台风的危害,但总的来说是冬无严寒,夏无酷热,灾害较少,四季都能生产多种作物及亚热带经济果木,有利于全面发展农业,是世界上少有的宝地之一,而世界上与之同纬度的一些大陆性地区则是荒漠和草原。东北地区除部分寒温带外,气候温和、半湿润,喜温的水稻、玉米、大豆等作物能良好生长,甜菜等喜凉作物品质好。这一地区的气候条件比西欧、日本北部更有利于多种作物的种植。西北地区气候条件较为严峻,干旱少雨,冬季寒冷,但光照条件好、温差大、有雪水可供灌溉作物,增产潜力不小,瓜果、菜类的品质好。总之,中国幅员辽阔,地形复杂,气候丰富多样,立体农业明显,地区间差异大,但旱涝、低温等灾害威胁也很大。我们的任务是充分合理地利用中国农业气候资源,趋利避害,为创造巨大的社会财富服务。这是不需要多大成本,而主要是靠科学得到收益的。

首先,是从时间上加以充分利用,我国广大的暖温带、亚热带地区,热量能满足一年两熟、三熟的需要,或通过套种、移栽来实现两熟。这必须搞好农田基本建设,兴修水利并按水的规律布局农作物,增加肥源,搞好机器、劳、畜的结合等。根据各地的生产实践总结和科学试验证明,在条件较好的地区(地块)三季比两季、两季比一季均增产 100 kg 以上。在广大山区非耕地上可发展多年生果木、牧草,使全年的资源得以充分利用。温带一季有余地区可发展粮—肥、粮—油的复种轮作,也可种草植树,实行农、林、牧结合,以达到积极的生态平衡。其次,要充分发挥气候资源地区优势。所谓以温(喜温作物)对热(热量高的地区和季节),以凉(喜凉作物)对冷(温度较低的地区和季节),热量多(高)的地区(季节)发展喜温作物,热量少(低)的地区(季节)发展喜凉作物。多水的地区发展水稻,干旱地区则种植耐旱的谷子、高粱、棉花等。总之,使作物的种类、品种、种植方式与气候、土壤相适应。要强调以多种途径利用气候资源,特别是亚热带山区,林(果木)、牧(饲料、牧草)、副综合发展是大有前途的。同时不可忽视特殊气候资源的利用,如海南岛、西双版纳热带气候地区发展热带作物橡胶、油棕等。此外,青藏高原光温良好配合,麦类作物高产,以及南疆的长绒棉都是世界独特的。

怎样才能既充分又合理地利用农业气候资源呢?早在古农书《齐民要术》中写道:"顺天时,量地力,用力少而成功多。任情反道,劳而无获",基本的原则就是"因地制宜"。因地制宜即根据当地的气候、土质、地形,以及生产水平、人地比等条件来安排作物(品种)种植制度,协调农、林、牧的比例。只有这样才能发挥优势、趋利避害,达到综合平衡、获得最大收获量的目的。如华南的山区气候有凉、阴、湿的特点,有利于各种林木的发展。闽北不少山区具有营造杉木林最优越的土壤气候条件,600 m 以下的山地热量较好,冻害较少,光温较充足,适于发展经济林木,如油茶、油桐、果树、板栗等,或采用林粮间作的办法,使林粮都得到发展。若在山区单纯发展粮食,则对资源的利用不尽合理。川东伏旱严重的地区,实行小麦、玉米、甘薯的套种,避过伏旱,充分利用了丰富的热量和降水,增产效果明显。北方粮田中,通过间套复种插入豆科、油菜、绿肥、饲料,既利于培肥土壤,又利于农牧结合和多种经营。只有因地制宜,才能地尽其力,物尽其长,气候资源利用充分合理。

农业生产的过程就是人类利用自然资源、调节、控制、改造自然的过程。我们的任务是要对农业气候资源这种生产力的重要性不断加深认识,以便遵循客观规律,达到最大限度地发挥其增产潜力的目的。

参 考 文 献

[1] 柯自源.农业自然资源及其合理利用.自然资源,1977,**2**.

[2] 坪井八十二.农业气象ハンドブック.东京株式会社养贤堂发行,1974.

[3] 北京农业大学农业气象专业.农业气候(讲义).1979.

[4] 全国综合自然区划编写小组.全国综合自然区划(初稿).1980.

[5] 陈遵骕.优越的气候资源　理想的农业地区.福建日报,1980.

中国旱涝灾害与农业持续发展

韩湘玲　陆光明

（北京农业大学）

自然灾害有旱、涝、风、冻、病、虫、地震多种。据世界气象组织统计,农业气候灾害占自然灾害的60%。据1949—1990年的统计表明:农业平均每年受灾5.01亿亩,成灾2.16亿亩,其中旱灾占55%,涝灾占33%[1,2]。

1 旱涝灾害对农业持续发展的威胁

气候灾害尤其是旱涝灾害是农业持续发展的重要障碍因素之一。新中国成立以来,由于生产条件的改善和科技进步,产量逐年上升,但我国几次大的歉收年均是由气候灾害造成的,其中以旱涝灾害为主(图1)[3]。这两种灾害的特点是受灾面积大、危害重。

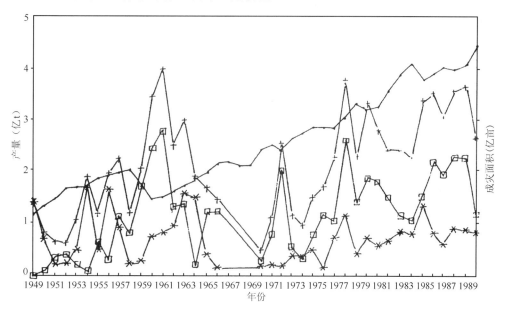

图1　全国总产变化与成灾面积(1949—1990年)

(——●——产量,——┼——成灾面积,——＊——水涝成灾面积,——□——干旱成灾面积)

中国主要气候灾害每年平均造成减产100亿kg,重灾年可达300亿kg。1961年是我国历史上成灾面积最多的一年,为4亿亩,其中旱灾占70%。1991年由于长江中下游雨季开始早、持续时间长、降水强度大,5月下旬到7月中旬,降水量大于500 mm,最大1 600 mm,成灾1.13亿亩,绝收5 850万亩,直接经济损失高达725亿元[4]。可见,旱涝灾害直接威胁着农业稳产、高产及农业系统的稳定。

2 旱涝灾害的形成

广义的农业旱涝灾害是指降水过多或过少造成农业减产,甚至绝收,严重的造成饮水困难或山洪决堤、房屋倒塌,使人畜生命受到威胁。

狭义的旱涝灾害是指在农业生产条件不完善、生产水平不高、农业技术的采用受到限制的情况下，降水过多或过少使作物对水分的需要量和从土壤中吸取的水量不适应，特别是在作物需水的关键时期，由于水分供需之间矛盾，播不下种，或出不了苗，或抽不出穗，或结荚、现蕾、开花不正常，或籽粒形成灌浆成熟不良等，导致生育不正常、减产，甚至绝收[5]。

农业生产处于大气-土地-作物-措施系统中，旱涝的形成也是受这个系统的制约，旱涝灾害是综合因素作用下形成的。

第一，季风气候的不稳定是形成旱涝灾害的最基本原因。中国属于典型季风气候的国家。季风到来的早晚、强弱、停留的时间差别，使雨季开始的早晚、持续时间的长短和雨量大小偏离常值各不相同，从而导致旱涝的地区性、季节性和年际间的差值，这是旱涝形成的基本原因[5,6]。

第二，局部土地状况与灾害的危害程度有密切联系。在季风气候背景下，地貌、地势、土壤特征、对降水的重新分配，使灾害的程度有所不同。山岭与平原交界处、江水面积大而出口小的河流，山前低平的凹地皆易发生洪涝灾害。此外，河网地区地下水位高，湿害发生的概率较高[7]。

相近降水量的地区，洼地、黏土地易受涝渍害，而岗地沙性土、土层薄的地方易受旱。黄淮海地区的黑龙港地势低，降水量虽全区最少，但涝害频率最大，而山东丘陵土层薄，降水量（700～800 mm）虽比黑龙港（<600 mm）多，但却易受干旱危害。

第三，作物（品种）的生态适应性，则是受害程度的内因。作物对旱涝的生态适应性不同，受害程度也不同[5]，这是因为：

（1）不同作物的水分生理特性不同，反映在蒸腾系数（耗水系数）、凋萎系数上就有差异，小麦蒸腾系数较大，形成1 g干物质需水较多，较易萎凋，抗旱力差；而谷子、棉花需水量较少，则抗旱较强。此外，不同作物不同生育阶段对水分要求不同，对缺水的敏感性也不同。一般是前期需水较少，旺盛生长期特别是生殖生长期需水最多或对水分反应最敏感，即临界需水期缺水，则影响最大。如玉米在大喇叭口时遇旱将抽不出穗，抽雄前10 d或后20 d缺水，减产明显。

（2）作物根系深度不同抗旱涝能力不同。作物根深：苜蓿（3～10 m）＞棉花（2～3 m）＞苎麻（2 m左右）＞高粱（1.6 m左右）＞玉米（1.4 m左右），甘薯为1～1.5 m。根深作物抗旱能力较强。

（3）作物对干旱的生态适应性以谷子、高粱、甘薯最强，其次是花生、芝麻、棉花，再其次是大豆、小麦、玉米，油菜抗旱性差。还有，不同作物抗逆性亦不同。高粱抗旱又抗涝、耐盐、耐热。甘薯耐旱、耐涝、抗风，对丘陵旱坡地有特殊的适应性。谷子是旱作之冠，而涝年玉米则优于谷子。

第四，人类活动不当将加剧旱涝灾害的发生，当前突出的问题是森林植被的破坏，导致水土流失与沙漠化，目前我国水土流失面积已占我国国土面积的1/6。

总之，作物旱涝的形成是由大范围天气气候条件引起的，通过土地条件（地貌特征；土壤质地、厚度；土壤水分、养分）及作物需水特性的综合而体现，人类活动——科学的农业技术措施可使旱涝减轻或避免。

3　旱涝灾害发生的特性

（1）普遍性与宏观上的不可避免性

就时间来说，旱涝发生是普遍的，可以说年年有灾、季季有灾。涝灾有春涝（多雨、湿害、渍）、夏涝（洪）、秋涝（渍）。华南涝害主要出现在5—7月，江南多在5—6月，华北和东北多在7—8月。而干旱则有春旱（3—5月）、初夏旱（6月）、伏旱（7—8月）、秋旱（9—11月）、冬旱（12月—翌年2月）。

就空间来说，可以说区区有灾。常年情况，干旱区主要分布黄淮海地区及黄土高原，受灾面积大，持续时间长；粤东闽南沿海，云南中北部，四川东、南部也多发生。洪涝渍多发生在长江、珠江中下游，淮海流域，河北平原。东北、河北"西旱东涝"。可见1—12月都有旱涝发生，涝灾在4—10月，从地区季节分布看，春季北旱南涝，夏季北涝南旱；江南则春季雨渍、伏天干旱，华南常秋冬或冬春连旱，春夏多雨涝[1,4]。

据 1951—1980 年的气候资料统计和代表点主要作物丰歉年分析[8],丰、歉、平年约各占 1/3,也就是说风调雨顺的好年成占 1/3 左右。旱涝灾害发生的不可避免性是我国季风气候特点所决定的。

(2)交替性与连续性

一年中旱涝灾害往往相互交替出现,如黄淮海地区往往是春旱连初夏旱,接着夏涝,或又秋旱。

年际间可连年发生旱或涝,1960—1962 年华北连旱,1958—1961 年长江中下游连旱,在不同时期往往也交替发生。北京地区旱害、涝害也是交替发生。根据 100 多年的气候资料分析,春旱后可伏旱或接夏涝,伏旱前可春季多雨,夏涝前可春季多雨或初夏多雨……从上海年平均降水量 9 年滑动平均看,有较平稳的周期交替发生规律(图 2)。

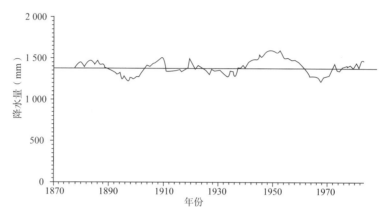

图 2　100 多年来上海降水 9 年滑动平均变化图

从全国看有春旱、初夏旱或伏旱、秋冬旱、秋冬春旱、冬春连旱、伏秋连旱等,或有春多雨或夏涝、秋多雨,或兼而有之,持续发生或交替发生。旱涝类型以春旱接初夏旱频率最大,这也是客观规律。若 30 年以上或 50 年,或百年不遇才称之为气候异常[9]。

(3)两重性

降水是重要的农业水资源,占地区水资源总量的 70%,但过多或过少与作物生育节律不吻合时,则造成灾害。实践证明,在有水浇的条件下"旱年丰收",涝渍年减产。研究表明,黄淮海地区旱年棉花丰收,夏秋多雨(涝)年无论水浇地,还是旱地,均为歉收年,比正常年减产 1/3,而初夏旱、伏旱的 1986 年灌溉丰收(79.3 kg/亩),比正常年产量偏高,这是农业气候规律。因为干旱年光照、热量充足,只要有水浇,就能充分利用光温资源。台风也有两重性。

(4)准周期性和微观上的可减免性

从整个历史气候变化中可以看到,旱涝的发生是有一定规律可循的。如能谱分析结果指出,涝灾有 2~3 年、11 年、22 年、30~40 年及 80~90 年的周期,其中以 11 年的周期比较明显[10]。蒋德隆等[11]早在 1965 年根据回转周期群的相似分析提出,长江下游 90 年代初将有较重水涝,但未引起重视。事实证明,根治黄河、淮河、海河等水涝的大型水利工程及因地制宜的农田配套水利工程使灾害大大减轻,由于灌溉面积的增大,黄淮海春旱区小麦产量由低而不稳,逐步达到了高产稳产。近年来推广的合理的套种类型可避免旱涝。

4　防抗旱涝灾害的对策

(1)增强全民防灾抗灾意识,坚持长期防灾。针对旱涝的普遍性、不可避免性和发生的连续交替性,又涉及农、林、水、气多学科,全社会必须建立生存与发展的战略观点,全民增强防灾抗灾意识,坚持长期防灾抗灾,立足于农业生产的持续增长。

(2)合理利用气候—土地资源,保护环境,增强农业系统的稳定性与抗灾能力。农业是一个大系统,针对灾害的两重性如何从生态经济学观点出发,考虑系统结构和功能的多样性与稳定性,从而增强农业系统的抗灾能力,以提高资源的利用率,使农业得以持续发展,是当前积极探索的一个重要课题,如当前发展起来的农林(牧)复合生态系统(农林业、农林牧业、立体农业等),就是保持系统多样性与稳定性的战略措施。

(3)不断改善生产环境,增强抗灾能力。有排涝贮水的水利工程措施,土壤耕作、农田覆盖保墒措施,以及生物工程等措施。山西省创造了沟植垄盖膜法(沟植冬小麦、垄上覆膜种玉米),形成了有利的作物生育环境,可提高秋雨利用率72%,增产与经济效益都很明显[12]。

林业部"八五"期间提出建立一个基地(一亿亩丰产林)、四个体系(即"三北"、长江中下游、沿海及平原农区四个防护林体系)、一个工程(治沙工程),就是改善生态环境的大型生物工程措施。森林能有效地调节气候并改善农田小气候,增强防抗灾能力[13],合理发展农林(牧)业、立体农业都是重要的生物工程。

(4)加强研究,提高农业对象的抗逆性,并采取针对性措施。

1)选育抗灾能力较强又能获得较高产量的品种,并采用农用化学与物理措施(如农业化学抗旱剂,用脱氧水浸种),使抗旱能力提高。这类措施针对性强,应急性强,能发挥自身的独特作用,是为其他常规措施所难以代替。

2)有针对性地采取趋利避害的农业措施。

①按水的规律合理安排农作物布局,如晋东南地区、黄淮海地区自然降水条件利于玉米、谷子等秋收作物而不利于小麦,小麦应种植在沟坎地和水浇地上,应遵循"麦随水走"这一原则。

②按水的规律合理调整农林牧比例,使其结构合理,相互联系,相互促进,以达到生态系统良性循环。

③按水的规律科学地确定种植制度。确定当地当时最佳的复种指数,间作套种有利于抗灾,如小麦套玉米,可提早播种,使玉米避过"卡脖旱"。亚热带丘陵地区,玉米套在小麦地里,麦收后,甘薯套在玉米地里,这种连环套种方式使夏玉米躲过了伏旱,又延长了季节,地面维持叶面覆盖,保持了水土,体现了经济、社会、生态三大效益。

(5)加强旱涝气候预报的研究及应用。除经常性年型预报外,要重视30～40年一遇,近百年一遇的异常旱涝预报的追踪,并建立完善的旱涝灾害监测系统和预警系统;利用计算机和遥感等新技术进行监测,加强预警应用技术的研究;建立灾害的网络系统和情报服务系统。改进灾害预警信息的快速传播能力,增加覆盖面,为生产部门及时提供咨询。

参 考 文 献

[1] 中华人民共和国农业部.中国农村经济统计大全.北京:农业出版社,1989.

[2] 中华人民共和国农业部.中国农业统计资料.北京:农业出版社,1988—1990.

[3] 冯佩芝,等.中国主要气象灾害分析(1951—1980).北京:气象出版社,1985.

[4] 尧绍裕.1991年中国洪水灾害和抗洪救灾情况简介.中国减灾,1991,(3):13-14.

[5] 韩湘玲.黄淮海地区干旱特点与农业发展∥黄淮海地区农业气候资源开发利用.北京:北京农业大学出版社,1987.

[6] 中国科学技术委员会中国科学技术蓝皮书,第5号:气候.北京:气象出版社,1990.

[7] 何维勋.干旱与涝灾,中国农业气象灾害概论.北京:气象出版社,1991.

[8] 孟广清,等.淮阳县丰歉年型的农业气候分析∥黄淮海地区农业气候资源开发利用.北京:北京农业大学出版社,1987.

[9] 坪井八十二,等.气候异常与农业.北京:科学出版社,1983.

[10] 何维勋.农业气候灾害∥《中国的气候与农业》编辑委员会.中国的气候与农业.北京:气象出版社,1991.

[11] 蒋德隆,等.长江下游地区夏季旱涝演变趋势研究.地理学报,1965,31(2).

[12] 王华兰.沟植垄盖(膜)法提高降水利用率的研究.中国农业气象,1990,(3):49-52.

[13] 陆光明,等.农田防护林体系是提高气候—土地资源利用率的一项重要措施.北京农业大学学报,1990,16(2):229-233.

气候变化及其对农业的影响*

韩湘玲

（北京农业大学）

气候一方面是人类赖以生存的环境,另一方面气候提供了生物初级生产的能量和物质,即太阳辐射、降水、空气(CO_2,O_2,N_2等),这些因子在适当温度条件下通过植物的叶绿素将太阳能转化为人类需要的化学能,形成了再生产的产物,构成了人类衣、食、住、行不可少的物质。

近年来,"气候"的研究越来越被重视。20世纪70年代末(1979年),世界气候研究计划(World Climate Research Programme,WCRP)成立。1985年第一个分计划——热带海洋和全球大气计划(TOGA)制定,并将进行10年的观测研究。

1988年第43届联合国大会通过《为人类当代和后代保护全球气候》的43/53号决议以来,围绕气候变化问题进行的国际活动十分频繁,1989年3月—1991年2月共展开七次不同范围的首脑会议,1988年底成立了政府间气候变化专门委员会(Intergovernmental Panel on Climate Change,IPCC),是由各国政府和联合国参与并采取适当行动和措施的组织,下设三个小组,即:①科学评价组,主要对有关科研成果,特别是预报模式的成果进行评价;②影响评价组,主要讨论在如下方面的影响:农林业、自然生态、水和水资源、能源、工交、人类健康、海洋(包括海平面);③对策组,主要研究控制气候变化的各种方案。同年,我国也建立了相应的组织。1991年6月18—19日来自41个发展中国家的部长在北京举行"发展中国家环境与发展"部长级会议,发表的宣言指出:气候变化是严重而普遍的环境问题之一,并提到要严重关切导致气候变化的温室气体的不断增加,及其对全球生态系统可能产生的影响。这些活动说明,研究气候变化、保护气候问题已提到世界各国政府和科学家的重要议事日程上了。

1 气候变化

气候变化有自然原因和人为原因。

(1)气候变化的自然原因。气候的形成因素是太阳辐射、大气环流和下垫面的影响,太阳辐射是气候形成的原动力,大气环流是气候形成的重要因子,下垫面(海陆分布、洋流、大地形)对气候形成起了重要的作用。而主要发生变化的原因是大气透明度对太阳辐射的影响,同时,由于平流层气溶胶质点生存的时间可持续数月到数年,可将太阳辐射反射回太空而减少进入低层大气和到达地面的太阳辐射通量,从而引起大气环流的变化,导致气候变化。

(2)气候变化的人为原因。工业化以来,尤其是第二次世界大战以来,城市化、工业化、交通现代化、人口的骤增及化石燃料的大量消耗,使大气中CO_2、SO_2、氮氢化合物、CH_4、氟气、碳化合物等温室气体浓度大增,这些气体使太阳辐射的短波透过,可吸收地面反射的长波辐射而引起增温效应即温室效应。同时,受大气中水蒸气和微粒物质(煤渣粉尘、硝酸盐、硫酸盐、气溶胶等)的阻挡发生散射,一部分放射出大气层而不能达到地面,从而使到达地面的太阳辐射通量减少,目前的观点认为大气增温强于致冷而促使气候变暖。据用气温资料显示,人为导致气候变化的作用将要逐渐增大。但大气透明度的变化与环流的年际变化对气候变化的影响仍是基本的、明显的。也就是说自然周期变化是气候变化的基础,人为引起的CO_2等温室气体增加而导致的变暖(或致冷)只是起到加强的作用。

* 原文发表于《世界农业》,1991,(12):38-39.

当前,关于气候变化的热门观点是,全球 CO_2 增加导致气候变暖。根据美国夏威夷岛冒纳罗亚高山观象台的测定,1958—1971 年 CO_2 浓度的月平均值,20 多年来呈增加的趋势。

2 气候变化对农业的影响

2.1 自然变化的影响

自然变化往往形成周期性的冷暖干湿,造成对农业生产不同作物丰歉年型战略和战术的措施差异。

战略上,一地区按年型特点频率确定农田基本建设、作物布局、品种的选用、种植制度的组合等。如北京小麦生育期降水量 150 mm 左右,其概率达 80% 以上,没有水浇条件不能获得一定产量,因此,农田水利和灌溉水源提供是小麦高稳产首当其冲的措施,这是 20 世纪 60 年代至 70 年代的成功之路。遇暖年型(大于 0 ℃为 4 500～4 700 ℃·d)夏播可用偏晚熟品种,但频率低。

2.2 人为气候变化的可能影响

由于工业化、城市化带来的 CO_2 等温室气体排放增加,温室效应引起气候变暖。1988 年国际上组织 50 多个国家,1000 多位科学家调查所发表资料表明,用大气环流模式 GCM 测定 CO_2 倍增,2030 年将达 460 ppm*,比工业化前增加 60%(CO_2 的作用占温室气体的 60%);并进行影响试验和调整试验,以当前技术与管理水平为准,评估与生产力有关的影响:(1)确定对农业生产起关键作用的气候类型;(2)确定对这些气候变化风险最大的地区;(3)确定对气候变化可能产生影响的作物类型;(4)评价人类在这些影响下的反应或风险的认识,以及可能做出的调整对策。

据研究指出:GCM 提供的高纬气温变暖明显,季风降雨向极区推进,土壤有效水分减少,尤其是中纬地区的盛夏。特别关注 CO_2 倍增($CO_2×2$)和土壤水分减少的地区,根据维持现有人口资源承载力确定,非常脆弱的地区如非洲、亚洲、南美洲是风险最大的地区。$CO_2×2$ 使作物产生生物生理反应,如光合速率＋30%～100%(还取决于其他环境条件),C_3 作物增产 26%(个别减产),温带谷物增产 36%,估算小麦籽粒产量平均提高 35%,而 C_4 的玉米尚无合理定量数据,$CO_2×2$ 将增加淀粉和糖的形成,尤其在低温下影响果、菜、谷物的适口性,营养价值及贮存质量。$CO_2×2$ 使气孔关闭(气孔约减少 40%),蒸腾减少,从而减少作物需水量,但不稳定。$CO_4×2$ 一方面提高品种光合速率,增加固氮能力,但又因温度升高影响固氮。

$CO_2×2$ 将引起气候变化,对农业有多方面的影响。可使热量界限向极区推移约 500～1 000 km,热量不足的地区生长期延长,温带生产力增加明显。如年平均气温增加 1.0 ℃,将使北半球中纬度谷物种植北进 150～200 km,海拔升高 150～200 m,但温度升高后将加速成熟、缩短灌溉期、减少生产力,并使低纬多熟区现有的物候历重新安排。

$CO_2×2$ 引起降水变化比温度更不稳定,风险更大。因降水减少,灌溉水源减少,地下水位下降。降水强度变化可能增加土壤侵蚀或沙化。由于降水增加而引起土壤肥力下降达 20% 以上。若温度增加,则降水减少,地下水位下降,补给率减少,灌溉量将增加 20%～25%,物质支出增加 0.5%,春麦产量降低 18%,农场收入将减少 7%。

温度增加可使受温度限制的病虫活动范围增大,高纬可能更大。大多数病虫害在较暖条件下都可能危害十分严重。降水增加的地区真菌和细菌性病原也可能增加。在还没有发生严重病虫害的温带地区,当气候变暖时也会加重灾害。

由于气候变化可能导致的农业调整:首先是播种面积的改变,如估计北美大平原南部作物种植面积将减少 5%～23%。日本原麦稻种植在 37°N 以南,$CO_2×2$ 后可向北推 150 km。其次是作物种植类型的改变,如增加耐旱作物等。若要使农业保持可持续发展,则要有针对性地采取对策,需不断研究气候变化对农业影响的确定性。

---

* 1 ppm$=10^{-6}$,余同

充分合理利用农业气候资源[*]

韩湘玲¹　林寄生²　李世奎³

(1. 北京农业大学；2. 国家计委区划局；3. 国家气象局)

我国地处欧亚大陆东部,东部濒临太平洋,地形复杂,气候多样。南起赤道,北至寒温带,跨越热带北缘、亚热带、暖温带、温带四个气候带。大部分国土位于 18°～50°N,气候温暖,光照充足,东南部农区雨量充沛,水热同季,利于多种动植物生长繁育。但因旱、涝、风、冻等自然灾害频繁,农业生产的发展受到很大影响。因此,必须充分利用光热资源,积极发展多种经营;因地制宜地布局农业生产,趋利避害,有效地防御自然灾害,合理利用农业气候资源。

1　我国农业气候特点

1.1　光能充足

全国大部分地区太阳辐射强,光照足,年总辐射量多在 90～160 kcal/cm² 之间,一般西部多于东部,山区多于平原。青藏高原最多,可达 180～200 kcal/cm²,仅次于北非撒哈拉沙漠。西北地区和黄河流域 120～160 kcal/cm²,与美国平原农区相近。长江流域及其以南地区 100～120 kcal/cm²,与日本、西欧相近。年日照时数 1 200～3 000 h,绝大多数地区光能对作物的生长发育和产量的形成是充裕的,问题在于光能利用率普遍不高。目前我国平均亩产 200～250 kg 的粮田,光能利用率只有 0.4%～0.5%;一季高产作物(小麦、玉米)亩产超千斤^{**}的光能利用率也不超过 1%;南方三季水稻高产田,亩产超 1 500 kg 的光能利用率不过 2%,因此,提高光能利用率的潜力相当大。

1.2　热量丰富

我国作物生长期间的热量条件,除了寒温带(占国土面积 1.2%)和青藏高原(占 26.7%)属高寒气候外,其余 72% 的地区(温带占 26%,暖温带占 18.5%,亚热带占 26%,热带占 1.6%,赤道带不足 0.1%)热量丰富。全年日平均气温大于 0 ℃ 的日数(即生长期)有 200～365 d,积温 2 510～9 000 ℃·d,自北到南逐渐增多。多数地区可种喜温作物,以一年一熟到两熟、三熟。大于 0 ℃ 的积温超过 4 000 ℃·d 的地方就有复种的可能,大于 0 ℃ 的积温在 5 700 ℃·d 以上,稻麦两熟盛行或可种植双季稻三熟,能够复种的面积比较广,是我国农业气候资源的一大优势。

1.3　雨量分布不均

我国处于大陆性季风气候区,东南部湿润、半湿润区和西北部干旱、半干旱区各占国土的一半。东南部地区因受太平洋东南季风影响,雨量充沛,年降水量在 500～2 400 mm 之间,干燥度低于 1.5,雨热同期,70%～80% 的年降水量集中在作物活跃生长的夏季,有利于农、林、牧、副、渔多种经营的全面发展,是我国农业气候资源潜力最大的地区。

西北部干旱、半干旱地区,年降水量在 400 mm 以下,最少仅有数毫米;干燥度大于 1.5,最大可达

＊　原文发表于《云南农业科技》,1986,(1):8-12,16。

＊＊　1 斤＝0.5 kg,余同

40,由于水分奇缺,虽具备了较好的光温条件,农业生产仍受很大限制。一般年降水量 250～400 mm 的半干旱地区,在无灌溉条件下,可种一季旱地作物,产量低而不稳,容易引起土壤风蚀沙化。年降水量少于 250 mm 的干旱地区,除局部有高山雪水、雨水、地下水灌溉的山前平原外,绝大多数地区没有灌溉就不能进行种植业。另外,我国西北部地区耕地面积不到全国的 10%,是我国的主要牧区。在干旱区的河西走廊和新疆部分地区,因有天山、祁连山、昆仑山及阿尔泰山的冰雪融水补给,形成了"绿洲农业",具有独特的气候优势,空气干燥,日夜温差大,光温充足,而水分不缺,利于喜凉作物(小麦)、喜温凉作物(甜菜、马铃薯)、喜高温作物(棉花,尤其长绒棉)及葡萄、瓜果生长,易获优质高产。

1.4　地形影响复杂

我国地形复杂,高山、丘陵、平原、河谷、盆地纵横交错,山地与丘陵占国土总面积的 66%,其中海拔超过 3 000 m 的高原、高山约占 25%。地形对我国光、热、水资源的再分配影响很大。高大山体对冷空气的阻滞作用,沟谷、盆地的冷湖作用,江湖水面的热效应及海拔高度、山脉走向、坡度、坡位不同而形成复杂多样的气候环境。东西走向的秦岭、南岭等山脉对冷空气南下的屏障作用和气流越山下沉增温作用,常使山谷、盆地具有明显的"冬暖"气候,有利于果树安全越冬。有些高原、高山的垂直气候差异可以经历几个不同的气候带,如云南高原地区呈热带—亚热带—暖温带—温带—寒温带的垂直分布,形成独特的"立体农业"气候类型。南方山地热量分布的又一特点是,山腰常有 200～400 m 厚的"逆温层"存在,温度比周围高,有利于经济林果安全越冬。

1.5　自然灾害频繁,是农业发展的不利因素

我国季风气候的突出特点,是降水季节分配不均衡,年际变化大,最大年降水量是最小年降水量的 10 多倍,温度的年际变化也很大。因此,旱、涝、风、冻等自然灾害相当频繁,受灾面积每年平均 4 亿亩,其中水涝 1.1 亿亩,干旱 2.94 亿亩。30 年平均每年因灾减产粮食 100 亿 kg 以上(干旱减产占 50%,洪涝占 27.6%,混合灾害占 17.6%,低温冷害占 4.5%)。华北、西北以旱灾为主,而江南则以洪涝灾害为主。从干旱的季节分布看,黄河以北以春旱和初夏旱为主,占 80%,而亚热带地区以伏旱为主。全国因冷害而减产约占 4.5%,尤以东北地区较重。南方各省双季晚稻的低温冷害(又称"寒露风")也很严重,危害范围遍及长江流域及其以南地区。

2　合理利用农业气候资源的途径

为了充分合理地利用农业气候资源,一方面,要因地制宜地布局农业生产,改革种植制度,提高气候资源的利用率;另一方面,必须加强农田基本建设,不断改善农业生态环境,改良局部地区小气候,使之适应作物的生态要求,以达到高产、稳产、优质的目的。

(1)因地制宜,合理调整农业生产布局,充分发挥农业气候优势,积极建设粮食和主要经济作物的商品生产基地

我国商品粮基地重点在长江中下游和珠江流域的平原地区。这一带气候温暖,大于 0 ℃积温 5 700 ℃·d 以上,雨量充沛,年降水量 1 000 mm 以上,水资源丰富,地势平坦,历史上是精耕细作的集约农业区,以水稻生产为主,一年两熟或三熟,是我国最大的商品粮集中产区,应予大力发展。其次是东北的松嫩平原和三江平原,气候温和,雨量适中,地多人少,土壤肥沃,以生产麦、豆为主,是我国第二个商品粮生产地带。还有黄淮平原,热量和水分虽不如江南,但比黄河以北地区优越,大于 0 ℃积温 4 800～5 000 ℃·d,麦收到种麦期间积温 3 000～3 500 ℃·d,年降水量 700～900 mm,每亩耕地占有地表水 1 755 m³,地下水较丰富(地下水位 2 m 左右),是淡水富水区。光照充足,光、温、水配合协调,即使春旱年份,冬小麦仍可利用地下水以减轻干旱。土地平坦,土层深厚,人均耕地较多(约 2 亩),增产潜力大,加之新中国成立三十多年来水利建设已有一定基础,提供了建立我国第三个商品粮生产基地的可能。

经济作物的布局应相对集中。棉花喜光、温,苗期较耐旱,怕阴雨,宜集中种植在暖温带,黄河中下游冀、鲁、豫三省是我国最大的棉花生产带,以南疆为中心的灌区棉花生产带品质最佳。甘蔗是对光、热、水资源利用率最高的作物之一,我国桂南、珠江三角洲及闽南等南亚热带及其以南地区均为种植适宜区。在中亚热带及其以北地区因热量不足,不宜发展。甜菜喜凉凉,耐盐碱,糖分积累旺期要求气温低于 18～22 ℃,适宜在东北松嫩平原温带半湿润地区和河套、北疆等温带干旱灌溉地区发展。

(2)充分利用亚热带丘陵山区农业气候资源的优势,积极发展农、林、牧、副、渔多种经营

首先,要充分合理利用丰富的山地资源,发展林业,我国亚热带丘陵山区宜林面积广,气候条件优越,造林成活率高。中亚热带丘陵山区有望建成我国主要的用材林基地。根据气象部门的意见:用材林基地宜安排在山体中部(中亚热带约在海拔 500～1 100 m),这里雨量充沛,且接近逆温层上部,林木生长快,年生长量比其上层或下层多 0.1～0.3 m³。山林上部应保护水源涵养林,严禁砍伐,以免引起水土流失。沟谷应为封山育林重点,适宜发展常绿阔叶林。用材林基地宜进行针、阔叶林块状混交,以便互相促进,改善林间小气候和土壤肥力,免除林业经营中发生生态系统不稳定的情况。

其次,充分利用亚热带丘陵山区复杂多样的地形气候优势,发展经济林果和农特产品生产。

我国亚热带丘陵山区盛产柑橘、茶叶、毛竹、油茶、油桐、漆树、乌桕、荔枝、龙眼、香蕉、菠萝、香菇、木耳、竹笋等多种多样经济林果、木本油料和农特产品,但由于经营粗放、盲目发展,农业气候优势没有得到充分发挥,单产不高,如温州蜜橘扩展到 33°N 的北亚热带地区,每当冷空气南下,常遭冻害。茶叶发展缺乏统一规划,盲目发展,开荒到顶,陡坡种茶,水土流失严重,单产很低。目前茶叶已发展到北亚热带地区,冻害也很严重。发展多种经营,必须强调因地制宜,合理布局。通过对闽、浙、湘、滇等省气候考察发现:山区地形气候的某些特征对作物布局关系密切,如山谷盆地的"冷湖效应",山腰逆温层的"暖带效应",江湖塘库的"水体热效应",以及光、热、水等气候因子随海拔高度变化而引起的垂直气候差异对农业布局影响很大。不少山腰存在逆温带,其厚度可达 200～400 m,温度比周围偏高几度,利于果树安全越冬。这些地区发展柑橘、橙类、荔枝、龙眼等果树,可免受冻害。茶类的布局及良种推广都要根据当地气候条件合理安排,如江南茶区属中亚热带,气候温暖湿润,雨热同期,日照较短,漫射光多,是灌木型中、小叶种茶树适产区,所产"屯绿"、"祁红"、"武夷岩茶"、"乌龙茶"等驰名中外。华南和云南茶区水热条件好,是乔木型或半乔木型大叶种和中叶种茶树适生区。大叶种红茶主要在云、贵、川、桂、湘;绿茶以皖、浙、赣为主;乌龙茶在闽南、闽北、粤东、台湾;黑茶以湘、川、桂为主。荔枝、龙眼、香蕉主要在南亚热带发展。毛竹适应性强,在亚热带及其以南广大地区均可发展。广大南亚热带地区还可利用冬闲发展烤烟等多种经营。

(3)充分利用云南、川西南特殊的"立体"农业气候优势

云南为低纬度山地季风气候,素有"一山有四季,十里*不同天"之说,气候水平分布复杂,垂直分带明显。河谷热,坝区暖,山区凉,高山寒。农业生产可作立体布局。本区处于各种动植物区系的过渡地带,具有各类农业气候环境类型,生物资源丰富,素有"动植物王国"之称。云南高等植物就有 15 000 多种,占全国一半以上。森林资源丰富,树种繁多,乔木树种 2 700 多种,药用植物 1 000 多种,占全国70%,三七、天麻、砂仁、萝芙木等多种名贵中药材在国内外久负盛名。动物资源有金丝猴、大熊猫、亚洲象等稀有珍贵动物。近年来,有些地区生态环境遭到破坏,各种资源未能得到合理利用。今后应充分发挥本区得天独厚的"立体"农业气候优势,重视对生物资源和生态环境的保护,建设各类动植物品种资源库。

(4)发挥内蒙古东部半干旱半湿润地区的牧业生产优势

该地区地势平坦,年降雨量 300～500 mm,夏季温暖湿润,牧草生长迅速,秋季凉爽,利于牧业发展,是北半球三大肥沃草原之一,也是我国载畜量最多的牧区。近 20 年来开荒种粮,已使土壤沙化面积扩大。今后应慎重处理农牧关系,迅速恢复植被,保护草原,建设草原,发展以牧为主,农牧结合的畜牧业商品生产基地。

---

　　* 1里＝0.5 km,余同

（5）珍惜我国的热带宝地——海南岛，发展以橡胶为主的热作基地

海南岛热量丰富，雨水充沛，但东西部分布不均，年雨量东部 2 000～2 300 mm，西部不足 1 000 mm。蒸发量大，最冷月平均气温在 15 ℃以上，复种指数高，一年四季都可播种，全年都有收成，盛行双季稻和水旱 2～3 熟轮作制。既是冬繁和良种培育试验基地，也是我国热带作物橡胶、咖啡、可可、椰子、油棕等主要产地。由于技术经济和社会因素所限，生产水平较低，土地利用也不充分，大片荒地因缺水而荒芜。现在一些国有农场模拟热带林多层结构，试验研究出防护林—橡胶—茶叶（胡椒）—绿肥（地表覆盖物）多层人工生态系统，及胶茶间作、胶果间作、胶麻间作等多种多样的复合人工生态系统，提高了土地利用率和劳动生产率，增加了土壤有机质，改良了小气候环境，取得良好的生态和经济效益。今后必须着力解决水源调节问题，充分利用丰富的气候和土地资源，发展热作基地，解决粮食自给问题。

（6）根据某些地区的气候特点，建设一批各具特色的果品生产基地

我国西北新疆等地日照充足，光质好，夏季气温高，昼夜温差大，空气干燥，所产瓜果着色好，含糖量高，品位佳。如鄯善的哈密瓜，吐鲁番的葡萄，库尔勒的香梨，兰州、安西的白兰瓜等久负盛名，可建成以生产葡萄、哈密瓜为主的瓜果外销基地。又如广西的沙田柚、永福的罗汉果，闽南和粤桂南部的荔枝、龙眼，广东的昭柑，浙江的黄岩蜜橘等，这些果品都是在特定的气候条件下培养的，应大力发展，建立各类商品生产基地。

（7）农业气候过渡带的农业布局调整

过渡带即不同农业气候区之间的交错带，是作物敏感气候带。它是有一定地理范围的地带。如亚热带南界、亚热带北界、双季稻北界、两熟制北界等都是一个农业气候明显的振动带。过渡带的宽度以几千米到几百千米不等。在过渡带上接近种植边缘的作物，受害程度随保证率的减少而加重。而且过渡带上灾害经常发生，一般宜实行多种经营和多种作物组合结构，以保证收成的相对稳定。现就两条气候过渡带的布局提出如下看法。

一条是我国北部农牧区的过渡带。从内蒙古东南缘至黄土高原是农业向牧业的过渡带。大致从年雨量（450±50）mm 开始向西北递减。年雨量（450±50）mm 为旱作农业的基本要求。低于（450±50）mm 时，旱作不稳定。200～250 mm 地区旱作可能绝产，但牧草生命力强，生长周期短，仍可生长，如呼伦贝尔盟*和锡林郭勒盟半干旱地区仍生长着优质高产的根茎型天然牧草。

另一条是"三北"防护林带，这是我国北方干旱、半干旱地区改造自然，保护农牧业生产的一项战略性措施。在无灌溉和地下水补给的条件下，年降水量的多少可作为选择造林地点的主要依据。例如年雨量 400 mm 以上的地区，可种植乔木；300～400 mm 适于灌木林生长；200～300 mm 为耐旱灌木的适生下限值；低于 200 mm，造林难成活。有些降水量 200～250 mm 地带内的局部山地，低洼地、沿河阶地等，由于水热再分配，才有自生疏林分布带。

（8）积极发展多熟种植，充分利用光、热、水等气候资源

合理的多熟种植，可充分利用一个地区全年的光、热、水资源，并在整个农业生产过程中趋利、避害、抗灾，提高光能利用率和土地生产率，达到高产、稳产的目的。

新中国成立以来，随着农业生产条件的改善，我国复种指数大大增加，增产效果显著。1978 年，全国复种面积占总耕地的一半，播种面积的 2/3，生产的粮食占全国的 3/4，对农业增产起了很大作用。

但是，有些地区不顾自然和社会经济条件，盲目扩大复种面积，造成季节、劳力过分紧张，或因水肥不足，反而导致减产。因此，在发展多熟种植中，要特别强调因地制宜，讲究经济效益，坚持用地和养地相结合，有利于改善农业内部的结构，促进农牧结合，综合发展。

复种指数、作物种类和品种搭配，必须综合考虑热量、水分、劳力、肥料、农机具等多种因素的互相制约。

一般情况下，日平均气温大于 10 ℃的日数少于 180 d，大于 0 ℃积温少于 4 000 ℃·d，年降水量 400～

---

　* 现改为呼伦贝尔市，余同

500 mm 的地区,只能一年一熟;大于 10 ℃日数有 280～250 d,大于 0 ℃积温 4 000～5 700 ℃·d,年降水量 600 mm 以上的地区可一年两熟;年降水量大于 800 mm 地区可稻麦两熟,小于 800 mm 地区,有灌溉条件的才能种水稻;大于 10 ℃日数 250～360 d,大于 0 ℃积温 5 700～6 100 ℃·d,年降水量 1 000 mm 以上地区,能种双季稻三熟制。但旱涝灾害对多熟种植影响很大,如江南春旱、伏旱多,秋季阴雨连绵,对晚稻生长不利,则应缩小双季稻面积,扩大冬作物比例。

间作套种是多熟种植的另一种方式,能充分利用光、热、水资源,延长生长季节。1980 年我国北方小麦—玉米两熟面积中约有 75％实行了套种。根据北京农业大学试验结果:华北小麦—玉米两熟的生物产量比一熟增加 77％,光能利用率提高一倍。小麦—玉米套种比平播的生物产量和经济产量分别增加 18％和 11％,热量利用率提高 96％～98％,水分利用率也有相应的提高。

间作套种有利于抗灾。如小麦套玉米,可提早播种,使玉米避过“卡脖旱”。又如亚热带丘陵山区 7—8 月高温少雨(伏旱),影响玉米灌浆,产量下降;夏玉米遇“伏旱”往往颗粒无收,夏甘薯产量也受影响。通过间作套种,即玉米套在麦子地里,麦收后,甘薯套在玉米地里,这种连环套种方式,既避过了伏旱,又延长了季节。四川南充采用此法,有效地提高了光能利用率,使产量增长了三倍。

在江南丘陵地区种植三季不足,两季有余;华北、西北种植两季不足,一季有余,采取间套作方式,是增产的有效途径。

近年来,黄淮海南部黄淮平原实行棉、麦间套作,从而多利用了一个麦季的光、热、水资源(相当于积温 2 000 ℃·d,降水量 230～370 mm,总辐射量 70～80 kcal/cm²)。河西走廊实行麦套玉米,麦套马铃薯、绿肥套玉米等方式之后,光能利用率提高到 0.5％～0.6％,多利用了一季作物的用水量,枣粮间作、林粮间作等都取得良好的效果。

(9)加强农田基本建设,增加人工能量的投入,提高抗御自然灾害的能力

我国农业产量低而不稳的原因很多,自然灾害频繁是主要因素。因此,一方面要加强农田基本建设,扩大灌溉面积,提高抗灾能力;另一方面,要增加人工能量的投入,特别是按当地气候特点补充化肥和有机肥的投入量。在中低产水平下,每增加 1 斤化肥可增产 2～3 斤产量。据有关部门试验,水浇地粮食单产可比旱地成倍增加,占全国耕地面积 1/3 的水浇地上,生产了全国 2/3 的粮食。因此,必须搞好农田水利基本建设,扩大灌溉面积,保证高产、稳产。

在热量不足地区,为了防御低温冷害,延长生长季节,早春可使用塑料薄膜覆盖,可使如棉花、花生增产效果较明显。

在人工能量投入中,还应考虑针对性和经济效益。针对当地气候资源关键因子不足的状况,采取有效措施,以取得较好的经济效益。

种植适宜的品种是充分合理利用自然资源的重要环节,应由农业气象学家与农学家、育种学家配合,选育适合当地热量、季节变化特征和水分规律的品种。

北京地区冬小麦水分供应的初步鉴定

韩湘玲　　陆光明　　孔扬庄　　赵明斋[*]

（北京农业大学）

1　前言

关于冬小麦水分供应的问题,国内外有过不少的研究[1-4]。近年来,从不同的角度针对北京地区冬小麦的水分供应进行的研究也很多。但将天、地、苗紧密结合起来进行的研究还不多。为摸清在华北地区气候特点下土壤水分的变化动态及其如何影响冬小麦生育和产量形成,以便充分利用当地自然降水,科学地掌握灌水时间及灌水量,起到农业生产的参谋作用,因而设置了本项试验。

本试验设在国营北京市东北旺农场两年三熟的轮作试验地(平坦壤质土,地下水位3米以下),分为生长期间灌水和不灌水两种措施在相邻的两块地上进行。在1962年严重的秋旱时都灌了底墒水,其中一块冬小麦地以后一直没有灌水(作为旱地),另一块地分期灌了四次水:即冻水(11月30日)、起身水(3月29日)、孕穗水(4月28日)、抽穗水(5月12日)。该试验采用北京推广良种北京六号,于10月9日播种。

除根据农业气象观测规范进行了物候、土壤湿度等观测外,在灌水前后及降雨前后加测了土壤湿度,且增加了穗分化、叶色变化等项目的观测。

试验地主要的土壤水文常数见表1。

表1　国营北京市东北旺农场两年三熟试验地水文常数

层次(cm)	0~10	10~20	20~30	30~40	40~50	50~60	60~70	70~80	80~90	90~100	0	0~50	0~100
容重(g/cm³)	1.37	1.27	1.40	1.45	1.44	1.44	1.43	1.42	1.46	1.42	1.32	1.39	1.41
凋萎湿度占干土量的百分比(%)	5.6	5.2	5.7	6.4	7.5	8.2	7.9	7.8	8.0	6.1	5.4	6.1	6.8
毛管持水量占干土量的百分比(%)	28.5	29.8	27.9	25.6	25.3	27.1	27.6	28.3	25.7	27.5	29.2	25.4	27.3
田间持水量占干土量的百分比(%)	21.2	21.7	21.7	21.4	20.4	20.5	20.7	20.7	21.0	23.1	21.0	21.1	21.1

土壤蒸发及耗水量系用土壤水分平衡方法计算。

2　旱地冬小麦水分供应的特点

2.1　冬小麦生育期间的降水特点

1962—1963年冬小麦生育期间的降水量分配的特点是历史上少见的。伏秋雨特少,冬干但春雨充沛。伏秋雨仅有123.2 mm,不及历年平均的1/2。春雨达102.0 mm,比历年平均将近增加一倍(表2)。

(1)伏秋雨少、底墒差、秋旱严重,影响冬小麦及时播种并且出现秋冬死苗现象。经调查证明:没有

* 参加本试验观测及资料初算的尚有1963年毕业、生产实习同学寇有观、朱振全、关贵林、刘中丽、俞楠明、程延年、郝春果等8人。试验过程中曾得到东北旺农场总技师宋秉彝及北京农业大学刘中萱先生的指导,特此致谢

灌溉条件的地区,仅靠 123.2 mm 的伏秋雨是播不下种的,如北京农业大学农业气象观测场播后未出苗。有的地方即使抢墒播下去,越冬前就有死苗现象发生,如大兴、密云等地,冬后继续有死苗现象发生。

(2)春季多雨并分布较均衡,使旱象减轻,4—5月降水量达 89.7 mm。正好下在拔节前(4 月中旬)、抽穗前(4 月下旬)和乳熟前(5 月中旬)(表 3)。

表 2　近几年(1958—1963 年)冬小麦生产年度各时段降水量分配　　　　　　　单位:mm

降水时段 / 年份	伏雨(下/7—下/8)	秋雨(9—10月)	封地雨(11月)	冬雨(12月—次年2月)	春雨(上/3—下/5)				麦收雨	冬小麦生育期间(下/9—次年中/6)	冬小麦生长年度(下/7—次年下/6)
					上/3—上/4	上/4—下/5	上/6	中/6—下/6			
1958—1959	212.5	188.9	5.3	42.3	20.1	9.9	3.1	84.2	173.5		566.3
1959—1960	680.5	157.6	2.1	12.6	6.1	11.8	11.2	28.2	104.8		910.0
1960—1961	128.3	82.6	5.3	10.6	17.7	19.1	6.7	27.6	147.5		297.2
1961—1962	279.5	129.5	12.0	18.2	13.8	25.4	1.8	63.4	131.6		543.6
1962—1963	108.8	14.4	3.9	1.9	12.5	89.5	5.9	6.1	122.9		243.0
历年平均(北京市气象台 1875—1963)	278.9	73.3	10.9	10.6	59.6	68.7	17.5	57.2	150.5		503.6

注:表中除历年平均外,均为北京农业气象试验站资料

表 3　1963 年春季各旬降水量　　　　　　　　　　单位:mm

月份 / 年份	4			5			备注
	上	中	下	上	中	下	
1963	0.2	12.9	18.1	3.5	51.7	3.3	北京农业气象试验站资料
历年平均	3.5	7.6	6.7	9.8	10.0	15.8	北京市气象台(1875—1963)资料

降水对产量形成有一定的作用。已灌了底墒水或播后灌了水(蒙头水),以及透灌冻水的地区,遇上今春的风调雨顺,依品种、肥料、管理条件的不同,每亩一般可获得 50 kg 到 200 kg 产量(高额丰产田除外)。整个麦季(9 月下旬到次年 6 月下旬)雨量仅 122.9 mm,伏雨也很少。整个冬小麦生长年度雨量(7 月下旬到次年 6 月下旬)只有 243.0 mm。无论与前一年或与历年相比,都少得多,并且降水量又都集中在春季。凡是冬前灌了水的,产量比去年高。可见在底墒(人工灌溉)良好的基础上,春季适当多雨对产量形成有重大的作用。

2.2　旱地冬小麦生育期间的土壤水分变化特点

大气降水通过土壤才能为植物所利用。旱麦地的土壤水分周年变化主要受制于降水,1 m 土层土壤水分高低值出现时期一般与降水的高低值相适应,只是时间滞后而已。从近几年四平地壤质土裸地的土壤水分资料看,雨季到来前,1 m 土层土壤水分是最低时期。随着雨季的到来,土壤水分也增加。由于 1962 年伏雨少、土壤水分最高值出现时期提前,且贮存量最小,到 9 月底时共有 100.6 mm,比往年少得多(表 4)。

表 4　1959—1963 年雨季前后四平地壤质土裸地 1 m 土层厚度土壤有效水分贮存量的变化　　　单位:mm

年份	最小值	最大值	增加量	9 月底	备注
1959	107.2	270.5	163.3	269.8	北京农业气象试验站资料
1960	78.1	195.4	117.3	164.1	
1961	34.4	191.0	156.6	191.0	
1962	65.7	168.2	102.5	100.6	
1963	72.8	234.5	161.9	126.0	

这一年雨季集中在 7 月份,8 月以后雨量很少。8—9 月共 49.4 mm。因雨季的雨量高峰偏前,8 月高温少雨,7 月下旬的降雨丢失迅速。且麦地在前茬收后(8 月底)进行耕翻,此时降水又甚少(表 5),因而至 9 月底冬小麦地 1 m 土层有效水分贮存量仅 76.6 mm,比前一年(1961 年)同时期的 191.1 mm 少

114.5 mm。0~20 cm 表层达凋萎湿度。灌底墒水后,播前 1 m 土层有效水分贮存量为 171.1 mm,接近去年同期未灌水麦地的水平,这就是通过灌底墒水才补充了水分,也就提供了冬小麦正常出苗及生长的水分条件。三叶后根系逐渐下扎,土壤水分越向下层消耗越快(表6)。

表5　1962 年降雨量分配(北京农业气象试验站)　　　　　　　单位:mm

月份 年份	旬	7	8			9			10		
		下	上	中	下	上	中	下	上	中	下
1962		73.2	15.8	0.0	19.8	0.0	10.2	3.6	0.6	0.0	0.0
历年平均(北京市 气象台 1875—1962)		92.1	81.3	63.1	36.8	24.3	19.7	15.6	5.6	4.8	4.7

表6　1962 年麦地灌水前后 1 m 土层土壤有效水分的变化　　　　　　　单位:mm

年份	土壤深度 灌水前后	0~20 cm	0~50 cm	0~100 cm
1961	播前(9 月 30 日)	41.3	100.0	191.1
1962	播前(灌水前)	6.9	30.0	76.6
	灌水后	40.3	101.4	171.1
	增加水量	33.4	71.4	84.5

11 月以后,白天地表温度较高,而夜间气温在 0 ℃ 以下,土壤开始夜冻日消,下旬日平均气温已低于 0 ℃。土壤稳定冻结,此时上下土层(0~160 cm)地温差达 15.1 ℃(−1.0~14.1 ℃),为全年最大较差值。

土壤湿度在此时也呈现上干下湿的明显差距。由于温湿差异而引起了土壤水分内部调整,水分由下向上转移。在整个 11 月份内,土壤水分活动强烈。此期间虽有以蒸发为主的土壤水分消耗,但整层土壤水分还有所增加。裸地、水浇麦地也都有同样趋势(表7)。

表7　秋末冬初(11 月)土壤冻融时期 1 m 土层有效水分贮存量的变化　　　　　　　单位:mm

年份	地块	上旬	中旬	下旬	开始冻结日期
1962	裸地	92.9	100.8	96.6	
	麦地	141.1	143.7	151.2	11 月 5 日
	旬间降水量	2.4	1.5	0.0	

由于冬季(12 月—次年 2 月)各旬的土壤水分资料缺乏,调整的详细过程尚不够清楚。但是,可以看出当地表温度在 0 ℃ 以下时,深层在 0 ℃ 以上的整个时期内都有土壤水分内部调整过程。到来春开始解冻前(2 月下旬)达最高值。下层土壤水分减少,上层增加,20 cm 土层处较湿,到完全解冻后,水分下撤又出现上层变干现象,于是下层土壤水分又向上移,1 m 土层土壤水分又增加,达到第 2 次最高值。3 月 18 日 1 m 土层有效水分贮存量达 142.8 mm。比冻结前(11 月 8 日为 141.1 mm)有所增加。从 11 月 8 日到 3 月 18 日降水量为 9.6 mm。按土壤水分平衡公式计算土壤蒸发则超过 52.5 mm,显然由于上下调整补给的水分收入为 44.4 mm。

完全解冻后(3 月 22 日),0~20 cm 土层土壤水分明显下降。清明后 10 mm 土壤水分等值线一旬可下降 30 cm 土层,5 月 18 日达最低值,各层土壤水分均少于 10 mm,整层只有 40.6 mm。5 月 18 日—19 日一次大雨,雨量为 51.7 mm。雨后 1 m 土层水分增加 42.4 mm,但仅限于 0~40 cm 土层,以下各层水分小于 5 mm。

与去年旱地冬小麦相比,该年度的土壤水分变化特点是:伏秋季土壤水分收蓄阶段短促。由于春雨充沛,清明后到 5 月下旬,表层土壤水分一直较多,40 cm 以下土层与去年相近,但最低值出现时期提前。

2.3 冬小麦需水量及产量的形成

冬小麦生育期间的土壤水分平衡方程为：

$$B_O + O_L - B_1 - N - T_P - G = 0 \tag{1}$$

式中，B_O 为生育初期(播前)土壤有效水分贮存量；B_1 为生育末期(收获时)土壤有效水分贮存量；O_L 为生育期间降水量；N 和 T_P 为生育期间土壤蒸发和植物蒸腾量；G 为水分流失量[1]。

根据北京地区冬小麦生育期间降水量少、强度小、地下水位不高(一般在 3～4 m 以下)的特点，流失量 G 可为零，由于一般土壤湿度只测 1 m，而在冬季冻结期间可自 1 m 以下向上调整，所以在 1 m 土层内需考虑流入量(B_T)，则式(1)可改变为：

$$B_O + O_L + B_T - B_1 - T_P - N = 0 \tag{2}$$

应用此公式可计算蒸发蒸腾所消耗的水量即得：

$$N + T_P = B_O + O_L + B_T - B_1 = 163.2 + 108.6 + 61.7 - 44.4 = 289.1 (mm)$$

根据近两年资料看，耗水量在 300 mm 左右时，产量水平为 200～400 斤/亩，去年旱地麦亩产 300 斤。1962 年秋季灌了底墒水的地块，土壤水分与 1961 年秋季相近，加上春季雨水较多，每亩收获 100～400 斤产量。

土壤水分在三叶期后开始丢失较多，冬前(播种—分蘖)以 0～4.0 cm 土层的水分丢失为主。返青拔节期间 0～20 cm 土层水分丢失迅速。拔节后全层(指 1 m)丢失都很快。从各物候期 1 m 土层的有效水分来看，经过灌底墒的旱地冬前达田间持水量的 62%～77%，保证了正常出苗及安全越冬。返青后下降到田间持水量的 50% 以下。虽春雨较多，但主要是湿润了土壤表层(0～50 cm)，因底墒太差，仍不能彻底解除旱象(表 8)，可见拔节以后土壤水分供应仍是不足的。

表 8　1962—1963 年度冬小麦生长期间各层有效水分贮存量的变化

深度(cm)	土壤水分	播种	出苗	三叶	分蘖	停止生长	返青	拔节	抽穗	开花	乳熟	蜡熟
0～70(冬前) 0～50(冬后)	有效水分贮存量(mm)	29.6	24.1	23.1	20.5	21.0	62.6	38.2	20.4	12.1	25.7	24.4
	相当田间持水量的百分比(%)	71	60	55	49	50	59	36	19	11	23	23
0～100	有效水分贮存量(mm)	163.2	160.3	141.9	143.7	151.2	107.6	103.7	56.2	46.0	49.9	44.4
	相当田间持水量的百分比(%)	77	76	68	68	75	51	49	27	22	24	21

3　从冬小麦的生育状况看水、旱麦地水分供应的差异

水、旱地虽位于相邻两块田地上，土壤质地和地下水位都相同，品种也一样。同时播种和整个管理措施除灌水外也都相同，仅由于水分差异而引起了形成产量因子及产量差异较大(表 9)。

表 9　水、旱地产量因子和产量对比

地块	株高(cm)	穗长(cm)	结实小穗数	不孕小穗数	每穗籽粒数	每株穗数	千粒重(g)	1 m² 结实基数	产量(斤/亩)
水地	109.1	6.5	11.7	3.6	21.7	2.0	38	690	590
旱地	93.6	6.0	10.6	3.4	24.4	1.5	36	653	450

可以从 11 月中旬的调查资料中明显看出：冬前植株状况几乎相同，而植株差异主要是从返青后，特别从拔节后开始。返青后的差异首先反映在穗分化上，水地延长了穗分化时期，小穗分化延长了 7 d，对增加小穗数起了一定作用(表 10、表 11)。

表 10　冬前水、旱地植株调查

地块	播期	株高(cm)	叶片数	分蘖	次生根	干鲜重(g) (干/鲜)	总基数 (万/亩)
水地	10月9日	13.0	3.5	0.5	1.3	0.08/0.3	59.5
旱地	10月9日	13.8	3.5	0.6	1.1	0.09/0.3	52.9

表 11　水、旱地穗分化进程比较

穗分化阶段 地块	单棱开始期 (日/月)	二棱期 (日/月)	护颖分化 开始(日/月)	小花分化 开始(日/月)	雌雄蕊分化 开始(日/月)	雌雄蕊分化 成形(日/月)	抽穗开始 (日/月)	抽穗普遍期 (日/月)
水地	31/3	8/4	10/4	13/4	19/4	29/4	8/5	11/5
旱地	31/3以前	31/3	8/4	10/4	16/4	22/4	4/5	8/5

其次,自拔节期开始,物候期有差异,水地物候期出现日期普遍延迟,收获比旱地晚 5 d(表 12)。

表 12　水、旱地春季物候期进程比较

物候期 地块	返青 (日/月)	拔节 (日/月)	抽穗 (日/月)	开花 (日/月)	乳熟 (日/月)	蜡熟 (日/月)	冬前生 长日数(d)	春夏季生长 日数(d)	全生育 期日数(d)
水地	9/3	15/4	11/5	16/5	1/6	15/6	46	97	248
旱地	9/3	14/4	8/5	11/5	27/5	10/6	46	92	243

由于物候期出现日期不同,同一物候期则处在不同的天气条件下。从拔节到开花,水旱地相差 5 d。这期间的温度日较差总和水地比旱地多 65.9 ℃,这意味着物质的积累水地比旱地多。旱地 5 月 11 日为开花普遍期,5 月 11 日前后(5 月 10—17 日无雨)天气晴朗,开花条件良好;而水地 5 月 16 日为开花普遍期,5 月 18—19 日遇大雨,开花条件比较差,水地每穗有效籽粒数比旱地少。

此外,株高、叶面积、干鲜比和密度,水、旱地都有明显差异(表 13)。无论是株高、叶面积或干鲜比,水地都比旱地好,因此打下了高产的基础。

由于 1963 年 4—5 月阴雨天多,尤其 5 月份降雨特别多,水地因密度较大,叶子郁闭,通风透光条件差,5 月 15 日后有锈病发生,5 月 18—19 日的大雨后,田间相对湿度水地较大,20 cm 植株高处差异明显(表 14)。锈病发生迅速,至乳熟期后叶片全部成病或枯黄,已失去光合作用能力。旱地无锈病,但叶片枯黄迅速,5 月下旬也全部枯黄。

表 13　水、旱地植株生长状况比较

项目	地块	拔节期	抽穗期	开花期	乳熟期	蜡熟期
株高(cm)	水地	28.4	59.7	106.5	107.2	109.1
	旱地	24.6	41.1	57.9	89.6	93.6
叶面积(cm²)	水地	47.6	34.9	35.1	33.2	
	旱地	36.5	27.1	28.3	20.6	
干鲜比(cm²)	水地	1.9/10.9		11.2/37.4	29.0/35.1	
	旱地	1.7/8.4		11.6/30.7	14.3/35.6	

表 14　水、旱麦地农田温湿度比较

测定日期 (日/月)	地块	活动面温湿度				距地面 20 cm 处温湿度			
		08:00		14:00		08:00		14:00	
		温度(℃)	相对湿度(%)	温度(℃)	相对湿度(%)	温度(℃)	相对湿度(%)	温度(℃)	相对湿度(%)
10/5	水地			23.4	75				
	旱地			28.6	32				

测定日期（日/月）	地块	活动面温湿度				距地面 20 cm 处温湿度			
		08:00		14:00		08:00		14:00	
		温度（℃）	相对湿度（%）	温度（℃）	相对湿度（%）	温度（℃）	相对湿度（%）	温度（℃）	相对湿度（%）
24/5	水地	16.3	85	19.9	84				
	旱地	16.5	79	20.4	78				
31/5	水地	21.7	56	27.0	55	19.8	86	25.5	78
	旱地	22.2	52	28.9	51	22.4	59	31.9	29

由于阴天日数多、光照少、密度大的地块（水地）光照显得不足、基秆生长不坚,1~2 节间较长。5 月 18—19 日的大雨引起水地麦子倒伏 20% 左右,而旱地无此现象（表 15）。

综合上述,引起各方面差异的主要原因是"水"。水地比旱地多灌了四次水。从各物候时期来看,水、旱地 1 m 土层有效水分差异明显（表 16）。

表 15　麦田倒伏调查资料

地块	株高（cm）	节长（cm）		穗数（万/亩）	土壤湿度（0~5 cm）	地面状况
		Ⅰ	Ⅱ			
水地（倒）	119.2	10.4	18.7	63.8	25.7	有水
水地（未倒）	115.3	5.6	13.7	46.0	21.5	湿
旱地（未倒）	85.4	5.5	9.5	43.5	18.5	稍干

表 16　水、旱麦地各物候期 1 m 土层有效水分比较

地块	土壤水分 项目 ＼ 物候期	返青	拔节	抽穗	开花	乳熟	蜡熟
水地	有效水分贮存量（mm）	108.1	142.9	111.9	140.3	115.5	42.1
	占田间最小持水量的百分比（%）	51	68	57	66	55	20
旱地	有效水分贮存量（mm）	107.6	103.7	56.2	46.0	49.9	44.4
	占田间最小持水量的百分比（%）	51	49	27	21	24	21

水地除蜡熟外,各物候期间有效水分占田间持水量 50% 以上,拔节、开花期达近 70%,一般水分条件较好,而旱地拔节后皆处于田间持水量 50% 以下,水分不足。

水地水分多,消耗量也大,尤其是消耗在蒸腾上多,因而产量也高（表 17）。

表 17　水、旱地各物候期间耗水量

地块	物候期	播种出苗	出苗分叶	分叶返青	返青拔节	拔节抽穗	抽穗开花	开花乳熟	乳熟蜡熟	全生育期蒸散量	相对蒸发量	产量*（斤/亩）
水地	耗水量（mm）	12.3	21.1	108.1	57.5	103.2	53.1	86.3	80.2	521.8	348.6	
	占全生育期的百分比（%）	2	4	21	11	19	11	16	15			
旱地	耗水量（mm）	7.8	27.5	51.7	31.4	83.5	19.3	45.0	14.7	289.1	115.9	
	占全生育期的百分比（%）	3	8	18	11	29	7	16	5			

* 系小区面积内产量,比实际略高,据大面积调查,灌了底墒水的旱地麦产量每亩在 100~400 斤。

4　水浇麦地灌溉效应的初步鉴定

4.1　底墒水

如前所述,1962 年伏雨量少,小于历年平均伏雨量的 70%,是严重的秋旱年。9 月底时,1 m 土层土壤有效水分 76.6 mm,0～20 cm 土层有效水分只有 6.9 mm,达凋萎湿度,不灌水播不下种(见表 6),即使某些地块能播下种出了苗,但因麦苗较弱,冬季大量干冻而死,维持下来的虽遇上好春雨,因基础太差,每亩只能得到 30～50 斤产量。一般条件下,灌上底墒水,保证了足够的基本苗,每亩可获 400 斤产量,可见底墒水在底墒不足的年份作用更为突出。北京地区这种秋旱年的频率为 25%。

7 月下旬到 8 月下旬的雨量小于历年同时期平均值的 60%,且播麦时土壤水分占田间持水量不足 55% 时,需灌底墒水。因秋雨变率大,量也小,既没有足够数量也不能起贮存作用,9 月中旬以前灌水才能保证及时播种。

4.2　冻水

底墒水灌的足时,灌冻水的作用不很明显,但比起不灌冻水的地块,则早春土壤水分较多。3 月 18 日测定土壤水分资料可看出,灌冻水的比不灌冻水的 1 m 土层土壤水分多 10 mm。灌冻水的麦地穗分化早且时间长,因而水地的穗分化时间就比旱地长。春雨供应得上,水地有效小穗较旱地多。11 月的降水量多年平均 10.7 mm,大于 20 mm 的只占 8%,伏秋雨过多也只是个别的年份,如 1959 年。因此,一般的年份都需灌冻水。冻水一般在日化夜冻期间进行灌溉为宜(即 11 月中旬)。

4.3　起身水

灌起身水除增加土壤水分外,也引起勾墒作用。至拔节期,灌与不灌的 1 m 土层水分相差 39.2 mm。穗分化时期水旱地水分差异明显。在 1963 年这样多春雨的年份,灌起身水后多阴雨天,光照不足、农田蒸发小、水地湿度大,致使基秆生长不坚,并利于锈病孢子的滋生,为后期的倒伏和锈病发生创造了条件,若此时不灌水,也并不很缺水。因此,在 1963 年的天气条件下,起身水是可免的,在 4 月上旬末灌起身拔节水即可,春季多阴雨的天气年份在北京出现频率为 8%。因此,这样的年份颇为少见。

可从水、旱地的田间土壤水分来考虑今年起身水的效益问题。旱地 1 m 土层的土壤水分在返青—拔节期间占田间持水量的 49%～51%,变化甚小,可见该期土壤蒸发不旺盛。对于水地灌起身水后的 1 m 土层,土壤水分占田间持水量的 70%。基于 1963 年春季风小、阴的日数多,该期的土壤水分是充足的,无须灌水,而水地灌了起身水之后到拔节期 1 m 土层贮水量为田间持水量的 68%,空气湿度大不利麦苗生长。可见,若水分适宜,蒸发力不是太大,起身水可少浇或不浇。而一般年成则可在 3 月下旬至 4 月上旬视苗情浇起身拔节水。

4.4　孕穗水

灌前土壤湿度占田间最小持水量的 50%,灌后近 80%,维持到抽穗时为 50%,接着灌抽穗水,基本上是合适的。旱地抽穗时土壤湿度只占田间持水量的 22%,干旱促使抽穗期提前,此水视春雨情况可在 4 月下旬或 5 月初灌。此时期冬小麦需水多、温度高、蒸发量大、灌水后维持时间短,此后必须进行灌溉。

4.5　抽穗水

根据北京地区气候特征,5 月份降水少,水分消耗迅速。因此,5 月中旬必须灌水。因一般年成 5 月下旬 1 m 土层土壤水分达到萎蔫湿度,而下旬达乳熟期,需要一定水分。今年(1963 年)灌了此水的麦地到乳熟时 1 m 土层有效水分有 115.5 mm,旱地只有 49.9 mm。乳熟后,水分丢失更剧烈。据今年的气象条件,至 6 月初时灌了四次水的麦地 1 m 土层有效水分只有 81.4 mm,此时最好再灌一次。麦收时水、旱麦地土壤湿度相近,1 m 土层有效水分只剩下 40 mm 多。从今年的天气条件看,灌了四次水的麦地比不灌水的产量高。根据北京的气候条件,一般应灌冻水、起身拔节水、孕穗水、抽穗水和灌浆水,在秋旱严重年份应浇底墒水,在春季多雨的年份可少灌,如今年(1963 年)拔节水可不灌。

参 考 文 献

[1] 彼基诺夫 Н С.灌溉农业生物学基础.

[2] 金善宝.中国小麦栽培学(上册).

[3] 农业年鉴:"水"(美国).1955.

[4] 生长期间春小麦水分供应的鉴定.北京农业大学农业气象资料室内部译文.

[5] 周德超.从越冬后冬小麦的生长发育和气象条件谈谈北京冬小麦灌溉的重要性.生物学报,1962.

[6] 李玉山.壤土水分状况与作物生长.土壤学报,**10**(3).

[7] 北方冬小麦区春季干旱的初步分析.人民日报,1962-04-16.

[8] 北京地区平原地壤质土水分季节变化特征.北京农业大学农业气象资料室内部资料.

[9] 北京地区的降水特点与冬小麦的干旱.

[10] 冬小麦的冬灌问题.北京农业大学农业气象资料室内部资料.

1963—1964 年北京地区冬小麦生产年度的
农业气象条件分析

韩湘玲　　王振印　　朴京益　　孔扬庄　　陈国良

(北京市气象学会)

1963—1964 年北京地区冬小麦生产年度的气象特点是:伏雨足,秋雨极少,冬暖、春长而寒,且阴雨多,日照少,入 5 月温度升高,湿度大。入夏高温少雨,6 月下旬多晴好天气。

1　海淀区农业气象条件分析

(1)伏雨足,秋雨极少,底墒足,表墒较差;冬前热量正常,麦苗普遍生长良好,冬暖,有利于麦苗安全越冬

1963 年伏雨量大,为 663.4 mm,超过一般年的年降雨量(625.6 mm),系历史上少见的。仅 8 月上旬就下了 550.3 mm,占伏雨量的 78%,秋后少雨,麦播前和整个苗期只 16.1 mm,不足历年同期平均 116.1 mm 的 14%(表 1)。由于伏雨集中且强度大,径流损失量也大,秋后少雨,表层土壤水分得不到补充,因此丢失迅速,至播麦时除四平地壤质土平整良好,以及低洼地的麦田耕层土壤水分为田间持水量的 70% 左右外,沙性强的及耕耙不及时的麦田 0~20 cm 土层土壤水分虽比前一年(伏旱年)稍多,但多在田间持水量的 60% 以下,对适期播种和迅速出苗不利。而底层(50~100 cm)则较好,相当于 1961 年的墒情(表 2)。而播种之后,1 m 土层内与 1961 年相似,比 1960 年稍好,整个苗期变化不大,由表 3 可见,上层(0~50 cm)土壤水分略为减少,深层(50~100,100~150,150~200 cm)变化不大,甚至略有增加(表 3),这对苗期的生长是有利的。

表 1　1963 年伏秋雨与历年的比较(北京西郊马连洼北京农业气象试验站)

降水量(mm)　　　　时段　　　　　　　年份	伏前雨 5 月 26 日— 7 月 20 日	伏雨 7 月 21 日— 8 月 20 日	早秋雨 8 月 21 日— 9 月 20 日	苗期雨 9 月 21 日— 11 月 10 日	年成鉴定
1958—1959	309.9	205.8	135.1	79.8	正常
1959—1960	169.2	661.3	123.6	55.3	伏秋雨过多
1960—1961	257.1	112.0	20.7	77.6	伏秋雨较少
1961—1962	89.0	216.5	101.2	93.6	正常
1962—1963	202.2	89.0	30.0	6.6	伏秋雨较少
1963—1964	84.6	663.4	2.4	13.7	伏雨足,秋雨少
历年平均	201.9	236.4	79.2	36.9	

表 2　近年来冬小麦播种期间(9 月下旬)土壤有效水分贮存量比较　　　　　单位:mm

土层深度　　　　年份	0~20 cm	0~50 cm	0~100 cm	备注
1959	29.7	82.9	—	北京农业气象试验站
1961	27.3	82.7	175.2	北京农业气象试验站
1962	6.8	30.4	77.0	东北旺农场
1963	17.4	60.7	140.3	北京农业气象试验站

表 3　1963 年冬小麦播种到分蘖期间土壤湿度

测定日期	不同深度土壤湿度占田间持水量的百分比（%）					地下水位(m)	备注
（日/月）	0～20 cm	20～50 cm	50～100 cm	100～150 cm	150～200 cm		
21/9	6.5	72.3	91.8	82.4	107.5	3.00	
23/9	51.8	72.6	84.5	80.5	—	—	播种日
24/9	62.7	76.4	84.1	85.9	104.5	—	次日降水 6.3 mm
1/10	52.7	72.7	81.8	78.6	—	—	出苗普遍期
8/10	52.4	75.9	83.6	—	—	3.59	
20/10	44.1	53.2	91.8	87.3	—	3.94	分蘖普遍期

从冬前热量条件来看与历年相近(表 4)。可见,这一年的特点是:底墒较足,表墒差,热量正常。由于土地平整,播种及时,并采用了良种,基本上达到全苗壮苗的要求,冬前基本苗一般在 30 万～35 万株/亩,11 月 25 日调查每亩总茎数 80 万～100 万,每株分蘖 2～4 个。

表 4　1963 年冬前不同播期热量条件(播种—越冬期间正积温)与历年同期比较

播期（日/月） 年份	15/9	20/9	25/9	30/9	5/10	10/10	15/10	20/10	25/10	31/10	通过 0 ℃的日期
1958	775.6	688.4	587.5	509.7	441.8	359.1	301.0	250.7	208.3	161.6	24/12
1959	739.6	657.6	566.6	487.6	406.3	318.7	260.2	188.1	129.6	75.1	21/11
1960	786.2	683.8	584.6	509.6	433.7	353.9	288.3	233.9	178.4	122.7	22/11
1961	818.0	731.1	638.4	556.7	477.2	400.0	339.0	280.8	227.6	188.2	4/12
1962	787.9	685.6	596.3	521.9	446.9	367.0	309.3	257.3	199.4	136.4	24/12
1963	776.6	682.9	597.8	512.2	439.8	364.9	298.1	248.5	197.8	137.1	25/11
历年平均	819.2	721.7	628.1	546.5	466.7	389.7	323.0	260.2	206.1	149.6	4/12

从不同播期冬前苗情调查也得到同样的结果(表 5),秋分前播种的单株分蘖 4 个,永久根 9.5 条,总茎数 80.1 万/亩,秋分后播种的单株分蘖 1.4～2.4 个,永久根 3.5～6.1 条,总茎数 73.7 万～83.1 万/亩,寒露节或以后播种的冬前均不能达到壮苗要求。

表 5　1963 年不同播期冬前生育状况(品种:农大 183,11 月 25 日调查)

播种 （日/月）	株高 (cm)	基本苗 (万/亩)	总茎数 (万/亩)	单株分蘖 (个)	永久根数 (条)	冬前热量 (正积温,℃·d)
17/9	23.0	25.4	80.1	4.0	6.5	737.2
26/9	18.7	26.0	83.1	2.4	6.1	581.1
4/10	14.3	23.3	73.7	1.4	3.5	454.1
11/10	14.6	26.3	40.3	0.5	2.2	352.6
21/10	12.7	22.3	22.3	0.0	0.2	238.5

总之,冬前气象条件是接近正常的,加上人为创造的良好条件,冬小麦冬前生长良好,为安全越冬和来年丰产打下了基础。

冬季较暖(表 6),冬雪接近常年,有利于冬小麦的安全越冬。

(2)春长而寒,物候期推迟

起身—拔节期间阴雨多,光照不足,植株徒长(茎节不坚,一、二节及叶片过长),郁闭,根浅;且此期间温度日较差小,干物质积累差,为后期植株倒伏,发展锈病造成了隐患。

日平均气温 0 ℃的开始日期象征着开春早晚,今年(1964 年)开春与历年相近,而 5 ℃,10 ℃,15 ℃起始日期比历年晚(表 7),故春寒十分明显(图 1),引起了冬小麦一系列生育性状与常年大有不同。从返青开始整个物候期后延,返青期晚了 10 d 左右,拔节—蜡熟期间各发育期均晚了 4～5 d(表 8),且造成分蘖高峰推迟,叶片伸长过程延长及剑叶展开晚了 5～6 d,穗分化进程慢,一般 5 ℃左右生长锥开始伸长,10 ℃左右达单棱期,15 ℃左右雌雄蕊分化,今年 5 ℃开始比历年平均晚 4 d,4 月 10 日达到 10 ℃,未缩短单棱期,但二棱期及雌雄蕊分化时期较长(表 7)对穗分化有利,水分足、密度大的麦地,因春季温度回升得较晚,则对穗分化不利(表 9)。

表6 1963—1964年冬季气温与历年比较

要素	年份	11月			12月			1月			2月		
		上	中	下	上	中	下	上	中	下	上	中	下
旬平均气温(℃)	1958—1959	—	—	—	—	—	—	-7.9	-5.3	-1.9	-0.7	0.9	-1.6
	1959—1960	5.2	2.2	-1.3	0.5	-3.2	-3.2	-3.7	-6.8	-9.6	0.1	1.0	2.9
	1960—1961	6.1	5.5	-2.2	-1.0	-4.7	-5.8	-5.7	-5.1	-2.1	0.0	-0.4	3.0
	1961—1962	6.8	8.0	3.6	0.1	-4.7	-5.2	-4.8	-2.4	-3.0	-1.3	-1.6	1.4
	1962—1963	5.9	5.0	-1.0	0.9	-0.6	-1.0	-2.1	-5.6	-5.3	-4.6	-1.4	2.7
	1963—1964	7.1	5.7	0.2	-1.8	-1.7	-4.3	-4.4	-2.4	-3.4	-6.3	-6.5	-4.1
旬平均最低气温(℃)	1958—1959	2.3	-2.1	-4.5	-3.1	-3.6	-6.3	-12.0	-10.8	-8.3	-6.3	-3.2	-6.1
	1959—1960	1.2	-1.6	-5.1	-3.8	-5.8	-7.3	-9.7	-10.5	-14.9	-5.7	-5.1	-4.0
	1960—1961	0.6	-0.5	-6.0	-6.2	-8.6	-10.9	-11.1	11.6	-7.4	-5.0	-6.7	-4.0
	1961—1962	1.9	4.9	-1.0	-6.8	-9.4	-9.9	-10.6	-7.2	-6.5	-6.9	-6.6	-5.1
	1962—1963	0.1	1.2	-5.8	-5.0	-5.4	-6.3	-6.0	-11.7	-9.5	-10.5	-8.3	-4.9
	1963—1964	2.8	0.7	-4.5	-6.6	-6.8	-10.1	-9.5	-7.5	-7.5	-9.4	-10.3	-8.8
旬极端最低气温(℃)	1958—1959	-1.0	-2.5	-5.7	-6.4	-6.4	-13.2	-16.8	-17.7	-17.9	-8.9	-6.6	-13.1
	1959—1960	-4.2	-6.1	-9.7	-6.2	-12.7	-9.4	-14.9	-15.1	-20.0	-9.2	-9.0	-5.8
	1960—1961	-3.4	-2.5	-11.6	-9.9	-12.8	-13.1	-13.5	-13.5	-16.2	-7.8	-9.8	-7.1
	1961—1962	-3.2	-1.3	-5.1	-7.9	-13.7	-11.8	-14.7	-11.7	-13.1	-11.2	-13.4	-8.2
	1962—1963	-3.7	-4.1	-7.8	-7.4	-10.2	-11.0	-12.4	-14.9	-14.2	-13.4	-12.4	-8.5
	1963—1964	-2.5	-1.3	-8.0	-9.1	-9.6	-14.1	-12.5	-12.4	-10.7	-14.2	-14.3	-11.8

表7 1964年春季各界限温度起始日期与历年比较

年份	起始日期(日/月)				持续日数(d)				
	0℃	5℃	10℃	15℃	0~5℃	5~10℃	10~15℃	0~10℃	0~15℃
1959	4/3	14/3	25/3	29/4	10	11	35	21	56
1960	13/2	18/3	5/4	19/4	33	18	14	51	65
1961	19/2	12/3	28/3	18/4	21	16	21	37	58
1962	2/3	29/3	7/4	18/4	27	9	11	36	47
1963	21/2	12/3	9/4	30/4	19	28	21	47	67
1964	19/2	24/3	10/4	1/5	24	17	21	41	61
历年平均	1/3	20/3	4/4	23/4	19	15	19	34	53

表8 1964年冬小麦物候期与历年比较(水浇地)

年份	播种(日/月)	出苗(日/月)	三叶(日/月)	分蘖(日/月)	越冬(日/月)	返青(日/月)	拔节(日/月)	抽穗(日/月)	开花(日/月)	乳熟(日/月)	蜡熟(日/月)	品种
1958—1959	27/9	3/10	14/10	28/10	1/1	14/2	9/4	8/5	14/5	21/5	8/6	农大90号
1959—1960	6/10	13/10	26/10	8/11	21/11	24/2	18/4	10/5	16/5	8/6	16/6	农大183
1960—1961	5/10	12/10	22/10	9/11	22/11	2/3	18/4	8/5	12/5	28/5	6/6	农大183
1961—1962	2/10	8/10	23/10	30/10	8/12	10/3	23/4	12/6	16/5	1/6	15/6	农大311
1962—1963	9/10	20/10	1/11	18/11	18/11	9/3	15/4	11/5	16/5	1/6	15/6	北京6号
1963—1964	23/9	1/10	11/10	20/10	24/11	11/3	22/4	17/5	20/5	4/6	16/6	农大311
平均(1958—1963)	4/10	11/10	23/10	6/11	2/12	1/3	17/4	10/5	15/5	30/5	11/6	

表9 水、旱麦地3—4月地温与气温比较

日期(日/月)		1/3—5/3	6/3—10/3	11/3—15/3	16/3—20/3	21/3—23/3	28/3—28/4*
气温(℃)		2.2	4.1	2.2	2.0	2.2	11.7
5 cm 地温(℃)	水地	1.1	3.5	2.9	2.7	3.5	12.7
	旱地	2.9	7.2	4.6	4.7	4.3	13.3

* 28/3,13/4,18/4,23/4,28/4共5 d平均值

作物起身期后阴雨连绵,日照极少,4月份雨日 20 d,阴天日达 21 d 是百年不遇的(表 10),门头沟区有位 77 岁的老农回忆,在 60 年前有过一年(1904 年,这年缺少雨量资料),那年杏、麦无收。这种天气条件下田间光照不足,尤其是去年水肥足、密度大,今春又追了肥的田块徒长厉害,形成节间长、茎秆不坚、叶片过长。

表 10 1964 年 4—5 月阴雨日数与历年比较

月份	4月											
旬	上旬			中旬			下旬			月计		
项目 年份	阴天日数(d)	雨日数(d)	日照时数(h)	阴天日数(d)	雨日数(d)	日照时数(h)	阴天日数(d)	雨日数(d)	日照时数(h)	阴天日数(d)	雨日数(d)	日照时数(h)
1950		3	74.9		5	44.0		4	78.6		12	197.5
1959	2	5	57.4	1	2	80.8	0	1	104.6	3	8	242.8
1960	1	1	114.6	1	1	101.8	2	1	110.7	4	3	316.8
1961	0	0	104.8	0	0	101.2	4	4	85.6	4	4	291.6
1962	1	2	77.7	1	0	113.0	3	2	94.8	5	4	285.5
1963	5	2	69.6	5	6	60.4	6	4	77.4	16	12	207.4
1964	5	4	59.8	10	10	8.0	6	6	53.4	21	20	121.2
历年平均	—	2	83.4	—	2	87.7	—	2	88.9	—	6	260.0

月份	5月											
旬	上旬			中旬			下旬			月计		
项目 年份	阴天日数(d)	雨日数(d)	日照时数(h)	阴天日数(d)	雨日数(d)	日照时数(h)	阴天日数(d)	雨日数(d)	日照时数(h)	阴天日数(d)	雨日数(d)	日照时数(h)
1950		3	85.7		8	85.0		3	88.1		14	258.8
1959	3	3	74.6	2	1	97.8	0	2	123.6	5	6	296.0
1960	5	4	97.3	4	7	90.9	2	3	111.5	11	14	299.7
1961	0	1	101.6	6	5	102.1	0	1	94.8	0	7	316.5
1962	3	2	103.9	1	1	123.8	4	3	129.7	8	6	357.4
1963	4	4	86.7	2	3	88.1	6	6	86.4	12	13	261.2
1964	2	3	86.0	3	4	79.4	3	3	96.0	8	10	261.4
历年平均	3		82.7	—	3	93.3	—	4	97.3	—	10	273.3

注:阴天指标:总云量≥33;雨日指标:有雨迹即算雨日;统计多年雨日年代系指 1724—1964 年间的 213 年;历年日照时数:北京市气象台 1940—1962 年

4月份阴雨日多,温度低(见图 1),日较差很小(表 11)如中旬平均只有 3.8 ℃,基本维持昼夜温度相等,对干物质的积累极为不利,从 4 月份测定的干鲜比可以明显地看出干鲜比急剧减少,水地比旱地更少(表 12)。

由于春季土壤水分充足(表 13),5 月前 0~20 cm 大多维持在田间持水量的 80% 以上,5 月上旬末才急剧下降到 60% 以下,所以一般根浅。去年冻水灌得过多及低洼地有烂根发生,而当时旱地的土壤水分较适宜,5 月初 0~20 cm 土层土壤水分占田间持水量的 70% 以上。

总之,4 月份的降雨量为 132.9 mm,大部分麦地省灌了起身、拔节两次水,对冬小麦是有利的。只有去年冻水灌得过多的或低洼地今春土壤湿度过大有湿害发生。今年主要问题在于 4 月份阴天多,光照不足导致植株徒长,形成植株较高、叶长、第 1~2 节间甚至第 3 节间都较长、叶面积大的不正常现象。加上温度较低、日较差小,干物质积累较少,干鲜比大大低于常年。营养器官组织不坚韧表现更为明显,给后期倒伏造成有利条件。个别田块 4 月下旬已有倒伏发生,如东北旺农场北京农业大学实验站等。一般田块因雨水充沛利大于弊。

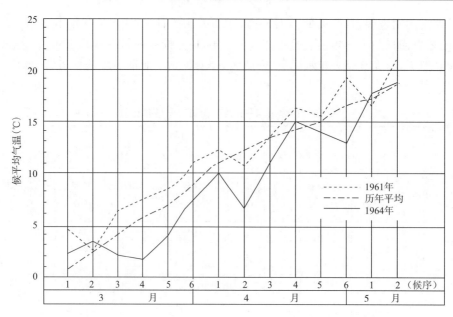

图 1　1964 年冬小麦返青—拔节期间候平均气温与历年比较

表 11　1964 年春季(3—5 月)各旬气温日较差与历年比较　　　　　　单位：℃

年份 \ 旬/月	上/3	中/3	下/3	上/4	中/4	下/4	上/5	中/5	下/5
1959	9.6	10.6	12.3	11.6	13.0	15.5	12.7	16.7	17.9
1960	9.9	10.4	11.4	16.2	14.6	16.5	13.0	13.2	15.2
1961	11.8	10.9	14.4	14.0	15.8	14.0	14.8	13.6	16.2
1969	13.3	11.3	10.1	12.8	16.2	14.8	13.5	15.8	16.7
1963	10.6	14.2	13.9	13.2	11.3	11.8	13.6	12.9	10.9
1964	12.9	9.2	11.6	10.4	3.8	7.9	12.8	11.3	12.6

表 12　水、旱麦地干鲜比　　　　　　单位：%

日期(日/月)	8/4	15/4	20/4	25/4
水地	15.2	13.5	11.5	12.2
旱地	20.7	15.8	11.7	12.7

表 13　1964 年春季麦地土壤湿度(占田间持水量百分比)的变化(品种：农大 311)　　　　　　单位：%

土层深度(cm) \ 测定日期(日/月)	旱地									
	28/3	6/4	17/4	21/4	28/4	2/5	8/5	14/5	19/5	28/5
0～20	45	85	85	85	65	76	45	35	30	25
20～50	60	70	86	92	82	82	76	62	50	35
50～100	70	70	70	85	86	90	85	83	75	67

土层深度(cm) \ 测定日期(日/月)	水地(29/11,14/5 灌水)									
	28/3	6/4	17/4	22/4	28/4	2/5	8/5	14/5	16/5	22/5	28/5
0～20	60	93	93	94	76	80	60	40	94	75	58
20～50	86	92	95	96	88	90	80	62	93	90	75
50～100	86	83	93	96	93	92	90	86	95	94	92

(3)入 5 月温度升高、湿度较大、锈病发展、风雨引起倒伏是丰产麦田减产的主要原因

今年 4 月各旬气温比常年偏低 1～3 ℃,5 月各旬气温接近常年。但今年 5 月气温升高较猛,5 月各

旬空气相对湿度比历年同期高,与去年相同,但 4 月份湿度大大超过历年同期值。由于高温、高湿,有利于锈病的发展(表 14)。

表 14　4—5 月各旬气温与相对湿度

要素	年份	月份 旬	4 月			5 月		
			上	中	下	上	中	下
平均气温 (℃)	1962		8.3	14.6	16.3	18.3	20.9	24.1
	1963		9.2	13.4	14.8	17.4	20.4	20.1
	1964		8.3	13.1	13.5	18.8	19.7	23.3
	历年平均		11.4	13.9	16.5	18.1	19.8	21.9
平均相对 湿度(%)	1962		51	23	33	38	27	44
	1963		44	61	49	49	63	68
	1964		70	92	72	59	62	59

据研究,冬季极端最低气温高于 −15 ℃(1963—1964 年冬为 −14.3 ℃)利于锈病菌丝安全越冬,今春 4 月份多偏南风,利于病菌从华北平原南部输入。更为重要的是今春 4 月份连阴雨,湿度大,个别地块有锈病发生。5 月上旬转晴,温度高,湿度下降,有风,农民说"风摆麦浪,麦子得意",5 月中旬降雨,连续阴 2 天,湿度大,温度条件正常,风速转小,有利于锈病的蔓延滋长,迄五月下旬初,麦田严重发病,5 月底感染到秆、穗部,6 月上旬茎叶变枯,严重影响了光合作用(比历年提早半个月左右停止光合作用),使千粒重急剧下降。可见今年 4、5 月份雨日多、雨量大、空气湿度大,与锈病大流行的 1950 年相似,1962 年无锈病发生,1963 年介于其间,局部地区锈病较重。统计近 200 多年(1724—1963 年)资料尚未出现过 4 月雨日高达 20 d 之久,统计资料 4 月雨日≥12 d 的也只占 4%,5 月份≥10 个雨日的占 46%,可见局部地区或较轻锈病发生的概率较大,严重发生锈病的概率则极小(表 15)。

表 15　历年 4—5 月大于各级雨日及降水量的频率　　　　单位:%

要素	等级 旬/月	上/4	中/4	下/4	上/5	中/5	下/5	月份 等级	4 月	5 月
雨日数	≥4 d	17	15	23	28	28	51	≥12 d	5	21
	≥5 d	8	8	10	16	16	23	≥13 d	—	14
	≥6 d	2	3	4	5	5	10	≥14 d	1	9
	≥8 d	0	1	0	1	0	2	≥16 d	—	1
	≥10 d	0	1	0	0	0	0	≥20 d	1	—
降水量	≥40 mm	2	6	4	2	2	8	≥60 mm	8	27
	≥50 mm	0	4	4	2	2	6			
	≥70 mm	0	4	0	0	0	4			
	≥100 mm	0	2	0	0	0	2	≥100 mm	4	6

如前所述 4 月份阴雨日多,营养器官组织生长不坚韧,植株徒长急剧。如 4 月 10 日株高 13~15 cm,及至 4 月 20 日达 33 cm,比历年同时期增长快。此时叶长超过 19 cm,甚至达 25~30 cm,据农学家多年观察的经验,一般年成 4 月 10 日出现第 8 叶,叶长小于 15 cm,4 月 20 日出现第 9 叶也小于 15 cm,第 1 节间此时不超出地面 5 cm,次生根 15 条,无披叶现象,麦苗也不封垄,可作为正常的生育期外部形态指标。今年 4 月 10 日株高虽矮,但 4 月中旬披叶很多,叶长大于 18 cm,形成了后期倒伏的症状。4 月 20 日遇 12.3 mm 降水及 2,3 级偏南风,个别麦苗有些倒伏,以倾斜为主,后期可恢复(表 16)。

"五一"后温度升高,水肥光照皆充足,麦苗继续徒长,最多的日增长达 2~3 cm。此时冬小麦表现出"头重、脚轻、根底浅"的状态,不抗风旱。5 月 16 日夜降水量只 3.8 mm,短时最大风力 2~3 级即发生倒伏,一般丰产田倒伏 10% 左右,个别严重的倒伏占 40%~50%,以基部节间倒伏为主,以后未得恢复。此时尚未开花,倒伏后植株郁闭影响授粉,光合生产率很低,严重影响穗粒数及千粒重。5 月 24 日雨后在此基础上进一步倒伏(这次雨后倒的不多),因已为开花末期,影响较小。旱地、薄地一般皆未发生倒伏。

表 16　4 月 20 日冬小麦倒伏的形态特征

品种		农大 183					北京 6 号	
项目	播期(日/月)	17/9	26/9	4/10	11/10	21/10	26/9	21/10
叶长 (cm)	倒	22.9	19.4	21.2	21.7	21.5	18.8	19.3
	不倒	15.9	15.9	15.7	15.5	15.1	14.0	15.5
麦苗表现		徒长,色浅淡,茎秆软,披叶多,倒伏以倾斜为主。						

6 月 1 日小雨加 3~4 级东风,大部分麦子倾斜,丰产地倒伏最多达 80%,6 月 4 日雨后继续发生倒伏,但后期倒伏主要是影响机器收割,对产量影响不大。

某些后期灌溉地(5 月下旬及 6 月上旬)灌后也有倒伏发生。可见,前期(4 月)的不利条件,促成植株营养器官组织不坚韧,后期则经不起风吹雨打,所以后期引起倒伏的雨量和风级都是量级不大的,而数次倒伏中又以开花前的倒伏对千粒重、穗粒数及产量的影响最大(表 17)。

表 17　不同时期倒伏与不倒伏对产量的影响

年份	项目 处理	株高 (cm)	节间长 (cm) I	节间长 (cm) II	穗粒数	千粒重 (g)	产量 (斤/亩)	减产 (%)	倒伏的风雨条件 降水量 (mm)	倒伏的风雨条件 风速 (m/s)	备注
1963	5 月 18 日倒	120.6	7.0	16.1	21.5	33.0	611.8	3.3	52.7	2.3	品种:北京 6 号,5 月 18 日为开花末期
	不倒	109.1	6.2	13.7	21.7	37.6	635.9				
1964	5 月 16 日倒	111.3	10.4	18.2	18.0	27.3	376.0	33.0	2.7	1.8	品种:农大 311,5 月 16 日为抽穗期
	6 月 1 日倒	111.8	9.8	17.5	19.2	33.8	546.7	2.5	4.7	2.3	6 月 1 日为灌浆期
	不倒	119.4	9.8	12.2	22.5	32.4	560.8				

(4)后期高温少雨,土壤墒情变差,迅速导致干旱植株早衰,千粒重剧减

5 月上旬末麦田土壤湿度开始迅速下降(见表 13)。尚未发生锈病倒伏的局部麦田即出现干叶,锈病较重的麦田 5 月中旬几乎全部变黄,5 月下旬表层(0~20 cm)土壤湿度只占田间持水量的 25%~58%,由于今年根较浅、抗旱力弱、干旱显得严重,且前期水分充足,小麦已习惯多水,因为怕引起倒伏,一般未灌水。5 月底,部分麦子却已变黄,在整个灌浆攻粒时期土壤水分极感不足。后期灌了一水,虽倒伏加重,但千粒重增加,可见后期干旱起着相当大的作用(表 18)。

5 月下旬至 6 月中旬,气温变化与往年差异不大。5 月 25 日后有两次剧烈升高(图 2)。由于今年物候期延迟,前期基础又较差(根浅,营养器官生育不良等),此时墒情不足,干旱显得更严重(表 19)。因而促成早死,农民反映"不该熟时熟了"。

6 月中、下旬多晴好天气,有利于麦收打场。

总之,1963—1964 年度冬前的水热条件对冬小麦的齐苗壮苗尚属有利。春季阴天多,日照少,气温日较差小,湿度大,引起徒长,秆弱,根浅,干物质积累少,锈病发生。从而导致后期倒伏,不耐干旱,千粒重大大降低。这种气象条件对一般的肥水足、密度大的样板田生育和产量形成不利,而较瘠薄地则利多于弊,但按天气特点掌握农业技术措施,仍能获得良好的产量,如东北旺农场、农大试验站等地。

表 18　1964 年冬小麦生育后期土壤水分的变化与产量同 1963 年比较

年份	处理	拔节—抽穗 0~20	拔节—抽穗 20~50	抽穗—开花 0~20	抽穗—开花 20~50	开花—乳熟 0~20	开花—乳熟 20~50	乳熟—蜡熟 0~20	乳熟—蜡熟 20~50	千粒重(g)	产量(斤/亩)	灌水日期(日/月)	备注
1964 年（农大 311）	水地（四水）	73.0	88.1	69.0	83.6	58.3	76.5	81.0	88.4	30.9	516.0	29/11,3/4 14/5,3/6	锈病较重,倒伏较多
	水地（二水）	75.8	87.6	85.8	92.6	58.7	75.6	47.9	58.9	31.0	508.9	29/11,14/5	
	旱地	61.2	79.4	33.0	56.6	28.0	43.1	25.4	35.8	30.4	461.0		
1963 年（北京 6 号）	水地（四水）	65.7	74.8	67.3	82.2	71.5	84.6	42.6	56.1	38.0	590.0	30/11,29/3 28/4,12/5	锈病较轻,倒伏较少
	旱地	46.5	49.3	30.4	41.5	56.6	48.6	37.4	39.9	36.0	450.0		

（项目：发育期、土层深度(cm)，土壤水分占田间持水量的百分比(%)）

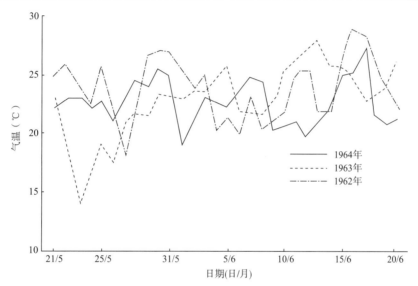

图 2　1964 年春末夏初（5 月下旬至 6 月中旬）逐日气温与前两年同期比较

注:①气象资料来源:1958—1964 年系北京农业气象试验站(西郊马连洼)。历年系北京气象台(西郊五塔寺)。

②冬小麦生育期用北京农业气象试验站观测资料。

表 19　1964 年抽穗—蜡熟各物候期间热量条件与历年比较
单位:℃

年份	抽穗—开花 平均气温(℃)	抽穗—开花 最高气温(℃)	抽穗—开花 $\sum t_{>0℃}$(℃·d)	开花—乳熟 平均气温(℃)	开花—乳熟 最高气温(℃)	开花—乳熟 $\sum t_{>0℃}$(℃·d)	乳熟—蜡熟 平均气温(℃)	乳熟—蜡熟 最高气温(℃)	乳熟—蜡熟 $\sum t_{>0℃}$(℃·d)
1964	19.8	25.8	59.5	22.8	29.6	242.7	23.1	30.0	276.8
1963	20.0	27.5	100.2	21.6	27.8	326.8	24.6	31.7	344.7
1962	18.3	24.7	73.3	24.2	32.1	386.5	22.9	30.0	320.9
历年平均	19.4	—	47.0	21.4	—	299.6	23.3	—	279.6

2　北京各县（区）的农业气象条件

（1）不同地区的伏、秋雨及墒情与苗情

1963 年伏雨多,是全市各个地区的共同特点。但是不同的地区仍有差异。伏雨最多的是近郊三区(海淀、朝阳、丰台,后同)及房山西部、昌平的个别地区雨量达到 500~650 mm;其次是昌平、顺义、大兴、门头沟及房山东部,为 400～500 mm;伏雨较少的是平谷、密云,雨量为 200～300 mm,怀柔、延庆为 300～400 mm(图 3),由于各地伏雨多少不同,因而就引起各地底墒的差异,但都接近或超过历年平均值。

1963 年秋雨少也是全市各个地区的共同特点,秋雨最多的朝阳、通县*及密云北部也仅有 30～40 mm,其次延庆、房山、大兴为 10～20 mm,其他地区一般不足 10 mm。

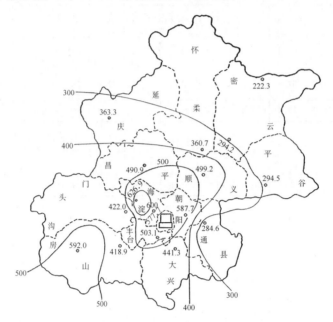

图 3　1963 年 7 月 21 日—8 月 20 日伏雨分布图(单位:mm)

墒情受土壤、气候、地势、地下水位、农业技术措施及其他条件的综合影响,在北京地区主要集中表现在“地”和“土”上,因此,不同的地区相差悬殊。1963 年播种小麦的时候,温榆河、潮白河等河流两岸及房山的兴里洼等地势低洼的地区,土壤过湿,播种时田间工作不易进行,但就全市的大部地区来看,伏雨虽多,但多为暴雨,故流失也多。秋季正值麦播时期,雨少,表墒一般较差,对播种、出苗及苗子生长不甚有利,甚至使有的地区(如房山、平谷、怀柔等地的某些地区)出苗还较困难,需要浇底墒水方能保住全苗。据 1963 年 10 月 13—15 日调查,北京大部分地区 0～10 cm 土壤湿度占田间持水量的 60% 以下,岗地和沙地则更少(不足 50%),对苗子生长不利,故当时高岗地和沙性土有缺苗、干尖、不匀壮等现象(表 20)。

表 20　1963 年各调查点苗情与墒情(10 月 13—15 日)

区县	社队地块	土壤	前茬	苗情	土壤湿度占田间持水量的百分比(%)		伏雨(mm)	秋雨(mm)
					0～10 cm	30～50 cm		
房山	豆店公社芦村大队村南	黄沙土	黍子	发黄、干尖死苗	47.3	54.2	418.9	10～20
	石楼公社大次洛村南	黄沙土	谷子	黄,缺苗	37.1	48.5	418.9	10～20
	豆店公社芦村 2 队	黑壤土	玉米	绿,壮	91.5	92.2	418.9	10～20
大兴	红星公社西红门大队 5 队	沙壤土	茄子	匀,壮	56.8	75.0	441.3	<10
	永合庄农场	沙壤土	谷子	不齐	42.1	82.3	441.3	<10
通县	宋庄公社北豪坟	沙土		弱,匀	54.2	82.7	284.6	30～40
	周各庄公社富豪大队	黏壤土		缺苗、断垄	49.5	97.5	284.6	30～40
昌平	百善大队	黄沙土	玉米	匀,壮	58.8	76.9	490.9	<10
	中越公社水塔后	黄沙土		匀,壮	51.7	73.1	490.9	<10
朝阳	王四营公社曹家坑马路东	沙土	玉米	匀,壮	59.2	78.1	587.7	30～40
	双桥畜牧场	黏土	玉米	匀,壮	43.0	82.7	587.7	30～40

---

*　现改为通州区,余同

续表

区县	社队地块	土壤	前茬	苗情	土壤湿度占田间持水量的百分比(%)		伏雨(mm)	秋雨(mm)
					0~10 cm	30~50 cm		
平谷	门楼庄公社南张岱马路东	沙 土	玉米	苗齐、不壮	85.4	84.6	294.5	<10
	门楼庄公社南张岱马路东	沙 土	玉米	苗齐、不壮	66.3	70.8	294.5	<10
海淀	永丰屯	黑黏土		匀 壮	38.0	60.6	626.9	<10

9月下旬至11月中旬继续少雨,因而表墒仍然不好。据10月28日测墒,河套地和一些比较低平的麦地,0~20 cm土层平均土壤湿度为17%~20%,30~100 cm土层平均土壤湿度为20%~21%;平地0~20 cm平均土壤湿度为14%~17%,30~100 cm土层平均土壤湿度为15%~18%;个别高岗地0~20 cm土层平均土壤湿度为12%左右;30~100 cm土层平均土壤湿度为15%左右。因此,本市大部分麦田需要进行冬灌。据11月底测墒,凡经过冬灌的麦田一般土壤水分比较充足(表21)。

表 21　北京地区 1963 年 11 月底几个点的麦地墒情　　　　　　　　单位:%

地点 地块 测定日期 深度(cm)	海淀马连洼		顺义城关		顺义城关		通县城关	
	平地沙壤 (11月10日灌冻水)		平地黄壤土 未灌冻水		河边黑地 未灌冻水		平地沙壤土 (11月21日灌冻水)	
	10月28日	11月28日	10月28日	11月29日	10月28日	11月29日	10月28日	11月28日
0~20	12.5	18.3	15.7	16.1	19.7	23.9	18.5	20.5
30~100	17.4	18.7	18.4	16.0	20.8	23.1	21.1	23.4

地点 地块 测定日期 深度(cm)	密云城关		大兴庞各庄		昌平城关	
	丘陵地轻壤土未灌冻水		平地未灌冻水		白府低洼地 (11月23日灌冻水)	
	10月28日	11月28日	10月28日	11月28日	10月28日	11月27日
0~20	11.7	9.5	17.3	15.9	16.8	22.6
30~100	14.5	12.7	21.2	22.4	20.7	25.8

虽然表墒差,条件不佳,但在全市种麦会后,为达到100万亩水浇麦地亩产300斤的指标,北京市大力平整了土地,适时进行了播种(90%以上为秋分麦)采用了良种(农大183、农大311、北京6号等),播量一般20~30斤/亩,四平地壤质土达到全苗、壮苗的要求,高岗地、沙地、瘠薄地,播前灌了底墒水,甚至播后灌了出苗水和盘墩水,截至11月25日调查时,麦苗普遍生长良好。冬前基本苗30万~35万株/亩,总茎数80万~100万,每株分蘖2~4个(表22为各县(区)冬前不同播期的热量条件)。可见,人为作用有效地克服了不利的条件。

表 22　1963 年各县(区)冬前不同播期的热量($\sum t_{>0℃}$)条件　　　　　　单位:℃・d

播期(日/月) 县(区)	15/9	20/9	25/9	30/9	5/10	10/10	15/10	20/10	0 ℃日期
海淀	776.6	682.9	597.8	512.2	439.8	364.9	298.1	248.5	25/11
通县	757.9	668.5	587.8	501.9	429.2	358.8	292.4	247.1	25/11
大兴	—	—	588.7	502.2	429.2	357.6	291.0	242.4	25/11
顺义	—	—	614.2	515.2	444.5	371.1	305.6	258.7	25/11
房山	—	694.7	—	—	448.5	—	—	—	25/11
怀柔	803.9	708.0	620.4	534.3	460.9	384.5	314.8	267.0	25/11

(2)各地区春季的农业气象条件

今年春季气温偏低,回暖慢。3月上旬平均气温一般为2.6~3.0 ℃,房山、密云、大兴等则为2.0~

2.5 ℃,延庆为−1.8 ℃;3 月中旬的平均气温未升高,反而稍低于 3 月上旬,大兴、房山、平谷、密云、怀柔等为 1～2 ℃,延庆为−1.6 ℃,其他地区为 2～3 ℃。各地的气温低于历年同期平均值 3～5 ℃,小麦返青日期亦相应推迟。如延庆在 3 月下旬平均气温 3.3 ℃时小麦才普遍返青。海淀区 3 月中旬返青,比历年平均晚了十几天。

　　4 月份阴雨连绵,4 月份降水最多的地区为门头沟和海淀两区的东部,全月降雨 140～150 mm,朝阳、丰台、房山东部及海淀北部为 120～140 mm,延庆、密云、怀柔、平谷北部为 70～100 mm,其他地区 100～120 mm(图 4)。4 月份相对湿度最大的地区在顺义、丰台、大兴。月平均相对湿度达 80%～82%,相对湿度比较小的是平谷、密云、怀柔及房山西部,一般小于 75%,其他地区约为 76%～80%。

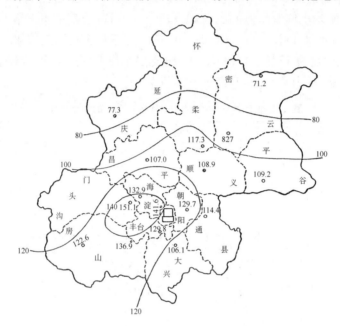

图 4　1964 年 4 月份降水量分布图(单位:mm)

　　4 月份日照时数的分布是"北多南少",延庆、怀柔、密云、平谷、门头沟及海淀西部月总日照时数在 120～135 h,阴天多的朝阳、丰台、房山等地月总日照时数不足 110 h(图 5)。

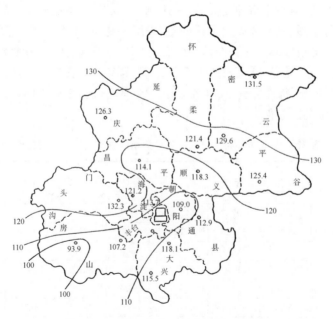

图 5　1964 年 4 月份日照分布图(单位:h)

从气候资料分析,一般 4 月份某一旬的总雨量大于 50 mm,5 月上旬或中旬雨量大于 20 mm,就可能有锈病发生。雨量愈大空气愈湿润,病情愈重;大雨出现得早,发病也早,对小麦危害也就愈大。从前述,可以看出,4 月中旬的旬总降雨量除延庆为 47.0 mm 外,其他各地都在 50 mm 以上。即全市各个地区都有导致锈病发生的条件。据调查,房山、近郊三区、通县、大兴等病情最重,而密云地区则相对地较轻,这与今年 4 月份雨量的多少形成了明显的相关性。但由于小麦发育期、小气候条件及农业技术措施等方面不相同,总的趋势是平原重于山区,发病时间也一般早于山区。同一地区,地势低洼处比地势高的沙性土病情重,如大兴和昌平、顺义、平谷的雨量及日照时数相似,而病情不同,这主要与当地的地势、地下水位、土质等有关。地势高、地下水位深、土质偏沙性的地块失水快,雨后土壤湿度很快减少,在田间形成了不利于病情发展的小气候条件。延庆与密云的雨量相似,但延庆受锈病危害比密云重。这是因为延庆小麦生育期比密云晚,锈病开始危害的时间就比密云早,锈病发生的早,对小麦的危害也就大。怀柔城关的月降雨量为 111.3 mm,但怀柔的病情不太重,我们分析,这主要是城关雨量的代表面不大,如怀柔的庙城、城关、杨宋庄等公社比城关以北各公社的病情重,这正说明了气象条件与锈病的发生发展密切相关。同时因各地的土质不同,今年采取的措施不同,也会得出不同结果,需要具体加以分析。

4 月份阴雨多,气温日较差小,致使小麦徒长披叶、封垄早、根少、根浅、根系发育不良、体内积累的营养物质少,在后期降雨偏少,6 月 15—17 日气温骤然上升。空气比较干燥的情况下,促成早衰、枯死、籽粒不饱满、千粒重降低。

5 月份北京地区少雨,大部分地区为 10~20 mm,而怀柔、密云、大兴等地还不足 10 mm,在气温回升、蒸发量加大的情况下,土壤水分迅速减少,到 5 月中旬,不少地区已显旱象。

有人认为:今年小麦后期早死、千粒重低主要是由于高温、干燥而造成的。从气象条件来看:今年 6 月 12 日开始,气温迅速上升,6 月 15—17 日极端最高气温达 33~34 ℃(图6),但这样的温度在北京地区是常见的。有些年份 6 月中旬极端最高气温可达 38 ℃ 以上,个别年份(如 1961 年 6 月 10 日)曾达 39~41 ℃,房山东部则达 42~43 ℃。此外,今年随着气温升高,空气也变得干燥,饱和差猛然增大,以 14 时饱和差而言,6 月 12 日为 8 hPa 左右,到 6 月 15 日已增为 37 hPa,但这在过去也是常出现的。如 1958,1961,1962 年等年份 6 月中旬曾出现过 2~3 次 40 hPa 以上的饱和差。

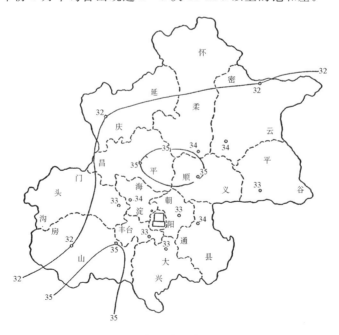

图 6　1964 年 6 月中旬极端最高气温分布图(单位:℃)

今年 6 月中旬确实出现了高温、干燥的气象条件。这种条件在北京地区是经常发生的。但过去很少形成像今年这样严重的灾害。而今年 6 月中旬高温干燥的气象条件同往年差不多,则成为减产的主要原因之一。我们认为主要是冬小麦前期生长不壮,根、茎、叶生长不正常,加之锈病严重,麦叶枯黄,因而抗逆性减弱,不能抵抗今年 6 月中旬高温干燥的气象条件。同时,高温也促使了早熟。

据以上所述看来,今年冬小麦不正常的提前成熟,光合作用提早结束,促成早死。前期茎秆内干物质积累少,加上后期不正常的条件,干物质积累仍少且时间缩短,引起千粒重急剧下降。仅仅认为 6 月 15—17 日的高温干燥使小麦早衰、千粒重下降的看法是不够全面的。

归纳起来,今年引起减产的气象条件是 4 月份多阴雨,日照不足,气温日较差小,5 月份高温高湿,生育后期高温干燥。影响冬小麦的生育特点是前期营养物质积累少,锈病重,倒伏多,不正常的提前成熟,后期供给籽粒形成的物质积累也少,且时间缩短(开花—蜡熟比往年缩短 5~7 d),最终反映在千粒重的降低上。

今年北京地区千粒重普遍降低,但降低程度不完全一样,与土、地、农业技术措施及小麦品种等密切相关。

据调查和分析,今年千粒重在北京地区的分布,总的来说和 4 月份降水、日照,4 和 5 月份空气湿度的分布,以及锈病的分布基本一致。4 月份降水多,日照少,4、5 月份空气湿度大,且锈病重的海淀、丰台、房山、朝阳等地千粒重较低,一般在 21~23 g;4 月份降水虽不多,但因其他原因及锈病的危害,如延庆等地区千粒重仅为 17 g 左右;4、5 月份降水较少,锈病比较轻的平谷、昌平、密云、怀柔等地千粒重均在 24 g 以上;其他地区居于中间。但通县、大兴等地,今年 4、5 月份降水虽不算最多,但因地势较低,湿度仍大,且 4 月份日照最少,故千粒重在 22 g 以下。而门头沟地区,在 4、5 月份降水虽很多,但当地土质一般属沙性土,水分渗透性良好,便形成了良好的土壤气候和植株小气候条件,并且日照时数较多,所以千粒重在 28 g 左右。总之,4、5 月份降水多,日照少,湿度大,地势低洼,水肥条件好,生长过旺地区和地块,千粒重就较小。

北京地区冬小麦生产年度的农业气候分析[*]

韩湘玲　孔扬庄　陆光明　马秀玲

（北京农业大学）

1　概况

新中国成立以来，特别是公社化以来，农民群众的生产积极性高涨，由于贯彻了八字宪法，推广了良种，实现了水利化，随着科学技术逐步深入农村，北京地区冬小麦产量随之年年增加（表1）。但事实也说明：栽培耕作措施的采用及其效益往往受到当年气象条件的很大影响。也就是说气象条件总是直接或通过栽培耕作措施间接对产量起着作用。

表1　北京地区各县(区)的产量资料

产量(斤/亩)　年份　县(区)	1956—1957	1957—1958	1958—1959	1959—1960	1960—1961	1961—1962	1962—1963	1963—1964
海淀农大试验站	73.5	417.7	500.6	577.5	755.3	536.6	540.0	507.7
海淀东北旺农场				262.0	389.0	475.0	412.0	390.0
房山县[**]南韩继	126.0	126.0	185.0	193.0	125.0	174.0	336.0	250.0～260.0
通县通镇公社新建大队	144.1	90.0	161.7	277.0	127.5	216.0	249.5	302.0
顺义县[***]城关公社杜各庄大队	—	—	—	120.0	130.0	156.0	176.0	200.0
怀柔县[****]一渡河大队	—	—	220.0	—	—	365.0	423.6	436.0
北京地区平均产量	73.0	100.0	80.0	75.0	80.0	124.0	50.0 或 160.0	200.0

如在 1960—1961 年这个冬小麦生产年度里，1960 年发生秋旱，1961 年早春回暖早，热量和光照充足，冬小麦返青早，当管理条件跟不上，尤其是肥、水不能及时追施和灌溉的地块产量很低。如表1，北京地区大面积平均产量在这一年只有 80 斤/亩。而管理水平较高，根据该年天气条件，播前灌了底墒水，春天灌了返青拔节水，并追了肥，加上后期管理及时的地块，即使在干旱条件下也获得了高产。如农大试验站该年亩产获得了 700 斤以上（表1）。

1963—1964 年冬小麦生产年度内，1964 年春寒多阴雨，光照极微弱，冬前生长健壮的麦田，早春即使未灌返青或起身水、拔节水，只追了 30～50 斤硫氨的麦田也未避免植株徒长，造成了第一、二节间过长，植株茎秆较软，中部叶片过长，导致后期植株倒伏，锈病严重，使千粒重和产量都下降。但是在该年条件下春季进行深中耕，严格控制施肥、积极防锈以及加强后期管理及时灌水的麦田则获得较好的产量，如怀柔县北宅公社一渡河大队和北京农大试验站的麦田。本地区在一般的年成里春季麦田是不进行深中耕的，但在 1964 年 4 月多阴雨的时候进行深中耕，可以切断表层根，抑制小麦地上部分的生长，有利于根向下扎，起到了蹲苗、控制徒长的作用。同时深中耕后还可以撤走一些水分，在一定程度上减轻了锈病的危害，对形成产量有明显的作用。如农大试验站的丰产麦田，虽然水肥条件充足，麦苗生长

---

[*]　北京市小麦科技总结会议资料选编，1964.

[**]　现改为房山区，余同

[***]　现改为顺义区，余同

[****]　现改为怀柔区，余同

较旺,但因采取了深中耕措施,后期加强了管理,仍获得了高于 500 斤/亩的产量。

可见,在不同的气象条件下,栽培管理措施应随之不同,干旱的春季返青—拔节期间有利于栽培管理上的促进,而阴湿的春季则必须进行有效的控制,后期则视前期的基础加强管理,否则将得到相反的结果。只有按照每年的天气特点考虑栽培措施,才能费力少而成功多。虽然每年的天气条件不完全相同,但对一个地区而言,总有一定的规律。我们对新中国成立以来的 15 个冬小麦生产年度尤其是 1958 年以来的 6 年进行了初步分析,并结合 1958 年以来调查的农民的经验和近 20~50 年的气候资料,以及 210 年的晴雨日记录和历史记载的综合分析,同时根据 1959 年(秋涝)、1960—1961 年(秋旱、春旱)、1964 年(4 月多阴雨)的资料,与 13 个县(区)的气象资料对比可看出,各县(区)均有相似的气候特点,只是程度有所不同。我们以海淀区四平地壤质土条件的麦田为主要的农业气候分析对象,具有一定代表性,其他各县(区)则作为对比。按冬小麦生育期的冬前和春后两段各划分三种类型进行农业气候的初步分析,为冬小麦稳产、高产采取有效栽培措施提出农业气候的依据。

2　北京地区冬小麦生产年度农业气候类型的划分及初步分析

北京地区的气候对冬小麦的生育及产量形成的影响,不外乎是水、热、光。其中"水"的年际变化和季节分配各年变化很大,往往水分的多少影响了热量,如秋涝年,冬季来得早,冬前热量就较少(如 1959 年)。水分也影响光照的强弱和气温日较差的大小,如春天多雨必然引起光照弱,日较差小(如 1964 年)。因而水分的过多或不足是主要矛盾。为此我们以"水"为主要因子,并考虑到热量和光照对冬小麦生育和产量形成的影响及其对栽培措施的影响的特点,来划分北京地区冬小麦生产年度农业气候的类型。

(1)根据冬前灌溉次数及播期早晚的异同以水分为主,参考热量条件,划分为三种类型

1)秋旱型:冬前热量正常,伏秋少雨,伏秋雨皆在历年平均的 60%以下。如 1962 年秋,伏秋雨*只有 149.3 mm,为历年平均的 50%。播前 1 m 土层土壤水分皆在田间持水量的 60%以下,不灌底墒水就播不下种,或者即使播下了种,冬季死苗较多。这种年头 9 月 20 日以前必须灌底墒水才不致影响播麦。实践证明:1951 年的底墒是够用的,这一年的伏雨量大于 160 mm,播前秋雨 31.9 mm,伏秋雨 177.6 mm 属于正常年景。而秋旱年的这几时段的降水量远比 1951 年的伏秋雨少,一般比该时段历年平均少 1/2~1/3(表 2)。分析有降水量记录的秋旱年的雨量和近几年的麦地土壤水分,初步确定伏秋雨不多于 190.0 mm,及正层土壤田间持水量小于 70%,为灌底墒水的指标。可根据截至 9 月 10 日的降水量和测定的土壤水分资料决定是否灌底墒水。据分析,9 月中旬降水量不超过 20 mm 的年份占 70%,大于 60 mm 的年份只占 10%(表 3),可见这旬的降水量一般不起多大作用。1962 年是一个严重的秋旱年,不灌底墒水的旱地冬前墒情极差,麦苗生长不良,而山地、沙地、薄地冬前除灌底墒水外,还须灌出苗水、盘墩水或冻水等 2~3 水。秋旱年冬前热量正常,适宜播期处于 9 月 20 日—10 月 5 日。

表 2　秋旱年伏秋雨量与历年比较　　　　　　　　　　　　　　　单位:mm

年份	1962	1960	1941	1930	1921	1920	1919	1895	1880	历年平均
伏雨(下/7—中/8)	143.4	134.6	21.9	109.9	101.0	52.0	65.0	142.7	59.0	236.4
秋雨(下/8—上/9)	5.9	19.8	18.5	36.3	11.6	23.2	58.4	17.0	22.6	59.7
伏秋雨(下/7—上/9)	149.3	154.4	140.4	146.2	112.6	75.2	123.4	159.7	81.6	296.1

表 3　9 月中旬各级降水量频率

降水量等级(mm)	(20,40]	(40,60]	(60,+∞)	[0,20]	降水量极值(mm)	
					最大	最小
频率(%)	30	16	10	70	89.0	0.0

---

　　* 原冬小麦生产年度时段的划分,秋雨系指 8 月下旬至 9 月中旬,为便于应用伏秋雨指标来考虑灌底墒水与否,则计算至 9 月上旬,即可据 7 月下旬至 9 月上旬的降水量来确定底墒水是否需要灌溉

2)秋涝型:伏秋雨量大,伏雨比历年平均大1倍以上,秋雨也大1/3。即伏雨大于500 mm,同时秋雨大于60 mm,伏秋雨大于600 mm(表4)。伏秋多雨,土壤水分状况良好。1 m土层土壤水分可达田间持水量的80%以上,但因秋雨过多,影响田间耕作,不能适时播麦。同时,秋涝年,冬前热量较历年为少(表5)。因此,更应该注意抢时耕地种麦,以免麦苗冬前生长不正常。从表5中可见,这两年同一播期甚至1959年还早播2～3 d,到冬前的热量远比1961年少,相差约3～4 d。这种年型的适宜播期为9月15日—9月30日(可满足播种,冬前0 ℃以上积温450～750 ℃・d)。秋涝年可不灌冻水,岗地、沙性强的土地可不灌底墒水,甚至可不灌冻水,而低洼地往往要排涝后才能播种。

表4 秋涝年伏秋雨量与历年比较　　　　　　　　　　　　　　　　　　单位:mm

年份	1959	1956	1883	历年平均
伏雨(下/7—中/8)	1001.5	510.1	534.9	236.4
秋雨(下/8—中/9)	71.3	116.8	178.8	59.7
伏秋雨(下/7—中/9)	1077.2	584.9	747.1	296.1
年成鉴定	涝	涝	涝	

表5 1959年及1961年冬前不同播期的热量条件与苗状

年份	1959								1961						
播期(日/月)	23/9	28/9	3/10	8/10	14/10	24/10	4/11	9/11	23/9	25/9	30/9	5/10	15/10	25/10	5/11
冬前热量(正积温,℃・d)	600.2	518.2	439.4	353.2	273.4	138.7	36.0	20.3	672.4	633.9	551.8	472.7	335.3	238.4	142.5
冬前分蘖(个)	2.7	1.5	1.3	0.1	0.0	0.0	0.0	0.0	2.9	2.5	2.5	1.5	0.3	0.0	0.0

3)秋季正常型:冬前热量和伏秋雨量与历年平均相近或偏多,播种时整层土壤水分达田间持水量的70%～80%,冬前只需灌适量冻水。而岗地等沙性强、土层薄的麦地仍需灌底墒水。如房山大次洛、南韩继,门头沟清水公社,傅家台,怀柔一渡河等地,甚至冬前灌2～3水(底墒水、出苗水或盘墩水、冻水等)(表6、图1)。

表6 冬前各种年型的水热指标、发生频率及农业技术措施特点(北京农业大学,1960年)

年型	降水量指标(mm)			麦播前土壤水分占田间持水量的百分比(%)			不同播期(播种—下降到0 ℃)	频率(%)	农业技术措施特点
	伏雨(下/7—中/8)	秋雨(下/8—上/9)	伏秋雨(下/7—上/9)	0～20 cm	20～50 cm	50～100 cm			
秋旱	≤60	≤60	≤170	<30	<50	<55	20/9—5/10	18	10/9前需灌底墒水,立冬至小雨节(中/11—下/11)当气温下降到0～5 ℃期间灌冻水
秋涝	>500	>60	≥600	80～90	90～95	95～100	15/9—30/9	6	因秋雨多,秋耕推迟,冬前热量又少,必须提前整地,于15/9—30/9抓紧播种,1/10以后播冬前热量<450 ℃・d
秋正常	—	—	>170,且<600	60～80	70～90	70～85	20/9—5/10	76	四平地需灌冻水,而沙岗瘠薄地仍需灌底墒水、盘墩水及冻水等

(2)春季根据不同栽培管理特点,以水分、热量、阴雨日数、光照强弱等异同划分为三个类型

1)春旱型:这种年型发生的频率为 45%,即大约两年一遇。其特点是:气温高,晴天多,日照充足,降水量极少且不均调,多风,土壤干旱。往往春来得早些,这就使冬小麦生育期提前,春季分蘖高峰出现较早,有利成穗。4 月以后,温度稳定升高,日照强、多风、少雨、旱麦地及裸地 4 月上旬土壤表层水分急剧下降。4 月各候日照时数比历年平均多,而降水则极少。4 月份降水小于 20 mm 的年份占 87%,拔节—抽穗期间,则皆小于 15 mm(表 7)。旱地麦 4 月份生育状况显著变坏,主要因为在这个时期内冬小麦的水分供应极少。而水浇地这时则能比较容易地掌握高产措施,只要水肥适时,就可以在充分利用自然的热量和光照条件下进行蹲苗,达到根深、茎秆坚实、叶片长度适中的目的,为获得高额产量打下基础。5 月中旬后土壤湿度下降达全年最低值,此时高温、空气湿度小,降水少。这种年份的天气条件由于缺水,不利灌浆,引起青枯早衰,但可通过人工灌溉加以克服。

表 7　春旱年 4—5 月各级降水的频率　　　　　　　　　单位:%

降水等级(mm)	<10	<15	<20	<30	历年平均降水量(mm)
4 月	57	78	87	100	17.9
中/4—上/5	78	100			24.3

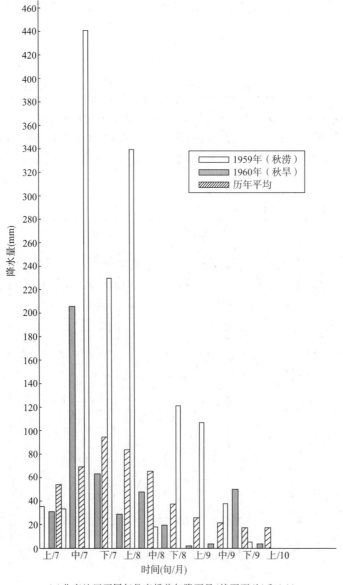

(a)北京地区不同年份麦播前旬降雨量(接下页(b)和(c))

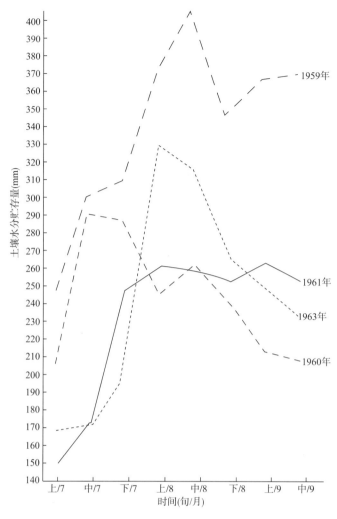

（b）北京地区不同年份麦播前 1 m 土层土壤水分动态

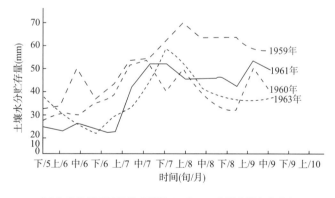

（c）北京地区不同年份麦播前 0～20 cm 土层土壤水分动态

图 1　冬前各种类型降雨量和每 1 m 土层土壤水分动态比较

　　根据这种年型天气特点,田间管理应以促进为主,控制为辅,栽培上则以争取穗多、粒多、粒重的途径来获得高产。 总之,这种年型有利于小麦丰产栽培。应充分利用这种年型的有利条件并有效地克服不利条件。

　　①当春季回暖早时,分蘖时间则较长、分蘖高峰出现也会早,这就需要适时适量的施肥,以提高成穗率。

　　②春季温度高,阳光充足,则利于有机物质的制造和积累,虽严重缺水,但可主动按作物需要,适时适量灌水追肥,从而充分利用有利的自然的热、光资源,达到粒多、粒重的目的。

③根据本地区四平地壤质土壤 0～100 cm 土层土壤水分的变化规律,结合作物的需水特性,该年型春季一般须进行 4 次灌溉,即起身(4 月上旬)、孕穗(4 月下旬)、扬花(5 月中旬)、灌浆(5 月下旬至 6 月初)水。

不同年份春季旱麦地土壤水分动态见图 2。

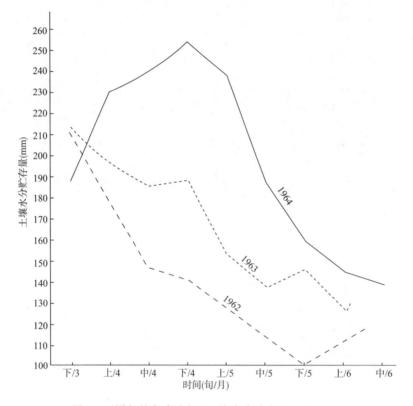

图 2　不同年份春季旱麦地土壤水分动态(0～100 cm)

2)春阴湿型:这种年型发生的频率为 12%,大约十年一遇,但像 1964 年这样特殊的只百年一遇,其特点是春寒、阴雨日数多,光照少,降水量及土壤湿度大,气温日较差小,新中国成立后出现的有 1950 年和 1964 年等,以 1964 年最为典型。

早春返青—起身期间各候气温比历年平均低,日平均气温稳定通过 5 ℃,10 ℃,15 ℃稍晚,往往以后的生育期也推迟(表 8)。分蘖高峰比干旱年推迟,不利成穗,但对穗分化是有利的。只是土壤湿度过大的麦田,由于地温较低,5 ℃开始得晚,穗分化时期缩短。

表 8　春阴湿年春季热量与冬小麦生育期

年份	界限温度起止日期(日/月)			分蘖高峰出现日期(旬/月)	物候期					
	5 ℃	10 ℃	15 ℃		返青	拔节	抽穗	开花	乳熟	蜡熟
1963	11/3	9/4	30/4	下/3—初/4	9/3	15/4	11/5	16/5	1/6	15/6
1964	24/3	10/4	1/5	初/4—上/4	11/3	22/4	17/5	20/5	4/6	16/6
历年平均	20/3	3/4	23/4	下/3	1/3	17/4	10/5	15/5	30/5	11/6

起身—拔节期间阴雨日多,光照弱,降水量及土壤湿度大,蒸发量小,空气湿度大,形成植株茎秆不坚、叶长、根浅(图 3、图 4)。据农学家的观察第一节间 4 月初到 4 月 15 日期间形成,第二节间在 4 月中旬至 5 月初形成,此期间要求足够的光照,在郁闭的条件下节间则伸长,此期间光照弱不利于茎秆坚实。1964 年 4 月中旬全为阴雨日,日照只有 8 h,为历年平均的 1/10,4 月的日照为 121.2 h,不到历年平均的 1/2,这一年第一节间长度多数大于 8 cm,第二节间长度大于 15 cm,同时中部叶片长超过 16 cm,空

气湿度大,通风透光不良造成茎秆不坚,这些都为倒伏造成了有利条件。

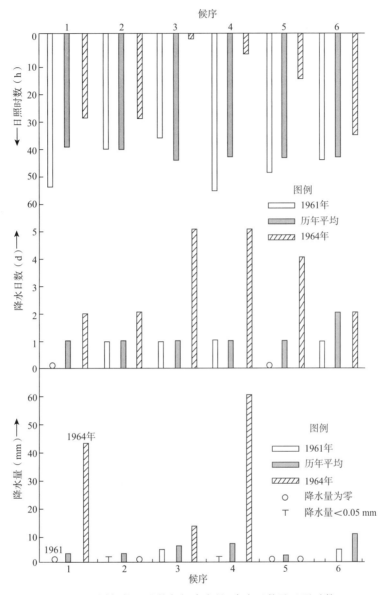

图 3　不同年份 4 月份各候降水量、降水日数及日照时数

一般年成 4 月上旬上层土壤湿度下降迅速,而春阴湿年,尤其是 1964 年,只灌冻水的麦地 4 月份表层土壤水分处于田间持水量的 80%～90%;及至 5 月初仍保持为田间持水量的 80%,深层达 90%。旱麦地表层土壤水分也有田间持水量的 70%～80%,不利于根下扎。房山惠南庄调查结果为 0～10 cm 处持水量最多。农大试验站调查结果为 0～20 cm 处最多,占 0～50 cm 处的 85%(往年集中于 0～30 cm 土层)。这使后期抗旱能力大为减弱。总之,4 月份 100 mm 以上的降水对作物是有益的,相当于起身、拔节两水。但由于阴天多、光照少、蒸发小、湿度大(图 4),不利于植株生长,导致节间长、茎秆软、披叶多、根浅,并为锈病发生和后期倒伏创造了条件。

光照弱、日较差小,干物质积累少,则影响后期籽粒形成,在茎秆中贮存的养分也就少。春阴湿年 4 月各候气温的日较差皆比历年小,以 1964 年为最明显,4 月中旬 3.8 ℃,只为历年平均的 1/3(图 4)。即白天温度低,夜间温度高,则光合生产率很少,据农大试验站资料,此时期干鲜比反而下降,由于贮存的养料极少,这对后期籽粒形成十分不利。

在上述 4 月份的气象条件作用下,使小麦个体生长为披叶多、根浅、茎秆不坚,从而导致了群体郁闭、不抗倒、不抗旱、不抗病等特点,5 月后稍遇风雨即发生倒伏,如 1964 年 4 月下旬即局部地块发生倒伏,5 月 16 日(开花前)、6 月 1 日(乳熟)遇风雨则普遍发生倒伏。1963 年则倒伏发生较晚,5 月 18 日(开花后)风雨后发生倒伏。从这两年倒伏对产量的影响来看,倒伏发生在开花前影响最重。此外,由于小麦株形头重脚轻,灌溉也会引起倒伏。

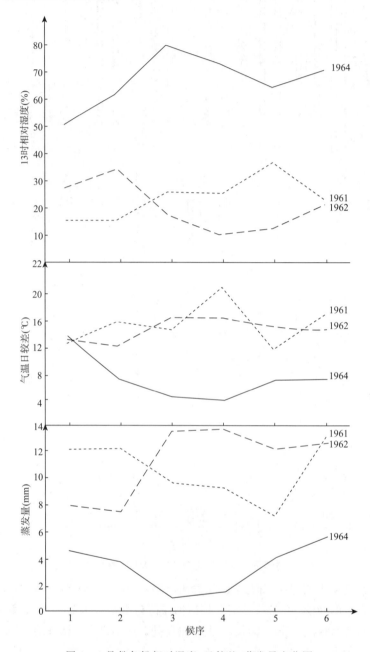

图 4　4 月份各候相对湿度、日较差、蒸发量变化图

　　入 5 月后,温度上升形成了麦田高温高湿的条件,又加上此时风力不大,很容易引起锈病的严重发生,使前期生长基础差的小麦过早地出现枯黄叶片后,光合作用受到影响,对籽粒形成极为不利。

　　一般年份 5 月后温度升高到 20 ℃以上,但在 6 月 10 日—6 月 15 日期间常出现几天温度骤然上升的情况(图 5),由图 5 可见温度骤然上升出现最早的是 1963 年 6 月 10 日,1962 年上升后持续时间最长,这种温度条件有促进小麦成熟作用,严重时引起干旱风,而 1964 年高温并不突出,但由于锈病的影响,叶子黄得早,即光合作用停止得早,物候期推迟,加之此时表层土壤墒情极差,这种上升温度促成了植株早死。但是,如果后期灌水(5 月下旬),可以减轻其危害,有利于增加籽粒的重量。

　　看来,这种年成有许多不利的条件,但掌握其特点后是可以控制并获得高产的。如农大试验站于 1964 年全站平均亩产 507.9 斤,怀柔一渡河每亩 470 斤。其主要经验之一是根据天、地、苗的特点采取不同的栽培措施。如：

①深中耕：一般旱年春季耧麦(松土)是为了抗旱保墒,而阴湿年须进行深中耕,为了撤墒及切断表层根,以便减少湿害,并起蹲苗作用。

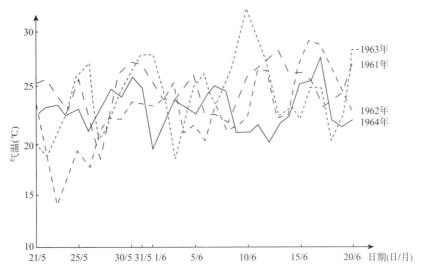

图5 1964年春末夏初(5月下旬—6月中旬)逐日气温与历年比较

②起身—拔节期间不灌水,不施或少施肥,减少徒长的可能,严格遵守看天、看地、看苗进行施肥灌水。

③防治锈病：阴湿年对锈病发生和蔓延最有利,所以要注意及早防治。

④后期(5月下旬)必须灌水,据农民经验这种年型因冬小麦前期处于水分充足的条件下生长,加之锈病的感染、叶早衰、根浅等使植株很不耐旱。实践证明,后期(5月下旬)灌水1~2次能获得较高的千粒重和产量。

总之,这种年型可省肥水但不利控制,群体发展容易过大,并且干物质积累小,所以应争取穗大粒重,达到丰产。主要把握4月份的天气,变不利为有利以达丰产。

3)春正常型：这种年成发生的频率为43%。所谓正常,即与历年平均相近,春季回暖早晚时间不定,如1962年回暖较晚,1953年则较早。降水量亦与历年相近,有时符合农民说的"麦收八、十、三场雨",即9月、11月、4月有适时的降水,但有时也有波动,前期稍多,后期稍少。阴雨日数及日照时数接近常年或稍少。这种年成旱地麦管理良好每亩可收200~300斤产量,若要高产,仍须水肥保证。

在这种年成应注意充分利用自然降水,并可省去1~2次灌水或减少灌量,以达到经济用水的目的(表9)。

表9 春季各型指标及发生频率

年型	降雨量指标(mm)		4月阴雨日、日照指标				频率(%)	代表年
	中/4—上/5	中/5—25/5	4月		4月中旬			
			雨日数(d)	日照时数(h)	雨日数(d)	日照时数(h)		
春旱	≤12	<70	<11	≥260	<5	≥80	45	1960,1961
春阴湿	>12	≥70	≥11	<260	≥5	<80	12	1950,1964
春正常	>12	<70	<11	≥260	<5	≥80	43	1953,1962
历年平均	24.3	40.5	7	258.8	2	89.3	—	—

上述冬前与春季类型的划分与指标及其农业技术措施特点仍很不成熟,有待今后进一步深入研究,敬请大家批评指正。

北京地区伏、春雨与旱地冬小麦的关系*

韩湘玲

（北京农业大学）

北京地区春旱比较严重,它直接影响着旱地冬小麦的收成。1960 年当本地发生了严重的春旱时,为了研究这一问题,我们专业的部分师生深入郊区农村,向农民群众、农业技术员等进行了调查研究,而后又反复进行了总结,深深体会到群众对于干旱发生规律的认识及抗旱办法,有着极其丰富的经验。

自 1958 年以来,虽然北京地区水浇麦地的面积扩大了很多,但目前仍有旱地麦田。同时更重要的是:很好地认识群众关于冬小麦干旱规律的经验,也可为水浇麦地合理灌溉的科学依据。

下面我们根据所调查的群众经验,结合北京气象台的气候资料和北京农业气象试验站的土壤湿度资料,以及北京地区大面积的产量资料,对北京地区伏、春雨与旱地冬小麦的关系做一初步的分析。

1 冬小麦生产年降水时段的划分**

北京地区年降水的特点是:雨量分布不匀,年际变化大。历年平均年降水量为 625.6 mm,主要集中在夏季,冬春雨雪很少。在冬小麦生育期间的平均降水量为 150.5 mm,只占冬小麦全生育期需水量(250~600 mm)的 1/4~1/3。

旱地冬小麦拔节至灌浆期间(4—5 月),是需水量最多的时期,此时所需水分约占全生育期的 50% 以上,然而该时期的降水量平均只有 60.1 mm,远不能满足适宜需水量的要求,供需之间的矛盾甚为突出。可见,对于北京地区的旱麦地,由于生育期间的降水量不足,造成了干旱,这是影响冬小麦产量的关键因子。在一般的条件下只要适时播种,热量条件是足够的。

但是,要研究旱地冬小麦与降水之间的关系,仅用一般的季节划分,或只考虑冬小麦生育期间的降水,来分析降水资料是不够的。据调查,群众将冬小麦生产年的降水,划分为伏雨、秋雨、封地雨、冬"雨"、春雨、麦收雨六个时段。强调了伏雨与春雨的作用,群众说"麦收隔年"、"三伏有雨多种麦,三伏无雨休种麦"、"春雨贵如油"、"四月逢春雨,麦收有保证"等。

(1)伏雨:群众沿用夏至后三庚数伏,即从夏至后三个庚日,正是头伏,故取 7 月 21 日算起至 8 月 31 日。这既包含了"麦收大暑奔立秋"所指的大暑至立秋的时期,也考虑到 8 月下旬的降水仍具有贮墒作用。这是旱地冬小麦播种和生育的底墒基础。据调查,"麦收八、十、三场雨"之八月雨指的是伏、秋雨。

(2)秋雨:指冬小麦播种前及幼苗期(9—10 月)的降水。平均降水量为 73.3 mm,其变率较大(51%)。这场雨虽不能直接增加底墒,然而对保存底墒和小麦播种与幼苗生长作用很大,尤其在伏雨少、底墒不足的年份,它是旱地冬小麦能否正常播种出苗的决定性条件。如 1962 年伏雨少,密云县部分地区靠一场大于 25 mm 的秋雨才播下了种。在山区或沙性土的旱麦地,土层瘠薄,伏雨不能很好贮存,秋雨的作用更是显著。个别秋雨过多的年份将影响及时播种。

(3)封地雨:秋末冬初土壤开始封冻(日化夜冻)时的降水,即群众所述"麦收八、十、三场雨"之十月雨。虽然雨量很少,却可起到使土壤松弛、保温、调水的作用,群众十分重视。在有灌溉条件的麦浇地,

---

* 原文发表于《气象通讯》,1964,(1):16-19.

** 主要指四平地壤质土地区;冬小麦生产年指从 7 月下旬至次年 6 月下旬将近一年的时间

则实行灌封冻水。

(4)冬"雨":量极少,12月至次年2月多年平均只有10.6 mm,对补给土壤水分作用不大。

(5)春雨:3—5月的降水,但最关键的是晚春雨,即群众所述"麦收八、十、三场雨"之三月雨。正是冬小麦需水临界期和需水最多的时期,雨水的多少对旱地冬小麦产量形成起着重要的作用。

(6)麦收雨:这时多雨会影响麦收和打场,以致减收。

上述各时段的平均降水量和变动情况见表1。

表1 北京地区冬小麦生产年内各时段的降水量(1875—1963年)

| 时段
(旬/月或月) | 伏雨
(下/7—下/8) | 秋雨
(9—10) | 封地雨
(11) | 冬雨
(12—2) | 春雨(上/3—下/5) | | 麦收雨
(6) | 冬小麦全生育期雨量
(下/9—中/6) | 冬小麦生产年内雨量
(下/7—下/6) | 年降水量 |
					早春雨 (上/3—上/4)	晚春雨 (中/4—下/5)				
平均降水量(mm)	278.9	73.3	10.7	10.6	10.3	50.3	73.5	150.5	507.6	625.6
占年雨量的百分比(%)	44	12	2	2	2	8	12	24	81	100
相对变率(%)	44	51	69	56	61	56	86	33	31	28
1952—1953年的降水量(mm)	307.6	70.3	6.6	8.2	13.3	87.8	90.4	204.2	584.2	

群众所谓的"风调雨顺"的年份,实际上即为各主要时段降水量基本正常或偏多,伏雨多于常年,有一场好的封地雨,4月份有几场春雨,即为"麦收八、十、三场雨"的年份,旱地冬小麦可以获得良好的收成。1952—1953年即如此。

上述各时段的降水对冬小麦生育的影响是互相联系的,但作用大小不一,其中最关键的是伏雨和春雨,故着重予以讨论。

2 伏雨是旱地冬小麦生育的底墒基础

北京地区伏雨的特点是,雨量多而集中,历年平均伏雨量为278.9 mm,占年雨量的44%,为冬小麦生育期间降水量的1.9倍。年际变率较小,比较稳定,从各时段降水量的相对变率来看,以伏雨为最小。

伏雨是旱地冬小麦生长发育的底墒基础。它可以渗透到土壤中去保存下来,增加底墒。据对北京农业气象试验站的土壤湿度资料分析(基本上可以代表北京地区四平地的一般情况),在雨季前和雨季过后,1 m深土层内的土壤水分贮存量起了很大的变化,雨季前为全年最低,雨季过后显著增加。

在一般的年份,即伏雨量与历年平均值相近(如1961年),雨季前,1 m土层内的土壤水分贮存量只有131.0 mm,而雨季过后到麦播前期为250.2 mm,增加了近1倍。而且伏雨量越多,土壤贮水量增加得也越多,底墒也越好,如1959年(表2)。

表2 雨季前后至开春裸地1 m土层土壤水分贮存量的变化(北京农气试验站土壤蒸发观测场)

| 年份 | 伏雨量
(mm) | 雨季到来前土壤水分贮存量(mm) | 雨季后麦播前(中/9)土壤水分贮存量(mm) | 伏雨补给的土壤水分贮存量(mm) | 开春后土壤水分贮存量(mm) | | 3—4月降水量(mm) |
					下/3	下/4	
1959—1960	1 017.8	204.4	366.4	162.0	—	218.7	9.9
1960—1961	152.9	174.7	206.1	31.4	231.6	204.2	26.8
1961—1962	283.9	131.0	250.2	119.2	239.9	225.1	14.5
1962—1963	148.8	162.3	186.2	23.9	208.1	213.6	47.1

伏雨不仅能增加 1 m 土层内的底墒,而且可以贮存到 1 m 土层以下。据陕西武功和山西临汾的研究,以及对北京农业气象试验站 1963 年的麦地土壤湿度资料分析结果,伏雨均可渗透到 2 m 土层,增加深层的底墒。

由于伏雨是底墒的基础,因而对冬小麦播种和幼苗生长起着重要的作用。一般伏雨越多,底墒越充足,对旱地麦播和幼苗生长越有利。如果伏雨严重不足,底墒差,秋雨又少,会影响适时播种和幼苗生长,造成缺苗和苗弱的现象。如 1960 年伏雨仅为 152.9 mm,秋雨又少,经过抢墒后,勉强播了种,但因底墒不足,秋冬死苗现象严重。1962 年伏雨为 148.8 mm,麦子播不下种,死苗多,尽管次春雨水比较充沛,每亩仍只获 30～50 斤的产量。而同一年灌了底墒水或蒙头水和封冻水的水浇麦地,冬前的土壤水分与伏雨正常的 1961 年相近,每亩则获得了 100～400 斤产量。

由于伏雨的底墒作用,在冬季土壤冻结时期,可以借助于土壤的温度梯度、毛管和扩散的作用,将 1 m 土层内或其以下的底墒源源不断地输送到土壤上层,冻结凝聚,从而增加了土壤耕作层的水分,促使冬小麦返青生长。一般伏雨越充沛,底墒越好,这种效应就越显著。分析表 2 也可以看出,在伏雨多的年份,春季土壤水分较为充足,维持的时间较长。这就和群众所说的"三伏雨顶到三月雨"的说法是相符合的。如 1959 年伏雨充沛(达 1 017.8 mm),次春(3—4 月)雨水稀少(仅 9.9 mm),到 5 月 1 日测定的 1 m 土层内的贮水量为 232.8 mm,比 1963 年(有 47.1 mm 春雨,而伏雨不足)同期的土壤贮水量还多。

据上述分析,伏雨虽不下在冬小麦生育期间,但却是旱地冬小麦生长发育的底墒基础,对于播种出苗,返青生长,以及春季分蘖拔节等都起着重要的作用。这证明群众所说的"麦收隔年墒"和"三伏有雨多播麦,三伏无雨休种麦"的经验是十分科学的。因此如何充分利用伏雨,做好蓄墒保墒工作,对于旱地冬小麦和春播有着重要的意义。同时,在伏雨少、底墒不足的年份,水浇麦地应及时灌底墒水。

为了了解历年伏雨的情况,我们统计了 1875—1963 年的降水资料,求算出了各级伏雨量的保证率(表 3)。

表 3　北京地区各级伏雨量的保证率(北京气象台 1875—1963 年)

伏雨量(mm)	≥605.4	≥502.2	≥390.6	≥306.9	≥279.0	≥239.9	≥209.2	≥173.0	≥139.5	≥108.8
保证率(%)	5	10	20	30	40	50	60	70	80	90

3　春雨对旱地冬小麦产量起着决定性的作用

开春以后,冬小麦返青、起身、拔节,由营养生长阶段转化为生殖生长阶段。在幼穗分化以前,对水分的要求不是很多,一般可由底墒供给。但进入拔节期后,至抽穗、开花和灌浆期,需水量最多,生命活动最强烈,此时的土壤水分正在急剧减少,因此春雨(尤其是晚春雨)对旱地冬小麦起着决定性的影响。故群众说"春雨贵如油"、"四月逢春雨,麦收有保证"。

北京地区春雨的特点是:

(1)雨量小。历年的春雨平均值为 60.6 mm,占年雨量的 10%。其中关键时期的晚春雨占年雨量的 8%。

(2)年际变化大。4—5 月降水量最多的年份可达 148.8 mm(1951 年),最少的只有 5.7 mm(1876 年)。早春雨的相对变率为 61%,晚春雨的相对变率为 56%,就是说春雨非常不稳定,大部分年份易引起干旱,个别年份也因春雨过多,而引起病害,是引起旱地冬小麦产量不稳定的主要原因。

(3)春雨消耗迅速。由于开春后气温迅速升高,大风多,蒸发快,加上降水量少,因此一般少量的降水消耗迅速。

(4)一定强度的春雨,其有效性大。根据群众和农学家的经验,春旱季节一次降水过程有 10 mm 强度的雨,对冬小麦就有效,不仅能湿润叶片,而且可湿润 10 cm 的土层。分析春季裸露地的土壤湿度资料也看出:春季 3—5 月间日降水量大于 10 mm,或连阴雨 2 d 以上,降水总量大于 10 mm,土壤贮水量有明显的增加,对冬小麦生育十分有利。

依据冬小麦的需水要求和本地春雨特点,分析春雨和旱地冬小麦产量之间的关系看出,伏雨正常,春雨正常或偏多,尤其是晚春雨有效性降水较多(大于 10 mm)的年份,旱地冬小麦即可获得较好的产量。且在春雨适宜的范围内,春雨越多,增产效果越明显。除上述 1952—1953 年外,还有 1954—1955 年,这一年的伏雨为 515.8 mm,春雨为 112.7 mm,产量达 143 斤/亩,高于多年平均。若是伏雨正常,春雨比历年少得多,或者是很少,则遭春旱,产量仍然很低。如 1956—1957 年伏雨为 545.9 mm,春雨仅 9.3 mm,亩产只有 73 斤;1958—1959 年伏雨为 208.8 mm,春雨仅 13.7 mm,亩产 80 斤;1959—1960 年伏雨虽达 1 017.8 mm,但因 4—5 月降水只有 12.8 mm,亩产仍然很低(75 斤)。若是伏雨不足,春雨又少,产量也是很低,如 1960—1961 年伏雨为 152.9 mm,春雨 19.7 mm,亩产只有 80 斤。由此可见,春雨,尤其是 4 月中旬至 5 月下旬的晚春雨,对旱地冬小麦产量形成起着决定性的作用。

但是,在个别年份由于春雨过多,日照不足,植株生长不正常,锈病流行危害,也会导致减产,如 1949—1950 年和 1950—1951 年伏雨都正常,分别为 464.1 和 340.2 mm,春雨大大超过历年平均,分别为 182.8 和 146.8 mm,产量较低,亩产分别为 83 和 86 斤。

为了解北京地区历年春雨情况,现将春季各旬降水的各等级频率列于表 4。分析表 4 看出,早春大于 10 mm 以上的降水频率有 7%,晚春雨有 30%,可以有效地供给旱地冬小麦生育。

表 4　春季各旬各降水等级的频率(北京市气象台 1875—1963 年)

日期(旬/月)　频率(%)　等级(mm)	早春雨					晚春雨					
	上/3	中/3	下/3	上/4	上/3—上/4平均	中/4	下/4	上/5	中/5	下/5	中/4—下/5平均
无雨	39	35	29	16	29	19	14	6	6	4	10
<10.0	59	61	63	72	64	65	68	57	55	54	60
10.0~19.9	2	2	8	10	6	4	6	16	21	18	12
20.0~39.9	0	2	0	2	1	8	8	19	18	16	14
40.0~59.9	0	0	0	0	0	2	4	2	0	2	2
≥60.0	0	0	0	0	0	2	0	0	0	6	2

4　旱地冬小麦干旱类型的初步划分

影响北京地区旱地冬小麦产量的因素固然是多方面的、综合的,然而干旱是一个极其重要的原因,尤其是伏雨和春雨这两个关键因素。为此,我们根据上述分析和群众经验,以及有关资料分析后,初步定出旱地冬小麦秋、春旱的指标如下:

(1)秋旱:伏雨不足 160 mm,即为历年平均伏雨量的 60% 以下,底墒不足,播不下种,秋冬有死苗 *,开春墒情差。

(2)轻春旱:晚春雨不足 40 mm,为历年平均春雨量的 70% 以下。

(3)重春旱:晚春雨不足 25 mm,为历年平均春雨量的 40% 以下。

(4)秋春连旱造成的减产更是严重。

此外,晚春雨过多(超过 140 mm),对冬小麦也不利。

依据上述指标,对照气象资料进行分析的结果见表 5。分析表 5 看出:在北京地区出现不同程度春旱的频率达 31%,近于三年一遇。出现秋旱的频率为 18%,十年不到两遇。综合不同程度秋、春旱年份,约两年一遇。秋春连旱年份(一般均为重旱),基本上十年一遇,旱地小麦收成比较正常的年份五年中有两年。春雨过多的年份较少。

---

*　此处系指生理干旱而造成的死苗,而不是冻害造成的死苗

表 5　北京地区旱地冬小麦干旱类型及其出现频率

（北京气象台 1875—1963 年共 45 年资料）

干旱类型		指标（降水量，mm）		出现频率（%）	代表年份
		伏雨（下/7—下/8）	晚春雨（中/4—下/5）		
Ⅰ秋旱		<160	≥40	9	1962—1963
Ⅱ春旱	轻春旱	≥160	<40	15	1955—1956
	重春旱		<25	16	1959—1960
Ⅲ秋春连旱		<160	<25	9	1960—1961
Ⅳ正常		>160	≥40 且<140	40	1952—1953
Ⅴ春雨过多		>160	≥140	11	1950—1951

北京地区水分条件与农业生产[*]

韩湘玲　曲曼丽

（北京农业大学）

1　降水的一般特征

北京位于华北平原的北端,季风气候极为明显,降水时期短而集中,干湿季分明,同时由于地形的影响,又使北京地区降水比同纬度及纬度偏南的某些地区降水量偏多。

根据北京地区降水资料,1841—1972 年(有资料记录的共 101 年)平均值为 640 mm,降水量较为丰富,比石家庄、衡水、沧县等地多 150~200 mm,比近海的天津多 100~150 mm,且降水主要集中在夏季(6—8 月),占年降水量的 70% 以上,是作物生长需水的主要季节,因此降水量季节分布对北京农业生产也是有利的。

1.1　降水量的年际变化特点

由于冬夏季风进入华北地区时期和持续时间不同,引起北京地区降水量的年际变化很大,年平均相对变率为 27%。根据北京 101 年降水量资料分析,1891 年出现降水量最小值 168.5 mm,到 1959 年降水量出现最大值为 1 406.0 mm,两者相差达 1 237.5 mm,其中出现在 600.1~700.0 mm 的近似常年平均值的降水量频率为 23%,出现在 500.1~800.0 mm 之间的降水量频率为 52%,这说明北京地区降水量出现在正常年范围和近似正常年范围约占 50% 强,而大于 800.0 mm 的涝年和大于 1 000.0 mm 的特涝年份约占 18%,小于 500 mm 的旱年和小于 400 mm 的大旱年约占 30%(表 1)。

表 1　北京不同年份降水量等级出现的频率

年降水量等级(mm)	≤300.0	300.1~400.0	400.1~500.0	500.1~600.0	600.1~700.0	700.1~800.0	800.1~900.0	900.1~1 000.0	>1 000.0
出现频率(%)	4	10	16	15	23	14	5	8	5

因此在北京地区满足作物一般生产水平,基本需要的 ≥500 mm 降水量有 70% 以上的年份出现(表 2)。

表 2　北京年降水量保证率

保证率(%)	10	20	30	40	50	60	70	80	90
不同等级降水量(mm)	≥936.1	≥833.5	≥758.9	≥695.9	≥637.0	≥579.3	≥516.3	≥441.7	≥339.1

注:1841—1972 年共 101 年的资料

1.2　降水量的季节分布特点

北京地区年降水量季节分布不均匀,雨水主要集中在夏季,冬春干旱少雨(表 3)。

---

　* 原文发表于《北京农业科技》,1974,(增刊):13-22。

表 3　北京各月降水量(1959—1972 年)

月份	1 月	2 月	3 月	4 月	5 月	6 月	7 月	8 月	9 月	10 月	11 月	12 月	全年
降水量(mm)	3.2	8.3	11.0	24.6	22.2	48.4	230.0	210.3	63.7	18.2	5.5	1.2	646.6

由表 3 可知,春季(3—5 月)降水量为 57.8 mm,约占全年降水量的 8.9%,夏季(6—8 月)降水量488.7 mm,约占全年的 75.6%,秋季(9—11 月)降水量为 87.4 mm,约占全年降水量的 13.5%,冬季(12月—次年 2 月)降水量为 12.7 mm,约占全年降水的 2.0%,因此形成"常年春旱,夏季易涝"的气候特点。

春季降水历年出现在几毫米到 200 mm 之间,降水量不足 60 mm 的年数占总年数的 54%,不足100 mm 降水量的年数占总年数的 85%(表 4),因此春旱出现极为频繁。

表 4　北京春季(3—5 月)不同等级降水量出现的频率

降水量等级 (mm)	<20.0	20.1~40.0	40.1~60.0	60.1~80.0	80.1~100.0	100.1~120.0	120.1~140.0	140.1~160.0	>160.0
频率(%)	12	25	17	19	12	7	3	3	2

注:1841—1972 年共 101 年的资料

夏季降水量主要集中在 7—8 月,降水量在 200~500 mm 之间,约占 62%(表 5)。最旱年出现在 1869年,降水量为 32.0 mm 及 1860 年降水量为 150.9 mm,最涝年出现在 1959 年,降水量为 1 086.1 mm。

表 5　北京 7—8 月不同等级降水量出现的频率

降水量等级 (mm)	<200.0	200.1~300.0	300.1~400.0	400.1~500.0	500.1~600.0	600.1~700.0	700.1~800.0	>800.0
频率(%)	12	20	26	16	9	11	2	4

注:1841—1972 年共 101 年的资料

7—8 月降水量多少,影响玉米、棉花等作物生长及产量,也影响当年冬小麦播种、来年春季墒情,以及水稻种植面积等。

1.3　降水量的地理分布特点

由于北京西部、北部及东北部为山地,地势由西北向东南倾斜,受这种特殊地形的影响,降水量在地区分布上也有明显的差异,山前迎风坡要比背风坡地带多 100~200 mm,因此形成山前多雨区及西部、西北部深山少雨区。

(1)年降水量分布特征

平原及部分山区降水量均在 600 mm 以上,向西部和西北部山区降水量逐渐减少至 500 mm 左右,而延庆西部及西北部降水量最少,在 500 mm 以下,平原地区通县及大兴县*南部降水量也偏少,在600 mm 左右(表 6、图 1)。由于山地迎风坡的影响,出现怀柔沙峪及枣树林一带的多雨区,1969 年降水量曾达 1 500 mm,比平原地区多 500 mm,1970 年达 860 mm 以上,比平原地区多 200 mm;干旱的 1972年降水量达 750 mm,也比平原地区多 200~300 mm。另外,房山及门头沟的浅山区以及平谷、密云的东部地区也是北京降水量偏多的地区。

表 6　北京地区各县站的月、年平均降水量(1959—1972 年)　　　　　　　　单位:mm

月份 县(区)	1 月	2 月	3 月	4 月	5 月	6 月	7 月	8 月	9 月	10 月	11 月	12 月	全年
北京(西郊)	3.2	8.3	11.0	24.6	22.2	48.4	230.0	210.3	63.7	18.2	5.5	1.2	646.6
通　县	2.7	7.3	8.2	22.3	20.0	50.2	215.4	184.5	59.7	19.5	6.6	0.7	597.1
大　兴	2.9	7.2	7.9	23.9	18.6	54.3	181.0	187.8	51.2	18.7	7.1	1.0	561.6

_____

*　现改为大兴区,余同

县(区)＼月份	1月	2月	3月	4月	5月	6月	7月	8月	9月	10月	11月	12月	全年
顺 义	2.2	6.1	9.1	21.0	20.8	48.9	230.4	194.0	65.7	21.1	6.7	1.0	627.0
昌 平	2.6	6.1	11.5	19.4	20.5	54.4	186.3	165.2	56.8	19.5	4.2	0.5	547.0
房 山	2.9	5.7	8.1	22.1	21.8	57.4	409.9	203.0	61.1	18.7	6.6	0.1	617.4
门头沟	3.3	6.9	11.2	24.7	26.4	60.5	228.7	168.2	68.3	19.6	5.8	0.8	624.4
平 谷	1.9	5.6	9.0	23.6	25.2	66.1	222.0	188.3	64.2	25.7	5.1	0.7	637.4
密 云	2.1	5.0	9.6	20.2	20.1	69.3	254.7	198.0	56.1	26.9	5.2	1.0	668.2
怀 柔	2.4	5.4	9.7	21.9	24.0	63.9	234.0	187.5	65.4	25.6	5.7	0.9	646.4
延 庆	1.8	4.4	8.9	20.3	20.4	54.7	151.6	155.4	50.2	24.3	5.3	0.9	498.2

从涝年的地区分布规律看:平原地区降水量大于山区,由东南的 1 000 mm 降水量向西北逐渐减少至 500 mm 左右(图 2)。

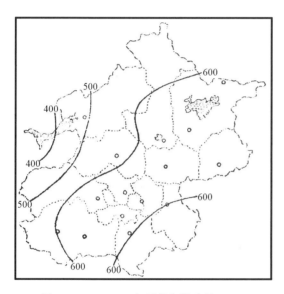 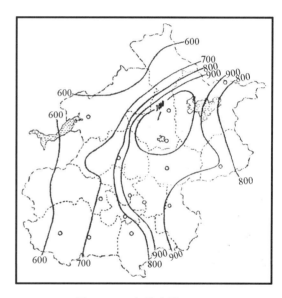

图 1　1959—1972 年平均年降水量(mm)　　　　图 2　1969 年降水量(mm)

旱年分布规律为:大兴、房山南部及门头沟西部、延庆西部一带旱象严重,降水量在 300~400 mm 之间。1972 年延庆西部官厅水库则在 300 mm 以下。

(2)3—5 月春季降水量地区特征

春季降水地区分布差别不悬殊,3—5 月平均降水量在 50 mm 左右,西北部山区偏少,在 50 mm 以下,房山及门头沟的东部浅山区略偏多,在 60 mm 以上(图 3)。

(3)7—8 月降水量分布特征

从近 14 年 7—8 月降水量平均值的地区分布看出,平原地区及密云、平谷等地均在 400 mm 以上,西北部山区减少至 300 mm 以下,大兴及通县南部也偏少,在 400 mm 以下(图 4)。

7—8 月降水量年际变化大,地区差异也显著,如 1969 年的多雨涝年,怀柔的黄花城、沙峪、枣树林一带均在 700 mm 以上,其中枣树林达 1 300 mm,而西部、西北部山区则在 400 mm 左右,地区差值达 300~600 mm。1973 年这一带地区仍为多雨区,在 700 mm 左右,与其他地区差值达 200 mm 以上(图 5、图 6)。即使在干旱的 1965 年,地区差值也达 300 mm 以上。

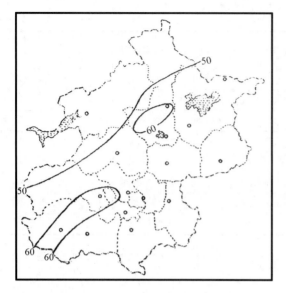

图3　1959—1972年3—5月平均降水量(单位:mm)

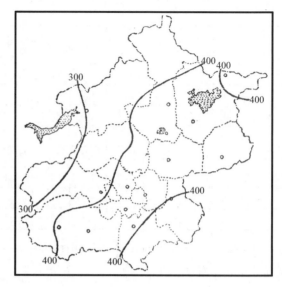

图4　1959—1972年7—8月平均降水量(单位:mm)

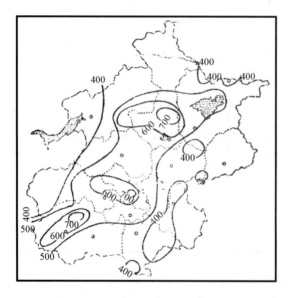

图5　1969年7—8月平均降水量(单位:mm)

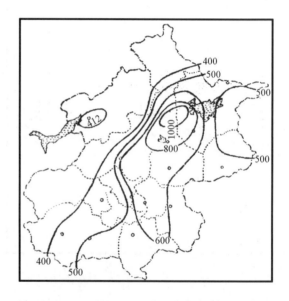

图6　1973年7—8月平均降水量(单位:mm)

（4）北京地区降水量主要集中在7—8月,占全年降水量的70%～75%,各地区分布不均匀,出现多雨区。如怀柔枣树林—沙峪一带,近年来为北京的暴雨中心,此地处于山区,如不及时贮存,雨水很快流失,不能为农业生产利用,造成浪费。目前怀柔水库总容量仅在1亿 m³ 左右,因此,在多雨区加大水库贮存量或修建水库,将过多的雨水贮存起来,供来年降水不足的季节使用,是保证农业生产获得丰收的重要措施之一。

2　旱涝指标及旱涝规律的初步分析

旱涝是影响农业生产的主要自然灾害。确定旱涝的农业气象指标,据以提出防止旱涝的措施,是农业获得高产稳产的重要手段之一。

2.1　北京地区不同旱涝类型及其对农业生产的危害

北京地区有春旱、伏旱、卡脖旱及夏涝、初夏涝、春雨过多等旱涝类型。

春旱:指 3—5 月降水稀少。这一时期降水少,影响春播及幼苗生长和冬小麦的拔节孕穗。如 1959 年伏雨超过 1 000 mm,底墒极好;但 1960 年春旱,3—5 月共降雨 19.1 mm,若灌溉不及时,则对冬小麦产量有很大影响。

伏旱:指 7 月下旬至 8 月下旬降水稀少。这一时期降水量多少,不仅决定本年度的降水总量及作物的产量,而且也直接影响来年的底墒。农谚"三伏雨顶到三月雨"就是这个意思,即降水对来年春播有影响。又如"麦收隔年墒"、"三伏有雨多种麦"等经验都说明伏雨对麦收的较大影响。同时伏雨会影响水库蓄水量,它又决定来年农作物的供水条件及水稻种植面积。如北京水稻面积出现两次大变化,1959 年涝年,1960 年水稻面积增加,1961 年和 1962 年连旱后,水稻面积压缩,1969 年涝年,1970 年水稻发展到 90 多万亩,1971 年和 1972 年连旱后,1973 年水稻又压缩到 30 万亩左右。

卡脖旱:春季干旱,持续到 6 月下旬至 7 月上旬仍无雨或少雨,往往发生卡脖旱。此时为春玉米孕穗—抽雄期,需水量占全生育期的 36%,这一时期干旱对产量有明显的影响,称为卡脖旱。如 1961 年发生卡脖旱,海淀部分公社玉米减产 50%,1972 年发生卡脖旱,京郊有相当多面积的玉米不抽雄穗。这时期干旱也直接影响麦茬作物播种。

夏涝:指 7—8 月雨水过多。田间积水,对夏作物幼苗影响最大,春玉米等烂根倒伏、旱死,棉花蕾铃脱落。1959 年特涝年还影响秋耕和冬小麦播种。

初夏涝:指雨季来得特别早,6 月份大量降水,在排水不良地区对春播作物生长不利。如 1954 年和 1956 年,雨季来得特早,影响麦收,造成丰产不能丰收。

春雨过多:指 4—5 月份阴雨日数过多,引起小麦徒长倒伏及锈病发生。

2.2 旱涝指标的求算

旱涝指标求算依据以下四方面分析得出:

(1)灾害年的实地调查,用特殊年的作物状况和降水资料对比分析初步确定指标。

(2)利用 1958 年以来农业物候及农业气象观测资料与降水量对此分析法做进一步补充。

(3)运用群众经验、历史资料进行验证分析,并最后确定指标。

(4)土壤水分条件因限于观测年限,仅选用典型年分析,作为辅助材料。

伏旱指标:7 月下旬至 8 月下旬降水量不足 170 mm 为伏旱。因考虑此期降水量与 7—8 月降水量有一定相关,为了便于统计及使用,可采用 7—8 月降水量不足 250 mm 为伏旱指标。

夏涝指标:7—8 月降水量超过 600 mm(即大于常年的 150%)为受害指标,7—8 月降水量超过 730 mm(即大于常年的 180%)为严重受害指标。

卡脖旱指标:在春旱年份及 6 月下旬至 7 月上旬降水量为常年同期的 40%,即降水量不足 35.0 mm 为卡脖旱(表 7)。从北京 1841—1972 年有记录资料的 102 年整理分析可以看出,北京地区最常见的灾害为春旱、伏旱和夏涝(表 8)。春旱约 2~3 年出现一次,10 年中最多可出现 5 次,1961—1970 年也出现 4 次。伏旱约 4~5 年出现一次,近 20 年(1951—1970 年)共出现 4 次,而 1971—1972 年连续两年伏旱。夏涝 10 年出现 1~2 次,1951—1960 年出现 3 次,1961—1970 年出现 2 次。

表 7 北京地区各类旱涝指标

旱涝类型		指　　标			出现频率(%)	出现年份(新中国成立后)
		月　　份	占该时段常年降水的百分比(%)	降水量(mm)		
春旱	轻	3—5	<70	<45.0	22 ⎫ 42	1957,1959,1960,1961
	重		<40	<25.0	20 ⎭	1962,1965,1968,1972
伏旱		7—8	<60	<250.0	22	1951,1960,1962,1965,1971,1972
卡脖旱		3—5	<40	<25.0	9	1960,1961,1968,1972
		下/6—上/7	<40	<35.0		

旱涝类型		指　标			出现频率（%）	出现年份（新中国成立后）
		月　份	占该时段常年降水的百分比（%）	降水量（mm）		
夏涝	轻	7—8	>150	>600.0	12 ⎫17	1949,1950,1954,1956
	重		>180	>730.0	5 ⎭	1959,1963,1969
初夏涝		6	>300	>230.0	5	1954,1956
春雨过多		3—5	>240	>150.0	5	1950,1951,1964

统计近 22 年（1951—1972 年）各种灾害共出现 28 次之多，平均每年都有发生（有些年份可出现几种旱涝）。对比统计（1841—1950 年有资料共 77 年）共出现旱涝 68 种次，相对说近 22 年来旱涝出现比较频繁（表 8）。

表 8　北京地区 1841—1972 年每 10 年间旱涝年代

年　代	有资料年份数	春旱年份	伏旱年份	卡脖旱年份	春雨多年份	初夏涝年份	夏涝年份
1841—1850	10	1844,1845					
1851—1860	6	1853,1854,1855	1854,1860		1860		
1861—1870	3	1869	1869				
1871—1880	10	1871,1875,1876,1879,1880	1875,1880				1871,1873
1881—1890	4	1890					1883,1890
1891—1900	9	1891,1892,1898	1891,1895,1899	1895		1893,1894	1893
1901—1910	5	1907,1908,1910	1905				
1911—1920	8	1917,1919,1920	1919,1920	1917	1918		
1921—1930	8	1921,1922,1923,1924,1927	1921,1926,1930	1923			1922,1924,1925
1931—1940	7	1935,1936,1940	1936	1935		1933	
1941—1950	10	1941,1942,1947	1941	1941	1950		1950
1951—1960	10	1957,1959,1960	1951,1960	1960	1951	1954,1956	1954,1956,1959
1961—1970	10	1961,1962,1965,1968	1962,1965	1961,1968	1964		1963,1969
1971—1972	2	1971,1972	1971,1972	1972			
特　征		2～3 年一遇	4～5 年一遇	10 年一遇			5～6 年一遇

进一步从多年旱涝发生的状况来分析，灾情发生也是错综复杂的，如出现春旱的年份，可能是单一的春旱年，也可能是春旱连卡脖旱年，甚至春旱连卡脖旱又连伏旱年，部分年份可能为春旱或夏涝年等。从表 9 看出，春旱出现频率为 43%，其中单一春旱年仅占 17%，春旱后接卡脖旱及伏旱年的频率共占 17%，而春旱又接夏涝年占 4%。又如伏旱年，单一出现伏旱年占 4%，伏旱连卡脖旱及春旱年占 3%。

表 9　1841—1972 年北京地区各种旱涝类型出现频率（有资料记录的共 102 年）

类别	春旱					伏旱					夏涝			其他		正常	
	单一春旱	后卡脖旱	后伏旱	后卡脖旱、伏旱	夏涝	单一伏旱	前春旱	前卡脖旱	前春旱卡脖旱	前春雨过多	单一夏涝	前春旱	前春雨过多	前初夏涝	春雨过多	初夏涝	偏多	偏少
出现次数	17	5	12	2	4	4	12	1	3	2	7	6	1	3	2	1	25	11
频率（%）	17	5	12	2	4	4	12	1	3	2	7	6	1	3	2	1	25	11
新中国成立后出现年份	1953 1955	1961 1968	1965 1971	1960 1972	1959 1959					1951	1959 1963 1969			1954 1956	1964	1964		

在预防自然灾害上,要做几手准备,有些年份既防旱又要防涝,有些年份则要持续防旱。

此外从年际间看,也会发生持续春旱、持续伏旱或夏涝等。如 1940—1942 年及 1960—1962 年连续发生春旱,1971—1972 年连续发生伏旱。

2.3 夏季(6—8 月)雨季来临特点的分析

北京地区进入 6 月份后,正是春作物生长旺盛大量需水时期,是夏收、夏种、夏管的农忙季节,此时降水量多少和雨季来临早晚,对农业生产关系极为密切。

根据京郊调查和降水资料分析,一旬降水量不低于 20 mm 为夏播作物可播降水指标(雨水可渗入土层 3～4 寸[*]),一旬降水量不低于 40 mm 为基本解除旱象指标(雨水可渗入土层 7～8 寸)。

雨季到来指标暂定为旬降水量不低于 40 mm 并其后两旬降水量各不低于 5 mm,则这旬的第一日降雨为雨季到来日(表 10)。

表 10　夏季雨季到来的日期分析

	旬降水不低于 20 mm	旬降水不低于 40 mm	雨季来临日、旬降水不低于 40 mm,后两旬降水量各不低于 5 mm
平均始现日(日/月)	18/6	29/6	1/7
最早始现日(日/月)	1/6	1/6	1/6
最早始现年份	1881,1893,1925,1954,1956	1881,1925,1954,1956	1881,1925,1954,1956
最晚始现日(日/月)	18/7	18/7	12/8
最晚始现年份	1972	1972	1972

注:1875—1972 年共 66 年资料

从北京地区 66 年降水资料分析,夏季旬降水量不低于 20 mm,平均出现在 6 月 18 日,旬降水量不低于 40 mm,平均出现在 6 月 29 日。雨季来临日平均出现在 7 月 1 日。在正常年份雨季到来对夏收、夏种工作及春播作物生长均较为有利。但北京地区雨季到来年际变化很大,最早出现在 6 月 1 日,最晚出现在 8 月 12 日,对农业生产带来严重影响,但 66% 在 7 月上旬前到来,90% 以上是在 7 月中旬前到来(表 11)。

表 11　不同时期雨季始日出现的频率

月 份 项 目	6 月			7 月			8 月		
	上旬	中旬	下旬	上旬	中旬	下旬	上旬	中旬	下旬
雨季始日出现次数	6	4	14	20	17	2	2	1	
累积频率(%)	9	15	36	66	92	95	98	100	

注:1875—1972 年共 66 年资料

总之,北京地区降水特点可以概括以下几方面:

(1)降水资源丰富,年雨量在 640 mm 左右,且伏雨保证率大,大于 250 mm 的降水量可保证在 80% 的年份出现,为农业生产提供了有利的水分条件。

(2)降水季节分配不均匀,降水主要集中在 7—8 月,占年降水量的 70%～75%,而冬春干旱少雨。

(3)降水年际变化大,年相对变率为 27%,年降水量最小值为 168.5 mm,最大值为 1 406.0 mm,旱涝出现频繁。因此农业生产应因地制宜,选择合理栽培耕作制度,并采取有效措施,以保证旱涝年份皆获丰收。

3　降水特点与麦田计划用水

为抵抗旱灾,提高作物产量,北京地区水利化程度不断提高,灌溉面积迅速扩大。但随着产量和复

---

[*]　1 寸＝1/30 m,余同

种指数的提高,需水量也不断地增加,加之有时几种作物同时用水,就出现经济用水或合理灌溉问题,特别是需要补充灌水最多的麦田用水更是如此。

冬小麦生育的重要时期正好处于少雨阶段。从9月下旬到下一年6月中旬小麦生长的9个月内,降水量只占全年雨量的19%左右,为了获得小麦高产,一定要进行灌溉。另一方面,降水变率大,特别是春季的降水变率更大,这样就出现不同的降水年型,使每年小麦灌水次数很不一致。春季干旱少雨年需要灌5~6次或更多,而春季雨水偏多,年灌1~2次也就可以了。

我们就丰产麦田(产量在500~800斤/亩)几年的农业气象资料和有关气候资料,对不同降水年型的灌水次数与出现概率、麦田土壤水分控制指标进行概略分析,供冬小麦灌溉计划用水参考。

3.1　不同降水年型与灌水次数

人工灌水是自然降水的补充。每年补水多少算适当,主要看当年的降雨量及其分布特点。首先分析伏、秋雨与冬前灌水的关系。

根据北京地区降雨资料,每年伏、秋雨降雨量和时间,对土壤墒情峰值(即0~100 cm或0~50 cm土层内含水量的最大值)出现的早晚、墒情维持水平、小麦播种和冬前水分供应是不同的。据五年裸地土壤水分变化的分析,以及伏、秋雨特点的不同,造成土壤水分状况的不同,可以分为三种不同类型(图7)。

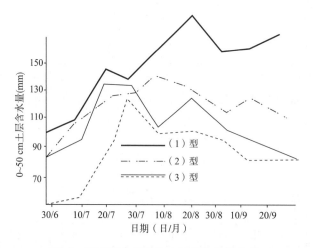

图 7　不同降水年型与土壤含水量的关系

(1)土壤水分峰值出现较晚(8月中),且峰值也高,峰后仍维持较高的墒情。而在小麦播种前的9月中上旬又出现第二次增墒高峰。由降水特点造成的这种土壤水分状况可以保证种子的发芽出苗和苗期用水,根本不用灌底墒水,而且冬前麦田含水量也好,可以免浇冻水,如1959年。

(2)峰值出现在8月上旬,虽较(1)型偏低,但峰后墒情下降较少。这种水分状况,播种时不用灌水,但因总的含水量较低,冬前要灌冻水,如1961年。

(3)峰值出现早在7月下旬,峰后由于高温少雨的天气特点,土壤含水量一直下降,播种时已基本降到雨季前的水平,即伏、秋雨造成的贮水量全部损失。这种年型,播前必须灌底墒水,否则不能保证出苗,灌冻水也是必要的,如1960年。

其次,看小麦生长时期的降水,特别是春季的降水与小麦年后灌水次数的关系。

从1959—1964年的平行观测资料分析中,也可以大致把这时期的降水特点划分为三种不同类型,其相应的灌水次数也不一样(图8),图中后半部(即2月份以后)春季降雨可分为:

1)春季少雨型:雨少、晴朗、高温天气多,蒸发量高。而小麦需水量大。这种年型要灌4次水才能保证小麦对水分的要求,如1959—1960年(图8上)。

2)春雨中等型:相对图7中(1)型而言,图8中,降水量偏高些,而且分布均匀,相应田间蒸发量也少些,但就每亩500斤以上的小麦需水来说,仍感不足,还要补灌3次水才可以。

3)春雨偏多型:与图 7 中(1)型相反,在小麦耗水量最多的时期中降水量偏多,春季只要灌 1～2 次水就可以了,如 1963—1964 年(图 8 下)。

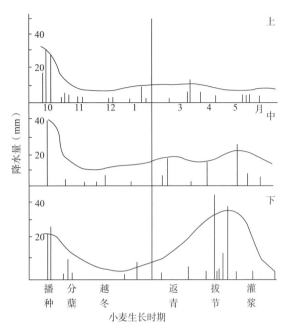

图 8　不同降水年型与小麦灌溉的关系

综合以上的分析可以列入表 12。

表 12 是根据四平地、地下水位在 2 m 以下、壤质土丰产麦田的农业气象资料对照气候资料综合而成的,有一定地区局限性,而且农业气象资料年限较短(5 年),故划分较粗,有待进一步深入研究。大致认为:在北京的降水特点下,丰产麦田冬前绝大多数年份要灌冻水,只有少数年份播前灌底墒水,极少年份冬前两水都可省去。

表 12　降水量与冬小麦灌水次数的关系

夏秋降水与冬前灌水次数				秋末冬春降水与年后灌水次数			
8 月份雨量（mm）	9 月上中旬总雨量（mm）	灌水次数	概率（%）	10 月下旬—8 月上旬总雨量(mm)	3 月中旬—6 月上旬总雨量(mm)	灌水次数	概率（%）
≥250	≥100	0	3*	≤10	≤45	4～5	37**
≤200	≤10	2	7	≥41	≤45	3～4	12
其他降水情况		1	90	任何降水量下	≥46 或≤89	2～3	31
				任何降水量下	≥90	1～2	20

* 共 63 年的记录资料

** 共 57 年的记录资料

在春季 80％的年份要灌 3～4 次水,加上冬前用水,每次灌水以每亩 50 m³ 计,大多数年份要灌水 200～300 m³,再加上原来的土壤贮水量,才能相应地满足亩产 500 斤以上每亩 400 m³ 左右的耗水要求。

3.2　灌水时间与灌水的土壤湿度指标

看天、看地、看苗情,才能科学地确定适当的灌水时间。但在具体条件下,小麦不同发育时期的用水有一个时间界限,对土壤水分供应要求达到一定的水平。我们就 5 年 7 块丰产麦田(亩产均在 500 斤以上)的土壤水分状况进行统计分析,得出如下一个供水模式表(表 13)。为消除土质影响,表中土壤含水量以占田间持水量的百分比表示。

表 13　小麦不同发育期各土层中适宜的土壤含水量（占田间持水量的百分比）　　　　单位:%

土壤含水量 土层深度(cm)	播种—分蘗	越　冬	返青—起身	拔节—孕穗	抽穗—开花	灌　浆	成　熟
0～20	70～80	70～80	75～85	65～75	65～70	60～65	50～60
30～50	>80	70～85	75～85	65～70	65～75	65～70	60～65
60～100	>80	70～100	ho～80	70～so	65～75	65～75	65～75

根据实际资料,当麦田由于蒸发的原因,各发育期土壤水分含量下降到下列标准时(表14),已是小麦适宜供水的下限,一般应进行灌水。

表 14　冬小麦供水下限指标与补水日期

灌水名称	底墒水						冻水					
土层深度(cm)	0～20		30～50		60～100		0～20		30～50		60～100	
土壤含水量表示单位	I	II	I	II	I	II	I	II	I	II	I	II
含水量指标	<10	<50	<12	<60	<14	<65	<13	<60	<16	<75	<17	<75
应灌水日期	9 月 10—20 日						11 月 20—30 日					
灌水名称	返青—起身水						拔节—孕穗水					
土层深度(cm)	0～20		30～50		60～100		0～20		30～50		60～00	
土壤含水量表示单位	I	II	I	II	I	II	I	II	I	II	I	II
含水量指标	<15	<70	<17	<75	<17	<75	<14	<65	<16	<70	<17	<70
应灌水日期	3 月 15 日—4 月 5 日						4 月 10—20 日					
土层深度(cm)	0～20		30～50		60～100		0～20		30～50		60～100	
土壤含水量表示单位	I	II	I	II	I	II	I	II	I	II	I	II
含水量指标	<13	<60	<15	<70	<16	<70	<10	<50	<13	<60	<15	<65
灌水日期	4 月 25 日—5 月 15 日						5 月 25 日—6 月 1 日					

注:I.以干土重的比例(%)表示;II.以占田间持水量的百分比(%)表示

表 14 的灌水日期是一般的时间范围,是根据多年来北京地区小麦栽培实践确定的,之所以不能确定具体日期,是因为具体年份的小麦生长状况、管理要求、天气条件略有差异,但总的变化范围从各年平均来看是稳定的。

从宝坻的热量特点看下茬作物品种、播期的选定[*]

韩湘玲[1] 赵明斋[1] 来 春[2]

(1.华北农业大学窦家桥蹲点组;2.天津市宝坻县^{**}气象站)

在普及大寨县的群众运动蓬勃发展的大好形势下,宝坻县的耕作改制得到迅速的发展。三种三收面积达 25 万亩,并获得较好的经验。小麦最高单产超过 700~800 斤,中茬玉米有的 500 斤以上,下茬高达 300~400 斤,全年亩产有突破 1 500 斤的。

三种三收是新发展的重要种植方式,但目前三种三收的下茬作物产量低而不稳是一个重要问题。下茬玉米和高粱高产的可达 350 斤/亩,谷子 200 斤/亩,但在大面积生产上每年都有相当面积不成熟或成熟不良。

造成下茬作物不熟的原因很多,如品种选用不合理、播期过晚、带距和作物不协调、中下茬配合不当使下茬受欺严重、缺肥、管理不及时等。用中晚熟品种作下茬以及过晚播种是下茬作物种植失败的重要原因。尤其是在低温或秋凉年份矛盾更为突出。如 1976 年,夏季气温比常年偏低,下茬作物生育期推迟,秋季 20 ℃(玉米、高粱灌浆适宜温度的下限)终止日提前,影响后期灌浆成熟,中茬都集中在 9 月下旬成熟,下茬到 10 月中旬还有未成熟的,以致影响及时种麦,因而"砍青"、"钻种麦",晚麦面积增加。1974 年秋凉年份也有同样的情况,所以下茬作物的季节紧张,热量供应不足是造成不能正常成熟的突出原因。为此,必须根据本地区的热量特点来选定下茬作物的品种、播期,以达到早熟、增产又不耽误适时种麦的目的。

1 各种作物品种对热量的要求

玉米、高粱、谷子等是适应性强、种植地区广的作物,都有生育期天数和对热量要求不同的早、中、晚熟各类型的品种。早熟谷子 60 d 还家,要求大于 10 ℃积温 1 700~1 800 ℃·d;早熟玉米(京黄 113)、高粱(早熟一号)生育期 90 多天,要求积温 2 100~2 200 ℃·d,中早熟、中熟品种生育期要长些,要求的热量也多些(表 1)。

表 1 各种作物不同品种对热量的要求

作物	品种类型 项目	早熟	中早熟	中熟	晚熟	与冬小麦一年两熟
玉米	所需积温(℃·d)	2 100~2 200	2 300~2 400	2 500~2 800	>3 000	4 100~4 500
	生育期天数(d)	85~90	95~100	105~120	>130	
	本县主要品种	朝阳 105	烟三 6 号	丹玉 26 号	白马牙	
高粱	所需积温(℃·d)	2 100~2 200	2 300~2 500	2 600~2 800	>3 100	4 100~4 500
	生育期天数(d)	90~95	95~105	110~120	>135	
	本县主要品种	早熟一号	康拜因 60	新杂 52 号	白多穗	
谷子	所需积温(℃·d)	1 700~1 800	1 900~2 100	2 200~2 400	2 500~2 700	3 800~4 000
	生育期天数(d)	70~75	80~90	95~100	105~110	
	本县主要品种	小早谷	北郊 12	绳子头	大金苗	

* 原文发表于《气象科技资料》,1977,(S2):78-79.

** 现改为宝坻区,余同

作物	品种类型 项目	早熟	中早熟	中熟	晚熟	与冬小麦一年两熟
水稻	所需积温(℃·d)	2 100～2 500	2 900～3 100	3 300～3 400	＞3 900	
	生育期天数(d)	90～105	120～130	150～155	＞160	
	京津地区主要品种	公交13	丰景	京育一号	白金	

注:本表系根据群众经验调查及近两年物候观测与气候资料对比分析并参考外地经验整理出

2 常年的播期下限

本地区下茬作物生育期处在6月下旬至9月下旬,此期间大于10 ℃的积温多年平均2 430 ℃·d,为了确保适时种麦,需在6月20日前播种,9月20日前才能成熟。此期间只有90多天,积温2 260 ℃·d,能满足早熟品种玉米、高粱、水稻的需要(表2)。据本县多年平均气候资料统计,早熟品种6月15日播种的9月10日可收,6月20日播种的9月20日可收,6月30日播种的9月30日可收。若为中熟品种6月10日播种,9月30日才能成熟(表3)。这是指单作的情况,若为套播则比单作晚2～5 d成熟,则积温相差50～100 ℃·d,在应用上需加以订正。进一步分析,若6月20日前播种9月20日前有95%的年份可收,9月15日成熟的年份小于40%,到9月25日则100%的年份能熟。

表2 1960—1975年不同播期收获期积温 　　　　　　　　　　　　　　单位:℃·d

收获期(日/月) 播期(日/月)	10/9	15/9	20/9	25/9	30/9	5/10	10/10
15/6	2 176.1	2 279.9	2 377.4	2 470.4	2 552.1	2 628.0	2 701.0
20/6	2 056.2	2 160.0	2 257.5	2 350.5	2 432.2	2 508.1	2 581.1
25/6	1 927.8	2 031.6	2 129.1	2 222.1	2 303.8	2 379.7	2 452.7
30/6	1 799.2	1 903.0	2 000.6	2 093.5	2 175.2	2 251.1	2 324.1
5/7	1 668.7	1 772.5	1 870.0	1 963.0	2 044.7	2 120.6	2 193.6
10/7	1 540.5	1 614.3	1 741.8	1 834.8	1 196.5	1 992.4	2 065.4
15/7	1 111.2	1 515.0	1 612.5	1 705.7	1 787.2	1 863.1	1 936.1

表3 1960—1975年不同品种播期下限

成熟期(日/月) 播期下限(日/月) 品种要求积温(℃·d)	10/9	20/9	30/9
2 200	15/6	23/6	30/6
2 100	5/6	10/6	15/6
2 600	25/5	5/6	10/6
2 800	20/5	25/5	30/5
＞3 100	1/5	12/5	20/5

注:此表中资料系由列线图中查出

高粱、玉米从灌浆到成熟要求较高的温度(22～24 ℃)。低于20 ℃灌浆晒米困难,低于15 ℃玉米灌浆停止。因此,分析高粱、玉米成熟条件,不仅要考虑全生育期的积温,还应考虑灌浆下限温度开始的日期。据统计,本地区20 ℃终止日在9月20日前,约为60%(表4),低于15 ℃则在10月5日前,为87%。综合起来,6月20日播种到9月20日前积温达2 200 ℃·d,并在15 ℃以上成熟的年份占90%

以上。若在 20 ℃终止前成熟达 90％以上,则需 6 月 15 日播种(9 月 15 日成熟)。可见,早熟品种玉米、高粱在 6 月 15—20 日播种,9 月 15—20 日前成熟是有保证的。

表 4　不同日期 20 ℃终止的可能性

>20 ℃日期 (日/月)	10/9	15/9	20/9	25/9	30/9	历年平均 20 ℃终止日期 (日/月)
可能性(％)	88	65	41	12	0	17/9

3　不同年型的播种特征

以上都是指常年的情况,但遇低温和秋凉年份,则成熟期推迟,如 1974 年秋凉,6 月 20 日播种,虽然到 9 月 20 日积温达 2 200 ℃·d,但 20 ℃终止日提到 9 月 11 日,因而 9 月中旬高粱晒米就困难了。而 1975 年秋暖,6 月 20 日播种,9 月 15 日就达 2 200 ℃·d,且 20 ℃终止日迟至 9 月 28 日,虽这年伏旱,玉米雌雄相遇推迟,高粱蚜虫大发生,成熟期受影响,但成熟与常年接近。可见,不同类型的年份,播期下限不尽相同。

各种年型的热量差别如何区别?根据广大贫下中农和农业技术员的多年经验,认为秋庄稼生育对热量的反应最关键的时期是处暑至寒露,尤其是 8 月下旬至 9 月份灌浆成熟阶段最为重要,因为这个时期作物对热量的反应最敏感,所以用这时期的积温作为指标,将本地区划分为秋暖(8 月下旬至 9 月积温大于880 ℃·d)、秋凉(积温小于820 ℃·d)、秋常年[积温(850±30) ℃·d]三个年型。

本地区 1960—1976 年 17 年的观测资料中秋暖年份出现 6 次,相当于三年一遇,这种年份可早熟 3～4 d;秋凉年份出现 4 年,相当于四年一遇,这种年份晚熟 4～5 d,要针对不同年份的特点安排秋收种麦,免误农时。

4　早管、及时管、促早熟

下茬作物季节"紧"是主要矛盾。因此,关键是抓一个"早"字。除上述的选定品种考虑到播期下限外,首先是抢早播种,随收麦随种秋,或者在麦收前 10～15 d 把第三茬套种进去,或 5 月上旬育苗,6 月 20 日左右移栽。同时,要促早发、早管、早熟即需及时间苗、定苗、追肥、促壮苗壮株,提高光合效率。根据群众"薄收夏,壮收秋"的经验,秋作物肥水供应合适的才能正常或提早成熟。本地区 9 月份降水量历年平均 44.0 mm,80％年份几乎各旬降水量都不足 20.0 mm,对下茬作物(高粱、玉米)灌浆成熟极为不利。因此,如 8 月下旬到 9 月上旬降水量不足 50.0 mm,预计后一旬也不足 20.0 mm,则需在 9 月 10 日后浇水,既利于灌浆促熟,又为小麦浇了底墒水。

北京地区冬小麦穗分化与气候条件关系的分析[*]

曲曼丽

（北京农业大学）

摘　要：分析了北京地区春季气候条件对冬小麦穗分化的影响，得到了早春单棱至护颖期间≤7.5 ℃，护颖至顶端小穗分化期间≤10.5 ℃出现的天数愈多，愈有利于小穗分化的温度指标；还分析了穗分化期间出现日期所需≥0 ℃的积温指标，得到护颖期出现需 245 ℃·d，四分体出现需575 ℃·d等。

文章还讨论了穗分化速率与温度、穗分化持续时间之间的关系，并根据北京地区春季天气条件对分化小穗数的不同影响，划分了春暖、春凉及正常三种农业气候年型。

根据华北及北京地区的气温条件与小麦产量形成关系的分析，认为影响小麦产量的三个关键时期为：冬前（10—11 月），早春（3—4 月）及籽粒形成期（5 月下旬—6 月上旬）。据分析，10—11 月气温偏高，有利于冬前多分蘖及提高小麦的成穗率；5 月下旬—6 月上旬的气温与冬小麦产量为负相关关系，此时期气温愈高，愈不利籽粒灌浆及形成较高的粒重；早春 3—4 月的气温高低，将直接影响到小麦穗分化的进程，并会影响到每穗小穗数目及粒数的多少。因此，这三个时期是形成小麦每亩穗数、每穗粒数及粒重的产量三要素的关键时期。

我们在进行北京地区春季温度对冬小麦穗粒形成规律的研究中，曾在《北京地区冬小麦穗分化与温度条件关系》一文中，根据 1979—1981 年穗分化观测资料，对冬小麦穗分化与北京地区温度条件的关系进行了讨论，分析了小麦穗分化进程、分化小穗的数目与气温及和各分化期之间的持续时间的关系，得到了早春有利于穗分化获得较多小穗数目的农业气候指标。本文根据五年的穗分化观测资料，对已确定的小穗分化有关指标做了检验，并进一步探讨了小穗分化与各有关因子之间的相互关系。

北京地区春季气温回升快，而且又不稳定，年际之间的差异很大。这样大的温度变化，又会对冬小麦穗分化进程带来了不同的影响。本文讨论了北京地区气候条件与冬小麦穗分化的关系，并根据早春气温的历年变化特点对小穗形成多少的影响，划分了三种年型（春暖、春凉及正常年型）。为不同年型气候条件下的麦田早春采取相应农业措施提供气候依据。

1　试验研究方法

本试验于 1978—1985 年在北京上中等生产水平的试验地进行。供试品种为冬小麦，品种有芒白041、农大 139、红良 12 以及春性较强的 7017 等。

1.1　观测方法

冬小麦越冬前进行观测，翌年从植株返青前开始到花粉母细胞进入四分体分化期间，选择代表性植株（3～5 株），每隔 2～3 d 进行植株解剖，镜检观察小麦主茎幼穗分化的各个时期，观察结果绘图并显微照相。

＊ 原文发表于《中国农业气象》，1986，(3)：1-6.

1.2 观测项目

观测项目详见参考文献[1]。

2 研究结果

2.1 北京地区春季气候特点及对冬小麦穗分化的影响

2.1.1 北京地区早春气温回升很快

2月下旬至4月下旬小麦穗分化期间,每旬平均气温增加3 ℃左右,0～10 ℃间的持续日数仅为35 d,与南京地区相比要少24 d之多(表1),这样就造成北京地区冬小麦春季穗分化时间短的不利特点。

表1 北京及南京地区早春气温特点

地点	2月气温(℃)	3月气温(℃)			4月气温(℃)			0～10 ℃持续天数(d)
		上旬	中旬	下旬	上旬	中旬	下旬	
北京	−0.7	1.4	4.6	7.2	10.5	13.2	15.6	35
南京	5.1	6.6	8.5	10.0	12.7	15.0	16.7	59

2.1.2 早春气温历年波动大

据近20年资料统计,北京地区稳定通过0 ℃出现日期多年平均为2月27日,稳定通过7 ℃为3月26日,稳定通过10 ℃为4月5日。但年际间气温回升早晚差异显著,如稳定通过0 ℃最早与最晚出现日期相差达40 d之多,稳定通过10 ℃日期最早与最晚出现日期也相差达20 d(表2)。由图1还可看出,1981年为春高温年,比1979年春低温年3—4月的旬平均气温高出4～6 ℃之多。历年春季温度不稳定,也是造成冬小麦穗分化进程及形成小穗差异的重要原因之一。

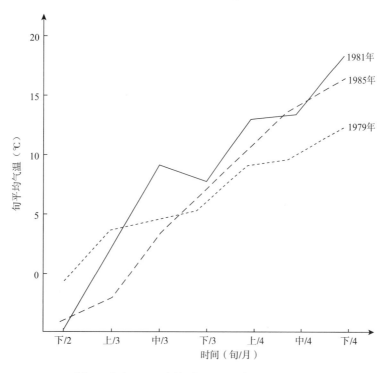

图1 北京地区不同年份2—4月旬平均气温图

表 2　1961—1982 年北京地区 0,7,10 ℃出现的日期

气温 (℃)	历年平均日期	最早出现日期		最晚出现日期	
		日期	年份	日期	年份
0	2 月 27 日	2 月 7 日	1979	3 月 17 日	1971
7	3 月 26 日	3 月 12 日	1981	4 月 9 日	1964
10	4 月 5 日	3 月 28 日	1982	4 月 17 日	1980

2.1.3　春季气温变化对冬小麦穗分化进程的影响

由于历年早春气温波动大,使冬小麦穗分化各个时期出现的日期在年际之间差异很大。如果春季气温回升快,气温高,小麦穗分化进程快,穗分化结束日期早,每穗分化的小穗数目就少。而春季冷凉,气温偏低,则小穗分化进程慢,穗分化持续时间长,而且结束日期延晚,小穗分化数目增多。如 1979 年气温偏低为春冷年,二棱期出现在 3 月 29 日,雌雄蕊分化出现在 4 月 19 日,四分体分化出现在 5 月 5 日,由单棱至四分体分化持续 49 d,比 1981 年(暖年)穗分化的各个时期相应延晚约 10 d,持续时间延长 10 d 之多,分化的小穗数相应地比 1981 年多 1.6 个。1985 年早春气温一直偏低,致使小麦在 3 月 15 日才返青,单棱期出现在 4 月 1 日,比历年晚 11～14 d,使整个穗分化期推迟。但 4 月以后,气温迅速上升,超过历年平均值,穗分化进程加快,造成各穗分化持续时间明显缩短,单棱期至四分体分化期仅为 31 d,分别比 1981 年和 1979 年少 8 d 和 18 d。分化的小穗数与 1979 年相比,相差 2 个之多(表 3)。因此,当栽培管理比较优越的条件下,穗大粒多的年份是会有利提高小麦产量的。据了解,1979 年由于春寒小麦抽穗延迟,籽粒成熟期多雨,虽然当年籽粒灌浆不好,千粒重下降 4～6 g,是历年下降幅度最大的年份之一,但小麦并没有造成大幅度减产,其原因就是该年春温低,每穗小穗数多,弥补了千粒重降低的部分影响。因此,春季天气条件对小穗分化形成的影响是不可忽视的。

表 3　北京地区冬小麦穗分化进程(品种:041)

年份	二棱期	单棱期	护颖分化期	雌雄蕊分化期	四分体分化期	单棱至四分体 持续日数(d)	小穗数(个)
1979	3 月 17 日	3 月 29 日	4 月 9 日	4 月 19 日	5 月 5 日	45	19.0
1981	3 月 17 日	3 月 25 日	4 月 3 日	4 月 9 日	4 月 25 日	39	17.6
1985	4 月 1 日	4 月 8 日	4 月 13 日	4 月 19 日	5 月 2 日	31	17.0
历年平均	3 月中旬	3 月底 4 月初		4 月中旬	4 月底 5 月初		

2.2　冬小麦各穗分化期持续时间与温度条件的关系及其对小穗数目的影响

利用五年的穗分化观察资料进行了各穗分化持续时间(N)及期间的平均温度($\overline{T}$),各穗分化持续时间(N)与分化的小穗数目(Y),穗分化期间平均气温($\overline{T}$)与小穗分化数目等方面的相关分析,以及进行了小穗分化数目与小于等于某温度出现的天数的相关分析,并从中求得有利小穗分化的温度指标(表 4)。

表 4　冬小麦小穗分化与持续天数、期间平均温度及低于某温度出现天数的相关分析

项目	$\overline{T}$ 与 N 的相关分析	Y 与 $\overline{T}$ 的相关分析	Y 与 N 的相关分析	Y 与不同温度出现天数的相关分析		
	单棱—二棱			单棱—二棱		
				≤7.0 ℃	≤6.0 ℃	≤8.0 ℃
相关系数	−0.9994	−0.9600	0.9685	0.9548	0.9526	0.9254
显著水平	0.001	0.01	0.01	0.02	0.02	0.05
相关公式	$\overline{T}=20.559-1.271N$ $Y=2.202+0.245N$ $Y=6.144-0.191\overline{T}$			$Y=4.053+0.144X$ X 为 ≤7.0 ℃的天数		

续表

项目	$\overline{T}$ 与 N 的相关分析	Y 与 $\overline{T}$ 的相关分析	Y 与 N 的相关分析	Y 与不同温度出现天数的相关分析			
	单棱—护颖分化			单棱—护颖分化			
				≤7.5 ℃	≤7.0 ℃	≤6.0 ℃	≤8.0 ℃
相关系数	−0.9232	−0.9185	0.9457	0.9702	0.9672	0.9395	0.9369
显著水平	0.05	0.05	0.02	0.01	0.01	0.05	0.02
相关公式	$\overline{T}=15.968-0.411N$ $Y=5.903+0.224N$ $Y=14.109-0.488\overline{T}$			$Y=8.523+0.214X$ X 为≤7.5 ℃的天数			
项目	护颖分化—顶端小穗分化			护颖分化—顶端小穗分化			
				≤10.0 ℃	≤10.5 ℃	≤11.0 ℃	≤11.5 ℃
相关系数	−0.9110	−0.9877	0.9208	0.955	0.9702	0.9593	0.9407
显著水平	0.05	0.01	0.05	0.02	0.01	0.01	0.02
相关公式	$\overline{T}=18.781-0.861N$ $Y=23.06+0.338N$ $Y=9.565-0.384\overline{T}$			$Y=4.067+0.337X$ X 为≤10.5 ℃的天数			
项目	小花—顶端小穗分化			小花—顶端小穗分化			
				≤10.0 ℃	≤10.5 ℃	≤11.0 ℃	≤11.5 ℃
相关系数	−0.9173	0.8778	0.8346	0.8425	0.8153	0.8153	0.8509
显著水平	0.05	0.1	0.1	0.1	0.1	0.1	0.1
相关公式	$\overline{T}=20.689-1.680N$ $Y=5.074-0.146\overline{T}$			$Y=2.838+0.155X$ X 为≤11.5 ℃的天数			

注:N 为各穗分化期之间的持续天数;$\overline{T}$ 为各穗分化期之间的平均温度;Y 为小穗分化数目;X 为小于等于某温度出现的天数

从表 4 可以看出:

(1)各穗分化期间的持续天数与分化的小穗数呈正相关关系,而且相关显著。说明了持续天数愈多,愈有利于小穗的分化。如单棱至二棱分化期与分化小穗数的相关公式为:$Y=2.202+0.245N$,在这个时期若持续天数增加 4 d,就可相应多增加 1 个小穗原基。

(2)各穗分化期间的平均温度与分化小穗数呈负相关关系,且相关显著。说明此时期温度愈低,愈有利于小穗分化。如根据护颖分化至顶端小穗分化期间,平均温度与小穗之间的相关公式来看,若此期间平均温度高出 2.6 ℃时,则要相应减少 1 个小穗。

另外从表 5 中还可以看出,各穗分化期间的持续天数与期间的平均温度呈明显的负相关关系,即期间的平均温度愈高,其持续时间将随之缩短,不利于小穗分化。

(3)不同穗分化期间有利于小穗分化的温度指标:单棱至二棱期不超过 7.0 ℃,单棱至护颖分化不超过 7.5 ℃,护颖分化至顶端小穗分化不超过 10.5 ℃,小花至顶端小穗分化期不超过 11.5 ℃。上述温度指标出现天数愈多,愈有利于穗分化(表 5)。

表 5 有利小穗分化的温度指标

穗分化阶段	温度指标(℃)	分化小穗数与温度指标出现天数相关公式	相关系数
单棱至二棱	≤7.0	$Y=4.053+0.144X$	0.9548
单棱至护颖	≤7.5	$Y=8.523+0.214X$	0.9702
护颖至顶端小穗分化	≤10.5	$Y=4.067+0.337X$	0.9703
小花至顶端小穗分化	≤11.5	$Y=2.838+0.155X$	0.8509

单棱至护颖分化是决定小穗数目的关键时期[3]。根据此时期的相关分析表明:若此时期日平均气

温小于等于 7.5 ℃的日数增加 1 d,可增加 0.214 个小穗原基,如果日数增加 5 d,就可相应增加 1 个小穗原基。以上结果分析,进一步证明了群众的"春凉、春长、有利长大穗"经验的科学性。

2.3　冬小麦穗分化速率与温度条件的关系

冬小麦分化的小穗数目除了与分化期间的持续时间有关外,还与小穗分化的速率有关。穗分化期间平均温度高,小穗分化速率加快。如表 6 中,单棱至顶端小穗分化期间,当平均温度为 8.0 ℃时,分化速率为 0.485 个/d,当气温上升到 13.0 ℃时,分化速率加大为 0.778 个/d。

前面我们已分析得到:温度升高,穗分化持续时间缩短,不利于小穗分化。但是由于温度升高,小穗分化速率加快所增加的小穗数要少于由于温较低、穗分化速率较慢、分化的持续时间延长而增加的小穗数。如表 6 中,单棱至护颖分化期,温度为 7.0 ℃,与温度为 11.8 ℃相比,分化速率降低了 0.22 个/d,因持续日数延长了 11 d,所以分化小穗数相应增加了 2.2 个。这一结果也进一步说明了春凉年有利于长大穗的原因。

表 6　穗分化速率与温度条件的关系

年份	持续天数(N)	平均气温($\overline{T}$)	小穗数	小穗分化速率(V,个/d)	$V,\overline{T}$		V,N
			单棱—二棱				
1979	12	5.2	5.0	0.417	相关系数	0.9639	−0.9574
1980	11	6.6	5.0	0.455	显著水平	0.001	0.001
1981	8	10.3	4.0	0.500	相关公式	$V=0.3127+0.0206T$	
1982	11	6.7	5.0	0.455		$V=0.7347-0.0260N$	
1985	7	11.7	4.0	0.571			
			单棱—护颖分化				
1979	23	7.0	11.0	0.500	相关系数	0.9169	−0.9497
1980	20	7.9	10.0	0.480	显著水平	0.01	0.01
1981	17	8.9	9.2	0.540	相关公式	$V=0.1398+0.0490T$	
1982	16	8.3	9.8	0.610		$V=0.9617-0.0223N$	
1985	12	11.8	8.6	0.720			
			单棱—顶端小穗分化				
1979	33	8.0	16.0	0.485	相关系数	0.9650	−0.9802
1980	29	8.1	16.0	0.552	显著水平	0.001	0.001
1981	22	10.1	14.6	0.664	相关公式	$V=7.0000+0.0537T$	
1982	21	10.0	14.0	0.667		$V=1.0700-0.0179N$	
1985	13	13.0	14.0	0.778			

2.4　冬小麦各穗分化时期出现日期与 0 ℃积温之间的关系

通过对不同冬小麦品种各穗分化时期出现日期之间的大于 0 ℃积温的统计分析,发现冬小麦各穗分化期出现的日期与各物候发育期一样,也都要求一定的积温。也就是说,每个穗分化时期的出现,都必须在满足一定热量累积(大于 0 ℃积温)以后才有可能(表 7)。并根据五年资料分析得到,各穗分化期的积温值在年际之间波动较小,其变异系数大部分在 5%左右,误差约 1 d 左右。同时,各品种之间所要求的积温值差异不大,弱冬性品种所需积温略低些。

表 7　冬小麦不同品种穗分化期出现所需不低于 0 ℃的积温值

品种	0 ℃至护颖分化			0 ℃至雌雄蕊分化			0 ℃至四分体		
	041	农大 139	7017	041	农大 139	7017	041	农大 139	7017
平均积温(℃·d)	242.4	249.7	217.9	337.2	329.0	308.4	572.3	577.5	551.0
变异系数(%)	5.4	9.7	3.7	5.8	7.4	4.0	2.6	5.2	4.4

2.5　北京地区冬小麦穗分化进程农业气候年型的分析

根据上述温度与小麦小穗分化进程的分析,并结合考虑到温度影响小麦小穗数多少的关键时期(护颖分化,雌雄蕊分化以及四分体分化)出现的早晚对小穗数的影响,以及参考了单棱至护颖、单棱至四分体分化的间隔时间,将北京地区早春冬小麦穗分化阶段划分为三种农业气候年型(表8)。

表 8　北京地区早春冬小麦穗分化时期农业气候年型

项目　　　　　　　　年型	暖年	正常年	凉年	
护颖分化期(累积 240 ℃・d 出现日期)	4月4日以前	4月5—9日	4月10日以后	
雌雄蕊期(累积 335 ℃・d 出现日期)	4月11日以前	4月12—17日	4月18日以后	
四分体期(累积 535 ℃・d 出现日期)	4月26日以前	4月27日—5月2日	5月3日以后	
单棱至护颖分化期间隔日数(d)	≤17	17~20	≥20	<17
单棱至四分体期间隔日数(d)	≤40	40~45	≥45	<40
对小穗形成的影响	不利	措施适当,有利	有利	不利

春暖年型:早春温度回升很快,穗分化速度快,因持续时间短,而不利分化较多的小穗,为小穗年型。出现频率为 35%。

春凉年型:稳定通过 0 ℃日期短,有时与正常年型相近,但由于早春温度回升慢,气温低,穗分化期持续时间可长达 50 d,有利于小穗分化,一般为大穗年型。但值得注意的是:有的年份在早春也会温度很低,前期低温持续时间较长,使单棱期延迟出现,而后期温度回升很快,造成各分化期持续时间缩短,也会不利于小穗分化。如 1985 年春季天气特征,这类年型约占 15%。

正常年型:介于春暖年与春凉年型之间,出现频率为 35%。这种年型只要加强管理,为对小麦穗分化的有利年型。

根据上述分析,我们可以看出,若能采取措施,适当延迟单棱至护颖分化的持续时间,就会有助于小穗分化。因此,北京地区,麦田在进行冬灌的情况下,春后一般需浇起身、拔节水。如果在 3 月底(正值二棱期)灌水,这次水不但能满足小麦的需水要求,又会利用灌水后温度回升缓慢,有利于延迟二棱至护颖分化时期达到促进小穗分化的作用。

参 考 文 献

[1] 金善宝.中国小麦栽培学.北京:农业出版社,1964.

[2] 山东省莱阳农业学校.小麦.北京:科学出版社,1976.

[3] 曲曼丽,等.北京地区各小麦穗分化与温度的关系.北京农大学报,1982,(2).

[4] 王世耆,等.北京地区冬小麦产量和气象要素的统计分析.中国农业科学,1979,(1).

[5] Hale N J,Weir R N. Effect of temperature on spikelet number of wheat. *Aust J Agric Res*,1974,**25**.

[6] 华北农业大学农学系.小麦穗分化(2).植物杂志,1976,(4).

冬小麦穗粒形成与气候条件的关系[*]

——北京地区冬小麦穗分化与温度条件的关系

曲曼丽　　王云变

（北京农业大学）

摘　要：根据三年田间试验观察资料，分析了北京地区温度条件与冬小麦各穗分化期之间的持续日数、小穗分化速率及与分化小穗数目的关系，并确定了穗的不同分化时期有利于小穗分化的温度指标。

研究表明，单棱期至护颖分化期为决定小穗数目的关键时期。在该时期中，日平均气温≤7.5 ℃的日数愈多，分化期间的持续时间愈长，则小穗数愈多。同时，从小花分化到顶端小穗分化期间的日平均气温≤10.5 ℃日数愈多，持续时间愈长，也愈有利于小穗分化。

1　前言

冬小麦穗粒数是构成小麦产量的因素之一。其穗头的大小（小穗数及粒数多少）与栽培措施有关，也受天气条件的影响。人们常说："春凉、春长有利于长大穗"，但"春凉"、"春长"的指标是什么，还没有人进行详细的研究。国内有关报道，仅仅提到春季日平均气温在 10 ℃以下，持续时间长有利于长大穗[1-4]。国外也有不少学者在人工控制环境下研究光、温对春小麦小穗数目、穗分化速率及持续时间等方面的影响做了不少工作[5-9]。到目前为止，尚未见到在自然条件下，对冬小麦进行这方面的研究报道。

为了搞清我国冬小麦品种的穗形成与农业气象、气候条件的关系，以便为冬小麦产量预报及制定丰产栽培措施提供依据，我们对冬小麦五个品种的穗分化进程进行了观察研究。

2　试验研究方法

本试验于 1978—1981 年在东北旺公社（中上等生产水平）试验地进行。供试验品种为冬小麦有芒白 041、农大 139、红良 12、7017、济南 13 等。

观察方法：冬小麦越冬前进行冬前观察，翌年从植株返青前开始到花粉母细胞进入四分体分化为止，在此期间选择代表性植株（3 株以上），每隔 2～3 d 进行植株解剖、镜检观察小麦主茎生长锥分化程度，观察结果绘图并予以显微照相。

观察项目如下：

（1）外部形态特征：株高、叶数（分化叶、可见叶）、分蘖数、伸长茎节数。

（2）穗部分化特征：幼穗分化各个时期记载标准均以出现本期征状的始日为记载该期出现的日期。

1）伸长期：生长锥原始体开始伸长（长度大于宽度）。

2）单棱期：生长锥基部明显出现三个（左一右二，或反之）苞原基。

3）二棱期：在生长锥中下部，初次见到二棱结构。

4）护颖原基分化期：在幼穗中下部初次见到护颖原基突起。

5）小花原基分化期：在穗的中下部，小穗原基上开始出现小花原基突起。

6）雄雌蕊原基分化期：在穗的中下部小穗的基部小花上的雌雄蕊原基上出现三个小突起。

＊　原文发表于《北京农业大学学报》，1982，**8**（2）：45-52．本文承郑丕尧、梅楠、郑剑非、张理先生审阅，王军同学参与了观察工作，在此一并致谢

7)药隔期:在雄蕊外形上能初步辨明分隔凹陷征状。

8)四分体分化期:剑叶鞘外露 2~4 cm,穗的中下部第 3~4 个小穗基部取出 1~2 朵小花的花药,镜检后发现有四分体形成。

3 结果分析

3.1 北京地区气候条件下冬小麦穗分化特点

在常年条件下,大多数品种在北京地区秋分适时播种的冬小麦于 2 月底 3 月初返青,茎生长锥开始伸长,进入幼穗分化阶段。随着气温逐步上升,幼穗分化各个时期相继发生。3 月中下旬进入单棱期,3月底进入二棱期,4 月上、中旬为小花原基分化时期,至 4 月底到 5 月初进行四分体分化,此时完成了穗发育的最后阶段,于 5 月 10 日左右抽穗,进入籽粒形成时期。

北京地区春季气温回升不稳定,且年际间差异较大,致使小麦穗分化各时期出现的日期年际之间变动也很大。如 1979 年和 1980 年为早春回暖较早,但 3 月中旬后,气温偏低,4 月中、下旬平均气温比历年平均气温低 4 ℃左右,属春寒年型。1981 年入春后,气温回升很快,4 月平均气温比历年平均气温 13.2 ℃高 2.4 ℃,4月上旬高 2.8 ℃,属春暖年型。冷暖年型之间温度差异更大,如暖年型的 1981 年,3 月中旬平均气温为9.3 ℃,而春寒年型的 1980 年仅为 2.8 ℃,又 1981 年 4 月下旬平均气温为 19.2 ℃,1979 年仅为 12.8 ℃(表 1)。因此,1979 年和 1980 年二棱期分别出现在 3 月 29 日及 4 月 1 日,比 1981 年 3 月 25 日出现二棱期的日期延迟 4~7 d。1979 年小花原基分化期为 4 月 12 日,亦比 1981 年 4 月 5 日延迟达 7 d 之多(表 2)。

表 1 各年春季气温资料   单位:℃

年 份	2 月下旬	3 月			4 月		
		上旬	中旬	下旬	上旬	中旬	下旬
1979	0.5	3.9	4.8	6.2	9.6	10.5	12.8
1980	2.1	3.1	2.8	6.6	8.9	9.7	13.3
1981	-4.9	2.6	9.3	8.2	13.5	14.1	19.2
历年平均	-1.3	1.2	4.7	7.3	10.7	13.2	15.6

表 2 1979—1981 年冬小麦穗分化进程(品种:041)

时期 年份	伸长期	单棱期	二棱期	护颖分化期	小花原基分化期	雄雌蕊原基分化期	药隔期	四分体期
1979	3 月 9 日	3 月 17 日	3 月 29 日	4 月 9 日	4 月 12 日	4 月 19 日	4 月 24 日	5 月 5 日
1980	冬前	3 月 21 日	4 月 1 日	4 月 10 日	4 月 14 日	4 月 20 日	4 月 25 日	5 月 5 日
1981	冬前	3 月 17 日	3 月 25 日	4 月 3 日	4 月 5 日	4 月 9 日	4 月 13 日	4 月 25 日

由于春季温度高,使穗分化速率加快,因而缩短了穗分化各时期的间隔时间。例如,春暖年型的1981 年,由单棱至四分体分化期之间间隔期分别比 1979 年和 1980 年少 6 d 和 11 d(表 3)。

春季气温的变动和年际之间的变化影响穗分化进程,也影响每穗的小穗数目。对 041 品种的三年观察资料表明,每穗小穗数 1979 年和 1980 年各为 19.0 个,1981 年为 17.6 个,即春寒年多于春暖年。其他品种亦有同样反应(表 4)。经过小穗数年际间差异显著性检验,在 0.001 信度下差异极显著(表5),说明各年的春季气象条件差异造成了年际间每穗小穗数的变化。

表 3 041 品种穗分化各期之间的间隔日数   单位:d

年份	单棱至二棱	二棱至护颖	护颖至小花	小花至雌雄蕊	雌雄蕊至药隔	药隔至四分体	单棱至四分体
1979	12	11	3	7	5	12	50
1980	11	9	4	6	5	10	45
1981	8	9	2	4	4	12	39

表 4　冬小麦不同品种小穗数目　　　　　　　　　　　　　单位:个

年份＼品种	041	农大 139	红良 12	7017
1978	19.0	19.0		20.3
1980	19.0		16.0	19.3
1981	17.6	17.0	14.2	17.7

表 5　年际间小麦各品种小穗数差异显著性检验(统计量)

品　　种	1980 年与 1981 年	1979 年与 1981 年
7017	5.042***	6.705***
041	5.042***	3.82**
农大 139	—	5.578***
红良 12	4.215**	—

P=0.01;*P=0.001

从三年资料看出,因春季温度条件差异引起每穗小穗数目的变动可达 1~2 个。据了解,1979 年由于春寒小麦抽穗延迟,籽粒成熟期多阴雨。虽然籽粒灌浆不好,千粒重下降 4~6 g,是历年下降幅度最大的年份之一,但小麦并没有造成大幅度减产,其原因就是该年春温低,每穗小穗数多,弥补了千粒重降低的部分影响。因此,春季天气条件对小穗分化形成的影响是不可忽视的。

3.2　冬小麦穗分化进程与温度条件的关系

3.2.1　与 0 ℃以上积温的关系

冬小麦穗分化各发育时期的出现与 0 ℃以上积温有着比较稳定的对应关系。即穗发育各时期出现时,都要求一定热量的累积值。根据对 041、农大 139、红良 12 号等冬性品种的资料统计得到,幼穗分化出现单棱期需累积 0 ℃以上积温(由稳定通过 0 ℃之日开始计算)约需 84 ℃·d,单棱至二棱期约需 68 ℃·d,二棱至护颖分化期约需 84 ℃·d,护颖至小花分化期约需 30 ℃·d,小花分化至雌雄蕊分化约 62 ℃·d,雌雄蕊至药隔期约 58 ℃·d,药隔至四分体期约 180 ℃·d。由春季稳定通过 0 ℃至四分体分化需 565 ℃·d 左右,即完成整个穗分化进程(表 6)。

表 6　冬小麦不同品种穗分化各时期出现时所需≥0 ℃积温值(1979—1981 年平均值)

	0 ℃至单棱		单棱至二棱		二棱至护颖		护颖至小花		小花至雌雄蕊		雌雄蕊至药隔		药隔至四分体	
	三年平均积温(℃·d)	相对变率(%)	三年平均积温(℃·d)	相对变率(%)	三年平均积温(℃·d)	相对变率(%)	三年平均积温(℃·d)	相对变率(%)	三年平均积温(℃·d)	相对变率(%)	三年平均积温(℃·d)	相对变率(%)	三年平均积温(℃·d)	相对变率(%)
041	84.3	10.4	72.6	9.2	83.2	12.1	32.6	18.3	60.8	5.5	64.0	8.1	168.8	5.7
农大 139	—		—		79.5	8.0	29.4	19.2	65.3	6.7	57.8	1.1	183.7	3.7
红良 12	—		62.9	10.5	89.6	8.0	24.0	1.0	60.0	1.6	52.8	12.9	186.4	10.8
平　均	84.3		67.8		84.1		28.7		62.0		58.2		179.6	
累积值	84.3		152.1		236.2		260.9		326.9		385.1		564.7	

由表 6 可以看出,各时期所需的平均积温值除了护颖至小花原基分化期相对变率较大外,其他各时期相对变率一般小于 10%,误差约 1 d。

3.2.2　冬小麦穗分化各时期持续时间与温度条件的关系及对小穗数目的影响

冬小麦由生长锥开始伸长,历经单棱期、二棱期等,一直达到花粉母细胞四分体分化,完成了穗发育的各个时期。但决定分化的小穗数目主要是在单棱期至顶端小穗出现这段时期。因此,我们将在下面分别讨论这段时期内各个穗分化时期出现的日期、持续时间与日平均气温的关系,以及对小穗数目的影响。

(1) 单棱期至二棱期

小麦幼穗处在单棱至二棱期之间,为分化苞原基的时期,苞原基数目与后期分化的小穗数目关系密切。从表7中可以看到,该期间的平均温度愈低,持续时间愈长,相应分化的小穗数目就愈多。如1979年和1980年该时期持续时间为11 d和12 d,可以分化5个苞原基,而1981年持续时间为8 d,只分化了4个苞原基。根据相关统计分析,认为日平均气温不高于7 ℃的日数愈多,则该时期持续时间愈长(相关系数达0.991),愈有利于穗分化。

表7 单棱至二棱期持续时间与日平均气温的关系

年份	穗分化期持续天数(d)	$\overline{T}$(℃)	分化小穗数(个)	日平均气温持续天数(d)							
				>4.5 ℃	>7.0 ℃	>8.0 ℃	≤8.0 ℃	≤7.0 ℃	≤6.0 ℃	≤4.0 ℃	≤3.0 ℃
1979	12	5.2	5.0	6	4	3	9	8	6	6	4
1980	11	6.6	5.0	7	6	6	5	5	4	3	3
1981	8	10.3	4.0	8	8	7	1	0	0	0	0
穗分化期持续天数与日平均气温的相关系数		0.976		−0.965	−0.961	−0.846	0.961	0.991*	0.995*	0.960	1

* $P=0.1$

(2) 二棱期至顶端小穗出现

当穗分化进行到出现顶端小穗时,标志着小穗的分化个数已经固定,小穗数目分化已经结束,即小穗数目已达最大值。此后,穗分化便全部进入小花分化阶段。至于已分化出的小穗能否全部成为有效小穗,则有赖于今后其他条件能否满足小穗发育的要求。

由二棱期至顶端小穗分化,分为两个阶段进行讨论。二棱至护颖分化时期,其持续日数与小穗数目也有正对应关系,该时期持续时间长,分化的小穗数目相应增多。持续时间的长短与日平均气温不高于8.0 ℃的日数有一定关系,相关系数为0.866。

小花原基分化至顶端小穗分化之间也同样存在持续时间长则分化小穗数目多的现象,如持续时间7 d,可分化3.7个小穗,持续时间5 d,就只分化3个小穗。在该时期内日平均气温不高于10.5 ℃日数愈多,小花原基分化至顶端小穗出现的持续时间也就愈长,其相关系数可达0.993,在信度为0.1时相关显著。因此,此时期不高于10.5 ℃的天数愈多,愈有利于穗分化。

(3) 单棱期至护颖分化期

通过三年041品种穗分化资料的分析,对单棱至顶端小穗分化之间各个时期分化的小穗数目差异检定,用 t 检验发现,仅单棱期至护颖分化期之间的小穗数目,年际之间差异显著(信度为0.01)。对农大139品种,1979和1980年两年资料检验后也得出同样结论。说明虽然在单棱至顶端小穗分化这段时期为进行小穗分化时期,但造成小穗数的年际之间的差异,主要是单棱期至护颖原基分化期这段时期。因此,可以认为单棱至护颖分化期是决定小穗数目的关键时期。

同时,单棱期至护颖分化期之间的小穗数与该期间的持续时间长短也为正对应关系,而持续时间长短与日平均气温关系密切。从表8中可以看出,穗分化期间的平均温度愈低,则持续时间愈长。1979年期间平均温度为7.2 ℃,持续23 d。1981年平均温度为9.1 ℃时,仅持续17 d。经过相关分析认为,该持续时间平均气温不高于7.5 ℃的日数愈多,该期间持续时间愈长,愈有利于分化,在信度0.001条件下相关极显著。持续日数与期间平均温度的关系式为 $\hat{y}=45-3.17x$($\hat{y}$ 为由单棱期至护颖分化期之间的持续日数,x 为该时期的日平均气温),在信度为0.001条件下相关极显著。说明在单棱期至护颖分化期要想获得较多的小穗原基数目,日平均气温不高于7.5 ℃的天数愈多,可相应延迟两分化期之间的持续天数,为有利于大穗的天气条件。

表 8　单棱期至护颖分化期持续时间与日平均气温 $\overline{T}$ 的关系

年份	穗分化期持续天数(d)	$\overline{T}$(℃)	分化小穗数(个)	日平均气温持续天数(d)								
				≤5.0℃	≤6.0℃	≤7.0℃	≤7.5℃	≤8.0℃	≤9.0℃	≤10.0℃	≤11.0℃	≥7.5℃
1979	23	7.0	11	6	6	10	12	14	15	18	22	11
1980	20	7.7	10.6	5	5	8	8	8	13	16	17	12
1981	17	8.9	9.2	0	2	4	4	5	8	11	15	13
穗分化期持续天数与日平均气温的相关系数				0.983	0.959	0.981	1**	0.974	0.971	0.971	0.971	−1**

　　* * $P=0.001$

3.3　冬小麦穗分化速率与温度条件的关系

　　上面我们讨论了冬小麦小穗数目与穗分化各时期的持续时间的关系及与温度条件的密切关系。我们知道,每穗分化的小穗数目还受小穗分化速率的影响。一定时间内,如果小穗分化速率快,就可相应获得多的小穗数。所以穗分化得到的小穗数目,既受穗分化持续时间长短的影响,又受小穗分化的速率的影响。小穗分化速率同样也与温度条件关系密切。一般情况下,穗分化期间的平均温度愈高,小穗分化速率愈快。如表 9 中,单棱期至顶端小穗分化期间平均温度 10.1 ℃时,分化速率为 0.8 个/d,当平均温度为 8.0 ℃时,分化速率为 0.576 个/d。温度高,分化速率加快,但相应两分化期之间的持续时间却随着温度升高而缩短,如上述平均温度为 10.1 ℃时,持续时间只有 22 d,平均温度为 8.0 ℃时,则可持续 33 d。由于温度升高,累积到某分化期所需积温的日数相应缩短,因此,使各分化期提早出现,并提早结束了穗分化的整个进程。同时,又由于高温分化速率加快,使各分化期的持续时间缩短,给小穗数的分化带来了不利影响。如表 9 中,单棱至护颖分化期,当期间平均温度为 7.0 ℃(1979 年)和 8.9 ℃(1981 年)时,分化速率分别是 0.48 和 0.54 个/d,但分化的小穗数仍为分化速率低,持续日数长(23 d)的 1979 年获得小穗数为多(11.0 个)。1981 年持续 17 d 分化小穗数仅为 9.7 个。

表 9　穗分化期间平均温度(T)与间隔日数、穗分化速率(V)及小穗数的关系

年份	单棱期至二棱期				二棱期至护颖分化期				单棱期至护颖分化期				单棱期至顶端小穗分化期			
	持续日数(d)	$\overline{T}$(℃)	V(个/d)	苞原基数(个)	持续日数(d)	$\overline{T}$(℃)	V(个/d)	小穗原基数(个)	持续日数(d)	$\overline{T}$(℃)	V(个/d)	小穗原基数(个)	持续日数(d)	$\overline{T}$(℃)	V(个/d)	小穗数(个)
1979	12	5.2	0.417	5.0	11	8.9	0.545	6.0	23	7.0	0.48	11.0	33	8.0	0.576	19.0
1980	11	6.6	0.455	5.0	9	9.0	0.556	5.0	20	7.9	0.53	10.6	29	8.1	0.655	19.0
1981	8	10.3	0.500	4.0	9	7.8	0.478	4.3	17	8.9	0.54	9.2	22	10.1	0.800	17.6

　　通过上述资料分析,可以认为,由于高温加快穗分化速率所增加的小穗数目,要少于因低温延长穗分化持续时间而增加的小穗数目。也即低温使穗分化持续时间延长有利于形成较多的小穗数。所以农业生产上流行的看法,"春凉、春长有利于大穗"是有科学道理的。

4　讨论

　　(1)目前对运用冬小麦生物学下限温度指标,尚未有明确的统一意见,0 ℃或 3 ℃,甚至 5 ℃均有采用。根据对北京地区冬小麦的生长观察发现,日平均稳定通过 0 ℃为冬小麦冬前停止生长及翌春开始生长的下限温度,因此,生物学下限温度应为 0 ℃为宜。在应用 0 ℃作为下限指标,求算分化各个时期出现所需要的 0 ℃以上积温值时,表现了比较好的对应关系,也充分证明了这个观点。

（2）关于达到冬小麦穗分化各个时期的标准,就已发表的一些文章及图片来看,各穗分化时期均为进入该时期的中期征状,且尚无明确的标准[2,3,10]。引用这样的穗分化资料,不利于进行不同地区及年际间的对比分析。几年来所观察的各个穗分化时期是在规定的统一标准下进行的(见试验研究方法)。因此,所得资料进行年际间对比分析,减少了人为误差。

（3）验证了农业生产传说的"春凉、春长利于长大穗"的科学性,并对目前有关文章报道"春温在10 ℃以下有利于大穗"的温度指标做了一定的补充与修正,但还有许多问题需要进一步观察研究。

（4）根据冬小麦穗分化指标的分析,在农业措施上,为了创造有利于穗分化的温度条件,应提倡冬灌。避免早春(在单棱期前)灌水,不致因过早浇水降低土温而延迟单棱期出现。可在二棱期(北京地区3月底)利用灌水降温,适当延迟单棱至护颖分化之间的持续时间,为分化较多小穗数创造有利的田间小气候条件。

参 考 文 献

［1］金善宝. 中国小麦栽培学. 北京:农业出版社,1964.

［2］北京农科院. 小麦生长规律与栽培技术. 北京:北京出版社,1979.

［3］山东省莱阳农业学校. 小麦. 北京:科学出版社,1976.

［4］中国农业科学院. 小麦栽培理论与技术. 1978.

［5］Rahman M S,Wilson J H. Determination of spikelet number in wheat Ⅲ. Effect of varying temperature on ear development. *Aust J Agric Res*,1978,**29**:469-476.

［6］Halse N J,Weir R N. Effect of temperature on spikelet number of wheat. *Aust J Agric Res*,1974,**25**:687-695.

［7］Friend D J C, Fisher J E,Helson V A. The effect of light intensity and temperature on floral initiation and inflosescence development of marquis wheat. *Canadian Journal of Botany*,1963,**41**.

［8］Friend D J C. Ear lenght and spikelet number of wheat grown at different temperature and light intensities. *Canadian Journal of Botany*,1965,**43**.

［9］Halse N J,Weir R N. Effect of vernalizations, photoperiod and temperature on phenological development and spikelet number of Australian wheat. *Aust J Agric Res*,1970,**21**(3).

［10］华北农业大学农学系. 小麦穗分化(2). 植物杂志,1976,(4).

小麦品质生产与气候适应性*

曲曼丽

（北京农业大学）

小麦品质主要分营养品质和加工品质，并由许多指标进行综合评定，而其中蛋白质含量和面筋含量是评定小麦品质好坏的重要指标。即小麦蛋白质和面筋含量愈高，小麦品质愈好。但加工成不同种类的食品则要求不同小麦品质类型的面粉。如制作通心粉，就需要面粉蛋白质含量在 14％以上，湿面筋含量在 35％以上。如果用此面粉制作糕点，就会又硬又小，制作出的糕点质量就不好。制作松、软、脆、可口的糕点，就需要小麦蛋白质含量在 9％以下，湿面筋含量在 24％以下。因此，制作不同种类的食品应相应选择不同品质的小麦面粉类型。

小麦品质形成与多种因素有关，优质麦的产生除与品种特性有关外，还与外界生态环境条件、栽培管理措施等有密切关系。四倍体硬粒小麦蛋白质含量高，一般在 14％～15％，高于六倍体普通小麦 2％以上，湿面筋及氨基酸含量也高于普通小麦。但硬粒小麦要求干燥多光照气候，因此，它主要分布在夏季干热的地中海气候区。意大利是生产硬粒小麦的主要国家之一，苏联、加拿大、美国、澳大利亚等国也有种植，我国仅在新疆地区有少量种植。

在普通小麦品质生产中，气候条件也是影响小麦品质形成的重要生态环境条件。干燥、少雨、日照充足有利蛋白质及面筋含量的提高，而多阴雨、少日照地区则小麦蛋白质和面筋含量低。因此，我国北方小麦蛋白质含量高于南方，气候条件是重要原因之一。

在世界上主要小麦生产国，基本上实现按不同小麦品种品质类型对地区气候条件的要求和适应特点，进行小麦品种区域化生产。如美国根据小麦品种及其品质特点划分为五种类型，各分布在不同的气候区域中。

（1）硬红粒冬小麦：高蛋白质含量，可做高质量面包。主要分布在温带、亚热带干旱半干旱气候区，年降水量在 300～500 mm。

（2）硬红麦、春小麦：高蛋白质含量，可做高质量面包。主要分布在温带干旱半干旱气候区，年降水量在 200～400 mm。

（3）硬质小麦：可做通心粉、细实心面条等。主要分布在温带干旱半干旱气候区及亚热带干旱半干旱气候区，年降水量在 200～400 mm。

（4）白粒麦：可做糕点及面条等。主要分布在湖区及太平洋沿岸温带大陆性湿润气候区，年降水量在 900～1 000 mm。

（5）软红粒冬小麦：蛋白质含量低，可做点心。主要分布在温带和亚热带湿润气候区，年降水量在 1 000～1 300 mm。

澳大利亚优质硬粒麦区主要分布在亚热带大陆性干旱半干旱气候区，或分布在亚热带夏干的地中海气候区，年降水量为 200～500 mm。

由以上小麦品种分布与地区气候条件关系可以看出，干旱少雨地区种植的小麦为蛋白质含量较高的硬质麦，而降水量较多的湿润气候区，则为低蛋白含量的软质麦分布区。小麦品种区域化生产不仅使小麦品种在品质形成时处于良好的气候生态环境中，充分发挥品种特性的优势，而且还可以将各类品种集中收获，分类入库，保证面粉质量。

---

* 原文发表于《世界农业》,1988,(10):27.

冬小麦降水年型与补水灌溉动态管理[*]

李红梅[1] 李志宏[2] 韩湘玲[3]

(1. 河北省气象科学研究所;2. 河北省农林科学院旱作农业研究所;
3. 中国农业大学)

摘 要:以提高冬小麦的用水效率为目的,在分析冬小麦生育期降水变异规律及麦田耗水规律基础上,从应变管理决策的角度,根据阶段降雨与麦田耗水的关系确定了冬小麦的生育阶段降水年型指标,进一步确定了对应于不同年型的补水灌溉动态管理措施;根据全生育期降水年型确定小麦补水总量;根据播前底墒年型确定播前造墒水量;根据播种、拔节期降水年型确定春季第 1 水补灌时间。

关键词:冬小麦 降水年型 灌溉

1 前言

华北地区是我国的主要冬麦区之一,冬小麦播种面积、总产量均占全国冬小麦播种面积、总产量的一半以上。由于该区地处暖温带大陆性季风气候区,冬小麦生长季光温条件对冬小麦生长发育有利,特别是春季光照条件好,气温回升快,相对湿度低,小麦光合作用效率高,病害少。丰富的光温条件决定了本区较高的光温生产潜力。然而,冬小麦生长季自然降水的严重缺乏、干旱的频繁发生限制了本区冬小麦生产潜力的发挥。据统计,冬小麦全生育期平均降水量不足冬小麦需水量的 1/4,必须进行灌溉补水才能满足冬小麦正常生长发育对水分的需求。灌溉作为冬小麦耗水的重要补充,对于该区冬小麦生产的持续发展起着关键作用。而农用灌溉水的严重不足造成了本区冬小麦生产限水灌溉的特点,即冬小麦生长发育只能在一定程度的水分亏缺条件下进行。因此,加强冬小麦补水灌溉管理,提高有限灌溉水利用率在本区显得尤为重要。

国内在冬小麦节水灌溉制度及耗水规律方面进行了大量的试验研究。在冬小麦水分年型研究上主要以影响产量的关键时段的降水为划分年型的指标。但将冬小麦生育期降水变异特点及作物耗水规律相结合,进行冬小麦年型划分及动态补水灌溉管理的研究较少。以位于河北低平原的衡水点为例,通过对冬小麦生育期降水变异规律及麦田多年水分试验资料的分析,对冬小麦降水年型的划分与补水灌溉动态管理进行了探讨。

2 材料与方法

2.1 气候资料

衡水气象站 1961—1999 年历年逐日平均气温、最高气温、最低气温、日照时数、相对湿度、降水量、10 m风速,及 1992—1999 年邓庄试验站的自动气象站观测资料。

2.2 麦田水分试验资料

利用 1991—1999 年在河北省衡水旱作农业研究所试验场及衡水邓庄中加试验站进行的冬小麦水

* 原文发表于《灌溉排水学报》,2001,**20**(1):60-64.

分试验资料,分析降水、补水与麦田耗水、水分平衡、产量形成的关系。具体试验包括:

　　(1)不同年型肥水配合定位试验(1991—1995 年);

　　(2)春季第 1 水灌溉时间试验(1994—1995 年);

　　(3)旱地麦田不同底墒年型土壤供水模拟试验(1992—1994 年);

　　(4)前期麦田蒸腾蒸发比例试验(1997—1999 年);

　　(5)缺水麦田水分消耗动态试验(1993—1995 年)。

2.3　气候风险分析方法

　　利用试验代表点历年气候资料,统计气候极值、平均值、年际变异系数、年型发生频率、保证率,进行降水变异及补水灌溉决策的分析。

2.4　土壤水分模拟方法

　　利用从加拿大引进并在河北麦区修正过的多层次土壤水分平衡模型(VSMB),进行麦田土壤水分动态的模拟。该模型考虑了冬小麦不同生育阶段及不同土壤结构对小麦根系及吸水特性的影响。根据华北限水麦区小麦发育特点,将冬小麦吸水层次分为 $0\sim10,10\sim20,20\sim40,40\sim60,60\sim80,80\sim100$ cm 6 个层次,将冬小麦生育期分为播种—出苗、出苗—越冬、越冬—返青、返青—拔节、拔节—开花、开花—乳熟、乳熟—成熟 7 个阶段进行模拟。

3　主要结果分析

3.1　冬小麦生长季降水特征及降水年型的划分

　　河北低平原冬小麦生长季处在少雨且降雨年际变异大的冬春季节,以衡水点为例,冬小麦生长季常年降水量 120 mm 左右,仅占全年降水的 25%。降水年际变异系数在 45% 以上。最多年份降水达 260 mm 左右,相当于常年平均降水量的 2 倍以上,而最少年份仅 40 mm,相当于常年降水的 1/3 左右。从冬小麦不同生育阶段的降水及变异看,以冬季(12 月—次年 2 月)月降水量最少且年际间变异系数大,月降水不足 10 mm,变异系数高达 70%~120%;冬前(10—11 月)月降水量为 10~25 mm,变异系数为 65% 左右;春季(3—5 月)随生育期的推迟,月降水量从 3 月份的 10 mm 增加到 5 月份的 30 mm,变异系数达 80%~90%;6 月份降水增加,变异系数降低。

　　从冬小麦生育期内降水分布与麦田蒸散需求的动态对比来看,无论是何种年份,靠生育期降水都不能满足小麦高产的水分需求。不同年份,不同生育阶段的缺水程度不同。生育期缺水呈前轻后重型,越到生育期后期,水分亏缺量越大。

　　从上述分析可以看出,无论是冬小麦全生育期还是不同生育阶段,干旱缺水普遍发生。考虑到冬小麦不同生育阶段的缺水程度、耐旱程度不同,以及本区降水变异较大的特征,为实现高效用水,限水麦区的冬小麦补水灌溉应在不同小麦生育阶段、不同降水年型进行相应的应变管理决策。过去降水年型的划分多以季节(春、冬)降水量为指标,为方便不同阶段的补水灌溉决策,本文进行冬小麦降水年型的划分时,以阶段性降水为主要因子,根据阶段降雨与麦田耗水的关系确定冬小麦的年型指标。

　　根据小麦缺水动态可把小麦全生育期划分为 3 个阶段:一是拔节前,二是拔节至抽穗,三是抽穗至成熟。同时考虑到夏季降水对麦田土壤底墒蓄水的作用,确定冬小麦降水年型的划分因子为全生育期降水量、播种—拔节、7—9 月降水。

3.2　冬小麦生长期不同降水年型补水量

3.2.1　麦田补水量的理论确定方法

　　麦田耗水量(ET)是由播前土壤有效水(S)、生育期灌溉水(I)和降水(P)三者共同组成。在耗水量一定的条件下,它们三者具有互为相助、互为消长的作用。当一方或两方过多或过少时,另一方或两方的消耗则表现为上升或下降。节水管理的目标是科学利用自然降水,充分挖掘利用土壤水,最大可能地节约灌溉水。而土壤水是夏秋季降水储蓄和播前灌溉水的总和,生育期间补充灌溉水量的多少应是总耗水与播前土壤有效水、生育期降水二项之和的差。即补灌量的多少由总耗水量、播前土壤有效水、生育期降水 3 项共同确定。即:

$$I = ET - (P + S)$$

研究表明:麦田耗水量(ET)是气候、土壤、产量水平多种要素的函数。在一定的生态气候区,产量水平是决定因素。而在河北低平原限水灌溉区,最佳耗水量由产量与水分利用效率两个目标综合确定。根据在衡水的多年灌水、耗水、产量关系研究结果可知,河北低平原区麦田最佳耗水量在 400 mm 左右,产量水平为 6 000 kg/hm²。这一结论与华北其他麦区试验结果基本一致。土壤水是夏秋季降水储蓄和播前灌溉水的总和。冬前造墒作为一项限水灌溉区的节水增产措施已广泛应用,此类麦田播前 1 m土壤相对含水量一般可达田间持水量的 85%,播前土壤有效水量为 100 mm。

综上所述,冬小麦生育期补水量主要取决于冬小麦生育期降水年型。按上述麦田需水量及土壤提供有效水计算,若生育期降水量为 120 mm,则需补充灌溉水 180 mm。

3.2.2 不同降水年型的最佳补水灌溉次数

在低平原限水麦区衡水点进行的 1991—1995 年 5 年定位肥水试验,经历了冬小麦生育期干旱年(1992 年)、平水年(1994 年)和多雨年(1991 年)。3 个典型年份的冬小麦生育期降水分别为:48,131,229 mm。利用上述理论计算方法,按每次灌水量 60 mm 计算,统计了不同降水年型水分来源与理论补充灌溉的关系(表 1),结果表明:干旱年需补浇 3 水,灌水量 180~200 mm;平水年补浇 2 水,灌水量100~120 mm;多雨年不浇水或浇 1 水,灌水量 0~60 mm。

在衡水肥水定位试验资料中,选取 150 kg/hm² 施氮处理,分析不同补水管理(补水次数、补水量)的产量及水效益。试验结果和理论计算结果大体一致(表 1),证明了技术的可行性,即在小麦灌溉管理上,利用土壤水分平衡原理,依据不同降水年型确定灌溉补水量,无疑是节约用水、提高用水效率的有效措施之一。

表 1 不同降水年型小麦补充灌溉量(衡水,1991—1995 年)

年份	播前有效水 (mm)	生育期降水 (mm)	总有效水 (mm)	理论补灌水量 (mm)	实际灌溉水量 (mm)	产量 (kg/hm²)	水效益 [kg/(hm²・mm)]
1991	180	229	409	0~60	0	4 626	16.58
					60	5 667	17.07
					120	5 985	15.04
1992	142	48	190	180~220	120	3 600	13.97
					180	4 320	13.80
					240	4 080	10.97
1994	174	131	305	100~120	60	4 024	14.27
					120	4 810	14.23
					180	5 405	13.68

3.3 播前降水年型与播前灌溉量

3.3.1 播前底墒水对冬小麦的补水作用

播前充足底墒既是冬小麦正常出苗及冬前壮苗形成的保证,又是冬小麦生育期耗水的有效补充来源之一,特别是在干旱缺水地区及年份。试验研究表明:0~50 cm 土壤含水量占田间持水量的 70%~80%,0~10 cm 土壤含水量达田间持水量的 65%~75%,可满足冬小麦播种出苗的要求。调查分析表明,播前旬内降水 20 mm 即可满足这一要求,即可进行抢墒播种。而从播前蓄墒的角度考虑,则以土壤可提供小麦的需水量的多少来确定足墒标准。吴桥的节水小麦栽培模式即在播前灌足够的底墒水,采取一系列配套节水栽培技术,减少生育期内灌溉次数,充分发挥 2 m 土体土壤水库的作用。在春灌 1 水条件下,麦田生育期总耗水 405.4 mm,其中土壤水消耗 221.1 mm,占总持水量的 70%～80%。播前 1 m 土体有效水 130～150 mm,一般年份至拔节期土壤水分可维持到田间持水量的 50%左右。大量研究表明:冬小麦主要根系分布在 1 m 土层。由于 1 m 以下的根系根长密度低,限制了水分的利用效率。因此,我们选用 1 m 土层的田间持水量的 80%作为底墒水灌溉的指标。

3.3.2　播前降水年型与播前灌溉量

如上所述,播前底墒对于旱区冬小麦生育期水分补充有着重要作用,播前造墒补充土壤水是小麦全苗壮苗的关键措施之一。但目前大多数麦田播前造墒灌溉不考虑夏秋季为麦田储蓄水的多少,往往采取大水漫灌形式,既造成水分的浪费,也在一定程度上影响小麦适时播种。为实现小麦节水、增产,应从播前造墒开始。即麦田补墒量的多少应根据麦田播前底墒及降水情况来确定。根据对北京地区的调查分析表明,7 月下旬至 8 月下旬伏雨量对于雨季后麦播前的底墒补充量起着决定作用,伏雨小于 160 mm,为历年平均雨量的 60%以下,底墒不足,播不下种,秋冬小麦有干旱死苗,开春墒情差。故以 7 月下旬至 8 月下旬降水量 160 mm,7—8 月降水量 250 mm 作为伏旱指标。考虑到 9 月降雨对于麦田播前底墒的影响,根据 1983—1991 年在衡水进行的旱地定位试验土壤水分的测定资料,分析了 7—9 月、7—8 月降水量与 10 月上旬小麦播前 1 m 土壤平均湿度的关系,得出足墒年型(播前 1 m 土层含水量达田间持水量的 70%～80%)、欠墒年型(播前 1 m 土层含水量为田间持水量的 50%以下)及一般底墒年型的降水量指标分别为:7—9 月降水量不低于 400 mm、不超过 250 mm 和 250～400 mm。根据衡水 1991—1993 年的不同底墒年型模拟定位试验分析不同造墒量 0,30,60,90 mm 的播前土壤水分含量以及冬小麦生育期内土壤水分消耗,结果表明,在足墒(7—9 月降雨大于 400 mm)年不灌溉,适墒(7—9 月降雨大于 250 mm)年灌水 30～40 mm,欠墒年灌水 60 mm,土体有效水可达到相近水平,即达田间持水量的 70%～80%(表 2)。这样,与目前足墒下种技术相比,可节水 20～30 mm,同时可满足小麦全苗及播种至拔节期水分的需求。

分析衡水点 7—9 月降水量的年际变化,33%的年份属足墒年型,可不进行冬前造墒;38%的年份属欠墒年,灌水量应达 60 mm 左右,才能补偿底墒水的不足;而 29%的年份可减少底墒造墒量,实现节水。

表 2　不同降水年型土壤底墒状况　　　　　　　　　　　　　　　　　　　单位:mm

年份	降水年型	7—9 月降水	土体蓄水	灌前土体有效水	播前灌水	灌后土体有效水
1991—1992	多雨年	402.8	253.1	124.0	0	124.0
1992—1993	少雨年	258.0	181.4	70.2	60	130.2
1993—1994	平水年	316.6	224.9	113.7	40	153.7

3.4　不同降水年型的早春补灌时间

3.4.1　早春灌溉对冬小麦的调控作用

春季冬小麦需水逐渐进入旺盛时期,由于自然降水补充很少,麦田土壤湿度逐渐下降,春季及时进行补充灌溉是产量保证的基础,而亏缺灌溉技术,即适当推迟早春灌溉时间,麦田适度干旱还可促进根系下扎,增强后期抗旱能力,是实现限水灌溉麦区麦田节水高产的有效途径之一。

在衡水进行的不同灌溉水组合试验结果表明,春季灌溉时间越晚、灌溉次数越少,抽穗期越早、灌浆期越长。对于晚播小麦,这种影响更为明显。压缩前期灌水量及次数,推迟灌水时间是促进小麦早发育的有效措施。为进一步探讨春季灌水时间和小麦生育状况的关系,1995 年(多雨年)春在衡水设置了早春第 1 水灌溉试验,灌水时间从 3 月 31 日(起身期)至 4 月 27 日(孕穗期)共设置 4 个灌水时期。结果表明,产量以孕穗期灌溉最高,达 6 750 kg/hm²,比起身期灌溉增产 6.3%。晚灌表现穗数降低,穗粒数增加和千粒重增高。孕穗期灌溉,麦田落黄好,有利于稳定提高千粒重。另在衡水进行的不同麦田密度及灌溉期试验还表明:推迟春 1 水灌溉日期,总耗水量降低,且麦田密度越大,灌水越晚,降低水分消耗效果越明显。可见,通过适当推迟春季第 1 水灌溉时间可以实现对冬前小麦群体的调控、生育进程的调节以及节水增产、提高水分利用效率等,即不仅可节水,还能增加小麦产量。

3.4.2　不同降水年型的早春补灌时间

综合华北麦区的冬小麦土壤水分指标研究结果,设麦田早春灌溉的土壤水分下限指标为田间持水量的 50%,利用土壤水分模型模拟历年的早春灌溉日期。结果表明,在底墒充足情况下,一般年份可维持到拔节期,多雨年份可维持到孕穗期,而少雨年份应在返青期灌溉。这与在南宫、衡水及吴桥的多年试验结果相符。由此可见,春季第 1 水时间可从返青到孕穗期,即从 3 月下旬到 4 月下旬,变化幅度在1 个月左右。必须针对不同的气候年型(降水年型)来确定适宜的早春灌溉时间。

播种至拔节期降水量的大小通过影响麦田土壤水分平衡影响春季第 1 水灌溉时间。根据衡水麦田土壤阶段耗水研究结果,播种到拔节期耗水量 130～150 mm。该期土壤主要耗水层次在 0～50 cm,在播前灌水的条件下,土壤可提供 60～70 mm 的水分。依据土壤水平衡原理,如果该期降水小于 40 mm,则应提前到起身期灌水。如果该期降水 40～70 mm,则浇拔节水。如果该期降水大于 70 mm,可推迟到孕穗期灌水。由此确定出播种—拔节期降水年型指标及相应的补水灌溉时间(表3)。

表 3　播种—拔节期不同降水年型及早春第 1 水补灌时间

降水年型	降水量(mm)	降水及土壤水(mm)	灌溉时间
多雨年	>70	140～150	孕穗期(4 月 25 日)
正常年	40～70	120～130	拔节期(4 月 10 日)
少雨年	<40	90～100	起身期(3 月 20 日)

4　结论与讨论

(1)对冬小麦降水年型的划分在过去研究的生长季降水年型分析方法基础上,根据冬小麦耗水、降水供需规律,划分出冬小麦生育阶段降水年型:全生育期降水年型、播前底墒降水年型、播种—拔节降水年型。该方法对于冬小麦补水管理具有较强的实用性和实际意义。

(2)冬小麦补水灌溉以实现灌溉的动态化为目标,根据降水年型确定灌溉时间及灌溉量。播前造墒灌水量根据播前降水年型在少雨年、正常年、多雨年分别为 60,40,0 mm;春季第 1 水灌溉时间则依据播种—拔节期的降水年型少雨年、正常年、多雨年分别在起身、拔节、孕穗期;小麦全生育期补水灌溉量则根据生育期降水年型在少雨年、正常年、多雨年分别灌溉 3 次、2 次和 1 次,灌溉定额分别为 180,120,60 mm。

(3)从冬小麦水分的供求关系入手,形成了小麦不同降水年型的补充灌溉管理,通过不同降水年型的灌溉方案调整,初步实现了补水灌溉的动态化。随着农业信息技术的应用,麦田供水的动态管理,与模拟模型等技术相结合,将更好地实现动态、定量及应变管理。

参 考 文 献

[1] 李红梅,王西平,等.气候变异与冬小麦稳产应变措施研究[C]∥北方半干旱地区持续农业研究论文集.北京:中国农业科技出版社,1997:388-392.

[2] 韩湘玲,曲曼丽,等.黄淮海地区农业气候资源开发利用[M].北京:北京农业大学出版社,1987.

[3] 兰林旺,等.小麦节水高产研究[M].北京:北京农业大学出版社,1995.

[4] 张喜英.作物根系与土壤水利用[M].北京:气象出版社,1994.

[5] 李晋生,等.节水型农业理论与技术[M].北京:中国科学技术出版社,1990.

小麦、玉米两熟气候生态适应性及生产力的研究*

韩湘玲　刘巽浩　孔扬庄　赵明斋

（北京农业大学）

　　因地种植,适地适作,这是提高作物产量的基本原则。早在元代(公元 1313 年)《王祯农书·农业通诀》中就写道"九州之内,田各有等,土各有产,山川阻隔,风气不同,凡物之种,各有所宜"[1]。20 世纪 30 年代就明确提出《农业生态学》的概念。50 年代意大利阿齐的《农业生态学》中对气候生态问题的研究给我们很好的启示[2]。60 年代开始,国际生物气象学会就对小麦、大豆等作物气候型进行了世界范围的研究交流,并重视研究各种生态条件对产量的影响[3]。70 年代以来,由于光合作用研究的进展,各学科都重视作物生态适应性与生产力的研究[4,5]。1980 年 9 月,国际水稻所在菲律宾召开"不同环境条件下作物生产力国际学术会议",除对各主要作物进行了生产力的研究外,还涉及种植制度与生产力的问题[6]。

　　我国早在 20 世纪 60 年代就对水稻、小麦、大豆等作物的气候生态进行了初步的研究[7,8],近年来有所进展[9-11]。但是,这些研究多从单一作物出发,缺乏从全年种植方式的整体去研究其生态适应性,或计算生产力未与作物生态适应性相联系。本文根据 1973—1980 年的试验及调查对华北平原的小麦、玉米两熟不同种植方式的气候生态适应性和生产力做初步探讨。

1　试验研究方法

1.1　田间试验

　　在 1973—1980 年期间,分别在华北平原北部不同地点(1973—1974 年在河北省涿县,1975—1977 年在天津市宝坻县,1978—1979 年在北京市房山县,1980 年在北京市东北旺公社)进行不同种植方式的对比试验。

　　主要处理有小麦、玉米两茬套种(简称两套),小麦、玉米两茬平播(简称两平),小麦、玉米、玉米(或大豆)三茬套种(简称三套)。

　　生产水平与条件:在沙壤土,中上等生产水平条件下进行试验。

　　测定项目:全年系统的叶面积系数(LAI)、干物质量(W)、截光率,由此计算出作物生长率(CGR)、光能利用率 $E(\%)$ 等。定期测定土壤水分、养分。关键时期测定田间光、温及照光叶面积等。最后测定产量及其构成各因素以及根系状况。测光用 S_{II} 型照度计和照光面积棒;测叶面积小叶作物用GCY-200型叶面积仪,大叶作物用尺量法测定;测干物重(剪去植株根系)用恒温干燥箱烘干。

1.2　调查研究

　　几年来对华北平原各省市(北京、天津、山东、河北、河南及关中、淮北)的各种农业气候类型地区进行了种植方式及农业气候特点的调查研究。

　　* 原文发表于《自然资源》,1982,(4):83-89.1980 年的田间试验是与东北旺公社科技站合作进行的。中国科学院自然资源综合考察委员会李继由同志于 1979—1980 年参加部分工作。文内有关气象资料抄自当地县(区)气象站,如 1980 年抄自北京市海淀区气象站;1976—1977 年抄自天津市宝坻县气象站;历年气象资料及太阳辐射资料均抄自北京市气象台

1.3 分析方法

进行了不同气候区对比分析。采用了生长分析法、气候与作物生育和产量的对比分析与统计分析法等。

2 试验结果

对华北平原小麦、玉米两熟的不同种植方式是有争论的,根据我们的试验结果,在平原北部的气候及较好的水肥条件下:(1)一年两熟生产力大于一熟,多年平均小麦、玉米两熟比一季春玉米增产56%;(2)一年两熟中,小麦、玉米套种气候生态适应性强,全年产量和光能利用率均最高(表1)。

表1 小麦、玉米不同种植方式的产量及光能利用率 单位:斤/亩

熟制	种植方式	1980 年				1974—1980 年			
		小麦	玉米	合计	$E\%$	小麦	玉米	合计	$E\%$
一熟	春播玉米	—	1 003.5	1 003.5	0.63	—	852.4	852.4	0.39
两熟	两平	642.5	622.5	1 265.0	0.81	614.9	612.3	1 227.2	0.73
	两套	577.8	1 075.1	1 652.9	1.12	557.9	835.8	1 393.7	0.80
	三套	610.4	828.5	1 438.9	0.85	578.8	787.6	1 366.4	0.78

注:①1974—1980 年系指可比较的 4 年(1974,1975,1978,1980 年)资料平均。文内表中资料不加说明的都是试验田取得,年份与地点在本文"试验研究方法"已交代。

②产量指经济产量(试验处理两个重复的平均)。

③$E\% = \dfrac{W(斤/亩) \cdot 500(g/斤) \cdot H(kcal/g)}{\sum Q(cal/cm^2) \cdot 666.7(m^2/亩) \cdot 10^4\ cm^2/m^2} \times 100\%$。式中,$W$ 为干物质重;H 为每克干物质产热率;$\sum Q$ 为作物生长年度太阳辐射总和。

3 气候生态适应性分析

不论哪一种种植方式,小麦的生育期处于同一气候季节,只要播期、品种和其他栽培管理措施一致,它们的收获期基本相同。由于不同方式为下茬玉米留下的套种行、宽度不同,形成了小麦占地面积与边行优势的差别。据1980年的试验与1977年多点调查的结果,因边行优势的增产数终究难以弥补预留套种行的减产数。如平播的相对产量作为100%,则三茬套种减产5%左右,而两茬套种减产达10%~17%[12](表2)。

表2 不同种植方式的小麦产量及减产率

年份	种植方式	带宽(尺*)	宽档宽度(尺)	小麦行数	产量(斤/亩)	以平播为100%的减产比例(%)	备注
1980	两平	11.0	1.2	20	642.5	100	同一生产水平的试验结果
	两套(窄行)	2.1	1.1	3	577.8	10	
	两套(宽行)	3.7	1.6	5	533.4	17	
	三套(丈畦)	11.0	1.8	19	610.4	5	
1977	两平	10.0	0.9	24	544.7	100	不同生产水平的调查结果
	两套	5.0	1.8	7	230.0	15.0±5.29	
	三套(丈畦)	10.0	1.7	24	650.0	1.8±0.42	
	三套(7.5尺畦)	7.5	1.8	13	500.0	5.1±1.27	

玉米与小麦不一样,从大气候角度看,由于玉米播期不同:春播(4月下旬)、晚春播(5月中下旬)、夏播(6月中下旬)**,使整个生育期处于各不相同的气候条件下,对玉米的生长发育影响甚大。套种玉米苗期与小麦共生,两者争光、争水、争肥剧烈,田间小气候条件不利于玉米幼苗生长。但是,衡量利弊应

* 1尺=0.1丈=1/3 m,余同

** 夏播即为麦收后平播玉米,也称"平播或直播"

从整个生育期看。从全年来看,套种玉米的气候生态适应性是较强的,其特点是:

(1)可采用生育期较长的品种,充分利用光、热资源

由于在麦收前 20~35 d 将玉米套入麦田,比夏平播玉米延长生育期一个月左右,争取了 400~700 ℃·d 的积温,这样就可采用本地区春播用的中熟(或中晚熟)品种,如京杂六号、丹玉六号(110~120 d),比早熟品种,如京黄 113(90 d 左右)生育期长,截光量大,光合时间长,因而增产的潜力大。据山东烟台地区的统计,改麦后平播"烟三六号"(早熟)品种为套种"群单 105"(中熟)品种后,增产约 20%,华北平原许多地区也得到了同样的结果[13]*。中熟玉米与小麦构成的一年两熟,其生育期达 270 d 左右,可较充分利用本地区的光、热、水资源,在较好的水肥条件下,比一季春播玉米增加产量高达 60% 左右。

由于将玉米提前套入麦田,麦收时一般虽 LAI 只有 0.1,麦收后一个月 LAI>2,此时夏平播玉米 LAI 只有 0.5 左右,三套的中下茬 LAI 也不及两套。所以套种玉米比之麦后夏播的玉米能充分利用这段时期里(6 月下旬—7 月中旬)的光、温、水资源,因而作物生长率与光能利用率都较高(表 3)。

表 3　麦收后一个月不同种植方式玉米生育状况、作物生长率与光能利用率的比较

年份	种植方式	品种	播期 (日/月)	密度 (株/亩)	生育状况			CGR [g/(m²·d)]	W (g/m²)	E%
					可见叶/展开叶	株高(cm)	LAI			
1980	两平	1819	23/6	4450	12/8	75	0.50	1.93	49.0	0.15
	两套	京杂六号	21/5	2795	17/12	165	2.45	9.62	270.0	0.80
	三套	京杂六号	21/5	1740	19/14	160	1.72	7.16	158.5	0.40
		1819	23/6	2690	12/8	76	(1.35+0.37)	1.50		0.07
1978	两平	京黄 113	16/6	3300	11/7	40	0.55	1.58	47.3	0.19
	两套	丹玉六号	26/5	2806	18/14	135	2.15	9.12	275.3	1.13
	三套	丹玉六号	26/5	2108	18/14	140	2.06	6.72	201.6	0.52
		京黄 113	16/6	1920	10/6	40	(1.76+0.30)	1.04	31.3	0.08

(2)光、温、水配合良好,稳产性强

套种玉米系晚春播种,在华北平原常年的气候条件下,从播种到成熟期间的光、温、水配合较好,并且受不同年型的气候影响较小。另一方面,可以躲过春玉米容易遭受的卡脖旱,也避开了夏玉米易遇的苗涝或秋低温,因而受灾的概率较小,稳产性较强。

从 1973—1980 年的 7 年试验期间,曾遇秋低温(1974,1976 年)、伏旱(1975,1980 年)、夏涝(1977 年)等不同年型,影响套种玉米的正常生育。如伏旱的 1975 年和夏涝的 1977 年,使套玉米从抽雄—吐丝期时间拉长,不利于授粉;夏秋温度较低,秋季降温又快的 1976 年,影响灌浆成熟。虽然不同气候年型使套种玉米的生长发育遭受不同程度的影响,但比夏播玉米的影响要小得多。

1976 年 6—8 月平均气温 23.1 ℃,比历年同期平均值低 1.8 ℃,积温少 165.6 ℃·d,再加上 6 月平均温度低,麦收与玉米夏播比常年晚 3~4 d,秋季降温又快,使夏玉米籽粒形成受影响,成熟期推迟 7~8 d。套种玉米因生育期长,基础较好,成熟早,受影响较小。

从图 1 还可看到夏涝与伏旱年型的光、温、水条件与玉米生育的关系。夏涝的 1977 年,6 月 25 日即进入雨季,6 月下旬的降水量达 223.6 mm,大于全年降水量最大月(7 月)的历年平均值。7 月下旬的降水量又多达 225.7 mm,致使在排水不良的土地上大面积夏玉米遭受涝害,轻的下部 6~7 叶变黄,生育期延迟 2~3 d,重的形成小老苗,株高仅 1 m 左右就抽了穗,并且大小斑病严重。套种玉米虽也受到一定影响,但玉米苗较大,比夏播玉米的小苗抗涝性强。这种年型春玉米所处的条件较好。1980 年为历史上特大伏旱年,直到 8 月中旬才有透雨。但是能及时浇水的试验地上,阳光充足,温度适宜,水肥效率能得到充分发挥,尤其对套玉米的灌浆成熟极为有利,因而获得了较高的产量。

---

*　毛贵章.二、四畦种夏玉米的依据及效果∥山东烟台地区农学会.农业论文选.1981;河北农业大学,等.河北省山麓平原秋粮增产情况的调查报告.1978.

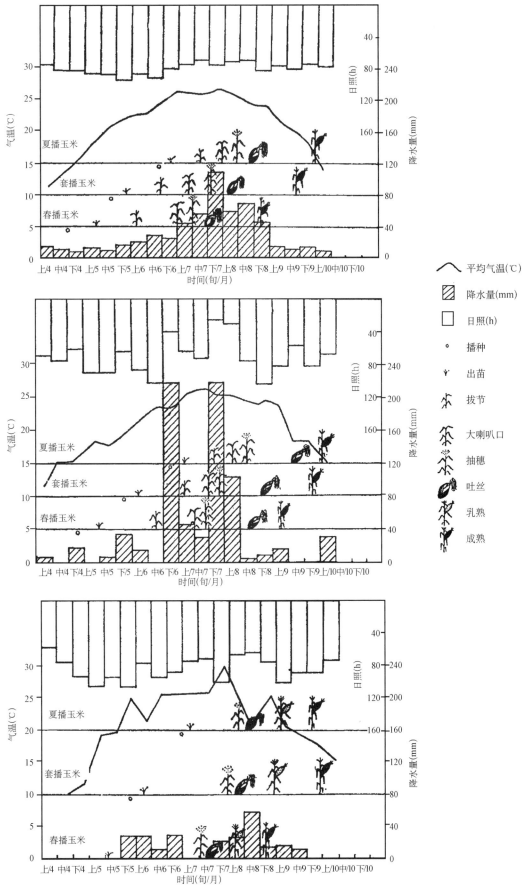

图 1　不同年型光、温、水条件与玉米生育的关系

（上图为历年平均，中图为 1977 年，下图为 1980 年）

(3)叶面积系数大,高峰时期长,叶-日积($\overline{LAI}$-D)高*

从1980年不同种植方式试验中的春玉米、套玉米和夏播玉米 LAI 的动态变化可见,春玉米最大叶面积系数(LAI_{max})最高,但后期因高温叶子早衰,所以平均叶面积系数($\overline{LAI}$)值与同一品种套种(晚春播种)玉米相近。夏玉米因生育期短,所以 $LAI>1$ 的日数最少。而套种玉米 LAI 大,高峰时期长,后期叶子衰亡慢,收获(成熟)时 LAI 还远大于1。由于整个生育期间 $LAI>1$ 的日数长,特别是籽粒形成和灌浆期间仍维持较大的绿叶面积,所以十分有利于光合作用,这正是套种玉米产量高的重要原因之一(表4)。

表4　各类玉米叶面积系数比较(1980年)

种植方式	品种	播期(日/月)	密度(株/亩)	$\overline{LAI}$	LAI_{max}	$LAI>1$ 日数(d)	收获时 LAI	$LAI=1$ 的时期(日/月)
春播	京杂六号	28/4	2 478	1.72	3.33	76	0.47	11/6
夏播	1819	23/6	4 450	1.16	1.86	51	0.71	24/7
两套	京杂六号	21/5	2 795	1.61	2.95	74	2.23	12/7
三套	1819	23/6	2 690	0.99	1.91	60	0.50	18/7

在同为套种玉米的情况下,两茬套种玉米营养面积分布均匀,比三茬套种的中茬玉米受光条件好,其照光叶面积系数与叶面积系数之比,比三套的中茬玉米大(0.47与0.26)。可见,两套玉米在密度足够的情况下,照光叶面积最大。

由于套种玉米生育期比夏播玉米长,叶面积高峰期又长,因而 $\overline{LAI}$-D 高。根据1973—1979年试验结果,不同种植方式玉米的 LAI-D 与产量(Y)的相关系数为 0.95[14]。1980年的试验进一步证明了这一点,小麦、玉米套种的 LAI-D 为 374.8,平均亩产 1 652.9斤,而一季春玉米 LAI-D 为 158.7,亩产1 003.5斤(图2)。

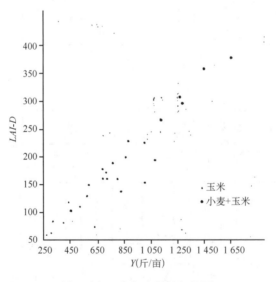

图2　叶-日积与产量的相关图

(4)抽穗—成熟期长,光合效率高

套种玉米抽穗—成熟期间日数长,而且在该时期光温配合好,因而群体光合效率高,有利于籽粒形成和高产。抽穗—成熟期间光温积[总辐射(kcal/cm²)与累积日较差/100的乘积]与产量关系密切。从作物本身看,80%~90%的籽粒产量是灌浆期间物质转移形成的。这时期需良好的光照及适宜的温度,即白天较高的温度使光合产物积累增多,夜间较低的温度使呼吸作用消耗减少,以利于光合物质的形成。春播玉米抽穗—成熟期处于雨季,总辐射较少,温度较差也小。1980年伏旱,春播玉米抽穗—成熟期间总辐射并不少,但日较差累积少。夏播玉米抽穗—成熟期间总辐射少,日较差累积也少得多(表5)。

---

*　叶-日积简写为$\overline{LAI}$-D,指的是平均叶面积系数与出苗—成熟期间生长日数的乘积

表 5　不同种植方式抽穗—成熟期间的光温条件(1980 年)

种植方式	抽穗—成熟				乳熟—成熟		
	间隔日数(d)	总辐射(kcal/cm²)	累积日较差*(℃)	日照(h)	总辐射(kcal/cm²)	累积日较差(℃)	光温积
春播	55	23.73	498.0	409.4	12.33	268.0	33.04
套播	57	23.93	602.5	434.5	12.05	356.8	42.98
夏播	47	19.57	487.9	366.2	7.70	247.9	19.09

* 累积日较差系指气温日较差的总和

　　套种玉米在麦收后,尤其是抽穗—成熟期间处于有利条件下,能够弥补苗期受抑的影响,并获得益于生育和产量形成的优势,近几年的试验结果是相同的。套玉米与小麦共生期间截光只有同期平播的 50%~60%,植株生长瘦弱,干重少,但玉米在穗分化前有较强的抗逆性。如 1980 年试验,麦收时两套的干重只为春播的 4.8%,但麦收后截光量迅速增大,受光均匀,根系也发育良好,并处于光、温、水配合良好的时期,发挥了 C₄ 作物的光合优势。8 月下旬日增长量(最大)达 48.2 g,到 8 月底已近春播的干重,远超过丈畦中下茬的干重之和。入 9 月春播已成熟,而套播的继续增重,收获时干重达 2 216.0 g/m²(表 6、图 3),生育期间最大光能利用率曾短期达 5.03%。

表 6　不同种植方式玉米在麦收和收获时植株生长状况比较(1980 年)

种植方式	麦收时(6 月 21 日)						收获时				
	可见叶/展开叶	株高(cm)	叶面积(cm²/株)	LAI	黄叶数	干重(g/m²)	株高(cm)	LAI	叶面积(cm²/株)	干重(g/m²)	黄叶数
春播	18/11	155.0	5 106.1	1.92	4	240.0	294.0	0.47	1 244.6	1 930.0	18
两套	7/4	46.0	182.1	0.08	2	11.5	310.0	2.23	5 304.1	2 216.0	11
三套	8/4	45.0	209.1	0.06	2	5.3	300.0	0.50	1 916.8	1 379.7	15

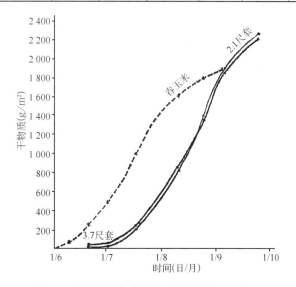

图 3　不同种植方式干物质动态图(1980 年)

4　结论

　　通过 1973—1980 年试验和调查得出:在较好的水肥条件下,小麦、玉米两熟产量高于一年一熟。而在两熟中又以套种两熟有较强的气候生态适应性。从小麦看,两茬平播的小麦占地面积大,光能利用率与产量均较高。一般次序是:两平大于三套,三套大于两套,两套以宽套种行的小麦产量最低。而从玉米看,其次序是:两套(窄套种行大于宽套种行)大于三套,三套大于两平。由于两套玉米的光能利用率和产量高出两平较多,而小麦减产较少,因而全年的光能利用率和产量以套种为最高。

其原因是:两茬套种光热水资源利用较为充分合理;在玉米生育的关键期光、温、水配合良好,不同气候年型下稳产性强,灾害少,*LAI* 大,叶-日积及抽穗—成熟期长且光合效率高。总之,其气候生态适应性强,生产力高。据最近统计,在京津冀鲁豫五省(市),套种面积一直在发展,小麦、玉米两熟中,套种占 75%,平播占 25%,其原因也正是符合了上述的客观规律。

当然在生产实际运用中因素是复杂的,不能单凭气候生态适应性与生产力而决定种植方式,还要考虑机械化、技术等条件。例如,套种的某些环节比平播要求高。相反,两茬平播的田间作业方便,利于机械化,在水肥灌排良好的土地上,有较早熟而高产及耐密植的品种也可获得较好的产量。所以,两者不是互相排斥的,而应根据各地条件进行适当搭配,以利于全面而合理地利用各种资源。至于三茬套种,在具备一定条件时生产潜力也是较大的。

参 考 文 献

[1] 王祯. 王祯农书. 北京:农业出版社,1956.

[2] Azzi Girolamo. Agricultural Ecology. 1956.

[3] Pascale A J,Damarlo E A. 世界小麦农业气候型 // 农业气候资源译丛. 郑剑非,等,译. 北京:农业出版社,1981.

[4] Murata Y. Productivity of Rice in Different Climate Regions of Japan. *Climate and Rice. IRRI*,1974.

[5] Hatfield J L. Light Response in Maize,Agrometeorology of the Maize Crop. WMO. 1977,**481**.

[6] A Paper Presented at the Symposium on Potential Productivity of Field Crops under Different Environments. IRRI,1980.

[7] 吕炯. 论水稻的气候生态型. 天气月刊,1958,(1).

[8] 吕炯. 论植物的生态气候型. 植物生态学与地植物学丛刊,**1**(1-2).

[9] 水稻光温生态协作组. 中国水稻品种的光温生态. 北京:科学出版社,1978.

[10] 高析. 青藏高原的气候分析. 气象,1976,(6).

[11] 沈国权. 湖南省水稻发育的气候生态研究. 湖南省农业科技,1980,(6).

[12] 刘巽浩,等. 华北平原地区麦田两熟的光能利用作物竞争与产量分析. 作物学报,1981,(1).

[13] 韩湘玲,等. 华北平原地区玉米生产的气候适应性分析. 天津农业科学,1981,(1).

[14] 刘巽浩,等. 论作物的叶日积及其应用 // 耕作制度研究论文集. 北京:农业出版社,1981.

华北平原地区玉米生产的气候适应性分析[*]

韩湘玲　孔扬庄　赵明斋

（北京农业大学）

玉米源于热带,要求较高的温度,但适应性强,在温带最热月平均气温高于 20 ℃的地区能广泛种植,在中、低纬度可种到海拔 2 600～2 800 m 的高地、高原。

玉米喜高温,低于 6 ℃不发芽,一般 10 ℃左右发芽。低于 15 ℃叶绿素不能进行正常的生理活动,低于 16 ℃灌浆极慢,低于 20 ℃光合成急降,物质运转迟缓。抽穗、开花要求 24～26 ℃。玉米是属 C_4 作物,光饱和点高、补偿点低。单叶最大光合能力为 60～80 mg/($dm^2 \cdot h$),最强光照时群体也不显光饱和点,幼龄光合能力差。最适于光合成的温度为 30～40 ℃。世界个别高产地块玉米最大的叶面积系数(LAI)可达 8～10,一般最大值为 4 左右。玉米生育需水量大,利用率高,即形成 1 g 干物质比小麦、高粱需水少,并且产量水平越高的利用率越高。据研究,在光能利用率为 0.6%～1.0%时,1 t 水生产 0.7～1.2 kg 干物质,而光能利用率达 2%～4%时,1 t 水可生产 2.4～4.8 kg 干物质。

1 玉米生产的气候适应性分析

华北平原是中国最大的玉米产区之一,播种面积占全国 1/4。本地区玉米生育处于 4—10 月期间,其间的光、热、水条件与玉米生育和产量形成的要求基本吻合。

1.1 热量与玉米生育

1.1.1 不同类型玉米对热量的要求

早、中、晚熟品种玉米对热量要求不同。早熟品种要求大于 10 ℃积温达 2 100～2 200 ℃·d,中熟品种要求 2 500～2 700 ℃·d,晚熟品种要求大于或等于 3 000 ℃·d(表 1)。

表 1　不同成熟度类型玉米对热量的要求

成熟度类型	早熟	中早熟	中熟	中晚熟	晚熟
生长期天数(d)	85～90	95～100	105～115	120～125	≥130
大于 10 ℃积温(℃·d)	2 100～2 200	2 300～2 400	2 500～2 700	2 800～2 900	≥3 000
代表品种	京黄 113、京白 107	烟三 6 号、京白 7 号、农大 54	丰收 105、中单 2 号、丹玉 6 号、博单 1 号、郑单 2 号、京杂 6 号	新单 8 号	白马牙、金皇后

应根据不同类型品种对热量的要求来安排种植。在平原北部及山东半岛麦后夏播只能用早熟、中早熟品种,而平原南部则可用中熟品种。若于晚春在麦行套播则平原北部可采用中熟品种,平原南部及关中地区可用中晚熟品种。

不同类型玉米,由于生育期所处的季节不同(表 2),其间的热量条件也有差异(表 3)。春播、晚春播种的玉米各生育阶段的热量条件较好。而麦茬夏播的苗期温度过高,达 25～26 ℃,使地上部生育较快而对根生长不利,根浅,后期灌浆—成熟期间日数少,热量也较差,易遇低于 20 ℃的温度,使灌浆成熟受影响,千粒重比晚春播、春播的低。

* 原文发表于《天津农业科学》,1981,(2):17-24. 韩慧君、谢晋英同志参与了新乡地区资料整理

表 2　不同类型玉米的生育期(日/月)

地区	生育期 类型	播种	出苗	拔节	抽雄	成熟
京津地区(1974—1978年)	夏播(早熟品种)	20/6	25/6	25/7	5/8	20/9
	晚春播(中熟品种)	20/5	30/5	4/7	22/7	15/9
	春播(晚熟品种)	21/4		10/6	10/7	31/8
新乡地区(1975—1976年)	夏播(早熟品种)	10/6	16/6	8/7	6/8	16/9
	晚夏播(中熟品种)	25/6	1/7	26/7	21/8	10/10
	晚春播(中熟品种)	18/5	25/5	19/6	16/7	10/9

表 3　不同类型玉米所处的温度条件　　　　　　　　　　　　　　　　单位:℃

生育阶段		出苗—拔节	开花—授粉	灌浆—成熟	抽雄—成熟期天数
对温度的要求(℃)		15~24	24~26	22~24	(d)
北京	春播(下/4—下/8)	16~22	26	26~24	50
	晚春播(下/5—中/9)	22~26	26	24~20	50
	夏播(下/6—下/9)	25~26	25	20~15	45
新乡	夏播(上/6—中/9)	26	26~27	25~21	40~45
	晚夏播(下/6—上/10)	26~28	26~28	25~16	50
	晚春播(中/5—上/9)	20~26	26~27	27~22	55

　　据研究,种子萌动一般为 10 ℃,低于 20 ℃光合作用急降,物质转移迟缓。根据群众经验和分期播种资料与气候资料对比分析,得出日平均气温 20 ℃以下成熟收获的玉米产量明显下降,以 20 ℃终止日作为高产玉米安全成熟的指标。春季 10 ℃至秋季 20 ℃(10~20 ℃)期间为玉米高产安全生育期。因为低于 16 ℃灌浆极缓,则玉米生育期以春季 10 ℃至秋季 16 ℃计算。平原南部如新乡地区,尽管从收麦—种麦期间积温有 3 100~3 200 ℃·d,但大于 20 ℃期间只有 2 800 ℃·d,保证率 80%以上只有 2 650 ℃·d(表 4)。可见,麦后复播中熟品种加上农耗季节也是紧张的。平原北部京津地区从收麦—适时种麦期间(6 月 20 日—9 月 20 日)只有 2 250 ℃·d,若 80%以上保证高于 2 300 ℃·d 需到 9 月 25 日。若于 20 ℃终止日成熟,6 月 20 日播种,80%以上年份成熟,只能采用早熟品种(2 100 ℃·d)。可见,加上农耗,播种早熟品种季节仍紧张。因此,为使麦后夏播玉米灌浆成熟期间的热量有保证,确定播期下限是高产的关键。

表 4　不同地区收麦—秋季 20 ℃期间积温

地区	收麦—种麦期间积温		20 ℃终止日期(日/月)		收麦—秋季 20 ℃期间积温	
	日期(旬/月)	积温(℃·d)	平均	80%保证率	平均积温(℃·d)	≥80%保证率积温(℃·d)
北京	20/6—下/9	2 300~2 400	15/9	12/9	2 200	2 100
新乡	上/6—上/10	3 100~3 200	26/9	22/9	2 800	2 650

　　晚春于麦行内套播玉米一般于 5 月中旬至下旬播种,热量是有保证的。

1.1.2　播期下限的确定

　　根据玉米对热量的要求及当地多年平均气温资料就可确定播期下限(表 5),如京津地区早熟品种(2 200 ℃·d),若 9 月 15 日成熟,多年平均播期下限为 6 月 18 日。

　　在生产上,只考虑多年平均的播期下限是不够的,这只有 50%左右的保证程度,一般应采用 80%以上年份能安全灌浆成熟而确定播期(表 6)。如京津地区,6 月 15 日播种早熟品种(2 200 ℃·d),到 20 ℃终止前成熟的保证率为 100%,而 6 月 20 日播种保证率就小于 50%。在新乡地区 6 月 15 日播种中熟品种玉米,20 ℃前成熟的保证程度只有 46%,6 月 10 日播种 20 ℃前成熟的保证程度仅有 85%。

表 5　京津地区多年不同品种的播期下限(日/月)

品种要求积温(℃·d) ＼ 播期下限 成熟期	10/9	20/9	30/9
2 200	15/6	23/6	30/6
2 400	5/6	10/6	15/6
2 600	25/5	5/6	10/6
2 800	20/5	25/5	30/5

表 6　不同播期—成熟期安全灌浆成熟的保证程度

播期	京津地区		新乡地区	
	灌浆—成熟保证程度*(％)		灌浆—成熟保证程度**(％)	
	20 ℃前	16 ℃前	20 ℃前	16 ℃前
10/6	100	100	85	100
15/6	100	100	46	100
20/6	35	100	30	94
25/6	0	100	4	74
30/6	0	44	0	19
5/7	0	0	0	0

* 早熟品种(2 200 ℃·d)；** 中熟品种(2 600 ℃·d)

　　由于不同年份热量条件不同,播期下限也不尽相同。秋季凉、暖年份的差别主要反映在 8 月下旬—9 月期间。一是因为此时期正值灌浆成熟的关键时段,对温度仍有较高的要求,二是这时期气温下降幅度较大。因此,我们以 8 月下旬—9 月期间的积温作为划分秋暖、秋凉年份的指标,以确定不同年型的播期下限。

　　从表 7 可见,不同年型安全灌浆成熟的播期下限差别明显,不论什么类型的品种,凉年、常年相差 5～7 d(需早播 5～6 d)。秋暖年则可晚播 6～13 d。不同年型需采取不同措施。根据群众经验"薄熟夏、壮熟秋",在肥水保证的条件下能促熟。

表 7　不同年型安全灌浆成熟的播期下限(80％以上保证程度)

秋季类型	出现频率(％)	代表年	安全灌浆成熟的播期下限(日/月)		
			2 200 ℃·d	2 400 ℃·d	2 600 ℃·d
京津地区					
秋常	41	历年平均	18/6	7/6	30/5
秋暖	35	1965,1975	25/6	20/6	10/6
秋凉	24	1974,1976	12/6	2/6	25/5
新乡地区					
秋常	73	历年平均		16/6	10/6
秋暖	19	1965,1975		23/6	16/6
秋凉	8	1972,1976		10/6	3/6

1.1.3　各种种植类型玉米生育的热量特征

　　麦茬夏播玉米:于适时麦收后及时播种,本地区的热量条件基本能满足生育的要求,只前期偏高,若播种不及时,后期易遇较低温度。麦收至适时种麦期间平原南北相差达 800 ℃·d,但麦收至 20 ℃终止日只差 500 ℃·d。平原南部可用中熟品种,北部只能用早熟或中早熟品种。由于收麦、种麦需农耗,并往往遇旱、涝、低温等影响,以及劳、机、畜力的不足造成播种不及时,季节常感紧张,使生育和产量受到影响。因此,必须根据本地区热量情况,选用适宜品种,严格掌握播期,安排合适比例。根据年型特征采取措施,才能使小麦、玉米及时收、种,并都获高产。

晚春麦行套播玉米:在小麦灌浆期(5月中旬至下旬)于麦行(垄)中套播中熟品种。本地区热量条件能满足各生育阶段的要求,安全灌浆成熟概率大。近年来在平原南部试用中晚熟品种,以进一步利用当地的热量资源。

春播玉米:平原北部地区热量是适于春播玉米的(4月下旬至8月下旬),但早春和秋季热量浪费。一般山区或低洼地区采用春播方式。

1.2　水分与玉米生育

亩产300~400斤水平的玉米,全生育期耗水350~400 mm,600~700斤以上则需500~600 mm。从京津地区各类型品种玉米全生育期中的降水量来看,都有400 mm以上,一般年份基本符合中等生产水平的要求(表8)。而各生育期则不尽相同。从表8中可见,晚春播玉米各生育期间的降水量基本符合要求。春播玉米则播种—出苗及大喇叭口期明显干旱,后期则降水偏多。夏播玉米则苗期降水较多,灌浆—成熟期偏少。

表8　各类型玉米生育期间的降水量(中等生产水平,京津地区1960—1979年)　　　　　　　单位:mm

玉米各生育阶段的耗水量(mm)	播种—拔节	拔节—吐丝	吐丝—成熟	抽雄前10 d之后20 d	全生育期	大喇叭口期雨季开始可能性(%)
	70~80	105~120	175~200	200~250	350~400	
各阶段耗水占全生育期的百分比(%)	20	30	50	60	100	
春播玉米(21/4—31/8)	60.6	77.2	328.7	162.0	466.5	40(26/6)
晚春套播玉米(21/5—15/9)	78.8	201.5	193.4	255.4	473.7	82(15/7)
麦后复播玉米(20/6—20/9)	93.5	116.0	104.6	226.6	424.1	88(31/7)

由于降水量的年际变化大,雨季开始日期的变率也大,特别是季节的降水量分配不均,造成各种植类型玉米各生育期水分条件的利弊差别明显。

本地区雨季平均开始于6月底至7月初,麦后夏播玉米正处于苗期,新乡地区则处于苗期偏后近拔节期。播种至出苗期间遇旱概率大,而苗期遇涝概率大,拔节至抽穗期则获雨水保证率高,但大风雨对授粉不利或引起倒伏,而晚春套播玉米正处于拔节期,能充分利用雨季降水(表9)。

表9　不同日期雨季开始的可能性　　　　　　　单位:%

日期(日/月)	20/6	30/6	16/7	20/7	31/7	10/8
北京	27	45	68	88	100	100
新乡	27	54	73	92	96	100

从京津地区玉米生育与降水量的分析来看:

春播玉米:播种时期正值本地区十年九旱时期,若头年伏旱,或保不住墒,或无水浇条件,播种至出苗困难。多年平均大喇叭口期出现在6月下旬,此时期雨季开始的可能性不足50%,则有较多的年份遇"卡脖旱",严重时抽不出穗。灌浆至成熟期间高温、湿度大易早衰,籽粒形成受一定影响。因此,必须有灌溉条件,后期采取有效措施,春播玉米才能获高产。

麦后复播玉米:受旱涝危害较频繁,若雨季开始得早,地湿延误适期播种,雨季开始过晚需浇水播种,但往往想等雨播或未及时浇水而延误播期,或苗期雨水过多(6月下旬至7月中旬大于200 mm,如1963和1977年)。据20世纪50年代以来的调查分析,6月上旬至7月中旬期间降水量超过200 mm,此时,麦后夏播玉米(6月15—20日)处于株高40 cm左右,叶龄11左右,多雨受些影响,越晚播,株高、叶龄越小,受涝害严重。若播的早,排水条件好,肥足也能生长良好。6月下旬至7月中旬期间不足100 mm或此期间虽大于100 mm,而6月下旬至7月上旬20 d内降水不足40 mm,也使播种受阻。延误播期的皆易遭秋低温危害。北京地区夏涝年份约为30%,初夏旱年则近50%的概率(表10)。所谓初夏旱年是针对高产水平需灌溉而言,若低生产水平概率小些。而涝年则针对一般农田基本建设水平而言,高产水平、小面积则概率小些。

7月下旬至8月中旬为全年最多雨期,此时麦后夏播玉米正处于抽穗吐丝授粉阶段,雨水大有利,但暴风雨使授粉不良或植株倒折,高湿高温还易引起大小斑病。

8月下旬至9月本地区降水显著减少,影响灌浆,一般年份需浇灌浆攻籽水(表10、表11)。

表 10　麦后夏播玉米的旱涝特点(北京)

年型	降水量(mm)			频率(%)	代表年份	玉米生育状况				
	下/6—上/7	下/6—中/7	下/7—中/8				上/7	中/7	上/8	上—中/8
涝年		>200	>400	30	1977	叶龄	8/5	11/7		
		<200			1963					
旱年	<100	<100		50	1975	株高(cm)	20~25	40 左右	抽雄	授粉
	<40	>100			1972					
历年平均	79.5	144.0	260.9			LAI	0.1~0.2	0.5~0.6		

表 11　1951—1970 年玉米生育期间各旬降水量　　　　　　　单位:mm

时间 (旬/月)	下/5	上/6	中/6	下/6	上/7	中/7	下/7	上/8	中/8	下/8	上/9	中/9	下/9
北京	19.1	18.9	24.5	26.9	44.6	63.5	88.5	125.5	83.4	34.6	19.4	25.6	5.6
新乡	16.4	22.8	7.7	37.7	40.4	42.3	52.1	60.4	48.9	25.9	23.0	17.5	26.7

晚春套播玉米:苗期的头20~30 d与小麦共生,播种至出苗正处于干旱季节,播前无雨或浇水不匀,或共生期遇旱等而造成缺苗断垄。但可借小麦灌浆、攻籽水作为底墒及提苗水。抽雄前后有些年份遇伏旱危害,如1972年和1975年。灌浆后期也往往显旱。常年雨季开始时进入拔节期,多雨季节(7月下旬至8月中旬)已进入灌浆期,能充分利用雨季降水。因而套玉米比春播玉米能避卡脖旱,比夏播玉米更能抗涝害、病害及风害等,稳产性强。如1977年雨季开始早且雨量大,晚春套播玉米优越性更明显。

总之,京津地区的玉米要获600斤以上高产,需解决排灌问题。春播玉米一般要有底墒水、拔节水。晚春套播玉米除结合小麦灌浆攻籽水作底墒水、提苗水外,需有攻籽水,有的年份需孕穗水。麦后夏播玉米除有良好排水条件外也应准备底墒水、提苗水及攻籽水,个别年份中期也要浇水(表12)。

表 12　玉米各生育阶段的浇水概率　　　　　　　单位:%

生育阶段	前期(播种—拔节)	中期(拔节—抽雄)	后期(抽雄—成熟)
麦后夏播玉米	29	17	83
晚春套播玉米	83	33	83

1.3　光与玉米生育

华北平原地区光资源丰富,年辐射总量120~140 kcal/cm²。春播、晚春套播、麦后夏播玉米生育期间辐射量不同,如北京地区分别占年总量48%,40%,30%,即为64.5,54.4,40.4 kcal/cm²,而抽穗至成熟期间分别为442.6,429.0,364.0 cal/(cm²・d)(表13)。

表 13　北京地区各类型玉米生育期间的太阳辐射量

玉米类型		春播玉米	晚春套播玉米	麦后夏播玉米	全年
全生育期	时间(日/月)	21/4—31/8	25/5—20/9	21/6—20/9	1/1—31/12
	辐射总量[kcal/(cm²・d)]	64.5	54.4	40.4	134.7
	占年辐射量(%)	48	40	30	100
	间隔日数(d)	133	118	92	365
	平均日辐射量[cal/(cm²・d)]	481.2	461.6	439.1	369.0
抽穗—成熟期	时间(旬/月)	中/7—下/8	下/7—中/9	中/7—中下/9	
	期间辐射量(kcal/cm²)	22.13	21.48	16.38	
	间隔日数(d)	50	50	45	
	平均日辐射量[cal/(cm²・d)]	442.6	429.0	364.0	

三者比较,春播玉米所处的光条件最好,产量潜力是大的。晚春套播玉米,在和小麦共生的 $20\sim30$ d内,受光量只占平播的 $60\%\sim70\%$,但因苗期对光的要求较低而后期条件转好,对产量几乎无影响。如不同带距试验中,2.2 尺带中的玉米共生期受光最差,麦收时无论叶龄、鲜重,都比平播的明显差,但麦收后及时管理,生长迅速赶上;到成熟时株高和平播的近似,皆在 275 cm 左右,叶面积系数都在 2.2 左右,并达到该品种应有的植株性状,最后产量还最高。可见,这种类型光能利用的潜力是较大的(表 14)。

表 14　不同田间结构中套玉米苗情(麦收后调查,1974 年 6 月 16 日)

带距(尺)	埂宽(尺)	株高(cm)	叶龄	离地面 5 cm 内茎粗(cm)	鲜重(g/株)	产量(斤/亩)
7.4	2.0	80	8	1.0	15.8	672.5
2.2	1.0	65	6	0.65	6.2	796.0
2.2	0.8	50	5	0.46	2.3	
平作		99	10	1.70	50.0	612.0

晚春套播与麦后夏播玉米在光能利用上的另一差别是:在麦收后一个月的光能利用特点,麦后夏播需要一个整地、播种及幼苗缓慢生长阶段,夏播玉米 LAI 达到 1 需 $38\sim40$ d,而套玉米可提早 $18\sim20$ d。据 1978 年我们的计算,麦收后一个月无论干物重、叶日积($LAI \cdot D$)、作物生长率(CGR),套种是夏播的 $5\sim6$ 倍(表 15),三茬套种则光能利用率更大些。

表 15　不同类型玉米麦收后一个月生长状况与光能利用特点比较(1978 年,北京)

项目	生长状况(7 月 14 日)			干物重(g/m²)	CGR [g/(m²·d)]	最大 LAI	$LAD(LAI \cdot D)$	$E(\%)$
	可见叶/展开叶	株高(cm)	LAI					
麦后夏播	11/7	40	0.55	47.25	1.58	1.92	5.9	0.19
晚春套播	18/14	135	2.15	275.34	9.12	2.60	27.1	1.13

国际生物学大纲(IBP)在日本三个地区五年的试验结果表明,产量变动约 70% 决定于成熟期间的叶面积和辐射量,产量形成绝大部分是在开花后进行的。这期间套种是处于优势的。

1.4　玉米的产量构成因素与气候

玉米产量由果穗数、穗粒数与千粒重构成。也即:$y = \sum p \times W$(其中,y 为产量,$\sum p$ 为果穗数,W 为每果穗粒重)。果穗数在授粉后确定,千粒重除受遗传特性制约外,还受灌浆至成熟期间气候条件的影响。在温度、水分适宜的条件下,光照往往起相当重要的作用。据国际生物学大纲(IBP)在日本三个地区 5 年的研究(1975 年),玉米的产量与吐丝期的干物重和灌浆至成熟 6 周的平均温度和辐射量关系密切。

在平原北部,因麦收至种麦期间热量较少,只能采用早熟、中早熟品种,如京黄 113、京早 7 号等,因光合时间短,由抽穗至成熟期间光、温条件差,高产受限制。若采用高密度(3 500~4 000 株),水、肥、劳力条件有保证,也可获 700~800 斤/亩或再多些。小面积也有千斤的可能。但因生育期间遇灾(旱、涝、风、暴雨、低温等)的概率大,大面积种植产量不稳。晚春套玉米采用四密一稀中熟品种,在烟台地区小麦、玉米都可过长江。京津一带亩产也可获 800 斤(2 500~2 800 株/亩,粒重/穗不低于 0.25 斤),或超千斤的玉米产量 2 800 株/亩,每穗粒重近 0.4 斤(表 16)。

表 16　不同地区玉米产量构成的比较(中熟品种郑单 2 号)

地区	类型	每亩株数	千粒重(g)	穗粒重(斤)	抽雄—成熟期间		
					日照时数(h)	辐射量(kcal/cm²)	日期(旬/月)
北京	晚春套播	2 500~2 800	280~300	0.25 左右	428.3	21.48	下/7—中/9
新乡	夏播	2 800~3 000	>300	>0.3	383.6	—	上/8—中/9

2 合理的农业技术措施与气候条件

如上所述,玉米的生育和产量构成与气候条件关系密切。因此,为获高产、稳产必须充分认识本地区玉米生育与气候条件间关系的规律性,从而有针对性地采取有效措施以用利避害,即选择品种类型、确定播期下限、制定灌水制度、高产途径以及不同年型采取措施的特点无不要考虑气候特点。

种植方式的选择,也必须综合考虑本地区光、热、水资源及灾害的特点,才能权衡利弊。同时,不能只看小面积及1~2年的结果定论,要从大面积、多年、不同年型的年份来分析。如麦后夏播玉米在本地区是可行的,品种选择合适,机畜、人力条件好,排灌措施具备,肥足,能在麦收后及时播种,亩产也能获800斤(平原北部)~1 000斤(平原南部),特别在平原南部能较大面积种植成功,这是一方面。另一方面也要看到,麦后夏播季节是较紧张的,遭遇灾害的概率较大(旱、涝、低温、风等),稳产性差,还往往造成小麦晚播,影响小麦产量。特别是光能利用率差,尤其是麦收后的一个月正处本地区全年光照条件最好的时机,而夏播玉米叶面积系数小于1。整个生育期日数少,特别是抽穗至成熟期光照条件比套播差,叶面积系数小,增产的潜力受限制。而晚春麦行套播玉米在整个生育期间光、热、水配合较好,还可避灾抗灾,稳产性好,对气候资源的利用较为充分,平原北部可用中熟品种,南部可用中晚熟品种,增产潜力较大。至于春播玉米,生育期间,尤其6—7月的光能利用率好,但季节利用不充分,生产水平高的地区不宜采用。三茬套种的中茬玉米,兼有套播的特点,下茬玉米具有麦后复播的特点,利弊程度视带宽而异。其总体除受大气候影响外,还受小气候条件影响。

此外,我们经常从外地(国内外)引进新的优良品种,或利用品种的优良性状(抗病、丰产、矮秆、早熟等)作为选育新品种的原始材料。引进新的优良品种在本地区扩大种植往往是增产的重要措施之一,也是充分利用本地区农业气候资源的重要途径。但引种、扩种在实践中的教训不少,例如:(1)到外地参观学习,见到高产品种就引入本地区,除水肥条件或栽培技术没掌握好之外,往往由于气候条件的不适应而减产或失败。如山东烟台地区黄县的早熟夏播品种在唐山地区遵化县*就不成功,因为热量差了好几天。(2)从国外调种,如1965年从罗马尼亚引入双交种"311"玉米,在北京郊区生育良好,产量不低。1966年则遭毁灭性病害(大斑病)而失败。罗马尼亚夏季降水较少,7—8月降水只占年雨量20%。北京1965年夏季7—8月干旱,降水量只有160.1 mm,与罗马尼亚(112 mm)相近。而1966年7—8月降水(363.1 mm)比1965年增加一倍,虽比常年还低,也导致大斑病严重发生。北京地区如1965年这样的夏旱十年一遇,因此,仅以一年的成功定论是不科学的。故进行引种必须了解:(1)该品种或原始材料的特性及其适应范围;(2)原产地的气候特点;(3)本地区的气候规律;(4)栽培措施的科学水平。并进行农业气候分析,才能做出正确的判断。

---

* 现改为遵化市,余同

北京地区太阳辐射状况及其在农业上的利用[*]

鹿洁忠　韩湘玲　孔扬庄

(北京农业大学)

作物产量是光合作用的产物,太阳辐射不仅是光合作用的唯一能源,而且能转化为人类可利用的产品,如糖、淀粉、蛋白质和纤维等。太阳辐射中只有波长在 380~710 nm 范围内的对作物有效,它约占太阳总辐射的 45%[1],即光合有效辐射。研究太阳辐射的分布规律和利用,以提高光能利用率是当前世界科学研究中的重要课题。

1　太阳总辐射特征

1.1　年总辐射的特点

北京地区位于我国华北平原北部,乃典型的大陆性季风气候。太阳辐射资源比较丰富,全年总辐射量达 135 kcal/cm^2,比我国东北、华中、华东、华南、东南地区和四川盆地都高,仅低于西北地区和西藏、青海高原等地。这主要是由于在东北地区随纬度增高,太阳辐射向北减少,其他地区受海拔高度和气候条件(降水、空气湿度和云量等)的影响。

根据北京地区(1958—1976 年)观测资料可知:历年总辐射的变化不大,最高值为 146 kcal/(cm^2 · a)(1962 年),最低值为 120 kcal/(cm^2 · a)(1964 年),其相对变率为 10%,这说明总辐射逐年较为稳定。

一般年份太阳总辐射量在 126~140 kcal/(cm^2 · a),而超过 140 kcal/(cm^2 · a)和低于 126 kcal/(cm^2 · a)的年份不多。不同年总辐射量出现的保证率是:保证率为 58% 的情况下年总辐射量 ≥136 kcal/(cm^2 · a),保证率为 74% 的情况下年总辐射量 ≥131 kcal/(cm^2 · a),保证率为 95% 的情况下年总辐射量 ≥126 kcal/(cm^2 · a)。这说明北京地区总辐射量是丰富的。

1.2　总辐射量的年变化

北京地区各月总辐射的平均值为 11 kcal/cm^2,总辐射在春季增加快,尤其在 3 月下旬后更为明显。到 5 月份达最高值,为 16.8 kcal/cm^2,占年总辐射的 12.5%,为冬季月份的 2 倍以上。7 和 8 月北京雨水较多,空气湿度大,天空云量增加,太阳辐射相应减少,而其下降速度比春季上升速度慢,最低值出现在 12 月,为 5.9 kcal/cm^2,占年总辐射量的 4.4%。各月总辐射的逐年变化不大,其相对变率一般在 10% 以下。月总辐射最高值出现的月份(5 月)的相对变率为 4%,是一年各月中最小的,月总辐射的最低月份(12 月)的相对变率高达 11%。春夏半年(3—8 月)的总辐射量占全年的 64%,而秋冬半年(9 月—次年 2 月)只占全年的 36%,前者约相当于后者的 2 倍。一年中月总辐射量大于 16 kcal/cm^2 的月份有 5 月和 6 月,大于 14 kcal/cm^2 的月份有 4—7 月,大于 12 kcal/cm^2 的月份有 3—8 月,大于 10 kcal/cm^2 的月份有 3—9 月。

进一步分析了历年(1958—1976 年)太阳辐射年变化特点,其总的趋势极为相似,但不同年份是有差异的。大致可分为三种类型:

---

[*]　此文为简报,原文发表于《北京农业大学学报》,1983,9(3):93-97.太阳辐射资料是根据北京市气象台 1977 年编印的"北京市太阳辐射资料"(1958—1976 年)计算的

（1）常年单峰型：其总辐射量逐月变化近似多年平均情况。此型占总观测年份的 53%。

（2）夏秋季次高双峰型：总辐射量逐月变化特点是春季上升情况与多年平均相似，但在 7 月或 8 月明显下降，8 月或 9 月又回升，因而出现秋季次高峰，此型占观测年份的 37%。

（3）春季次高双峰型：总辐射量逐月变化特点是秋季下降状况与多年平均相似。但春季有起伏，4 月份出现较低值，此型所占年份不多，只占总观测年份的 10%。

1.3 总辐射的日变化

太阳辐射强度在一日间的变化特点是从早晨开始逐渐升高，中午 12—13 时达最高值，然后逐渐下降，基本上是对称的。从持续时间来看，春季（3—5 月）为 11~13 h，夏季（6—8 月）为 13 h，秋季（9—11 月）为 10~12 h，冬季（12—2 月）为 9 h。5 月（辐射强度最高月）中午 12—13 时可达 1.1 cal/(cm² · min)，日振幅达 1.06 cal/(cm² · min)，全日持续时间在 13 h 以上；12 月（辐射强度最低月）中午 12—13 时辐射强度还不到 0.6 cal/(cm² · min)，日振幅为 0.52 cal/(cm² · min)，全日持续时间仅 9 h，是因为冬季日照时数少，太阳辐射减少所致。在过渡季节其最高值、最低值和持续时间均在 5 月和 12 月之间。7,8,9 三个月辐射强度日变化曲线十分接近，主要是由于 7,8 月云量多、降水量大的影响。

2 直接辐射和散射辐射的基本特征

北京地区直接辐射年总量为 76.3 kcal/cm²，以 6 月份最高，为 9.5 kcal/cm²，约占年总量的 12.5%，12 月份出现最低值，为 3.3 kcal/cm²，约占年总量的 4.3%。散射辐射的年总量为 58.2 kcal/cm²，以 5 月份最高，为 7.3 kcal/cm²，约占年总量的 12.5%，12 月份出现最低值，为 2.6 kcal/cm²，约占年总量的 4.5%。

在总辐射中直接辐射占一半以上，后者的年总量占前者年总量的 57%。从各月情况来看，以 7 月份的直接辐射占总辐射的百分率最低，仅有 51%，也就是散射辐射占总辐射的比例较大，为 49%。这是由于 7 月份云量多的缘故。而 9 月和 10 月直接辐射占总辐射的比例最高，达 61%，即散射辐射只占总辐射的 39%，这主要是因为这 2 个月天空云量少而晴朗天气较多所致，与日照资料对照分析基本吻合。

3 太阳辐射与农业生产

3.1 作物生育期间的太阳辐射和光合有效辐射状况

为了分析生长季和作物生育期间的辐射状况，我们计算了各农业界限温度（>0 ℃，>5 ℃，>10 ℃，>15 ℃）期间的总辐射，并根据公式 $Q_P = 0.45Q$[1] 计算出光合有效辐射（表 1），其中，Q_P 为光合有效辐射，Q 为总辐射。此外，还计算了各月光合有效辐射（表 2）。

表 1 各农业界限温度期间的总辐射和光合有效辐射

农业界限温度（℃）	太阳总辐射（kcal/cm²）	光合有效辐射（kcal/cm²）	总辐射占年总量的百分比（%）
>0	111.4*	50.1	82.8
>5	103.6*	46.6	77.0
>10	90.7*	40.8	67.4
>15	76.4*	34.4	56.8
<0	23.1	10.4	17.2
全　年	134.5	60.5	100

* 此项数字取自《北京农业图册》

表 2　各月光合有效辐射及其占年总量的百分数

月　份	1	2	3	4	5	6	7	8	9	10	11	12
光合有效辐射($kcal/cm^2$)	3.1	3.6	5.4	6.1	7.6	7.2	6.3	5.9	5.3	4.3	3.0	2.7
占年总量的百分比(%)	5.1	6.0	8.9	10.1	12.6	11.9	10.4	9.8	8.8	7.1	5.0	4.5

用同样方法计算各主要作物(冬小麦,春小麦和不同成熟类型的玉米)主要发育期的总辐射和光合有效辐射。生育期长的作物(冬小麦)和品种(晚熟玉米)要求的辐射量大。在其他条件保证的前提下,抽穗—成熟期间光合有效辐射量大的增产潜力大(表3)。

表 3　各主要作物生育期间的总辐射和光合有效辐射　　　　　　　　　单位:$kcal/cm^2$

作物	生育期(日/月)		总辐射	光合有效辐射	作物	生育期(日/月)		总辐射	光合有效辐射
冬小麦	播种—分蘖	(25/9—20/10)	8.3	3.7	春玉米(中熟,中晚熟)	乳熟—成熟	(1/8—25/8)	10.7	4.8
	分蘖—越冬	(21/10—25/11)	8.8	3.9		播种—成熟	(20/4—25/8)	62.3	28.0
	返青—抽穗	(1/3—10/5)	30.8	13.9	晚春玉米(中熟)	播种—抽穗	(20/5—25/7)	33.9	15.3
	抽穗—成熟	(11/5—20/6)	22.4	10.1		抽穗—乳熟	(26/7—25/8)	13.0	5.8
	播种—成熟	(25/9—20/6)	70.3	31.6		乳熟—成熟	(26/8—20/9)	10.5	4.7
春小麦	播种—出苗	(1/3—31/3)	11.9	5.4		播种—成熟	(20/5—20/9)	57.4	25.8
	出苗—抽穗	(1/4—20/5)	24.3	10.9	夏玉米(早熟)	播种—抽穗	(20/6—10/8)	23.4	10.5
	抽穗—成熟	(21/5—25/6)	19.6	8.8		抽穗—乳熟	(11/8—5/9)	11.0	5.0
	播种—成熟	(1/3—25/6)	55.8	25.1		乳熟—成熟	(6/9—20/9)	6.1	2.7
春玉米(中熟,中晚熟)	播种—抽穗	(20/4—25/6)	35.0	15.7		播种—成熟	(20/6—20/9)	40.5	18.2
	抽穗—乳熟	(26/6—31/7)	16.6	7.5					

注:生育期资料根据农业气候调查及1974—1980年田间试验观测的平均值

3.2　太阳辐射在农业上的利用

3.2.1　根据本地区的气候条件更有效地利用太阳辐射

本地区属大陆性季风气候,作物生长旺盛季节(6—8月)的光、热、水等因子配合较好,基本上是光、温、水同季。喜温作物(玉米、高粱、豆类、甘薯等)光合作用最适的温度水平高,如玉米光合作用最适温度在 $25\sim35\ ℃^{[2]}$。在温度、水分较充分的条件下,能利用较高的辐射量。

由于本地区冬季不过分冷,平均最低气温在 $-20\ ℃$ 以上,一般年份或过冷年份措施得当,冬性冬小麦能安全越冬。春季3—5月的光合有效辐射为 $19.1\ kcal/cm^2$,3—6月为 $26.3\ kcal/cm^2$,能满足冬小麦返青到成熟(3月1日—6月20日)的需要。秋季10—11月光合有效辐射为 $7.3\ kcal/cm^2$,也能满足冬小麦从播种到冬前停止生长期间的要求。发展麦田间套种则能有效地利用6—7月的辐射量。

冬季(12月—次年2月)与温度低于0 ℃时期大致相符合,低于0 ℃期间的光合有效辐射为 10.4 kcal/cm^2,占年总量的17.2%。在此期间,可以充分利用温室进行蔬菜栽培。

3.2.2　根据全年光量合理地布局作物

根据全年和不同农业界限温度(>0 ℃,>5 ℃,>10 ℃)期间的光合有效辐射与作物对光合有效辐射的要求做一比较,对充分利用本地区的光能资源,合理布局作物是有重要意义的。Гойса(1978)曾指出,在自然条件下作物对光能的要求(n)主要决定于作物的种类和特性,并提出[2]:

$$R = Q_B - n$$

式中,R 为一个地区光合有效辐射的剩余量;Q_B 为农业界限温度期间的光合有效辐射;n 为前作物对光合有效辐射的要求。

根据 R 值可以确定后茬作物的种植和解决某种作物推广到新地区等问题。

根据北京地区资料计算出高于 0 ℃ 期间的光合有效辐射为 50.1 kcal/cm^2，n_w 为冬小麦整个生育期间所要求的光合有效辐射，为 31.6 kcal/cm^2。则 $R = Q_B - n_w = 50.1 - 31.6 = 18.5$（kcal/cm^2），所剩余的光合有效辐射为 18.5 kcal/cm^2，尚可种植一茬夏玉米（早熟种，全生育期要求光合有效辐射为 18.2 kcal/cm^2），虽然光量是够用的，但必须及时整地，合理安排劳力尽早播种。在春季次高双峰型和夏秋季次高双峰型年份的光合有效辐射量则感到不足。前者主要影响冬小麦返青后的生育和产量形成，如 1964 年 3—6 月的光合有效辐射为 23.4 kcal/cm^2，为多年平均的 89%。夏秋季次高双峰型出现的年份表现为 6—8 月或 7—9 月光量减少，有的年份（如 1976 年）6—8 月的光量比多年平均减少 10% 以上，这对复种夏玉米也是有影响的。而晚春套种则保证程度较高。若以晚春作物为主，则作物生长季的光合有效辐射剩余量为 $R = 50.1 - 25.8 = 24.3$（kcal/cm^2）。而分配在 3—5 月和 10—11 月的光合有效辐射分别为 19.1 和 7.3 kcal/cm^2，茬前后种植（套种）油菜、大麦、豌豆、饲料绿肥等喜凉作物[3]。

3.2.3 全面发展农业，提高光能利用率

北京地区冬小麦生育期间（越冬除外）的光合有效辐射为 31.6 kcal/cm^2，约等于 2.1×10^8 kcal/亩，如以冬小麦的经济系数为 0.36，发热量为 4 250 cal/g，当其籽粒产量达 1 000 斤/亩时，年光能利用率也不超过 0.6%。一年两熟，不论两茬平播、套种或三茬套种，年产量过千斤（1 200～1 300 斤）的光能利用率也只有 0.78%～0.87%[4]。

农林牧全面发展才能有效地提高光能利用率，这包括提高农田单位面积产量和充分利用各种土地两个方面。前者包括增加光合面积、光合时间，提高光合效率，即增加密度，增加复种、间套复种和移栽，选择优良品种，采取科学管理措施等。后者则宜发展果林、灌木、牧业、冬季温室、早春和晚秋塑料棚、阳畦等。总之，要尽可能地提高光能利用率。

参 考 文 献

[1] 张炯远. 关于光合有效辐射计算方法问题的讨论. 中国科学院综考会. 1980.

[2] Гойса Н П. Радиапионные факторы и продуктивность седьскохозяйственных кудътур. тр. Укр. НИГМИВЪДП. 1978，**164.**

[3] 韩湘玲，等. 北京平原地区气候条件与耕作制度. 北京市科学技术协会. 1980.

[4] 刘巽浩，等. 华北平原地区麦田两熟的光能利用作物竞争和产量分析. 作物学报，1981，**7**，(1).

不同作物在不同生态条件下光合特征的初步分析[*]

张　地[1]　韩湘玲[2]

(1.中国农业科学院；2.北京农业大学)

摘　要：主要对谷子和油菜在不同光、温条件下的光合特征进行研究分析，并与玉米和小麦进行比较，试图通过对这些作物的生态适应性的了解，来解释生产上遇到的一些问题。

1　试验设计与方法

试验采用国产 QGD-07 型农用红外线二氧化碳分析器与自制多路气体输入辅助设备配合，对二氧化碳浓度进行测定。求算出光合速率的大小。

根据测得空气中 CO_2 浓度值与通过叶室后的 CO_2 浓度值的差值，得到叶室内叶片样品吸收 CO_2 的量。以这数值求算单位叶面积上的净光合率，即单位时间单位面积上同化 CO_2 的克数，并做了温度订正。其公式为：

$$P = \triangle C \times F \times 3\,217.5 / [A(273 + T)]$$

式中，P 为光合速率[$mg\ CO_2/(dm^2 \cdot h)$]；$\triangle C$ 为叶片吸收的 CO_2 量(ppm)；F 为叶室内空气流量(L/min)；A 为叶片总面积(cm^2)；T 为叶室内温度单位(℃)；3 217.5 为订正系数与单位换算系数。

试验作物为玉米、谷子、油菜、小麦。测定的叶片，一般选用剑叶及其以下三叶，油菜选上部好叶。

用盆栽在室外自然光温条件下进行测定，并在室内进行附加观测和补偿点的测定。

2　试验结果与分析

从 1981 年观测资料中选取小麦抽穗期前后两天(5 月 3 日和 4 日)的观测数据和气温达 30 ℃时的平均值(6 月初、7 月份及 8 月份)的观测数据进行分析。

2.1　相同温度下不同作物光合速率的比较

5 月 3 日正处于冷空气南下降温，最高气温只有 22.2 ℃(叶室内)，白天平均气温为 19.3 ℃，并有 3～4 级风。在这样的条件下，小麦和油菜呈现较高的光合速率，比高光效的作物玉米在同样光温下的光合速率高，油菜在饱和点附近(此时温度约 17.9 ℃)，甚至略高于小麦。此时油菜最大光合速率约 35 $mg\ CO_2/(dm^2 \cdot h)$，小麦为 37 $mg\ CO_2/(dm^2 \cdot h)$[据国外的研究，小麦最大光合速率平均值为 30～50 $mg\ CO_2/(dm^2 \cdot h)$]。

当温度上升后，5 月 14 日叶室温度为 30.6 ℃，白天平均气温为 27.5 ℃，微风。在这期间小麦、油菜光合速率明显下降，最大光合速率也分别只有 28～30 $mg\ CO_2/(dm^2 \cdot h)$和 20～25 $mg\ CO_2/(dm^2 \cdot h)$，玉米的光合速率则大大超过小麦、油菜等作物。据国外的研究，在这种温度条件下小麦最大值只有最适宜条件下的 80%，约 25.6 $mg\ CO_2/(dm^2 \cdot h)$，并且随光强增加，光合速率明显下降，这是由于叶温的增高，导致呼吸消耗增加。

温度再增加，叶温亦增高。气温达 30 ℃时，叶温由于辐射的影响最高可达 40 ℃以上。在此条件下玉

* 原文发表于《云南农业科技》，1987，(4)：3-5.

米处在适温范围之内,在所测资料中,玉米最大光合速率可达 50 mg CO_2/(dm² · h)(7 月 25 日,水分充足,叶室温度在 37 ℃左右),小麦和油菜的光合速率更低,如图 1 所示,此时小麦光合速率仅 23 mg CO_2/(dm² · h),油菜光合速率仅 18 mg CO_2/(dm² · h)。

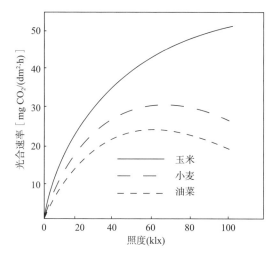

图 1　气温 30 ℃时玉米、小麦、油菜的照度-光合速率曲线

2.2　同一作物在不同温度下的光合速率比较

由于条件限制,所测数据是自然光、温度条件下获得的,不能做出温度与光合速率的关系曲线,因此,只用照度-光合速率曲线做比较,这也能反映出光合速率随温度变化的特征。

小麦在高温下光合速率下降,特别是达饱和点之后,随光强的增加,光合速率降低,在 50 klx 之前则相差不大,见图 2。

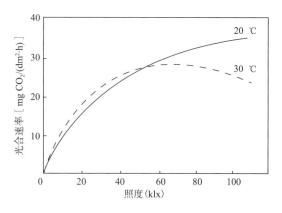

图 2　小麦在不同温度下的照度-光合速率曲线

这是由于室外温度日变化较大,清晨光强较弱,气温也较低,小麦正处适温上限。

当光强增加后,气温上升,超过适温范围,呼吸强度增加,光合速率下降。光照达 90～100 klx 时,小麦的光合速率只有 18 mg CO_2/(dm² · h)左右,若土壤再干些,光合速率更低[4 月 30 日仅约 10 mg CO_2/(dm² · h)]。

由于 5 月 3 日气温较低,最高温度只有 22 ℃,所以显出无饱和现象。

同样,油菜与小麦有类似的特征。据测定,油菜的适温比小麦略低。在同一天(5 月 3 日)小麦无饱和点,而油菜则为 70 klx,此时油菜已达到最适范围。当时的温度为 13.5 ℃,叶室的温度为 17.5 ℃,可见油菜的适温低于小麦。且在高温下随光强增加,光合速率下降(图 3)。但水分充足时,油菜仍有较高的光合速率值。

2.3　谷子的光合速率特征

在观测中发现谷子的光饱和点很高,约 80 klx,并且有很高的光合速率,约 40 mg CO_2/(dm^2·h)。随光强变化,光合速率变化很大,在饱和点之前与光强几乎呈线性关系,如图 4 所示。

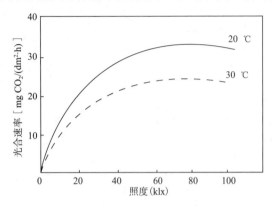
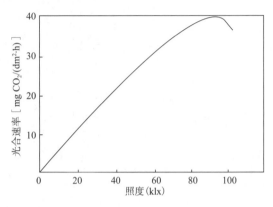

图 3　油菜在不同温度下的照度-光合速率曲线　　　　图 4　谷子的照度-光合速率曲线(30 ℃)

谷子的适温较高,约在 30 ℃,但其适温范围较狭,只有 5 ℃。从图 4 中也可看出,过饱和点后,光合速率随光强增加而下降很快。和其他作物相比,其最大光合速率值范围很窄,约在 70～90 mg CO_2/(dm^2·h)之间,对光强较为敏感。

谷子对水分要求不严格。在较干旱的情况下,玉米光合速率急降,而谷子仍保持较高的光合速率值,这时谷子的光合速率值几乎与同条件下的玉米光合速率相等(典型的观测资料是 8 月 13 日,未浇水,盆中较干)。表 1 为在干旱情况下不同光强下谷子和湿度充足的玉米光合速率比较。

所得的全部数据用方差分析求出各种作物的光饱和点。小麦、油菜和谷子的光饱和点分别为 50,60,80 klx,并且还在室内人工光源下测定了上述作物的补偿点(室内温度控制在 25 ℃),取观测的平均值,得到小麦、油菜、谷子和玉米的光补偿点分别为 1.5,1.0,1.5 和 0.5 klx。

表 1　谷子、玉米在不同光强下的光合速率

光强(klx)		10	50	60	70	75	80	90	100
光合速率 [mg CO_2/ (dm^2·h)]	谷子	10.0	31.1	31.9	38.4	47.9	40.9	42.5	40.8
	玉米	10.0	40.2	35.9	44.5	45.2	40.0	43.3	42.0
	差值($P_谷 - P_玉$)	0	−9.1	−4.0	−6.1	2.7	0.9	−0.8	−1.2

3　结论与问题

(1)油菜是与小麦光合特征相同的作物,同属喜凉作物。油菜适温约为 14.5 ℃,低于小麦,但其光饱和点略高于小麦。在水分充足时有较高的光合速率,温度上升后,光合速率明显下降。所以可认为油菜是喜凉、需水、光饱和点较低的作物,与小麦类似。

(2)谷子的光饱和点较高,可达 70～80 klx,仅次于玉米。在较干旱时甚至超过同条件下玉米的光合速率,适温较高,约 30 ℃,且范围较窄,温度对其光合速率影响较大,有比较强的光合能力,所以谷子是一种高光效率、光饱和点高、喜温、耐旱的作物。

(3)从整个试验中发现,只要是高光饱和点、适高温的作物,其光合效率亦高(见表 1),可能由于高饱和点吸收光量子多,则同化 CO_2 亦多。适高温的作物光合暗反应速度快,且适温范围内呼吸消耗少,故有较高的光合效率。

参 考 文 献(略)

农田防护林体系是提高气候-土地资源
利用率的一项重要措施[*]

陆光明[1]　　韩湘玲[2]

(1.北京农业大学科研处;2.北京农业大学气象系)

摘　要:作者在总结了国内外大量有关农田防护林的研究成果的基础上,提出了农田防护林体系是提高气候-土地资源利用率的一项重要措施的观点,文中就此做出论述。

关键词:农田防护林体系　农林业　生态效益　经济效益　胁地　农林复合生态系统

农田防护林体系是打破单一的农业生产方式,使林业渗入农业,建立新的生态平衡,以形成一个稳产、高产、优质、低耗、高效、增收、无害的农林复合生态系统[1-4]。国际上有人把这种农林结合的形式称为农林业(Agroforestry)或树作农业(Tree-crop Agriculture)[5,6]。它是当前人类改善自然环境中积极有效而又力所能及的生物工程。在提高气候-土地资源利用率方面有其独特功能。由于它遵循生态规律和经济规律,因而能促进农业生产的发展。

我国地域广大,受季风气候影响,有丰富的光、热、水等自然资源,生产潜力很大。但季风气候带来的自然灾害加之生态环境的人为破坏,使得气候-土地资源利用率受到限制[7]。农田防护林体系的功能就在于它既能充分利用季风气候优势,也能克服某些劣势,做到抗灾增收,使农业生产维持在动态平衡的良性循环基础上。

1　农田防护林体系的生态经济效益

1.1　有效地改善农田小气候和提高土地资源利用率

气候-土地资源为农业产品的形成提供了基本的物质和能量,而农田防护林体系的营造,为更好利用优越的气候资源及提高耕地生产力创造了良好条件。

林业进入农业,达到了充分利用光、热、水资源的目的。实践中,主要是实行"立体经营",即在垂直与水平结构上使林木与其他生物合理配置,以形成农林不同层次的布局。如华北平原农区实行农林交织,乔、灌、草相结合,以及农林牧相结合的立体生产的统一整体与华南农区在树种选择方面实行高中矮相结合的"立体经营",均有利于光热水资源的充分利用。广东电白县桉树纯林和沙椤、百藤、益智复层林对比,前者光能利用率为 2.35%,后者为 5.01%,比单纯林高 1 倍多[8]。

此外,按时序合理配置林木与作物也是实现光、热、水资源充分利用的一项措施。如江苏里下河地区在实行林下作物多季套种中,根据林木生长发育动态规律,安排林内作物的选择和搭配,如"林→西瓜→芋头→大白菜"三季套种,达到了充分利用生长季节光、热、水资源的目的。还有些地区的杉木幼苗林,由于林内光照充足而间作粮食作物,杉木郁闭后,则间作耐阴的药材[9]。

华北地区的桐粮间作不仅利用了地上的光热水资源,同时也充分利用了土壤中的水肥资源。泡桐发叶晚,落叶迟,进田后基本不影响当地主要作物对光的需求,同时树冠稀疏,透光度大,据陆新育等测定,泡桐树冠透光度为 17.0%~25.6%,在树冠投影范围内,光辐射强度分别比柳树高 11%,比臭椿高

　　[*] 原文发表于《北京农业大学学报》,1990,**16**(2):229-233.

27％,比刺槐高 37％,比大关杨高 10％。泡桐还是侧根发达的深根性树种,往往生有数条强大的侧根呈爪形向下伸展。上层根幅小,吸收根和细根 97.7％分布在离树干 0～4 m 的范围内,下层根幅大,通常为树冠的 2～3 倍。泡桐根系的这种特点,使其与农作物的根系矛盾很小。因为小麦、玉米、谷子 80％以上的根系分布在 40 cm 以上的耕层中,泡桐根系与农作物根系基本错开,与农作物争水争肥矛盾很小。相反,泡桐根系可以充分利用作物无法利用的深层水和被淋溶渗透到下层的肥料[10]。

提高土地资源利用率,一是防护林具有防风固沙的功能,从而保护并扩大了风沙区的耕地面积。如山西金沙滩的胡寨,1949 年时只有耕地 479 亩,1954 年营林后,原来的荒滩也变成了可耕地,到 1966 年耕地扩大到 1 000 亩。章古台地区,每年因风蚀重播 2～3 次,营林后,从 1972—1981 年消除了毁种现象,还使轮耕地变成了固耕地。因此风沙区植树种草,防风固沙,保护耕地和牧场,是保证和促进农牧业发展的根本途径[11]。

土地资源利用率的提高还表现在农田防护林对改良盐碱地的作用。

河北景县董庄村林网化实现前后,地下水位由地下 2.4 m 降至地下 4.2 m,土壤含盐量由 0.4％～0.5％降至 0.08％。另据测定一般林带附近农田腐殖质含量比无林网农田高 20％～27％。

防护林减免水土流失,保护耕地免遭表层土壤被冲走或被泥沙埋没的作用也不可低估。广东南雄县＊小坑河流域原是十分严重的水土流失区,1980 年采取植树造林与工程措施相结合的方法,经 4 年治理,效果显著,全流域平均侵蚀模数仅为治理前的 20％[8]。

但是,林业进入农业带来的一个有争论的问题就是胁地效应,尤其在平原农区。实践证明胁地减产的损失可以通过农林业的多种效益得到补偿。根据我们近两年在河北饶阳县的试验结果表明,在约 100 亩大小的林网内有 55％的面积为明显增产区,22％的面积为平产区,23％的面积因胁地影响减产,但整个林网仍比旷野增产 5.5％[12]。河北景县董庄村的例子最有说服力,在农林业实行前,即 1971 年,粮田 1 000 亩,粮食总产仅 5.5 万 kg,而农林业实行后,即 1983 年,粮田减少到 400 亩[5],而粮食总产却高达 28 万 kg。减轻胁地效应影响的经验很多,但选择胁地轻的树种十分重要。据陕西省林业科学研究所调查,若以箭杆杨的胁地系数为 1,则其他树种分别为:大关杨 1.25,臭椿 1.30,刺槐 1.53,美杨 1.57,柳树 2.67,合欢 2.36,梓树 2.69,而泡桐仅 0.45,说明泡桐是列举的树种中胁地最轻的树种[10]。

1.2　增强防灾抗灾能力

(1)减轻水旱灾害的破坏力

根据对我国 1949 年以来灾害资料进行的统计,每年成灾面积 2 亿多亩,其中 80％以上是旱涝引起的。防护林除具有含蓄大量雨水(每公顷森林可蓄水 300 m³),为旱季提供水源的功能外,还能有效地减轻洪水的破坏力。据广东水利部门的资料,在暴雨条件下有林木覆盖的洪水径流只有无林木覆盖的23％～43％。1981 年陕西汉江洪水调查,宁强县原滔水铺乡公社两个队因林木覆盖率不同,灾情相差很大,一个林木覆盖率为 61.4％,水清无灾,农田完好,另一个林木覆盖率仅为 18.5％,冲坏农田 23 亩,石桥一座,冲破公路路基[13]。

(2)降低低温冷害与冻害的威胁

全国因冻害而减产约占 4.5％,寒露风就是南方稻区的一种低温冷害。据广东研究,在寒露风天气下,网内稻田气温比旷野高 0.3～1.0 ℃,10 cm 土温可提高 1～2 ℃,加之网内风速降低,明显削弱寒露风的影响,表现为枯叶率与青枯穗有林网保护的较无林保护的分别减少 30％～50％与 5.7％,结实率提高了 10.7％,千粒重增加 0.4～3.4 g。

防护林网防御柑橘冻害是古今中外成功的经验,上海农科院研究认为,网内橘树长势旺,树冠高大,主杆粗壮,坐果率高,可比无林网保护的果园增产 25％以上,同时可使幼树提早 1～2 年投产[14]。

(3)防御台风与干热风的灾害

华南橡胶园防护林主要的目的是抗御台风,网格较小,一般 10～20 亩。受林网保护的橡胶普遍比

＊　现改为南雄市,余同

无林网保护的长势好,开割期早、产胶多,在 11 级以下台风影响时,胶树得到较多的保护,风力造成的机械损伤少。1983 年 9 号台风影响华南(最大风力 12 级),新会县晚稻比上年每亩减产 15 kg,而实现了林网化的该县礼乐镇却比上年每亩增产 1.5 kg[15]。

农田防护林对北方农作物的霜冻害及麦区干热风的防御作用也是明显的。总之,防灾抗灾能力的增强实质上也是提高了气候—土地资源的利用率[16]。

1.3　提高综合效益

农田防护林体系是以农林为主的人工复合生态系统,它由生产者(乔木、灌木、草类、农作物)、消费者(人、牲畜、鸟类、昆虫)、分解者(以微生物为主),以及环境条件(气候、土壤、居民村、水域)等组成。人在系统中既是消费者,又是系统的设计者,人可以不断探索各组成部分之间的相互关系,使系统在结果和功能上尽量发挥多样性,并能保持稳定性。如景县董庄村各林种发挥改善生态环境的作用,使土壤含盐量下降,有机质含量提高,减轻了干热风危害,加之林木覆盖率提高,益鸟增加,又使蛀干害虫大量减少,从而促使农业明显增产,同时林副产品增加,饲料来源多,又促进了养殖业的发展,它的发展又促使畜肥增加,而肥料用于农林业又推动农林产量增加,结果人均收入由单一经营时(1971 年以前)不足 100元增加到农林业建成后(1983 年)的 1 470 元[5]。农民有多余的资金用于扩大再生产,以不断充实并完善农林复合生态系统,这是一种有利于人类生产、生活的良性循环,体现了环境生产力的巨大潜力。

2　因地制宜和因害设防建立农田防护林体系

经验表明,确定一个地区的农田防护林体系是否为最佳结构应注意以下几点:一是要明确限制当地气候—土地资源充分利用的因子是什么,为制定农田防护林体系的战略目标提供依据。二是要从生态学观点出发,考虑体系在结构和功能上的多样性与稳定性。三是要体现生态、经济及社会三效益的结合与统一。为此,各地在设计农田防护林体系时应十分注意以短养长,长短结合,建立多层次、多效益的农田防护林体系,并且注意尽可能把经济树种放在重要位置。下面列举一些地区因地制宜创造的农田防护林体系的组成与结构。

2.1　华北平原农区

本区属暖温带半湿润气候,水热同季,地势平坦、土层深厚,其北部主要障碍因子是春旱、土壤风蚀、干热风及盐碱,南部主要是涝渍。全区林木覆被率低,据 5 个县、乡的调查,仅在4%～13%之间[1]。农业经营单一,属中低产区。因此,本区主要是结合当前综合治理和开发黄淮海平原中低产地区的要求,建立多林种的综合防护林体系。即除了以农田林网为主体外,大力发展农林间作与果林间作是该区发展农林业的特点。如桐粮间作、枣粮间作是华北平原改造自然,充分挖掘自然潜力,合理利用土地的一项创举。此外,针对地区主要问题因地制宜建立生态功能好的片林或林带。如风沙土类型地区以营造防风固沙林为主,盐碱土类型地区应设置盐碱地改良林,为解决华北农村能源不足,应适当营造一些薪炭林,树种可以刺槐、柳树为主。

2.2　长江中下游的平原水网地区

这里气候温和,雨量充沛,但台风、低温冷害及洪水为涝仍是影响农业稳产高产的因素,该区林木覆盖率不高,仅 8%～14%(以县为单位)[1],地理特点是江湖水网多,在这样的条件下如何实行农林结合,过去一直是个争论的问题。据现有经验,在人多地少,但有高密度的河网道路与居民点的地区,可以利用湖圩岸、道路两旁及宅地周围实行绿化,形成不占或少占耕地的农田林网布局。还可在河滨沼泽地区建立"林—渔—农"系统,在郁闭后的林下建立"林—食用菌"系统,而在平原农区建立"林—农"系统,即以林为主,林下作物多季套种。

2.3 "三北地区"

"三北地区"是指我国西北、华北北部和东北西部。这里生长季节热量基本保证,年降水量平均在250～500 mm,大部地区属温带干旱半干旱气候区,因此干旱缺水、大风、风沙危害是突出问题,由于本区涉及范围广,在防护林建设中更要贯彻"因地制宜"与"因害设防"的原则。如该区黑龙江、吉林、河西走廊及河套地区是重要商品粮基地,各林种中应把农田防护林网建设放在首位。在风沙干旱地区(尤以西北)农田绿洲大多数是被处于被沙漠包围的特殊的地理环境中,宜在绿洲外围沙漠上建立封沙育草区,在绿洲前缘营造防风阻沙林带,而在绿洲内部营造"窄林带、小网格"的农田防护林网。在干旱和荒漠地带应选用耐旱极强的灌木如梭梭、花棒、沙枣、红柳等中国西北干旱地防风固沙和水土保护的优良树种。对于牧区应建立牧场防护林,它是畜牧业发展的根本出路[1,11]。

2.4 华南地区

华南是我国水热资源最丰富的地区,但台风、大风、涝害、低温冷害是限制气候—土地资源充分利用的主要气象灾害。在发展农林业的战略安排上,一方面从综合治理整个区域入手,抓好水土保持林与海岸防护林建设的同时,积极营造农田防护林网,要求防护林主带与主害风向垂直,主带间常间种一两行灌木或较矮乔木以提高林带防风效能。还可充分利用原有的基堤、道路、河渠边坡营造林带,顺其自然联结成网。林网的主林带一般有木麻黄、池杉、竹子、水松、隆缘、苦楝等。而副林带除大叶相思、新银合欢外,选用果树是其特点,如荔枝、龙眼、黄皮、石榴等果树。此外橡胶园防护林是华南橡胶生产来说不可缺少的,有"无林便无胶"之说。华南山区有林茶、胶茶间作型[15]。

应指出的是,各个地区最佳农林生态复合系统的结构模式,目前还在摸索阶段,有的尚须进一步完善。已有的实践,尽管是在有限区里进行的,但已发挥出积极作用,并显示出其强大生命力。

参 考 文 献

[1] 曹新孙,等.农田防护林学.北京:中国林业出版社,1983.

[2] [苏]阿·尔·康斯坦季诺夫等.闻大中译.林带与农作物产量.北京:中国林业出版社,1983.

[3] [丹麦]A. M.金森.热带和温带地区的防护林作用.泡桐,1985,(1).

[4] 赵宗哲,等.我国农田防护林带营造概况及其经济效益的评述.林业科学,1985,(2).

[5] 江爱良.论黄淮海平原的混农林业//黄淮海防护林体系研究文集(第一集).1986.

[6] 竺肇华.农用林业(Agroforestry)的研究概况.泡桐,1986,(1).

[7] 北京农业大学农业气象系.农业气候学.北京:农业出版社,1987.

[8] 张嘉滨.森林生态经济学.昆明:云南人民出版社,1986.

[9] 黄宝龙,等.人工林复合经营研究.江苏生态,1986.

[10] 陆新育,等.农桐间作效益的研究.林业科学,1986,(2).

[11] 陈太山,等.三北防护林经济效果研究.北京林学院学报,1985.

[12] 陆光明,等.林网防护下的作物产量与质量.北京农业大学学报,1988,(2).

[13] 关中伦.森林可创造良好的生态环境.人民日报,1986.

[14] 黄复瑞.橘园防护林网效应研究//中国林业气象文集.1989.

[15] 广东省农田林网科研协作组.珠江三角洲农田林网抗御台风效应研究//中国林业气象文集.1989.

[16] 宋兆民,等.黑龙港流域农田林网气象效应与小麦产量的研究//中国林业气象文集.1989.

北京地区热量的农业气候年型及其农业对策[*]

韩湘玲　陆光明　马思延

（北京农业大学）

摘　要：在分析北京地区近 50 年气候变化特征的基础上，重点探讨北京地区作物生长期间热量的农业气候年型，以及针对不同年型应采取的农业生产对策。

关键词：热量　农业气候　一年两熟　墒谱分析　环流特征

1　资料与方法

1.1　资料来源

本文选用北京 1915—1991 年逐月、逐旬气温资料及 20 世纪 50 年代以来田间试验与面上调查资料；中央气象台近 41 年北半球 500 hPa 月平均高度距平场及相应的我国范围内气温距平场资料。

1.2　方法

根据典型冷（凉）、暖年，对比作物生育、产量状况与气候资料，确定指标，划分农业气候年型。本文按冬小麦、夏玉米一年两熟制，将北京全年分为 3 个关键时期，并确定相应的指标：即冬小麦冬前生长期，以 9 月 25 日至 0 ℃ 起始日之间的积温为指标；冬小麦越冬期，以 1 月份最低月平均气温为指标；夏玉米生育期，以 6 月 25 日—9 月大于 0 ℃ 的积温为指标。根据各时期指标确定年型，并提出对策。

为了对每个时期形成的不同年型环流背景做出说明，本文采用 500 hPa 月平均高度距平值资料，对同一年型的各年相应网格点的高度距平进行累加，得到不同年型北半球高度距平累积值场，且相应对我国范围内不同年型中各年的气温距平场进行平均。时期划分：冬小麦冬前生长期为 10—11 月，越冬期为 1 月及夏玉米生育期为 7—9 月。

应用最大墒谱分析[1]，计算上述 3 个关键时期积温（或平均气温）的周期随时间的变化（公式从略），该法可用来准确地挑选短序列的优势周期。本文计算的时间序列长度为 50 年。

2　背景与问题

从北京地区近 50 年（1941—1990）的气候年际变化看：

2.1　年平均温度变化未超出气候带的范围

如表 1 所示，无论是年平均气温（$\overline{T}_{年}$）、1 月平均气温（$\overline{T}_1$）、7 月平均气温（$\overline{T}_7$）、还是大于 10 ℃ 积温（$\sum t_{>10℃}$），都仍处于原气候带范围。

---

* 原文发表于《中国农业气象》，1994，**15**(5)：26-30.

表 1 不同气候带温度值

气候带	$\overline{T}_年(℃)$	$\sum t_{>10℃}(℃·d)$	$\overline{T}_1(℃)$	$\overline{T}_7(℃)$
中温带	>0~<11.0	<3 400	<−8.0	16~24
长春	3.0~6.5	2 700~3 100	—	—
	(4.8)	(2 910)	(−16.4)	(23.0)
暖温带	11.0~14.0	3 400~4 500	−8~0	24~30
北京	10.5~12.9	3 800~4 400	−8.1~−2.1	24.9~27.7
	(11.7)	(4 153.0)	(−4.6)	(26.1)
北亚热带	14.0~17.0	4 500~5 300	0~5	24~28
上海	14.5~17.1	—	2.5~6.3	24.6~29.7
	(15.6)	(4 958.4)	(3.4)	(27.4)

注:括号内为平均值,括号外为最小值及最大值。

2.2 气温变化主要处于自然变化范畴

从北京年平均气温每 10 年平均的动态看,最高值 12.6 ℃出现在 1841—1850 年,其次是 1921—1930 年(12.2 ℃),20 世纪 80 年代与 1941—1950 年同为 12.0 ℃,最低值在 70 年代,为 11.4 ℃,其次是 1901—1910 年(11.5 ℃)。可见,北京 20 世纪 80 年代的"变暖"是相对于 70 年代的低温而言。从 9 年滑动平均气温曲线上可看出,80 年代后期确有上升趋势,但并未超过历史上最高值(图略)。就冬季(1 月)和夏季(7 月)月平均气温分析,40 年代后 1 月份 9 年滑动月平均气温在均值附近微弱地波动,近 10 年来虽有上升趋势,但其最高值也未超过历史水平。7 月份月平均气温在 70 年代是一个低谷、80 年代有回升,仍保持负距平,其最低值也未低于历史水平。秋冬季(10—11 月),近 10 年最高值高于 40 年代最低值,略高于 50 年代,波动较大,整体偏暖。夏秋季(7—9 月),则比较平稳。

3 结果与分析

3.1 北京地区作物生育关键时期热量变化的年型特征

3.1.1 冬小麦冬前期热量的农业气候年型

多年的研究和实践证明[2],正常年份,北京地区 9 月 30 日播种的冬小麦 90%以上可达壮苗,而 10 月 5 日播种的仅为 4 叶 1 心,是适播期下限。因此,当 9 月 30 日播种至当年 0 ℃终止日的积温大于 600 ℃·d,则为暖年型;当 10 月 5 日播种至当年 0 ℃终止日积温小于 400 ℃·d,则为凉年型(表 2)。

表 2 北京地区冬小麦冬前时期年型指标(1941—1990 年)

年型	播期(日/月)	冬前>0 ℃积温(℃·d)	发生频率(%)
暖年型	30/9	>600	14
凉年型	5/10	<400	12

注:暖年型有 1945,1946,1982,1983,1988,1989,1990 年;凉年型有 1947,1956,1972,1974,1976,1981 年。

图 1 表明,年际间大于 0 ℃积温变化在年均值上下波动,其间有 14%暖年,12%凉年,正常年约占 3/4,多数年份 9 月 30 日播种最安全。

通过冬前大于 0 ℃积温年际变化的最大熵谱分析表明,在 5 年时功率谱有一个极大值存在(自回归阶数取 5),即优势周期为 5 年,这与图 1 分析的实际情况基本一致。

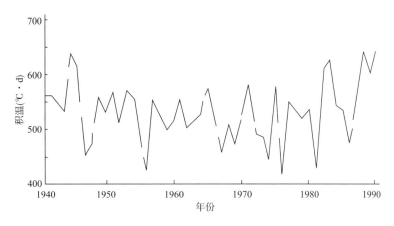

图 1　北京地区冬小麦冬前积温年际变化(1941—1990 年)

3.1.2　冬小麦越冬期热量的农业气候年型

按北京地区多年平均最冷月温度(或极端最低温度平均),一般年份只能种植冬性品种,即极端最低温度平均>-20.0 ℃,或 1 月平均气温为$-6.0 \sim -3.5$ ℃。但由于气候变化,最冷月平均气温($\overline{T}_1$),-3.5 ℃<$\overline{T}_1$<-1.5 ℃的年份(相当于黄河以南的温度)可种植弱冬性品种。自 1915 年以来只有 1991 年出现>-1.5 ℃种植春性品种的年型;而$-8.0 \sim -6.0$ ℃[3]出现 7 次,频率达 14%,易受冻害(表 3)。从表 3 中可见,偏暖偏冷年型占 1/3 强,其中暖年占 22%,冷年占 14%。

表 3　北京地区冬小麦年型特征(1941—1990 年)

冬季年型	指标		出现次数	出现频率(%)
	极端最低气温平均($\overline{T}_m$,℃)	最冷月温度($\overline{T}_1$,℃)		
冬暖	-16.0<$\overline{T}_m$<-12.0	-3.5<$\overline{T}_1$<-1.5	11	22
冬冷	T_m<-20.0	$\overline{T}_1$<$-6.0 \sim -8.0$	7	14

注:冬暖年有 1941,1952,1983,1988,1989 年;冬冷年有 1951,1969,1977 年

对 1 月平均气温最大熵谱分析的结果:主周期为 2 年,次周期为 4 年及 12 年(自回归阶数为 7)。

综上所述,近 10 年来冬小麦冬前生长期暖年型偏多,70 年代凉年型偏多,越冬期间,平均每 10 年有 2～3 个暖年型。

3.1.3　夏玉米生育期年型

按可实现的较佳夏玉米播种期 6 月 25 日和收获期 9 月 30 日计算其间大于 10 ℃积温达 2 255.6 ℃·d[4](1941—1990 年)。历史上最高值 2 440.5 ℃·d(1935 年),最低值 2 171.2 ℃·d(1976 年)。

由表 4 可见,当地 6 月 25 日播种,89% 以上年份可种植中早熟玉米品种。6 月 25 日之后播种则情况不同,若 6 月 30 日播种 93% 可种植早熟品种,只 1% 可种植中早熟品种。若 6 月 20 日播种则 1/3 年份可种中熟品种。

表 4　北京地区夏玉米生育期大于 10 ℃积温*(6 月 25 日播种,1915—1990 年)

>10 ℃积温	<2 100 ℃·d	2 100～2 200 ℃·d	2 300～2 400 ℃·d	2 500～2 700 ℃·d
品种类型	热量不足特早熟品种	早熟品种	中早熟品种	中熟品种
可实现产量水平(kg/亩)	<100	300～400	400～600	>600
频数(次)	1	7	62	0
频率(%)	1	10	89	0
代表年份	1927	1949,1950,1972,1976,1979	1950,1958,1969,1975,1982,1988	0

*　>2 250 ℃·d 列入 2 300～2 400 ℃·d;<2 250 ℃·d 列入 2 100～2 200 ℃·d

对夏玉米生育期间≥10 ℃积温年际变化的最大熵谱分析结果：主周期为 2 年，次周期为 3 年(图 2)。

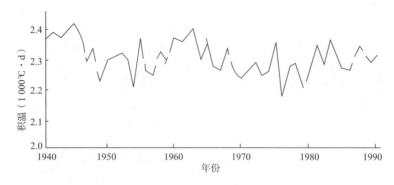

图 2 夏玉米生育期间≥10 ℃积温年际变化(1941—1990 年)

3.2 不同年型的环流特征

北京地区冷(凉)、暖年型的形成是与北半球,尤其是欧亚大陆特定的环流条件相联系的。下面分 3 个时期进行讨论。

3.2.1 冬小麦冬前生长时期(10—11 月)

(1)暖年型的环流特征

1982,1983,1988,1989,1990 年为暖年。图 3 为该时期冬暖年 500 hPa 高度距平累积值分布图。图中表明,导致暖年的环流条件是:①从极区经乌拉尔山伸向中、东欧为一强负距平区,即平均为槽区;而中、东亚为一强的正距平区,即平均为一超长波脊。②亚洲北部极涡位置偏北,冷空气活动主要在中东欧到乌拉尔山地区以及美洲大陆。③中低纬西太平洋有较大范围正距平,表明副高偏强,在这样的环流背景下,不仅北京,而且全国大范围无明显冷空气活动,尤以华北中北部及东北地区增温最明显。北京 5 个暖年气温均为正距平,其平均值达 1.3 ℃。

图 3 冬小麦冬前生长时期(10—11 月)暖年型 500 hPa 高度距平累积值分布

(2)凉年型的环流特征

1956,1972,1974,1976,1981 年为凉年。如图 4 所示,正负距平的位置正与暖年相反,乌拉尔山到贝加尔湖以西为大范围正距平。而我国大陆为大范围负距平,整个极区为正距平,东亚极涡位置偏南,而西太平洋地区大部处于负距平范围内,表明副高偏弱。这种形势有利于东亚槽维持发展,造成我国大范围的冷空气活动。在这种环流背景下,全国气温为负距平,尤以东北、华北、华东最为明显。北京 5 个凉年气温均为负距平,平均值达-1.5 ℃。

图 4　冬小麦冬前生长时期(10—11 月)凉年型 500 hPa 高度距平累积值分布

3.2.2　冬小麦越冬期(1 月)

(1)暖年型的环流特征

1989 年和 1991 年为暖年。①高纬极区为负距平,东亚极涡位置偏北。②乌拉尔山地区为一负距平,即该地区平均为槽,是冷空气活动主要地区。③东亚为正距平,即该地区平均为脊。我国大部分地区无明显冷空气活动。平均温度距平场表现为大范围的正距平(西南地区除外),尤以东北、华北及西北增温最明显(图略)。北京地区平均气温距平值达 2.3 ℃。

(2)冷年型的环流特征

1951,1969,1977 年为冷年。其距平场与暖年基本相反:①极区为正距平,亚洲地区极涡位置偏南,有利于冷空气南下。②从亚洲北部正距平区的分布来看,从高纬极区经乌拉尔山到东欧平均为东北、西南向的长波脊。③亚洲中高纬为东西向负距平区,表示该区为横槽维持。横槽底部不断有小股冷空气东南下,可形成持续降温天气,一旦横槽转竖,冷空气大举南下,造成我国大范围明显降温,尤以东北、华北及西北降温最甚(图略)。北京 3 个冷年气温均为负距平,其平均值达-2.5 ℃。

3.2.3　夏玉米生长时期(7—9 月)

(1)暖年型的环流特征

1968,1975,1981,1982,1988 年为暖年。其环流特征是:1)高纬极区为负距平,极涡位置偏北。2)亚洲中西部为负距平区,表示西风槽位置偏我国中西部,而华北、东北大陆为正距平区,表示该区受副热带高压控制,天气晴热少雨,有利于东北、华北形成暖夏(图略)。北京 5 个暖年 7—9 月温度距平均为正值,平均为 0.5 ℃。

(2)凉年型的环流特征

1954,1976,1979 年为凉年。其环流特征是:1)极涡位置偏南,极区大部分为正距平。2)乌拉尔山附近为正距平,即平均为脊的位置;而我国多处于负距平区,副高偏弱。表示我国大陆冷空气比较活跃,相应全国气温距平场基本为负值(图略),尤以华北最明显,北京 3 个凉年皆为负温度距平,平均值为-1.1 ℃。

3.2.4　小结

综上所述,冷(凉)、暖年 500 hPa 环流特征差异明显,不论处于哪个时期,东亚长波(或超长波)槽(脊)的持续稳定,是形成我国大范围(包括北京)冷(凉)暖年的重要环流条件。同时冷(凉)年西太平洋副高偏弱,位置偏东偏南,而暖年则相反。有意思的是北京地区的冷(凉)、暖年型发生不是孤立的,而是与我国大范围的温度变化相一致,可对热量年型预报提供依据。

3.3　不同热量农业气候年型的农业对策

要实现全年小麦、玉米两季高产、稳产、优质、高效,则首先需根据热量年型全面确定农业措施。不同年型所采取的农业对策不同。目前虽没有最有效的方法预报年型,但可通过气候资料分析和专家经验,并运用各种数学方法做出年型的趋势估计,供生产部门规划全年农业生产时参考。

3.3.1　冬小麦

生产单位应全面规划上茬收期和冬小麦播期,一般要达到80％以上在适播期内,即9月25日—10月5日播种,这将有90％以上安全率。暖年型适播期延后3～5 d,早播的则要减少播量以免过旺次年难以管理。凉年型适播期要提前3～5 d,较迟播的要增加播量。

冬季冷年型要重视防寒措施,如灌足冻水、灭裂缝等。冬暖年型则要监视早春生育期进程,按苗情进行水肥管理。

适时收获,妥善贮存,以保证质量。

3.3.2　夏玉米

成熟的麦田,随收麦随播夏玉米,并按播期年型和播期来采用品种类型。

最佳播期为6月15日前后。较适播期为6月22—25日,争取70％～80％面积于此时期播种,最晚不能迟于6月30日,否则减产明显(约40％)。

遇凉夏或秋凉年要提前追肥,促早熟保种子质量。

3.3.3　建议

针对北京地区处于一年两熟热量适区的北缘、三夏三秋季节紧、机械化水平还不高,并缺早熟高产品种的现状,一个生产单位应从全局着眼,约有1/4低产地块酌情减少接茬两季面积,实行来年春季播晚熟高产品种或小麦接茬早熟豆等多样种植方式的一年两熟。

参 考 文 献

[1] 曹鸿兴,等.气象历史序列的最大熵谱分析.科学通报,1979,(8).

[2] 韩湘玲,孔扬庄,等.京津地区适期种麦的农业气候分析.天津农业科学,1980,(1).

[3] 韩湘玲.小麦农业气候学.北京:农业出版社,1987.

[4] 韩湘玲,赵明斋,等.从宝坻的热量特点看下茬作物品种、播期的选定.气象科技(农业气象副刊),1977.

中国的气候与多熟种植

我国气候资源与多熟种植[*]

韩湘玲

（北京农业大学）

1 我国气候资源概况

农业生产是在自然条件下进行生物再生产的过程,在相当大的程度上受自然条件——气候、土壤、地貌等的影响,其中气候和土壤是农作物产量形成的首要和必要条件。

我国地处欧亚大陆东南部,跨寒温带、温带、暖温带及亚热带、热带,幅员辽阔,地势起伏,气候多样复杂,南北、东西差异较大。在不同气候带中,作为农业气候资源的太阳辐射、温度、降水等的数量及其配合不同,从而有着不同的作物种类、品种和种植制度,构成多熟种植的各种类型[1,2]。地处温带的东北大平原北部,土壤肥沃,但受温度的限制,为一年一熟,而双季稻三熟制只能出现在温、水资源丰富的亚热带。暖温带的两熟种植以小麦、玉米为主,而亚热带的水热条件能广泛种植麦—稻两熟。可见,能否多熟种植,首先由气候条件决定,各地适宜的多熟种植也往往受气候条件的影响和制约。当然,在同样的气候条件下,由于土壤、地貌、生产水平、人地比的差异也会有一定的影响,这也是应被重视的方面。

我国处于大陆性季风气候区,主要气候特点如下。

1.1 热量资源较丰富,温度夏高冬低,春秋季气温变化急剧

1.1.1 热量资源较丰富

我国除处于寒温带的东北、西北的一部分及高原地区气候严寒外,大部分农区处于温带、亚热带,其中暖温带、亚热带的耕地面积占 2/3(大于 10 ℃ 积温 3 600～9 000 ℃・d),较同纬度的西欧(2 000～3 000 ℃・d)、日本(3 500～5 000 ℃・d)、美国主要农区(3 000～7 000 ℃・d)热量多,有利于两熟、三熟。但是也要看到热量不及热带非洲(9 000～10 000 ℃・d)、拉丁美洲(6 000～8 000 ℃・d),实行多熟种植还要受到热量的一定限制[3-5](表 1)。

表 1 我国大于 10 ℃ 积温与世界各地比较[*]

地区	中国					美国		日本		西欧
	东北地区	华北地区	长江流域	华南	台湾	主要农区	玉米带	主要农区	九州长崎等	英、法等地
大于 10 ℃ 积温 (℃・d)	2 000～ 3 600	3 600～ 5 200	5 200～ 6 500	6 500～ 9 000	7 500～ 9 000	3 000～ 7 000	3 800～ 5 000	3 500～ 5 000	4 000～ 5 200	2 000～ 3 000

[*] 国内资料取自《中国气候图集》,1966 年;国外资料引自 Агроклиматический Атлас Мира,1972 年。表 2 同

1.1.2 温度夏高冬低

我国主要农区夏季温度较高,最热月(7 月)平均温度为 20～28 ℃,比同纬度的西欧(16～18 ℃)及日本(20～26 ℃)高,利于喜温作物的生育。例如,我国东北地区积温与西欧相近,但 6—8 月气温高(>20 ℃),喜温作物水稻、玉米、向日葵等能广泛种植,而西欧 6—8 月平均气温<18 ℃,主要种植喜凉

[*] 原文发表于《农业气象》,1980,(4):14-19,29.

作物如麦类、马铃薯等,而冬季气温较低,最低温度多年平均-36~0 ℃,但主要农区北缘为-22~
-24 ℃,仍可种植强冬性的冬小麦。由于夏高冬低的温度特征形成多熟种植的冬季喜凉作物与夏季喜
温作物的组合。华南南部、海南岛、台湾等地区年最低气温平均值>0 ℃(高达4~8 ℃),最冷月平均气
温12~15 ℃,冬季也可搭配种植喜温作物如花生、甘薯及水稻、甘蔗等经济作物[5,6]。

1.1.3　春秋过渡季节升温降温急剧

春季增温快,北方胜于南方,3—5月增温8~20 ℃。气温从0 ℃上升到10 ℃,北京只33 d,而南京
需57 d。但因寒潮频繁,气温波动大,因而上升不稳。秋季降温也较急,8—10月北部降温达16 ℃,往
南减少到4 ℃,南北差异较春季为小。如华北平原积温南北相差1 000 ℃·d,但20 ℃终止日只差10
来天。大于10 ℃积温3 600~4 500 ℃·d是我国小麦、玉米两熟的地区;5 200~7 000 ℃·d是双季稻
三熟地区。由于秋季降温较急,季节都比较紧张,北部更为突出。因此,要采取一系列措施如套种、移
栽、抢种、早、中、晚熟品种搭配等。可见,秋季降温急剧,积温的利用率受影响(表2)。春季增温、秋季
降温的速率,除华南外,都比美、日、西欧等国家急剧。春季升温快,利于早春作物、冬作物的迅速生育,
利于复种多熟。秋季降温急,则易发生低温冷害,如南方的寒露风,北方的低温不利于秋作物的灌浆成
熟,使复种、多熟受限制。春季寒潮引起气温波动,使利用率受到影响,而且对喜温作物播种—出苗也不
利,皆需采取措施,如适时播种、科学管理、促早熟、选用合适品种以及一系列防护措施等。

表2　我国春季增温(3—5月)与秋季降温(8—10月)比较　　　　　　　　　单位:℃

地区	哈尔滨	北京	郑州	合肥	上海	长沙	广州	圣路易	东京	贝尔格莱德	罗马	巴黎
春季增温(3—5月)	20	16	13	12	11	11	8	13	10	10	7	6
秋季降温(8—10月)	16	12	11	11	10	10	4	10	10	9	8	8

注:春季增温系指5月平均气温减3月平均气温;秋季降温系指8月平均气温减10月平均气温

1.2　水热同季

1.2.1　水资源的特点

我国年降水量东西差别大,干湿分明;南、北分布近于热量的纬向分布。主要农区水资源较丰富,但
分配不均、旱涝频繁。

我国西部为干旱、半干旱区,干旱区年降水量小于200 mm,半干旱区年降水量小于400 mm;东部
主要农区为半湿润、湿润地区,年降水量600~2 000 mm。年降水量的地区分布与热量相同,从北向南
逐渐增多,东北华北500~1 000 mm,长江中下游1 000~1 800 mm,华南1 200~2 000 mm,台湾
1 800~2 500 mm[5]。

我国主要农区的降水量有600~2 000 mm,不如东南亚(年雨量1 000~3 000 mm),并由于季节分
配不均,对一年种二熟、三熟并不够,需要灌溉补给,我国大多数的多熟种植是在水浇地或水田里。全国
地表径流量有2.62万亿 m³/a;地下水储量约7 000亿 m³/a,据各地实际开采结果,可利用的储量一般
只有相当天然资源的50%*。从地表水、地下水资源总量看虽不丰富(华北地区明显短少),但若增修调
节水库,尽量储蓄夏季降水,并结合地下、地表水资源的合理运用,及跨流域调水等方法仍能供应农业的
需要。

1.2.2　我国东半部主要农区水热同季

东部主要农区处于季风环流影响的气候区,热量资源丰富,生长期长,受夏季风影响,生长季节雨量
充沛,降水量集中在夏季,北方更为突出。6—8月平均气温,南北梯度较小,使喜温作物水稻、玉米等可
以从海南岛种到黑龙江。西欧国家雨水分配虽均匀,但最热月平均气温低,主要种喜凉作物。上海和开

---

*　水利部.关于今后20年水利发展规划的初步分析和研究.1980-05-30.

罗处于同纬度,雨量却相差很大,7—8月平均气温只差1 ℃,而年降水上海是开罗的20多倍(1 126 mm与50 mm之比)。

1.3　光资源生产潜力较大

我国大部分地区辐射强、光照足,总辐射90～160 kcal/(cm² · a),东部主要农区为100～140 kcal/(cm² · a),平均120～130 kcal/(cm² · a)。西部高于东部为140～160 kcal/(cm² · a)。在全球总辐射分布中处于中等水平,与美国大平原农业区相当,比日本、西欧强。年日照时数1 200～3 000 h,分布趋势与年总辐射相似。而总辐射的年变化,随不同地区不同。按高峰出现分四种类型:(1)5—7月高峰型,如华北平原、东北、西北、内蒙古等地区;(2)6—8月高峰型,如长江流域各地;(3)7—9月高峰型,如广东、广西地区;(4)3—6月高峰型,如云南高原。可见,除高原外,高峰出现在5—9月,处于作物生长旺盛期,形成生长旺季与光、温、水同季。

作物产量是光合作用的产物,太阳辐射是光合作用的能源,辐射量是决定理论产量的,辐射强标志着理论产量的潜力大,光合作用要求一定的水分和温度,光、温、水同季促使光合作用旺盛,有助于产量的形成。如北京6—8月期间晚春播种的玉米生长率最大可达32.0 g/(m² · d),相当于一亩地一天生产42.7斤干物质。主要农区秋—春可种植喜凉作物,春—秋可种植喜温作物,尽管北方冬季作物停止生长,但全年的光能利用率仍高[8,9]。

光合产物的高低在水肥条件保证的前提下是密切受光温综合影响的。我国西北、青藏高原辐射很强,但温度水平低,生长季节短,光合产物比起华北(辐射总量虽较少,但温度条件较好,生长季节较长)少,但一季作物高产潜力大;长江流域辐射量更少些,但全年气温较高,生长季节长,温度作用较大,光合产物大;华南则辐射量不算少,全年气温高于0 ℃,则光合产物全国最高。可见,不同地区光温配合不同,都有不同程度的增产潜力[10,11]。

1.4　灾害较多

(1)降水量季节及年际间分配不均,旱涝频繁

我国境内夏季风的强度和盛行时期的变率大,往往使得南北地区间、年际间、季节间雨量分配不均,引起旱涝灾害。降水的年变率约10%～28%。季节差异大,北方更为突出,京津地区6—8月降水量占年雨量的70%以上,形成冬春旱、夏涝。而南方一些地区春涝伏旱。我国旱涝灾害每年在不同地区有不同程度的发生,其中以干旱影响最大,平均每年旱灾面积往往占全部受灾的一半以上,而且影响范围大,往往持续时间长,危害也严重。春旱主要威胁晋、豫、鲁、冀、陕、内蒙古,伏旱主要威胁长江流域的川、鄂、湘、赣、皖等;华南全年多雨,但夏季旱期对产量影响也大,对多熟种植不利。需搞好农田基本建设,并使种植制度适应于水的变化规律,以形成能对当地灾害避抗的种植类型[12]。

(2)春秋过渡季节,西伯利亚冷空气南下易引起低温冷寒害,影响作物生育及产量形成

灾害一方面导致形成多熟种植的各种类型,以"用利"、"避害"、"抗灾"为目的。如南方丘陵旱地的麦、玉米、薯的间套作是充分利用气候资源、避抗伏旱的种植。西北河西走廊的冬小麦—绿肥,或冬小麦—马铃薯是充分利用较短生长季节及较低温的气候资源避过干热风—调节用水的种植。另一方面,多熟种植又易遭灾,南方早、晚稻易受春、秋季低温危害,北方复种玉米易受秋季低温影响等,必须认真考虑作物搭配、品种选用及采用有关防寒、促熟措施等。

1.5　地形复杂、气候多样

我国地形复杂,南北屏障,东西割裂,形成多样气候,地形的屏障作用往往使农作物的种植突破纬向的界限。如秦岭南汉中盆地的冬季温度比同纬度的南阳、蚌埠高,汉中盆地局部地区盛行稻麦两熟。云南南部的西双版纳地区,与广州、汕头等地处于同一纬度,比雷州半岛、海南岛偏北3°～5°,同样由于地形的屏障作用温度较高,可种植多种热带作物和温三熟等。从平原过渡到高原,受季风的影响减小,往往起伏的地形对气候的影响起着较大的作用,如山西西部、黄河中游沿岸地区(116°～112°E),东西仅相

距 100 km，而由于地形引起温度差异，农作物的分布比南北（30°～40°N）差距 300 km 的差别还大[12]。此外，由于海拔不同，尤其是高原地区，形成立体农业，使同一地区有多种种植类型。如云南高原，随高度不同，从寒温带到热带，大于 10 ℃积温从 1 330～8 800 ℃·d 不等，年最低气温平均值也从－11.3～3.0 ℃不等，作物种植从一季喜凉作物到三季玉米及稻稻麦的种植*。西藏高原则远比同纬度的华中、华东地区的温度低，无霜期短，主要种植一季喜凉作物。总之，我国耕地中平原的面积小于 15%，复杂的地形形成多样气候，构成多种生态特征的作物和种植制度类型。

2　我国多熟种植情况

我国气候的多样性，构成多样的种植类型。一熟地区的青藏高原，温度水平虽低，但光温配合得好，利于喜凉麦类作物的高产优质。东北大平原中、北部的温水条件都利于玉米、大豆的优质高产。黄淮海平原地区的光温条件，在有水利的情况下，利于小麦、玉米为主的两熟。而秦岭以南的温水条件则利于麦稻两熟。长江中下游至华南广大地区利于双季稻三熟制的多种类型。在不同的气候条件下，不同的种植类型的生产力也是有差别的。总之，我国东部、南部地区热水条件利于多熟（二熟、三熟），东北一熟区中的南部及西北有部分地区一季有余两季不足可半间半套。但可多熟的地区中存在的问题较多，主要是季节紧，水分不足，灾害频繁，地形复杂，土地用养失调等。由于我国的气候特点加上人多耕地少，形成比世界上其他农业国更加多种多样的种植类型。熟制上有一年一熟、二熟、三熟，方式上有间、套、复种，由各种生态类型作物的搭配，如早春作物或冬作物与春夏作物的复种或间套（两套或三套），凉三熟（指秋季—春季为喜凉作物）或温三熟（系指秋—春季可种植喜温作物）的复种，旱作复种或水旱复种等，以及多种品种的组合，早、中、晚熟或春、夏、秋播，水稻的籼、粳、杂交稻，冬小麦的强冬性、春性等等，组成了对多种气候适应性的种植类型。如华北平原的冬小麦—玉米套种是较充分利用本地区光、温、水资源，避抗旱涝灾害，稳产的种植类型；秦淮以南的稻麦两熟是充分利用广大地区温、水的种植类型；华南的温三熟是充分利用冬季较高温度获得高产的种植类型等。因此，在生产上必须强调发挥各地气候上的优势、扬长避短、因地种植[13-15]。

参 考 文 献

[1] 塔维塔亚 Ф Ф. 气候与农业. 1958.

[2] 北京农业大学农业气象教研组. 农业气候. 1979.

[3] Голвдъдвдберг ИА. Агрокилматический Атлас Мира. 1972.

[4] 中央气象局. 中国气候图集. 北京：地图出版社，1966.

[5] 吴壮达. 台湾省农业地理. 北京：科学出版社，1979.

[6] 朱炳海. 中国气候. 北京：科学出版社，1963.

[7] 孙颔. 关于合理利用农业资源的问题. 1979.

[8] 李立贤. 我国的太阳能资源及其计算. 中国科学院综考会，1976.

[9] 游修龄，等（译）. 作物产量形成与高产理论. 上海：上海科学技术出版社，1966.

[10] 竺可桢. 论我国气候的几个特点及其与粮食生产的关系. 地理学报，1964，(1).

[11] 齐志. 西藏高原麦类作物高产的气候分析. 气象，1977.

[12] 北京农业大学农业气象教研组. 农业气候（讲义）. 1966.

[13] 北京农业大学种改课题组. 华北地区的气候特点与种植制度改革. 气象科技，1976，(2).

[14] 种改汇集. 气象科技：农气专集. 1977.

[15] 中国农业科学院. 我国作物种植区划（草案）. 1979.

---

　　* 引自云南省气象局农业气候调查资料。

华北平原地区气候与种植制度的改革*

华北农业大学农业气象组、耕作组

"改革种植制度,提高复种指数"是迅速发展农业的一项战略性措施。《全国农业发展纲要》规定,要扩大复种面积,实行精耕细作,合理地轮作(换茬)间作套种。

近年来,农田基本建设取得了很大成绩,使华北平原地区原有的种植制度发生了重大的变化,如扩种冬麦、增种春麦、三密一稀、三茬套种、带田种植、掩种、簇播、育苗移栽、坑田、条田、麦棉套种、粮油、粮烟间套、绿肥间套、大沟麦、水栽麦等。其主要趋势是增加间作套种,提高复种指数。

1 华北平原的气候特点

间套复种在华北平原地区的发展与本地区的气候条件有着密切的关系。

华北平原地处温带季风气候带,大陆性气候较强,其特点是:

(1)光能资源优越。年辐射总量达 $130\sim140$ kcal/cm² ,日照时数 2 300~3 000 h,比长江流域(120 kcal/cm² ,1 900~2 200 h)多。

(2)气候温和。年平均气温在 11~14 ℃之间。冬天不过冷(年极端最低气温平均在－20 ℃以上)。全年热量资源较丰富,大于 0 ℃积温达 4 000~5 200 ℃·d;无霜期 180~220 d,有利于冬作物及麦茬复播作物的生长。但生长期与热量对复种(尤其是北部)的影响还显不足,须加以经济利用。

(3)作物生长旺季(6—8月)的光、热、水充足,且配合良好。本地区作物生长期间的热量虽比发展双、三熟制的长江流域(南京、上海一带)少,但 6—8月的热、水条件却与之相近,光照条件还较好(表1),有利于喜热作物的栽培,应从种植制度上考虑予以充分的利用。

表 1 华北平原地区光、热、水条件

要素	地区	北京	唐山	石家庄	济南	郑州
热量条件	年平均气温(℃)	11.8	11.0	12.1	12.6	14.2
	6—8月平均气温(℃)	25.2	24.4	25.9	27.4	26.6
	大于0℃积温(℃·d)	4 670	4 380	4 870	5 250	—
	大于10℃积温(℃·d)	4 160	3 970	4 440	4 730	4 680
水分条件	6—8月降水量(mm)	476.4	485.7	328.6	430.8	338.3
	年降水量(mm)	623.1	629.9	502.2	631.3	635.9
光照条件	6—8月日照时数(h)	704.7	713.7	792.1	746.3	743.2
	年日照时数(h)	2 731.5	2 671.6	2 765.0	2 668.4	2 438.1

(4)旱、涝、雹、霜冻和秋季低温等灾害较多。由于年、季雨量及雨季开始日期变率大,且雨量分配不均,以及秋季降温快、早霜早、雹灾多,夏播作物播种、生育及成熟均受影响。对这些不利的因素,在确定种植制度时,不可忽视。

总之,本地区的气候特点既为间套复种提供了可能,且蕴藏着极大的增产潜力,但也有旱涝等灾害和生长期不足等因素,应设法予以经济巧妙地利用。种植制度的改革就是有效地利用有利因素,克服不

* 原文发表于《气象科技资料》,1976,(S1):5-10.

利因素,避抗灾害,提高抗逆能力,以达到稳产、高产、全面增产、持续增产的目的。

2　复种与气候

在北方扩种以冬小麦为主(有部分春麦、大麦、油菜、豌豆等)的夏熟作物,是增加复种的前提。在有水的条件下,华北平原的气候条件对冬小麦生育、产量都甚为有利。平原北部冬季极端最低气温平均也在−20 ℃以上,小麦冬性品种一般可安全越冬,这方面条件比东北、西北好得多。早春气温回升快,且气温日较差大,增加了可利用的热量,有利于小麦返青、扎根及春季分蘖。4月下旬到5月气温急剧上升,可达16~20 ℃,能满足冬小麦抽穗开花的需要(表2)。在整个冬小麦生育期间光照十分充足,如北京地区可达2 100 h,比上海、南京一带的年日照时数还多。3—5月降水少,相对湿度低,麦类病害不易发生,可保证光合作用较好地进行,利于灌浆成熟。这比南方麦区多阴雨、多病害的条件要好得多。

表2　北京地区冬小麦生育期间的气温

生育期	播种—出苗	拔节	抽穗—开花	灌浆—成熟
对热量的要求(℃)	16~18	12~16	16~20	20~22
生育日期(旬/月)	下/9—上/10	中/4—下/4	上/5—中/5	中/6—下/6
同期气温(℃)	15~18	13~16	18~20	25~26

华北平原夏、秋季光、热、水资源丰富,且配合良好,有利于麦茬复种。麦茬复种作物有玉米、高粱、甘薯、水稻、谷黍、花生、豆类等。其中以小麦、玉米两熟所占面积最大。本地区夏季6—8月平均气温24~27 ℃(9月份在20 ℃左右,10月也在10 ℃以上),辐射总量与日照时数皆为年总量的1/3强,降水量达370~500 mm。从麦收到种麦期间大于10 ℃积温达2 100~3 100 ℃·d。在平原中南部,可满足复种中、晚熟类型玉米、高粱、谷子等对热量的要求,在平原北部若收播及时也可复种早熟或中早熟玉米、高粱、谷子、甘薯、豆类等作物(表3)。

表3　各种作物与复种所需的积温　　　　　　　　　　　　　　　　　单位:℃·d

	早熟型	中熟型	晚熟型	与冬小麦一年两熟
谷子	1 700~1 800	2 200~2 400	2 400~2 600	3 800~4 000
玉米	2 100~2 300	2 600~2 800	>3 000	4 100~4 500
高粱	2 200~2 400	2 500~2 700	>2 800	4 200~4 400
水稻	2 400~2 600	3 400~3 600	3 700~4 000	4 400~4800
棉花	3 000~3 300	3 400~3 600	3 700~4 000	5 000~5 400

但是,本地区热量条件毕竟不如南方,春旱、伏旱、夏涝经常发生,并且秋季往往降温快,对复种高产不利。本地区的降水特点是夏秋湿、冬春旱,6—10月降水量占年雨量的80%,11月—次年5月只占20%,严重影响冬小麦生育期间对水分的需要。如北京地区冬小麦生育期间降水量仅为151.9 mm,只占需水量的1/4~3/5。拔节—乳熟期间需水量占全生育期的50%以上,而这期间的降水量不足所需的1/5~1/2,供需之间矛盾极为突出。而麦茬作物可能遇到的灾害性天气就更多了,伏旱影响播种与出苗,夏涝造成"芽涝",大喇叭口时期遇暴风雨引起倒伏,开花授粉期间的暴雨或干旱又往往造成授粉不良、秃尖、缺粒、秕粒等,夏季雨后高温引起青枯,或7—8月高温、高湿导致大小斑病严重等。此外,平原北部及胶东的秋凉或早霜早,加上旱涝等的影响,由于季节紧,引起灌浆成熟不良或不熟等。这些是过去冬小麦与麦茬作物产量低而不稳,复种面积难以扩大的重要原因之一。为了充分发挥复种的有利气候条件,克服不利条件,广大人民群众大搞农田基本建设,综合运用"农业八字宪法",改善土、肥、水与机械化条件。在此基础上又采用了抢播、套种、早熟丰产抗病品种以及育苗移栽等措施,大大提高了产量。例如河南博爱县后桥大队1974年小麦玉米一年两熟亩产超过双千斤。

3　间套作与气候

间作套种既改变了田间结构,从而引起农田小气候的变化,又为充分利用大气候资源提供了可能。而套种既有复种充分利用生长季节的优点,又有间作的通风透光的效应。从农业气候角度看,间套作的主要特点是:

(1)调整平面光为波状、分层、较均匀的立体用光,提高了光能利用率

在单作密度大的情况下,行间、株间叶片互相重叠,遮阴,透光率差。在光能利用上存在着头重脚轻的毛病,植株群体上部接受光能多,往往光照强度超过光饱和点而造成浪费(如夏日中午光照强度可达100 klx,而一般禾谷类作物的光饱和点或光合效率急剧增长段的光强为 20～30 klx),下部则由于上部叶片的遮阴而光照过弱,甚至在光补偿点以下,光合作用形成的产物还不够呼吸作用的消耗,造成下部叶片枯黄早衰、病害多、倒伏重、蕾铃脱落率大等。不同作物合理的间套作正是解决这一矛盾的有效途径。作物高矮相间,前后相错可增加受光面,即除顶光外增加复侧光的面,将过饱和的顶光削弱为中等强度的侧光,提高了光能利用的有效性,变平面复光为波状立体受光,上下均匀。如玉米与花生间作,每亩玉米的株数并不减少(或稍有减少),却增加了花生的株数,全田总密度加大。叶面积系数虽比单作玉米增加近一倍,而净光合率仍可达到正常强度($6.8～12.0 \text{ g/(m}^2 \cdot \text{d)}$)。这是经济有效地利用光能的结果。

(2)改善通风条件,增加 CO_2 供应,提高了光合效率

CO_2 是作物进行光合作用必需的原料。通风的主要作用是保持叶面 CO_2 的浓度。

一般 CO_2 浓度低于正常浓度(0.03%)的 80% 时,光合作用就要受到影响,低于 50% 时,光合作用就停止。田间 CO_2 的 80%～90% 来自空气补给(只 10%～20% 来自土壤中有机物质的分解)。如果1～2 min 空气不流通,叶片附近的 CO_2 就被用尽。据测定玉米光合作用随风速(0.2～1.2 m/s)的增加而增加。风速大于 1.5～2.0 m/s 时,才能使 CO_2 保持在常量的 80% 以上。合理的间套作,增加了边行,增加了株间乱流,增加了田间的对流(带间两边受热不均引起),从而改善了通风条件。据我们在 7尺带玉米间谷子的田间的测定,在 1～2 级风速下,间套作宽行玉米比单作风速要大 2～3 倍。群众强调通风,最忌"窝风"是有科学根据的。

(3)套种作物生长发育交替延续,因而比接茬复种更充分地利用了季节与光、热、水资源

本地区从麦收到播麦约有 90～120 d 的生长期,$\geqslant 10 \text{ ℃}$ 积温为 2 100～3 100 ℃・d,若除去麦收到夏种,以及秋收到种麦期间的农耗(约 400～600 ℃・d),则只剩下积温 1 700～2 500 ℃・d,这对复种麦茬作物就比较紧张,尤其在平原北部及胶东。麦田套种玉米、棉花等则是解决这一矛盾的有效途径。例如,麦套中熟玉米比接茬直播早熟玉米就多利用 15～30 d 的光、热、水条件最好的时期,多争取了400～600 ℃・d 积温。仅将早熟玉米品种改为中熟玉米品种一项增产可达 20%。灾年更为突出(如1970 年夏玉米遭严重涝害,据胶东文登、荣成等地调查,套种玉米比直播夏玉米增产 40% 以上)。据统计,北京地区若一年种一茬春玉米,热量利用率为 0.67,小麦、玉米两茬平作为 0.98,而小麦套玉米则为1.09,如果小麦、玉米、玉米三茬套种,则可达 1.58。

由于套种各茬作物的生育是交替兴衰的,所以叶面积系数的高峰也是此起彼伏,全年的作物密度虽然加大了,但全田最大叶面积高峰并不突出。据在平谷县*三茬套种高产田的测定,小麦、玉米共生时最大叶面积系数在 5～6(6月),玉米、高粱在 3.59 以下(9月),都不大于单作的最大叶面积。

间、套作都有边行效应,由于套种作物的共生期比较短,因而它比间作的边行效应更为明显。在涿县**永合庄大队 12 块地调查的结果,小麦玉米四密一稀套种的边行小麦比里行增产 64.4%～76.0%。麦棉套种的麦田光照比平作麦田多 70%,延长了下部叶子进行光合作用的时间,防止了早衰。因而边行成穗率高、穗粒数多、千粒重高、比里行增产 89%。麦收后,棉田也处于边行条件,蕾铃脱落和烂桃率

　＊　现改为平谷区,余同

　＊＊　现改为涿州市,余同

显著减少。

套种玉米生育进程所处的外界条件与玉米对光、热、水等要求较吻合。套种玉米出苗—抽穗时间比夏播的长10多天。前期所处的气温较低,有利于根系发育、植株健壮、穗分化时间长。且后期灌浆成熟时期温度又比夏播的高(>16 ℃),利于籽粒饱满。

(4)提高抗灾能力

本地区雨季雨量集中,易涝。如北京地区夏玉米苗期(6月下旬—7月上旬)由于苗小、根浅、抗涝力差,此期间降水量若大于100 mm,往往在排水不良的地里发生芽涝。大喇叭口时期遇暴风雨易倒,抽穗开花期间遇暴雨,降水量大于160 mm有碍授粉,雨季高温高湿时,大小斑病严重,雨后遇高温青枯病重。而套种玉米,当雨季开始时已有6~7层根,植株较健壮,组织较老化,能避捞抗风、抗病,变雨害为雨利,因为这时需水量大增,正可利用雨季降水。雨季开始得晚,伏旱的年份夏玉米往往播不下种发不了棵。以北京为例,不论雨季开始得早或晚的年份,套种玉米都显示出避涝抗旱的优越性。此外,麦子对套种的棉苗能起挡风防寒作用,减少风沙和晚霜冻危害。由于套种避过或减轻了旱涝、风、霜冻、病等危害,从而充分合理地利用了光、热、水资源,并使之发挥增产的作用。

此外,由于高粱耐涝、耐盐碱,谷子耐旱,高粱、谷子间作有利于稳产保收。如衡水地区1972年以来,1/2面积的谷子和高粱、玉米间作。

基于上述间套作的许多优点,因而20世纪60年代以来在华北平原地区间套作面积有迅速的发展,尤其套作发展得更快。从华北平原的不同地区看,麦田套种是从中部生长期在180~190 d的地区发展起来的。随着生产条件的改善,近年来,不仅在亩产800~1 000斤的高产麦田中套入玉米(山东黄县南仲家、小百荷等大队)获得小麦、玉米单产双过长江的高产纪录,并且有由平原向山区,向北向南扩展的趋势。北部生长期短,麦茬直播困难,套种则是达到一年两熟的重要手段。冀北、晋北、陕北的一些山间平原、高原、河谷、川地、内蒙古的河套和阴山丘陵一带正在推行冬麦或春麦与玉米、高粱、谷子、糜子或马铃薯等作物的套种。如涿鹿县纸房公社董家庄大队,地处东灵山脚下,海拔1 200 m,无霜期110 d,1973年试种春麦套种玉米。亩产达1 085.5斤。靠南的新乡、周口等原为两茬平作的地区,近年来对套作也开始注意。除了粮粮间套作外,粮食与经济作物的间套作也有了较大的发展。原为长江流域一带的麦棉套作现已在冀中南、豫北以及其他地区生根开花。此外,花生、油菜、烟草等与小麦玉米等粮食作物的间套作也有较大的发展。

4　三茬套种与光、热、水、气

在小麦、玉米两茬套种的基础上,近几年又出现了小麦套玉米、再套高粱(或玉米、谷子)的三茬套种的新方式,有些地方称为"三种三收"。在北京、天津和河北省的邯郸、石家庄、唐山、保定及山东的潍坊、济宁、泰安等地区有较大面积的推广(估计约达1500万亩以上),其典型的方式是带宽7~7.5尺及9~10尺,畦面5~5.5尺及7.5尺,种麦10~16行,埂宽1.5~2.5尺,套种两行玉米,麦收后又在玉米行内套种下茬作物(高粱、谷子、玉米等)。

三茬套种是间套复种的综合体现的一种方式。它更集中地反映了上述的间套作在改善田间小气候条件,充分利用大气候资源方面的一些优点,较好地解决了增加田间作物密度与通风透光之间的矛盾,综合利用了华北平原地区的光、热、水、气等资源,因而提高了光能利用率,增加了全年产量,不少地区三茬套种已破双千斤的记录。

但是,事物总是一分为二的,除了有利面以外,三茬套种在作物与作物间,作物与外界环境之间充满着矛盾,剧烈地争夺着光、热、水、气资源。主要有以下几个方面:

(1)在小麦与玉米共生期间,玉米幼苗在小麦的遮阴下,受小麦"欺",因而受光差,地温低,地温日较差小,土壤水分也少(表4),对玉米的生育有明显的影响。埂越窄影响越大(表4、表5)。

表 4　小麦、玉米共生期间不同垄宽下光、热、水的差别（华北农大，1974 年 5 月 31 日）

垄宽	地面透光率（%）		地面温度（℃）				土壤湿度（%）
	7 点	11 点	平均	最高	最低	日较差	
1 尺	19.2	87.7	22.8	34.0	12.9	21.1	8.5
2 尺	20.0	95.9	25.6	39.0	12.5	27.1	—
平作玉米	77.0	95.9	29.0	44.5	11.9	34.1	14.7

* 地面透光率系田间地表光照强度占自然光强的百分数

表 5　不同垄宽小麦对套种玉米生长发育的影响（华北农大，1974 年）

垄宽	6 月 16 日调查				雄穗分化（7 月 4 日）	抽穗期（日/月）	成熟期（日/月）
	株高（cm）	可见叶片数	单株鲜重（g）	次生根数			
1 尺	65	6	6.2	8.3	伸长—小穗原基分化	22/7	9/9
2 尺	80	7	15.8	—	小穗原基分化	24/7	6/9
平作玉米	99	10	50.2	15.0	小花原基分化	14/7	2/9

　　（2）中茬玉米由于田间结构的改变，使本身植株间产生了矛盾。三茬套种是在两茬套种扩带并畦的基础上发展起来的。在每亩密度保持不变的前提下，加大了玉米的行距，缩小了株距，因而改变了田间小气候条件。据华北农业大学 1974 年的试验，带宽由 2.2 尺逐渐增大到 9.8 尺，结果是在每亩密度不变的前提下，带距越大，也即行距越大，株距越小，玉米产量越低（表 6）。

表 6　不同带距条件下三茬套种的中茬玉米产量的比较（华北农大，1974 年）

类型	带距（尺）	玉米行数	密度（株/亩）	行距（尺）	株距（尺）	每株玉米占有空间（尺²）	产量（斤/亩）
二种二收	2.2	1	2 500	2.2	1.10	2.2×1.1	796.0
	3.4	1	2 500	3.4	0.70	3.4×0.7	680.3
	4.6	1	2 500	4.6	0.52	4.6×0.52	643.6
三种三收	5.0	2	2 500	1.0＋4.0	0.96	2.5×0.96	801.2
	6.2	2	2 500	1.0＋5.2	0.77	3.1×0.77	722.8
	7.4	2	2 500	1.0＋6.4	0.65	3.7×0.65	672.5
	8.6	2	2 500	1.0＋7.6	0.55	4.3×0.55	586.5
	9.8	2	2 500	1.0＋8.8	0.49	4.9×0.49	554.5

　　为什么随着带距的增加，玉米产量反而降低呢？其主要原因是因株距的减小而受"挤"，光照条件变坏与营养面积分布的不合理。

　　前面所述，三茬套种改善了通风透光条件，是指三茬套种作为一个整体，它可以充分经济地利用光能，具体对中茬玉米说，情况并不如此。在中茬玉米的宽行内，9.8 尺带距比 2.2 尺带距的光强增加一倍，但在玉米窄行间却减少为不到 1/3（表 7）。加上玉米的营养面积从 2.2 尺的接近正方形逐渐变为 9.8 尺的长扁形。在窄行内植株受"挤"，光、水、养分等矛盾增大，作物的根系发育受到抑制，因而使产量受到影响。

表 7　不同带距的田间结构下玉米宽、窄行间的光照比较（华北农大，1974 年 9 月 2 日）

带距（尺）	光照强度（lx）		地面透光（%）	穗部见光时间（h）
	玉米宽行间	玉米窄行间		
2.2	4 965	4 137	32.5	6.30
5.0	5 064	1 474	25.0	8.00
7.4	7 142	1 602	15.0	9.15
9.8	8 428	1 625	10.0	10.15

(3)在三茬套种中,最主要的矛盾还往往表现在中下茬的关系上。主要表现是中茬欺下茬,即"中茬打伞,下茬乘凉"。据测定:在 7.5 尺三茬套种中,下茬作物的受光强度约为中茬玉米受光的 50%～60%,受光时间也减少了 1/4～1/3。所以下茬作物往往长不起来,或者拔高徒长,茎细易倒。

以上说明,三茬套种是在华北平原地区提高光能利用率充分利用季节的一个有前途的方式。但在光、热、水、气等方面还存在一系列的矛盾。各地的群众在解决这些矛盾中已摸索了许多宝贵的经验,主要有:

(1)大搞以土、肥、水为中心的农田基本建设,在土、肥、水的基础上,大力改革种植制度,实行三茬套种,以充分发挥光、热、气的作用。若土、肥、水跟不上,三茬套种的增产潜力就不能发挥,光、热、气的作用也不能充分发挥。

(2)合理选择并搭配作物种类与品种

上茬作物,以冬小麦为主,也有用大麦、春麦、豌豆、油菜的。应选早熟、高产、矮秆、抗倒伏和株型紧凑的类型,以减少小麦对中茬玉米的影响。

中茬作物,以玉米为主。一般选中熟品种。选择品种类型主要决定于本地区的热量多少,即小麦收后到种麦期间热量的多少。平原南部可选生育期稍长的中晚熟品种,平原北部则往往选生育期短些的中早熟品种。

下茬作物,一般为高粱、玉米、谷子、豆类,应选早熟或极早熟,抗病抗倒伏并有一定产量的品种。若下茬作物移栽(有 20～30 d 秧苗期)或套种(增加 10～20 d 生长期),则可用生长期较长的高产品种。

(3)确定适宜的播(套栽)期

播期及套栽期不仅对本身的产量影响很大,还影响后茬作物。如冬小麦的播期在日平均气温 16～18 ℃时为宜,华北平原北部常年在秋分节。春麦的播期则在气温稳定通过 0 ℃开始(越早越好)。中茬玉米套种的确定,根据玉米品种生育期的长短,对热量的要求及当地的热量条件,并使之少受欺,适时成熟又不影响适时种麦,还应考虑小麦的长相、埂的宽窄等。如高产麦田群体结构大的宜晚播些,埂宽的(大于 2 尺)可适当早播。这是因为早套(>40 d)使小麦、玉米共生期过长。玉米受欺的时间长,生长不良,还易遭卡脖旱。并易在麦收前不利的小气候条件下进入穗分化阶段,这将对产量有较大的影响。过晚套(如麦收前 5 d)将起不到增加生长期的作用。所以中茬玉米套种期确定的原则是:玉米各生育期处于良好的农业气象条件中,首先是共生期处于穗分化之前(一般可见叶为该品种总叶数的 1/2 减 1 或减 2 时开始穗分化),并且在适时种麦前成熟。据华中农业大学 1974 年的观测,窄埂(1.0 尺)比单作晚 5～7 d 成熟,宽埂(2.0 尺)只晚熟了 3～4 d。

下茬应抓紧时间抢种,平原北部夏至后播就略晚。近年来提倡育苗移栽,需注意苗龄不宜过大(<8 叶)。栽期则在麦收后越早越好。

(4)合理安排田间结构

田间结构包括带距、行比、间距、埂宽、株行距、密度等,合理的田间结构既有利于改善农田小气候条件,又可充分利用光、热、水、气等大气候资源。应考虑:1)上、中、下茬作物的合理搭配与土地利用问题。根据作物的需光性、生长特性、高矮特性和对气候的适应性等来搭配及分配土地面积,使之通风透光,各尽所能、各得其所;2)充分利用边行效应,如第三茬应"挤中间,空两边",使中、下茬作物处于良好的边行地位。

(5)有针对性地加强田间管理

小麦玉米共生期内要对玉米苗进行以保苗、壮苗为中心的管理。如在小麦返青后破埂施肥,刈麦前间苗、中耕、浇水、施促苗肥,及时防止钻心虫等。第三茬作物要以促为主,一促到底,以免被中茬遮阴难以成长。

套种的气候生态适应性研究[*]

韩湘玲[1]　刘巽浩[1]　孔扬庄[1]　李凤超[2]

(1. 北京农业大学；2. 山东农业大学)

摘　要：概述了中国套种的发展及类型，着重论述了套种的小气候效应，即边行效应、共生期的作物互利与竞争及套种作物的生态适应性，对小麦玉米套种的优势和问题，做出较全面的评定，并提出在生产上的应用。

套种系指在第一种作物生长的后期，在其间播种（或移栽）生育季节不同的另一作物，两种作物共生期小于各作物生育期的1/2。

1　中国套种的发展及类型

1.1　历史发展

早在公元 6 世纪的《齐民要术》中就有对套种的记载。宋、元以后，麦套棉，稻（早）稻（晚）的套种方法有了一定发展。但在新中国成立前的长时期里发展极为缓慢。新中国成立以来，随着农业生产条件的改善，如农田基本建设、优良品种的培育等，以及国家和人民对多种粮食、经济作物、饲料作物日益增长的需要，在气候、土地条件允许的情况下，套种的发展十分迅速。

1.2　气候背景

中国主要农区处于暖温带、亚热带季风气候区，具有两熟或三熟的热量条件，但往往季节较紧或季风性气候造成旱、涝的干扰使复种的产量不稳，而套种争取了热量，还可避抗旱涝甚至病虫害，充分利用气候、土地资源。

暖温带、亚热带季风气候有明显的季节性，冬凉夏热，形成冬季的喜凉作物与夏季的喜温作物良好的两熟或三熟组合。前者以冬小麦为主，也有油菜、大麦、豌豆、喜凉饲料作物等，后者则为玉米、棉花、高粱、谷子、甘薯、花生、大豆等。

1.3　种植类型

有两茬套种、三茬套种及多茬套种。

小麦套玉米：主要分布在接茬两熟，热量不甚充裕的黄淮海中北部、辽南，以及亚热带丘陵低山区旱地，如鄂西、川东、云贵高原等。据 1980 年统计，在京、津、冀、鲁、豫等地区小麦套玉米占小麦、玉米两熟的 75%，在黄海平原主要种在水浇地上，亩产可高达 1 600 斤以上，黄淮平原年降水量较多，旱地和水浇地上均有种植。

典型的小麦套种玉米的方式是 2.2～3.0 尺一带，3～4 行小麦，留窄行套种一行玉米，一般麦收前10～30 d 套入。另一种是 4.5～6.0 尺一带，畦面 3.0～4.0 尺，种 6～8 行小麦，畦背 2.0 尺，在麦收前30～40 d 套入两行玉米。这种方式适用于热量较少或洼涝地区。在水肥充足，人多地少的地区，为提高光能、土地利用率，在小麦宽套两行玉米的基础上，增加带宽到 7.0～10.0 尺，在小麦收获后，再在玉米宽行内间作大豆、甘薯、花生、玉米、高粱、绿肥、饲料等，形成再套，组合成的"三茬套种"，在北方曾称为"三种三收"，其实质是两套，其带的宽度决定于第三茬作物的耐阴程度，玉米占地面积不变（图 1）。

---

　*　原文发表于《北京农业大学学报》，1987，**13**（2）：213-220.

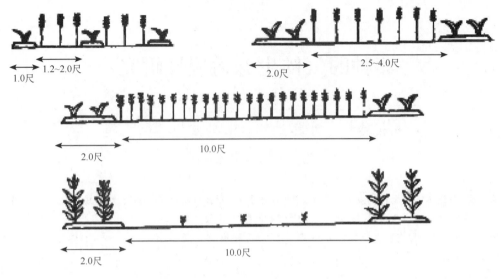

图 1　麦套玉米

小麦套棉花:中国南方棉区 90％棉花与小麦(或油菜、蚕豆)套种,近年来,黄淮平原也有发展。

典型的套种方式是 4.2～4.5 尺一带隔两行棉花种 3～4 行小麦(大麦、油菜),小麦需迟播早熟类型,麦棉套种共生期可长达 40 多天,对棉花生育期有一定影响,现蕾开花迟 5～10 d,但可多收一季麦。近年来采用营养钵育苗移栽及地膜覆盖,比一季春播及麦后夏播经济效益都高,比夏播棉的品质好(图 2)。

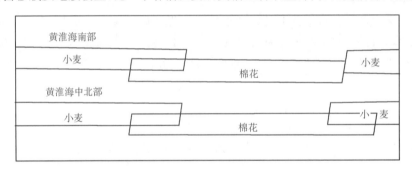

图 2　麦套棉花

旱地三茬套种:20 世纪 70 年代以来有所发展,主要分布在雨量充沛,一年两熟生育季节有余,三熟又嫌不足或雨水不匀调的亚热带丘陵山区的旱地上,如四川丘陵、云贵高原、鄂西、广西、湖南、江西等地。其方式是,在小麦中套种玉米,麦收后在玉米或花生行中再套甘薯或黄豆,有利于提高复种,并且有对伏旱的适应性。近年来,旱地三茬套种中插入经济作物,如花生,芝麻、麻类、甘蔗等都有较好的生态经济效益(图 3)。

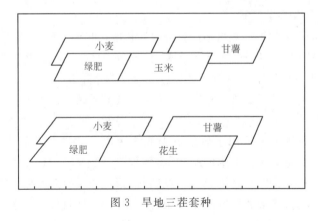

图 3　旱地三茬套种

水稻套种绿肥:是南方水田的传统做法。如收双季晚稻前撒入紫云英,收稻后,紫云英在冬季生长,翌年 4 月翻入稻田作早稻基肥用。

粮菜(饲料等)多茬套种:城郊区多粮菜或多种菜类的套种,从农牧结合的需要饲料插入套种是有前途的。粮菜套种有:白菜、大蒜、菠菜、玉米间套复种。

畦背宽 20~30 cm,畦面 60~80 cm,"白露"前隔垄在畦背上种(栽)大白菜,"秋分"后在畦内种 6 行大蒜,在蒜沟里撒种菠菜,翌年 5 月收大蒜之前,在畦背两侧套种两行玉米,蒜畦中间套种一行玉米。此种方式经济效益提高。多种菜类的复种可形成一年四作四收、五作五收等。

2 套种的小气候效应

合理的套种既有复种充分利用光、热、水资源的优点,又有间作改善农田结构、通风透光的效应。在黄淮平原北部小麦套种玉米,平原中南部小麦套种棉花都有良好的增产效果。在 1959—1965 年调查分析的基础上,于 1973—1984 年在平原北部的京津、冀中部的河北省曲周县、山东省泰安和河南省的淮阳县进行了套种的生态适应性试验。同时进行了大量的调查研究,主要结论如下:

在较高的生产水平下,北京、曲周小麦套玉米两熟为一年一茬春玉米产量的 176%~179%。两熟中小麦套玉米比小麦接茬玉米增产约 7%~8%,但在生长季节长的淮阳增产效果不显(表 1)。

表 1　套种增产效果

单位:斤/亩

处理	水浇地				旱地
年份	1974—1978	1980—1982	1983—1984	1983—1984	1983—1984
地点	涿县宝坻	北京	曲周	淮阳	淮阳
麦/玉米	1 307.3	1 717.3	1 738.2	1 645.0	1 550.5
麦—玉米	1 214.6	1 634.9	1 606.3	1 603.5	1 526.5
套种比平作增产(%)	7.6	7.5	8.2	2.6	1.6

注:符号"/"指套种,"—"指接茬平播,即复播

2.1 边行优势

不论哪种种植方式,平播与套播小麦的生育期处于同一气候季节,只要品种选用和栽培管理措施一致,它们的播收期基本相同。在套种时,往往为下茬作物留下一定宽度的套种行,形成高矮秆作物的相间排列。因而,为边行高作物创造了良好的条件,形成边行优势。以小麦为例,从表 2 中可见:

表 2　不同带宽的小麦边际效应(1977 年)

带宽(尺)	宽档宽度(cm)	小麦行数	产量水平(斤/亩)	边行增产折中行数	宽档减少小麦播种行数	边行增产弥补宽档减产率(%)	比全密度减产(%)
10.0	56	24.0	650	2.00	3.17	62.9	4.2
7.5	60	13.4	500	1.44	2.69	52.4	7.5
5.0	58	7.0	330	0.80	2.24	35.8	17.4

(1)高作物边行效应是存在的。边行一般是中行产量的 0.8~2.0 倍,增产的原因是在低产稀植情况下主要吸收了宽档中的水分、养分,而在高肥高密下,边行的光效应起了主导作用。据测定每亩 35 万穗密度下,边行效应明显不及 50 万穗密度下(表 3)。

表 3　不同密度下边行光效应比较(1975 年 5 月 22 日 16 时测定)

光强(10^4 lx)　行序　密度	1	3	5	7	9	11	13	15	17	19	21	23
50 万穗/亩	0.90	0.55	0.33	0.18	0.15	0.15	0.22	0.22	0.18	0.20	0.25	0.25
35 万穗/亩	1.01	0.90	0.70	0.60	0.55	0.55	0.69	0.70	0.67	0.73	0.70	0.85

（2）边行增产是有限的，只能弥补宽档减产的 35.8%～62.9%，其优势是建立在矮作物的边行劣势或宽档不种作物的基础上。

（3）水肥水平越高，宽档越大，边行增产越多，但随着宽档宽度与数目的增加则减产越多。

（4）对同一作物来讲，间套下留有宽档的带状种植，其产量一般比均匀分布的单作物要低，但两种作物单位面积年总产有可能超过单作。

2.2　共生期作物的互利与竞争

套种使下茬作物延长生长期，能充分利用时间、空间的资源，也使上茬作物适时播种获得冬前壮苗。同时要重视共生期作物的竞争。从表 4 中可见：

表 4　麦田套玉米共生期间的田间小气候及其对作物生育的影响（1974 年）

| 项目 | 光照时间
（h） | 光照强度
（%） | 地温日较差
（℃） | 日平均地温
（℃） | 土壤水分*
（%） | 麦收时（6 月 16 日）玉米 | | | | 玉米
抽穗期
（日/月） | 玉米
成熟期
（日/月） |
						株高 （cm）	最大叶宽 （cm）	鲜重 （g/株）	叶龄		
麦套玉米（宽档）	3.5～4.0	41～56	27.0	25.6	8.5	80	46.7	15.8	8	20/7	6/9
麦套玉米（窄档）	2.0～4.0	30	21.1	22.8	—	64	2.6	6.3	6	22/7	8/9
同期单作玉米	10.0～11.0	100	34.1	29.0	14.7	99	6.6	50.0	10	14/7	2/9

* 土壤水分及地温均指离地面 5 cm 深处

（1）套玉米幼苗处于群体遮掩之下，受光时间缩短，光强只为对照单作玉米的 1/2 左右，地温降低，土壤水分减少，对玉米苗生育影响大，若无灌溉条件则播不下种。正常出苗后雌穗分化推迟，抽穗期迟 6～8 d。

（2）在高作物遮阴下，带距越窄，高矮作物高度差越大，则矮作物受光时间越短，受抑制更为严重，据测定，10 尺带下矮作物比 7.5 尺带约多 2 h/d，光强也多 10% 左右（表 5）、风速稍大（0.25～0.36 m/s）。

表 5　不同带距间作下矮作物的受光状况比较

| 项目 | 时间
（年-月-日） | 自然状况 | 10 尺带 | | 7.5 尺带 | | 5 尺带 |
			玉米	谷子	玉米	谷子	谷子
直射光受光时间 （h）	1974-09-02	10.0	8.0	—	6.6	—	4.5
	1975-07-23	12.9	7.5	6.5	5.5	—	3.3
	1975-08-09	10.2	6.5	5.3	4.5	—	2.0
	1976-07-27	12.0	6.8	5.8	5.5	4.5	3.0
占自然辐射强度（%）	1976-07-27	100	74	64	61	56	28

3）前人研究认为宽窄行或扩大行距、缩小株距，在适宜范围内产量相差并不大（5%），但与等行距相比过大的宽窄行使产量降低 7.7%（表 6）。其原因主要是等行距比宽窄行受光均匀（表 7），地下根分布也较均匀，例如 2.2 尺等行距每株玉米成熟时地表 30 cm×30 cm×30 cm 土层中根量 25.0 g，而 9.8 尺距（4.9 尺×0.49 尺）根分布呈扁长方形，根量只有 12.5～15.5 g。

表 6　不同带距对玉米产量的影响（1974—1975 年）

项目 ＼ 带距（尺）	2.2	3.4	4.6	5.0	7.4	9.8
玉米行数	1	1	1	2	2	2
行距（尺）	2.2	3.4	4.6	1+4.0	1+6.4	1+8.8
株距（尺）	1.1	0.71	0.52	0.96	0.65	0.49
每株玉米占有营养面积（尺²）	2.2×1.1	3.4×0.71	4.60×0.52	2.50×0.96	3.70×0.65	4.90×0.49
产量（斤/亩）	780.5	714.0	671.5	770.5	685.0	564.0

表7　7.4 尺带宽窄行中玉米叶片受光状况(1979 年 9 月 3 日)　　　单位:klx

处理		不同时间光强						单株平均受光景
		9:30	11:15	14:00	15:30	17:00	平均	
7.4 尺带	东侧	62.7	90.7	17.2	14.2	7.4	38.5	27.9
	小行中	15.2	20.3	25.2	20.4	5.1	17.2	
	西侧	188	40.6	84.8	36.8	36.5	13.2	28.0
2.2 尺带		37.0	85.5	40.1	15.3	9.8	32.6	32.6

2.3　不同作物具有不同的耐间套能力

一般情况下生殖生长前抗逆性及适应性强,如玉米在穗分化前耐间套能力较强,若在共生期间开始穗分化则不利于后期生长,易形成小老苗,通过 10 尺带中在高秆作物遮阴下种植不同作物得出,间套的高秆的作物(玉米、高粱)比矮秆的作物(稻、谷、豆、薯等)减产少,减产最多的是谷子、大豆(表8),谷子边一行产量只为中行的 39.5％,大豆为 49.4％,花生为 64.6％,稻为 67.8％。在阴处的光合效率测定结果:玉米为光处的 37％,高粱为 29％,谷子、大豆为 25％～26％。

表8　高秆作物间套下各种作物的边行和中行产量差异(10 尺带,1976—1978 年)

项目 作物	产量(g/m)			占中行产量百分比(％)		
	边一行	边二行	中行	边一行	边二行	中行
玉米	158.1	196.4	222.6	70.8	87.5	100
高粱	119.5	177.8	181.8	64.8	99.1	100
谷子	29.9	56.8	70.8	39.5	80.0	100
稻	46.4	63.6	69.7	67.8	93.9	100
大豆	42.6	70.0	83.7	49.4	82.6	100
花生	43.3	65.4	66.5	64.6	102.4	100
甘薯	95.8	144.4	156.4	61.4	92.5	100

总之,共生期长的作物竞争激烈。合理套种必须考虑作物品种的选用,带距、间距与株行距的确定,二作物共生时期的高度差等,以使之具有合理的农田结构。

2.4　套种后茬作物的生态适应性

在黄淮海平原北部,玉米由于播种期不同——春播、晚春播、夏播,分别处于不同的气候条件下。套种玉米一般于晚春(5月中旬至下旬)播种,在苗期受抑制 30 d 左右,整个生育期所处的气候条件不同于春播与夏播,其特点有:

(1)增加生长季的利用率:套种玉米比麦后复种玉米可争取 30 d 左右时间,即增加积温 600～700 ℃・d,所以套种可采用中热、中晚熟品种,而接茬复种只能采用早熟或中早熟品种。由于延长了生育期,则光能利用率(E％)也随着提高。一般情况下,麦套玉米中,小麦稍减产,而玉米增产较多,因而套种的全年增产潜力要大于复种,这就是套种高产的主要理论依据。据在山东胶东调查,只此一项就可增产 20％左右。

(2)有较好的光合面积(LAI)动态,其特点表现为:$LAI>1$ 的日期开始早,持续时间长,抽雄后 LAI 衰减慢,成熟时 LAI 维持较大值(表9)。这主要与套玉米生育期间所处的气候条件有关,一是苗期的温度适合(15～25 ℃),二是抽雄后避过高温(>33 ℃)危害(图4)。

表9 不同类型 LAI 动态特点(1980—1981 两年平均)

项目	春播	套播	夏播	套播与夏播相差
$LAI>1$ 时期(日/月)	11/6	12/7	24/7	—12 d
$LAI>1$ 维持时期(d)	75	74	51	+23 d
抽雄后 LAI 递减率*	0.054	0.022	0.061	—0.039
成熟时 LAI	0.47	2.06	0.71	+2～3 倍

* 递减率 $=\dfrac{抽雄后第 10 天的 LAI-成熟时的 LAI}{同期天数}$

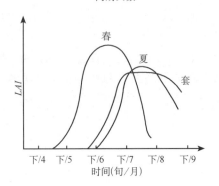

图4 不同种植方式玉米 LAI 动态(1981 年)
(春 4 月 20 日播种,套 5 月 20 日播种,夏 6 月 17 日播种)

(3)农田截光量大:对套玉米的籽粒灌浆极为有利,玉米产量形成中 70%的干物质是由抽雄—成熟期的光合面积(LAI)与太阳辐射光(Q,cal/cm²)而定,在试验中发现麦收后一个月套玉米 $LAI>2$,夏播玉米只 0.5 左右。抽雄—成熟期辐射量比夏播玉米要多,比春播玉米也多 19.4%(230.5 cal/cm² 与 193.1 cal/cm²)。

(4)生育与气候季节相吻合:首先表现为玉米需水最多时期雨季到来,同时可避过春播的卡脖旱和夏播的芽涝,在试验研究过程中经历了旱、涝、凉等各种不利年型。特别是在特大涝、旱年份,套玉米更显出优越性。1959 年北京地区特大涝害时,夏播的颗粒无收,套播的还有一定收成;1960 年特旱,但套玉米在拔节—抽雄期间遇上雨水(图5)。1974 年秋凉,夏播玉米灌浆不好,套玉米则受影响小。可见,套玉米的稳产性较强。同时整个生育期特别是后期光温配合好,辐射量多,温度合适(20～25 ℃),日较差大,利于灌浆,比春播粒重日增长高,茎叶中养分向籽粒转运也好,经济系数高。这表明平原北部套播比春播和夏播有较强的气候生态适应性。

综上所述,套播表现出高作物边行优势与矮作物的边行劣势,共生期间作物的互利与竞争,气候生态适应性的差异。据我们五年试验平均,麦套玉米一年两熟有较高产量与光能利用率,必须掌握住套种的技术措施:①选择中熟或中晚熟品种,在水肥条件(中上等)有保证的地块种植;②保证苗有足够密度(包括及时防治虫害);③适时播种(套入)使收麦时未进入穗分化;④收麦后及时管理,使玉米幼苗转弱为壮。其中套种时期是十分关键的(表10)。

图中图例:
----1959年
- - - 1960年
—— 多年平均
1.播种
2.出苗
3.抽雄
4.乳熟
5.成熟

图5 不同年型降水季节分配与玉米不同种植方式

表10 不同时期套种玉米的产量状况(品种:泰单 71)

套种时间	穗分化期	每穗粒数	每穗重(两*)	产量(%,以 4 月 24 日为 100%)
4 月 24 日(收麦之前 50 d)	小花分化	542.4	3.08	100
5 月 3 日(收麦之前 41 d)	雌穗分化	588.4	3.24	105.2
5 月 10 日(收麦之前 34 d)	生长锥伸长	597.0	3.61	117.2

* 1 两=50 g,余同

总的来看,本地区套种玉米 LAI 的高峰时期维持较长,后期衰减率缓慢,故 LAI 大,籽粒灌浆期间辐射量也大。在水肥保证供应的有利条件下,小麦套玉米一年两熟的年光能利用率可达 1.03%,短期内套玉米的最大 $E\%$ 可达 5%,这个数字在目前的田间生产实践中是相当高的。

3　套种在生产中的应用

(1)套种有广泛的适应性:我国人均耕地少,提高土地利用率是种植制度的中心问题。我国一些地区一年一熟有余而两熟不足,或者两熟有余三熟不足或水热不协调,套种正是充分利用这类地区季节的有效途径。其缺点是套种机械化困难大,要进一步解决。

(2)在黄淮平原地区,套种可争取季节,气候生态适应性好,作物的生育规律与气候节律相吻合,而且有利于躲避涝害秋凉。冬小麦套玉米,在黄淮海平原北部和胶东已广泛采用。对于麦套棉花(烟草、花生)在平原中南部也显示出一定的增产效果,同时可扩大为麦套饲料绿肥、蔬菜等,有利于农牧结合,多种经营,养用结合。

(3)套种还可扩展到我国南北其他许多地方,在东北南部和西北的河西走廊、北疆的一年一熟地区,有水浇地的地方可推广小麦饲料绿肥(草木樨、毛苕子、箭筈豌豆、苜蓿等),南疆热量多,可套种玉米、高粱等。西南的云贵川和鄂西南 $\geqslant 10$ ℃积温 $3\,500\sim 4\,500$ ℃·d 的地方可推广马铃薯或小麦套种玉米,四川丘陵地带热量丰富,可推广小麦、玉米、花生,红薯(或豆类、蔬菜、饲料)三茬套种,南方水田上可因地制宜推广"麦+玉米+稻"、"麦/豆+稻"、"麦/花生+稻"等类型。应大力发展经济作物、蔬菜、饲料作物和绿肥的套种。

(4)春作禾本科与豆科间套种适用于中下肥力水平的土地上,主要目的是在禾本科作物(玉米、高粱)基础上增收一些豆类。高水肥高产量土地上,间套作争光剧烈,要应用宽带间作或错季节间作等办法。

参 考 文 献

[1] 刘巽浩,韩湘玲,赵明斋,等. 华北地区麦田光能利用、作物竞争与产量分析. 作物学报,1981,**7**(1).
[2] 韩湘玲,刘巽浩,孔扬庄,等. 小麦玉米气候生态适应性与生产力研究. 自然资源,1982,(4).
[3] 李凤超,李正加. 复种、套种增产的技术. 1982.
[4] 韩湘玲,孔扬庄,陈流. 气候和玉米生产力初步分析. 农业气象,1984,(2).
[5] 南方旱三熟学术会议论文,1985.
[6] Parundick R I, *et al*. Multiple Cropping Wisconsin,1976.

套作玉米田间结构小气候[*]

华北农业大学耕作改制小组

近年来,华北平原地区,耕作制度发生了深刻变化,小麦、玉米间作套种面积迅速扩大。

我们在 1974、1975 两年中着重研究了在中等肥水条件下,不同田间结构套作玉米的生育特点、产量形成以及与田间小气候条件的关系。

试验地套作玉米的畦埂,按埂宽分 1 尺窄埂与 2 尺宽埂两组,在 1 尺埂宽类型中又按不同畦宽分 2.2 尺、3.4 尺、4.6 尺畦宽三种,埂上套种一行玉米;在 2 尺埂宽类型中分 5.0 尺、6.2 尺、7.4 尺、8.6 尺、9.8 尺畦宽五种,埂上套种两行玉米,各种畦宽均按 2 500 株/亩的密度套种玉米。1974 年试验地为冬麦套种玉米,1975 年为春麦套种玉米。具体试验小区配置见表 1。

表 1　田间试验配置表

玉米埂宽(尺)		1			2				
畦宽(尺)		2.2	3.4	4.6	5.0	6.2	7.4	8.6	9.8
每畦行数	玉米(行)	1			2				
	小麦(行)(行距 20 cm)	3	5	7	6	8	10	12	14
小麦占地面积(%)		82	88	91	72	77	81	84	86

注:①畦宽包括埂宽在内;②为了进一步说明问题,还设有 0.8 尺埂宽的辅助试验

由于埂宽和畦宽不同,各畦内小麦行数和套作玉米的株行距也随着不同,因而形成不同的田间结构和小气候条件,对中茬玉米的生长发育和产量形成,也就产生了不同的影响。试验结果表明:套作玉米的产量在 1 尺与 2 尺的埂宽中,均以窄畦套种产量为最高,并随着畦带的逐步加宽而产量递减。

1　共生期间,不同田间结构的套作玉米生长发育与田间小气候条件的分析

小麦、玉米共生期间,玉米幼苗受小麦遮光的影响很大,其中又以窄埂的光强减弱更多。如 2 尺埂宽上,日平均光强约占自然光强的 87%,接受直射光总时数约 5 个多小时。0.8～1 尺埂上,所受光强仅占自然光强的 73%,比 2 尺埂上受光少 14% 左右(表 2),接受直射光时间仅 3 个多小时。这样,在窄埂上的玉米幼苗接受直射光时间短,长时间处在透射光及散射光下进行光合作用,光强弱,光合作用缓慢,干物质积累少,植株体必然瘦弱。所以埂愈窄影响愈大。

表 2　不同结构套作玉米埂上的光强条件(1975 年 6 月 12 日)

		自然光	2 尺埂	1.3 尺左右	0.8～1.0 尺	0.6 尺
玉米植株高度	光强[cal/(cm² · min)]	1.182	1.029	0.999	0.860	0.634
	占自然光强(%)	100	87	85	73	54
距地面 5 cm 处	光强[cal/(cm² · min)]	1.182	0.921	0.821	0.734	0.492
	占自然光强(%)	100	78	70	62	42

*　原文发表于《气象科技资料》,1976,(8):5-8.

以 1974 年试验结果为例,平作玉米在正常生长情况下,麦收时玉米高 1 m,10 片叶,而畦宽为 7.4 尺的 2 尺埂上的双行玉米,因受小麦影响,苗高为 80 cm,7 叶 1 心,与平作相比,相差 2.5 片叶,埂宽 1 尺上的单行玉米,受小麦遮阴影响更大,苗高只有 65 cm 左右,6 片叶;当埂宽缩小到 0.8 尺左右时,对玉米幼苗更为显著。埂愈窄,则玉米苗茎愈细,且叶黄,植株鲜重大为降低。

试验结果还表明,共生期间不同田间结构对玉米的影响,主要在三叶期以后。三叶期前,由于幼苗可以依靠自身营养,小麦对玉米的影响不明显。以 1974 年为例,5 月 15 日套种的玉米,从 5 月 30 日苗情调查看出,各种畦宽内的玉米苗均在 3 叶 1 心左右,植株高度也相近,在 20 cm 左右。

另外,套作玉米由于接受直射光时间短而光强弱,因而直接影响到玉米行间温湿度的变化,表 3 说明:埂越窄,地面及玉米套作埂上的温度越低,地面温度的日较差越小,而平作地对照温度最高,日较差最大。平作玉米苗在温度较高和温度日较差大的条件下生长就优于套作玉米幼苗,套作玉米中宽埂的温度条件又优于窄埂,所以宽埂上玉米幼苗生长也优于窄埂上玉米幼苗。

表 3　不同田间结构套作玉米株间温湿条件比较(1974 年)

天气型	处理	地面温度(℃)				株间温度(℃)		株间湿度(%)	
		平均	最高	最低	日较差	20 cm	150 cm	20 cm	150 cm
晴天 (5 月 31 日)	平作(行距1.8尺)	29.0	(44.5)	11.1	34.1	22.3	22.8	61	65
	宽埂(2尺)	25.6	39.5	12.5	27.0	20.5	21.3	74	73
	窄埂(1尺)	22.8	34.0	12.9	21.1	20.9	21.1	88	61
多云 (6 月 11 日)	平作(1.8尺)	—	48.7	13.9	34.8	26.2	26.5	57	45
	宽埂(2尺)	25.3	49.0	13.8	35.2	25.5	27.1	61	35
	窄埂(1尺)	26.8	42.8	14.4	28.4	25.3	26.8	67	45

总之,从两年试验结果初步看出:在 5 月 15—20 日适期播种条件下,在小麦玉米共生期间,小麦对玉米幼苗的遮阴,不仅影响到幼苗的生长,而且也影响了幼苗的发育。通过两年的穗分化观测可知,在麦收时,平作玉米苗雄穗为小穗原基分化(基部分枝突起)阶段,2 尺埂上玉米苗为生长锥伸长阶段,1 尺埂上玉米苗雄穗尚未开始分化。麦收时,各种田间结构中玉米雌穗均未开始分化。

2　麦收后,不同田间结构中小气候条件与套作玉米生长发育及产量形成的关系

2.1　麦收后套作玉米的生育特点

小麦玉米共生期间,麦子对玉米幼苗的影响是随着埂宽变窄而影响变大。但麦收后,经过及时管理,不同套作结构中的玉米植株均得到了正常生长。据 1974 年麦收后 11 d 的观测资料统计,不同田间结构的玉米苗叶片日增长量基本一致,约在 0.30～0.32 片叶数之间。8 月 10 日测得叶面积系数均为 2.2 左右。成熟期的玉米植株高度均达到 275 cm 左右。1975 年观测也有同样的结果。

但是,不同套作结构中的玉米幼苗在共生期受麦子的影响所造成的发育日期上有差异,在麦收后至成熟期间都相应地延续下来(表 4、表 5)。

表 4　不同田间结构条件下玉米雌穗分化状况(1974 年 7 月 4 日)

处理	可见叶	展开叶	雌穗分化状况
平作	14～16	9～10	小花原基分化
2 尺埂	13～14	8～7	小穗原基分化中期
1 尺埂	12～13	8	伸长—小穗原基分化期
0.8 尺埂	10	7	伸长期

由表 5 可以看出,与平作玉米相比,0.8～1.0 尺埂宽的玉米生育期约延迟 5～8 d,2 尺埂宽上的玉米生育期约延迟 2～4 d。但不同埂宽上玉米籽粒成熟过程(抽雄到成熟或开花到成熟)的间隔日数相近。

表 5　不同田间结构玉米生育期日数

项目	埂宽	0.8～1 尺	2 尺	平作
1974 年	生育期(d)	116～118	114	110
	抽雄—成熟(d)	48	48	50
1975 年	生育期(d)	110	107	105
	抽雄—成熟(d)	43	46	47
	开花—成熟(d)	39	41	43
1975 年最后一片叶出现日期(日/月)		2/8	26/7	21/7

2.2　麦收后不同田间结构中玉米植株的光强分布和光能利用的特点

麦收后,套作玉米的田间结构按着畦带的宽度重新组合,在 1 尺埂宽各种畦带中形成了 2.2 尺、3.4 尺与 4.6 尺等行距的单行玉米种植方式。而在 2 尺埂的各种畦带中,由于埂上种植双行玉米,麦收后则形成小行距为 1.0 尺,大行距分别为 4.0、5.2、6.4、7.6、8.8 尺的大小行距的种植方式。同时,在各种处理中,玉米株距均随着畦带的加宽而缩小。如畦宽为 2.2 尺时,玉米株距为 1.1 尺,畦宽增加到 9.8 尺时,双行玉米的株距相应地缩减到 0.49 尺。这样的田间结构,就使玉米植株在受光条件上产生了差异,试验结果认为,以窄畦带宽株距的植株在田间的分布较为均匀,植株受光条件好,光能利用充分。因而可以制造更多的有机物质,获得较好的产量。

由 1974 年观测结果可以看出,麦收后套作玉米由于田间结构不同,畦内(指大行距)玉米叶片相互交错的程度和地面全见光程度(指地面无叶片影子的范围)也随之不同。表 6 说明随着畦宽的加大,畦内双行玉米叶片相交错的程度减小了,地面全见光面积也逐渐扩大。如 2.2 尺畦等行距中,相邻双行玉米叶片相交长度达 55 cm,相交叶片层次达 4 层,这样,双行玉米之间的地面就没有全见光的宽度;当畦宽增加到 6.2 尺时,畦内大行间双行玉米叶片开始不相交,地面出现了 40 cm 宽的全见光面积;当畦宽增加到 9.8 尺时,地面全见光宽度达 170 cm 之多。可见,随着畦带加宽,大行距中地面全见光面积增大,双行玉米叶片相交的层次减少,光能直射到地面的比率增大。对两茬套种方式来讲,光能的浪费就增多(表 7)。所以在宽畦带中,麦收后应增加一茬麦茬作物(三茬套种),以便充分利用这部分投射到地面的光能。

表 6　不同田间结构玉米叶片相交情况(1974 年)

畦宽(尺)	双行玉米叶片相交长度(cm)	叶片相交层次	叶片开始相交高度(cm)	畦内全见光宽度(cm)
2.2	55	4	50	0
3.4	30	3	80	0
5.0	10	2	100	0
6.2	5	1	0	40
7.4	0	0	0	110
9.8	0	0	0	170

表 7　不同田间结构畦内地面透光率(1975 年 7 月 31 日)　　　　　单位:%

时间	畦宽(尺)					
	2.2	3.4	4.6	5.0	7.4	9.8
8:00	5	10	15	10	15	20
10:20	15	25	30	15	55	75
12:10	40	85	90	85	90	90
15:00	12	20	25	15	10	15
17:50	2	3	5	3	3	3
多次观测平均	14	25	30	23	35	48

其次,虽然大行距间的光强随畦带的加宽而增强,漏光现象增加。但是在宽畦带双行玉米种植方式中,小行距间的光照条件却随着畦带的加宽、株距缩小而相应变劣(表8)。以 2.2 尺畦带与 9.8 尺畦带相比,2.2 尺畦玉米比 0.8 尺畦中小行距中的光强要大 1~2 倍,田间透光率也由 30%~35% 减少到 10%。

表 8　不同田间结构玉米株间光照强度及田间透光率(1974 年 7 月 28 日 10 时)

处理		不同畦宽的光强(lx)								田间透光率(%)
		20 cm	40 cm	60 cm	80 cm	100 cm	120 cm	150 cm	平均	
玉米大行间	2.2 尺	2 160	2 800	3 040	3 520	6 500	6 800	10 000	4 965	
	5.0 尺	2 500	3 250	4 000	5 300	5 900	6 500	8 000	5 064	
	7.4 尺	3 500	5 300	6 500	7 700	8 000	8 500	10 100	7 142	
	9.8 尺	3 000	5 000	6 500	10 500	10 500	11 000	12 500	8 428	
玉米小行间	2.2 尺	2 160	2 800	3 040	3 520	6 500	6 800	10 000	4 965	30~35
	5.0 尺	1 280	1 360	1 360	1 360	1 600	1 680	—	—	25
	7.4 尺	1 040	1 280	1 000	1 200	1 100	2 300	3 280	1 602	15
	9.8 尺	960	1 100	1 520	1 640	1 520	2 000	4 000	1 625	10

从单株玉米叶片的受光情况来看,同样是随畦带加宽,玉米株距缩小,受光条件变劣。宽畦带双行玉米伸向大行距的叶片,在向光面因叶片没有相互交错,见光较多,但伸向小行距间的叶片,由于行距小,叶片密集,相互遮阴,则见光较少。畦带愈宽,株距愈小,遮阴问题就愈突出。同时,在伸向大行距的另一侧背光面,由于受双行玉米本身遮光的影响,受光条件也是较弱的(表9)。

表 9　大小行距玉米叶片受光情况(1975 年 9 月 3 日)　　　　　　　　单位:lx

处理		不同时间的受光情况						单株平均受光量
		9:30	11:15	14:00	15:30	17:00	平均	
7.4 尺	东边	62 725	90 730	17 160	14 610	7 395	38 524	27 873
	小行中	15 215	20 275	25 160	20 390	5 075	17 223	
	西边	18 800	40 605	84 785	36 470	13 215	38 775	27 999
2.2 尺		37 025	85 505	40 095	15 295	9 835	32 566	32 566

表 9 表明,上午大行距中间东边一行向阳面叶片受光为约 90 klx,下午转为背光面,光强很快减弱到约 17 klx,比小行距中间的光强(约 25 klx)还弱。但是,下午西边一行转为向阳面,该处叶面受光升为约 84 klx,东边一行又转为背光面。宽畦双行的单株玉米全天平均受光量约为 28 klx。而 2.2 尺畦玉米全日平均受光量为 33 klx 左右。因此双行玉米的宽畦带,在大行距中虽叶片无遮阴现象,但就全日平均而言,光能利用是差的,而窄畦带等行距玉米的叶片全天能较均匀地充分利用光能。在以上大小行距及等行距中均随畦带加宽,株距缩小,玉米植株受光条件变差,光能利用不充分,因而玉米产量有所降低。而其中以 2.2 尺窄畦带宽株距的玉米受光条件最为优越。

当然,土壤营养面积的合理均匀分配也是增加产量的重要因素,若按玉米主要根系可能伸展的范围,半径约为 25 cm 时,则不同田间结构根系分布的营养面积就大不相同(表10),畦带窄株距大,单株根系营养面积就大,有利根系发育,根系发达,能够充分吸收土壤中的营养和水分,因而也有利于植株籽粒的干物质累积和产量增加。

表 10　不同田间结构、玉米根系分布状况(1974 年)

畦宽(尺)	2.2	4.6	7.4	9.8
株距(尺)	1.1	0.52	0.64	0.49
主要根系分布面积(cm²)	1 815.0	852.0	865.9	663.0
主要根层长度(cm)	25.3	—	22.3	20.0
茎粗(cm)	2.3		1.9	1.8

粮粮三茬套种光能利用特点的初步探讨[*]

华北农业大学农业气象组、耕作组

　　近年来,随着农田基本建设与生产水平不断提高,华北平原的种植制度正在发生重大的变化。其动向之一是粮粮三茬套种方式的出现。其典型的做法是带距 7.5 尺或 10 尺,其中畦宽 5.5 尺及 8.0 尺,种麦 10～16 行及 24 行,在麦收前 25～35 d 于 2.0 尺(1.5～2.5 尺)埂上套种两行中熟类型玉米,麦收后按茬套入第三茬作物(高粱、玉米、谷子、水稻或豆类)。一年种三次,收三茬。因此,一般称之为"三种三收"(实际上仍为一年两熟制)。

　　三茬套种集中地反映了间套作在改善小气候条件,综合利用本地区光、热、水等气候资源方面的一些优点,较好地解决了增加田间作物密度与通风透光之间的矛盾,因而提高了光能利用率,增加了全年产量。有的三茬套种已破双千斤的记录。如河南沈丘县莲池公社范营大队,三茬总产可达 2 500 斤以上。但是,三茬套种在上茬与中茬、中下茬之间充满着矛盾,表现为争夺光、热、水、气、养分等,其中合理用光与争光,是主要矛盾之一。本文仅就"光"的特点与矛盾做初步分析,以便为利用有利、克服不利的光条件采取有效措施,达到提高光能利用率,不断增产的目的。

1　三茬套种提高了全年光能利用率

　　根据理论分析,照射到地面的光能利用率可达 5%～10%,而目前生产上实际利用率却不足 1%,地球上陆地植物平均为 0.1%～0.3%,如北京地区亩产小麦 1 014 斤,全期的光能利用率只有 0.52%,可见光能利用的潜力是很大的。提高光能利用率一般从延长光合时间、增加光合面积、提高光合效率等三方面入手。目前,在单作情况下,往往通过增加密度来增加光合面积,但是密度过大,叶面积系数过大后,日光不能射入作物中、下层,造成作物层上部光照超过光饱和点,下部则下降到光补偿点以下,以致上饱下饥,光能利用率与光合效率反而降低。同时,中、下部还会出现呼吸消耗大,积累小,茎秆细软易倒伏,以及病虫害蔓延等一系列问题。为了解决这个矛盾,人们正从改变作物的株型、叶型以及减少光呼吸等方面着手研究解决。我国劳动人民创造的多种多样的间、套、复种类型,正是提高光能利用率的重要途径,三茬套种就是一个创造。三茬套种之所以能提高光能利用率,最主要的是延长了光合时间,增加了光合面积,并同时较好地解决了增加密度与提高光合效率的矛盾。

　　(1)三茬套种增加了密度与叶面积。根据 1973 年以来大面积调查,三茬套种与两茬平播比较,小麦的密度与叶面积系数差不多(或三茬套种矛盾少)。而三茬套种中,中下茬的密度一般要比两茬平作的一个下茬作物高 1/4～1/3。在一般生产条件下,京津一带两茬平作夏茬玉米密度为每亩 2 500～3 000 株,而三茬套种的中、下茬加起来在 4 000 株以上。河南新乡地区两茬平作的夏茬为 3 000 株左右,而中、下茬加起来 4 500～5 000 株。最大叶面积系数一般夏玉米(亩产 600 斤)2.5 左右,中、下茬加起来可达 3.5 以上。1976 年窦家桥村南地麦茬平播玉米的最大叶面积系数为 3.0,而中、下茬玉米(高粱)超过 4.0(图 1)。

　　(2)三茬套种延长了生长季节,它的全年期间叶面积动态是此起彼伏、交替兴衰的,因而增加了光合势,既均衡地增加了累积绿色面积,而又不使某一时期的叶面积高峰过于突出。从绝对时间来看,如小麦玉米两茬平播复种,在衔接期间往往有 5～15 d 的农耗,而且夏玉米苗期地面漏光多,至少在一个月

　　* 原文发表于《气象科技资料》,1977,(S2):11-16.

内叶面积系数小于1,这样就大量浪费了6—7月份最丰富的光、热、水资源。一般三茬比两茬可增加生长期15～30 d,越往南增加得越多。由于生长期利用指数提高了,不仅热量利用指数增加,也大大增加了日照时数及辐射总量的利用程度,从而提高了光能利用率。

（3）三茬套种的作物田间配置是高秆矮秆相间,宽行窄行相间。这样,一方面形成许多边行,另一方面使作物受光形成多层,使平面变为立体,从而在同一密度下,由于多层受光而增加了照光的面,并把光强从单作的上强下弱变为上下较为均匀的中等光强,既改善了通风透光条件,也有利于作物全年光合作用的进行。

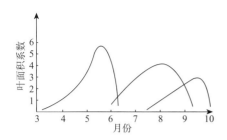

图1 三茬（从左至右为上、中、下茬）套种叶面积变化曲线图

总的看来,与两茬平作或两茬套种相比三茬套种增加了光合面积,延长了光合时间,改善了通风透光条件,因而经济有效地利用了光能。但是,事物总是一分为二的,特别是在作物的共生期,不同作物受光与遮阴、透光与漏光、增加光合面积与减少光合效率往往是一对矛盾,在光能利用上各有特点并存在多种矛盾,下面就各茬作物受光特点,解决矛盾的措施做初步分析。

2 上茬小麦的用光特点

三茬套种中,上茬小麦的用光特点基本与平播小麦相同,差别只是在于它比平播多出一个2尺左右套玉米的埂,而少2～3行麦子。这样,就减少了一定的光合面积,但由于边行效应的作用,又可能有所弥补。一出一入,究竟对产量带来什么影响呢?据新乡地区农技站1976年在温县、孟县*等地的调查,在埂宽1.2～1.8尺范围内小麦产量不受影响,埂宽大于1.8尺的则减产。我们根据1974,1975,1977年的调查结果看,边行约比里行增产89%～123%（表1）,由于带宽、小麦行距的不同,可弥补因留埂减少的产量的1/2～2/3。

表1 小麦边行的增产效果

地点	规格			每平方米粒重（g）							里行平均	边行增产（%）
	带距（尺）	埂宽（尺）	小麦行数	第一行	第二行	第三行	第四行	第五行	第六行	第七行		
农大试验地（1974年）	7.4	2.0	10	147.1	80.9	78.0	75.7	68.9	—	—	77.8	89.0
涿县永合庄大队（1974年）	7.0	2.0	12	113.2	60.8	49.4	52.4	46.9	49.6	—	50.8	122.7
北京上地大队（1974年）	7.0	1.8	14	160.8	110.2	65.5	76.0	77.7	70.0	66.0	77.6	107.2
宝坻窦家桥大队（1975年）	10.0	1.8	24	124.0	66.0	76.5	74.4	66.5	63.5	—	69.3	79.0

边行效应有风、光的作用,也有水肥的作用。在群体小、产量低的情况下,主要是水肥的作用,而在群体大、产量高时,光起了重要的作用。1975年在窦家桥大队测定,亩穗数小于30万穗时（品种为农大139,产量400斤）,边行光效应不明显,而在50万穗时（品种同为农大139,产量800斤）,边行的光照强度就比里行显著增加（图2）。这就说明了水肥条件越好,小麦的群体越大,它的边行光效应就越明显,埂宽可稍大一些。反之在水肥差、群体小的情况下,重要的是经济利用土地。

3 中茬玉米的用光特点

套种中茬玉米比两茬平作的麦茬玉米生长期间受光时间长,日照时间多。首先套种玉米在5月中旬播种,可利用全年最高日照时期的5月下旬至6月期间的日照为350 h以上（图3）,全生育期（5月中

＊ 现改为孟州市,余同

旬至 9 月上旬)比两茬平作(6 月中旬或 6 月下旬至 9 月中旬或 9 月下旬)成熟的玉米全生育期日照时数多 100 h 以上,其中从出苗—抽雄可多 190 h 以上(表 2)。在平原北部,夏茬只能用早熟品种,中茬则可用中熟品种,生育期增长一个月左右,这就大大提高了光的利用率。这是近年来不少地方把夏玉米改为套种玉米的一个重要原因。

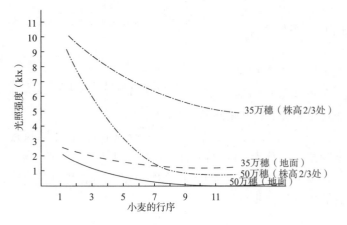

图 2　不同群体下小麦边行与里行光照强度的比较

(1975 年 5 月 22 日,窦家桥,南北行向)

图 3　玉米生长期间各旬日照(北京)

表 2　套种与夏播玉米日照时间比较(北京)

播种方式	出苗—抽雄		出苗—成熟	
	日期(旬/月)	光照(h)	日期(旬/月)	光照(h)
套种	下/6—下/7	492.0	下/6—上/9	792.0
夏播	上/7—上/8	292.9	上/7—下/9	680.3
较差		192.1		111.7

但是对三茬套种的中茬玉米来说,在受光与用光上,除了上述的特点以外,还有一些其他正面或反面的效果,须做具体分析。

首先,在小麦玉米共生期间,由于小麦对玉米的遮光,玉米苗的光照条件较差,一天内受直射光的时间短,全天的光照强度弱、日照时间短,光合作用受到一定的影响。玉米一般在 5 月 15—30 日播种,6 月上旬出苗,此时小麦株高已固定达 1.0 m 左右。一般种植为南北行向,由于小麦的遮阴,2.0 尺玉米埂内在麦收前(5 月 31 日—6 月 16 日期间)见光时间为 3.5~5.0 h,只占自然日照时数的 30% 左右(表 3)。

表 3　麦收前玉米地见光时间*(华北农业大学)

日期	地点	埂中一天见光时间(h)		平作日照时间(h)	埂中见光占平作日照(%)
1975 年 5 月 31 日	涿县华北农大	2.0 尺埂	5.0	—	—
		1.0 尺埂	3.0	—	—
1975 年 6 月 9 日	宝坻窦家桥	1.2 尺埂	4.0 (10:00—14:00)	12.7	32
1976 年 6 月 14 日	宝坻窦家桥	1.2 尺埂	3.5 (10:30—14:00)	11.9	29

* 指南北行向

由于一天受光时间短,因而平均光照强度弱;在 2.0 尺埂中测定玉米高度处日平均光强只为自然光强的 80%,埂窄的减弱更显著。埂宽 0.6 尺,光强只为自然光强的 50%。随着日照时间减少,光强度的减弱,光合效率显著减低。我们在 1977 年 6 月 11 日 9 时测定,在遮阴处套种玉米的净光合率为 11.1 mg CO_2/(dm^2·h),而平作(在光处)为 20.6 mgCO_2/(dm^2·h),只为平作的 1/2 强。这样在麦收前玉米表现出:苗黄、细弱,与此同时,由于日照少,温度因而也低,对生长发育产生了重要影响。生长慢,发育迟,麦收后平作玉米可见叶 10 片左右,宽埂的套种玉米比平作的少 2~3 片叶,单株鲜重只为平作的1/3,叶宽只为其2/3弱。窄埯的则少4～5片叶,单株鲜重和叶宽则更小。据1974和1975两年的测定,6月25日平作玉米已进入小穗原基分化期,宽埯套种玉米的生长锥才伸长,而窄埯玉米的生长锥尚未伸长。麦收后,不同埯宽的玉米生育都进入正常,但共生期受遮阴的影响仍然反映出来。最后使抽雄、成熟期延迟。宽埯的玉米晚熟2～4 d,窄埯的玉米则晚熟5～8 d。

北京市农林科学院作物研究所1974年盆栽隔离试验结果说明,影响套种玉米生育的因素是水、肥、光,其中光是最重要的因素。

不过,也必须注意到的是,玉米是一种光补偿点较低的作物,在田间自然状态下,单叶测定的光补偿点为1 450～1 700 lx,比一般的禾本科作物的补偿点低。此外,玉米苗期群体光饱和点也要比后期低些,这样,在一定程度上还可以在弱光下生长。同时,在小麦、玉米共生期间,玉米幼苗一般均未进入生殖器官的分化,因此,这时期即使受一些遮阴或缺水等的影响,在中后期管理及时的条件下,对最后产量的影响也是比较小的,而生态上却是较为适应的。问题在于需要采取适当措施解决共生期缺光的矛盾,并加强共生期后的积极促进。

其次,麦收后,玉米从共生状态中解脱出来,光条件随之大为改善,尤其是处于宽行中的叶片,受光极为优越。但是随着叶面积的增长,在叶面积系数大于2以后,逐步出现了玉米中期受光不均的特点。

套种玉米在宽行中的迎光面(指面向畦内大行距的一面),通风透光好,净光合率高,物质积累多。据测定"迎光面光强"白天平均达4.0×10^4～5.0×10^4 lx,可为自然光强的80%以上,带距越宽的光强越好(表4)。

表4　不同带距下玉米两侧受光情况(1975年9月3日,农大涿县)

处理	自然光强	7.4尺畦			9.8尺畦			2.2尺畦
		迎光面	背光面	迎光面	迎光面	背光面	迎光面	带行中
		东		西	东		西	
光强(10^4 lx)	4.78	4.31	1.72	3.78	4.71	1.54	4.45	3.27
占自然光强的百分比(%)	100	90	36	78	99	32	94	68

注:表中数值为9:30—17:00,5次平均,天气晴

迎光面的净光合率比背光面(指面向埯中小行距的一面)高出一倍多(表5)。反之,背光面的光强明显减弱,带距越宽、株距越密的减弱越多,如9.8尺畦中背光面的光强只为迎光面的1/3,约为等行距(2.2尺)光强的1/2,比7.4尺畦的背光面光强少。

表5　套玉米的净光合率(1975年8月9日,宝坻窦家桥,丈畦)

处理	净光合率	呼吸产率	总光合率
迎光面[mg CO_2/(dm² · h)]	7.65	4.58	12.23
背光面[mg CO_2/(dm² · h)]	2.85	3.39	7.22
背光面对迎光面的百分比(%)	37	72	59

由于背光面光弱,光合作用受到影响,带距越宽、株距越小影响越大。加上宽带距的根系分布面积小,根数较少,营养面积分布不均匀,因而对产量有明显的影响。据1974—1975年不同带距试验的结果:在同样的密度下,随着带距的增加,株距的减少,中茬玉米的产量越低(表6)。

表6　不同带距下套种玉米的产量(1974—1975年)

	带距(尺)	2.2	3.4	4.6	5.0	7.4	9.8
	株距(尺)	1.1	0.70	0.52	0.96	0.65	0.49
1974年	产量(斤/亩)	796.0	680.3	643.9	801.0	722.8	554.5
	产量占9.8尺产量的百分比(%)	143	123	116	144	121	100
1975年	产量(斤/亩)	793.4	748.7	700.0	740.0	669.0	523.5
	不同带距下带距下产量占9.8尺产量的百分比(%)	132	143	134	141	128	100

总之,中茬套种玉米生育期间可能的日照时间比夏玉米多,但苗期多受小麦遮阴影响,中后期又具有受光不均匀的特点,须从田间结构、品种搭配等栽培措施上予以解决。

4　下茬作物受光特点

在三茬套种中,下茬低产是目前生产中的主要问题,而下茬作物的缺光又是矛盾的一个主要方面。高大密集的中茬玉米就好像一堵墙,严重地阻碍日光射入畦内,使下茬作物明显地受中茬遮阴。带距越小的,这堵墙越陡,影响就越大,形成了下茬作物受光时间短、光强弱、光合效率差、对增产的影响也较大的情况。

根据近三年的观测,下茬作物见光时间随中茬玉米的增高而减少,随带距的缩小而减少,随第三茬作物株高的增高而加大。如7.5尺畦内,下茬玉米受光时间在拔节—吐丝期间中行植株中部晴天见光从7.0 h减到4.5 h,这期间自然光照时数均在11~12 h。这是因为这期间中茬玉米的高度从1.1 m增到2.4 m,尽管畦内下茬玉米的高度也在增加,但中茬玉米墙的增高的阻挡作用更显著,随着带距的加大,见光时数是增加的,如丈畦的下茬玉米比同时期7.5尺畦下茬玉米每日多见光近2.0 h左右,相当于畦宽每增加一尺,每日见光时间多40 min左右,在同样的带距条件下,若下茬为矮秆的谷子,(株高不到玉米的1/2),则比玉米每日见光又少1 h,相当于下茬株高矮1.0尺见光少1 h(表7)。

表7　下茬作物拔节—抽穗期间不同带距下畦内见光时数[注]

日期 (日/月)	自然日照 (h)	畦内见光时数(h)及占平作日照百分比				作物株高(m)			
		丈畦玉米	丈畦谷子	7.5尺玉米	6.5尺黑豆	套玉米	下茬玉米	谷子	黑豆
13/7	11.8	9.0,76% (8:00—17:00)	8.0,68% (8:30—16:30)	7.0,59% (9:00—16:00)	5.0,42% (10:00—15:00)	1.10	0.65	—	0.20
23/7	12.9	7.5,58% (8:30—16:00)	6.5,50% (9:00—15:30)	5.5,43% (9:30—15:00)	3.5,27% (10:30—14:00)	1.80	1.30	0.45	0.60
9/8	10.6	6.5,61% (9:00—15:30)	5.5,52% (9:30—15:00)	4.5,42% (10:00—14:30)	2.0,20% (11:00—13:00)	2.40	2.20	1.10	—

[注] 采用目测投影法绘图测出,1975年7月8日宝坻窦家桥

可见带距越小,下茬株高越矮,每日见光时间就越少。据观测7.5尺畦内下茬玉米见光时间,晴天为平作日照的40%,谷子则只有33%~35%。6.5尺畦则更少,下茬大豆此期间中行中部植株见光只有2~5 h。据1974年的观测,3.4~4.6尺畦内见光只有1.5~2.0 h。东西行向的畦内,光照条件就优越得多,在7.5尺畦内的玉米,同时期见光时数达11.7~12.0 h,占平作光照时数的90%以上。

由于直射光照时间的减小,三茬套种畦内的光照强度也大为削弱,据1976年7月27日测定,下茬玉米在7尺畦内,一天接受的辐射强度约为中茬玉米作物层的61%,而谷子则为55%,这样势必对光合效率有严重的影响,据1975年三个晴天测定的平均,在阴处作物的净光合率约为光处的30%,也就是减少约2/3(表8、图4)。

表8　不同作物在光处与阴处的净光合率　　　　　单位:mg CO_2/(dm² · h)

作物	光处的净光合率	阴处的净光合率
高粱	10.35	2.97
玉米	9.79	3.44
谷子	7.90	1.97
大豆	7.90	2.08

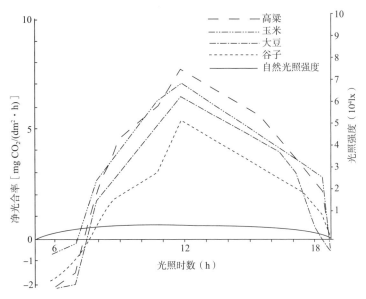

图 4　粮粮三茬套种地下茬作物在光处和阴处的净光合率日变化

(1976 年 8 月 19 日,晴,窦家桥)

这样就大大减少了光合产物的累积,后期也影响了光合产物的输送,以致茎秆细弱,穗小,玉米空秆率高,谷子倒伏严重等。

由上可见,中茬与下茬作物的争光矛盾是十分尖锐的,它比小麦、玉米共生期争光的矛盾更为突出。因为玉米是苗期,共生期短(15～30 d),而中下茬作物间共生期长(达 80～100 d),特别处于果穗形成后到灌浆这段时期内,玉米需光量大,实际却遮阴重,争光厉害,为此应着重解决。

5　从三茬套种的光特点看措施的应用

了解三茬套种光特点的目的在于发扬长处、克服困难,以提高光能利用率,达到全年丰产。也就是从措施上要发挥三茬套种的增加光合面积、光合时间与通风透光的特点,克服小麦光合面积减少、中茬玉米苗期遮阴与中后期受光不均、更重要的是下茬作物长期处于光劣势状态等矛盾,从田间结构、品种搭配与栽培技术上予以适当解决。

全年均衡地增加光合面积是三茬套种增产的主要原因之一,从上茬小麦看,要尽可能保持它的占地面积与叶面积系数,套种玉米埂宽不要过大,一般 1.8～2.0 尺是适合的,要充分发挥边行优势的作用。中茬玉米可充分利用华北地区的光、热、水等资源,是一茬稳产作物。要争取全苗壮苗,保证密度,目前大面积生产上中茬玉米密度潜力尚未充分发挥,有的缺苗断垄现象严重,影响产量。下茬作物的增产潜力更没有发挥出来。

为了克服上中茬争光的矛盾,减少小麦对玉米幼苗的遮光影响,以及中茬受光不均的问题,可采取的措施是:

(1)套种玉米埂不要过小,但为了不减少小麦的光合面积,也不宜过大,群众认为以 1.8～2.0 尺为宜,一般不要小于 1.5 尺或超过 2.5 尺。

(2)玉米播期不宜过早,以减少共生期的遮阴影响,尤其在小麦生长良好的情况下,在埂宽 2 尺左右以 15～25 d 为宜,不宜超过 35 d,也就是尽量不在遮阴严重的共生期内开始进入玉米的幼穗分化。选用品种以中熟类型(如丹玉 6 号、群单 105、郑单 2 号)为宜。

(3)充分发挥玉米苗期照到套种行内的那部分光照的作用,并克服中后期受光不均的矛盾,要从土、肥、水等各方面因子的改善来提高其光合效率,例如破埂施肥、浇好小麦灌浆水与麦黄水、早间苗、定苗、力争全苗、壮苗,麦收后要早管早促等。

为了克服下茬遮阴的矛盾,可采取:

(1)选用适当的带距,一般带距越窄,下茬作物受光时间越短,光强度越弱,下茬产量越低。据测定 7.5 尺带一天见光时间约比 10 尺带少 1.5～2.0 h,随着带距加大,下茬作物遮阴减轻、产量上升。例如 1975 年在涿县试验,下茬玉米在 10 尺带为 367 斤、7.4 尺带为 296 斤,谷子则相应为 102 斤和 63 斤。但带距扩大后,中茬玉米比重则减少。为了权衡全局,我们认为在中等水肥条件下,仍以确保中茬为主,带距不宜过大。在土、水、肥条件较好情况下,可加大带距到 10 尺左右,有利于全年稳定增产并便于实行机械化,窦家桥大队连续两年大面积采用 10 尺带小麦、玉米、玉米的方式获得了成功。1976 年村南地上茬小麦亩产 700 斤,西半部下茬平栽的玉米亩产为 670 斤,而东半部 10 尺带三茬三收的中、下茬相加亩产为 915 斤,显著地提高了产量。

(2)根据各种作物不同需光特点,进行品种搭配:如谷子不耐阴,光补偿点高(在自然状态下测定为 4 500 lx,而玉米则为 1 450～1 700,大豆为 2 500 左右),无论在光处与阴处,其净光合率均不如玉米、高粱,所以往往在 7 尺带情况下,生产上造成大面积倒伏,高粱净光合率就比较高,加上它的抗逆性强,所以目前在 7 尺带情况下采用较多。如果选用玉米、甘薯、花生等作物作为下茬,还是以宽带距为好。

(3)调整播期与高度差,为了减少中茬对下茬作物的遮阴,中茬不宜采用植株高大的晚熟类型(如白马牙),播期宁可晚一点,而下茬作物则应尽量抢早播种,并且需早管早促,以减少两者的高度差。移栽是一种积极的办法,此外,一些地方在小麦收获前就把下茬作物套种于事先留好的小背(0.6～0.8 尺)上,这也是缩小高度差,减少遮阴的一个行之有效的办法。下茬作物不要单方面追求生育期中光合生产率高的中晚熟类型,而要因地制宜选用中早熟、平原北部为早熟的品种,否则下茬不熟并影响腾茬种麦。

(4)在规格上要遵循"挤中间、空两边"的原则,以减少中茬对下茬的遮阴,并有利于通风。行向问题也值得考虑,我们观察到在小麦、玉米共生期、南北向玉米幼苗见光时间为 3～5 h,占平作日照时数的 1/3 左右,而东西向的光则在 10 h 左右,占平作日照时数的 83%,在中下茬共生期间,情况也与此类同。

必须指出,三茬套种是一种精耕细作的种植方式,它在光能利用上的潜力是较大的,但是产量形成是光、热、气、土、肥、水等因子综合作用的结果,要想提高光能利用率,必须有土、肥、水条件的良好配合,否则,没有土、肥、水的基础,三茬套种充分利用光的长处也就难以体现。我们的初步看法是,在水、肥条件差、产量低、叶面积小的情况下,如小麦的最大叶面积系数小于 2,中下茬作物相加最大叶面积系数小于 1.5～2.0,年亩产在 500 斤以下的情况不必搞三茬套种,主要还是在肥、水条件较好、年亩产高于 800 斤、光能利用已上升为主要矛盾的土地上推广,这样增产幅度才较大。

黄淮海地区棉花品种类型和套复种的气候指标分布[*]

韩湘玲[1]　刘　文[1]　李红梅[2]　孟广清[3]

(1.北京农业大学;2.河北省气象局;3.河南省淮阳县土地局)

针对黄淮海地区粮棉争地,棉花产量不高、品质变差的问题,为了进一步开发该地区农业气候资源发展植棉业,实现 2000 年指标,于 1986—1990 年在淮阳、曲周进行了田间试验,进一步对品种类型与气候、气候与品质、棉花种植制度、棉花生产力与商品基地选建等进行了研究,并对黄淮海地区及全国有关棉区进行了调研与考察。

1　品种类型气候指标及分布

1.1　指标的确定

热量是决定品种类型的主要因子。根据适播期的温度(12~15 ℃)、最佳收花期的终止温度,选用 $\sum t_{\geqslant 15 ℃}$ 为适宜品种类型的热量指标,统计了不同地区不同类型棉花播种至初霜期间大于等于 15 ℃ 的积温(表 1)。而在同一热量条件下,由于水分的差异,可使适宜品种类型发生不同程度改变。如黑龙港地区的热量条件可种植中早熟品种,在春旱年份,由于抗旱播种时间长,许多棉田到 5 月份才能播上种,甚至有的不能正常春播。因此,往往用早熟品种进行补种。在同样的热量条件下,山前平原棉区由于灌溉条件好,能及时播种,充分利用当地热量资源,种植中早熟品种。可见,降水、灌水条件是影响热量资源能否充分利用的重要因子。

表 1　黄淮海地区不同品种类型棉花热量指标

品种熟性	特早熟	早熟	中早熟	中熟	中晚熟
生长期 $\sum t_{\geqslant 15 ℃}$	3 000~ 3 300 ℃·d	3 300~ 3 600 ℃·d	3 600~ 3 900 ℃·d	3 900~ 4 100 ℃·d	4 100~ 4 500 ℃·d
代表品种	黑山棉 1 号, 晋棉 7 号	中棉 10 号、辽棉 9 号, 中 375,中 65,中 14 等	冀棉 10 号, 豫棉 1 号	中棉 12 号, 鲁棉 6 号	泗棉 2 号, 鄂沙 28 号

1.2　品种类型分布

以 $\sum t_{\geqslant 15 ℃}$ 热量为指标,划分黄淮海地区(一季棉)三个品种类型区:

(1)早熟品种:主要分布在黄淮海北部棉区,长城以南保定以北, $\sum t_{\geqslant 15 ℃}$ 为 3 300~3 600 ℃·d。

(2)中早熟品种:主要分布在黄海棉区,包括黑龙港棉区、山前平原棉区、鲁西北棉区。此外,还有山东胶莱河流域等棉区,这些地区 $\sum t_{\geqslant 15 ℃}$ 为 3 600~3 900 ℃·d。

(3)中熟品种:主要分布在苏北、皖北、豫东南、鲁西南棉区, $\sum t_{\geqslant 15 ℃}$ 为 3 900~4 100 ℃·d。

* 原文发表于《中国农业气象》,1991,12(4):10-11。

2　套复种的指标及界限

根据已有的研究结果,确定出适宜发展不同类型套复种的气候指标及发展界限。

棉麦套种两熟的类型多种多样,如图1所示。

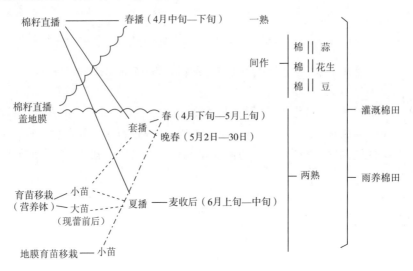

图1　棉花种植类型框图

2.1　前提与关键

棉花套复种是高度集约农业,对品种、水、肥、劳力、生产水平等的要求都很高,并需要及时供应才能发挥气候-土地资源优势,提高气候-土地资源的利用率。

品种及播(套)期是发展两熟的关键。一般适用春套的中熟类型品种发展两熟,遇暖年棉花产量较高,但往往热量不足,季节紧张。而早熟类型棉品种适于晚春套种或复播,有利于套复种的发展,但一般产量低于中熟棉品种。品种确定后,适播期则是关键。据在黄淮平原的淮阳试验与气候分析,不同种植类型的棉花播期的热量保证率不同,麦后复播(6月5日)采用早熟品种保证率不足20%,只能移栽。用特早熟品种保证率可达65%(表2)。

表2　淮阳县不同种植类型棉花播期的热量保证率

时段(日/月)		21/5—15/10	1/6—15/10	5/6—5/10	11/6—15/10
多年平均≥15 ℃积温(℃·d)		3 456.3	3 218.4	3 097.9	3 053.8
不同等级积温保证率 (%)	>3 100 ℃·d	100	92	65	32
	>3 300 ℃·d	97	51	19	14
	>3 400 ℃·d	86	22	14	3
	>3 600 ℃·d	35	5	0	0

2.2　指标与分布

不论采用什么种植类型、播种方式,麦棉两熟必须达到一定的产量、品质目标,这就要确定一个标准,要求相应的有一定的热量条件和季节节律的吻合度。

(1)产量品质标准

棉麦套种(麦/棉)的小麦、棉花产量均需达到单作的80%以上。复种指数按200%计,霜前花率达80%以上。

麦后复种棉花(麦—棉),小麦如单作产量不受影响,棉花麦后播,整个季节短,成功的复种则棉花产量为春棉产量的 80% 以上。霜前花率也达 70%～80%。

(2)指标界限与分布指标确定的依据

在不同热量条件的地区,虽然可采用不同品种进行套、复种,但热量条件有基本要求,如 $\sum t_{\geqslant 15\,℃}$ 大于 3 000 ℃·d,结合最热月平均气温>23 ℃是能否植棉的热量界限,在一定热量基础上,水分保证棉花生育所需才能种植。

经研究得出,在晚春(5 月下旬),小麦生育后期套种棉花(共生期 10～20 d,用早熟、中早熟品种),需≥15 ℃积温 3 800～3 900 ℃·d,相当于≥0 ℃积温 4 800～5 000 ℃·d。在麦田春(5 月上中旬)套棉花(共生期 30～40 d,用中熟品种),需≥15 ℃积温高于 3 900 ℃·d,相当于≥0 ℃积温 5 000 ℃·d。而麦后复播早熟棉花则需≥15 ℃积温 3 950～4 000 ℃·d,相当于≥0 ℃积温在 5 200 ℃·d 以上。因此,36°N 线以南较稳妥,晚春套棉霜前花率可达 70%～80%,故为套种两熟区。36°～38°N 之间套种风险较大。晚春套棉需采用早熟品种、高密度、早打顶、化学控制等。春套棉则采用小麦晚播、棉花用中熟品种等措施,以求减少霜后花。至于麦后播种棉花,霜后花多,产量低而不稳定,宜慎重从事,一般只适于在本地区南部部分地区采用。

因此,在本地区麦棉两熟种植制度上,应重点发展麦田春套棉,适当增加麦田晚春套棉,少量种植麦后棉。

种植制度区划与区划图的编制原则和方法

韩湘玲　　刘巽浩

（北京农业大学）

1　种植制度及其形成原理

1.1　种植制度的概念及其研究目标

　　种植制度：系指一个地区或生产单位的农作物的组成、熟制、种植类型与方式所组成的一套相互联系并与当地农业资源、生产条件以及养殖业生产相适应的技术体系。研究种植制度的目标是要形成合理的种植制度，以达到三大效益，即社会（产量）效益、经济效益、生态效益，实现高产、稳产、优质、低耗、高效，使农业生产集约持续均衡地发展（图1）。

　　作物：泛指栽培植物—粮、经、饲、果、林、菜（瓜）等。

　　熟制：指一年成熟的次数，通常以复种指数（％）表示。

　　种植类型：包括间作（图上符号为∥）、套种（图上符号为/）、复种（图上符号为—）多重间套复种（立体种植）等。

　　种植方式（配置）：包括带距、行距、株距、行比、宽度等的组合形成不同的农田小气候。

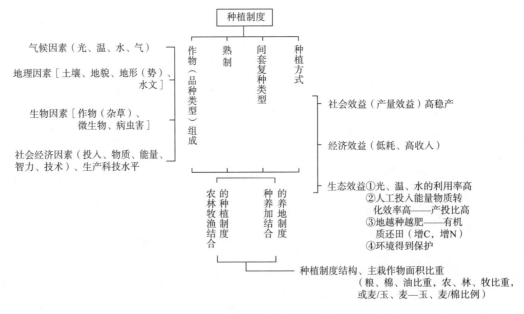

图1　作物种植制度系统框图

1.2　种植制度形成原理

　　农作物的再生产是在自然环境下进行的，合理种植制度的生产力的形成也符合一般作物种植的气候生态原理，即：

(1)种植制度以气候为主的环境统一体的原理。

(2)种植制度中各作物全年生长期与气候季节节律吻合的作物生态适应性原理。

(3)农业气候相似原理、主要考虑种植制度中作物生育、产量形成的最低因子律和关键因子律。

(4)综合因素作用律。在宏观大气候的背景下,种植制度产量的形成是农田小气候诸因素综合作用的结果。

因此,必须充分认识间套复种作物种植与环境的关系。特别是农田小气候规律,使作物更有效地适应环境,并进一步改善、创造有利环境,来发展种植制度。

2　种植制度区划的指导思想、原则与指标体系

种植制度区划的主要思想是:从我国人口多、耕地少这一国情出发,种植制度要着眼于农业发展的集约化方向,提高土地利用率,促进农林牧结合,用地与养地的结合。既从现状出发,又从长远发展考虑,兼顾自然条件与社会经济条件。力求社会效益、经济效益与生态效益的统一;强调区划的实用性;力求简单明确,但又要反映我国各地十分复杂的种植制度。区划范围是农区与农田,不包括纯林区与牧区。作物范围是以大田作物(粮作、经作)为主,也涉及饲料、蔬菜、果树等。

种植制度分区原则是:自然条件(气候、土壤、地貌、植被)与社会经济条件(位置、交通、农村经济状况,人地比,农林牧状况、产量水平等)相对的一致性;作物种类、作物结构、熟制的相对一致性;在区划界走向上,除少数与林区牧区交错的县或县级单位外,基本保持县级行政区划的完整。每个区的范围在可能条件下采用区域分区,力求连片,个别地方采用类型分区的办法。因为我国地域广阔,自然与社会经济条件差异甚大,所以区划只能求大同存小异。

分区指标体系:区划时所用的主要环境指标是热量、水分、地貌以及社会经济条件;种植制度本身的主要指标是熟制,其次是作物类型。共分 3 个 0 级带(一熟带、二熟带、三熟带),0 级带在图上并未标出。图上主要表示 11 个一级区与 39 个二级区。

由于我国幅员广阔,地域差异性极大,而且决定种植制度的因素又是多种多样。若只按同一指标逐级分区就难以反映实际情况,故在区划时采用了分级分类的方法。即,同一 0 级带内一级区的划分指标是一致的,但不同 0 级带间一级区的具体指标是不同的。例如,一熟带中的一级区的热量指标采用最热月温度,而二熟带内一级区则采用大于 0 ℃积温与 20 ℃终止日。一级区中划分二级区(即亚区)的原则也与此相同。

0 级带,主要按热量划分,$\geqslant 0$ ℃积温 4 000~4 200 ℃ · d 为一熟带与二熟带分界线,$\geqslant 0$ ℃积温 5 900~6 100 ℃ · d 为二熟带与三熟带分界线(表 1)。实际上,这个界线不是绝对的,往往在不同带间有过渡地区。如四川盆地二熟有余三熟不足。为了避免烦琐,在 0 级带中不再划分过渡带,而将这些特征反映在一级区的划分中。

表 1　0 级带的指标及划分

符号	带名	分带指标			农业意义
		$\geqslant 0$ ℃积温	极端最低平均气温	20 ℃时终止时间	
A	一年一熟带	<4 000~4 200 ℃ · d	<−20 ℃	8 月上旬—9 月上旬	一年一熟
B	一年二熟带	>4 000~4 200 ℃ · d	>−20 ℃	9 月上旬—9 月下旬初	一年可二熟
C	一年三熟带	>5 900~6 100 ℃ · d	>−20 ℃	9 月下旬初—11 月上旬	一年可三熟及热三熟

一级区与二级区划分的指标是综合性的。主要是位置、地貌、水旱、热量与作物类型和熟制。在同样熟制与作物类型情况下,热量、水旱(水田与旱地、干燥与湿润)、地貌、行政位置等起了重要作用。例如Ⅵ区,其共同特点是:(1)同处于黄淮海流域;(2)大部为平原,部分为丘陵山地;(3)热量条件都适于粮田两熟;(4)作物类型相同,主要是冬小麦、玉米、甘薯、大豆。在Ⅵ区中划分亚区时,其主要差异是地貌与水旱条件。Ⅵ$_1$是山前平原,Ⅵ$_2$、Ⅵ$_3$是低平原,其中Ⅵ$_2$、Ⅵ$_3$又以缺水与不缺水对种植制度影响的不

同而分开为两个亚区。

　　分区的命名以上述的分区原则与指标为基础,除反映出位置、地貌、水旱外,重点反映作物类型与熟制。同一名字系列中,摆在前面的是占比重多的。如长江中下游平原丘陵湿润水田为主区,即说明耕地主要分布于平原,其次是丘陵,水田为主。为了减少区名的长度,以便一目了然,在此就不再赘述。例如喜凉与喜温的名称只是在一熟带出现,二熟区以后已都可种喜温作物,因而不再在命名中出现。

3　编图的原则和方法

3.1　以定量反映地域差异的熟制、类型为主

　　种植制度的形成涉及面很广、内容也甚复杂,难以在一张图上反映。其中,熟制是热水差异的综合反映。能否二熟、三熟,首先决定于热量(生长期内的热量即大于 0 ℃积温数),能否成功还取决于水分及农用物质能量的供应和技术条件,熟制的地域差异是明显的。

　　其次,决定于作物类型,如一熟中喜温、喜凉作物与最热月,最冷月平均温度同步,而二、三熟中水、旱作物类型则与降水量及水分供应条件同步,这都可以定量表示。

　　在热量、水分划分的基础上以地貌、土壤、地热订正区界。

3.2　重点剖析、面上考察与综合分析相结合

　　在总结已有工作和多学科成果的基础上:

　　(1)着重剖析了一熟、二熟的界线,二熟、三熟的界线,对代表点进行实地考察。

　　(2)对某些疑点进行追踪考察,如单季稻、双季稻的界线、干旱、半干旱区的划分等。

　　(3)对全国 600 个气象站台的积温、最热月、最冷月、降水等进行分析。

　　表 2 为种植制度分区指标体系,即是种植制度区划图中一级区划分的具体的各种定量指标。

表 2　种植制度分区指标体系

分区	生态条件				土壤	地貌	主要种植制度	复种指数 (%)
	$\sum t_{\geqslant 0℃}$ (℃·d)	R (mm)	$\overline{T}_1$ (℃)	$\overline{T}_7$ (℃)				
Ⅰ. 青藏高原喜凉作物区	1 300~3 000	40~700	−15.0~0.0	11.0~17.0	高山与高山草甸土与草原土	高原上的河谷、盆地与坡地	一熟轮歇,耕作较原始。耕地多分布于河谷或农牧交错地带	90.0
Ⅱ. 内蒙古东南部黄土高原西部半干旱喜凉作物区	2 500~3 000	300~480	−18.0~−7.0	18.0~22.0	栗钙土、棕钙土、风沙土	中高原上的平缓坡岗地与黄土丘陵	一年一熟,广种薄收,旱作为主	90.2
Ⅲ. 内蒙古、陕、晋高原山地易旱喜温作物区	3 000~4 200	360~630	−14.0~−3.0	21.0~25.0	黄绵土、黄垆土、栗钙土	低高原上的塬面,丘陵与山地、山间盆地相间	一年一熟为主,休闲甚少。温凉作物并重。养地水平不高、耕作较粗放	100.8
Ⅳ. 东北平原丘陵半湿润、湿润喜温作物区	2 000~4 000	480~870	−25.0~−7.0	19.0~24.5	黑钙土、草甸土、白浆土	平原为主,兼山前丘岗缓坡地	一年一熟,以喜温杂粮旱作为主,局部水稻比例较大。人少地多,大面积机耕,耕作尚较粗放	99.7

续表

分区	生态条件				土壤	地貌	主要种植制度	复种指数（%）
	$\sum t_{>0℃}$（℃·d）	R（mm）	$\overline{T}_1$（℃）	$\overline{T}_7$（℃）				
Ⅴ．新疆、河西走廊及河套干旱灌溉区	3 200～3 800	50～400	−16.0～−6.0	20.0～27.0	栗钙土、草原灰钙土、草甸盐渍土、棕色荒漠土、灌淤土	耕地分布于山前平原，河套平原等开阔的高平原，呈块状或带状	一年一熟为主，小部分可两年三熟。绿洲农业，多数地区耕作较集约，适宜发展棉、瓜果经济作物	97.2
Ⅵ．黄淮海平原丘陵半湿润旱作为主区	4 100～4 500	460～950	−7.0～−1.0	24.0～28.0	潮土、褐土、棕壤、盐渍土、砂姜黑土	平原是主体，兼部分盆地、谷地、丘陵与山区	水浇地二熟，旱地一熟二熟，灌溉旱作并重，多套种	149.2
Ⅶ．西南东部高原山地湿润水旱兼作区	4 600～6 100	600～1 400	1.0～10.0	20.0～28.0	黄壤、红壤、水稻土	中高原上的丘陵、山地、盆地相间	水田二熟，旱作二熟一熟。多山地。耕作较集约与粗放并存，水田旱地垂直交错，农业立体性强	157.7
Ⅷ．长江中下游平原丘陵湿润水田为主区	5 500～6 000	1 000～1 600	2.5～6.0	28.0～30.0	水稻土为主，其次为红壤、黄壤、黄棕壤	平原为主，部分丘陵低山	水田三熟二熟，旱地二熟，为全国复种指数最高区。以水稻为主，双季稻熟制盛行，精耕细作	213.5
Ⅸ．四川盆地平原丘陵山地湿润水旱兼作区	5 900～6 600	950～1 300	5.0～8.0	25.0～28.0	紫色土、水稻土	丘陵、平原、低山	二熟为主，部分可三熟，旱地多套种三熟。水稻是主粮，双季稻少，粮食多样。精耕细作，以人力为主，粮—猪型特色	189.1
Ⅹ．东南丘陵山地湿润双季、单季水稻兼作区	5 900～6 900	800～1 900	5.0～12.0	22.0～29.0	低处：红壤，水稻土 高处：黄壤、黄棕壤	缓丘陵低山为主，耕地分布在山间盆地谷地与缓坡上	双季稻为主，水田、旱地二熟三熟区。冬闲面积较多，复种指数不如南方各区，水田旱地垂直交错	180.0
Ⅺ．华南丘陵平原湿润双季稻、热作区	6 900～9 000	1 100～2 500	11.0～20.0	27.5～29.0	砖红壤性红壤、砖红壤、水稻土、冲积土	丘陵低山与沿海平原。耕地分布在缓坡地、三角洲、谷地与台地上	晚三熟、热三熟。水田以双季稻为主，各季可种喜温作物，是我国甘蔗集中产区，也是唯一的热作区	180.5

注：t 为温度；R 为年降水量；$\overline{T}_1$ 为 1 月平均气温；$\overline{T}_7$ 为 7 月平均气温

气候与种植制度[*]

韩湘玲

（北京农业大学）

1　中国的种植制度

　　种植制度系指一个地区或生产单位的农作物的组成、熟制、种植类型与种植方式（配置）所组成的一套相互联系，并与当地农业资源、生产条件等相适应的技术体系。

　　合理的种植制度，其目标是获取社会、经济和生态三大效益，达到高产、稳产、优质、低耗、高效，使农业生产持续均衡地发展（图1）。

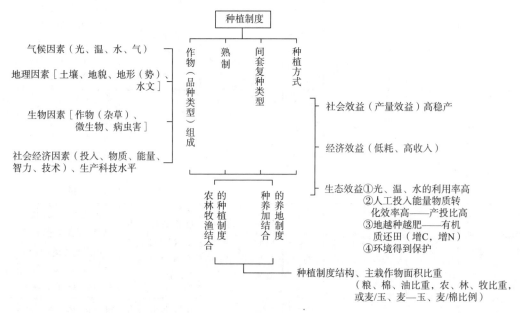

图1　作物种植制度系统框图

　　中国早在7 000年前便在黄河流域开始种植粟、稻。我国的种植制度大体经历了休闲制、土地连种制以及多熟种植等阶段。在中国，关于多熟制最早的记载见于公元前1世纪西汉《氾胜之书》，其中已有黄河中下游地区粟后种麦的记载。东汉郑玄为《周礼》有麦豆或麦谷一年二熟的记述。此时期还有我国珠江流域栽培双季稻的记载。公元3世纪西晋（公元265—317年）有水稻、绿肥的复种记载。此时期，双季稻已进入江南。同时，间套混作也有发展，如桑间绿豆、小豆、麻子套种芜菁等。公元6世纪（魏）贾思勰在《齐民要术》中有套种的记载。唐代（公元618—907年）华南的双季稻有一定发展，同时，长江中下游地区的稻麦二熟已占相当比重。宋元时代出现了麦套棉、稻套稻及有稻稻麦与稻豆麦三熟的种植。清代北方普及两年三熟，部分地区出现一年两熟，如河南南部的稻麦两熟。此时期南方双季稻栽培较普遍，稻麦（菜、豆、杂）复种及三熟都有发展。当时的生产力尚低，人均耕地较多，每人约20多亩，只局部

　　*　节选自《中国的气候与农业》，北京：气象出版社，1991：127-162。

地区有二熟三熟,20 世纪我国南方和华北才真正进入多熟制。东北、西北仍以一年一作的土地连种制为主[1]。

新中国成立以来,随着农业生产条件的不断改善,如农田基本建设、灌溉面积的增加、养猪业和化肥工业的发展、良种的培育等,新中国成立我国的种植制度发生了重大变化。通过单季稻改双季稻、扩大冬作,双、三熟制及多种间套种等大大提高了复种指数。新中国成立初期(1952 年),全国复种指数130%,1985 年增至 148.3%,南方 13 省从 152.7%增到 223.0%。1970—1978 年间,北方的冀、鲁、豫、晋、陕和北京市粮食耕地复种指数由 142.1%提高到 153.9%,相当于扩大耕地 2 700 万亩,增产粮食约50 亿 kg,对改变南粮北调的局面起了重要作用。按 1985 年全国复种指数 148.3%计,15 亿亩耕地相当于 22.25 亿亩,全国约有 1/2 耕地,2/3 的播种面积是采用间套、复种多熟种植的。如 1949—1985 年平均耕地 15.373 亿亩,播种面积 21.963 亿亩,粮食播种面积 18.057 亿亩,1988 年耕地面积 14.583 亿亩,播种面积 21.730 亿亩,粮食播种面积 16.518 亿亩,还有部分粮食作物以及全国经济作物(3.224 亿亩)均种在复种地上。据在北京水浇地上的五年试验得出,小麦玉米两熟比一熟增产 89.7%,每亩成本虽增加 53.6%,但由于亩产值高 86.4%,所以每斤成本反而降低 16.4%,亩纯收益增加 102.7%,人工投入能量的转换率也提高 16.6%。

总之,以小麦、水稻、玉米、棉花为中心的多熟种植是我国长城以南主要农区种植制度的重要特点。目前世界各地估计复种的耕地面积为 15 亿亩左右,间套 10 亿亩以上,我国分别占世界的 1/2和 1/3。

由于复种提高了土地利用率,因而在一定程度上缓和了粮棉、粮油、粮饲(料)争地的矛盾。比如,近1 亿亩的绿肥饲料几乎全部播种在多熟制之中。同时,由于复种提高了耕地的生产力,因而减少了对山区丘陵坡地的开垦,保护了生态环境。此外,也为劳动力打开了出路,增加了群众收入,改善了物质循环。当今,中国的耕地占世界耕地的 7%,却养活着占世界 22%的人口。

我国人口增加,耕地减少是必然趋势,其出路,除控制生育、保护耕地外,主要是不断提高单位耕地面积的生产力,即在资源条件允许下,发展间套复种,提高亩单产。

据分析得出,我国增加复种的潜力还很大。在 1985 年复种指数 148%的基础上,若到 2000 年增加10%,就相当于增加 1.5 亿亩耕地,以每亩 175～200 kg 计,产量可增 260 亿～300 亿 kg。广西、福建1985 年复种指数比 1981 年分别减少 10%,11%,都不到 200%,与当地气候、土地资源极不相称。目前这些省冬闲田面积多达 80%～90%。若华南三省 2000 年比 1985 年复种指数增加 50%,全区复种指数可达 240%,相当于增加面积 5000 余万亩[2,3]。

近年来间套复种有了进一步发展,更显示出强大生命力,如南方的早三熟、各地的多重种植等,均获得了较大效益。

2 气候与种植制度

2.1 中国种植制度形成的气候背景

2.1.1 热量资源丰富多样,形成多种气候类型

我国作物生长期间的热量丰富,自北向南逐渐增多。种植制度从一年一熟到两熟、三熟。能复种的面积比较广,从暖温带至热带边缘占耕地的 65%,是我国气候资源的一大优势。1 月平均气温南北差异大,使越冬作物种植受限,7 月平均气温南北差异小,则使喜温作物如水稻等可种植到 50°N 以北的地区。

2.1.2 水资源分布不匀形成种植制度的差异

降水量的地区差异造成种植制度的地区差别。在热量保证的条件下,年降水量小于 600 mm 只能一年一熟或两年三熟,年降水量大于 800 mm 才可稻麦两熟。如黄淮平原≥0 ℃积温大于 5 000 ℃·d,年

降水量大于 800 mm 的苏北地区才能稻-麦两熟,而豫东南、鲁西南只能小麦—玉米两熟。

2.1.3　灾害频繁限制种植制度的发展

冬季温度过低(1 月平均温度−8～−6 ℃)地区不能种植冬小麦。春季干旱或过湿,使冬小麦难以生长或发育不良。如黄河以北 3—5 月降水量小于 100 mm,没有灌溉条件不能形成以麦为主的复种类型;江南,尤其湖南、江西 3—5 月降水量大于 500 mm 的地区冬种小麦不利。秋季降温急剧,使大量秋收作物如北方的玉米、棉花和南方的水稻成熟不良或减产严重。初夏旱使夏种难以进行,两熟困难;伏旱地区则使秋收作物生殖生长或关键期缺水而夭折。此外,8 月的热带气旋、暴雨使秋收作物植株折倒,严重减产。总之,灾害也是限制复种发展的重要因子,特别是干旱和秋冬低温。

2.2　熟制的形成与气候

一个地区的种植制度体现了该地区农作物生产的战略部署,它涉及气候、土壤、地貌、人口、作物种类、水肥条件以及社会经济等多种因素。但是在这些因素中,热、水、光等气候因素,在很大程度上起决定性作用。

在一个地区,一年内能种几季(一季、二季、三季或多季),首先决定于该地区热量的累积数能否满足作物全生育期的需要。但种植成功与否,还要有充足的水分供应、一定的营养以及合理的技术管理。农作物种植制度包含一个地区或单位农作物构成与布局、复种及种植类型等内容。在大范围内,光、热、水等气候因素是种植制度的基础。如人口、人地比、生产条件、科学技术等也在很大程度上起着重要作用。热量是熟制首要的限制因素。

作物生育的进程要求一定的高温或低温条件。一般喜凉作物及温带多年生作物早期要求一定的低温,如小麦经低温锻炼阶段(−10～0 ℃),才能进入生殖阶段,而生长旺季要求较高的温度(18～22 ℃)。棉花在>23 ℃时才能现蕾—开花。温度的季节变化影响作物的组成、熟制及种植类型。可见在积温相同的地区,最热月(最冷月)温度达不到一定数值,也不能种植喜温(喜凉)作物(表 1)[4]。

表 1　主要作物对温度的要求　　　　　　　　　　　　　　　　　　　　单位:℃

类型	作物	播种期温度			营养生长期温度			开花授粉期温度			结实期温度		
		最低	适宜	最高	最低	适宜	最高	最低	适宜	最高	最低	适宜	最高
喜温作物	水稻	10～12	早 12～15 晚 20～25	30～32	18～20	25～30	32～35	20～22	25～28	30～32	10～12	20～25	30～32
	棉花	10	12～15	—	15	25～28	30～32	22～23 (现蕾开花)	25～28	30～32	12～15 (吐絮)	20～25	—
	玉米	7～8	春 10～12 夏 20～25	30～32	10	25～28	30～32	20～22	24～26	28～30	15～16	20～25	30
	大豆	6	春 10～12 夏 25～30	30～32	10	25～28	30～32	18～22	25～28	30～32	15	20～30	32
	甘薯	12～13	插栽 15～25	30	10	25～28	30～35				15	20～30	30
喜凉作物	冬小麦	12～15	冬性 15～18 春性 12～14	18～20	0～3	5～20	25	10～12	15～18	25～28	12～15	20～22	24～25
	油菜	12～14	16～18	20～22	3～5	5～20	25	8～10	15～18	25～28	10～12	15～20	24～25

引自:高亮之等,1983

此外,秋季降温速率即 20 ℃终止日期出现的早晚,影响积温的利用率也是复种的主要限制因素。如四川盆地≥0 ℃积温大于 5 900 ℃·d,高于长江中下游,却因 20 ℃终日早 10 d 而不能广种双季稻。

概括起来,种植制度的热量指标包括不同界限温度的积温、最热(冷)月平均气温及秋季降温速率等。

一年二熟的类型多样,以冬小麦—玉米二熟为代表。一年三熟带代表类型是肥(油菜、大麦)—稻—稻三熟。表 2 列出各种熟制所需的积温和需水量。

表 2　熟制与积温、需水量

种植方式	≥0 ℃积温(℃·d)	需水量(mm)
麦/草木栖	3 200	700~750
麦—谷糜	3 600	650~700
麦/玉米	4 100	800
麦—玉米	4 500	800
麦—大豆	4 500	800
麦—花生	4 800	800
麦—甘薯	4 700	700
麦—稻	4 500~5 500	800
麦/棉	4 800~5 000	800
麦—棉	>5 200	800
稻—稻	5 400	1 000
肥—稻—稻	5 400	>1 000
油菜—稻—稻	5 400	>1 000
小麦—稻—稻	5 700~6 100	>1 000
甘薯—稻—稻	7 900	>1 000

虽然热量是熟制的主导限制因子,但是否能一年两熟或三熟,在很大程度上还要决定于水分、地貌与作物种类、品种类型。以地带来说,二熟、三熟带中主要是一年两熟或一年三熟类型。但是,由于水分供应的地区差异以及地貌、土质的影响,在同一带中水分的差异性很大,故在二熟带中往往也出现一熟或二年三熟,而三熟带中也往往与二熟并存。

2.3　熟制气候区划[5]

2.3.1　区划的指导思想与原则

区划的范围:土地的界限是农区与农田,不包括牧区草原与林区林业。作物的范围包括粮食作物、经济作物、饲料绿肥作物(生长期在 3 个月以上的就算为一熟)等。

根据我国人多地少、自然条件又十分复杂的农业生产特点,区划的指导思想是,农业发展的集约化方向,提高气候与土地资源利用率;多种经营,全面发展;合理利用与保护资源与生态环境,用地与养地相结合。既从现状出发又考虑到 2000 年的发展前景;既要从充分合理利用气候、土地资源的可能性着眼,又要从现实着手;作物对光、热、水、土的生态适应性是区划的基础,而社会经济条件也是极为重要的因素,力求简明实用,充分考虑到全国综合农业区划的区域划分,又根据种植制度的特点做相应更改。

第一,既要从充分合理利用气候资源的可能性着眼,又要从利用的现实性着手。我国人多耕地少,农区主要集中在东南部,为满足粮、棉、油、糖等的需要,要充分利用自然界给予的光、热、水等资源,如提高复种指数,实行间作套种,扩种高产作物与品种等。但是另一方面,作物对光、热、水、肥等各种生态因素的要求是同等重要、不可代替的,而缺水、缺肥还是当前农业大面积生产上的主要矛盾,所以要讲究光、温、气与土、肥、水相结合,不能单纯从利用气候因素出发或只从将来的可能性考虑,还要充分考虑当前的土、肥、水条件和生产水平发展的可能趋势。如黄土高原和新疆的有的地区积温在 4 000 ℃ · d 以上,但由于缺水而不能两熟。

　　第二,要考虑增产,也要考虑稳产。由于我国气候条件的年际变率和地区间差异很大,评价一种种植方式的优劣,不能只看一年而应看多年;不能只看局部,而要看整体。20 世纪 70 年代的双季稻北移与上山的幅度大,晚熟品种北移幅度大,有的年份和地区的确是增产的,但大面积稳产性差。

　　第三,因地种植,发挥优势。要使当地一年中作物安排适合于气候变化的规律,以凉(喜凉作物)对冷(温度较低的地区和季节),以温(喜温作物)对热(温度较高的地区和季节),以旱(耐旱作物)对干(干旱的地区和季节),以水(喜水作物)对湿(湿润的地区和季节),应强调"顺天时、量地力",因地种植,若任情反道则劳而无功。如糖料,东北、西北发展喜冷凉的甜菜,华南发展喜湿热的甘蔗,产量及含糖量都高;南疆、东疆以及黄淮海地区和长江中下游棉区发展棉花高产优质;东北的春大豆含油量高,华北的夏大豆蛋白质含量高;在华中多春雨地区,小麦往往前期营养生长良好,但病害重、产量低,而油菜对春季多湿的适应性则相对较好。强调因地制宜不意味着单纯从自然出发,还要充分考虑社会经济条件以及人的能动性。

　　第四,统筹兼顾、全面安排。例如把适应于冷凉或短生育期的饲料、绿肥作物纳入到种植制度中去。我国许多饲料、绿肥作物,或者本身需要温度较低(如苕子、箭筈豌豆、紫云英、蚕豆、豌豆、油用萝卜、芜菁),或者作青饲、青贮用则随时可以收割(如青割玉米、高粱),十分有利于充分利用低温阶段和季节短的地区。有的生长期短的作物也适于夏秋填闲种植。欧、美、苏联等就是用这种方法来提高复种指数的。在我国不但南方、华北,就是一年一熟带的小麦地中也可以予以利用,这对农牧结合、培肥地力也都是有好处的。

2.3.2　区划指标

　　全国种植制度气候区采用逐级分区和类型区划分相结合的方法,划分为 3 个带(作为 0 级)、12 个一级区、38 个二级区。

　　按同一指标逐级分区难以反映区间作物种植与种植制度的差异,故指标体系采用了分级分类的方法。即 0 级带统一按热量划分,一级区与二级区主要按热量、水分、地貌与作物划分。每个带内的一级区划分指标是统一的,但不同带间一级区的具体指标是不同的。例如一熟带中的一级区的热量指标采用的是最热月温度,而二熟带中一级区划的热量指标却采用的是≥0 ℃积温与 20 ℃终止日。一级区中划分二级区的原则也与此相同。

　　0 级带主要按积温划分,≥0 ℃积温 4 000～4 200 ℃ · d 为一熟带与二熟带的分界线,≥0 ℃积温 5 900～6 100 ℃ · d 为二熟带与三熟带的分界线。实际上,这个界限不是绝对的,往往在一熟、二熟带间或二熟、三熟带间有过渡地区,如晋中盆地、四川盆地,正是介于这两者之间。为了避免烦琐,在 0 级带中不再划分过渡带,而将这些过渡地区的特征反映在一级区的划分中(表 3)。

　　选定冬小麦—玉米二熟为一熟带向二熟带过渡的标志,主要理由是:面积大,分布广;代表性大,在一熟带向二熟带的过渡地区有小部分为小麦—谷糜一年二熟,它所需热量,比麦—玉米还少,但面积不大,缺乏代表性。麦—大豆、麦—高粱等所需积温与麦—玉米相近。麦—棉、麦—稻等所需积温则远大于麦—玉米,不宜作为分界的标志。具体指标是:冬小麦(1 800～2 300 ℃ · d)加特早熟玉米(2 000～2 200 ℃ · d)(80%保证率)或冬小麦套种中早熟玉米(2 400～2 500 ℃ · d),并结合冬小麦大面积安全种植的北界(极端最低气温高于－20 ℃)。即以≥0 ℃积温 4 100～4 200 ℃ · d 为主导指标,极端最低气温≥－20 ℃为辅助指标,作为一、二熟的分界线。由于积温的有效性随海洋性与大陆性气候而异,辽东半岛南端、山东半岛东端秋冬降温较迟,4 000 ℃ · d 可两熟,向西到山西境内则需 4 200 ℃ · d。因此一、二熟界线的走向,从辽南 4 000 ℃ · d 至华北北部 4 100 ℃ · d 及至山西、陕西、甘肃为 4 200 ℃ · d,其幅度为(4 100±100) ℃ · d。

　　一年两熟带向一年三熟带过渡的代表类型是肥(或油菜、大麦)—稻—稻三熟,即绿肥、油菜、大麦(1 500～2 000 ℃ · d)与早稻(1 800～2 200 ℃ · d)、晚稻(1 700～2 100 ℃ · d)的复种方式。保证率

80%以上的≥0 ℃积温为(5 900±200) ℃・d,即长江口≥0 ℃积温为 5 700 ℃・d(≥10 ℃积温为 5 000 ℃・d),向西长江中、下游段为 5 900 ℃・d(≥10 ℃积温为 5 300 ℃・d),中、上游段为 6 100 ℃・d (≥10 ℃积温为5 500 ℃・d)。积温条件具备后,三熟的成败在相当程度上受安全齐穗期——20 ℃终止日期的限制,此应作为三熟带界限的辅助指标。如四川盆地虽有≥0 ℃积温 5 500～6 100 ℃・d,却因 20 ℃终止日过早(在 9 月中旬—9 月下旬初),晚稻产量低而不稳。因此,三熟带需用≥0 ℃积温结合 20 ℃终止日来划分(表 3)。

表 3　0 级带的指标及划分

符号	带名	分带指标			农业意义
		≥0 ℃积温(℃・d)	平均极端最低气温(℃)	20 ℃终止时间	
A	一年一熟带	<4 000～4 200	<-20	8 月上旬—9 月上旬	一年一熟
B	一年二熟带	>4 000～4 200	>-20	9 月上旬—9 月下旬初	一年可二熟
C	一年三熟带	>5 900～6 100	>-20	9 月下旬初—11 月上旬	一年可三熟及热三熟

一熟带中,以作物生长旺季对热量的要求按最热月平均温度<18 ℃,18～22 ℃,>22 ℃分为喜凉、凉温与喜温作物区,20～25 ℃为温凉作物区。并以作物对水分的要求按年降水量<400 mm,400～550 mm,550～800 mm 分为干旱灌溉农区、半干旱农业区、半湿润农业区。综合热、水、地貌与作物条件,将一熟带分为 5 个一级区:

Ⅰ. 青藏高原喜凉作物一熟轮歇区;
Ⅱ. 北部中高原半干旱凉温作物一熟区;
Ⅲ. 东北、西北低高原半干旱凉温作物一熟区;
Ⅳ. 东北平原、丘陵半湿润温凉作物一熟区;
Ⅴ. 西北干旱灌溉温凉作物一熟、二熟区。

一熟带以上一级区中又按作物的温凉属性和干湿要求,按≥0 ℃积温、7 月平均气温、极端最低气温多年平均值,分出 11 个二级区。

二熟带按指标≥0 ℃积温、秋季降温程度、年降水量、地貌、作物,可分为 4 个以二熟为主的一级区:

Ⅵ. 黄淮海水浇地二熟,旱地二熟、一熟区;
Ⅶ. 西南中高原山地旱地二熟、一熟,水田二熟区;
Ⅷ. 江淮平原麦稻二熟兼早三熟区;
Ⅸ. 四川盆地水旱二熟兼三熟区。

二熟带以上一级区又以热、水、地貌和作物划分 16 个二级区。

三熟带按作物对积温的要求和 20 ℃终止日以及水分、地貌等指标划分 3 个一级区:

Ⅹ. 长江中下游平原、丘陵水田三熟、二熟区;
Ⅺ. 东南丘陵山地水田、旱地二熟、三熟区;
Ⅻ. 华南丘陵、沿海平原晚三熟、二熟、热三熟区。

三熟带以上一级区又按热、水、地貌与作物分为 5 个二级区。

表 4 列出各一级区的熟制、气候和农业特征。图 2 为种植制度区划图,有一、二级区界线。分区的详细指标和评述参阅文献[2,5,6]。

表 4　作物种植度气候区划

地区	作物类型	熟制	≥0℃积温(℃·d)	月平均气温(℃) 1月	月平均气温(℃) 7月	年降水量(mm)	农区地貌特征	农区土壤	耕地面积 总面积(万亩)	耕地面积 人均(亩/人)	主要作物	复种指数(%)	主要种植类型
I.青藏高原	喜凉作物	一熟	1 500~3 000	−15~0	11~17	40~700	高寒高原、海拔2 000~4 000 m的河谷盆地	高山、亚高山草甸、草原土	955.41	2.14	青稞、春小麦、豌豆、油菜	90.0	轮歇
II.北部中高原	半干旱凉温作物	一熟	2 500~3 500	−18~−7	18~22	300~450	中高原、海拔1 000~1 500 m的平缓岗坡地与黄土丘陵	栗钙土、棕钙土、风沙土	8 829.75	4.73	春小麦、马铃薯、胡麻、谷糜	90.2	休闲
III.东北、西北低高原	半干旱温凉作物	一熟	3 000~4 200	−14~−3	21~25	400~600	低高原的原面、丘陵、山地、山涧盆地、海拔500~1 200 m	黄绵土、黄垆土、黑垆土钙土	12 300.41	2.73	春小麦、玉米、高粱、冬小麦	100.8	可填闲
IV.东北平原及西北高原丘陵	半湿润温凉作物	一熟	2 500~4 000	−25~−7	19~24.5	500~800	平原为主及山前丘岗地缓坡地	黑钙土、草甸土、白浆土	20 699.55	2.87	玉米、大豆、高粱、甜菜、向日葵	99.7	可填闲
V.西北干旱灌溉区	温凉作物	一熟为主、南疆可二熟	3 200~4 000 >4 000(南疆)	−15~−6	20~27	50~400	山前平原、河套平原、绿洲农业	栗钙土、草甸灰漠土、沙漠土和棕色荒漠土	6 401.39	2.90	冬小麦、春小麦、玉米、甜菜、向日葵	97.2	可填闲(麦-玉、麦-豆/绿豆)单季肥
VI.黄淮海	喜温喜温水田组	水浇地、旱地二熟、旱地一熟	4 000~5 500	−7~−2	24~28	500~900	平原为主、兼有丘陵、山地、盆地	黄潮土、褐土、盐潮土、沙姜黑土	38 588.31	1.49	冬小麦、玉米、棉花、甘薯、大豆、花生	149.2	冬小麦/玉米(豆、薯)、花生(豆)、单季棉花或花生、甘薯、玉米
VII.西南高原	喜凉喜温水田旱地组合	水田二熟、旱地二熟、一熟	4 500~6 100	1~10	20~28	600~1 400	高原山地、海拔3 000 m	黄壤、红壤、水稻土	9 762.96	1.15	玉米、水稻、甘薯、冬小麦、蚕豆	157.7	冬小麦-玉米-冬薯、冬小麦-玉米、蚕豆等
VIII.江淮平原	喜温喜温水田组合	稻麦二熟、旱三熟	5 500~6 100	0.4~5	27~28.5	900~1 200	平原为主、部分丘陵、山地	水稻土为主、旱地多黄棕色土	7 870.49	1.19	水稻、麦、棉、油菜	183.8	麦(油菜)-稻-稻、麦-棉
IX.四川盆地	喜温喜温水田旱地组合	二三熟	5 900~6 600	5~8	25~28	950~1 300	盆地、海拔200~700 m	紫色土、水稻土	7 916.62	0.94	水稻、麦、玉米、甘蔗、柑橘	189.1	麦(油菜)-稻/玉米、甘蔗、冬水田
X.长江中下游平原丘陵	喜温喜温水田组合	三二熟	5 700~6 500	2.5~6	28~30	1 000~1 600	平原为主、部分丘陵低山	水稻土为主、其次为红壤、黄壤和黄棕壤	15 139.07	0.98	水稻、麦、油菜、棉花、绿肥作物	228.8	水稻-稻、棉花/绿肥肥作物、麦-稻
XI.东南丘陵山地	喜凉喜温水田旱地组合	二熟、三熟	6 500~7 500	5~12	22~29	800~1 800	低山丘陵为主、分布于山间盆地、缓坡地	低处红壤、水稻土、高处黄壤、黄红壤	6 883.31	0.87	水稻、玉米、甘薯、油菜、绿肥、冬麦	136.8	水稻(绿肥、油、闲)-稻-甘薯、稻-玉米-甘薯
XII.华南丘陵区	喜凉喜温及喜温喜温、温水田组合	晚三、二二熟、热二三熟	7 500~9 000	11~20	27.5~29	1 100~2 500	低缓丘陵与沿海平原	红壤性红壤、红壤土、水稻土、砖红壤、冲积土	7 365.99	0.92	水稻、玉米、甘蔗、花生、饲料作物等	180.5	休闲玉米-甘薯(大豆)(闲)油菜-薯-稻

注:表内"主要种植类型"中"/"表示套种,"-"表示连作复种

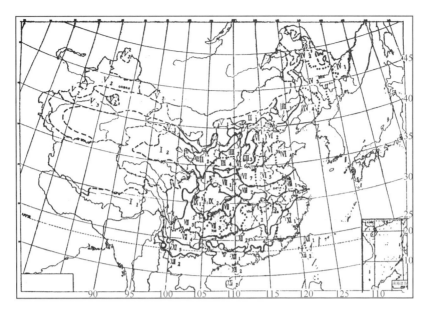

图 2　作物种植制度气候区划图

(图中:粗实线为一级区界;圆点线为二级区界;断线为区界不确切,区内农业为点片分布)

3　气候与间套复种

3.1　间套复种的气候生态原理

3.1.1　气候生态原理

农作物的再生产是在自然环境下进行的。间套复种的生产力的形成,实现高产、稳定、优质、低耗、高效,也符合一般作物种植的气候生态原理,即:

(1)作物间套复种与以气候为主的环境统一体的原理;

(2)间套复种中作物生长期与气候季节节律相吻合的作物生态适应性原理;

(3)农业气候相似原理,主要考虑间套复种中作物生育、产量形成的最低因子律和关键因子律;

(4)综合因素作用律。在宏观大气候的背景下,间套作复合群体产量的形成是农田小气候诸因素综合作用的结果。

因此,必须充分认识间套复种作物种植与环境的关系,特别是农田小气候规律,使作物更有效地适应环境,并进一步改善创造有利环境,来发展间套复种[7]。

3.1.2　种群、群落生态学的应用

随着人口的增加和农用地的减少,人类在与自然灾害斗争中,为了充分利用单位土地空间上与时间上的资源,用利避害,可以运用自然群落形成的基本原理及其特性——多样性、成层性、演替性,利用不同作物的种间或群落间利弊规律,发展栽培作物的复合群体。

(1)适宜的密度,系指最大限度利用资源的最适种植密度。密度过大,造成植株对光、水的竞争,使个体生长受抑,增产受限制,甚至降低产量;密度过小,则浪费自然资源。因此,确定作物最适密度是获取最佳产量的基础。密度直接影响叶面积系数(LAI),影响群体内的截光量。而作物种类特性、水肥条件、地区光资源反过来又影响最适密度的形成。如叶片直立型的作物或品种,种植密度可大些;光资源丰富、阴雨日少的地区如西北青藏地区,小麦生育期辐射量大,密度可大些,黄淮海地区小麦的密度高于江南。高水肥条件下,密度不可过大,而生产水平较低的条件下,水肥条件往往是限制密度的主要因素。

（2）合理的空间分布型，同一密度作物不同的田间配置，包括带宽、行距、株距、间距、每穴株数等，对产量有较大的影响。据研究，趋向均匀型较为合理，因种内斗争缓和，能较均匀地利用光、水等资源。如玉米在同一密度下，不同田间配置的产量不同。以窄带（1.67 m）、宽株距（0.37 m），其窄行间受光最多，为 4.137×10^3 lx，地面透光率达 32.5%，产量最高（表5）。

表5　不同玉米田间配置的产量与受光条件(涿县,1974 年)

带宽(m)	玉米行数	行距(m)	株距(m)	每株玉米占有空间(m²)	受光(10³ lx)	
					宽行	窄行
0.73	1	0.73	0.37	0.73×0.37	4.965	4.137
2.46	2	0.33+2.13	0.22	1.23×0.22	7.142	1.602

带宽(m)	地面透光率(%)	主要根系分布(cm²)	主要根层		产量(kg)
			长度(cm)	茎粗(cm)	
0.73	32.5	1 815.0	25.3	2.3	110
2.46	15.0	865.9	22.3	1.9	100

（3）创建多功能、持续高效益的复合种植型。利用不同作物（品种）的生物学特性、形态特征和生态适应性的差别进行人工配置，组合成空间成层立体型，并通过适宜的播期、收期，使生育期交错延续，充分利用季节；还可通过按需投入营养物质，合理供水、采用良种及科学管理等形成较佳复合群体，使之多功能、持续高效益。

3.2　间套复种复合群体的类型

3.2.1　农田作物复合群体

（1）间混作型

间作系指两种作物基本上同时播种，同时收获，相间生长，一般为高矮相间，共生期占第二种作物的 2/3 以上。混作为种子混播、不同生态型作物混合生长。禾本科与豆科作物的间作（以"‖"表示），是世界上最普遍的类型。在中国以玉米‖大豆为主，还有玉米‖马铃薯，玉米‖甘薯，春小麦‖玉米等。此外，草坡地也采用禾本科、豆科混播。

（2）半间半套型

即指前茬作物未收前种下茬作物，共生期大于套种的下茬作物 1/2 以上。此种类型在我国西北灌溉农田有较大优势。以麦田为主，有麦‖玉米，麦‖马铃薯，麦‖甜菜，麦‖绿肥。此外，还有亚麻‖甜菜，油菜‖甜菜。此种种植又称之为带状种植。热量条件稍多的地区也有套加半套的过渡型[8,9]（图3）。

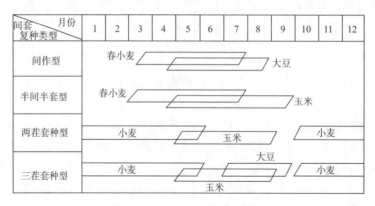

图 3　大田作物间套作类型图

（3）套种型

1）两茬套种：我国大田作物以两茬套种最为普遍，以暖温带居多。以麦田为主的，小麦/玉米面积最大,主要分布于小麦、玉米产区。小麦/棉花分布于长江流域、黄河流域棉区。此外,还有小麦/花生(甘薯、大豆、烟草等)(见图 3)。

以棉田为主的,有棉/麦(大、小麦),棉/油菜,棉/花生,棉/蒜(瓜、菜等)(见图 3)。

以稻为主的,有水稻/甘蔗,水稻/黄麻(菜、薯)等,主要分布于稻区。

2)三茬套种:主要分布于亚热带丘陵旱地,以西南为多,主要有麦/玉米(豆、生瓜、椒)/薯,麦/玉米/豆。

3)多茬间套复种:往往是粮、经、菜、饲、杂的组合,是在二套、三套的基础上发展起来的,主要分布在水肥、技术条件好、高度集约的农田。在亚热带地区更显示出其优势,有以麦田为主的秋冬作物(麦、菠菜)与春夏作物(冬瓜、西瓜、春菜、玉米、棉花、花生、椒),白菜为基本型,主要分布于黄淮海地区。

在二、三茬套种中,各茬中加间作或间套复种,如麦‖豆菜/棉‖豆(薯、肥),麦‖豆/烟/薯‖菜,麦‖豆/花生‖薯(大豆)/菜等,小麦‖大豆—杂晚稻,麦‖菜(大麦、蚕豆)/玉米‖豆‖薯/薯,麦‖马铃薯/西瓜—秋玉米/薯,主要分布于亚热带旱地。

以蔗田为主的,有蔗/大豆(花生、瓜、菜)/食用菌,甘蔗‖冬季间作马铃薯(蚕豆、菜),夏季间作大豆(早薯、黄瓜),秋季间作食用菌。

3.2.2 农林(牧渔)复合型

我国早在 5 世纪《齐民要术》中就有桑豆间作的记载。《农政全书》(1628 年)中有抚育杉林以耕抚,通过杉树间作(夏粟、冬麦)以耕代抚的记载。20 世纪 70 年代以来,中国的农林间作在类型上和面积上发展迅速,成为一些地区的农田的基本群落型。

(1)多层间作型

多年生林果与一年或多年生作物间作,在不同气候带林果种类组合不同。如暖温带:温带果树(苹果、梨、枣)‖花生(豆、薯、麦、草),其中以水浇地大田效益较好,枣‖麦—玉米‖豆(谷、花生、薯),泡桐‖麦(豆),杨树‖紫穗槐(豆、草)。亚热带:桑/粮(蔗、薯)。果(柑橘)‖粮。南亚热带:橡胶树‖茶树‖药材,椰子(橡胶)‖可可(咖啡、香蕉……),柠檬(5~6 m)‖肉桂(3~4 m)‖茶(1 m)‖药材,棕榈‖橘类‖可可‖茶‖菜等。

(2)农林渔复合型

近 10 多年来发展起来的农林渔复合型取得较高的效益,有稻田为主的,稻—薯—鱼,稻—萍—鱼,早稻—晚稻—鱼,桑(蕉)—鱼,以及林、鱼、禽等。

此外,特殊的复合型有:天敌与作物共生可防止害虫,如瓢虫—棉蚜,寄生蜂—松树松毛虫[10]。

3.3 主要间套复种复合群体与气候关系的特点

3.3.1 对气候利用的特点

人工合理配置的复合群体,总的说来是利大于弊。对气候利用主要的特点是:

(1)分区立体用光,合理用光。由于间套作增大了全田密度,增加了光合面积,从而增加了群体截光量。通过作物光特性的差别,按喜光或耐阴或喜光、耐阴的不同布局和合理配置,并因作物高矮相间可侧面用光,增加光的透射率,分层立体用光可达到较均匀地利用直射光,提高了农田的光合率。

(2)充分利用季节,充分利用不同层次的温度、水分。一方面可充分利用整个生长季(≥0 ℃积温),另一方面还能更好地利用各季节的温度、水分、光照及其配合。一般冬季种植喜凉耐寒作物,春—秋季种植喜温、热作物。如黄淮海地区北缘≥0 ℃积温 4 100 ℃·d,而小麦—早熟玉米复种,要求≥0 ℃积温 4 500 ℃·d。若在麦田中套种玉米(共生期 30 d),可套种早熟品种,即套种赢得了 600~700 ℃·d 热量。同样,麦(早熟)复种棉花(特早熟)需积温 5 200 ℃·d,而麦/棉(中早熟)只需 5 000 ℃·d,麦/栽棉只需 4 800 ℃·d。可见,有效利用值视套种期的早晚、品种类型、生长期间矛盾的大小而定。由于套作延长了生长期,增加复种指数,提高了光热量利用率。

（3）节约用水,提高水分利用率。间套复种上层叶较多截留雨水,不同作物需水特性和根深不同,可利用不同深度的土壤水。套种必须有水浇条件,但往往一水两用,如麦黄水即为玉米的底墒水。

（4）增加抗灾能力。合理的间套,使各作物种植在各自较适宜的季节,可避抗不利的气候灾害或病虫害。

3.3.2 竞争与互补

人工复合群体中存在生活因素在空间的争夺和互补,或其他环境因素,如代谢产物,病虫害间的争夺和互补。主要表现在不同类型作物在生育期,需光、需水特性、植株高度、根系的深浅、株型、叶型等不同,以及密度、带距、株行距等,若组合得当,就可互补,充分利用单位空间和时间的资源;若其中某项或几项不协调,往往会产生竞争,甚至激烈的竞争,主要反映在截光与水肥上。

（1）利与弊

复合群体增加群体截光量,合理用光是复合群体的最大优势。在复合群体中,由于选择的作物有不同株高、株型、叶型或采取不同种植方式,其空间的生态位不同,使群体地面覆盖提前,如合理的小麦、玉米套种与麦后复播夏玉米,最大或适宜叶面积维持时间长,抽穗后 LAI 递减率低,使成熟时叶面积较大,则截光量大,且维持的时间长,从而增加了全田的光能利用率[11]（表6）。

套种玉米的下茬幼苗处于上茬群体遮阴下,受光时间短,光强只为对照的 1/2 左右,加上地温偏低,土壤水分减少,对下茬幼苗影响大,正常出苗后,雌穗分化推迟,抽穗期推迟 6～8 d(表7)。但若品种适当,产量并不受影响。

表 6 均匀型玉米群体的 LAI 动态特点（北京,1980—1981 年两年平均）

LAI	套播（均匀型）	夏直播	套播与夏播相差
LAI>1 始期（日/月）	12/7	24/7	−12 d
LAI>1 维持时期(d)	74	51	+23 d
抽雄后 LAI 递减率*	0.022	0.061	−0.039
成熟时 LAI	2.06	0.71	+2～3 倍

* 递减率 $= \dfrac{\text{抽雄后第 10 天的 } LAI - \text{成熟时的 } LAI}{\text{同期天数}}$

表 7 麦田套玉米共生期间的田间小气候及其对作物生育的影响（河北涿县,1974 年）

项目	受光时间(h)	光照强度(%)	地温日较差(℃)	日平均地温(℃)	土壤水分(%)
麦套玉米(宽档)	3.5～4.0	41～56	27.0	25.6	8.5
麦套玉米(窄档)	2.0～4.0	30	21.1	22.8	—
同期间作玉米	10.0～11.0	100	34.1	29.0	14.7

项目	麦收时（6 月 16 日）		玉米		玉米抽穗期	玉米成熟期
	株高(cm)	最大叶宽(cm)	鲜重(g/株)	叶龄	（日/月）	（日/月）
麦套玉米(宽档)	80	4.7	15.8	8	20/7	6/9
麦套玉米(窄档)	64	2.6	6.3	6	22/7	8/9
同期间作玉米	99	6.6	50.0	10	14/7	2/9

在高作物遮阴下,带距越窄,高矮作物高度差越大,则矮作物受光时间越短,受抑制更为严重。据测定,3.3 m 带下矮作物受光时间比 2.5 m 带约多 2 h,光强也多 10% 左右(表8)。在同样条件下不同带距对玉米产量的影响不同,带距宽的玉米受光较均匀,根系分布也较均匀,产量最高。

不同作物具有不同的耐阴的能力,不同生育阶段,耐阴力也不尽相同。玉米为喜光作物,在穗分化前较能适应耐间套能力。若在共生期,上茬遮阴下开始穗分化,则不利于后期生长,形成小老苗。通过在同样遮阴下种植不同作物的试验得出:禾本科高秆作物比矮秆作物耐阴力强。据在阴处的光合效率的测定结果,玉米为向光处的 35%,高粱为 29%,谷子、大豆为 25%～26%;在阴处相应的玉米、高粱减产最少,为光处的 65%～70%,而谷子减产最多,只为光处的 40%。

表 8 不同带距间作下矮作物的受光状况比较(1976 年)

项目	时间 (年-月-日)	自然状况	3.3 m 带		2.5 m 带		1.7 m 带	测定地点
			玉米	谷子	玉米	谷子	谷子	
直射光受光时间 (h)	1974-09-02	10.0	8.0	—	6.6	—	4.5	河北涿县
	1975-07-23	12.9	7.5	6.5	5.5	—	3.3	天津宝坻
	1975-08-09	10.2	6.5	5.3	4.5	—	2.0	天津宝坻
	1976-07-27	12.0	6.8	5.8	5.5	4.5	3.0	天津宝坻
占自然辐射强度(%)	1976-07-27	100	74	64	61	56	28	天津宝坻

由于复合群体的植株高矮的差别,上茬为下茬作物留下一定宽度的套种行,形成高矮作物相间排列,产生边行优势,边行高作物创造了良好的生育条件,边行产量一般是中行的 0.8～2.0 倍。在低产稀植的条件下,这是因为吸收的宽档中的水分、养分,而在高肥高密条件下,边行的光效应起了重要作用。据测定 50 万穗密度的小麦比 35 万穗的边行效应明显。由于边行的增产优势是建立在矮作物的边行劣势或宽档不种作物的基础上,因此,边行效应是有限的,不同档宽,效应不同(图 4)。

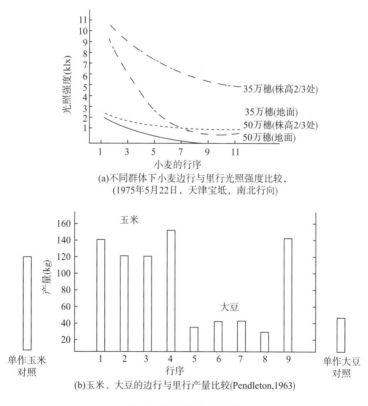

(a)不同群体下小麦边行与里行光照强度比较,
(1975年5月22日,天津宝坻,南北行向)

(b)玉米、大豆的边行与里行产量比较(Pendleton,1963)

图 4 边行优势和劣势

(2)水肥的竞争

在复合群体中除光分布不同有竞争外,水肥的竞争也往往是剧烈的。因为要使复合群体获得更多的生物学产量,要比单一作物需较多的水肥。间套作物,因高矮或上下茬作物相邻的矮(晚)作物与高(早)作物争水肥,再结合争光,致使生长势差,反映出边行劣势,不同作物表现不同。玉米、高粱、水稻、花生较好,谷子最差(表 9)。从表中可见,在共生期内竞争是剧烈的,但也正因为有共生期,非共生期才有互利的可能性[12-14]。

表 9　高秆作物间套下各种作物的边行劣势(天津宝坻,1976 年)

项目 作物	生物产量(g/m²)			占中行产量百分比(%)		
	边一行	边二行	中行	边一行	边二行	中行
玉米	158.1	196.4	222.6	70.8	87.5	100
高粱	119.5	177.8	181.8	64.8	99.1	100
谷子	29.9	56.8	70.8	39.5	80.0	100
稻	46.4	63.6	69.7	67.8	93.9	100
大豆	42.6	70.0	83.7	49.4	82.6	100
花生	43.3	65.4	66.5	64.6	102.4	100
甘薯	95.8	144.4	156.4	61.4	92.5	100

3.4　作物复合群体的生态适应性

3.4.1　套种农田下茬作物的生态适应性

套种的上茬作物主要是喜凉的冬小麦、油菜等,要求适时播种,适时收获。但上茬作物的播种面积小于净播麦田。套种下茬作物是为了争取季节,合理的套种,可较充分利用光能,获较高产出。以分布面积较大的麦/玉米的玉米为例,其生态适应性主要是:

(1)增加生长季的利用率

黄淮海地区的黄河以北套种玉米比麦后复种玉米可争取 30 d 左右时间,即增加积温 600~700 ℃·d,所以套种可采用中熟、中晚熟品种,而接茬复种只能采用早熟或中早熟品种。由于延长了生育期,则光能利用率($E\%$)也随着提高。一般情况下,麦套玉米中,小麦稍减产,而玉米增产较多,因而套种的全年增产潜力要大于复种,这就是套种高产的主要理论依据。据在黄淮海地区的调查,就此一项可增产 20% 左右,并且是持续性增长。

(2)有较好的光合面积(LAI)动态

套种玉米农田截光率大,其特点表现为:$LAI>1$ 的日期开始早,持续时间长,抽穗后 LAI 衰减慢,成熟时 LAI 维持较大值。这主要与套种玉米生育期间所处的气候条件有关,一是苗期的温度适宜(15~25 ℃),二是抽雄后避过高温(>33 ℃)危害,三是水分供应好(抽雄前后正逢雨季)(图 5)。

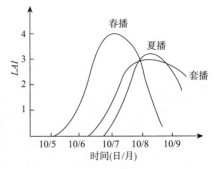

图 5　不同类型玉米叶面积动态

(播种期:春播 20/4,套播 20/5,夏播 17/6)

(3)农田截光量大

套玉米的农田截光量大,对籽粒灌浆极为有利。玉米产量形成中 70% 的干物质是由抽雄—成熟期的光合面积(LAI)与太阳辐射光而定。在试验中发现,麦收后一个月套玉米,$LAI>2$,夏播玉米只有 0.5 左右。抽雄—成熟期辐射量比夏播玉米要多,比春播玉米也多 19.4%(230.5 cal/cm² 与 193.1 cal/cm²,相当于 9.65 MJ/m² 与 8.08 MJ/m²)。

(4)作物生育季节与气候节律相吻合

首先表现为玉米需水最多时期,正逢雨季到来,同时可避过春播的卡脖旱和夏播的芽涝。在试验研究过程中,经历了旱、涝、凉等各种不利年型,特别是在特大涝、旱年份,套玉米更显出其优越性。1959年北京地区特大涝害,夏播的颗粒无收,套播的还有一定收成;1960年特旱,但套玉米在拔节—抽穗期间有雨;1974年秋凉,夏播玉米灌浆不好,套玉米则受影响较小。可见,套玉米的稳产性较强。同时整个生育期特别是后期光温配合好,辐射量多,温度合适(20~25 ℃),日较差大,则光温积大,利于灌浆,粒重日增长量比春播的高,茎叶中养分向籽粒运转也好,经济系数高。这表明黄淮海平原北部套播比春播和夏播有较好的生态适应性。

南方丘陵地小麦/玉米/薯,效果更好。如四川南充地区,≥0 ℃积温 6 700 ℃·d,年降水量

1 054.5 mm,冬暖(最冷旬气温 6.3 ℃),因降水季节分配不均,7—8 月可出现 40 d 无雨,伏旱严重,7 月下旬—8 月中旬最高气温可达 38～39 ℃。过去,种植类型为小麦—玉米,玉米生育期处于 5 月下旬—8 月下旬,抽穗开花正遇伏旱,卡脖旱害严重,产量很低甚至绝收。后改为 3 月下旬套入麦田,7 月上旬收获,既充分利用了麦收后 5—6 月最好的光、热、水资源,又避过伏旱,并在伏旱季节栽种抗旱性强的甘薯。伏旱前薯块形成,伏旱时虽生长受抑,伏旱后第二个雨水高峰期,甘薯可恢复生长。三茬套种中小麦、玉米共生期 30～40 d,玉米、甘薯共生期 50～60 d,积温达 8 000 ℃・d,争取了 1 300 ℃・d。小麦收获时,玉米 LAI 达 1,玉米收获时,甘薯 LAI 达 1,在伏旱后雨水增多时,因地面有覆盖,可防止水土流失,这种复合群体,生育季节与气候节律相吻合,大大提高了光能利用率,产量可翻 2～3 番,也提高了经济效益和生态效益[4,8,15]。

3.4.2 间套种复合群体的分布

随着生产的发展和科技的进步,在一熟地区推行间作,在一熟、二熟交接边缘的地区发展半间半套;在一熟有余、二熟不足的地区发展两茬套种;在二熟有余、三熟不足的地区发展三茬套种或用利避害将接茬复种(二熟、三熟)改为套种,进而,为了充分利用季节和空间,发展粮、经、饲、菜、草、林、果、桑、杂等的多茬间套复种的多种经营。限制套种类型的因子,首先还是热量,积温决定复合群体套种茬数。此外,还必须考虑热量的季节分配与各茬作物的生育相吻合,如冬作物类型,根据不同气候区有的为喜凉或为喜温(热)作物区,春—秋季作物不同地区喜温的程度不同。其次是水分的季节变化与作物需水规律的吻合与否,对有的地区来说比热量更为重要。养分合理供应与否,品种是否选择适当,以及管理的科学性等都会影响复合群体优势的发挥。

复合群体以农田为主,其地区分布与熟制分布是相联系的(表 10)。

表 10　多熟区内的作物组合与套复种类型[2]

区名	作物组合	套复种类型	复种指数(%)
黄淮海平原、丘陵水浇地二熟,旱地二熟、一熟	冬小麦为主,兼玉米、棉、薯、大豆、花生。 1)冬小麦、玉米为主,兼棉、谷、薯; 2)冬小麦、玉米为主,兼棉、谷; 3)冬小麦、棉花、玉米并重; 4)冬小麦、玉米为主,兼甘薯、花生、棉花; 5)冬小麦为主,兼大豆、玉米、甘薯、棉、水稻; 6)冬小麦为主,兼玉米、棉花; 7)冬小麦为主,兼玉米、薯类	冬麦/玉米(豆薯),棉、花生一熟为主; 麦/玉米,麦—玉米,麦—谷,麦—薯,棉一熟; 麦/玉米,麦—谷,棉一熟为主; 麦/玉米二熟,棉一熟为主; 麦/玉米,麦—杂,棉、花生一熟; 麦/大豆,(玉米甘薯稻)兼麦—棉,棉一熟; 麦/玉米,麦—夏闲,棉一熟; 麦/玉米,麦—薯二熟,玉米,甘薯一熟	149
西南中高原山地旱地二熟、一熟,水田二熟	玉米、稻、冬麦、油菜并重,兼薯。 1)玉米、冬麦为主,兼薯、稻; 2)稻、玉米、薯并重,兼麦、油菜、豆; 3)稻、玉米为主,兼油菜、冬麦、烟; 4)稻、玉米、麦并重,兼油菜、烟、蚕豆; 5)玉米为主,薯、稻、麦、油菜	麦—玉米,麦—薯,麦—稻二熟,兼玉米、薯一熟; 麦—玉米,麦—薯,麦—稻,兼玉米、薯一熟; 麦(油菜)—稻,麦—玉米,麦—薯,兼玉米、薯一熟; 麦(油菜)—稻,麦/玉米,兼玉米、薯一熟; 麦(油菜蚕豆)—稻,麦—玉米,兼玉米一熟; 玉米、甘薯—熟,麦—稻,麦/玉米	158
江淮平原、丘陵麦稻二熟	单季稻、麦、棉为主。 1)单季稻、麦、棉并重; 2)稻、麦为主,兼棉、油菜	麦(油菜)—稻,麦—薯; 麦(油菜)—稻; 麦(油菜)—稻,麦/棉,麦、玉米、薯	184

区名	作物组合	套复种类型	复种指数（%）
四川盆地水旱两熟兼三熟	单季稻、麦为主，兼玉米、薯、油菜、柑橘、甘蔗。 1）单季稻、小麦为主，玉米、甘薯、油菜； 2）单季稻、小麦为主，玉米、甘薯类、油菜、苎麻	麦（油菜）—稻，麦/玉米/薯 麦（油菜）—稻，冻水田—稻，小麦—玉米、甘薯； 麦（油菜）—稻，冻水田—稻，稻—稻，麦/玉米/薯	189
长江中下游平原、丘陵水田三熟、二熟	双季稻占优势，兼麦、棉、油菜、绿肥。 1）双季稻占优势，麦、棉、油菜、绿肥； 2）双季稻占优势，麦、绿肥	麦（油、绿肥）—稻—稻； 肥、麦，油菜—稻—稻，麦/棉； 肥—稻—稻	229
东南丘陵山地水田、旱地三熟、二熟	双季稻占优势，兼玉米、甘薯、绿肥、油菜、冬麦、柑橘。 1）双季稻占优势，兼绿肥、冬麦、甘薯、油菜； 2）双季稻占优势，兼绿肥、玉米、甘薯、大豆、油菜； 3）单季稻、玉米为主，双季稻为辅，兼小麦、蚕豆、大豆	闲—稻—稻； 麦、绿肥、油菜—稻—稻； 闲（绿肥、油菜）—稻—稻，玉米—甘薯； 麦（蚕豆）—中稻，闲—稻—稻，玉米—熟	137
华南丘陵沿海平原晚三熟、热三熟	双季稻占优势，兼杂粮、甘蔗、花生。 1）双季稻占优势，兼薯类、玉米、豆类、油菜花生； 2）双季稻占优势，薯类为辅，玉米、豆类、油菜、花生	闲—稻—稻； 闲（油菜）—稻—稻，玉米—甘薯、大豆； 闲（油菜）—稻—稻，薯—稻—稻，油菜（蚕豆）—稻	181

4 农业发展中的种植制度问题

4.1 南方亚热带农田的冬季开发

4.1.1 南方冬季农业的地位与作用

据 1987 年农业资料统计，江苏、江西、浙江、安徽、湖北、湖南、广东、海南、广西、四川、福建、云南、贵州 13 省（以下简称南方）小麦总产量占全国总产量的 34%，为东北三省粮食总产量的 63%，为西北 8 省粮食总产量的 99%；油菜总产量为西北、东北油料总产量的 2.3 倍，为华北 3 省 2 市油料总产量的 1.2 倍，占全国油菜总产量的 83%，为全国油料总产量的 36%。单是这两项，四川、江苏、安徽、湖北 4 省的重要地位更为突出。南方冬作物还有甘薯、玉米、大豆、蔬菜、花生等。南方夏收粮总产量与西北 8 省的粮食总产量相当。

4.1.2 形势与潜力

（1）优势

这地区光、温、水资源丰富，耕地的生产力较高。其优势具体如下：

1）冬季不冷，冬作期间大于 0 ℃积温 2 200～3 400 ℃·d，相当于东北地区生长期的积温。本地区最冷月平均气温在 0 ℃以上（除苏北、皖北），广东多数地区大于 10 ℃，高的可达 20 ℃以上。1 月平均气温在 12～13 ℃以上的地区可种喜温作物，如甘薯、玉米、花生、大豆等；15 ℃以上的地区可种热带作物。这一地区是天然温室，冬季可种多品色蔬菜。

2）水资源较充足，主要冬作季节 11 月—次年 4 月降水量相当于华北平原黄河以北地区的年雨量，而且河流、湖泊众多。

3)可开发冬闲田约 1.0 亿亩,这些耕地的开发比东北、西北开荒要省劲得多。若将开荒的投资用在南方冬季农业开发上,则投资少、收益大。

4)提高复种指数扩大播种面的潜力大。通过复种可以更加提高气候资源利用率。例如湖南省开发的吨粮田的复种指数达 264%,三熟种植田高产过吨粮的达 78%,现已创大麦—早稻—晚稻 1 270 kg/亩的纪录。

(2)潜力

根据南方冬季农业的生产条件,可建立如下基地:

1)江南麦类(大、小麦)基地。以四川为主,包括苏南、皖南及湖北等省。

2)全国最大的油菜商品基地。皖南、苏南及浙江、湖北、湖南、贵州等省。

3)全国多品色冬季蔬菜商品基地。以广东为主的华南地区。

4)冬季喜温型粮、饲基地。粤东南、闽南、滇南、桂南以及滇川河谷地带。

5)全国最大高产优质蔗糖商品基地(华南)。

4.1.3　问题与对策

影响南方冬季农业高产、稳产、优质、低耗、高效的主要问题是:

(1)人均耕地少,而且越来越少。必须保护用地,使耕地减少达到最低。

(2)气候灾害较频繁。主要气候灾害有:干旱、阴雨、渍涝、低温等灾害,尤以旱涝危害最重,是导致产量不高不稳、品质低劣、投入高、收益低的重要原因。30 多年来水利建设取得很大成效,但仍不能较好解决季风气候带来的降水量年际间的变化、季节间不均衡的问题。华南、西南冬春雨水不足,严重时出现旱灾。春季多雨引起的渍害、病虫害也甚为严重,不利于灌浆、收获、贮藏,使品质变坏,甚至不能食用。此外,土层不厚,地势不平,加上温高湿大,肥料易于流失、挥发、利用率低。同样的化肥施用量不如在北方的利用率高。因此,要大力抓治水改土,增加农田水利设施,进一步解决旱涝问题,确保稳产。

(3)复种指数下降。近年来,复种指数下降明显,尤以华南三省为最大。这些地区缺粮也最为严重。广东、广西、福建三省有 5 000 多万亩双季稻中冬闲田约占 3 000 多万亩。长江中下游及西南地区也有相当部分的冬闲田。据测算,长江中下游地区,除湖北、江苏,湖南外,其他各省如采取有力措施,到 2000 年或以后复种指数有可能提高到 230%,增加播种面积 5 200 多万亩。四川人多地少,耕作比较精细,复种指数已较高,达 185%,但扩大复种仍有一定潜力。云南、贵州两省耕作比较粗放,提高复种的潜力较大,1985 年复种指数为 170%,到 2000 年或以后,可提高到 180%,增加播种面积 2 300 多万亩。华南地区,包括广东、广西、福建,为一年二作或三作区,全区水、热条件最好,复种指数到 2000 年可提高到 250%,增加复种面积 6 000 余万亩。

4.2　北方棉田两熟发展与气候

20 世纪 60 年代以前,我国只在长江流域棉区有夏收作物与棉花套种的两熟。60 年代中期,北方开始发展棉麦两熟种植。70 年代黄淮海地区从北到南都有所发展,合计有棉麦两熟田 500 多万亩,约占棉田总面积的 15%。1984 年后,由于棉价下跌,棉花面积一度减少,两熟面积大滑坡。80 年代末,棉花供需矛盾尖锐,棉田两熟面积开始回升。北方两熟棉田的波动,价格不稳固然是重要原因,但也与多熟种植的科学水平(气候利用是其中重要的一环)有关。套种类型、品种组合及种植方式均与气候关系密切。为科学地、稳定地发展两熟棉田,现已对棉田类型的限制因子与气候指标等进行了不少研究。

4.2.1　类型

棉田两熟的类型多样,如图 6 所示。其中以棉麦套种为主,1987 年棉麦套种面积已为全部棉田的 1/3。从图 6 可见,棉田两熟类型有:麦棉春套、麦棉晚春棉及麦后棉(包括麦后直播和移栽)。目前,以麦棉春套为主。近年来,由于早熟棉花品种的出现,发展了晚春套棉,为热量条件较少的北部实现棉麦两熟提供了条件。

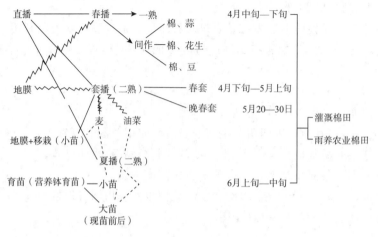

图 6　棉花种植类型框图

不同类型处于不同的起始季节。由于气候背景不尽相同,因而产量、品质有一定差别(表 11)。据1983—1989 年在黄淮平原的试验,不同类型霜前花都在 80% 以上,套棉比一季春棉减产 10%~20%,但多获得 250 kg/亩以上小麦。套棉为一季棉产量的 75%,则可获 300 kg/亩以上的小麦产量。地膜棉的效应,不同年份不同,一季棉增产 5%~15%,套棉增产可高达 25% 左右。而在黄海平原的黑龙港地区因热量较少,地膜的热量效应的效果较明显,一季棉增产 30%~100%,套播增产可高达 300%。

表 11　不同种植类型产量与产值(江苏,1980—1982 年)

项目 种植类型	夏粮(kg/亩)		棉(kg/亩)			总收入 (元/亩)	净收入 (元/亩)
	籽粒	秸秆	籽棉	皮棉	棉秆		
麦行套播	162.9	195.2	135.9	48.9	188.4	315	272
麦行套栽	163.4	194.5	158.6	57.1	191.7	358	301
麦后移栽	225.3	222.5	123.4	46.2	180.0	320	254
麦后直播	222.6	222.4	57.1	20.6	165.0	184	143

4.2.2　限制因子

黄淮海地区的热量条件提供了多类型麦棉两熟的可能性,限制其发展的主要是水和品种。

黄河以北由于春旱、初夏旱发生频率高,棉麦套种的共生期间少雨干旱,影响播种出苗、保苗。伏旱则影响结铃。而黄淮平原伏旱经常发生,初夏旱较普遍,水分供应是套复种的重要基础,也是重要的限制因子。大部分棉区发展套种需有一定的灌溉条件[16]。

据研究,淮阳的棉花正常年景及歉收年型需灌 1~2 次水(表 12),而夏播棉花,若能在 6 月上旬前播种,则可有一定收成,但靠自然降水产量较低,1983—1985 年仅 24.1 kg/亩。育苗移栽效果较好,播、栽都需要水,加上花铃期一水。黑龙港衡水地区则晚春套一般需 2~3 次水。

表 12　淮阳皮棉产量与年型

年型	皮棉产量(kg/亩)		灌水		年份
	水地	旱地	时间(日/月)	次数	
正常年份	77.5	66.7	8/8	1	1983
夏、秋多雨(涝)歉收型	54.0	53.9	8/6	1	1984
初夏旱、秋阴雨歉收型	70.5	55.3	29/6　28/7	2	1985
初夏旱、伏旱灌溉丰收型	79.3	50.2	9/6　15/7	2	1986
初夏湿润、秋暖丰收型		70.9		0	1987

品种方面,以 $\sum t_{\geqslant 15℃}$ 热量为指标,黄淮海地区(一季棉)可划分为三个品种类型区:

(1)早熟品种:主要分布在黄淮海棉区的长城以南、保定以北地区,$\sum t_{\geqslant 15℃}$ 为 3 300~3 600 ℃・d。

(2)中早熟品种:主要分布在黄海棉区,包括黑龙港棉区、山前平原棉区、鲁西北棉区、山东胶莱河流域等棉区。$\sum t_{\geqslant 15℃}$ 为 3 600~3 900 ℃・d。

(3)中熟品种:主要分布在苏北、皖北、豫东南、鲁西南棉区。$\sum t_{\geqslant 15℃}$ 为 3 900~4 100 ℃・d。

近年来培育出早熟品种,有的适晚春套种或夏播,其中有的早熟性好、播期种期幅度较大、对季节适应性较强,可以 4 月下旬至 5 月中旬播种。此外,相应的培育出适晚播早熟的小麦品种,黄河以北适播期可以由 9 月下旬延迟到 10 月上旬,黄河以南黄淮平原可到 11 月上旬播种,这都十分有利于套种棉花的生育和产量、品质形成。

4.2.3　棉麦两熟热量指标与分布

春套棉的发展,20 世纪 80 年代以来已较成熟,尤其在黄淮平原种植较稳定,但是出现过盲目向北移的问题。近年来培育出的适晚春套种或复播的早熟品种,促进了两熟棉田北移,防止盲目发展。

套种的可能性决定于当地的热量(积温)、农耗与套耗积温及品种要求的积温。选择适宜品种是套种成败的关键。据研究,春套中至中晚熟品种要求 $\sum t_{\geqslant 0℃}$ 大于 5 000 ℃・d,晚春套特早至早熟品种要求 $\sum t_{\geqslant 0℃}$ 大于 4 800 ℃・d。夏播(栽)要求 $\sum t_{\geqslant 0℃}$ 大于 5 200 ℃・d。春套适宜地区在黄淮平原,以鲁西南、豫东南为主。晚春套多在鲁西北及黑龙港的小部分。夏播(栽)在黄淮平原,主要在苏北、皖北。上述不同种植类型须根据土壤、水肥供应和生产目标采取不同的种植方式(带套、行距)和措施(保苗、灌溉、施肥、治虫等)。

参 考 文 献

[1] 杨直民.我国历史上的多熟种植.北京:农业出版社,1983.

[2] 刘巽浩,韩湘玲.中国耕作制度区划.北京:北京农业大学出版社,1987.

[3] 中华人民共和国农业部.中国农业统计资料(1985).北京:农业出版社,1986.

[4] 韩湘玲,高亮之,李继由.我国气候特点与多熟种植,多熟种植.北京:农业出版社,1983.

[5] 中国种植制度气候区划协作组.中国农作物种植制度气候区划//中国农业气候资源和农业气候区划论文集.北京:气象出版社,1986.

[6] 国家地图集编纂委员会.种植制度区划//国家农业地图集.北京:中国地图出版社,1989.

[7] 韩湘玲.试论立体种植的气候生态原理//兴起的中国立体农业.北京:中国科学技术出版社,1990.

[8] 韩湘玲.多熟种植//农业气候学.北京:农业出版社,1987.

[9] 董宏儒,邓振镛.带田农业气候资源的利用.北京:气象出版社,1986.

[10] 科协普及部,中国科协学会部,等.兴起的中国立体农业.北京:中国科学技术出版社,1990.

[11] 陈流.北京地区不同类型玉米生产力与光温条件.北京农业大学学报,1986,**12**(2).

[12] 刘巽浩,韩湘玲.中国的多熟种植.北京:北京农业大学出版社,1987.

[13] 北京农业大学农业气象组,等.三茬套种的气候分析.气象科技(增刊),1977.

[14] Beets W C. Multiple Cropping and Tropical Farming Systems. Colorado:West View Press,1982.

[15] 韩湘玲,等.套作的气候生态适应性研究.北京农业大学学报,1987,**13**(2).

[16] 韩湘玲,曲曼丽,等.黄淮海地区农业气候资源开发利用.北京:北京农业大学出版社,1987.

黄淮海地区资源开发利用

黄淮海平原农业气候资源的初步分析*

韩湘玲　曲曼丽　鹿洁中　段向荣

（北京农业大学）

　　黄淮海平原位于燕山以南，淮河以北，东临黄海、渤海，西倚太行山及豫西山地。即黄河、淮河、海河冲积平原及部分丘陵地区。黄淮海平原总耕地面积为 3.36 亿亩，占全国总耕地面积的 22.55%，是各大农业区中耕地最多的地区[1]。

　　本地区属暖温带季风大陆性气候，热量资源可满足喜凉、喜温作物一年两熟的要求。本地区属半干旱、半湿润地区，光、温、水资源的配合优于东北、西北地区，光照仅次于青藏高原和西北地区（表 1），具有形成优质农产品的条件。现将本地区农业气候资源特点简述如下。

表 1　我国不同地区气候特点比较（1950—1970 年）

地区	热量				降水量		光条件	
	≥0 ℃积温（℃·d）	≥10 ℃积温（℃·d）	最热月（7月）平均气温（℃）	最冷月（1月）平均气温（℃）	年降水量（mm）	年降水量相对变率（%）	年日照时数（h）	年总辐射量（kcal/cm²）
东北地区	2 500～4 100	2 000～3 600	20～25	−10～−28	400～800	15～20	2 400～3 000	120～140
西北地区	3 000～4 100	2 500～3 600	22～27	−8～−14	<200	21～46	2 500～3 200	140～150
黄淮海地区	4 100～5 400	3 700～4 700	24～28	0～−8	500～900	16～28	2 300～2 800	120～140
江淮平原地区	5 000～5 500	4 500～5 000	26～28	0～2	800～1 000	12～20	2 200～2 400	120
西南地区	5 000～6 000	4 500～5 500	18～28	4～6	800～1 200	10～18	1 200～2 400	90～110
长江中下游地区	5 700～7 700	5 000～7 000	28～29	2～4	1 000～1 800	12～18	1 800～2 200	110～120

1　热量资源较丰富，可满足一年两熟种植的要求

　　本地区≥0 ℃积温为 4 100～5 400 ℃·d，≥10 ℃积温为 3 700～4 700 ℃·d。除北部极少部分地区外，热量均可满足一年两熟的要求。因受地形影响，热量条件比同纬度的山西、陕西等地区优越，如泰安≥10 ℃积温为 4 314 ℃·d，洛川仅为 3 068 ℃·d，石家庄为 4 433 ℃·d，而纬度相近的太原仅为 3 426 ℃·d。

　　热量地区分布特点为：北部由唐山地区向西、向南热量逐渐增加，沿海略低于内陆，山前地区温度偏高。≥0 ℃的积温 4 600 ℃·d 的等值线是满足小麦与早熟玉米一年两熟的热量界限（图 1）。由此线向南，其收麦至种麦期间的积温由 2 200 ℃·d 增至 3 300 ℃·d 左右，致使复种的玉米、大豆、花生、高粱、薯类等作物品种的成熟期逐渐加长。如冬小麦后的接茬玉米，在收麦至种麦期间积温 2 600 ℃·d 以下地区应种早熟品种；积温在 2 600～2 800 ℃·d 地区可种中早熟品种（京早 7 号等）；而积温在 2 800 ℃·d 以上可种中熟玉米品种（如京杂 6 号、丹玉 6 号等）。但在无水灌溉的地区，往往因雨季来迟不能及时播种，要求配合一些生育期较短的品种。黄淮平原夏播至秋种期间，积温在 2 800～2 900 ℃·d 的

---

* 原文发表于《资源科学》，1983，(4)：58-69.

地区可以种植夏大豆，且热量条件优于东北的三江、松嫩平原（表2），为良好的夏大豆基地。

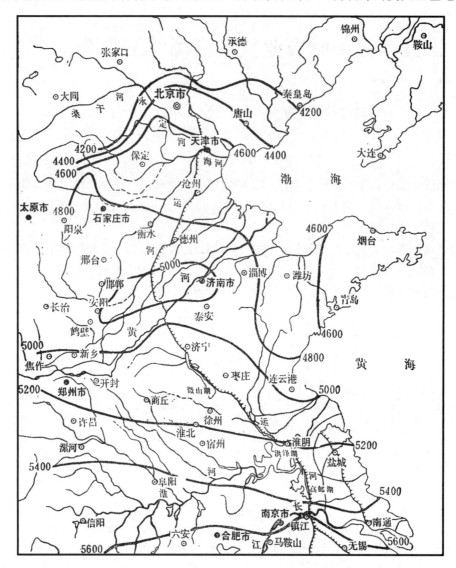

图 1　黄淮海平原≥0 ℃积温（℃·d）分布图

表 2　黄淮平原大豆生育期间的气候条件

地区　　　　　　生育期	日期（旬/月）	天数（d）	≥0 ℃积温（℃·d）	降水量（mm）	光照（h）
黄淮平原	中/6—下/9	107	2 800～2 900	400～600	750～850
东北平原	下/4—上/9	130	2 300～2 600	400～500	1 100～1 200

　　总之，根据热量条件恰当安排不同成熟度的夏播品种是充分利用地区气候资源获得高产的重要措施。

　　另外，本区气候温和，冬季气温不太低，可保证冬小麦安全越冬并满足喜温作物（棉花、玉米、甘薯、大豆等）生长的要求。最冷月平均气温在−8 ℃以上，年极端最低平均气温由北至南为−19～−8 ℃，南北差值达 11 ℃之多（图2），造成南北地区冬小麦冬性品种类型不同。年极端最低平均气温−16～−18 ℃等值线以北地区，应采用抗寒性强的冬性冬小麦品种（农大 139、东方红 3 号等）以保证小麦安全越冬。年极端最低气温平均高于−16 ℃的地区可种植弱冬性品种，高于−12 ℃的地区可种春性品种。全区最热月（7月）平均气温由唐山地区的 22 ℃向南至皖北、河南南部逐渐增至 29 ℃左右。除北部少部分地区外，均可满足夏种喜温作物的要求。

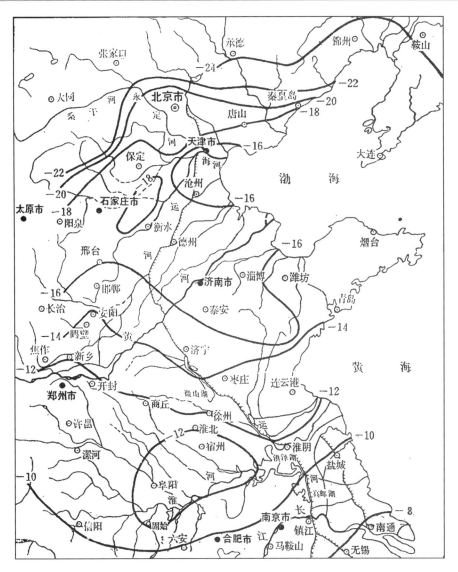

图 2　黄淮海平原极端最低气温(℃)多年平均值分布图

　　本区除沿海地区外，春季气温回升迅速，秋季降温快。入春后，气温迅速上升，3—5 月温差可达 12～16 ℃，比江南、华南地区温差要大。因此，抓紧早春农事活动对充分利用早春热量具有重要意义。进入秋季，降温迅速，通常在 9 月中旬气温便降至 20 ℃以下(喜温作物安全成熟的下限温度指标)。8—10 月温差达 11～12 ℃(表 3)。秋季降温快，使秋作物籽粒在成熟阶段经常受低温威胁，尤其秋凉年份对作物威胁更大。同时，由于秋季降温快，夏播、秋收的作物季节不宽裕，若遇旱涝或因其他原因不能及时夏播时，季节就显得更紧张，尤其北部地区，种麦到入冬，生长季节短(冬前热量≥0 ℃积温有 500～600 ℃·d)，易造成两熟季节紧张。本地区秋季降温南北地区差异不大，日平均温度 20 ℃终止日期为 9 月 15—20 日左右。但南部地区从 20 ℃到 0 ℃的日数较北部为多，秋播季节有所缓和，但对夏播种植中熟品种来说生长季节也是较紧张的。因此，为充分利用生长季节，麦茬套种便成为本区主要复种形式。据统计，全区小麦、玉米套种占小麦玉米两熟的 70％～80％，套种可以多争取 250～700 ℃·d 积温的热量，可考虑采用中熟或中晚熟品种，因而相应增产 20％左右[2]。

　　另外，春季气温回升快，且雨水少，春末夏初经常出现高温低湿的干热风天气，影响小麦籽粒灌浆，造成减产。为使全年高产稳产，必须注意成熟后期的防旱措施。

表 3　不同地区 3—5 月和 8—10 月月平均气温(1951—1980 年)　　　　　　单位：℃

地点	3 月	4 月	5 月	3—5 月差值	8 月	9 月	10 月	8—10 月差值
北京	4.4	13.2	20.2	15.8	24.6	19.5	12.5	12.1
衡水	6.0	14.1	21.0	15.0	25.4	20.4	13.8	11.6
淮阳	7.9	14.6	20.4	12.5	26.5	21.2	15.4	11.1
徐州	7.2	14.1	20.1	12.9	26.5	21.3	15.3	11.2
南昌	10.9	17.0	22.0	11.1	29.4	25.1	18.9	10.5
广东	17.7	20.8	25.7	8.0	28.2	27.0	23.8	4.4

在安排农业生产时应考虑农业气候要素的保证程度,根据≥0 ℃积温保证率的计算,本地区热量的年际变化约在 200～250 ℃·d。80％保证率比历年平均约少 130～160 ℃·d。由于地区热量的年际变化不同,一个地区在各个季节会出现不同热量类型的年型。例如,根据京津地区早春历年气温变化的特点,可划分出春暖年、春寒年、倒春寒年及春正常年型(表 4)。根据秋季气温变化特点对大秋作物成熟的影响可划分为：①秋暖年,8 月下旬至 9 月积温＞870 ℃·d,热量充裕,秋作物籽粒灌浆成熟好,该年型出现概率为 35％。②秋凉年,该时期积温＜830 ℃·d,这种类型年作物成熟期推迟,籽粒成熟不好,其出现概率为 24％。③秋正常年,该时期积温为 830～870 ℃·d。农业生产可根据不同气候年型采取相应措施,以便使农业生产充分利用气候资源,克服不利因子的影响,从而连续获得好收成[3]。

表 4　京津地区早春不同类型年的热量特点

春季类型	代表年	旬平均气温(℃,旬/月)				界限温度开始日期(日/月)		
		下/2	上/3	中/3	下/3	0 ℃	3 ℃	5 ℃
春暖年	1973	−0.8	2.3	5.3	8.7	27/2	7/3	15/3
春寒年	1970	−6.2	−3.0	−0.2	4.8	23/3	25/3	25/3
倒春寒年	1976	1.5	2.9	3.1	3.8	22/2	24/2	29/3
春正常年	多年平均	−2.4	0.5	3.7	6.5	5/3	16/3	23/3

2　降水量不够充沛,但集中于生长旺季

本区年降水量为 500～900 mm,干燥度为 0.9～1.5,因受海洋、纬度及地形影响,降水量由北向南、由内陆向沿海逐渐增多,北部及西北部地区年降水量偏少,为 500～600 mm。河北省中南部的衡水一带出现降水量＜500 mm、干燥度＞1.5 的较干旱地区。黄河以南地区降水量由 700 mm 向南逐渐增加至 900 mm,降水量较为丰富,这些地区降水量基本上能满足两熟作物生长及形成产量的需要(图 3)。本地区年降水量主要集中在秋作物生长季节。据统计,4—10 月降水量占全年降水量的 85％～90％(400～900 mm),而 6—8 月的降水量占全年降水量的 55％～73％,北部及沿海地区 6—8 月降水量所占比例大于南部地区,且降水量也多于南部地区(表 5),这对秋作物及种麦时的底墒水分供应是有利的。从各地区春、夏季降水量的分配特点看,黄淮海平原南部地区降水量的年内分配比北部地区均匀,这对满足作物需水要求更为有利。

表 5　不同地区年内降水量分配(1951—1980 年)　　　　　　单位：mm

时间\地点	年降水量	4—10 月	12 月—次年 2 月	3—5 月	6—8 月	4—5 月	7—8 月	6 月
北京	682.9	654.0	12.1	67.6	510.5	58.5	440.1	70.4
衡水	500.2	463.8	14.1	61.3	342.3	52.6	283.3	59.0
惠民	614.4	568.7	23.6	66.2	421.7	57.4	352.4	69.3
淮阳	857.2	638.2	48.4	158.7	394.3	122.7	312.1	82.2

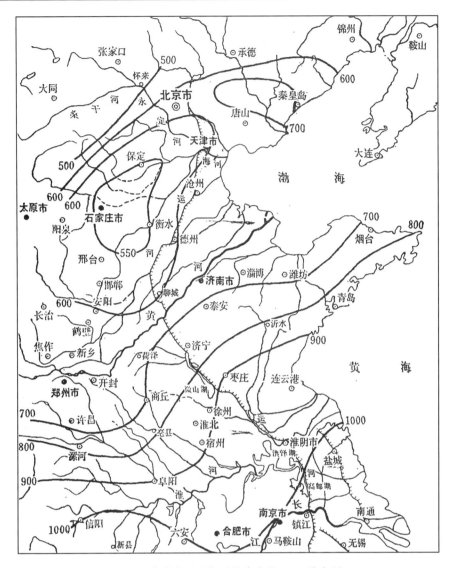

图 3　黄淮海平原年平均降水量(mm)分布图

另一方面,本地区冬春少雨,冬季降水量占全年降水量的 2%～7%,南部多于北部,春季(3—5 月)降水量占全年降水量的 10%～20%,德州、安阳以北春季(3—5 月)降水量不足 60 mm,远不能满足冬小麦生育的需要,成为小麦生产的限制因素,常年亩产在 100 斤以下。若亩产达 300～350 斤,全生育期缺水在衡水地区约为 125 mm,石家庄、惠民为 85 mm 左右;若亩产达 600～800 斤,全生育期缺水分别为 375 和 340 mm 左右。黄河以南 4—5 月降水量逐渐增加,达 100～140 mm,可供小麦 300～400 斤/亩产量的需要,但仍有春旱威胁。小麦亩产达 600～800 斤,全生育期缺水 150～240 mm(表 6)。

表 6　黄淮海地区小麦生育期的水分亏缺

地区　项目	衡水	石家庄	惠民	宿县	淮阳	驻马店
种麦—收麦期间降水量(mm)	124.9	160.6	165.8	263.7	261.0	347.5
300～350 斤/亩水分亏缺(mm)	−125.1	−89.4	−84.2	+13.7	+11.0	+97.0
600～800 斤/亩水分亏缺(mm)	−375.1	−339.4	−334.2	−236.3	−239.0	−152.5
小麦关键期降水量(4—5 月)(mm)	52.6	63.8	57.4	119.6	122.7	171.0
4—5 月降水量＞250 mm 出现频率(%)	0	0	0	8	11	10
春季 3—5 月降水量＞150 mm 频率(%)	8	12	10	58	41	91

因此,我们认为本地区在地上、地下水不够充分供应小麦生长需要的情况下,黄河、沙颍河以南的黄淮平原春雨量大于 120 mm,可扩大麦子种植面积。小麦占地面积可随降水量的增加而增加,即从北京

地区小麦占地面积的 42% 到驻马店地区的 67%（表 7），其中淮阳县小麦面积占耕地 60% 以上，黄河以北旱地麦产量低而不稳，应适当压缩种植面积。北京、黑龙港等地区尚有一些完全浇不上水的麦田，应让位于较为适应本地区降水量特点的春播、晚春播作物。

表 7　黄淮海平原旱地麦适应特征

| 特征区 | 代表点 | 降水量(mm) | | 旱地麦产量（斤/亩） | 小麦占耕地面积(%) | 600～800 斤/亩水分亏缺量 | | 需灌水次数（次） |
		4—5 月	小麦生育期			以 mm 计算	以 m³ 计算	
旱地麦适宜区	淮阳	122.7	261.0	300～350	61	−239.0	−160.0	2～3
	驻马店	171.0	347.5	350～400	67	−152.5	−100.0	2
	宿县	119.6	263.7	350～400	66	−236.3	−160.0	2～3
	徐州	115.7	269.3	350～400	60	−230.7	−153.0	2～3
旱地麦中常区	商丘	105.6	236.5	250～260	52	−263.0	−173.0	3
旱地麦不适宜区	北京	58.5	145.0	80～100	42	−355.0	−240.0	5～6
	衡水	52.6	124.9	60～80	42	−253.0	−253.0	5～6

　　一个地区水资源的好坏，虽然主要取决于自然降水量的多少及年内分配特点，但地表水及地下水资源的多少也是决定一个地区作物高产稳产的重要条件。

　　降水量的季节分配不均匀，且年际变化大，是造成本地区旱涝频繁的主要气候原因。根据降水量保证率计算，地区降水量在保证率为 80% 条件下要比多年平均值少 150 mm 左右，惠民地区约少 110 mm，同时地区的年降水量相对变率大约为 20%～34%。按近 30 年资料比较，多雨年是少雨年年降水量的 5～6 倍之多。如北京地区 1959 年降水量 1 406 mm，1965 年仅有 261.8 mm；沧州 1964 年为 1 160 mm，1968 年只有 246.5 mm。同时季节降水年变率更大。沧州地区 1964 年春季 3—5 月降水量为 190 mm，1960 年只有 17 mm，仅达 1964 年的 1/11。月际间的降水变率又大于季的变化。邢台 1962 年 8 月降水量为 8.9 mm，1963 年有 817.5 mm，是 1962 年的 90 倍之多。由于降水量在年、季、月期间存在这样大的变化，造成了黄淮海地区旱涝灾害频繁，给农业生产带来了困难。

3　光资源丰富，增产潜力大

　　本地区年总辐射量为 110～140 kcal/cm²，年日照时数北部为 2 800 h，向南逐渐减少，南部为 2 300 h 左右。其中，河北省光照条件优越，大部地区在 2 600～2 800 h，山东、皖北及苏北地区年日照时数为 2 300～2 500 h。日照年内分配特点，3—5 月日照在 700 h 以上，南部地区偏少，为 500 h 多；6—8 月在 750 h 以上，南部略偏低。

　　本地区光照条件比江南优越得多，尤其 3—5 月日照比我国南方日照要多 300～400 h，而多雨的 6—8 月也比南方多 100～200 h。3—5 月光照条件好，气温回升快，相对湿度低，使麦类作物光合效率高，病害少，7—8 月光、热、水同季，在灌溉条件好的地区，充分发挥光资源的作用，作物增产潜力大。9—10 月雨日少，光照足，十分有利于棉花的吐絮成熟（表 8、表 9、图 4）。

表 8　不同地区日照时数(1951—1980 年)　　　　　　　　　　　　　单位：h

地点	全年	3—5 月	6—8 月	9—11 月	12 月—次年 2 月	4—5 月	7—8 月	9 月
北京	2 778.7	769.2	742.0	664.2	603.1	533.2	467.0	244.4
石家庄	2 737.8	761.7	735.1	644.6	596.5	533.3	473.5	233.1
惠民	2 741.8	777.7	783.1	653.0	573.0	538.1	458.7	233.3
宿县	2 282.1	607.6	710.5	570.8	489.0	424.5	464.5	194.6
淮阳	2 328.2	581.1	710.1	568.2	468.2	408.9	467.1	197.3
宜昌	1 701.4	378.0	637.7	398.8	286.9	269.5	462.5	153.7
贵阳	1 401.2	379.8	523.6	324.0	173.8	272.7	395.7	150.3

表9　不同地区太阳总辐射* 　　　　　　　　　　　　　　　　　　单位：kcal/cm²

地点	全年	3—5月	6—8月	9—11月	12月—次年2月	4—5月	7—8月	9月
北京	135.0	42.4	43.9	28.5	20.2	30.6	27.6	12.0
石家庄	128.0	39.5	41.8	26.9	19.9	28.7	26.3	11.3
惠民	125.0	38.6	40.8	26.8	18.8	28.1	25.9	11.0
宿县	120.0	34.4	40.5	26.3	18.8	24.7	26.5	10.3
商丘	124.8	36.0	42.3	26.8	19.7	26.1	27.4	10.7
宜昌	100.5	26.4	38.0	21.6	14.9	18.9	26.6	9.0
贵阳	92.0	26.0	33.0	20.3	12.6	18.8	23.7	9.1

*取自全国农业气候资料集光能部分

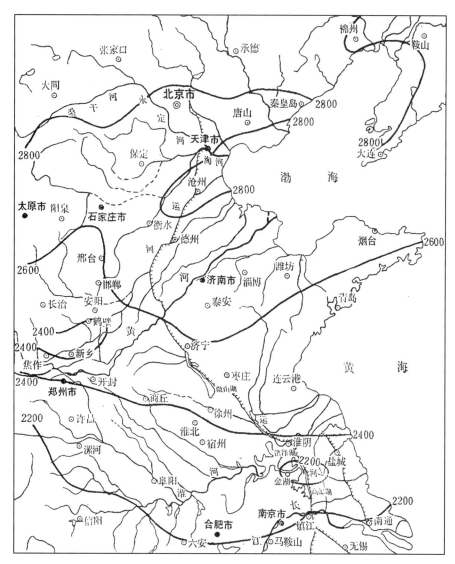

图4　黄淮海平原年日照时数(h)分布图

4　旱涝灾害重，旱灾更为普遍

　　本地区危害作物生长的旱涝灾害有：春旱、初夏旱、伏旱、秋旱及夏涝等。其中以春旱、初夏旱频率最大，可说是"十年九旱"，危害也最广。部分地区夏涝、伏旱严重，约30％～40％的年份发生。夏涝主要在低洼地及砂姜黑土易渍地危害较重,伏旱主要发生在黄淮平原及黑龙港地区。

春旱系指 4—5 月降水量少,使春作物播不下种,影响小麦穗、粒、重的形成。据调查研究,此期间旬降水量不足 20 mm,则播不下种,自北向南春季播不下种的概率逐渐减少。北京、石家庄、衡水、邯郸等地 4—5 月间旬平均降水量在 10 mm 左右,至 5 月下旬播不下种的概率达 50%左右;而黄淮平原的淮阳、宿县等地春季降水量稍多,4—5 月旬平均降水量在 20 mm 左右,至 4 月下旬因旱不能春播的概率在 30%以下,5 月下旬 90%以上的年份可正常播种。北部 4—5 月降水量不足 60 mm 的地区,无灌溉条件下小麦收成极差,有的年份则绝收。而周口南部、西华及徐州降水量不足 60 mm 的地区,春稍旱,一般年份亩产可达 300 斤左右(表 10)。

表 10 黄淮海地区春旱播不下种的概率(1955—1980 年) 单位:%

时间(旬/月)	石家庄	衡水	邯郸	惠民	淮阳	宿县
上/4	85	83	84	85	71	62
中/4	81	75	76	80	46	46
下/4	69	71	56	70	25	29
上/5	58	58	48	70	14	8
中/5	54	50	44	60	7	8
下/5	54	50	44	60	0	8

初夏旱系指 6 月份降水量少引起干旱,使夏播作物不能及时播种,影响棉花蕾的形成,不利于小麦灌浆以及引起春作物(玉米、高粱、谷子)的卡脖旱等。按旬降水量大于 20 mm 为夏播降水指标计算,从多年平均值看,黄淮平原的淮阳、宿县,6 月上旬即可播种,但因降水的年际变化大,实际 6 月上旬播不下种的概率达 65%,黄河以北达 75%,6 月中旬降到 40%～65%,6 月下旬黑龙港地区可播概率为 50%～60%,甚至黄淮海平原仍有 20%的年份要拖到 7 月雨季来到之后才能播种。据丰歉年成的对比分析,6 月份降水量不足 60 mm,不利于棉蕾的形成,降水量在 60～100 mm 属好年成。从 6 月降水分布图看,全区绝大部分地区降水都不足。黄淮平原 6 月降水不足 30 mm 的概率为 30%左右,黄河以北达 50%～80%,而降水超过 100 mm 的概率极小,可见 6 月旱也是普遍的(表 11)。

表 11 黄淮海地区初夏旱特点(1955—1980 年)

项目		石家庄	衡水	邯郸	惠民	淮阳	宿县
6 月降水量 (mm)	上旬	16.2	16.6	17.1	15.0	28.0	25.8
	中旬	18.2	13.5	11.5	19.2	26.3	23.6
	下旬	18.5	28.9	24.9	35.1	37.9	47.9
	全月	52.9	59.0	53.5	69.3	82.2	97.3
6 月初夏旱 概率(%)	上旬	65	75	72	75	64	67
	中旬	54	67	68	45	43	37
	下旬	38	42	52	30	21	17
降水量不足 60 mm 概率(%)		78	60	70	62	39	29
降水量超过 100 mm 概率(%)		15	17	23	20	37	46

伏旱系指 7—8 月降水量不足 300 mm,或 8 月降水量不足 100 mm 致使晚春玉米、大豆受旱,棉花蕾铃脱落。伏旱在黄淮平原豫东南至豫西南一带及黑龙港地区发生的年频率较大,约为 40%以上。

夏涝与伏旱相反,系指 7—8 月降水量过多,达 400 mm 以上,或 6 月降水量过多,超过 100 mm(或雨季来得过早),致使棉花蕾铃脱落、夏播玉米芽涝、夏播困难等。在低洼、排水不良、土质黏重或砂姜黑土地易受涝渍,危害严重(表 12)。

此外,春、秋多雨发生的年频率小,秋旱主要发生在黄河以北。

根据春旱、初夏旱及伏旱指标(表 13)的地区分布规律,将黄淮海平原划分为 10 个类型区(图 5)。

表 12 黄淮海地区伏旱、夏涝出现概率(1955—1980 年)

概率 降水量 (%) 地区	6月		7—8月		7—8月		
	>150 mm	>100 mm	>400 mm	>500 mm	<200 mm	<250 mm	<300 mm
石家庄	8	15	19	4	19	35	42
衡水	4	21	16	4	33	38	57
惠民	10	20	40	10	10	25	40
淮阳	11	36	33	15	26	37	57
宿县	21	46	29	17	13	17	25

表 13 黄淮海地区干旱分区指标

指标 项目	春季 4—5 月降水量(mm)			初夏 6 月降水量(mm)		7—8 月降水量(mm)
	<60	60~100	>120	<60	>100	<300
分区符号	Ⅰ	Ⅱ	Ⅲ	A	B	a
类型	重春旱	春正常	春稍旱	初夏旱	初夏多雨	夏旱

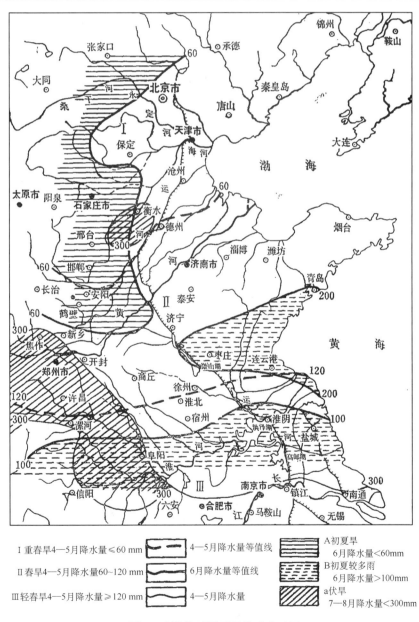

图 5 黄淮海平原干旱类型分区图

从本地区降水量的季节分配及干旱特征看,旱地适宜种植秋收作物,尤其是棉花,在同样条件下,种棉花比种粮食(尤其是小麦)的气候生态适应性强且收益高。如黑龙港地区的枣强县,抗旱播种(每亩约用水 20 m³)的棉花亩产 50~60 斤,旱地麦仅收 40~50 斤。一般年份浇两次水(底墒水及保蕾水约 100 m³/亩)可获皮棉 100 斤,这比小麦需补给的水少得多,而产量、产值都分别提高了 35% 和 85%。所以,在水分条件供应紧张的黑龙港地区及鲁西北三区种植适当比例的棉花,有利于缓和水分供应不足的矛盾。

综合上述本地区的光、热、水资源的特点是:光热资源较丰富,可供两熟的需要,且增产潜力较大。作物生长季光、温、水同季,利于秋收作物生育,但秋季降温急,两熟季节显紧。本地区年降水量正常,但因降水量季节分配不均,年际变化大,旱涝灾害频繁,不利于夏收作物生长及春、夏播种。从本地区的农业气候特点看,适于多种作物的种植,如小麦、玉米、棉花、大豆、芝麻、烟等,并在全国占有重要地位,适于以麦为前茬的多种两熟制,尤其是北部的小麦、玉米两熟及南部小麦、大豆占重要地位。若要不断提高光能利用率,获取高经济效益的农产品,就必须根据热量特点选用作物品种和种植类型,即按水分资源的分布规律布局作物,尤其目前在本地区只有 1/2 的农田能够灌溉,且保浇面积仅为 1/3 的情况下,合理布局作物,充分合理利用现有水分资源,节约用水,在地下水资源缺乏的地区,按降水量布局作物,重视旱地农业。在黄淮平原、鲁西北地下水及地表水资源较丰富的地区要尽力发展灌溉,对提高本地区农作物产量有着重要的现实意义。

参 考 文 献

[1] 全国农业区划委员会,中国综合农业区划编写组.中国综合农业区划.北京:农业出版社,1981.

[2] 韩湘玲,孔扬庄,赵明斋.华北平原地区玉米生产的气候适应性分析.天津农业科学,1981,(2).

[3] 北京农业大学,天津市宝坻县气象台.从宝坻的热量特点看下茬作物品种、播期的选定.气象科技(农业气象副刊),1977.

[4] 石元春.黄淮海平原水均衡分析.北京农业大学学报,1982,8(1).

黄淮平原自然资源评价与开发[*]

韩湘玲　刘巽浩

（北京农业大学）

　　黄淮平原是黄淮海平原的一部分,指的是黄河以南、淮河以北、山东丘陵以西、豫西丘陵山地以东的广大平原,包括豫东、皖北、鲁西南和苏北徐淮地区,共 116 个县、市,总耕地面积 1.3 亿亩,农业人口 7 080 万,人均耕地 1.84 亩。这是我国小麦、大豆、棉花主要产区,烟草、芝麻等也占有重要地位。

　　该地区历史上多灾低产,旱涝、盐碱、风沙、瘠薄、贫穷等俱全。如包公放粮的陈州（今河南淮阳）,陈胜、吴广揭竿起义的大泽乡（今安徽宿县）,黄巢起义的曹县（今山东菏泽）都是有名的穷地方。新中国成立后,经过黄河、淮河以及沂、沭、泗河的治理,大规模的农田基本建设,化肥的大量增加,近年来实行责任制后又调动了广大农民的积极性,这里的面貌已经发生了巨大的变化。

　　对于黄淮平原自然资源估价以及开发战略存在着不同的看法。有的研究者认为资源贫乏、潜力不大,肥力衰退,生态恶化,当前的对策是休养生息,将耕作制度退回到新中国成立前的两年三熟制,至于向国家提供商品粮,那就更不值一议了。而通过 4 年来的多次考察与研究,我们认为,对黄淮平原的资源必须予以重新地估价与认识,这里资源丰富,是我国农业发展具有很大潜力的一块宝地。

1 耕地潜力较大

　　人多耕地少是我国资源上的重要特点与弱点。相对讲,黄淮平原耕地资源是较多的,大于全国平均水平。按统计数字,该地区有耕地 1.3 亿亩,人均耕地 1.84 亩。根据我们考察中所见,实际耕地数还要增加 20％以上,在 1.6 亿亩左右。上报播种面积为 1 895 万亩,复种指数为 158％（1981 年）,实际复种指数在 170％上下,播种面积近 2.7 亿亩,相当于日本播种面积（日本耕地 6 441 万亩,复种指数 103％）的 4 倍多,人均实际播种面积超过 4 亩。

　　与我国其他商品粮基地相比,黄淮平原的耕地面积要占第一位。按最近国家计划委员会区划局战略研究的数字,太湖平原 2 353 万亩,鄱阳湖平原 1 430 万亩,珠江三角洲 1 369 万亩,洞庭湖平原 1 332 万亩,江汉平原 2 237 万亩,三江平原实有 4 448 万亩,四川盆地 7 232 万亩,松嫩平原 11 280 万亩。若按播种面积计,则黄淮平原要比松嫩平原多 1 倍多。按人均耕地计,除了东北以外,黄淮平原是其中最多的。

　　黄淮平原土壤有机质少,一般在 0.8％～1.0％之间,缺氮少磷,南部多砂姜黑土（近 3 000 万亩）,这些都是不利因素。但有的研究人员因此得出悲观的结论,认为土壤贫瘠、潜力不大,显然是不全面的。

　　土壤有机质是土壤肥力的重要因素,在可能条件下要积极恢复与增加土壤有机质的含量。但是,土壤有机质是有地带性的,它决定于该地区的温度、水分、母质、质地、开垦年限等因素。印度有许多土壤的有机质含量在 0.5％～0.8％,但只要水、肥等因素配合得当,产量仍相当高。如在旁遮普邦的哈拉农场,土壤有机碳含量为 0.2％～0.4％（折合土壤有机质 0.34％～0.69％）,小麦亩产 600～700 斤,水稻亩产 1 000 斤,年亩产 1 700 斤。近年来黄淮平原年亩产 1 500 斤以上的地块也大量涌现。这些事实说明,既要重视土壤有机质对土壤肥力的重要作用,但又不要盲目迷信。决定土壤肥力或土地生产力的决不仅是有机质,而是土层厚薄、平坦度、土质、地下水、土壤养分与土壤物理、生物性质的综合。黄淮平原多数土壤的特征是:1)土地平坦,便于接纳雨水,利于灌溉并可避免水土流失;2)土层深厚,几十米至百米

　　* 原文发表于《资源科学》,1985,(4):29-37。

以上;3)土质适宜,多数为壤土或沙壤土,物理性质较好;4)地下水丰富,地下水位适宜;5)土壤有机质与氮、磷含量较少,但这是可改变因素(土层、土质等是难改变因素),可通过施肥等予以调整。砂姜黑土易涝易旱,黏而瘦,但它保肥能力好,只要合理排水与增施化肥和有机肥,完全可以成为丰饶而高产的土壤。黄淮平原近年来生产的迅猛发展及高产地区和农户的涌现说明了该地区土地和土壤潜力是很大的。

2 光、热、水配合良好

该区属我国暖温带南部。固然受季风气候所决定,旱涝频繁,灾害多。但是,就总体来看,气候资源是较优越的,表现在热量丰富,光照充足,雨量较多且较为均匀,光、热、水配合良好。

(1)热量。≥0 ℃积温 5 000～5 400 ℃·d,≥10 ℃积温 4 500～4 800 ℃·d。无霜期 200～230 d,麦收后到种麦期间有积温 3 000～3 500 ℃·d,除去 8～12 d 农耗 200～300 ℃·d,尚剩有 2 800～3 200 ℃·d,可复种中熟品种的玉米、大豆、谷子以及甘薯、花生、芝麻等作物。近年来,发展了小麦、玉米套种,小麦、棉花套种,争取了季节,提高了光、热、水的利用效率。冬季不太冷,最低气温平均−10～−14 ℃(北京则为−20 ℃),可种春性强的冬小麦,南部还可种植冬油菜(表 1)。

表 1　黄淮平原与其他平原气候特点比较

项目\地区	热量			降水		光	
	≥0 ℃积温 (℃·d)	≥10 ℃积温 (℃·d)	极端最低温 度平均(℃)	年降水量 (mm)	相对变率 (%)	年总辐射 (kcal/cm²)	年日照时数 (h)
黄淮平原	5 000～5 500	4 600～4 800	−14～−10	700～900	15～20	120～130	2 200～2 500
海河平原	4 400～5 000	3 900～4 100	−20～−15	550～700	23～29	130～140	2 500～2 800
长江中下游平原	5 700～6 900	5 000～6 000	＞−10	1 000～1 800	12～18	110～120	1 800～2 200
东北平原	2 500～4 000	2 000～3 600	＜−22	500～800	15～20	110～135	2 400～2 900
美国依阿华*(玉米带)	—	3 000～4 000	—	625～875	15～25	122～126	—

(2)降水。该区降水较丰富,年降水量 700～1 000 mm,而且分布较黄河以北均匀。3—5 月降水 150～220 mm,占年总量 20%左右(而海河平原只相应为 60 mm 与 10%),因而有利于春播作物棉花、春玉米等的播种、出苗以及小麦的拔节与灌浆。从年际变率看,黄淮平原降水量相对变率为 15%～20%,比海河平原(23%～29%)小(表 2)。

表 2　黄淮平原、海河平原及美国依阿华(玉米带)降水的季节分布比较

项目\地区		3—9 月降水量(mm)							年降水量 (mm)	3—5 月 降水占年 降水量(%)	6—8 月 降水占年 降水量(%)	9—10 月 降水占年 降水量(%)
		3	4	5	6	7	8	9				
黄淮平原	淮阳	36.1	65.8	56.9	82.2	187.6	124.5	76.4	741.2	20	53	18
	阜阳	50.4	71.3	82.4	132.9	204.4	113.3	29.9	886.6	23	51	12
	宿县	45.6	55.7	63.8	94.9	222.1	101.1	84.3	875.7	19	59	13
	徐州	32.2	67.5	57.9	95.5	246.5	139.5	92.0	846.4	19	57	14
	淮阴	45.2	58.8	70.7	114.5	245.6	169.6	105.5	958.7	18	55	18
海河平原	北京	9.1	22.4	36.2	70.4	192.5	212.3	57.0	682.9	10	75	12
	石家庄	11.7	26.7	37.1	55.4	154.3	187.6	57.1	626.9	12	63	10
美国依阿华 (玉米带)		4.5	70	104	120	93	92	97	804.0	27	38	—

　＊　依阿华(Iowa),今译艾奥瓦,州名,余同

（3）日照。黄淮平原年日照时数为 2 200～2 500 h，较为充足。虽比黄河以北（2 500～2 800 h）少，但基本能满足作物生长发育需要，比长江中、下游好得多。海河平原一年内日照高峰期在干旱的 5 月份，而黄淮平原却在温度、水分配合良好的 7 和 8 月份。

由于光、热、水配合良好，十分有利于小麦的生长发育。6—8 月伏雨充足，加上 9—10 月降水 110～150 mm，利于小麦播种与苗期生长，冬季并不严寒，小麦仍可继续生长，3—5 月份光照充足，降水量 150～220 mm，再加上丰富的地下水资源与广阔平坦的土地，这些因素的综合使黄淮平原成为我国最适宜的小麦区（青藏高原小麦生态适应性好，但面积小）。即使在无灌溉的旱地上，由于降水较多与地下水位浅的原因，仍是适宜种植区。1981 年豫东春旱严重，如淮阳县 3—5 月降水量 56.6 mm，为历年的 45％，但小麦仍获丰收。

除小麦以外，光、热、水资源对麦后秋作物的生长也是有利的。6—9 月积温 3 000～3 100 ℃·d，此期间降水 400～600 mm，光照 900～950 h，可满足夏玉米、夏大豆、夏甘薯或者春播棉花的生长发育与成熟。目前，因重夏作物轻秋作物，秋收作物的产量潜力尚未发挥出来。此外，初夏旱仍影响秋作物的播种，6 月上旬至中旬可播概率为 30％～60％，但比黄河以北好得多，6 月底前可夏播概率达 80％。在有灌溉条件下则可提早及时播种。该地区夏涝影响也较大（尤其是对驻马店、皖北等地区）。

由上可见，黄淮平原的气候资源是较优越的。美国玉米带是以气候资源得天独厚而闻名于世界的。与美国玉米带相比，黄淮平原的辐射、降水量与其相似，降水量年内分配不如美国玉米带均匀，而热量却较为丰富。美国玉米带以一年一熟居多，而黄淮平原则以一年两熟为主。旱涝频繁固然是重要问题，但降水的相对变率也不过是 15％～20％，美国玉米带也达 15％～25％，1983 年该带因旱灾玉米减产 1/3。

当然，对旱涝还需要从战略上有足够的重视。根据近 30 年来旱涝情况的分析，1954—1965 年期间涝害较多，1965—1976 年期间旱年较多，近 4 年期间（1980—1983 年），尽管时旱时涝（尤其 1982 年涝害较重），总的看仍属于风调雨顺年，尤其是 1983 年，年景更好一点。例如，根据淮阳县的分析，风调雨顺夏、秋两季全增产年份频率为 1/3，平年与歉年各占 1/3。像 1983 年这样风调雨顺年频率甚低。因此，对今后农业发展预测要以多年平均为准，不能把希望建立在 1983 年的风调雨顺的基础之上。

3 待开发的水资源

我国水资源的特点是南多北少，南方水多（占全国 70％）、土地少（占全国 31％）；北方水少（30％）、土地多（69％）。海滦河流域地表径流 292 亿 m³，每亩平均 172 m³，是全国最小值；淮河流域多年平均径流 645 亿 m³，每亩平均 339 m³*，比海滦河流域多近 1 倍。径流量虽不富裕，但加上降水、地下水及过境客水，可利用的水资源潜力仍是较大的（表 3）。

表 3　黄淮海水资源及其利用情况

项目 地区	年降水量 （mm）	年径流量 （mm）	地下水补给量（亿 m³）	地表径流量（亿 m³）	水资源总量（亿 m³）	地表径流利用量		浅层地下水开采量	
						（亿 m³）	占地表径流量的百分比（％）	（亿 m³）	占地下补给量的百分比（％）
淮河流域	894	240	338.7	645	889.5	313	48	87	26
黄河下游	654	121	16.8	—	35.6	—	—	—	—
海滦河流域	556	91.5	195.0	292	405.8	163	56	151	91

引自：陈志恺.黄淮地区水资源及其利用.1982.

河南省正常年景水资源基本上可满足全部豫东北耕地灌溉之需，中等干旱年份也可满足黄淮地区 75％～80％，实际上，在一个大地区范围内不会是全部耕地同时进行灌溉的（目前实际灌溉只有 20％～30％）。鲁西南地下淡水（浅层）覆盖面积达 80％，而且每年有 18 亿 m³ 黄河水补给，水资源丰富。皖北

---

*　冯寅.黄淮海平原治水问题∥中国农学会，中国水利学会，中国林学会.黄淮海平原农业发展学术讨论会论文选集：第二卷.1982.

水资源比豫东丰富,地下水位一般为 1.5～2.0 m,目前小麦灌溉面积约 20%,还大有潜力。苏北徐淮地区水资源在黄淮平原中是最丰富的,除地表径流和地下水外,还有大量的客水,仅淮阴地区[*]就有 398 亿 m³,地下水可开采 16 亿 m³[**]。徐州地区地下水资源模数为 15 万～20 万 m³/km²,1981 年利用率不到 25%,但是,为了大量改种水稻,就需要有长江水的补充。

可见,该地区地上、地下水资源是丰富的,属淡水富水区。从现有作物的需水状况来看,黄淮平原水资源还是富裕的,不能将黄淮海北部的京津冀缺水的状况与黄淮平原相提并论。当前的问题不是水资源紧张(个别地区除外),而是利用率甚低。从表 3 中可见,地表径流利用量不到一半,浅层地下水只利用 26%(实际上近两年这个数字还要大大降低)。

水资源丰富的另一个特征是地下水位较浅。1982 年虽春旱严重,但周口地区仍获丰收,因小麦根仍可吸取部分地下水。地下水位较浅(但不像江南那样过浅),又为开发地下水提供了方便。在河南周口、安徽宿县、阜阳地区打井,每亩投资 20～30 元即可,而在黄河以北缺浅层地下水地区,打一眼深井,机泵配套,投资要 3 万元左右。

4　改善中的生态条件

有的研究者对生态问题忧心忡忡,提出"十大挑战"、"生态危机"等,认为旱涝灾害越来越严重了,土壤肥力越来越衰退了,盐碱地越来越多了,能源危机越来越加深了,等等。而黄淮平原的实际情况并非如此,而是正在改善,具体如下:

(1)旱涝大为减轻

淮河水系及沂、沭、泗河修建大、中型水库 185 座,总库容 358 亿 m³。下游进行沂、沭河洪水东调和入江水道的扩大,排洪入海能力由新中国成立初的 8 000 m³/s 增加到 23 000 m³/s。淮河中、下游的防洪标准达 40～50 年一遇,沂、沭、泗河干流及淮河主要支流达 10～20 年一遇,黄淮平原原有易涝面积 9 600 万亩,现已初步治理(标准不高)7 600 万亩。可灌溉面积由新中国成立初的 1 000 万亩增加到 7 000 万亩[***]。以淮阳县为例,1954 年夏涝,降水 269 mm,受灾面积 15 万亩,1965 年同期降水 417 mm,受灾面积仅 2 760 亩。徐州地区有 70%一水一麦的洼地已变成日降水 150 mm 不受涝的麦稻两熟田。宿县除涝面积 664 万亩,占易涝面积 1 043 亩的 64%。菏泽地区原易涝面积 800 万亩(三年一遇),现有 100 多万亩。

(2)土壤肥力状况有所改善

根据在黄淮平原的淮阳、宿县考察,新中国成立以来,返回农田的植物有机质(包括有机肥、秸秆、根系残茬等)是增加的,土壤有机质与养分的平衡状况也不断有所改善,并不是土壤肥力越来越坏(表 4)。

表 4　淮阳与宿县土壤养分有机质平衡状况的变化

地区 项目	淮阳				宿县			
年份	1952	1965	1978	1983	1952	1965	1978	1983
氮平衡	0.86	1.00	0.91	1.20	1.00	1.36	0.79	1.12
P₂O₅ 平衡	1.11	1.59	1.45	1.47	0.93	1.64	1.42	1.77
土壤有机质平衡	1.09	1.15	1.26	1.35	0.53	0.72	1.05	1.27
还田有机质(斤/亩)	140	223	326	438	84	113	246	390

注:>1 表示正平衡,<1 表示负平衡

一些地方的土壤有机质测定也证实了上述分析。如江苏涟水县土壤有机质 1975 年为 0.6%～

[*] 现改为淮安市,余同
[**] 河南省黄淮海平原地区农业发展战略问题编写组.河南省黄淮海平原农业发展战略问题//黄淮海平原农业发展学术讨论会论文选集:第一卷.1982.
[***] 冯寅.黄淮海平原治水问题//黄淮海平原农业发展学术讨论会论文选集:第一卷.1982.

0.9%,1982—1983 年为 0.7%～1.11%;宿县 1979 年为 0.97%,1982 年为 1.07%;淮阳城关镇 1980 年为 1.377%,1983 年为 1.443%。土壤养分状况改善的主要原因是大量增施了化肥,化肥增加了产量,同时也增加了回田的植物有机质(包括有机肥)的数量以及土壤中的养分含量。

(3)盐碱地大量减少

由于排水系统的改善与综合措施的应用,盐碱地已大量减少。由新中国成立初 2 190 万亩减少到 500 万亩。淮阴地区新中国成立初有花碱地 500 万亩,现已不足 100 万亩。当考察经过徐淮地区废黄河花碱土区时,不细看已经很难辨认花碱土的明显存在。

(4)林木覆盖率上升

尽管遭受多次破坏,黄淮地区林木数量仍在不断增长,覆盖率为 8%～10%,现河南为 10%,皖北 6%～7%,徐淮 10.4%,菏泽地区目前林地和四旁植树为 1949 年的 10 倍,往日那种狂风蔽日的现象已很少见。

(5)能源紧张度稍有缓和

黄淮平原许多地区缺煤、缺薪柴,大量秸秆被烧掉作生活燃料用,是资源利用中的重要弊端之一。随着产量的增加,作物秸秆量也同步增加,因而在一定程度上缓和了农村燃料、饲料与有机肥料的矛盾,但能源仍将是长期存在的问题。

可见,新中国成立以来黄淮平原的生态条件并不是越来越坏,以致得出悲观消极的结论。相反,它是在不断改善的,近几年尤为明显,它为进一步开发这一地区打下了良好的基础。但也存在较多的问题,如旱涝、土壤肥力不高、能源仍紧张、人均资源日渐减少、环境污染在日渐增加等,还需要进行较长期而艰巨的治理,切不可掉以轻心。此外,黄淮平原面积广阔,地区的差异性大,如苏北的生态条件改进显著,而像东的驻马店地区受灾概率仍较大,应做具体分析。

5　粮、豆、棉与畜产品基地

由于黄淮平原资源潜力大,30 多年来生产限制因素的逐步改造与消除,为开发该地区提供了良好的基础。目前,该地区正逐步演变形成我国重要的粮食、大豆、棉花基地,而且是一个潜在的畜产品基地。

(1)粮食

1982 年在济南召开的黄淮海学术会议上,我们曾提出"提供 100 亿斤以上商品粮"的看法。当时有不同看法,有些研究者表示怀疑与担心。近几年的生产实际情况给人们很大的启示。据最近考察与不完全统计,1983 年该地区已提供商品粮 120 亿斤以上。目前,单位播种面积产量已超过 400 斤(实际不到 350 斤),已属中产水平。今后,在水肥条件进一步改善的基础上,到 20 世纪末,如果种粮 1.6 亿亩,亩产 600 斤(实际约 500 斤),则粮食总产将达 960 亿斤,商品率以 21% 计,就可提供商品粮 200 亿斤,相当于目前进口粮食的 2/3。

在粮食中,小麦是该地区的优势作物。据统计,1981 年有麦田 6 785 万亩,亩产 336 斤。据估计,目前实际麦田数在 8 000 万亩以上。这么大面积连片麦田,而且亩产达三四百斤,在世界上也是很难见到的。苏联、印度、美国、加拿大、土耳其麦田面积比黄淮平原多,但单产低于黄淮平原,荷兰、西德、丹麦、英国等单产高达 700 多斤,但面积小得多。尤其是黄淮平原麦田基本上都是一年两熟,这在世界上更属首位(印度麦田中两熟占 50%～55%)。今后,该地区可作为向京津、东北、山西、内蒙古、西北提供小麦的商品基地。

(2)大豆

历史上黄淮平原曾是我国最大的大豆产地。从生态适应性看,该地区适合于夏大豆的生长发育。一是热量足,从收麦到种麦积温有 3 000～3 400 ℃·d(黄河以北只有 2 300～2 500 ℃·d),大豆生育期可有 2 800 ℃·d 积温,与东北春大豆积温(2 500～2 600 ℃·d)相当或稍超过。二是降水多,适合大豆喜水的特点。三是土壤养分含量不足,种一季大豆可缓和养分的短缺,并为种麦创良好的茬口。不足之处是常有初夏旱影响播种,秋涝对产量也有较大影响。

1981年该地区有夏大豆面积2 870万亩(豫东1 180万亩,皖北920万亩,苏北徐淮地区391万亩,鲁西南370万亩),每亩单产166斤,总产约47亿斤,面积少于东北三省(约4 000万亩),占全国第二位,单产还稍胜之,今后在品种、肥料、治涝(进一步治理淮河流域骨干河道并疏通导致内涝的田沟灌渠)等方面加以改进后,每亩单产可望250斤左右,那么总产就可达70亿斤以上。过去该地区群众以玉米、甘薯等为主食时,一般掺以大量豆面。近年来,主粮已逐步转变为小麦,故大豆的商品率大为提高,若以50%计,则可提供30亿斤商品大豆。除本地区发展畜禽业与食品加工外,可向南方诸省推销。目前,云、贵、川、粤、桂、闽、湘、鄂诸省区纷纷向此地购买大豆。此外,该地区大豆属食用型,含油量低于东北大豆,但含蛋白质却较高,今后在提高质量的基础上,可向日本与东南亚食用豆类地区出口。

当前存在一些问题:①大豆积压,原因是收购价格降低、收购限制,外运困难,食品加工业又未发展起来。从全国的人民健康与发展畜牧业着眼,国家在大豆上要做点赔本生意。现在世界人均大豆3.2斤,而以植物蛋白为主的我国每人只1.5斤。②单产低,经济收益不高。③质量低,整齐度差,亟待解决。

(3)棉花

根据河南、山东、河北省气象局和北京农业大学等研究,黄淮海地区是我国适宜发展棉花的基地,其中黄淮平原一些地方(豫东、鲁西南、皖北的肖砀、苏北的徐州)又是棉花生态适应性最优的地区。理由是:①生长期比海河平原棉区(鲁西北、豫北、河北)长。10月份积温超过450 ℃·d的年份概率达70%~80%(冀中南、鲁西北棉区只为20%),由于生长季长,有利于产量与品质的提高,再加上地膜与移栽等措施,种植制度上可以大量发展麦棉套种。②3—5月降水量比北部多。③年日照时数比北部稍少,但比长江流域棉区多得多。本地区棉花是新区,棉花占土地面积约1/10,不像南通、江汉与鲁西北棉区那样集中,人均土地较多(1.84亩),所以有发展潜力。据山东省气象局分析,棉花的亩产量鲁西北为150~170斤,鲁西南则为190斤。1983年周口地区亩产皮棉130斤,高于苏联(127斤,1981年)。

据1981年统计,该地区棉花面积为1 189万亩,亩产88斤。据考察估计,1984年实际约有棉花面积近2 000万亩。今后亩产若能提高到133斤水平,将面积稳定在1 500万亩左右,则将生产皮棉2 000万担*。主要问题是当前品种强度差,成熟度差,难于出口。由于光、热、水资源在黄淮海平原棉区中较好,有利于从品质上改进棉花纤维的成熟度、长度与强度。今后,在采用优种和地膜、移栽、套种等技术改善品质的基础上,可成为我国棉花重要出口基地之一。

(4)畜产品

目前,该地区畜牧业生产水平不高,其产值只占农业总产值9%~11%,但今后发展畜禽产品是有潜力的。原因是:①粮食多。②粮色好,除小麦可提供大量麦麸以外,这里还有较多的玉米、甘薯可作为饲料,更可贵的是有大量的大豆、豆饼、棉籽饼可作为蛋白饲料来源,利于发展瘦肉型猪。③秸秆多,随着粮食产量的增加,可作为粗饲料的秸秆(麦、玉米、薯、豆)迅速增多,秸秆不通过畜牧业过腹还田而烧掉或直接回田,是一种损失。④有潜在市场。该地区离某些大城市(京、津、郑州、徐州等)、工矿(中原油田、胜利油田、淮北、永城、兖州等煤矿)、开放港口(天津、秦皇岛、烟台、青岛、连云港)等较近,交通较方便,对畜产品的需求将日益增加。从畜产品结构上,应以精料型的猪、鸡以及草食型的羊、兔并重。猪要向瘦肉型发展,牛要从役用型向肉役兼用发展。大城市、工矿周围还要积极发展奶牛业。当前畜牧业发展受到市场与价格等限制,今后要从降低成本,提高经济效益着眼,同时国家要给以积极扶持,促使多余的粮食向畜牧业转移。

---

* 1担＝50 kg,余同

6 问题与措施

从全国的农业发展,尤其是从商品基地建设角度来看,生态条件恶劣,干旱少雨的低产地区,主要着眼点应是改善生态与生产条件,改变贫困落后面貌,而提供商品粮是较为困难的。生态条件好的高产地区,人口过多,增产潜力已不很大,要拿出更多的商品粮也是困难的。因此,今后"七五"至"九五"期间,农业商品粮、豆基地建设的重点应该摆在生态条件较好或易于改造而潜力又较大的中产地区,如黄淮平原、东北平原、长江中下游的中产地区(鄱阳湖平原、洞庭湖平原、吉泰盆地、江汉平原等)等。黄淮平原是其中重要选择之一。

作为中产地区,尽管生态条件有较大改善,但一般仍存在许多问题。黄淮平原的主要问题有:旱涝仍是主要威胁,土壤养分含量少,肥料供应不足,农村能源缺,农民已能温饱但不富裕,资金缺乏,文化水平低,科技力量弱等。因此,今后要从增加物质投入(主要是水、肥)、政策、智力开发与组织协作等方面解决。

(1)治水要放到首位

新中国成立以来的32年中,国家在该地区水利投资112亿元,在防洪、排涝、抗旱、灌溉等方面起了重大作用,没有这个基础,也不会有这几年农业的迅速发展。徐淮地区就是良好的范例,粮食产量从20世纪50年代的45亿斤发展到目前的217亿斤,治水与化肥是这种奇迹般发展的"秘诀"。尽管30多年来在治水上走了不少弯路,但在平原地区把水利作为投资的重点是正确的。对水利的过分指责,只能对今后农业基本建设事业不利。今后"七五"至"九五"期间水利仍应摆在开发治理的首位,主要有:①扩大洪涝出路。目前许多工程标准低,下游洪涝威胁仍大,要扩大徐淮的洪水出路,加宽灌溉总渠,修建淮河干流堤防,要治理疏浚涡河、茨河、新汴河、天然文岩渠、金堤河、卫河等,使之达到5年一遇除涝、20年一遇防洪。②排蓄结合,水库建设与梯级河网化。③开展群众性防渍涝的配套田间工程,如阜阳地区除涝大沟三五年一遇的已有一半,但田间沟渠基本未配套。淮阴是治渍涝中成绩较大的,但仍有1/3未挖田间沟渠。④恢复原有灌溉设施。近三四年来,大量灌溉排水渠系与井渠等遭到了损坏。据我们在考察中估计,灌溉面积比前几年下降2/3还多。据水利部门统计,原宿县地区1978年浇水1 900万亩次,1982年只200万亩次。责任制后,由于地块少,在灌溉上带来不少困难。如果遇到大旱,则将引起较大的损失。这项工作应及早进行,否则拖得越久越难解决。⑤治水要统筹兼顾,对整个淮河水系进行统一的规划与整治。从全局出发解决豫、皖、苏、鲁4省的水利纠纷。

(2)亩施化肥翻一番

国际长期肥料试验学术会议指出[*],长期施用氮、磷、钾化肥的产量效果与有机肥地区相同,长期(50~100年以上)合理施用化肥对地力无害。同时,近年来国内外学者指出,增施化肥不但提高作物产量而且增加了秸秆与根茬,也就增加了可能回田的有机肥或有机质源。因此,从系统上看,合理施用化肥是增加产量、改善生态、培养地力的重要途径。黄淮平原近年来的产量、地力与生态的改善与迅速增加的化肥用量密切相关。

目前(1983年),黄淮平原每亩耕地化肥施用量(包括氮、磷、钾的实物量)在110~180斤之间,平均约120~140斤左右,以徐淮用量最高。建议到1990年将亩施肥量提高到250~300斤。这是保证黄淮平原农业发展的关键。亩施250~300斤化肥,这一用量听起来较多(日本每亩施化肥300多斤,一年一茬),实际上按复种面积计算,一季作物亩施实物量只100多斤,折合纯量氮20斤、五氧化二磷10斤。按中国农业科学院肥料网分析,一季小麦施氮20斤、五氧化二磷10~15斤为经济效益最高范围。沈丘县莲池乡小麦单产600斤,夏玉米600斤,年产1 200斤,年亩施化肥300斤。

绿肥的面积与地位在迅速下降。70年代中期徐淮地区绿肥面积最高达到1 200万亩,在当时化肥

* 刘巽浩.化肥与作物产量和地力.北京农业大学资料汇编,1984.

较少的情况下,绿肥对氮素供应起了积极的作用,目前只剩下约 200 万亩。其他地区绿肥面积本来不大,近年来已经基本消失。今后绿肥如不与畜牧业相结合,前途是不大的,这种现象不能责怪农民急功近利,而是合乎客观发展规律的。过去学术界在华北提倡使用绿肥 30 多年,但成效极少,原因是:①在黄淮海地区无论冬夏绿肥都是占用正茬,经济效益差。②绿肥对增加土壤有机质的效果差。日本 50 年水田绿肥试验结果是:化肥区土壤有机质为 100% 的话,绿肥还只有 102%,水稻产量只为化肥区的98%。③化肥的兴起取代了绿肥固氮的作用。④在翻埋、留种等方面有一系列的技术困难。今后该地区增加土壤有机质的主要途径是化肥加秸秆(过腹还田或直接还田),以无机促有机,有机无机相结合。绿肥应走饲肥结合的路子。在增施化肥的同时,要积极注意科学施肥节约成本。

建议国家在该地区煤、石油与水资源丰富的地方建设高效氮、磷或复合肥厂(如豫东北、鲁西南、淮北等),国家对化肥的投资回收是很快的。为了逐步减少生物秸秆作为生活燃料的比重,要积极推广节柴灶,在路渠废地上营造农田防护与薪炭兼用林,在可能的情况下,还应向农村供应一部分低质煤。

(3)鼓励农林牧副渔、农工商结合

产粮地区一般资金缺乏,农民如何富起来是一个难题。出路只能是发展多种经营与农工商的结合。黄淮平原的棉花、芝麻、烟草、泡桐、温带的果树(苹果、梨、葡萄)、羊皮等占一定的地位,水产、蚕桑、油料(花生、油菜)作物也要因地制宜,发挥优势。发展养殖上这是大势所趋,平原造林也有相当的潜力。工副业是该地区的薄弱环节,目前每个劳动力一年劳动约 150 d,潜力很大。但因离城市远、信息不灵、门路少、技术力量差等原因,发展缓慢。国家在扶持鼓励苏南型城郊农村经济活跃的同时,要采取适当政策鼓励远离大、中城市的农村经济活跃,否则这些地方只能是原料的输出地。针对该地区小麦、大豆、棉花、泡桐等的优势,要积极发展食品加工、饲料加工、建材等工业。

此外,为了加速黄淮地区的开发,还必须加强智力开发、科学技术研究以及协作与统一计划和领导等方面。

参 考 文 献

[1] 全国综合农业区划编写组. 全国综合农业区划. 北京:农业出版社,1982.

[2] 刘巽浩,韩湘玲,等. 黄淮海地区农业发展战略的初步探讨. 农业经济问题,1982,(1).

[3] Rotlramsted Station, *et al*. Very Long-term Fertilizer Experiments International Conference. Annales Agronomiques. 1976,**27**(5-6).

[4] 韩湘玲,曲曼丽,等. 黄淮海平原农业气候资源的初步分析. 自然资源,1983,(4).

[5] 黄淮海地区农业资源综合利用协作组. 黄淮海平原气候生态特征与发展植棉. 中国棉花,1982,(2).

黄淮海平原水浇地、旱地不同熟制的气候资源利用[*]

韩湘玲　　刘巽浩　　孔扬庄

（北京农业大学）

为了合理利用气候资源,提高土地生产力,探索适合中国国情与黄淮海平原的种植制度,1980—1984 年期间在平原北部(北京)水浇地上连续进行了五年田间试验,1983 年和 1984 年两年又增加了水浇地与旱地对比,并在平原中部黑龙港地区的北京农业大学曲周试验站及平原南部属黄淮平原的河南省淮阳县增加了两个点。试验设水浇地和旱地两部分,各有一年一熟(冬小麦、春玉米和春大豆)和一年两熟(冬小麦复播玉米、冬小麦套播玉米和冬小麦复播大豆)。栽培管理按当地中上水平进行。

1 试验年度的气候背景

北京点试验年度的气候背景(试验年度系指的是从冬小麦播种至第二年夏播作物的收获,具体时间为头年的 10 月 1 日至当年的 9 月 30 日)。

降水年型:五个试验年度(1979 年 10 月 1 日—1984 年 9 月 30 日)的各年按秋播作物(冬小麦,10 月上旬—6 月中旬)、春播作物(春玉米或春大豆,4 月下旬—8 月下旬)、夏播作物(6 月下旬—9 月下旬)及年度降水量分别进行分析。年度降水量(历年平均 633.3 mm)属正常偏少年型,其频率(1941—1980 年出现频率)为 75.0%。如按秋、春、夏播作物的年型分别可达到 77.5%,77.5% 和 50.0%。夏播作物属偏少或少雨年型是有利的,正常或多雨年份对夏作物生育不利,如 1977,1959 年;对秋播作物关键是底墒和生育期间降水量的分配,春季雨量偏多年份对旱地有利,如 1964 年。

热量年型:据 1951—1980 年共 30 年资料统计,北京地区 $\sum t_{\geqslant 0℃}$ 为 4 531.2 ℃·d,收麦—种麦期间为 2 388.7 ℃·d。五个试验年度 $\sum t_{\geqslant 0℃}$ 占历史上出现频率 76.7%,均属正常偏高年型。20 ℃ 终止日处于 60.0% 的频率,0 ℃ 起始日处于 76.6% 的频率,五个年度代表了 60.0% 以上的热量年型。

2 结果分析

从光、热、水利用效率为主进行分析,也涉及经济效益、养分平衡、能量产投比等。

2.1 产量与光能利用率

(1)在灌溉条件下的试验结果(表 1)

1)在北京不同年型的五年(1979 年秋—1984 年秋)平均,一年一熟中生物学产量、经济产量皆以春玉米为最高(2 554.2 斤/亩和 949.8 斤/亩),其次为冬小麦,春大豆最低(917.5 斤/亩和 297.9 斤/亩),年光能利用率(年 E)相应为 0.62%,0.49% 和 0.30%。玉米的产量比大豆高 2 倍左右,而粗蛋白的产量[**]春大豆(94.6 斤/亩)仅次于冬小麦(105.5 斤/亩),比玉米高 22.5%。

---

[*] 原文发表于《自然资源学报》,1987,**2**(1):59-70. 黄加朝、王道龙、杜荣、吴连海、孟广清等同志参与了部分工作

[**] 据 1980 和 1981 年籽粒测定得出各作物的粗蛋白含量:冬小麦 13.2%,春玉米 8.025%,夏玉米 7.59%,套玉米 8.40%,春大豆 31.74%,夏大豆 28.74%

2)五年平均一年两熟的生物学产量以冬小麦套种玉米为最高(4 130.5斤/亩),分别为"冬小麦+玉米"(简称"麦+玉米")和"冬小麦+大豆"(简称"麦+大豆")的1.1倍和1.7倍,而经济产量稍高于"麦+玉米",是"麦+大豆"的1.8倍。年E分别为1.03%、0.91%和0.65%,与产量的趋势一致。而粗蛋白的产量比"麦+大豆"和"麦+玉米"分别增加19.0%和4.0%。说明在较高水肥条件下,小麦玉米两熟的产量明显高于小麦和大豆两熟,粗蛋白的产量也高。

3)五年平均两熟与一熟比较,麦、玉米一年两熟亩产可达1 400~1 800斤,生物学产量3 300~4 400斤,而一熟的产量分别为800~900斤和2 100~2 300斤,即麦、玉米两熟比麦、玉米一熟平均增产89.7%,年E增加74.8%;麦、大豆两熟比麦、大豆一熟平均增产73.0%,年E增加69.6%。粗蛋白产量分别增加90.0%和49.0%。

北京水浇地麦、玉米两熟五年平均的年E比一熟平均增加74.8%,尤其是小麦套种玉米这种两熟方式,年E最高可达1.03%,短期内最大年E可达5%左右的较高水平。1983年和1984年两年平均年E旱地一熟只有水浇地的70.0%,两熟为水浇地的56.0%。可见,本地在较高水肥条件下,两熟制是提高年E的重要途径。

三个试验点比较,水浇地一年一熟与两熟的年E淮阳点明显高于北京和曲周,在旱地上与水浇地的趋势一致。其主要原因是淮阳年日照时数少(太阳辐射量也少),而降水量和土壤水分明显高于北京和曲周。

表1　北京水浇地不同作物不同熟制产量与光能利用率比较*

熟制	处理	经济产量(斤/亩)		全年生物学产量	粗蛋白产量(斤/亩)		年E
		单作	全年	(斤/亩)	单作	全年	(%)
一年一熟	冬小麦	799.1	799.1±87.5	1 927.9±236.3	105.5	105.5±12.9	0.49
	春玉米	949.8	949.8±71.8	2 554.2±185.4	77.2	77.2±6.5	0.62
	春大豆	297.9	297.9±73.8	917.5±203.0	94.6	94.6±26.2	0.30
一年两熟	冬小麦+玉米	799.1 813.9	1 613.0±205.0	3 621.7±293.9	105.5 61.8	167.3±22.5	0.91
	冬小麦+大豆	799.1 150.7	949.8±122.0	2 406.3±301.0	105.5 43.3	148.8±27.3	0.65
	冬小麦/玉米	745.8 935.5	1 681.1±116.8	4 130.5±335.4	90.4 78.6	169.0±16.0	1.03

* 符号"+"表示复播;"/"表示套播,余同

(2)水旱地对比分析

北京点的冬小麦处于两个不同的降水年型,1982—1983年多雨,冬小麦生育期间的降水量为193.3 mm,比历年(126.3 mm)多67.0 mm,尤其春季多雨(4~5月达128.4 mm),利于小麦产量形成(其先决条件是保苗,1982年有底墒水补给,否则旱地不能出苗),因而旱地麦、玉米两熟比麦、玉米一熟平均增产幅度高达81.9%,年E增加58.7%,比旱地一熟春玉米产量翻番,年E增加55.3%;而1983—1984年偏旱,冬小麦生育期间降水量只有86.8 mm,4~5月为42.7 mm,但因播麦时底墒比较好,所以旱地麦、玉米两熟比麦、玉米一熟平均增产46.1%,年E增加26.7%,与一熟春玉米的产量和年E几乎相等。这两种年型在历史上出现的频率分别为28.0%与37.5%。

曲周点1982—1983年底墒充足,春雨又多雨(4~5月为104.3 mm),旱地麦、玉米两熟比麦、玉米一熟平均增产53.5%。1983—1984年底墒充足,春旱夏涝,冬小麦播种时1 m土层土壤水分为田间持水量的85%,4~5月降水量为52.2 mm,比历年少,旱地麦、玉米两熟比一熟增产高达79.1%。但这两种年型在历史上的频率分别为4%和13%。

淮阳点年降水量800 mm,地下水位较浅(2~3 m),在旱地条件下,麦、玉米与麦、大豆两熟比一熟的产量和年E都约增1倍。旱地麦、玉米两熟的产量为1 296.0斤/亩,只比水浇地的1 433.8斤/亩少10.6%(表2)。可见,黄淮海平原南部的旱地适于一年两熟,而中北部年降水量少,地下水位深,旱地两熟不保险,产量低而不稳。

表 2 不同地区水、旱地两熟和一熟产量与年 E 比较 *

熟制	处理		北京			曲周③			淮阳		
			生物量（斤/亩）	产量（斤/亩）	年E（%）	生物量（斤/亩）	产量（斤/亩）	年E（%）	生物量（斤/亩）	产量（斤/亩）	年E（%）
一年一熟	水浇地	冬小麦	1 955.5	875.6	0.51	2 220.4	799.0	0.56	1 724.9	639.1	0.66
		玉米	2 420.8	943.8	0.57	2 160.0	860.8	0.58	1 594.0	773.8	0.64
		大豆	820.1	240.7	0.34	1 590.0	406.7	0.45	567.0	236.2	0.50
	旱地	冬小麦	1 191.1	551.6	0.33	1 819.5	628.2	0.46	1 596.5	625.2	0.66
		玉米	1 964.1	682.2	0.44	1 572.9	615.1	0.41	1 408.8	670.8	0.53
		大豆	569.8	213.0	0.26	1 045.0	263.8	0.30	471.8	198.0	0.40
一年两熟	水浇地	麦＋玉米	3 569.5	1 814.9	0.87	3 689.0	1 595.8	0.95	3 319.0	1 413.0	1.27
		麦/玉米②	3 883.1	1 872.3	0.98	3 734.4	1 646.2	0.96	3 436.9	1 454.5	1.31
		麦＋大豆	2 635.6	1 093.0	0.72	3 315.0	1 097.8	0.89	2 291.9	875.3	1.18
	旱地	麦＋玉米	2 161.8	1 026.9	0.53	3 372.2	1 287.1	0.85	3 005.3	1 296.0	1.19
		麦/玉米	—	—	—	—	—	—	3 040.0	1 297.2	—
		麦＋大豆	1 578.1	682.8	0.41	2 413.4	796.6	0.62	2 068.4	823.2	1.05
两熟比一熟 增长率（%）	水浇地	麦、玉米①	70.3	102.7	72.2	69.5	95.3	68.4	103.6	103.0	98.5
		麦、大豆①	89.9	95.8	67.4	74.0	82.1	74.5	100.0	100.0	111.2
	旱地	麦、玉米①	49.9	66.5	35.9	98.8	107.0	93.2	101.2	100.1	100.0
		麦、大豆①	79.2	78.2	36.7	68.5	78.6	63.2	100.0	100.0	98.1

* 1983 和 1984 年两年平均

①麦、玉米（大豆）两熟比麦、玉米（大豆）一熟平均增长率（%）；

②北京只用 1984 年资料；

③曲周水浇地一熟是 1984 年的资料

2.2 水分平衡与水分利用效率

从表 3 中可见，两熟的总蒸散量大（包括土壤蒸发与作物蒸腾），北京水浇地"麦＋玉米"两熟为 810.0 mm，比一熟平均 395.8 mm 多 1 倍；旱地"麦＋玉米"两熟为 467.4 mm，比一熟平均 290.6 mm 多 60.8%。曲周与北京的趋势一致，淮阳春夏作物总蒸散量偏大，而冬小麦的总蒸散量在北京和曲周之间。

表 3 水、旱地不同熟制总蒸散量（ET）及水分利用效率（Y/ET）

熟制	处理		北京		曲周	
			1983 和 1984 年两年平均		1983 和 1984 年两年平均	
			ET	Y/ET	ET	Y/ET
一年一熟	水浇地	冬小麦	380.1	2.30	547.1	1.48
		春玉米	411.4	2.32	344.0	2.50
		春大豆	497.2	0.49	385.2	1.05
	旱地	冬小麦	224.0	2.42	396.1	1.58
		春玉米	357.2	1.91	340.9	1.77
		春大豆	344.2	0.62	316.4	0.81
一年两熟	水浇地	麦＋玉米	810.0	2.24	938.4	1.74
		麦/玉米	—	—	958.2	1.75
		麦＋大豆	805.1	1.39	929.9	1.17
	旱地	麦＋玉米	467.4	2.24	671.8	1.92
		麦＋大豆	448.9	1.45	661.9	1.20

注：①ET—从作物播种到成熟期间用土钻法定期测定 0～100 cm 土层土壤水分，并按农田土壤水分平衡方程计算（单位为 mm）；

②Y—经济产量（单位为斤/亩）；

③淮阳 1984 年冬小麦：水浇地 ET=422.7，Y/ET=1.96；旱地 ET=296.2，Y/ET=2.78

从表 4 中可见，旱地麦 1 m 土层有效水分贮存量淮阳为 196.6 mm，比北京水浇地 164.1 mm 还多 32.5 mm。在小麦缺水时期，淮阳旱地只 5 月份表层土壤出现干旱，但 50 cm 以下仍较湿润，北京的旱地仅 104.3 mm，只有淮阳旱地的一半，而曲周的旱地在麦播前有底墒补给（否则难以出苗），所以，水分贮存量高于北京、淮阳。可见，淮阳的旱地水分供应比北京、曲周要好。

表 4　不同地区冬小麦地土壤有效水分比较* 　　　　　　　　　单位：mm

处理	地点	土层深度			
		0～20 cm	20～50 cm	50～100 cm	0～100 cm
旱地	淮阳	18.1	40.8	137.3	196.6
	曲周	27.1	55.5	145.6	228.1
	北京	12.2	30.9	61.2	104.3
水浇地	北京	29.2	54.0	81.0	164.1

* 表内土壤有效水分为生育期间多次测定平均值。取自 1983—1984 年度资料

水分利用效率，北京的水旱地小麦和玉米对水分的利用效率相差不多，每毫米水量可获得籽粒产量 1.9～2.4 斤/亩（生物量 4.4～5.9 斤/亩），曲周低而不稳，淮阳的水浇地小麦不及旱地小麦（1.96 斤/亩和 2.78 斤/亩）。大豆产量低，水分利用效率也低，北京、曲周和淮阳三个点的趋势基本相同。

北京点近两年作物生育期间降水量只能满足水浇地两熟总蒸散量的 1/2。如种一季春玉米或大豆也感不足，故供需矛盾突出，人工灌溉显得尤为重要，灌水效益为 2.24 斤/（亩·mm），曲周为 1.74 斤/（亩·mm），淮阳只有 0.44 斤/（亩·mm）。所以，灌水效益北京高于曲周，淮阳最低。

2.3　热量利用率

平原北部光、热、水的年变率分别为 4.8%，2.8% 和 28.4%，可见，水的问题最为突出。热量的年变率虽最小，但充分利用该地的热量资源仍然非常重要。据 1983 年和 1984 年两年北京点的试验结果（表 5），每 100 ℃·d 积温可生产生物量和经济产量：小麦、玉米一熟水浇地每亩为 43.2，53.4 斤和 19.3，20.8 斤；旱地为 26.3，37.4 斤和 12.2，15.1 斤。小麦、玉米两熟水浇地每亩为"麦＋玉米"和"麦/玉米"分别为 78.8，85.7 斤和 40.1，41.3 斤；旱地为 47.7 和 22.7 斤。

表 5　不同地区 100 ℃积温的生产量* 　　　　　　　　　单位：斤/亩

地点	处理 / 生产量	水浇地						旱地				
		一年一熟			一年两熟			一年一熟			一年两熟	
		冬小麦	春玉米	春大豆	麦＋玉米	麦＋大豆	麦/玉米	冬小麦	春玉米	春大豆	麦＋玉米	麦＋大豆
北京	生物量	43.2	53.4	18.1	78.8	58.2	85.7	26.3	37.4	12.6	47.7	34.8
	经济产量	19.3	20.8	5.3	40.1	24.1	41.3	12.2	15.1	4.7	22.7	15.1
曲周	生物量	44.5	43.3	31.9	73.9	66.4	74.8	36.5	31.5	20.9	67.6	48.4
	经济产量	16.0	17.3	8.2	32.0	22.0	33.0	12.6	12.3	5.3	25.8	16.0
淮阳	生物量	32.7	30.3	10.8	63.0	43.5	65.3	30.3	26.7	9.0	57.1	39.3
	经济产量	12.1	14.7	4.5	26.8	16.6	27.6	11.9	12.7	3.8	24.6	15.6

* 1983 和 1984 年两年平均

在平原北部水浇地两熟的热量利用率均大于平原中部和南部，而旱地小麦、玉米一年两熟平原中南部大于北部，旱地一熟三地区相差不多。旱地大豆产量普遍偏低。1984 年属旱年，曲周旱地播不下种，浇了底墒水，则旱地产量比南部和北部高。

2.4　熟制生产力形成因素分析

生产力系指在一定的气候、土壤、社会经济条件下，农作物利用这些条件转化太阳辐射能为生物化

学潜能的能力。即生产力的形成是多种因素综合的结果，也可从不同的方面来进行研究。一般以光能利用率表示，即光能利用率的高低是综合因素作用的结果，在水肥条件保证的前提下，热量条件又不受限制，则自然能源—太阳辐射能(Q)、人工投入能(E_n)及作物本身的截光特点(C_p)综合形成，即生产力模式为：

$$E = f(Q \cdot E_n \cdot C_p),$$

式中，E 以％表示。

(1)太阳辐射能不仅是光合作用的唯一能源，而且能转化为人类可利用的产品

光能是农田生态系统中重要组成部分，其利用效率越高则第一性生产就越高。光能利用率与生物学产量(W)有着显著的正相关，其相关式为：

$$W = -259.11 + 4\,269.72E \qquad (E > 0.06\%)$$
$$r = 0.992\,7$$
$$E = 0.06 + 0.000\,2W \qquad (W > 0)$$

(2)人工辅助能转换效率

在北京水浇地五年平均，麦玉米、麦大豆两熟比一熟全部能量投入增加 30.3％ 与 28.6％。其中无机能量投入增加 51.6％ 与 52.2％，能量的产出增加 76.4％ 与 69.8％。因而两熟的能效率（能产投比）比一熟大，分别增加 16.6％ 与 55.3％，在能量构成中，两熟增加的能量主要是化肥和浇水所用的能量，它们占无机能投入的 90％，这对提高能效率起了重要的作用。所以，农田生态系统不同于自然生态系统，它必定有人工辅助能的投入，这种投入能的效益高低对农田生态系统的生产力及其效率作用甚大。无机能的投入(E_n)多少与生物学产量(W)是明显的正相关($r = 0.905$)，其关系式为：

$$W = -530.205\,6 + 1.622\,7E_n$$

无机能和太阳辐射能分别与生物量呈正相关，但其斜率不同。随着无机能投入的增加，则生物量明显增加。

(3)作物截光和转化光能的特征——光合效率、光合面积和光合时间

若在同一地区，太阳辐射量(a)相同，有机能投入(b)保证的条件下，$E = a \cdot b(NAR \cdot LAI \cdot D)$，现将 NAR、LAI、D 的作用分述如下：

1)光合效率（即净同化率 NAR）

用红外线 CO_2 气体分析仪测定的光合效率[$mgCO_2/(dm^2 \cdot h)$]与 NAR[$g/(m^2 \cdot d)$]的数值是同步的，以 C_4 作物玉米为最高，分别为 23.9 $g/(m^2 \cdot d)$ 与 10.24 $g/(m^2 \cdot d)$，C_3 小麦[13.5 $g/(m^2 \cdot d)$ 与 6.46 $g/(m^2 \cdot d)$]和大豆[12.8 $g/(m^2 \cdot d)$ 与 4.84 $g/(m^2 \cdot d)$]则较低。尽管不同作物 NAR 有差异，但不论在水浇地或旱地条件下，NAR 与年 E、产量(W,Y)、蛋白质产量(N)相关性都极小(表6)。

2)光合面积(LAI)

在旱地条件下，LAI 与年 E、产量相关性比水浇地大(分别为 $r = 0.637\,2$ 与 $r = 0.112\,1$)，这个结果与 1974—1978 年低生产水平的结论一致，即在平均叶面积系数($\overline{LAI}$)不高的前提下(玉米 1.3，小麦 1.5)LAI 与产量高度相关，相关系数玉米、小麦分别为 0.92 与 0.71。说明在大面积中下等生产条件下，改善肥水管理增加 LAI 是提高产量的主要方面。但在高水肥条件下侧重点是不同的，在水浇地条件下各作物 $\overline{LAI}$ 都在 1.5 以上，最大 LAI 则在 3~6，一熟和两熟处理的各作物之间 LAI 差别也不大(表7)，因而 LAI 与年 E、产量的相关系数在零上下摆动(表6)，淮阳水旱地作物的 LAI 均高，故 LAI 与年 E 相关不明显(表8)，说明在较高 LAI 条件下，单纯依靠 LAI 提高生产力是困难的。

3)生长期(D)

在中上等肥水条件下，D 是提高 E 的重要因素。从表6中可见，年 E 产量与 D 的关系最为密切，相关系数高达 0.835 3 至 0.938 6，其次是与 $LAI \cdot D$ 关系较密切，而与 NAR 和 LAI 基本无关。

年 E 与生产力形成因素的回归方程为：

$$E = -0.72 + 0.17LAI + 0.06NAR + 0.004D$$

式中 D,NAR,LAI 在 E 中的贡献程度分别为：1.054 8，0.475 0，0.268 1。

Y,W 与生产力形成因素的回归方程分别为：

$$Y=-1\ 390.0+400.24LAI+70.50NAR+6.98D$$
$$W=-3\ 363.52+847.21LAI+243.84NAR+14.90D$$

可见,三因素中以 D 最为突出,说明随着生产条件的改善,必须增加 D,变一熟为两熟对增加产量的作用最为明显,而 NAR 和 LAI 的作用逐渐减小。

表 6   年 E 产量 (Y, W, N) 与生产力组成因子的相关*

$r(E \cdot NAR)=0.0749$	$r(Y \cdot NAR)=-0.1108$	$r(W \cdot NAR)=0.0749$	$r(N \cdot NAR)=-0.1293$
$r(E \cdot LAI)=-0.0711$	$r(Y \cdot LAI)=0.0203$	$r(W \cdot LAI)=-0.0711$	$r(N \cdot LAI)=-0.1142$
$r(E \cdot D)=0.8353$	$r(Y \cdot D)=0.8969$	$r(W \cdot D)=0.8353$	$r(N \cdot D)=0.9386$
$r(E \cdot LAI \cdot D)=0.6901$	$r(Y \cdot LAI \cdot D)=0.8040$	$r(W \cdot LAI \cdot D)=0.6901$	$r(N \cdot LAI \cdot D)=0.8164$

* 北京水浇地 1980—1984 年 5 年平均

表 7   水浇地不同熟制作物的年 E 组成因素*

熟制	处理	年 E (%)	$\overline{NAR}$ [g/(m²·d)]	$\overline{CGR}$ [g/(m²·d)]	CGR_{max}	$\overline{LAI}$	$\overline{LAI}_{max}$	D (d)	LAD
一年一熟	冬小麦	0.49	6.46	9.3	37.0	1.71	5.65	161	276.2
	春玉米	0.62	10.24	16.4	48.4	1.88	3.94	116	219.5
	春大豆	0.30	4.84	5.8	24.3	2.03	7.50	124	254.6
一年两熟	麦+玉米	0.91	7.62	11.1	37.0 51.7	1.70	5.65 3.48	250	424.4
	麦/玉米	1.03	8.20	11.3	39.7 48.7	1.62	6.44 3.19	279	449.4
	麦+大豆	0.65	5.68	7.5	37.0 20.7	1.71	5.65 5.38	246	422.2

* 1980—1984 年,北京。表中 CGR 为群体作物生长率;D 为生长期天数;LAD 为叶-日积,余同

4)叶-日积 $(LAI \cdot D)$

生长期 (D) 的作用只是在一定的 LAI 基础上才能发挥出来,1984 年北京旱地"麦+玉米"和"麦+大豆"一年两熟,年 E 分别只有 0.38% 和 0.35%,而一熟春玉米水地为 0.57%,旱地为 0.41%,其原因是后者 D 虽小但 LAI 大(表 8)。可见,单纯靠 D 难以大幅度提高产量,需与一定的 LAI 相结合,这个结论与 1974—1978 年和 1980—1982 年的结果相符。$LAI \cdot D$ 受气温、降水的影响。LAI 在 E 中的贡献不只是数值大小而与动态曲线有关,同样的 D 值处于不同的气温条件下作用也不同。生产力模式的建立还有待进一步研究。

(4)熟制生产力主要影响因素的探讨

从上述可见,作物生育后期的太阳总辐射量,人工辅助能中的无机能投入量,作物截光和转化光能的特征(叶-日积与光合效率)都与生物学产量呈正相关,其相关系数分别为 0.918 4,0.905 0,0.690 1。由于光合效率和生产力的形成关系不明显,故忽略不计。将作物生育后期(抽穗—成熟期间)的太阳辐射 (x_3)、无机能投入量 (x_2) 和叶-日积 (x_1) 结合建立与生产力 (P) 的复相关关系,即:

$$P=1\ 219.754+0.872x_1+0.577x_2+0.025x_3$$

通过 F 检验信度水平为 0.01,复相关系数为 0.852 5。其中,x_1, x_2, x_3 分别对生产力形成的贡献是 0.088 4,0.062 8 及 0.904 5。由此可见,生产力形成后期太阳辐射的作用最大,但在一定地区作物灌浆成熟期间辐射量是相对稳定的。因此,决定生产力的因子是可变化的人工辅助能和作物本身截光和转化能量的特征,它们可通过人类活动加以调节,而在中上等肥力条件下作物本身截光和转化能量的特征更为重要。

表 8 水、旱地不同熟制作物生产力形成特征

	处理	北京 一年一熟 冬小麦	北京 一年一熟 春玉米	北京 一年一熟 大豆	北京 一年两熟 麦+玉米	北京 一年两熟 麦+大豆	淮阳 一年一熟 冬小麦	淮阳 一年一熟 春玉米	淮阳 一年一熟 大豆	淮阳 一年两熟 麦+玉米	淮阳 一年两熟 麦+大豆	曲周 一年一熟 冬小麦	曲周 一年一熟 春玉米	曲周 一年一熟 大豆	曲周 一年两熟 麦+玉米	曲周 一年两熟 麦+大豆
水浇地	$E(\%)$	0.47	0.57	0.23	0.86	0.68	0.58	0.47	0.43	1.06	1.01	0.62	0.58	0.45	0.99	0.82
	$\overline{NAR}$	6.30	10.00	3.20	7.40	6.30	3.57	6.68	3.40	4.71	3.50	4.50	8.20	6.20	6.10	4.50
	$\overline{CGR}$	10.30	15.70	4.30	11.40	8.50	9.74	11.83	6.74	10.51	8.52	11.50	15.60	11.90	11.20	9.30
	$\overline{LAI}$	2.21	1.69	2.50	2.06	2.10	3.02	2.09	2.38	2.68	2.76	2.60	2.00	2.90	2.10	2.40
	D	165.00	114.00	124.00	257.00	258.00	166.00	96.00	113.00	262.00	279.00	157.00	115.00	122.00	257.00	257.00
	$LAI \cdot D$	364.70	192.70	310.00	529.40	541.40	501.30	200.60	269.40	700.70	770.40	408.20	230.00	353.80	539.70	616.80
旱地	$E(\%)$	0.19	0.41	0.22	0.38	0.35	0.57	0.42	0.36	0.99	0.94	0.52	0.55	0.43	0.87	0.73
	$\overline{NAR}$	3.60	8.90	4.70	8.00	4.60	3.61	5.86	3.18	4.41	3.44	4.80	8.20	6.20	6.20	5.10
	$\overline{CGR}$	4.60	11.50	4.40	5.30	4.40	9.35	11.03	6.13	9.95	8.09	10.00	14.70	11.40	10.30	8.50
	$\overline{LAI}$	0.89	1.37	2.10	0.89	0.92	2.84	1.79	2.13	2.47	2.56	2.10	1.90	2.80	1.90	2.10
	D	150.00	114.00	118.00	244.00	245.00	166.00	92.00	107.00	258.00	273.00	151.00	115.00	122.00	251.00	251.00
	$LAI \cdot D$	133.50	156.20	247.80	216.20	225.70	471.70	165.10	227.90	636.80	699.60	317.10	218.50	341.60	476.90	527.00

注:CGR为群体作物生长率平均$[g/(m^2 \cdot d)]$;表中为 1984 年资料

2.5　土壤养分平衡和经济效益

合理利用气候资源,最终的目的不仅是获得高的产量及高的经济效益,同时要使土壤养分达到平衡,甚至地越种越肥。

(1)土壤养分平衡及其对地力的影响

据北京点 1980—1984 年五年测定结果:

1)两熟比一熟多消耗 N,P,K 养分约 1 倍左右,故相应地要增加肥料投入,以维持土壤的养分平衡。在北京点试验中平均每年每亩施入 N(纯)49.44 斤,P_2O_5 为 8.96 斤,K_2O 为 2.80 斤。由于产量高,移出多,故 N,P,K 多数呈不平衡状态,则需增加养分。

2)两熟比一熟增加了生物产量,因而增加了土壤有机质的来源。如果把经济产量部分移出本系统之外,而将茎叶等全部还田的话,那么土壤有机质的增加将比分解要多三四倍。在两熟情况下有机质平衡要比一熟情况下增加 17%~18%。

3)1983 年和 1984 年两年试验中未施有机肥,平衡中亏缺约 70%~80%,但即使在这种情况下,若将除去经济产量部分外的植株全部归还土地的话,平衡仍将是正的,两熟要优于一熟,水浇地优于旱地(表 9)。

表 9　水旱地不同熟制养分平衡*

熟制	处理		施入养分(斤/亩)			投入/移出比			有机质平衡**	
			N	P_2O_5	K_2O	N	P_2O_5	K_2O	①	②
一年一熟	水浇地	冬小麦	30.38	9.00	—	0.58	1.07	—	0.204	2.43
		春玉米	35.42	9.00	—	0.88	0.76	—	0.204	3.25
		春大豆	29.02	9.00	—	0.47	2.25	—	0.204	1.31
	旱地	冬小麦	24.50	9.00	—	0.97	2.00	—	0.204	1.46
		春玉米	41.02	9.00	—	1.21	1.09	—	0.204	2.27
		春大豆	26.22	9.00	—	0.60	2.78	—	0.204	0.86
一年两熟	水浇地	麦+玉米	52.78	9.00	—	0.60	0.53	—	0.306	3.03
		麦/玉米	44.38	9.00	—	0.49	0.50	—	0.306	3.69
		麦+大豆	30.38	9.00	—	0.39	0.35	—	0.306	2.63
	旱地	麦+玉米	45.50	9.00	—	1.03	0.95	—	0.306	1.97
		麦+大豆	33.30	9.00	—	0.54	1.27	—	0.306	1.58

* 北京,1983 和 1984 年两年平均

* * ①在试验中的实际施肥情况下;②在除去籽粒外,全部植株还田的情况下

(2)经济效益

1)从北京点的水浇地 1980—1984 年五年平均一年一熟的三个处理看,冬小麦虽亩成本最高,但斤成本不算高,因而亩产值、纯收益、净产值都最高;春大豆尽管成本低,但因产量过低则亩产值和纯收益均最低;春玉米的经济效益处于冬小麦和春大豆之间。

2)水浇地一年两熟五年平均以麦套玉米的产量最高,表现出亩产值、净产值、纯收益、成本产值率都最高,而斤成本最低;冬小麦接茬播大豆,虽亩成本最低,但由于产量低,所以亩产值、净产值、纯收益、成本产值率均处于最低值,而斤成本却最高;冬小麦接茬种玉米的产量稍低于麦套玉米,所以它的经济效益处于两熟三个处理的中间。

3)水浇地五年平均麦、玉米(麦+玉,麦/玉)与麦、大豆两熟比一熟亩成本增加 53.6% 与 60.4%,但由于亩产值高 86.4% 与 63.4%,因而斤成本反而降低 16.4% 与 21.7%,亩净产值两熟比一熟分别增加 97.8% 与 67.6%,亩纯收益两熟分别为 217.20 和 165.16 元,分别比一熟的 107.14 和 89.47 元增加 102.7% 与 84.6%;每元的成本产值率麦、玉米两熟比一熟高 22.7%,麦、大豆稍低只有 3.1%。说明产量高的处理经济效益也大。

4)从旱地 1983 和 1984 年两年平均看,北京点的麦、玉米和麦、大豆两熟比一熟亩纯收益增加

50.47 元和 54.29 元(即增加 75.7％和 92.3％);曲周点增加 115.2％和 63.1％;淮阳点增加约 1 倍。可见,旱地两熟比一熟的经济效益好,由北向南随着旱地产量的提高亩纯收益增加。

5)从水浇地与旱地的比较看,淮阳点水浇地两熟比旱地两熟成本高 14.4％,而净产值和纯收益只增加 2.4％和 1.2％,因而成本产值率下降 8.1％;北京点水浇地两熟比旱地两熟亩成本只高 10.7％,但纯收益高 81.2％～101.8％,因而成本产值率高 53.0％,曲周点居中。说明在黄海平原灌溉的经济效益高,而在黄淮平原则低。

3 结论和讨论

(1)黄淮海平原北缘地区在中上等肥力条件下不同年型的试验结果表明,水浇地小麦、玉米一年两熟比小麦、玉米一年一熟生产力高,蛋白质产量、能量转换效率以及经济效益也都高。两熟中麦套玉米比平播复种更显优势,而且在不同的气候年型下,产量较为稳定。南北各点水浇地上与一年一熟相比,一年两熟的光能利用率增加 98％～111％。

(2)北京、曲周、淮阳三个点的光、热、水资源有明显差异,但决定生产力高低的关键因子是水。淮阳年降水量高于北京、曲周,所以,淮阳旱地两熟产量比北京的高得多。在北京旱地上两熟光能利用率比一熟增加 35％左右,而南部(淮阳)却增加 98％～100％。南部旱地麦 1 m 土层土壤水分比北部水浇地上还要多。由此可知,年降水量较少的北京、曲周,灌溉的经济效益尤为突出。

(3)光能利用率的高低与产量趋势一致,水浇地两熟的光能利用率比一熟平均增加 75％,尤其是麦套玉米两熟年光能利用率达 1.03％,短期内最高可达 5％左右。旱地两熟的光能利用率以平原南部的淮阳为最高(1.1％左右),北京、曲周只有 0.4％～0.6％。在水、热资源不足,即平原北部旱地低 LAI 的情况下,应以提高水分利用率和提高 LAI 为主,在 LAI 较高的情况下应以增加作物生长期为主。在后者情况下,如北京、曲周水浇地中上等肥水条件下,两熟比一熟对提高产量和气候资源利用率有显著作用。光能利用率是多种因素综合作用的结果,在水、热条件保证的前提下,主要由太阳辐射能、人工投入能及作物本身截光和转化能量特征(光合面积、光合时间和光合效率)综合作用形成的,初步建立复相关关系,还待进一步研究。

参 考 文 献

[1] 刘巽浩,韩湘玲,孔扬庄. 论作物的叶-日积及其应用//耕作制度研究论文集. 北京:农业出版社,1981.

[2] Watson D T. Comparative Physiological Studies on the Growth of Field Crops. *Ann Bot N S*,1947:41-76.

[3] 韩湘玲,刘巽浩,孔扬庄,等. 小麦、玉米两熟气候生态适应性及生产力研究. 自然资源,1982,(4).

[4] 韩湘玲,孔扬庄,陈流. 气候与玉米生产力初步分析. 农业气象,1984,(2).

[5] 户刈义次.作物的光合作用和物质生产.薛德榕,译.北京:科学出版社,1979.

[6] 村田吉男,等.作物的光合作用与生态.吴尧鹏,等,译.上海:上海科学技术出版社,1982.

[7] 内岛善兵卫.作物干物质生产和气候条件的关系//侯光良,等,译.农业气候资源译丛.北京:农业出版社.

从黄淮海地区的气候、土壤资源看其在我国农业发展中的战略地位*

韩湘玲　　曲曼丽

（北京农业大学）

1　气候、土壤资源是农产品形成的基本条件

农业生产是在气候、土壤、作物系统中进行的,农产品形成的基础是第一性生产,包括大田作物、果、菜、饲草、林等。而第一性生产是光合作用的产物,畜牧业的发展、农产品的加工及多种工业原料都基于第一性生产,如图1所示。

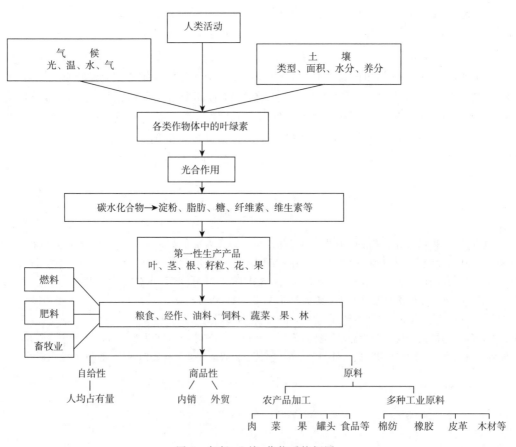

图1　气候、土壤、作物系统框图

种植业生产是第一性生产,其核心是光合作用,而光合作用则是光、温、水、气、养等生态环境综合作用于作物的结果。

据大量的研究,不同类型的作物,其遗传特性制约光合作用的效率不同,如 C_3、C_4 作物。同时,由

*　原文发表于《自然资源》,1987,(4):89-95.

于作物的生化过程特点不同,而形成不同的产量和品质类型,如产量的高低、作物的蛋白质、脂肪的含量、纤维的强度、长度、果品的酸糖度等。同一种作物在不同生态环境下,光能利用效率不同,其生化过程的特点也不尽相同。

据国外研究,在相同条件下,C_3 作物(水稻)的生长率(CGR)不如 C_4 作物(玉米),分别为 23～36 g/($m^2 \cdot$ d)与 31～52 g/($m^2 \cdot$ d),C_4 作物的光能利用率也高于 C_3 作物,分别为 2.80％～4.90％与1.50％～3.55％。同时,同一种作物在温带种植,因光、温、水条件配合优于亚热带、热带,所以,温带的作物生长率和光能利用率都相应比亚热带及热带高些(表 1)。在我国也有同样的情况,小麦、玉米、水稻等作物单产在温带最高。据张家口地区气象局的研究,龙眼葡萄在张家口怀来地区与山东、陕西、辽南某些产区相比,在上糖期间,由于平均气温较低、持续时间长以及日较差大、日照时数较多等有利气候条件,使葡萄的含糖量与含酸量都较高(表 2)。

表 1 不同气候带作物生长率和光能利用率比较

气候带	作物	生长率[g/($m^2 \cdot$ d)]	光能利用率(％)
温带	水稻	36	3.55
	玉米	52	4.90
亚热带	水稻	23	1.50
	玉米	38～52	2.80～3.20
热带	水稻	27	3.20
	玉米	31	2.45

表 2 不同生态区龙眼葡萄的品质*

项目	上糖时间		上糖—完熟的气候条件						龙眼葡萄的品质		
	日期(旬/月)	天数(d)	平均气温(℃)	日照时数(h)	降水量(mm)	干燥度	日较差(℃)	≥10 ℃积温(℃·d)	含糖量(°)		平均含酸量(°)
									平均	最高	
张家口怀来	上/8—上/10	60	19.7	520	159.7	1.2	12.4	1182	19	26	1.0
陕西眉县	中/8—下/9	40	20.7	261	164.0	0.9	9.1	828	13	25	0.7
山东济南	上/8—中/9	40	24.0	373	173.7	0.9	8.6	960	16	—	0.7
辽宁兴城	上/9—中/10	43	17.0	410	57.1	1.9	12.0	731	16	—	0.6

* 杨宝玲. 发挥气候优势搞好葡萄种植区划. 张家口地区气象局,1985.

第二性生产——畜牧业,则是基于第一性生产,经消耗大量的能量而形成金字塔的转化规律。一般情况下,第一性生产的饲料转化为肉、蛋的比例关系为:3∶1(饲料∶蛋),4∶1(饲料∶猪活重),7∶1(饲料∶肉牛)等。

在生态因素中,作物吸收的养分、水分(大部分)和空气(部分)是通过土壤提供的。光、温、水(降水)是由地区的气候条件确定的,并具有季节和年际变化的特点。土壤中的养分、水分和空气可以通过人工投入的有机肥、化肥和排灌、耕作等措施来控制;而自然界中提供给农业生产的光、温、降水资源则是难以控制的。因此,土壤、气候资源的特征,对农产品的形成有着重要的作用。

2 黄淮海地区气候、土壤资源的特点与产量的潜力

(1)资源特点

黄淮海地区属暖温带半湿润、湿润气候区,热量、水分条件次于江南,但优于东北、西北;光资源优于江南。与西北(除南疆外)冷凉干旱半干旱一熟区和东北凉温半干旱半湿润一熟区相比,雨热较充沛,光、温、水配合较好。该地区气候为喜温、喜凉作物一年两熟提供了热量条件。黄河以南年降水量＞750 mm 的地区,旱地可一年两熟,为多种作物、温带果树的高产提供了优越条件(表 3)。

　　黄淮海地区年平均降水量 500～900 mm，亩均水量（包括地表水和地下水）较南方少得多。该地区内，黑龙港地区降水量为 550～600 mm，地下水资源不足，目前地下水已超采；京津地区水分亏缺也较多，上述缺水严重地区约占黄淮海地区耕地面积的 13％，再加上鲁西北丘陵缺水地区和山麓平原旱地总共约占黄淮海耕地面积的 19％。鲁西北降水虽只有 600 mm 上下，但地下水资源丰富，并有黄河水源；山前平原地下水资源条件也较好，近年来开采量大，地下水位开始下降；黄淮平原降水 750～900 mm，地下淡水又丰富，这一地区的水资源只开采了 26％，开采潜力大；苏北地区水系较多，水资源也较丰富，总的来看，本地区大部分地方水资源还是有潜力的，有利于发展农田灌溉。

表 3　黄淮海地区与我国其他地区气候、土壤资源特点比较

地区	≥0 ℃年积温(℃·d)	≥20 ℃日平均气温终止日(旬/月)	7月气温(℃)	1月气温(℃)
西北(新、甘、陕、宁、晋、内蒙古、青、藏)	2 500～4 200	上/8—上/9	14～26	−20～−8
东北(辽、吉、黑)	2 000～4 200	下/7—中/8	16～24	−32～−8
黄淮海(冀、鲁、豫、京、津、苏北、皖北)	4 100～4 500	上/9—下/9	24～27	−6～−1
华东、华中(苏南、皖南、浙、赣、湘、鄂)	5 500～6 900	下/9—上/10	26～28	−1～−3
华南(粤、桂、闽)	6 900～9 000	中/10—上/11	26～28	6～16
西南(云、贵、川)	4 600～6 600	下/8—下/9	24～28	2～10

地区	降水(mm)			主要土壤类型	人均耕地(亩/人)	灌溉面积占耕地(％)	熟制类型
	全年	4—5月	7—8月				
西北(新、甘、陕、宁、晋、内蒙古、青、藏)	500～600	20～50	20～~150	荒漠土	2～8	35	主要为一年一熟区，南疆可一年两熟
东北(辽、吉、黑)	400～900	30～90	200～500	黑土	3～6	12	主要为一年一熟
黄淮海(冀、鲁、豫、京、津、苏北、皖北)	500～900	50～100	300～500	褐土	1.8～2.0	63	可麦、玉米、豆等，麦、棉(或套作)两熟
华东、华中(苏南、皖南、浙、赣、湘、鄂)	900～1 400	100～300	300～400	红壤、黄壤	1.2～1.5	70	水田为麦、稻两熟，旱地为小麦、玉米等两熟
华南(桂、粤、闽)	1 600～2 200	300～500	300～400	红壤	<1.0	59	可麦(薯、花生)、稻、稻一年三熟
西南(云、贵、川)	800～1 200	100～250	250～400	红壤、黄壤	1.0～1.5	39	水田为麦、稻两熟，部分三熟，旱地为麦、玉米等两熟

　　由于降水量年际变化大，再加上低洼、盐碱地及有障碍性土层等原因，本地区是历史上旱涝灾害多发的地方。新中国成立后该地区经过 30 多年的治理有了较大的改善，60％～70％的易涝地区得到初步的治理。近 10 多年来，尤其是 1980 年以后，降水量减少。如北京地区 1951—1980 年平均降水量为 644.2 mm，而 1981—1984 年仅为 458.5 mm。但该区局部地区也出现了历史上少有的涝年，如淮阳地区 1982 年的降水量近 1 038.1 mm(表 4)，上述地区虽未出现大的减产或绝收的情况，但是旱涝仍是限制本地区农业发展的重要因子，不能掉以轻心。从降水量的历史资料分析，旱涝威胁仍不小。

表 4　近 30 年不同时段的降水量　　　　　　　　　　　　单位：mm

年份\地区	1951—1980	1961—1980	1971—1980	1981—1984
北京	644.2	575.9	567.8	458.5
安阳	606.3	583.3	561.4	—
临沂	902.3	895.8	884.6	—
淮阳	758.8	746.0	711.9	—
曲周	—	577.4	563.5	515.1

(2)产量潜力

黄淮海地区≥10 ℃年积温为 3 600～4 800 ℃・d,年降水量 500～900 mm,可一年两熟,复种指数约 150％。据 1977—1980 年的大面积产量统计,大部分地区亩产只有 100～200 kg,苏北地区,水、热条件较好,亩产可达 300～400 kg;江南≥10 ℃年积温 5 000 ℃・d 以上,年降水量＞1 000 mm,一年可二、三熟,复种指数 180％～200％,高者可达 255％,大多数地区亩产可达 400～500 kg,还有高达 600 kg 的;东北地区除辽南亩产 300～400 kg 以上,其他地区≥10 ℃年积温＜3 000 ℃・d,一年一熟,亩产均在 300 kg 以下,大多数地区＜200 kg;西北地区≥10 ℃年积温＜4 000 ℃・d(除南疆外),年降水量＜500 mm,河西走廊的灌区有水浇条件可套种,产量也较高,其他地区亩产均在 200 kg 以下,且多＜100 kg(图 2)。上述情况说明,不同地区的产量受积温、降水量分布的影响,积温高、年降水量多则复种指数高,产量一般也高,为正相关关系。但在同一水、热条件下,生产投入的多少,技术水平的高低,对产量也起重要作用,如胶东、山前平原在黄淮海地区中生产水平较高,产量也较高。

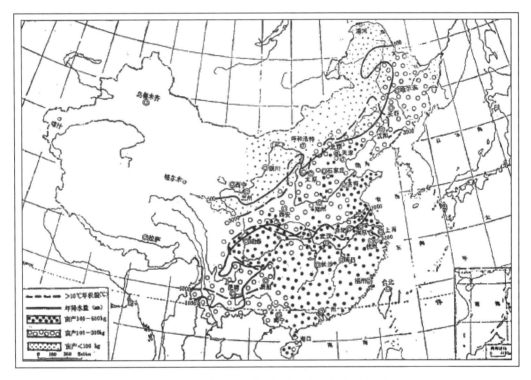

图 2　我国东部地区积温、降水分布与产量关系

根据在黄淮海平原北(北京)、中(曲周)、南(淮阳)三个点的试验(1982—1985 年),在自然降水条件下,随着地区的热量、水分综合作用,产量从北往南增加可达 300 kg 以上。可见,这个地区的生产潜力还是相当大的(表 5)。

表 5　北京、曲周、淮阳的气候与产量

项目	气候条件							土壤条件				产量
试验点	年平均气温(℃)	≥0 ℃积温(℃・d)		7月平均气温(℃)	1月平均气温(℃)	年降水量(mm)	4—5月降水量(mm)	年日照时数(h)	土质	有机质(％)	容重(g/cm³)	地下水位(m)	旱地产量*(kg/亩)
		全年	收麦一种麦										
北京	11.7	4 531.2	2 388.7	25.8	−4.1	633.3	52.5	2 631.2	沙壤土	1.66	1.3～1.4	3 以下	300～500
曲周	13.0	4 989.9	2 766.3	26.8	−2.9	545.5	47.6	2 453.9	壤土	0.80	1.4～1.5	3 左右	395～600
淮阳	15.5	5 267.2	3 018.8	27.5	−0.2	793.6	123.9	2 304.4	壤土	1.21	1.3 左右	2～3	410～650

* 指小麦、玉米(或大豆)一年两熟

3 黄淮海地区在我国农业发展中的战略地位

从 1985 年的黄淮海地区农牧业产值与主要作物等产量统计数值看,本地区生产水平有较大提高,在全国已占重要地位(表 6、表 7)。从表 6、表 7 中看出:

表 6　黄淮海地区农业产值在全国的地位

项目 地区 *	耕地 (亿亩)	占全国产值(%)				有效灌溉面积占耕地 面积的百分比(%)	化肥施用量 (kg/亩)
		农业	牧业	副业	林业		
黄淮海	3.86	27.0	21.6	27.6	13.6	53.4	63.4
华中、华东	2.52	30.0	29.4	38.5	20.3	72.0	99.0
华南	1.06	10.0	11.0	8.9	20.3	59.0	76.5
西南	1.69	13.0	18.0	8.0	19.7	38.6	48.3
东北	2.47	10.0	9.0	8.6	10.6	12.3	25.2
西北	3.16	10.0	11.0	8.4	15.5	24.5	18.4

* 各地区包括的范围同表 3,下同

表 7　黄淮海地区主要作物和肉类产量在全国的地位　　　　　　　　单位:%

项目 地区	粮食	小麦	玉米	棉花	大豆	芝麻	花生	水果	肉类 *
黄淮海	24.0	52.7	33.5	63.6	27.6	43.5	57.8	41.2	15.8
华东、华中	32.1	13.8	3.7	26.3	11.0	41.9	8.4	11.0	33.7
华南	9.6	0.4	1.5	—	3.9	2.2	19.2	13.9	12.8
西南	13.8	9.3	15.2	2.5	5.7	1.7	6.2	10.5	21.9
东北	11.4	4.6	33.6	1.1	44.9	7.2	7.0	10.6	7.3
西北	9.1	19.2	12.5	6.5	6.9	3.5	1.4	12.8	8.5

* 肉类栏黄淮海地区不包括苏北、皖北,此二区计入华东、华中地区

(1)黄淮海地区耕地面积最多,灌溉面积、化肥施用量仅次于华中、华东地区,农、牧业产值也仅次于华中、华东地区,但高于西北、东北两地区之和。

(2)黄淮海地区除肉类总产量较低(但多于华南、东北、西北),主要作物总产量多居全国第一、第二位,特别是小麦、棉花、花生占 50% 以上,棉花最高,达 63.6%。芝麻、水果已占 40% 以上,由于农业产量比重大,发展牧业潜力也是较大的。东北的玉米、大豆则占领先地位。

从上面的资料分析得出,全国农业发展的战略应是:南方片(华东、华中、华南)从历史到目前农业生产上都占重要地位,应进一步巩固。东北片是玉米、大豆的重要产区,耕地面积较大,人均耕地多,但目前生产水平还低,发展生产有潜力,应在提高单产上下功夫。

西北、西南片,生产水平是较低的,自然条件也较差,尤其是西北地区,在今后的生产发展中应予以重视。

而黄淮海地区气候、土壤资源较好,这是极为重要的前提。从作物的生态适应性及综合条件分析,可建设为全国农业商品基地,即:黄淮平原冬小麦基地,华北玉米基地,优质和多品色棉花基地,花生、芝麻基地及农区牧业基地等。目前,该地区生产水平还不高,需进一步兴修水利、加施肥料、加强智力投资,以取得最大的经济效益,其生产潜力要比其他地区大。总之,应作为我国农业发展重点地区,贯彻开发与治理相结合、以开发为主的方针。该地区在 30 年水利建设的基础上进一步解决排灌问题,特别是黄淮平原的涝渍问题及充分合理利用黄河水问题。还需进一步做好产量潜力、品质区域规划和提高水分利用率、化肥规划及其按地区分类开发与治理的方案。同时,为加速现代化生产管理、宏观指导及产前、产中、产后系列化,还应积极培养新型综合性的管理人才。

参 考 文 献

[1] 韩湘玲,郑剑非,曲曼丽,等.农业气候学.北京:农业出版社,1987.

[2] Cooper J P. Photosynthesis and Productivity in Different Environments. 1975.

[3] 中国农牧渔业部.中国农牧渔业统计资料(1984).北京:农业出版社,1985.

[4] 中国农牧渔业部.中国农牧渔业统计资料(1985).北京:农业出版社,1986.

从降水-土壤水分-作物系统探讨
黄淮海平原旱作农业和节水农业并举的前景[*]

韩湘玲　瞿唯青　孔扬庄
（北京农业大学）

摘　要：小麦全生育期产量随蒸散量而增加，大于 500 mm 后产量下降，经研究与实践证明，一般年份该地区水浇地小麦产量比旱地增产，黄河以北尤为突出，但旱作农业基于土壤可贮存的 1/3 的雨季降水，而有一定潜力。因此，用系统的观点一方面充分利用该地区的自然降水，发挥土壤水库的贮水作用以发展旱作农业；另一方面充分利用现有水浇地节水灌溉，并通过各种有效措施，提高水分利用率。

关键词：大气降水-土壤-作物系统　旱作农业　节水灌溉农业　水分利用率

农业生产处于大气-土壤-作物-措施系统中，作物水分盈亏的形成及其特点，直接制约于该系统。

1　变化、问题与路子

黄淮海地区的降水特点是春季干旱，年降水量 60% 以上集中在夏季，历史上旱涝灾害频繁，是旱作农业地区。特别是夏收作物冬小麦的生育期处于秋—冬—春—初夏的旱季，水分供需的矛盾在黄河以北地区十分突出。新中国成立初期农业生产水平低，北京地区的灌溉面积不到耕地面积的 3%，化肥施用量每亩小于 0.5 kg，是"靠天吃饭"的。当时北京冬小麦亩产不足 40 kg，黄淮平原的淮阳也只有 50 kg 多。

新中国成立以后，党和国家大抓水利和农田基本建设，及至 20 世纪 70 年代北京地区的水浇地面积已占耕地的 67%，黄淮海平原灌溉面积也已占耕地面积的 50%。由于灌溉面积增加了 3~6 倍和化肥施用量增加了 31~36 倍，冬小麦产量增加了 3 倍（表 1），大面积亩产 400 kg 以上也不少见。灌溉面积增加速度如此之大，在世界上也是罕见的。

表 1　北京、淮阳冬小麦产量与灌溉面积和施肥量的变化（1951—1983 年）

地区	项目	50 年代	60 年代	70 年代	80 年代	70 年代/50 年代
黄海平原（北京）	产量(kg/亩)	52.0	81.6	170.8	195.2	3.28
	灌溉面积占耕地面积的百分比(%)	11.8	47.7	67.0		5.68
	化肥施用量(kg/亩)	1.86	19.45	57.6		30.96
黄淮平原（淮阳）	产量(kg/亩)	52.5	56.0	136.3	209.5	2.60
	灌溉面积占耕地面积的百分比(%)	3.35	6.1	21.3	18.15	6.36
	化肥施用量(kg/亩)	0.42	2.05	15.05	45.05	35.83

注：表中年代均为 20 世纪

研究与实践证明：一般年份水浇地作物产量比旱地高，黄河以北的冬小麦更为突出。我们的试验中水浇地比旱地一般增产 20%~80%。北京、曲周冬小麦增产 50%~150%，灌溉效率达 0.5~1.5 kg/mm，淮阳因春季降水较多，地下水位也较高，灌溉效率较低，不到 0.5 kg/mm。据调查，衡水地区占总耕地面积 1/4 的水浇地生产了占总产量 3/4 的粮食[1-3]。

* 原文发表于《自然资源学报》，1988，3(2)：154-161。

由于灌溉增产的效果,促使人们积极扩大水源,主要是通过打井以增加灌溉面积和灌溉次数。通过农业区划工作,对自然资源的考察研究发现,水资源丰富的山前平原农田追求灌溉次数,灌水量不加控制,水资源大大浪费。据栾城自然资源考察和分析得知,浇水过多的地块对产量还有负作用[4]。由于地下水开采过多使地下水位下降。而地下水资源贫乏的黑龙港地区则因深井过多,地下水超采已形成漏斗,同时因京津等大城市的需要,中等城市的建设和工副业的发展,使水资源紧张的问题越来越严重。近 20 年来,尤其是"六五"期间,降水量减少,干旱严重,如北京地区年降水量平均值偏少的年份占 55%。水的问题也是世界所关注的重大问题。对节水农业的研究,在北美洲,以及以灌溉农业为主的澳大利亚和非洲部分地区,占有十分重要的地位。

张宝堃以干燥度* 1.0 为半湿润和湿润的界限,按此指标若以全年计,本地区黄河以北属半湿润地区,以南为湿润地区北缘;而按农业季节划分,麦季(10 月—次年 5 月)黄河以北属半干旱,以南为半湿润—湿润。夏季(7—8 月)为湿润气候,夏播作物生育期(6—9 月)则属湿润、半湿润气候(表 2)。

表 2　不同地区不同季节的干燥度与气候干湿型(1951—1980 年)

地区	代表点	麦季 (10 月—次年 5 月)	春播作物 生长季 (5—8 月)	夏播作物 生长季 (6—9 月)	夏季 (7—8 月)	春季 (3—5 月)	全年	干湿型
山前平原	北京	2.1	1.0	0.8	0.6	2.6	1.2	麦季:半干旱型,夏播作物生长季:湿润半湿润型
	石家庄	1.8	1.3	1.3	1.0	2.5	1.3	
黄淮平原	曲周	1.8	—	1.2	0.8	2.8	1.3	麦季:半干旱型,夏播作物生长季:半湿润型
	沧州	2.3	0.9	1.1	0.8	3.3	1.2	
鲁西北平原	惠民	1.1	1.1	1.0	0.8	1.3	1.2	作物生长季:半湿润型
	德州	1.7	1.1	1.1	0.8	2.3	1.1	
黄淮平原	商丘	1.1	1.1	<1.0	0.9	1.6	1.1	麦季:半湿润型,夏播作物生长季:湿润型
	菏泽	1.2	1.1	1.0	0.8	2.4	1.1	
	西华	1.3	1.2	<1.0	0.9	4.5	1.0	
	阜阳	0.7	0.9	<1.0	0.9	0.8	0.9	
	徐州	<1.0	0.9	0.8	0.7	1.1	0.9	

该地区春播、夏播作物生育进程与降水的季节基本吻合,一般水分生态适应性较好,而秋播作物在黄河以北水分生态适应性差,因约有 50% 的灌溉面积,而且水浇地、旱地是插花分布的。旱地农业不同于西北黄土高原和东北大平原(灌溉面积仅为 12%),可利用冬季、早春贮墒或采用点播等扩大水浇地面积,以充分利用水资源。

20 世纪 60 年代初我们对北京的小麦、玉米进行水旱对比试验,在此基础上,1982 年 9 月—1985 年 9 月进行了本地区北(北京)、中(曲周)、南(淮阳)土壤水分变化规律、作物耗水规律的研究,并对全地区的水分亏缺进行了计算与分析,认为本地区发展农业在"水"的战略上,应走旱作农业与节水农业并举的路子,以适应本地区自然资源的特点,提高水分利用效率,较高速地发展农业。

2　本地区旱作农业具有较大的增产潜力

本地区十年九旱,主要发生在春季。因此,以冬小麦生产年度进行研究。

(1)土壤水库是旱作农业的基础

作物的水分亏缺与否,虽受大范围天气、气候条件影响,但要通过土壤水库——作物水分供应的贮存库以及作物本身的需水特性的配合体现出来。降水左右土壤水分的季节变化,而土壤水分的变化又

---

* 干燥度$(K) = \dfrac{0.16 \times \sum t_{\geq 10℃}}{同期降水量}$,余同

影响作物的生育和产量形成。因此,首先要研究降水和土壤水分变化的关系。

根据北京、曲周、淮阳三个点土壤水分变化的四个阶段看,土壤水分变化直接受降水的影响(表3)。

表3　麦季土壤水分的变化与降水量的关系(曲周,1983—1984 年)

土壤水分季节变化阶段	时期(月份)	时段期间降水量(mm)	1 m 土层贮水量变化(mm)
雨季蓄底墒阶段	7—9 月(雨季—种麦)	353.3	336.2
秋季缓慢失墒阶段	10—11 月(0 ℃终止日) (秋季生长期)	60.2	343.0
冬季土壤水分内部 调整阶段	12 月—次年 3 月上旬 (0 ℃终止—解冻)	19.4	337.6
春季失墒阶段	3 月中旬—6 月 (解冻后—雨季前)	112.9	211.0

四个阶段中雨季蓄墒阶段是土壤水库形成的重要时期,此时期从上个生产年度土壤水分达到最低值后开始,经过雨季土壤水分恢复,据北京、曲周的观测,一般年份可补充多于 100 mm 的水,雨季雨水多的年份可超过 200 mm,虽然秋初已开始失墒,但总的看此时期对积蓄底墒起重要作用。

入冬以后土壤温度降到 0 ℃以下,土壤开始冻结。北京、曲周土壤冻层形成后使其下的土壤水分与大气隔绝,减少了下层水分的散失,同时由于土层上下的温度梯度使水分向冻层聚集,经过冬季使 1 m 土层水分增加 2~3 mm,甚至 5~10 mm,此数量虽很小,但说明冬季水分消耗少,可使伏天形成的底墒保留下来供春季使用。

春季气温回升,土壤开始解冻,返浆期后失墒逐渐增加,总趋势是表层先失墒,然后全层失墒。失墒的速度及春季 1 m 土层水分供应量决定于:①底墒量的大小;②春季气候特点——温度高低、降水多少、风速大小;③作物的田间覆盖度;④地下水位,如 1984 年曲周春旱地下水位达 3 m,3 月 16 日测定 1 m 土层土壤贮水量为 345.3 mm,到 5 月 23 日只有 190.1 mm,日蒸散量达 4.08 mm。1985 年底墒好,3 月 17 日测定 1 m 土层贮水量为 397.7 mm,及至 5 月 11 日大雨来前仍有 353.2 mm,日蒸散量只 2.11 mm。这一年之所以土壤失墒少,主要是地下水位高(2.1 m)的缘故,地下水的补充使土壤失墒不明显。有关地下水补充的作用还待进一步研究。

(2)底墒水在形成土壤水库中的作用

通过不同地区多年的观测,由表4可知:①伏秋雨可以贮存,并维持到来年春天 4—5 月。如曲周从返青到抽穗,降雨量仅为 14.1 mm,但由于贮存的伏秋雨较多,到抽穗时 1 m 土层的贮水量仍在田间持水量的 60%以上。②伏秋雨保证率高。黄河以北伏雨可供冬小麦播种的频率达 80%以上,若底墒达田间持水量的 85%,则到来年春天 3—5 月土壤湿度仍可维持在田间持水量的 60%~70%。这样年份的频率,北京、曲周为 50%,淮阳为 55%(按农田水分平衡公式计算出底墒充足的标准。8—9 月降水北京为 180 mm,曲周 170 mm,淮阳 195 mm,按此标准统计频率)。③一般年份土壤水分贮存量为伏秋雨量的 50%左右,伏旱年(来源少)、夏涝年(径流大)则补充少,可见一般年份土壤有接纳雨水的潜力[*]。

表4　雨季前后 1 m 土层土壤水分贮存量变化　　　　　　　　单位:mm

地点	年型	伏雨量	雨季到来前 土壤湿度最低值	播麦前土壤水分	土壤中伏雨 补充量	代表年
北京	夏涝(春重旱)	1 086.1	204.4	366.4	162.0	1959
	伏旱	235.0	162.3	186.2	23.9	1962
	正常(春较旱)	382.4	131.0	250.2	119.2	1961
曲周	伏旱(春多雨)	235.4	210.4	336.2	125.8	1983
	正常稍多(春旱)	422.2	192.8	405.3	212.5	1984

---

[*] 瞿唯青,等.麦田土壤水分变化及耗水规律的研究.北京农业大学作物生态研究室,1986.

（3）春雨对土壤水库的影响

如上所述,伏秋雨是农田底墒形成的降水资源,它不仅提供了播麦的底墒,而且可维持到来年春天,供给春播作物及小麦生育的需要。但仅靠伏雨形成的底墒,土壤水库提供作物需要的水分水平是不高的。从总的看,春雨数量是少的,但若在小麦生育的关键期或春播季节,一次降水在 10 mm 以上,旬降水量在 20 mm 以上,则能提高土壤水库中水资源的作用。春雨量大则失墒慢,因此春雨的作用不可忽视。

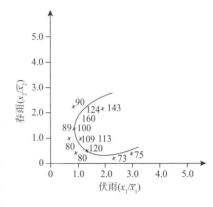

图 1 北京地区伏春雨和产量
（0.5 斤/亩）的关系

据我们对北京降水和冬小麦产量关系研究发现,旱地麦产量最高出现在伏春雨综合作用的情况下,以逐年伏春雨量与历年平均值的比值与逐年产量对比分析,可知产量与伏春雨之间有较好的相关关系(图 1),其关系式为:

$$y = a \cdot \left(b - \frac{1}{x_1}\right) \cdot (r + x_2)^2 \cdot e^{-Bx_2}$$

式中,x_1 为伏雨量,x_2 为春雨量,均用该时段与多年平均($\bar{x_1}$,$\bar{x_2}$)降水的百分数表示;a,b 均为常数,随农业技术措施品种及土壤条件而变,曲周有同样结果[*]。

（4）黄淮海平原有较丰富的降水资源

本地区旱作农业从降水条件看比西北黄土高原和东北地区要优越。年降水量 500～900 mm,黄河以北为 500～700 mm,而西北黄土高原仅 400～600 mm。本地区的降水季节分配也较均匀,雨季(7—8 月)降水量也较多,黄河以北在 280 mm 以上,黄河以南春秋降水比黄河以北更多些(表 5)。

表 5 黄淮海平原与黄土高原降水季节变化的比较(1951—1980 年) 单位:mm

地区		代表点	6—9 月	10 月—次年 5 月	3—5 月	7—8 月	全年
黄淮海平原	黄河以北	北京	539.6	104.7	61.1	404.8	644.2
		石家庄	415.7	134.4	70.2	302.5	549.9
		南宫	384.2	124.0	56.8	284.0	508.2
	黄河以南	商丘	479.4	232.5	131.0	320.4	711.9
		西华	465.4	281.5	155.7	303.7	746.9
		砀山	532.7	240.3	134.8	346.7	773.0
		徐州	575.2	272.7	157.5	385.9	848.1
黄土高原		榆林	306.2	107.9	59.6	213.0	414.1
		河曲	331.2	84.0	42.8	201.4	415.2
		兰州	230.7	97.0	61.9	149.1	327.7

从年干燥度(K)看,黄土高原属半干旱区($K > 1.5$),而黄淮海平原为半湿润地区($K < 1.5$)。其中黄淮平原部分地区为湿润区(表 2)。

显然,由于黄淮海平原雨季降雨量远大于黄土高原,因此,为土壤能储蓄较多的水分,提供了较充足的水源。

（5）黄淮平原土壤水分资源丰富

黄淮平原降水量较多,地下水补给资源丰富。经研究发现黄淮平原旱地的 1983—1984 年小麦生育期 1 m 土层有效水分贮存量平均为 196.6 mm,而北京水浇地不过 164.1 mm,旱地仅 104.3 mm(表 6)。该年度北京旱地麦产量比较高,达 231.6 kg/亩,但仍比淮阳(371.7 kg/亩)少。由此可见,淮阳旱地适于两熟,并能获得较高产量。

---

[*] 韩湘玲,等. 从北京地区的降水看冬小麦的干旱. 农业气象科研总结汇编,1965.

表6 北京、淮阳冬小麦田土壤有效水分比较(1983—1984年度) 单位:mm

处理地点	土层深度	0~20 cm	20~50 cm	50~100 cm	0~100 cm
旱地	淮阳	18.1	40.8	137.7	196.6
	北京	12.2	30.9	61.2	104.3
水浇地	北京	29.2	54.0	80.9	164.1

3 灌溉农业是本地区的精华

本区灌溉面积占耕地的50%左右,可获一年两熟高产。因此,要尽可能扩大水浇地面积,并发挥水浇地的增产作用。需根据作物的耗水规律,将降水-土壤水-作物耗水结合起来,才能制定出合理的节水灌溉方案。

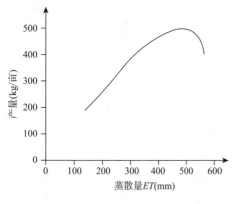

图2 蒸散量与冬小麦产量的关系

(1)蒸散量与产量的关系

不同产量水平的蒸散量不同,据研究,产量为125~150 kg时,一般蒸散量$ET > 250$ mm,产量250 kg以上时则$ET > 400$ mm,但ET达一定程度后再增加,产量反而降低(图2)。

因为作物生育对水分的要求有一定数量,一定范围内灌溉能增产,但灌溉量过大使作物生育受抑,反而会减产。

(2)蒸散量与作物生育

不同生育期的蒸散速度不同。返青开始日蒸散量增大,抽穗—乳熟期达最大(4~5 mm/d),乳熟以后又下降。全生育期的蒸散量不同,但蒸散速率的变化规律是相同的。水浇地蒸散速率大于旱地。

冬小麦生育期间,日蒸散量(ET_d)的变化与叶面积系数(LAI)、作物群体生长率(CGR)的变化趋势一致,只是峰值出现的位相有所不同,LAI最大值出现在抽穗期,ET_d和CGR最大值同时出现在抽穗—乳熟期,此时期干物质累积最快,是耗水最大的时期,但它落后于LAI的峰位期。不同年份$\overline{ET_d}$最大值出现的时期可不相同,如1985年5月上旬至5月中旬多雨,$\overline{ET_d}$最大值就出现在拔节—抽穗阶段。

(3)蒸散量与熟制

北京水浇地两熟(麦—玉米)总蒸散量828.7 mm(其中降水430.7 mm,灌溉水324.4 mm,底墒贮水73.6 mm),比水浇地一熟平均多1倍;旱地两熟总蒸散量为497.7 mm(其中降水431.9 mm,底墒贮水65.8 mm)而小麦、玉米一熟平均为301.1 mm,两熟比一熟耗水量多65.3%(表7)。

表7 不同熟制的蒸散量(北京,1983—1984年)

熟制	土地类型	作物组合	蒸散量(mm)
一年一熟	水浇地	冬小麦	386.7
		玉 米	462.6
		大 豆	491.6
	旱地	冬小麦	232.8
		玉 米	369.4
		大 豆	354.5
一年两熟	水浇地	麦—玉米	828.7
		麦/玉米	867.9
		麦—大豆	826.9
	旱地	麦—玉米	497.7
		麦—大豆	473.5

注:"—"表示复种;"/"表示套种

(4)水浇地合理灌水方案的探讨

1)灌溉地区:根据降水的分布特点,黄河以北春季(3—5月)降水<100 mm的地区为需灌溉地区。

2)浇水次数:根据作物生育特点,土壤水分和降水季节变化规律,在北京、曲周底墒充足的年份,小麦在起身—拔节、孕穗—抽穗、灌浆—成熟期浇3~4次水,肥力水平高,管理得当即可获300 kg/亩以上的产量。据曲周的试验,浇水次数过多产量反而会下降,春、夏播作物一般只要播下种,出了苗,就不需要再浇水。若要获得500 kg以上的高产,秋季灌浆成熟时可依据墒情灌一次水。

3)灌水量:秋播作物的主要根系分布于1 m土层内。为了防止灌水过多造成渗漏浪费,一般1次灌水以1 m土层达到田间持水量80%左右,即增加40~60 mm的水量为宜。

4)根据年型确定灌溉方案:是否灌溉底墒水主要视伏秋雨量的多少而定。如北京7—8月降水量若小于250 mm,无法播种。旱地欲种麦,应灌底墒水。若要底墒能维持到来年春天,头年雨季8—9月降水若小于180 mm则不能达到底墒充足的标准,应浇底墒水。

春季灌水:黄河以北地区春季降水量极少,而且失墒逐渐加剧。严重干旱年,一般浇4~5次水,春季降水正常一般浇3~4次水,春多雨年一般只需浇1~2次水。黄河以南地区一般年份可不灌水,个别年份需浇1~2次水。根据1983—1985年淮阳的试验,冬小麦灌溉增产率最高的小于6%,而北京正常年份灌溉效率都在100%以上,这反映出黄淮平原、黄海平原灌水方案是不相同的。

根据上述分析,可以看出,黄淮海平原的旱作农业是有一定潜力的。在近期灌溉条件不可能有很大改观的情况下,应走旱作农业与灌溉节水农业并举的路子。一方面充分利用该地区的自然资源,发展旱作农业;另一方面充分利用现有的水浇地,需进一步地认识作物的耗水规律,节水灌溉,在提高水分利用效率上下功夫。如采用地膜覆盖、建防渗渠道、完善排灌系统等。

参 考 文 献

[1] 韩湘玲,刘巽浩,孔扬庄.黄淮海地区一熟与两熟制生产力的研究.作物学报,1986,(2).

[2] 王道龙,等.黑龙港易旱地区不同类型农作物的水分生态适应性研究.农业气象,1986,(2).

[3] 韩湘玲,等.黄淮海地区作物结构及其生态适应性的探讨//中国自然资源研究会第一次学术讨论会文集.北京:能源出版社,1985.

[4] 魏淑秋.栾城冬小麦产量与气象条件统计学分析.作物学报,1980,(3).

黑龙港易旱地区不同作物的水分生态适应性研究[*]

王道龙　韩湘玲

（北京农业大学）

1　问题的提出

黑龙港地区位于河北省的东南部,是黄淮海平原中最干旱的地区,年降水量 500～600 mm,比南北邻近地区为少[1],常形成春旱夏涝的气候特点,加之降水的年际间变化较大,旱涝灾害比较频繁。本地区地表水和地下水也比较缺乏,到目前为止,旱地面积约占总耕地面积的 60％ 左右。粮食产量很低,1978—1981 年全区粮食平均亩产 108 kg,旱地产量更低。影响农业生产的关键因素是水分条件。要提高作物产量,必须根据作物的水分生态适应性合理布局作物,以使作物的需水规律与降水规律相吻合,提高水分利用效率。为此,不少人对本地区的农业发展和作物布局提出了建议[2],但意见很不一致。有人认为谷子和高粱耐旱又抗旱,高粱和大豆抗涝,适宜在本地区易旱易涝的地方种植;有人认为发展抗旱的谷子和棉花可以提高作物产量和对自然降水的利用效率;但也有人认为玉米是高产作物,应以玉米为主。对不同熟制来说,有人认为旱地上两熟不如一熟产量高,而有的人又提出旱地应适当发展冬小麦,以充分利用雨水。针对上面有争议的问题,我们通过田间试验对本地不同作物——秋粮、夏粮和棉花的水分生态适应性进行了研究,为合理布局作物提供科学依据。

2　田间试验设计

2.1　试验地基本情况

试验地设在河北省曲周县北京农业大学试验站。面积 7 亩,土壤肥力中等,1 m 土层土质为轻壤—中壤,地下水位在 3.5 m 以下。

2.2　试验处理

分一熟和两熟两种种植方式。一熟的作物有:玉米(郑单 2 号)、高粱(杂交)、谷子(青到老)、大豆(承豆 1 号)和棉花(冀棉 8 号);两熟的前茬为冬小麦(冀麦 15),夏茬有:玉米(京早 7 号)、谷子(豫谷 1 号)和大豆(沧州×号)。

2.3　田间管理措施

按本地区中上等水平管理。除大豆外,其他作物在需肥时期,每亩追施尿素 20 kg,冬小麦和春播作物在播前整地时均施底肥,每亩有机肥 3 m³,碳铵 50 kg,三料过磷酸钙 15 kg。

2.4　测定项目

在作物生育期间每 15 d 测定一次干物重、叶面积和土壤湿度,主要发育期加测。收获时测定产量。

---

　*　原文发表于《农业气象》,1986,(2):19-23,11。

3 结果分析

3.1 降水条件

1983年和1984年两个年度的降水条件是截然不同的。1983年是春秋多雨、夏季干旱,1984是春旱夏涝(表1)。

表1 不同时段降水量与历年平均值的比较(曲周)　　　　　　单位:mm

时段 年度	3—5月	6月上旬—7月中旬	6—8月	8月	9月
1983年	134.8	20.8	122.9	21.9	119.9
1984年	57.6	162.8	510.2	344.6	39.1
历年平均(1960—1983年)	61.7	155.4	314.5	110.3	49.5

1983年3—5月和9月降水较多,分别为134.8和119.9 mm,比历年同期平均值多1倍多。但6—8月降水较少,尤其是6月上旬—7月中旬干旱严重,降水量仅20.8 mm,只有7月下旬有一次80.2 mm的降水。

1984年则是3—5月降水较少,虽总雨量与常年接近,但3—5月中旬的降水量仅为历年平均值的三分之一。8月降水特多,达344.6 mm,使1 m土层土壤水分贮量一度超过田间持水量,造成夏涝。

这两种年份在历史上出现的频率分别为4%和13%。两年中的时段降水类型出现的频率见表2。

表2 历史上不同时段降水类型出现频率(曲周,1960—1983年)

3—5月			6月上旬—7月中旬			7—8月			8月下旬—9月上旬		
类型	降水指标 (mm)	频率 (%)	类型	降水指标 (mm)	频率 (%)	类型	降水指标 (mm)	频率 (%)	类型	降水指标 (mm)	频率 (%)
春重旱△	≤60	66	重旱	≤80或旬雨量均小于20	17	夏旱	≤200	21	秋旱	≤40	58
春旱△	60.1~100	21	轻旱	80.1~120	25	夏常	200.1~400	54	秋常	40.1~80	25
春丰雨△	>100	13	正常	120~200	38	夏涝△	>400	25	秋多雨	>80或8月下旬降水量大于60或9月上旬降水量大于40	17
			多雨	>200	20						

注:凡标"△"号的引自文献[1],其他根据平行观测分析得出

3.2 作物生态适应性分析

(1)秋粮中玉米和高粱的气候生态适应性较好

1)夏旱年春播的玉米和高粱与谷子产量相当

在1983年初夏干旱严重时期,春播的谷子表现较好,干物质累积速度较玉米、高粱和大豆的快,水分利用效率也高。从图1看出,在干旱时期谷子的作物群体生长率(CGR)和净同化率(NAR)均处于领先地位,到7月下旬雨水来临之前,谷子的干物质累积量比玉米和高粱每亩高约75~200 kg,水分利用效率(产量/蒸散量)为2.05 kg/mm,而玉米和高粱等则仅为1.15 kg/mm左右。但是,在降水后当土壤水分得到补充时,玉米和高粱则比谷子具有较高的干物质累积速度,到8月下旬干物质累积量与谷子的差异只有30~125 kg/亩。此期正是籽粒灌浆期,干物质累积量的多少对产量影响很大,加上高粱的生育期长,所以最后玉米和高粱也获得了与谷子相当的产量,水分利用效率和光能利用率也与谷子相当(表3)。仅因谷草的价值高,所以,玉米和高粱的经济效益不如谷子。1983年夏季是历史上最干旱的一年之一,一般干旱年份在春播作物的灌浆时期,均有1~2次以上较大的降水(>50 mm),从1983年的

结果看,玉米和高粱的产量要高于谷子。

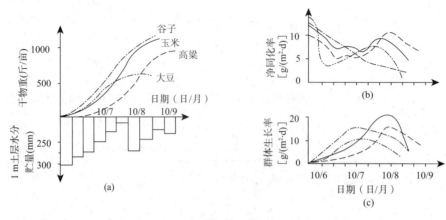

图 1　1983 年春播作物的干物质累积曲线(a)和 NAR(b)、CGR(c)变化曲线

表 3　1983 年春播作物的产量及效益

作物	产量(kg/亩)	SSR 测验(α=0.05)	水分利用效率(kg/mm)	年光能利用率(%)	经济效益(元/亩)
高粱	210.4	A	0.68	0.24	24.05
玉米	197.6	A	0.63	0.27	27.82
谷子	185.5	A	0.57	0.28	39.11
大豆	87.0	B	0.36	0.16	17.07

注:粮食价格按 1980 年不变价格

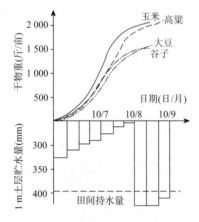

图 2　1984 年春播作物干物质累积曲线

2)常年和夏涝年春播玉米和高粱适应性较强

在 1984 年春播作物生育前期降水量接近常年的条件下,玉米和高粱表现较好,干物质累积量一直处于领先地位。到 8 月上旬夏涝出现以前,其干物质累积量比谷子和大豆高约 150～250 kg/亩(图 2),水分利用效率在 3.5 kg/mm 左右,而谷子和大豆则只有 2.5 kg/mm 左右。此期已是灌浆中期,之后干物重增加不大,假如后期降水正常作物能正常灌浆,则按其干物重和经济系数折算,玉米和高粱的产量要比谷子和大豆高,说明常年玉米和高粱产量是比较好的。谷子受涝后表现更差,产量显著降低,最终籽粒产量仅每亩 100 kg 多,还不及大豆,而玉米和高粱亩产达 300～400 kg,水分利用效率(产量/蒸散量)、经济效益和光能利用率等均以玉米、高粱为最高(表 4)。

表 4　1984 年春播作物的产量及效益

作物	产量 (kg/亩)	SSR 测验 (α=0.05)	水分利用效率 (kg/mm)	年光能利用率 (%)	经济效益 (元/亩)
玉米	417.5	A	1.14	0.55	72.48
高粱	348.5	B	0.93	0.57	57.59
大豆	176.8	C	0.46	0.43	72.77
谷子	125.9	D	0.37	0.47	32.76

根据曲周县气候资料分析,像 1983 年这样 6—7 月中旬严重干旱的年份仅占 17%,而此期降水正常和夏涝的年份占 71%。可见,多年平均状况下,适于春播玉米和高粱的年份居多。

3）夏播作物中玉米的适应性较好

本地区的夏播作物主要是玉米、谷子和大豆，两个年度里其生育期间的水分条件 1983 年为常年*，1984 年为涝年。1984 年有两个播期，6 月下旬播种的生育中后期受涝，7 月上旬播的前期受涝。两年中均以玉米表现较好，干物质累积量均处于领先地位，最终干物质累积量比谷子和大豆高 200～250 kg/亩，籽粒产量常年比谷子高 50％左右，比大豆高 2 倍，涝年在中后期受涝的比谷子高约 3 倍，比大豆高 2 倍，亩产达 336.4 kg（表 5），苗期受涝的，比前一种情况差异小，玉米也受害严重，下部叶子发黄，干物质累积量和产量都大大降低，但仍比谷子和大豆高，最终干物质累积量是大豆和谷子的 2 倍，产量为 99.05 kg/亩，而谷子和大豆分别为 11.5 kg/亩和 25.7 kg/亩。这说明玉米具有较高的生产能力，从水分利用效率、经济效益和光能利用率看，两年中也均以玉米为最高，比谷子和大豆增加 30％～200％。

在本地区夏常年出现的频率占 54％，夏涝年占 25％，可见，夏播作物中玉米也是适应性最好的。

表 5 夏播作物的产量及效益

年份 项目 作物	1983				1984（6 月下旬播种）			
	产量（kg/亩）	水分利用效率（kg/mm）	光能利用率（%）（出苗—成熟）	经济效益（元/亩）	产量（kg/亩）	水分利用效率（kg/mm）	光能利用率（%）（出苗—成熟）	经济效益（元/亩）
玉米	322.5	1.13	1.31	73.83	336.4	1.27	1.07	69.68
谷子	203.4	0.84	0.84	52.91	123.6	0.55	0.82	35.12
大豆	90.0	0.37	0.35	31.07	78.4	0.28	0.65	39.00

综上所述，在本地区的气候条件下，玉米和高粱的适应性是好的，旱年可以获得与谷子相当的产量而高于大豆，常年和涝年获得比谷子和大豆较高的产量、水分利用效率、光能利用率和经济效益，应成为本地区旱地的主栽作物。

（2）底墒足和春多雨的年份利于秋播作物和两熟

由于水肥和管理等方面的原因，目前本地区旱麦亩产量常年只有 50 kg 以上。故有人提出要压缩旱麦面积，发展春播，认为两熟不如一熟。

从本试验结果看，1983 年春季降水较多，旱地小麦亩产达 269.5 kg，仅比水浇地低 23.3％。1984 年春季降水虽少，但由于底墒充足，播种时 1 m 土层土壤水分贮量占田间持水量的 85％，旱地小麦仍获得了较高的产量，亩产达 303.7 kg。分析高产的原因，主要是由于底墒足、底肥好、播种及时，使小麦冬前达到壮苗标准（亩总茎数 90.2 万，单株分蘖 2.6 个，次生根 6 条）。由于冬前有一定降水，返青时土壤水分仍占田间持水量的 85％，一直到 4 月下旬小麦孕穗时，1 m 深处的土壤水分含量才开始迅速下降。尽管中后期水分不足，但由于前期作物生长旺盛，使土面蒸发减少，水分利用的有效性增加，作物生长也较为良好，干物质累积量达 843 kg/亩，最大 CGR 达 23.2 g/(m²·d)，最大叶面积系数达 5.1。这样就使得灌浆期具有较大的光合面积，茎秆中也有较多的物质送往籽粒，故而获得了较高产量。

一般冬前 10—11 月的降水量 65.3 mm 可满足小麦冬前的需水要求（约 60 mm），所以只要播种时底墒充足，返青时就具有较好的土壤水分条件，就有可能达到与 1984 年相当的产量水平。

可见，底墒足和春多雨的年份旱麦也是可以种植的。这样的年份在冬麦获得一定产量的基础上，加上夏播一年两熟，可比一熟获得较高的年产量、光能利用率和经济效益。如 1983 和 1984 年两年，两熟的最高亩产达 592.0 和 640.1 kg，而一熟的最高亩产为 417.5 kg（春玉米，1984 年），光能利用率和经济效益两熟比一熟增加近 1 倍（表 6）。

---

* 因干旱播不下种，灌水 95.6 mm 后播种，这样加上夏季 122.9 mm 的降水共 218.5 mm，相当于本地区夏季正常的降水量

表6　一熟与两熟的年产量及效益对比

年份		1983			1984		
项目　熟制		年产量 (kg/亩)	年光能利用率 (%)	经济效益 (元/亩)	年产量 (kg/亩)	年光能利用率 (%)	经济效益 (元/亩)
一年两熟	冬小麦＋玉米	592.0	0.87	134.94	640.1	0.88	168.63
	冬小麦＋谷子	472.9	0.68	114.02	427.3	0.80	134.08
	冬小麦＋大豆	359.5	0.51	92.18	382.0	0.74	137.94
一年一熟	春玉米	197.6	0.27	27.82	417.5	0.55	79.98
	春谷子	185.5	0.28	39.11	125.9	0.47	40.26
	春大豆	87.0	0.16	17.07	176.8	0.43	80.27

本研究以7月下旬(雨期)土壤水分达到田间持水量来计算这种年份的频率,小麦播种时底墒充足,所需8—9月的降水量 R_{8-9} 按下式计算:

$$R_{8-9}=ET_m+S+N-C=167.4(mm)$$

式中, ET_m 为8和9月份作物的需水量(取 $K_0=1$); C 为田间持水量; S 为底墒足指标; N 为雨季径流深,取 30 mm[2]。取 $R_{8-9}>170$ mm 为标准,这样根据降水资料分析,底墒足的年份占50%,加上底墒虽不足但春雨丰富的年份,总频率为54%,即约1/2的年份旱地麦是可种植的。这样的年份可以两熟,底墒不足的年份则以一熟为主。

(3)棉花在旱地上具有较强的适应性

许多人都认为棉花具有较强的抗旱性,在本地区也是比较适应的。试验结果说明,棉花不仅抗旱而且也抗涝。

1983年夏季严重干旱,棉花生育前期1 m土层土壤水分贮量仅占田间持水量的50%左右。尽管与水浇地相比,旱棉生育受到很大影响,但也获得了较高的产量,皮棉达48.5 kg/亩(水浇地为89.1 kg/亩),品质与水浇地差异不大(表略),经济效益是春播粮食作物的2~5倍(表7)。

表7　棉花与春播及两熟粮食作物的经济效益对比　　　　　　　　　　　单位:元/亩

作物 年份	棉花	春播作物				一年两熟		
		玉米	高粱	谷子	大豆	小麦＋玉米	小麦＋谷子	小麦＋大豆
1983	76.60	14.68	13.74	39.11	11.07	134.94	114.02	92.18
1984	168.92	72.48	57.59	72.76	72.77	168.64	134.08	137.96

1984年前期降水接近常年,8月中旬以后,土壤水分过多(20多天超过田间持水量),在这样的条件下,棉花生育也未受到危害,皮棉仍达83.3 kg/亩,与水浇地(87.0 kg/亩)相近,经济效益也远高于春播粮食作物(表7)。

与两熟相比,在1983年春秋多雨对两熟有利的条件下,棉花的经济效益不如两熟;在1984年的条件下,虽小麦的水分条件也较为有利,但两熟的经济效益不如棉花(表7)。由前面的分析可知,有46%的年份对冬小麦是不利的,43%的初夏干旱年份对棉花是不利的,在平均状况下,棉花的经济效益相当于或高于两熟的经济效益。

根据气候分析,不同年型下旱地棉花产量均在50 kg上下。可见,棉花在本地区适应性是比较强的。

4　结论与讨论

(1)秋粮中玉米和高粱的适应性较好,正常年和夏涝年比谷子和大豆具有较高的干物质累积量和产量,水分利用效率和光能利用率也都较高。春播作物的这种年份占63%,夏播作物的占73%。干旱严重的年份虽干旱时期玉米和高粱的干物质累积速度不如谷子,但因玉米和高粱在降水后土壤水分得到补充时具有较高的净同化率和干物质累积速度,最后也能获得与谷子相当的产量,这种年份占 17%。

(2)底墒足和春多雨的年份冬小麦可获得一定的产量,加上夏播构成两熟,比一熟的产量、光能利用率和经济效益高。这种年份占 50%。

(3)棉花具有较强的生态适应性,旱、平、涝年均可获得亩产约 50 kg 的皮棉产量,经济效益高于春播粮食作物,一般年份也高于两熟。

(4)作物的水分生态适应性是受多种因素影响的,其中品种的影响较大。本试验虽采用的是当地推广的品种,但有些并不是在本地区气候条件下最适宜的品种,这会对试验结果有一定影响。

参 考 文 献

[1] 韩湘玲,等.黄淮海平原的农业气候资源分析.自然资源,1983,(4).

[2] 张丙一,孙家琪,等.学术论文选集:黑龙港地区综合治理专辑.1980.

黄淮海平原冬小麦播前底墒对其产量形成的作用[*]

孔扬庄[1]　　瞿唯青[1]　　韩湘玲[1]　　孟广清[2]

(1. 北京农业大学；2. 河南省淮阳县区划办公室)

　　黄淮海平原的气候条件决定了冬小麦播前底墒对其产量形成的作用，正如农谚所说"麦收隔年墒"。对于底墒与雨季降水的关系，底墒水的消耗过程及其对小麦生育的影响已有研究[1-3]。为进一步研究底墒的作用，1983 年 10 月—1984 年 6 月在平原北部(北京)、中部(曲周)、南部(淮阳)三个试验点定位进行了旱地试验。

1　冬小麦生育期间降水的基本特点

　　黄淮海平原是我国主要的小麦产区，这里光温条件适宜，但由于大陆性季风气候的影响，降水 60% 集中在 7 月和 8 月，而小麦生育期间的 10 月至次年 5 月降水量只占年降水量的 30% 左右(表 1)。小麦生育期耗水量约需 250～500 mm，其中大于 2/3 是春季消耗的，而麦季降水大于 250 mm，春季 3—5 月降水大于 100 mm 仅限于平原南部的一些地区，大部地区麦季降水不足，春季更少，显然单靠麦季内的降水是很难满足要求的，因此考虑种麦时的底墒对小麦产量形成的影响就显得十分重要。

表 1　黄淮海平原冬小麦生长期间降水特点(1961—1980 年)

地点		冬小麦生长期间降水量(mm)			年降水量 (mm)	麦季降水量占年降水量 的百分比(%)
		麦季(10月—次年5月)	底墒雨(7—9月)	春雨(3—5月)		
山前平原	北京	98.9	406.0	57.2	575.9	17.2
	石家庄	136.1	363.8	70.1	541.2	25.1
黑龙港 地区	曲周	135.9	323.8	64.4	546.8	24.9
	邢台	136.2	358.4	65.2	546.0	24.9
鲁西北	德州	135.4	398.7	72.7	602.9	22.5
黄淮平原	商丘	232.8	406.3	135.6	708.3	32.9
	淮阳	286.6	388.3	165.3	746.5	38.4
	宿县	288.1	482.4	172.0	860.8	33.5
	徐州	276.9	472.4	160.4	845.0	32.8

2　底墒对小麦生育和产量形成的影响

　　所讨论的"底墒"系指播种前贮存于作物根层中的水分(1 m 土层)，虽然 1 m 以下深层的土壤贮水对小麦生育的影响是不容忽视的，但限于没有深层土壤湿度资料，且 1 m 土层是小麦的主要供水层，所以本文只讨论播种前贮存于 1 m 土层中的水分对小麦生育的作用。

　　* 原文发表于《农业气象》，1987，(3)：34-37.

2.1 不同底墒条件下土壤水分的变化规律

（1）春秋失墒，冬季稳定

从北京、曲周、淮阳三个试验点冬小麦生长期内土壤湿度的观测可以看出，其变化的基本规律是一致的（表2），秋季播种后有一失墒过程，冬季土壤冻结失墒基本停止，春季返青直到成熟土壤始终处于失墒阶段。

但由于三个试验点气候条件不同，底墒不同，失墒过程也不同，淮阳秋季失墒比曲周、北京强烈，春季开始失墒的时间也比曲周、北京早，显然这是由于淮阳秋季气温比曲周、北京高，而且早春升温也早（表3）。

表2 三个试验点不同时期水分状况（1983—1984年）

地点	项目	播种	播种—停止生长	越冬	返青—拔节	拔节—抽穗	抽穗—成熟
北京（沙壤土）	1 m 土层水分贮存量（mm）	248.2	236.3	207.5	207.9	200.0	177.4
	占田间持水量的百分比（%）	78.5	74.7	65.6	65.7	63.0	56.0
	降水量（mm）	—	16.4	2.0	25.8	6.2	27.3
曲周（壤土）	1 m 土层水分贮存量（mm）	336.2	334.7	341.1	313.3	266.7	233.3
	占田间持水量的百分比（%）	84.3	84.1	85.7	78.8	67.0	58.6
	降水量（mm）	—	71.5	0.5	6.0	8.1	89.2
淮阳（壤土）	1 m 土层水分贮存量（mm）	378.4	345.1	308.4	292.4	253.0	254.2
	占田间持水量的百分比（%）	93.0	84.9	75.8	71.9	62.2	62.5
	降水量（mm）	—	90.1	12.8	11.8	23.7	23.7
该阶段适宜的土壤湿度（占田间持水量的百分比，%）		70~80	70~80	—	70~80	70~80	60~80

表3 三个试验点的气温和降水量比较

项目	时期	北京	曲周	淮阳
月平均气温（℃）	1983 年 10 月	12.7	13.7	15.2
	1983 年 11 月	5.5	6.3	9.1
	1984 年 2 月	−2.6	−2.3	0.8
3—5 月降水量（mm）	1984 年	43.7	58.8	92.5
	历年平均（1961—1980 年）	57.5	64.4	165.3

（2）麦季耗水量淮阳比曲周、北京大

从表4可以看出，淮阳各时期的耗水量均大于曲周、北京。早春2月、3月淮阳的耗水速率也比北京、曲周大，2月1日至3月30日耗水量淮阳为64 mm，曲周为30 mm，北京只有18 mm，这与淮阳春季失墒早是相一致的。4月下旬以后淮阳和曲周的耗水速率相差无几，自4月20日至6月30日的耗水量，淮阳、曲周和北京分别为106，110和68 mm，这一时期三个点都进入耗水的高峰期，土壤中可供消耗的水量多少直接影响耗水量和耗水速率。北京由于土壤墒情差，耗水量和耗水速率都小，曲周的墒情比北京好，但比淮阳差，所以尽管曲周耗水速率与淮阳差不多，但耗水量小于淮阳。

表4 三个试验点不同时期累积耗水量比较（1984年）　　　　　　　　　　单位:mm

地点	2 月 1 日		3 月 30 日		4 月 20 日		6 月 30 日		全生育期耗水量
	累积耗水量	生育期	累积耗水量	生育期	累积耗水量	生育期	累积耗水量	生育期	
北京	48.0	越冬	66.0	起身	78.0	拔节	146.0	乳熟	159.7
曲周	66.0	越冬	96.0	起身	140.5	拔节	250.5	乳熟	303.6
淮阳	80.0	越冬	144.0	拔节	194.0	抽穗	300.0	蜡熟	320.0

2.2　充足的底墒能弥补春季的土壤水分不足而形成较好的产量

1984 年春季北京、曲周的降水量接近历年平均值,淮阳偏旱(表 3),在这样的气候背景下,虽然三个点小麦生育期间降水都不多,但是由于底墒充足,播种时 1 m 土层的水分贮存量均在田间持水量的 80％左右,经过前期的消耗,到拔节—抽穗阶段,土壤水分贮存量仍在田间持水量的 65％左右。小麦需水的关键期(孕穗期)恰处于这一阶段,其适宜的土壤湿度要求达到田间持水量的 70％～80％,最低不能低于 60％,而该阶段土壤湿度达到田间持水量的 65％左右,保证正常生育。抽穗—成熟阶段土壤湿度降到田间持水量的 60％左右(表 2),显然达不到适宜的程度,但并未形成严重干旱,因而得到了一定的产量(表 5)。值得强调的是试验地有较高的肥力水平,在小麦生长过程中,氮素的投入都在 10 kg/亩以上,磷素投入 5 kg/亩以上,否则难以充分利用有限的水分。以曲周为例,在试验地周围同样的地块上,浇 4 次水而每亩只施 10 kg 碳铵(相当氮素 1.8 kg)的小麦产量不超过 100 kg,如果不浇水产量还要低。

表 5　三个试验点冬小麦产量及其构成因素(1984 年)

地点	穗数(万/亩)	穗粒数	穗粒重(g)	千粒重(g)	产量(kg/亩)
北京	23.2	23	0.70	30.6	162.5
曲周	45.2	21	0.67	43.8	303.0
淮阳	43.1	32	0.96	38.6	412.2

综上所述,在黄淮海平原的气候条件下,只要底墒充足,春季降水接近历年平均值,有较高的肥力水平,前期能形成壮苗,后期水分不足时亦有较强的吸水能力和抗逆性,从而提高了水分利用效率,达到"以肥调水"的目的,旱地小麦亦可达到中等水平产量。

3　底墒与降水量的关系

黄淮海平原雨季为 7—8 月份,经过雨季底墒都有不同程度的增加,但小麦播种一般在 10 月上、中旬,所以底墒的充足与否关键是 8,9 月份的降水量。如果把麦播前土壤水分贮存量达到田间持水量的 85％作为底墒充足的标准,由农田水分平衡公式[5]可求出达到此标准所需要的 8—9 月降水量,北京、曲周和淮阳分别为＞180,＞170 和＞195 mm,根据历年的降水资料,降水量达到上述标准的年份所占频率:北京、曲周 50％,淮阳 55％。可见在本地有一半左右的年份靠自然降水可达到充足底墒;有些年份底墒虽不能达到充足标准,但不浇底墒水也能播种,可是在春季强烈失墒的情况下不能维持一定的土壤湿度,使小麦生育受阻,这时春季的降水多少或灌溉(包括冬灌)就显得十分重要。

4　旱地麦适宜的年型及频率

前面考虑了底墒的作用并求出了底墒充足年份的频率,但这是在春季降水接近常年的情况下得出的,没有考虑春雨的变化,现把底墒和春雨结合起来分析,大致可分五种年型(表 6)。

由表 6 可知,前三种年型应视为旱地麦适宜年,则在黄淮平原有 80％年份旱地麦适宜,而在山前平原(北京)有 45％的年份旱地麦适宜,在较干旱的黑龙港(曲周)、鲁西北只有约 37％的年份旱地麦适宜。

在黄淮海平原,特别是北部地区,地表水和地下水资源都有限,难以满足高产小麦对水分的要求,因此要充分利用气候资源,按不同的年型适当灌溉,以得到较理想的产量。在本研究的试验中,只要肥力水平中上,底墒充足,春季降水量接近常年,旱地麦亩产也能达到 200 kg 左右,如再能有些灌溉水,产量有可能达到 300～400 kg。鉴于目前产量水平较低,投入水平也不高,故应走旱作农业与节水农业并举的路子,并根据年型调配小麦播种面积以达全面均衡增产的目的。

表 6　旱地麦适宜年型及频率

年型		3—5 月降水量(mm)	年型出现频率(%)			评价
			北京	曲周	淮阳	
Ⅰ	底墒充足、春季少雨	大于或接近历年平均值	30	29	5	旱麦适宜
Ⅱ	底墒充足、春季丰雨	>100	15	8	45	旱麦很适宜
Ⅲ	底墒欠足、春季丰雨	>100	0	0	30	旱麦较适宜
Ⅳ	底墒不足、春季干旱	<100	50	50	15	旱麦很不适宜
Ⅴ	底墒充足、春季缺雨	小于历年平均值	5	12	5	旱麦不适宜

参 考 文 献

［1］韩湘玲.北京地区伏春雨与旱地冬小麦的关系.气象通讯,1965.

［2］陆光明,朱振全,等.北京平原地区(麦地)土壤水分变化规律∥农业气象科研总结汇编.1963.

［3］李玉山.土壤深层贮水对小麦产量效应的研究.土壤学报,1980,**17**(1).

［4］北京农大农业气象专业.北京地区水分条件与农业生产.农业科技,1974,增刊(3).

［5］王道龙,等.黑龙港易旱地区作物的水分生态适应性初探.农业气象,1986,(2).

［6］陆渝蓉,高国栋.中国水分气候图集.北京:气象出版社,1983.

黑龙港易旱地区冬小麦耗水与麦田土壤水分变化[*]

瞿唯青　　韩湘玲

（北京农业大学）

摘　要：通过田间试验分析了黑龙港地区小麦耗水，以及麦田土壤水分变化的规律。结果表明，从冬季到初春，土壤冻融过程中土壤水分基本上无消耗，而春季土壤水分消耗不仅与降水和土壤中原有水分有关，而且与地下水位有关。冬小麦耗水最大的时期是灌浆初期，实际蒸散与可能蒸散的比值能反映这一耗水规律。

1　前言

为进一步摸清冬小麦耗水和土壤水分变化，以达节水灌溉、提高水分利用效率的目的，在黑龙港地区的曲周于 1982—1985 年进行田间试验。

国内在东北、西北地区的土壤水分变化与作物生育方面做了大量工作[1-5]。20 世纪 60 年代我们开始研究了降水对冬小麦生产的影响，认为伏雨是产量形成的前提，春雨对产量起决定作用[6]。降水对小麦发育的影响是通过土壤水分起作用的，又分析了土壤水分季节变化和垂直变化规律，并以春季土壤水分状况为依据探讨了降水的有效性^{**}。此外，还进行了麦田水、旱地对比分析，对灌溉的效益进行了鉴定，当底墒不足时，冻水起重要作用，春季应灌起身水、孕穗水和抽穗水等^{***}。近年来，在试验的基础上已对不同作物的生态适应性进行了分析，提出在黑龙港地区秋粮中以玉米、高粱水分适应性较好；底墒足或多春雨的年份冬小麦可获得一定产量；棉花具有较强的生态适应性。这些结论为作物的合理布局提供了理论基础[7]。根据近五年来国际上有关作物水分方面的文献综述可以看出，目前国外在研究作物与水分关系的基础上，一方面进一步研究提高水分利用效率的各种途径，另一方面研究水、肥对作物生长的综合影响[8]。国内在经济用水、肥水结合技术上也已进行了研究。

但以往的工作多从某个方面研究作物和水分的关系。本文则试从降水-土壤水-作物系统的观点出发，进一步探讨土壤水变化及小麦的耗水规律，以对易旱地区做出对策。

2　试验设计

2.1　基本情况

黑龙港地区位于河北省东南部，是黄淮海平原最干旱的地区，年雨量 500～600 mm，1982 年 10 月—1985 年 6 月在该地区的曲周县北京农业大学试验站，进行了小麦水分试验。该站年平均气温 13 ℃，年雨量 551.2 mm，土壤以壤土为主，平均土壤容重 1.4 g/cm³。

2.2　试验处理

1982—1983 年度仅为水、旱地两处理，1983—1985 年度均以不同灌水次数为处理，如 0 处理即为不

---

　*　原文发表于《北京农业大学学报》，1988，**14**(2)：167-175.

　**　游松才.近年来国际上有关作物水分问题的研究综述.

　***　河北省农科院.衡水地区农科所黑龙港缺水低产麦田经济用水.肥水配合技术，1985.

灌水的处理,小麦生长靠自然降水;1 处理即小麦生育期只灌 1 次水,其他处理以此类推,详见表 1。所选用的品种为当地推广品种。每个处理 3 个重复(小区),每小区面积为 60 m²,各处理间田间栽培管理措施基本一致。

表 1 田间试验处理及管理措施

年份	处理	灌水次数	灌水时期(时间:日/月)	施肥水平
1982—1983	水地	4	越冬前、拔节、孕穗、乳熟	
	旱地	1	越冬前	
1983—1985	0	0	—	底肥:有机肥 3 万斤/亩;碳铵 50 kg/亩;过磷酸钙 15 kg/亩 追肥:尿素 20 kg/亩 追肥时期:起身、拔节 所施氮肥总量折纯氮:18.2 kg/亩
	1	1	冬前(30/11)	
	2	2	冬前、拔节(30/11,10/4)	
	3	3	冬前、拔节、孕穗(30/11,10/4,20/4)	
	4	4	冬前、拔节、孕穗、灌浆(30/11,10/4,20/4,18/5)	
	5	5	冬前、拔节、孕穗(同上)、抽穗(4/5)、乳熟(24/5)	
	6	6	冬前、返青、拔节、孕穗、乳熟(同上)、攻籽(5/6)	

2.3 测定项目

(1)土壤水分测定:用土钻法测定土壤湿度,每 10 cm 一层测至 100 cm 深,每组重复处理 3 次,每 15 d 测一次,发育期加测。1984—1985 年改用中子仪测定土壤湿度,每 20 cm 深测一次至 180 cm,每组重复处理 3 次,每 10 d 测一次,越冬期间每 20 d 测一次。

(2)生物学测定:进行发育期观测;每 15 d 测定一次干物重和叶面积系数;抽穗后进行灌浆速度测定;收获时测定产量及其构成因素。

2.4 气候资料及主要计算方法

气候资料引用试验站附近气象站观测资料。蒸散量用农田水分平衡法确定,可能蒸散用修正过的彭门法求算[*],作物的生长状况采用生长分析法求算群体生长率(CGR)等。

3 结果分析

3.1 冬季土壤水分的内部调整使伏秋雨(底墒水)春用成为可能

在土壤冻结的情况下,土壤水分状态会发生变化。在曲周冻层深度一般为 30 cm 左右。该层土壤因受冻膨胀影响,土壤孔隙体积有所增大,因此在有水分不断补给的情况下,可使冻层含水量达过饱和状态,冻层成为含水量较高的层次。

2 月下旬以后,冻层的消融从地表开始,而其下未消融的冻层成为隔水层,阻止消融水的下渗,这时整个冻层的土壤水分仍处于最高状态,即为"返浆期",由于这一时期上层土壤水分含量高,对小麦返青,起身乃至拔节都有好处。

在地下水位较高的情况下,土壤冻融期的水分状况与地下水位关系密切。冻结时期地下水不断补给冻层使地下水位下降,春季消融时期水分下渗,地下水位又有所回升(表 2)。

---

* 陕西农村科学院.土地资源利用(联合国粮农组织专家讲授教材).1981.

表 2　冬季地下水位的变化(曲周)

日期	地下水位(m)
1984 年 12 月 20 日(未冻)	2.03
1985 年 1 月 10 日(冻结期)	2.74
1985 年 4 月 30 日(消融后)	2.31

在整个冬季土壤水分的变化过程中,虽然上层的水分状况变化较大,但据多年的测定得出,1 m 土层的贮水量略有增加(2~3 mm)。

由冬季土壤水分的变化规律可知,只要冬前土壤水分充足,整个冬季又基本保持不变,这就为春季返青后小麦的生长发育需水打下了基础,显然应十分重视伏秋雨的作用,若伏秋雨量不足,则灌底墒水和冻水对于春旱地区冬小麦的生长是十分重要的。

该地区常年伏秋雨量较多,历年平均 7—9 月降水 353.3 mm,雨季后土壤都能蓄一定量的水分(表 3),可见伏秋雨也为旱地小麦生产提供了可能性。

表 3　雨季前后 1 m 土层土壤贮水量的变化

年份	7月中旬—9月下旬降水量(mm)	雨季前土壤贮水量(mm)	雨季后土壤贮水量(mm)	雨季土壤贮水量的增量(mm)	雨季后土壤贮水量占田间持水量的百分比(%)	年型
1983	235.4	210.4(5/7*)	336.2(10/10)	125.8	85	伏偏旱
1984	422.2	192.8(28/6)	405.3(13/10)	212.5	102	夏涝

* 为测定日期(日/月),余同

3.2　地下水的补给对水分供应有一定作用

地下水的补给主要是通过毛管作用来实现。毛管水可分为支持毛管水和毛管悬着水,前者产生于接近地下水位处,与地下水有水压联系,而后者是灌溉或降水后,弯月面力保持土层中的水分,它一般在靠近地表的土层中,与地下水无直接联系。支持毛管水的运动比毛管悬着水快得多[9]。

田间持水量相当于最大毛管悬着水量或支持毛管水的上限。因此,可根据在地下水的作用下(除去降水和灌溉的影响)土壤自然含水量接近田间持水量的土层出现的部位,作为毛管水强烈上升的高度即地下水补给所至的高度(图 1)。当然毛管水上升的高度,可能还要高些。

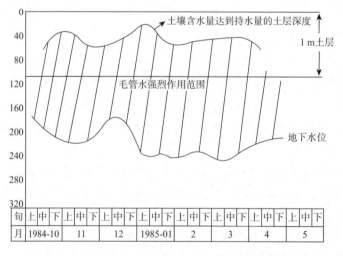

图 1　1984—1985 年 0 处理麦田地下水位及土壤剖面湿润峰变动(单位:cm)

进而考查 1984 年、1985 年 0 水处理麦田在旬降水小于 10 mm 的时段内(这样可不考虑降水对土壤水分含量的影响)地下水对土壤水分垂直分布的影响。由于 1984 年与 1985 年地下水位差异很大,所以毛管水强烈上升高度也不同。1983—1984 年毛管水强烈作用的范围均在 1 m 以下,所以 1 m 土层中水分损失主要是原来贮存的部分不断消耗的过程。显然由于地下水补给很少,除冬季土壤水分自身调整外,小麦整个生育期内土壤不断失水。在这种情况下如对 1 m 土层运用农田水分平衡法来求算实际蒸散量时可忽视地下水补给项。由图 1 可以看出 1984 年 10 月至 1985 年 5 月地下水位高。毛管水强烈作用的范围均在 1 m 土层以内,这一层中由于蒸发和作物根系吸收消耗的水分不断由地下水补给,因此整层的水分丢失很少,只在 60 cm 以上的土层内表现出轻微的失水。显然这样的年份对 1 m 土层用农田水分平衡法来求算实际蒸散量就必须考虑地下水的补给量。

由上述分析可知,在地下水位较高的地区或年份,地下水的补给对水分供应有一定作用,特别在春旱情况下,地下水的补给对缓和旱情有积极作用,但这种补给作用只在地下水位高的地区明显,有些地区如曲周,地下水位年际变化大,地下水位高的年份即使春雨很少,土壤水分状况并不差,而地下水位低的年份就无地下水补给,作物生长就只能靠降水贮存于土壤中的水分。因此在这些地区还应根据不同的年型、地下水位状况来决定灌溉,有地下水补给的年份可少灌甚至不灌。

3.3 供水层深度的确定

供水层深度是指供给作物水分的土壤层的深度,它是确定和预报土壤有效供给量以及确定灌溉量的一个必要参数,决定于作物和环境条件(降水、土质、栽培条件)两大因素,李玉山曾指出在黄土高原土壤深层贮水(1 m 以下土层的贮水)对小麦生长发育和产量形成起着十分重要的作用[10],黄土高原土质均匀丰厚,地下水位低(数十米),作物根易下扎,小麦根深可达 2～3 m,因而深层土壤水在作物生长中起的作用很大,在一定程度上缓和了春旱,可见黄土高原供水层较深。而黄淮海平原土壤不均匀,1 m 以下甚至 1 m 土层内夹有不同厚度的黏土层,或是壤土与黏块的混层,除太行山、燕山山前外其他地区地下水位均较高(2～3 m),这样不利于根系下扎。据 1985 年曲周的试验资料,从 100～180 cm 土层中小麦生育期内水分收支可以看出(表 4),对于不同处理的小麦,其生育期内 100～180 cm 土层水分消耗量远小于总耗水量,即主要的水分消耗量在 0～100 cm 土层中,对于旱地 1 m 以下土层的水分消耗比例要大,而对于灌溉地则较小。因此认为在该地区灌溉麦田供水层约为 1 m,这样灌溉时仅需考虑1 m 土层的贮水量即可,一般说一次灌溉量应以使 1 m 土层贮水量达田间持水量为宜。再多灌只能使土壤饱和最终发生渗漏,导致水分浪费,降低水分利用效率。

表 4　不同水处理冬小麦生长期内 100～180 cm 土层水分支出(1985 年,曲周)

水分支出项目 处理	0	1	2	3	4	5	6
100～180 cm 土层耗水量(mm)	125.4	124.7	130.1	124.7	118.6	128.4	122.5
总耗水量(mm)	285.4	314.6	350.5	387.9	427.8	468.3	502.4
100～180 cm 土层耗水量占总耗水量百分比(%)	43.9	39.6	37.1	29.7	27.7	30.0	24.4

3.4 冬小麦的耗水规律

(1)产量与蒸散量为抛物线关系

根据各试验年度蒸散量和产量的实测值可见图 2,蒸散量与产量为抛物线关系。水分条件较差时,产量随蒸散量的增加而增加,当蒸散量增加到一定量时如果再增加,产量反而会下降,显然这种情况下水分已不成为产量的限制因素,水分的增加已不能提高产量,相反使干物质累积减少,贪青晚熟,甚至产生倒伏使产量降低。

应该指出,在黑龙港地区自然降水条件下,产量与蒸散量的关系基本上还处于直线范围内,只在一些浇水较多的麦田才有这种关系。蒸散量与产量关系的得出对确定适宜的灌溉量是有意义的。

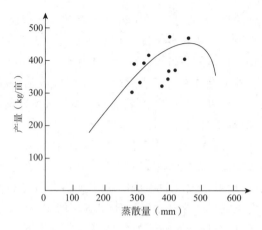

图 2　各试验年度内冬小麦产量与蒸散量关系(1983—1985 年,曲周)

（2）冬小麦灌浆初期是耗水最强的时期

小麦不同发育期蒸散量不同,由表 5 可以看出,从返青开始,日蒸散量 $\overline{ET_D}$(即蒸散速率)逐渐增大,抽穗到乳熟这一时期日平均蒸散量最大,一般都在 5.0 mm/d 以上,乳熟到成熟又有所下降,无论水地还是旱地蒸散速率的变化都是如此,但旱地各发育阶段的日蒸散量要比水地的小,说明水地耗水多。

表 5　冬小麦不同发育阶段各处理蒸散速率(曲周)

发育期 $\overline{ET_D}$(mm/d) 处理	播种—停止生长		越冬		返青—拔节		拔节—抽穗		抽穗—乳熟		乳熟—成熟	
年份	1984	1985	1984	1985	1984	1985	1984	1985	1984	1985	1984	1985
0	1.4	1.4	0.4	0.2	1.6	2.4	1.8	3.7	4.8	1.9	2.5	1.6
1	1.4	1.4	0.4	0.4	2.1	2.3	2.1	3.6	5.1	2.7	3.8	1.6
2	1.4	1.2	0.4	0.5	2.0	2.1	3.4	4.9	4.2	3.9	4.1	1.5
3	1.4	1.3	0.4	0.5	2.2	2.0	3.3	5.1	6.1	4.2	3.6	1.6
4	1.4	1.4	0.4	0.4	2.0	2.0	3.9	4.9	6.6	4.3	4.4	2.9
5	1.4	1.4	0.4	0.5	1.8	1.8	4.2	4.9	5.9	4.4	5.3	4.4
6	1.4	1.4	0.4	0.4	2.7	2.7	3.9	5.2	6.0	4.3	5.1	4.7

图 3 绘出了蒸散速率($\overline{ET_D}$)与叶面积指数(LAI)、群体生长率(CGR)的关系。可以看出,返青以后 $\overline{ET_D}$ 的变化趋势和 LAI 及 CGR 的变化趋势是一致的,只是各自峰值出现的位相不同,LAI 的高峰出现在抽穗期,$\overline{ET_D}$ 的峰值则出现在灌浆初期。从抽穗前到乳熟这一阶段蒸散量中蒸腾所占的比重很大,而

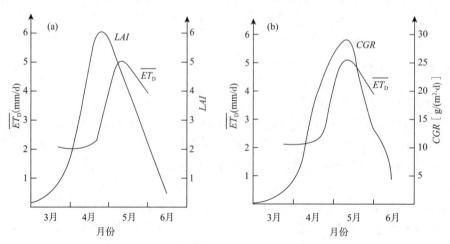

图 3　水处理麦田日蒸散速率 $\overline{ET_D}$ 与 LAI(a)和 CGR(b)的关系(1981 年,曲周)

蒸腾量的大小与 LAI 有关,但从上述分析可见蒸散量强的时期并非叶面积最大的时期,而是在叶面积开始下降的灌浆初期,这时是水分消耗最大的时期。图 3 还可以看出,$\overline{ET_D}$ 与 CGR 的峰值同时出现,这说明光合产物累积速度最快的时期并非出现在光合面积(LAI)最大之时,而是出现在蒸腾强度最大时,这时也是作物体内各种代谢过程最旺盛的时期。

综上所述,灌浆初期是小麦生育期中耗水强度最大的时期,从小麦生长发育过程看,这时虽不是需水的关键期,但这时水分的缺乏势必影响干物质的累积,最终导致减产。蒸散速率 $\overline{ET_D}$ 不仅受作物本身生长发育特性的影响,同时也受气候条件影响。表 5 中 1985 年小麦不同水处理的 $\overline{ET_D}$ 最大值并非出现在抽穗—乳熟期间,而是提前了一个发育期,这与抽穗—乳熟阶段的气候条件有关,该阶段正值 5 月上、中旬,而 1985 年气候条件特殊,这一时期多雨、日照少,5 月 3—5 日降水 124.5 mm,有 82% 降水发生在这两旬,5 月份的日照百分率只有 33.7%。这种气候条件导致了 $\overline{ET_D}$ 最大值的提前出现。

为了更进一步地反映作物的耗水状况,我们计算了各种水处理不同阶段实际蒸散(ET)与可能蒸散(PET)的比值 K,即 K=ET/PET。表 6 给出 1984 和 1985 年两年不同处理各阶段的 K 值。可以看出,各处理 K 的变化趋势都一致,冬前接近 1,从返青到成熟有一由小变大的过程,峰值出现在抽穗—乳熟阶段,即灌浆初期。

从表 6 还可看出,1984 和 1985 年两种不同的气候条件下 K 的峰值出现的时期是一致的,都在灌浆初期。1985 年小麦抽穗—乳熟阶段由于多雨,日照少,实际蒸散量小,但可能蒸散量也小,故 K 值还是较前一生育阶段为大,这说明尽管不同年份,不同发育阶段的实际蒸散量不同(因而造成 $\overline{ET_D}$ 峰值出现时期不同),但相对不同时期由气候条件所决定的最大蒸散能力(可能蒸散量)而言,始终是灌浆初期的实际蒸散量最大。

表 6 冬小麦不同水处理各生育阶段 K 值(曲周)

年份	1984						1985					
处理 \ K \ 发育期	播种—停止生长	越冬	返青—拔节	拔节—抽穗	抽穗—乳熟	乳熟—成熟	播种—停止生长	越冬	返青—拔节	拔节—抽穗	抽穗—乳熟	乳熟—成熟
0	1.17	0	0.56	0.45	1.02	0.56	1.00	0.20	0.69	0.72	0.56	0.35
1	1.17	0.44	0.75	0.52	1.08	0.87	0.99	0.57	0.76	0.70	0.80	0.34
2	1.17	0.44	0.71	0.84	0.85	0.95	0.88	0.65	0.61	0.94	1.13	0.31
3	1.17	0.44	0.79	0.81	1.25	0.78	0.96	0.64	0.58	0.99	1.24	0.34
4	1.17	0.44	0.71	0.95	1.37	1.04	1.03	0.58	0.59	0.96	1.26	0.62
5	1.17	0.44	0.63	1.03	1.22	1.27	0.99	0.60	0.53	0.96	1.28	0.94
6	1.17	0.44	0.94	0.96	1.24	1.25	1.00	0.62	0.78	1.00	1.27	1.00

显然 K 的变化趋势也与 LAI,CGR 相同,峰值的出现稍落后于 LAI 的峰值,而与 CGR 的峰值出现时间一致,即 K 的最大值也是出现在作物干物质累积最快的时候。

综上所述可知:冬小麦耗水最强的时期是灌浆初期,K 的变化反映了作物生理耗水的特点,它不受气候条件变化的影响,而只与作物本身的需水特性有关。相比之下,$\overline{ET_D}$ 虽能反映出作物一生中需水的变化特征,但却受不同年份气候条件的影响,当然 $\overline{ET_D}$ 作为描述作物需水的变化规律也有一定优点,它能直观地给出耗水强度,而 K 值则比较抽象。

表 6 还反映出,不同的处理 K 值变化趋势是一致的,但同一发育阶段各处理的 K 值并不相同,不灌水的处理 K 值小,而灌水的处理 K 值大,这说明 K 值与土壤水分状况有关,但其定量关系还有待于进一步试验研究。

(3)作物系数 K_c 与适宜蒸散量

作物系数 K_c 定义为:水量适宜使作物生长和发育不受限制,并具有最优的农艺和灌溉管理条件,生长茂盛的大田作物蒸散量与同时期可能蒸散量的比值。显然满足上述条件的 K 值就是 K_c。根据试验,认为灌 4 次水的处理具有适宜的水分条件,能保证作物正常生长发育并获得较高产量,因此将该处

理的 K 值作为 K_C 值。取 1984 和 1985 年的平均值,见表 7。根据历年平均气候资料(1961—1980 年)求得曲周的 PET 值,再根据 K_C 求得适宜的蒸散量即适宜的需水量为 516.0 mm。由图 2 可以看出此值基本上处在产量—蒸散量关系曲线峰值所对应的蒸散量附近。

表 7　冬小麦不同生育阶段的 K_C 值(1984—1985 年,曲周)

发育期	播种—停止生长	越冬	返青—拔节	拔节—抽穗	抽穗—乳熟	乳熟—成熟
K_C	1.1	0.51	0.65	0.96	1.32	0.83

根据 K_C 值可以求得作物的需水量,但由某一特定地区实测资料求出的 K_C 是否适用于别的地区,用上述 K_C 求北京的需水量为 578.8 mm,显然偏大,因此为了确定不同地区的需水量,还需进一步研究[11]。

4　结　论

(1)从入冬到初春这一时期,土壤的冻融过程中土壤水分基本上无消耗,甚至略有增加,这就为灌溉底墒水或冻水以备春季使用提供了依据。

(2)春季土壤水分的消耗不仅与降水以及土壤中原来贮存的水量有关,而且与地下水位的高低密切相关,地下水位高的地区或年份,地下水的补给对缓和春季土壤干旱,维持冬小麦正常生长发育有重要作用。在灌溉时也应考虑地下水的补给,以免造成水资源的浪费。

(3)冬小麦耗水的最大时期是在灌浆初期,也就是光合产物累积最快的时间,实际蒸散与可能蒸散的比值 K 以及蒸散速率 $\overline{ET_D}$ 均能反映作物生理耗水特点。

(4)对于黑龙港地区,灌溉地的土壤供水层深度约 1 m,灌溉时只需考虑使 1 m 土层的水分状况达到田间持水量即可。

参 考 文 献

[1] 李玉山.土壤水分状况与作物生长.土壤学报,1962,10(3).

[2] 乔樵,等.东北北部黑土水分状况的研究Ⅱ:黑土农田水分状况及水分循环.土壤学报,1979,16(4).

[3] 张群喜,等.土壤水分状况对物质运移及作物生长的影响.土壤学报,1983,20(4).

[4] 贺多芬.我国北方五省冬小麦生长期的自然水分条件及其对产量的影响.中国农业科学,1979.

[5] 陈玉民.关于农作物需水量的概念与研究工作的讨论.灌溉排水,1981.

[6] 韩湘玲.从北京地区降水看冬小麦干旱.气象通讯,1965.

[7] 王道龙,等.黑龙港易旱地区不同作物的水分生态适应性初探.农业气象,1981.

[8] Majundac D K,et al. Effect of irrigation based on pan evaporation and nitrogen levels on the yield and water use in wheat. *Indian J of Agri Sci*,**54**(7).

[9] 袁剑舫,等.黏土夹层对地下水上升运行的影响.土壤学报,1980,17(1).

[10] 李玉山.土壤深层贮水对小麦产量效应的研究.土壤学报,1980,17(1).

[11] 王道龙.农作物需水系数及其变化初探.北京农业大学学报,1986,12(12).

黑龙港易旱麦田水肥交互作用节水灌溉方案的探讨[*]

陆诗雷　韩湘玲

（北京农业大学）

摘　要：通过对 1986—1987 年度影响小麦产量及经济收益的三因素（氮肥、磷肥、浇水）五水平二次通用旋转回归设计及辅助试验结果的分析、模拟及优化，试图找到本地区以肥调水、节水灌溉的依据，为农业生产服务。试验结果表明，肥、水对产量及经济收益有互补作用，通过适当多施肥而少浇水可以达到适当多浇水而少用肥的同样产量和经济收益，从而达到以肥调水、节水或省肥的目的。

1　前　言

黑龙港地区包括河北省 50 个县市，光热资源丰富，但水资源（包括降水、地表水、地下水）贫乏，年降水量 500～600 mm，有"华北干槽"之称，特别是冬小麦生长季内的 9 月—次年 6 月，降水量仅占年降水量的 20％～30％（110～165 mm），这满足不了冬小麦需水 400～500 mm 的要求，尤其是冬小麦生育需水旺季的 3—5 月，降雨仅 50～70 mm。所以，本地区冬小麦生产达到一定产量（大于 200 kg/亩）必须灌溉补水，但本地区地表水资源仅为降水量的 12％～15％。

浅层淡水虽是本地区唯一可靠的地下水资源，但是由于近 10 年来干旱比过去更严重，人民生活、工农业生产需水又增多，地下潜水连年超采，沧州、冀县、枣强、衡水漏斗中心地下水位分别达 75 m 和 56 m，并且仍以每年 3 m 的速度下降。另外，地表下沉也十分严重，地下水供给量下降，则开采费用升高。

本地区不仅水资源严重短缺，而且土壤瘠薄，一般耕层有机质、全氮、全磷及速效氮、速效磷均为国家的五级水平。如不施肥，则无法满足小麦 50 kg/亩以上之需。

从长远考虑，根本解决黑龙港地区干旱问题，需南水北调，引黄灌溉，但这绝非近期所能实现的。因此，怎样利用现有水资源来保证和发展冬小麦生产，保证人民生活需要，是一亟待解决的问题。

本文通过田间试验，研究肥、水尤其是肥水交互作用对冬小麦产量及经济效益的影响，为农业生产"以肥调水"、"节水灌溉"服务。

2　试验设计

（1）基本情况

试验地设在河北省曲周县北京农业大学试验站改造好的盐碱地上，地力基本均匀。

前茬：不施肥，不浇水，为均匀地力种植夏玉米。

试验时间：1986 年 10 月—1987 年 6 月。

品种：冀麦 15。

播种量：11 kg/亩；基本苗：25 万/亩。

行距：20 cm；小区面积：5 m×5 m。

小区总数：20 个。

* 原文发表于《中国农学通报》，1989，**5**(2)：14-16.

小区之间为防侧渗,用塑料布将 0~100 cm 深的土层用塑料布隔开。

（2）试验处理

试验方法采用三因素五水平二次通用旋转回归设计（星号臂 $R=1.682$）。三因素为施氮量、施磷量和灌水量（表1）。

表1　变量水平编码表（$R=1.682$）

水平 变量名	变化间距	−R	−1	O	+1	+R
X_1 纯 N(kg/亩)	4.46	0	3.04	7.5	11.96	15
X_2 纯 P_2O_5(kg/亩)	2.98	0	2.03	5.0	7.96	10
X_3 灌水(mm/亩)	107.0	0	73	180	287	360

注：−R：不灌水；−1：冻水 28 mm(19 m^3/亩),拔节期浇 45 mm(30 m^3/亩)；O：冻水、起身、拔节、孕穗期各浇 45 mm(30 m^3/亩)；+1：冻水、起身、拔节、孕穗、抽穗、灌浆期,共浇 6 次水,每次浇 47.8 mm(32 m^3/亩)；+R：冬灌、起身、拔节、孕穗、抽穗、灌浆、麦黄期共浇 7 次水,每次浇 51.4 mm(34.3 m^3/亩)。

具体实施方法：

氮肥：为含氮 46% 的尿素,无论什么肥平均是总施量的 40% 作底肥,起身、拔节期各追 30%。

磷肥：为含 P_2O_5 10% 的过磷酸钙作为底肥,一次施入。

以水表控制灌水。

3　结果分析

将试验所得二次通用旋转回归设计结果进行回归计算分析,得产量和经济效益的三因素二次回归模式及各回归系数。检验结果表明:回归方程与实际情况拟合较好,施氮、施磷及灌水量三因素作用显著,优化分析无须剔除变量,直接用此两个回归方程进行分析。

（1）适量多施肥,可达到以肥调水、节水灌溉的目的（表2）

表2　以肥调水效应分析表

施氮量 (kg/亩)	施磷量 (kg/亩)	浇水量 (mm)	产量 (kg/亩)	亩经济收益 (元/亩)	施氮量 (kg/亩)	施磷量 (kg/亩)	浇水量 (mm)	产量 (kg/亩)	亩经济收益 (元/亩)
8.10	0	0	120.1	30.25	9.37	2.03	73.0	226.3	69.22
0	6.1	0	114.3	33.04	3.04	6.65	73.0	220.2	70.94
0	0	167.9	96.0	28.57	3.04	2.03	204.4	221.3	69.57
11.30	5.0	180.0	332.8	105.73	13.19	7.98	287.0	380.7	117.68
7.50	7.5	180.0	328.0	106.56	11.96	8.37	287.0	329.2	118.47
7.50	5.0	237.8	327.9	107.43	11.96	7.89	311.0	381.7	118.74

注：亩经济收益计算公式为 $J=C_1y_1+C_2y_2-C_1\eta-C_3N-C_4P-\sigma-K$,式中：$J$ 为亩经济收益(元/亩)；C_1 为小麦单价 0.178 元/斤；y_1 为亩产量(kg/亩)；C_2 为小麦秸单价 0.02 元/斤；y_2 为亩产秸草量(kg/亩)；C_3 为折纯氮单价 0.38 元/kg；N 为亩施氮量(kg/亩)；C_4 为折纯 P_2O_5 单价 0.29 元/kg；P 为亩施 P_2O_5 量(kg/亩)；η 为播种量(kg/亩)；σ 为 3.4 元/亩(包括机械、农药 0.6 元/亩,其他 1.5 元/亩)；K 为浇水次数(浇一次水 1 元/亩,相当于 0.02 元/mm)

运用回归方程取施氮量或施磷量或灌水量为 O 水平时[施氮量 7.5 kg/亩或施磷量 5.0 kg/亩或灌水量 180 mm(120 m^3/亩)],便得另二因素对产量及经济收益的交互影响的方程。从表2中可直观看出,无论施氮量和施磷量,施氮量和灌水量还是施磷量、灌水量,在一定施肥灌水范围内,对产量及经济收益均有互补作用。即在一定量的灌水(180 mm)条件下,适量地多施氮肥少施磷肥与适量地多施磷肥而少施氮肥,可以达到同样的产量或经济效益。而在一定的施氮量(7.5 kg/亩)或施磷量(5.0 kg/亩)条件下,适量地多施氮肥或多施磷肥而少灌水与适量地多灌水而少施氮肥或磷肥,可以达到同样的产量或经济效益。

关于氮、磷化肥对产量的互补作用已早被人们认可,而化肥(尤指氮、磷肥)与浇水的互补作用,对水资源严重缺乏的黑龙港地区尤为重要。通过适当多投氮、磷化肥而少浇水可以达到少投氮、磷化肥并多浇水的产量和经济收益。这正是研究本地区以肥调水,提高水分利用率,达到节水灌溉目的的基点。

(2)不同投入、不同产量水平条件下,经济收益不同(表2、表3)

表 3　不同施肥水平下,水、旱地小麦耗水量、产量及水分利用率

施肥情况	水处理	降水量 (mm)	灌溉量 (mm)	生育期耗水量 (mm)	土壤贮水 (mm)	产量 (kg/亩)	水分利用率 (kg/mm)
不施肥	旱地	114.2	0	161.0	46.8	43.5	0.27
	水地	114.2	360	476.4	2.2	23.5	0.05
N 7.5 kg/亩	旱地	114.2	0	273.0	158.8	172.9	0.65
P_2O_5 5 kg/亩	水地	114.2	360	606.9	132.7	332.9	0.55

综上所述,以肥调水效果可分以下几种类型:

1)氮、磷肥调水高效型

低产水平下(≤125 kg/亩),以肥调水效果显著。

旱地条件下,不施磷肥,而施氮8.1 kg/亩,或不施氮而施磷6.1 kg/亩,比不施肥而浇167.9 mm水的麦地分别多产24.1和18.3 kg/亩粮,分别多收入1.68和4.47元/亩,所以在这种情况下以肥调水效果良好。

2)以磷肥调水有效型

中低产水平(200~250 kg/亩)时,以磷调水有益。

灌水73 mm,施磷2.0 kg/亩而施氮9.4 kg/亩,或施氮3.0 kg/亩而施磷6.7 kg/亩麦田产量分别为226.3和220.2 kg/亩,比施磷2.0 kg/亩、施氮3.0 kg/亩、多浇水131.4 mm的麦田产量221.0 kg/亩,分别多产5.0和1.2 kg/亩,而分别多收入0.35和1.37元/亩。所以,此时以氮调水虽产量高,但收益下降,以磷调水产量虽低但收益高。

3)以肥调水无效型

中高产(300~500 kg/亩)以上,以肥调水无益。由表2中下半表看出中高产以上条件下适当多施肥的麦田,均不如适当多灌水而少用肥时麦田产量的经济收益高,所以此时以肥调水无益。

结论是:以肥调水对低生产水平和低产量水平时,特别有益。而广大的黑龙港地区冬小麦亩产不过200 kg/亩,所以,该地区应走以肥调水的节水用肥之路,这样不仅可提高产量,同时可增加收益。

黄淮海平原的降水分布与麦茬水稻旱种的灌溉

陈景玲　韩湘玲　兰林旺

（北京农业大学）

随着农村商品生产的发展和生活水平的提高，人们对食物结构有了新的要求，不但要吃饱还要吃好。由于北方受水资源的限制，水稻种植面积很小，远不能满足人们对大米的需求，这就迫使农业工作者在北方稻米生产上提出"水路不通走旱路"的设想，试行水稻旱种技术。目前主要的栽培方式有：春播水稻旱种、麦茬水稻旱种、水稻麦垄套种、水稻旱种地膜覆盖等。麦茬水稻旱种主要分布在北京、天津、山东、河南、河北等地。

麦茬水稻旱种的现实意义有：

（1）麦茬水稻旱种适应华北地区春旱夏涝的气候特点，可以开发利用低洼易涝地。

（2）麦茬水稻旱种取代一部分玉米，变粗粮为细粮；可以改初夏旱、夏涝对玉米的不利影响为水稻旱种的有利条件。

（3）比移栽水稻省水、省工、便于机械化作业，且经济效益高。据河南、河北、北京等地调查，水稻旱种一般每亩比同季玉米多收入 50 元左右。

水稻旱种确有不少好处，但生产上还存在不少问题。一些地区只看到水稻旱种的好处，不考虑当地自然条件是否适宜，盲目种植；有的不考虑各生育期对水分的需求，盲目灌水；有的认为水稻旱种就是不需要灌溉，从种到收不浇水。

黄淮海平原水稻旱种的发展主要受水的限制。麦茬水稻旱种省水，不是说不需灌溉，它比水稻省水，但比玉米用水多。我国北方缺水，降水不匀，哪些地区适宜种植，如何确定灌溉方案，怎样科学用水，都需要研究解决。本文从农业气候角度分析本地区多年麦茬水稻旱种生育期（6～9 月）的降水，结合旱种水稻的需水规律及各地地下水和灌溉条件，划分出不同灌溉方案的地区，提出各地区的灌水方案及建议，试图为黄淮海平原麦茬水稻旱种科学用水及该技术推广提供依据。

1　不同生育期对水分的要求

根据各地产量及耗水量推测，每亩达到 350，250，150 kg 的产量水平，则需水量分别为 750，550，350 mm。

1.1　播种及分蘖期

麦茬水稻旱种播种时地温已较高，土壤水分是出苗的关键。若水分不足则影响种子发芽，造成苗弱而不齐。此时期耗水约占全生育期 15%，约为 110 mm。一般播种在 6 月上中旬，该时期正值全年的旱期，雨水少，绝大多数地区降水量在 30～40 mm，不能满足播种的需要，所以黄淮海平原应普遍浇一次水。

分蘖期一般出现在 7 月上旬。水分不足将影响分蘖和幼苗生长，这时灌水，不仅保证了秋苗旺盛生长，对早分蘖、出壮蘖也有明显作用。这时期黄淮海平原绝大部分地区降水不足，应普浇一次水。据河南省试验，三叶期灌水比二、四、五叶期灌水增产效益都大。

1.2　拔节—抽穗期

拔节—抽穗期是水稻需水最多的时期,占全生育期需水量的 35% 左右,日需水 6.34 t/亩,要求 0~40 cm 土层含水率保持在田间持水量的 60% 左右,不能低于 85%。这时期水稻正处于幼穗发育期,植株光合作用强,代谢旺盛,外界气温高,蒸腾量大,特别是花粉母细胞减数分裂期,对水分最为敏感,这时若缺水,就会削弱光合机能,妨碍有机物合成和运转,减少颖花数,穗小粒小,严重影响产量,所以该时期的水分必须保证。此时期按 350 kg,250 kg,150 kg 水平计算,指标值分别为 250 mm,200 mm,130 mm。7 月下旬到 8 月下旬正是华北地区的雨季,也是全年降水集中的时期。有些地区降水达 250 mm 以上,对麦茬水稻旱种很有利。

1.3　开花—灌浆期

抽穗后接着进入开花灌浆期。该期对水分反应较敏感,是水稻生育期内第二个需水高峰,二十几天内需水约占总需水量的 20%。该期若旱,则授粉不能正常进行,结实率低,空秕粒多,同时最后三叶寿命缩短,导致千粒重下降。而这个时期黄淮海平原雨季进入后期,降水减少。9 月上中旬降水只有 25~90 mm,50 mm 等雨量线从河南新乡地区穿过,此线以北的河北、京、津等地降水只有 30 mm 左右。

综上所述,麦茬水稻旱种需保证以下几个生育期的水分供应:底墒或蒙头水、三叶水、拔节水、孕穗水、开花灌浆水等。

2　不同地区灌溉方案的初步分析

2.1　中产水平适宜,高产水平次适宜区(简称 1 区)

包括河北唐海、昌黎、丰润、玉田等县及北京平谷县。该区东邻渤海、北靠燕山,降水充沛,全生育期总降水量大于 550 mm,拔节到抽穗期降水量大于 250 mm,基本上能满足 250 kg/亩产量水平的要求。达 350 kg/亩产量需在播种、三叶期各浇 1 次水,开花灌浆期浇 1~2 次水,总计 3~4 次水,与玉米最多的灌溉量基本相等。选玉田为代表,从计算分析看出,250 kg/亩产量水平在保证率 80% 的年份里最多只需浇 3~4 次水(110~140 m³/亩),350 kg/亩产量保证 80% 年份需浇水 5~6 次(210 m³/亩)。该地区降水及灌溉条件都较好,全生育期灌水 210 m³/亩一般能保证,只要管理得当,获亩产 350 kg/亩是不成问题的。

2.2　中产水平次适宜区(简称 2 区)

包括北京、天津等地区。该区降水比 1 区少,雨水集中,拔节—抽穗期降水 250 mm,开花灌浆期降水 35 mm 左右,灌水时期及次数与 1 区基本相同;但该区旱年出现概率大,干旱程度比 1 区严重。以北京市为例,保证率 80% 的年份各产量水平都比玉田多灌水 1~2 次。该区地下水资源紧张,夏季灌水困难,350 kg/亩产量难以保证,在有 3 次灌水条件的地块可争取 250 kg/亩产量。

2.3　不适宜种植区(简称 3 区)

包括河北的黑龙港等地区。该区降水总量不足 400 mm,为黄淮海平原降水量少的地区。各生育时期的自然降水都不能满足作物的需要,一般年份需灌水 5~6 次,保证率 80% 的年份需灌水 7~8 次。该区地下水位深,灌溉条件差,又有大面积的盐碱地,所以不宜种植。

2.4　中高产水平次适宜区(简称 4 区)

包括山东省北三区、北部平原及河南安阳地区等。该区降水比 1 区、2 区少,比 3 区多,全生育期降水在 500 mm 以下。拔节—抽穗期降水在 200~250 mm,一般年份达 350 kg/亩要灌水 4~5 次,达

250 kg/亩产量灌水 3 次,保证率为 80％的年份需加灌 2 次。该区地下水条件比 2 区、3 区好一点,能保证灌 4 次水的地块可以搞麦茬水稻旱种,旱年亩产可达 250 kg,丰水年亩产可达 350 kg。

2.5　灌溉适宜区(简称 5 区)

包括黄河以南的河南、山东及安徽阜阳地区等。该区全生育期总降水量在 450～550 mm,分布不集中,各个生育时期均需灌溉,所以灌溉量并不小。一般年份 350 kg/亩产量需灌水 6 次,250 kg/亩产量需灌水 4 次。旱年比 3 区还多,干旱程度也较严重,350 kg/亩产量 80％年份需灌水 7～9 次(300 m³/亩)。该区地下水条件好,9—10 月是丰水期,漯河以南地下水埋深 1～2 m,部分地区小于 1 m 可被作物直接利用。因此,在麦茬水稻旱种且灌溉条件好的地区可以大面积发展,不能满足灌水条件的地区应缩减,尤其应考虑旱年情况。

2.6　水稻区(简称 6 区)

包括江苏淮河以北及安徽的部分地区。该区降水多,分布均匀,降水基本满足需要,必要时可在播种及开花灌浆期各浇 1 次水,总计 2～3 次。该区是我国水稻区,属不宜多种、劳力紧张的地区,可发展一部分麦茬旱种水稻。

3　结论与讨论

单从自然降水情况看,需灌水最多的是 5 区和 3 区,最少的是 6 区,1 区次之。3 区条件差,不宜旱种麦茬水稻。5 区应因地制宜,有较好灌水条件的地区可以发展。1 区降水条件好,可以发展。2 区和 4 区适宜种植中等产量水平(250 kg/亩左右)的麦茬水稻。应注意,麦茬水稻旱种应在一定水利条件的中高产地区推广,没有灌溉条件的地区不宜发展,薄瘠地、盐碱地能否种植还需进一步研究。

总之,麦茬水稻旱种在黄淮海平原大部分地区都可以推广,各地区应因地制宜,确定推广面积。

干旱与提高农田水分利用率
——试论黄淮海地区灌溉农业和雨养农业并举

韩湘玲

（北京农业大学）

1 从农业角度论干旱

农业生产处于大气-土壤-作物-措施系统中,干旱的形成及其特点也受这个系统的制约。黄淮海地区干旱的形成基于天气气候背景下,农业措施当否将减免或加剧干旱的发生。我国三北(东北、西北、华北)地区由于水分不足引起的干旱,是提高光热资源利用率使农业增产的重要限制因子。

从农业的角度讨论干旱,系指在农业技术的采用受到限制的条件下,作物对水分的需要量和从土壤中吸取的水量不相适应,特别是在作物需水的关键时期,由于水分供需之间矛盾而出不了苗,或抽不出穗(禾本科),或结荚(豆类)、现蕾(棉花)开花不正常,或籽粒灌浆、果实形成不良,林草生长量低等,导致减产甚至绝收。

黄淮海地区位于长城以南,淮河以北,太行山、伏牛山以东,包括黄河、淮河、海河流域的中下游。京津、河北、河南大部、淮北苏北属暖温带半温润半干旱季风气候带,耕地3.2亿亩,占全国耕地的22%,是我国重要农区。在黄淮海地区干旱的发生具有明显的地区性和季节性,其特点:

(1)具有多种干湿型,夏收作物麦季为半干旱半湿润型,秋收作物则为半湿润型(表1)。

(2)地区、季节间分配不均,年际变化也大,在地区间季节间丰年、歉年、平年交互发生(表2、表3、表4)。

表1 不同地区不同季节的干燥度与农业气候干湿型(1961—1980年)

		麦季 (10月— 次年5月)	春播作物生育 期(5—8月)	夏播作物生育 期(6—9月)	夏季 (7—8月)	春季 (3—5月)	全年	干湿型
山前平原	北京	2.1	1.0	0.8	0.6	2.6	1.2	麦季半干旱型、夏 播作物生育期 湿润半湿润型
	石家庄	1.8	1.3	1.3	1.0	2.5	1.3	
黄海平原	曲周	1.8	—	1.2	0.8	2.8	1.3	麦季半干旱型、夏播 作物生育期半湿润型
	沧州	—	0.9	1.1	0.8	—	1.2	
鲁西北	惠民	1.1	1.1	1.0	0.8	1.3	1.2	作物生育期半湿润型
	德州	—	1.1	1.1	0.8	—	1.1	
黄淮平原	商丘	1.1	1.1	<1.0	0.9	1.6	1.1	麦季半湿润型、夏 播作物生育期 湿润型
	菏泽	1.2	1.1	1.0	0.8	2.4	1.1	
	西华	1.3	1.2	<1.0	0.9	1.5	1.0	
	阜阳	0.7	—	<1.0	0.9	0.8	0.9	
	徐州	<1.0	0.9	0.8	0.7	1.1	0.9	

注:按张宝堃先生提出的干燥度(K)计算,K<1.00为湿润型,1.00~1.49为半湿润型,1.50~3.50为半干旱型

表2 不同作物丰歉年型(淮阳)

年成	冬小麦				棉花				
	年型	时段降水量(mm)		代表年	年型	降水(mm)			代表年
		9月中旬—10月中旬	3月上旬—5月中旬			3月下旬—4月中旬	5月中旬—6月下旬	8月	
丰年	①底墒充足春雨协调型	60~140	60~110	1981 1975	①墒好适播全苗型	30~75	—	<110	1983, 1980, 1977
	②底墒充足春多雨型	60~140	>200		②初夏雨足棉苗早发型	—	30~90	若≥200 则9月<10	
					③8,9月光足无旱涝型	—	—		
歉年	①底墒极缺型	<20	—	1977 1974 1978	①缺墒或多雨缺苗型	<20或>75	—	—	1978, 1979, 1982
	②底墒适宜春涝型	40~100	>200		②初夏干旱或多雨型	—	30~90	—	
	③底墒适宜春重旱型	40~100	<40		③花铃期少照不足型	—	—	>110	
平年	①底墒适宜春雨中间型	30~90	60~100	1983 1979	中间型				1981, 1969
	②底墒不足春雨中间型	<40	140~180						

表3 旱涝类型(北京,1875—1975年)

旱涝类型		时间	降水量(mm)	代表年
春旱	轻	3—5月	<45.0	1973,1974
	重		<25.0	1965,1972
伏旱		7—8月	<25.0	1971,1972,1975
夏涝	轻	7—8月	>600	1956,1959
	重		>730	1969,1973
初夏涝		6月	>230	1954,1956
春雨过多		4—5月	>150	1950,1964
卡脖旱		3—5月 6月下旬—7月上旬	<25.0 <35.0	1968,1972

表4 黄淮海地区旱涝类型与频率

	春旱(3—5月)		初夏旱(6月)		伏旱	夏涝(7—8月)	
降水量指标(mm)	<100	100~150	<60	>100	<300	>350 (黄淮平原)	>400 (黄海平原)
类型	重春旱	春旱	初夏旱	初夏多雨	伏旱	夏涝	
对作物的危害	使春作物出不了苗,影响小麦穗粒重形成		使夏播不及时,影响棉花现蕾,引起春作物卡脖旱等		影响棉花蕾铃、大豆花荚和小麦底墒	使棉花花铃脱落,影响大豆结荚、玉米生育等	
在黄淮平原的出现频率(%)	10~30	15~20	20~40	40~50	20~57	30~50	
在黄海平原的出现频率(%)	60~80	80~90	60~80	15~20	40~57	16~40	

2 降水对土壤水库的贮水作用

水分在土壤中的有效贮存量主要在萎蔫系数和田间最大持水量之间。据研究,以4 m土体计,最大蓄水能力达450~550 m³,此值近于天然进入水量的亩均数。可见,土层深厚大大加强了土壤对降水的贮存能力。

水资源包括降水、地表径流和地下贮存水。土壤则为水的贮存库,土壤水库的贮存水量受"三水"共同作用,其中水分的来源主要是降水,它占总水量的 70%～77%,地区差异明显,但其季节变化主要受降水的影响,如小麦产量形成虽为伏春雨综合作用的结果,而雨季降水储蓄的底墒可贮存维持到次春,在土壤水库中起着极为重要的作用(表5)。

表5　雨季前后 1 m 土层土壤水分贮存量变化　　　　　　　　　　　　　单位:mm

地区	年型	雨季到来前伏雨量	雨季至播麦土壤湿度最低值	土壤中伏前土壤水分	雨补充量	代表年
曲周	夏涝(春重旱)	1 086.1	204.4	366.4	162.0	1959—1960
	伏旱正常(春较旱)	235.0	162.2	136.2	23.9	1962—1963
	伏偏旱	382.4	131.0	250.2	119.2	1961—1962
		235.4	210.4	336.2	125.8	1983
	夏涝	422.2	192.8	405.3	212.5	1984

3　人类活动提高农田水分利用率

3.1　30 年来抗旱治水的变化及效果

新中国成立前,黄淮海地区为雨养农业,如北京地区 1949 年灌溉面积不到 3%,新中国成立后,党和国家大抓水利和农田基本建设;至 20 世纪 70 年代末,北京地区的水浇地面积已占耕地的 67%,黄淮海平原灌溉面积现已占耕地面积的 53.4%。由于灌溉面积(5～6 倍)和化肥施用量(31～36 倍)的增加,冬小麦产量增加了 3～4 倍。大面积亩产 800 斤以上也不难获得。灌溉面积增加速度如此之大,在世界上也是罕见的。目前我国灌溉面积占世界首位,灌溉面积占耕地的百分数仅次于埃及(无灌溉无农业)和日本。与我国其他地区相比,本地区有效灌溉面积次于华中、华东与华南,远高于东北和西北(为二地区之和),西北除去灌溉农业地外,灌溉面积极小(表6)。

表6　世界主要国家和我国主要地区灌溉面积比较(1983 年)
a. 世界主要国家灌溉面积

国家	世界	中国	印度	日本	埃及	西德	加拿大	澳大利亚	美国	罗马尼亚	丹麦	苏联	法国
灌溉面积(10^8 hm²)	2.134	0.447	0.395	0.032	0.025	0.003	0.006	0.018	0.198	0.025	0.114	0.192	0.011
灌溉面积占耕地面积的百分比(%)	15.6	45.4	24.0	76.5	100	4.4	1.4	3.8	10.6	25.2	15.2	8.4	6.6

b. 我国主要地区灌溉面积

地区	华中华东	华南	黄淮海地区	西南	西北	东北
灌溉面积占耕地面积的百分比(%)	72.0	59.0	53.4	38.6	25.5	12.3

研究与实践证明:一般年成水浇地作物产量比旱地高,黄河以北的冬小麦更为突出。我们的试验中水浇地比旱地一般增产 20%～80%,曲周冬小麦增产 50%～150%,浇水效益达 1～3 斤/mm,淮阳因春季降水较多,地下水位也较高,则浇水率较低,不到 1 斤/mm。据调查,衡水地区 1/4 的水浇地生产了 3/4 的粮食。

由于降水量年际变化大,再加上低洼、盐碱地及障碍性土壤等原因,黄淮海地区是历史上涝渍著称的地方,新中国成立后经过 30 多年的治理有了较大的改善,77% 易涝地区得到初步的治理。但近 20 年及近 10 年,尤其是"六五"期间,降水量减少,干旱严重,如北京地区,降水量正常偏少年频率为 55%。

局部地区又出现了历史上少有的涝年,淮阳地区 1982 年降水量达 1 038.1 mm,虽均未遭受大减产或绝收的情况,但旱涝仍是限制本地区农业发展的重要因子,不能掉以轻心。

3.2　因地因时制宜,提高农田水分利用率

黄淮海地区耕地中有 53.4% 的灌溉面积,因而旱地农业不同于西北黄土高原(占无灌溉农田)和东北大平原(灌溉面积 12%)。黄淮海地区降水量为 500~900 mm,年平均 740 mm,相当于 490 m^3/亩。黄河以北降水量为 500~600 mm,较西北黄土高原农区 400~700 mm(相当于 270~450 m^3/亩)为多,而且雨季降水量也较大,因此如何通过人类活动提高农田的水分利用率,对农业发展及整个用水都至关重要。其途径有:

(1)按水的规律,布局作物。

(2)积蓄雨季降水,使更多的水贮于土壤水库中,或积蓄于水库、塘、坝,作为灌溉水源。

(3)分散造墒,可利用冬季、早春进行分散造墒以及点水添墒播种。

(4)增加化肥投入,有较大增产潜力,伏雨可维持到来年春季,结合少量春雨时期施入化肥,对增产起了较好的效果。据我们的试验,较高投肥条件下,正常年旱地麦可亩产 300~400 斤。全年亩产 800 斤,比附近农民浇了水,而施肥极少的农田产量高 2~3 倍。年耗水系数为 1.0~1.5,转高投肥条件下为 0.5~0.6,可见,以肥调水的作用,国外也有同样的研究结果。与黄土高原比,耗水系数为 2~7,较高投肥条件下为 0.7~0.8,效果更为明显。

(5)节水灌溉应确定灌溉地区、浇水次数和灌水量。

灌溉地区:根据降水的分布特点,合理安排各地的灌溉。一般水分亏缺>400 mm 的地区为灌溉地区。

浇水次数:根据作物生育特点、土壤水分和降水季节变化规律,在北京和曲周底墒充足的年份,小麦在起身—拔节、孕穗—抽穗、灌浆—成熟浇 3~4 次水,肥力水平高,管理得当即可获 600 斤/亩以上的产量。据曲周两年的试验,浇水次数过多产量反而会下降,3~4 次水的利用率大于 5~6 次水。春、夏播作物只要出了苗,除伏旱年一般不需浇水,若要获得 1 000 斤以上的高产,秋季灌溉成熟时期可按墒情灌一次水。

灌水量:秋播作物主要根系分布于 1 m 土层,为了防止灌水过多造成渗漏浪费,一般一次灌水以 1 m 土层达到田间持水量的 80% 为宜。

(6)其他:地膜覆盖,建防渗渠道、地下管道,完善排灌系统等。

4　根据年型确定灌溉方案

底墒水的灌溉:是否灌底墒水主要看伏秋雨量的多少。如北京在 7—8 月降水量<250 mm,无法播种,旱地播种麦,应灌溉底墒水;若要底墒能维持到来年春天,头年雨季 8—9 月降水若<180 mm 则不能达到底墒充足的标准,应浇底墒水。

春季灌水,黄河以北地区失墒逐渐加剧,春季降水量极少,严重干旱年,浇 1~5 次水,如 1975 年。春季降水正常年一般浇 3~4 次水,春多雨年一般只需 1~2 次水,如 1964 年。黄河以南地区一般年份可不灌水,个别年份需浇 1~2 次水。根据 1983—1985 年淮阳的试验,冬小麦灌溉增产率最高的小于 6%,而北京正常年份灌溉效率都在 100% 以上,黄淮平原、黄海平原灌溉方案是极不相同的。

黄淮海平原夏大豆生产力和生态适应性分析*

杜 荣

（北京农业大学）

摘 要：大豆是黄淮海平原主要的粮油作物之一。为了发展大豆生产和为建立夏大豆基地提供依据，通过结合实验室测定和气候资料，采用对比分析的方法，对黄淮海平原三个代表点北京（北部）、曲周（中部）、淮阳（南部）两年夏大豆的田间试验资料从生产力和生态适应性方面进行了分析研究。结果指出，黄淮海平原南部水浇地和旱地夏大豆生产力较高，尤以旱地的优势较为突出，发展大豆生产有潜力；相比之下，平原北部发展大豆潜力较小，但在水浇地条件下，可适当发展夏大豆。

1 试验方法

1.1 田间试验设计

选取北京、曲周、淮阳三个试验点分别代表黄淮海平原北、中、南部。各点全年分别播种冬小麦—夏大豆，分水浇地和旱地两个处理。品种为当地推广的优良品种。栽培及田间管理措施均按当地中上等水平进行。定期测定叶面积、干物重，进行物候期观测及测 1 m 土层含水量。收获时测产量。

1.2 实验室测定

采用盆栽作物，在人工控制环境下，用 QGD-07 型红外 CO_2 分析仪测定几种不同生态条件（肥力、水分、光强、温度）下单叶的光合速率，并配合测定自然条件下的光合速率。

1.3 资料来源

气象资料来自当地附近气象台站，产量资料摘抄自统计局。

2 试验结果及分析

2.1 产量结果分析

田间试验的产量结果（表 1）表明，黄淮海平原南部的淮阳与北部的曲周和北京相比，旱地和水浇地的夏大豆生产力均较高，尤其是旱地夏大豆的生产力甚至与北京水浇地大豆相近。经计算，其对光能、热能和水分的利用率也较高。

* 原文发表于《中国农业气象》，1987，（2）：25-28.本课题在韩湘玲老师指导下进行，在试验中得到孔扬庄老师的大力支持，黄加朝、王道龙、程修身、孟广清等同志参加试验工作，并提供数据资料，表示感谢

表1　各地区夏大豆产量（1983，1984年）

处理	地点	经济产量（kg/亩）		生物产量（kg/亩）	
		1983年	1984年	1983年	1984年
水浇地	北京	107.8	109.5	360.2	303.0
	曲周		68.5		284.7
	淮阳	119.0	134.4	403.5	474.5
旱　地	北京	56.1	79.8	145.7	193.1
	曲周	90.0	78.4	212.0	398.1
	淮阳	96.3	112.5	311.6	437.1

注：1983年曲周旱地夏大豆播种时浇水87.7 mm；1984年北京旱地大豆播种时浇水10 mm

2.2　生产力构成因素分析

生产力的高低及其对自然资源的利用效率是多种因素综合作用的结果，作物本身转化能量的特征是重要的影响因素之一。淮阳夏大豆叶面积动态曲线的峰形较宽（图1），叶面积系数（LAI）大于3的持续时间较长，有利于充分利用田间光照。同时整个生长期较长，其中营养生长期和灌浆期明显长于北京和曲周（表2）。由于光合面积和光合时间优于另两地，对淮阳夏大豆的干物质累积很有利，表现在干物质累积曲线的直线期持续时间较长（图2），最终取得了较高的生产力。

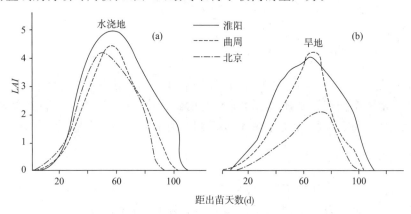

图1　夏大豆LAI在水浇地（a）和旱地（b）的变化曲线

表2　夏大豆各生育时段持续天数（1984年）　　　　　　　　　　　　　　单位：d

处理	地区	播种—出苗	出苗—开花	开花—结荚	结荚—鼓粒	鼓粒—成熟	全生育期
水浇地	北京	7	32	12	15	32	98
	曲周	5	34	16	10	35	100
	淮阳	6	43	14	11	40	114
旱地	北京	6	36	13	13	32	100
	曲周	5	34	16	10	35	100
	淮阳	7	43	13	10	37	110

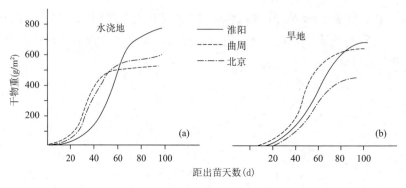

图2　1984年三地区夏大豆干物质累积曲线在水浇地（a）和旱地（b）的比较

经分析,作物生产力构成因素的形成与光、热、水等环境因素密切相关。因此从生产力构成因素的特点可以看出不同环境下的大豆对其环境的适应程度。

综上所述,在试验年度内,淮阳夏大豆表现了良好的适应性,初步看到黄淮海平原的夏大豆生产以南部较适宜,不足的是试验只进行了两年,代表性不强,有必要从多年的气候及大豆生产状况进一步分析,以得到较正确的结论。

2.3 气候分析

从多年平均状况看,淮阳夏大豆生育期间及全年的热量明显多于北京和曲周,为一年两季的种植制度提供了良好的热量条件,为作物趋利避害留有余地;淮阳大豆生育期间降水量与北京相近,而全年降水比北京多 100 mm,比曲周多 200 mm,有利于大豆的生长,大豆播种时受旱概率较小;淮阳大豆全生育期的日照时数并不比另两地少。由于有适宜的光、热、水资源,所以喜温、喜水的夏大豆在淮阳的适应性最好。但因淮阳的降水变率较大,所以夏大豆生育期间的旱涝现象仍然存在。

夏大豆对旱涝有一定的抵抗能力,尤以受涝时表现突出。从大豆荚期受涝时测定的光合速率可以看出(表3),大豆根部完全淹水 6 d,光合速率下降不到一半;淹水 2 d,光合速率只有轻微下降。据对黄淮平原沈丘、遂平、驻马店、正阳等几个点的初步调查得知,降水量由北向南逐渐增加,大豆实播面积也由北向南增加,越向南旱的问题越少,涝害突出。但大豆因涝严重减产的年份并不多,说明大豆对涝的适应能力较强。用淮阳县夏大豆多年气候产量序列与各生育时段的气象因子(光照时数、积温和降水)逐步回归结果表明,花荚期多雨和荚期少雨、高温是影响产量的主要因素。尽管如此,与北京、曲周相比,淮阳的水分条件还是较好的,年降水量多,地下水贮量大,地下水位高,为作物抗旱提供了有利条件。如果加强抗旱、排涝设施的建设,则可把旱涝灾害大大减少,在干旱且高温时适当灌水,可减轻高温的危害。

表 3 大豆荚期淹水不同时间长度的光合速率　　　　　　　　　单位:mg CO_2/(dm^2 · h)

淹水时间	对照组*	48 h	70 h	94 h	140 h
光强为 5.0×10^4 lx 的光合速率	24.8	22.6	19.5	14.6	15.9
光强为 7.0×10^4 lx 的光合速率	26.5	23.8	21.7	17.7	14.4
占对照组百分比(%)		90.4	80.2	62.8	58.9

* 对照组土壤水分为 18.0%

2.4 对肥力的适应性分析

大豆能够自身固氮,因而往往可以种在较瘠薄的土地上,且生产上很少给大豆施肥。试验结果表明(表4),不施肥的大豆在幼苗生长期光合速率高于施肥的大豆;此时不施肥的大豆根瘤明显比施肥的多,说明大豆生长初期肥料抑制了根瘤的生长。但到初花期,有肥大豆的光合速率已远远超过无肥大豆了,到鼓粒期无肥大豆光合速率则明显下降,说明大豆只靠自身固氮供给养分是不够的。

表 4 不同肥力处理的大豆光合速率　　　　　　　　　单位:mg CO_2/(dm^2 · h)

光强	苗期(苗龄20 d)			旁枝形成期(苗龄34 d)			初花期(苗龄43 d)			鼓粒期		
(10^4lx)	有肥	无肥	相差*(%)	有肥	无肥	相差(%)	有肥	无肥	相差(%)	有肥	无肥	相差(%)
1.0	3.8	5.5	−30.9	7.2	8.0	−10.0	8.9	5.0	78.0	5.4	−4.0	235.0
3.0	4.1	7.2	−43.1	9.9	14.3	−30.8	12.9	8.6	50.0	10.6	4.2	152.4
5.0	6.0	8.4	−28.6	10.3	15.0	−31.3	14.7	9.6	53.1	10.6	5.8	82.8

* "相差"一项指 $\dfrac{\text{有肥大豆光合速率}-\text{无肥大豆光合速率}}{\text{有肥大豆光合速率}} \times 100\%$,此项测定的重复较少,个别数据的准确性有待进一步验证,但规律是可取的

类似的研究很多,结论与本文的研究基本一致。在本文前面提到的田间试验中,栽培大豆在前茬小麦施肥的基础上基本不施肥。如能根据大豆的自身需要和土壤肥力状况适时、适量追施肥料,大豆生产

还是有潜力的。

3　结　论

　　黄淮海平原南部适于发展夏大豆商品生产,虽受旱涝影响,但如果加强抗旱排涝设施,提高土壤肥力,科学种田,充分发挥当地自然资源的优势,提高大豆产量是大有潜力的。黄淮海平原北中部的水浇地大豆季节较紧,但可有 100 kg/亩左右的产量,可以适当种植,而旱地夏大豆生态适应性差,生产力低,不宜发展。

参 考 文 献

[1] 潘铁夫,等.中国大豆气候区划的研究.大豆科学,1984,**3**(3).

[2] 韩湘玲,孔扬庄,陈流.气候与玉米生产力初步分析.农业气象,1984.

[3] 袁之海,等.大豆氮肥增产效益的研究.大豆科学,1984,**3**(3).

黄淮海平原气候生态特征与发展植棉

黄淮海地区农业资源综合利用协作组[*]

1 黄淮海平原棉花生产优势

新中国成立后,随着生产条件的改善,黄淮海平原棉花发展较快。1956 年全区棉田面积 4 000 万亩,总产 5.6×10^8 kg。随后产量几番波动,1980 年本区棉花产量达到历史最高水平,总产近 1.2×10^9 kg,占全国棉花总产量的 45%。黄淮海平原棉花生产的重要性,与该区的植棉历史、气候生态条件、土地潜力等方面的优势有着密切的内在联系。

首先,黄淮海平原植棉气候生态条件是比较适宜的。该区属于我国东部季风型北方旱作农业气候区,具有半干旱半湿润大陆性季风气候的特征。棉花生长期间,气候生态条件利多弊少。光、热、水的季节变化特点与棉花喜温好光、需水怕涝的生态要求基本吻合。

苗、蕾期光照充足,气温日较差大,雨水短缺,抗旱播种出苗后,有利于蹲苗和健发。棉花生长季的 5—10 月,光条件是优越的。太阳总辐射 78~136 kcal/cm^2,日照时数 1 200~1 500 h,占全年日照时数(2 300~2 800 h)的 52%~55%。年内光资源最丰富的月份均在此时期内,5—6 月为各月日照峰值月份,配合较大的气温日较差(10~20 ℃)对棉花苗期健壮和生长促进早现蕾、早开花是有利的。4—5 月降水量小于 80 mm,必须抗旱播种才能保证出苗。南部黄淮平原此期降水量大于 100 mm,基本满足播种水分要求。6 月透墒雨是初夏旱地区棉花丰产的搭架水。中、南部漯河—菏泽以南,6 月平均降水量大于 80 mm,仅需少量补充灌溉,便可满足棉花现蕾期需水。而北部广大地区此期降水量仅 60~70 mm,多数年份需灌溉才能保证正常生育。随着水利建设的发展,蕾期干旱的威胁将会逐年减轻。

花铃期光、热、水丰沛且同季,利于提高结铃率。7—8 月正值本区盛夏季节,气温较高(24~28 ℃),高于 35 ℃和低于 15 ℃的不利日数极少,日照率为 49%~66%,高于南方部分棉区。光热同期提高了利用率。棉花常年结铃率为 30%~50%,高于光照好而热量差的该区北部和光照稍差而热量丰富的南方棉区。本区年雨量约 500~1 000 mm,7—8 月雨量丰沛,又不过分集中,大部分地区 300~400 mm,不像京、津、唐那样集中(>400 mm),也不像南方棉区那样常有伏旱出现。

棉花裂铃吐絮直至采摘,要求晴朗、温暖、较干燥的天气条件。本区此期日照时数为 420~480 h,天气晴朗比较干燥,平均相对湿度为 60%~70%,各地多年平均降水量在 100 mm 左右。同期南方棉区则多秋霖(>160 mm)连雨加上高温常导致烂铃严重,另外还有台风等;西北棉区则低温、早霜已临。从秋季气候宜棉性来说,也较国内其他棉区优越。

黄淮海平原棉花整个生育期间光、热、水同季又比较干燥的气候特点,不但国内棉区中不多见,与国外棉区相比也不逊色。如美国棉花带的阿肯色州小石城,与我国黄淮海平原纬度相近,但降水量年内分布迥异,那里冬春多雨,夏秋干旱,棉花靠自然降水产量很低。

其次,黄淮海平原土地辽阔,人均耕地面积近 2 亩,高于江汉平原(1.55 亩)和长江中、下游滨海棉区(1.17 亩),粮棉争地矛盾较小,回旋余地大。同时,本区尚有相当面积旱薄地和盐碱地,发展植棉是利用这些土地资源的经济措施。

* 原文发表于《中国棉花》,1982,(5):5-8.参加工作的有:河南省气象局韩慧君、谭令娴;山东省气象局郝云理、史可琳;河北省气象局阎宜玲;北京农业大学韩湘玲、段向荣

　　此外,本区各地植棉技术基础较好,近年来高产单位不断涌现,显示出本区蕴藏着棉花增产的巨大潜力。

　　纵观黄淮海平原气候生态及社会经济条件,从整体讲,发展植棉是比较适宜的。但还应当充分注意到一些不利因素,如春旱、初夏旱面积较大,常影响棉花播种和发棵,夏季降水地区和年际间差异多变,平原北部雨量集中,局部多大雨,南部伏旱年份影响正常结铃等。

2　棉花丰歉气候生态类型及其区城特点

　　(1)黄淮海平原地区初夏多干旱,夏雨较集中,且变率大,间有旱涝,秋季光照充足。在这种气候背景下,分析棉花丰歉年成的气候特点,初步得出,影响本区棉花关键气候因子为6~10月光照、水分和热量条件及其不同组合,初步归纳为三种类型(岱15为代表)。

　　1)初夏湿润,夏秋晴暖普遍丰收型

　　以6月降水丰沛,7—8月晴天较多,9—10月降温缓慢为其气候特点。初夏透雨有利于根系扩展和搭起丰产架子,从而增强后期抗灾能力。花铃盛期晴天较多,棉田光照条件较好,光合效率相应提高,有机营养不断转向蕾、花、铃,有利于增结伏桃和早秋桃;秋季晴暖干燥,气温较高且下降平缓,霜期推迟,棉铃成熟好,籽饱绒足纤维增长,铃重可达5g以上。1980年华北棉花大面积丰收,可为此类型气候之代表。黄河两岸平原此年型保证率较高,约为15%。

　　2)夏秋晴暖灌溉丰收型

　　7月少雨日照充足,9—10月晴暖干燥为其主要特点。能适时灌溉的棉田,花铃期得到比较充足的光照,授粉、受精顺利,不孕籽减少,且结铃率较高,仍可望获得亩产皮棉100~150斤和较好品质。如1969年豫北和1970年淮北平原的棉花丰收,即属于此种丰收类型。多年状况来看,此类型约占30%年份。如灌溉不及时或水量不足时,则产量表现一般或略有减产。

　　3)夏季涝(旱),秋季寡照(阴雨、低温)歉收型

　　区内棉花歉收年多为此种年型。其气候特点为7—8月阴雨或者连续干旱,而8—9月遇连阴雨或者干旱连阴,日照时数显著减少。此类年型结铃率减低,铃重下降,减产30%~50%,品级、长度均明显下降。1956,1962年和1976年不少区县歉收,其关键期气候条件即属于此类。本区南部出现这种情况的可能性大于北部。

　　(2)黄淮海平原区虽属平原区,但气候、土壤仍存在着区域差异。区内7—8月各地降水变率均较大,区域差别不明显。降水量不足200 mm的伏旱年份,以河北黑龙港地区、衡水、邢台居多(35%~40%);超过400 mm的夏涝年份,惠民站的出现频率较多,达35%左右,其余多在25%以下。从植棉自然生态条件比较,以6月降水量、9—10月光温条件大致划分为如下三个类型区域(见表1)。

表1　黄淮海平原植棉气候生态条件各级频率　　　　　　　　　　　单位:%

区型	站点	6月降水量		9月日照	10月积温	
		<60 mm	>100 mm	>200 h	>450 ℃·d	<400 ℃·d
日照足、初夏旱、秋冷凉	惠民	55	15	75	60	20
	衡水	70	20	70	65	15
	邢台	70	10	75	70	10
	南宫	60	20	75	65	15
秋季晴暖	新乡	65	25	45	70	0
	商丘	50	20	60	75	0
	菏泽	55	25	60	80	5
春湿秋暖	徐州	35	40	45	100	0
	宿县	35	35	45	95	0

1）日照足、初夏旱、秋冷凉区

主要指冀中南、鲁西北地区，包括河北省黑龙港地区和山东惠民、聊城一带。6月干旱，降水量不足 60 mm 的年份，平均十年六遇，棉花蕾期不需灌溉的丰水年份（降水量大于 100 mm），平均十年中不足两年，当地有农谚"麦（收）后浇棉花，十年九不差"。蕾期设法引水浇灌是增产关键措施。秋季 9 月晴天多，日照时数多于 200 h 的年份占 70％以上。由于 10 月降温较早，积温小于 400 ℃·d 的秋凉年份，多于平原中、南部，平均占 10％～25％。区内盐碱地面积较大，棉花栽培特点为中早熟品种，旱农作业，促早发早熟，抓伏桃实现高产。

2）秋季晴暖区

主要指豫东和鲁西南地区，包括新乡、商丘、开封及菏泽等地区。秋季 9—10 月日照充足，气温较高，9 月日照时数大于 200 h 的年份，平均占 45％～60％，10 月积温大于 450 ℃·d 的暖秋年占 70％～80％，而不足 400 ℃·d 的秋凉年份不足 5％。由于蕾期稍旱，秋季光照和温度条件较好，本区棉花以中熟品种为主要栽培种，伏桃和早秋桃为产量主体，增产依靠个体和群体两个潜力。水肥等条件好的可麦（油菜、绿肥）棉两熟或轮作。

3）春湿秋暖区

包括苏北、皖北部分地区。5 月降水量已明显多于大平原中北部地区。6 月降水量多年平均在 900～1 000 mm。春播低温阴雨年份约十年四遇。棉花苗期病害较多，已有过湿之嫌，7—8 月雨量较多且变率大，多雨年份棉花易受雨涝危害，据统计典型涝年约四年一遇。秋季光照比北部稍逊，但热量丰富。宿县 10 月积温均在 400 ℃·d 以上，大于 450 ℃·d 的年份约占 95％。积温在 500 ℃·d 以上的年份尚有 1/3 左右。一熟棉田选用中熟偏晚品种，适当放宽行株距，配合适当比例的夏播棉花和套种棉花为有利的栽培形式。

3 几点看法

（1）发展黄淮平原棉花生产，投资较小，收效较快。包括河南省内黄淮平原及山东菏泽地区，江苏省徐淮地区。气候等自然生态因素兼有南北之长，宜棉程度较高，土地资源丰富，人均耕地面积较大，粮食生产尚有一定基础，按照适当比例安排粮棉面积，抓紧综合治理，有可能短期内实现粮棉双丰收。近年来由于中棉所 10 号的示范和推广，为本区实行油菜（绿肥、麦）棉连作，改建棉区生态体系，提高物质能量转化水平等，带来了有利条件。

（2）发展鲁西北、冀中、黑龙港地区棉花生产，是改善这些地区农田生态循环，经济利用自然资源的有效途径。本区气候生态条件比较宜棉，但土地条件较差，粮棉产量均较低，旱、涝、盐碱灾害较重，棉花生产起点低，但人均耕地面积大，居大平原之首，近期粮棉争地矛盾较小，有可能较快扩大棉田面积。短期内单产量仍可能较低，但收益是实惠的。

（3）太行山前老棉区。北起石家庄南到黄河的广大老棉区，为黄淮海平原旱作农区灌溉最发达之区。水、土条件均较优越，为我国小麦主产区。扩大棉田面积将有粮棉争地矛盾。主攻单产提高产量，有条件地适当发展麦（油）棉两熟和粮棉轮作，争取粮棉双高产。

黄淮平原套作棉花气候生态适应性初步分析[*]

马轮基　韩湘玲

（北京农业大学）

1　前言

　　黄淮平原指淮河以北、黄河以南的广大平原地区，气候上属于暖温带南部，是我国重要农区。总耕地 1.3 亿亩。人均 1.84 亩（1981 年统计材料），实际人均耕地达 2 亩。本地区历史上灾害频繁，旱涝盐碱渍薄兼有，自古以来又是兵家必争之地，中原逐鹿，战火不绝，人民不能安居乐业，农业生产水平很低。新中国成立 30 多年后，面貌有了较大的改变，农业生产条件有一定改善，物质与能量投入都在增加，生态条件也在向好的方面转化。

　　黄淮平原是我国的一个新棉区，在棉花生产中占有较重要地位。1981 年本地区棉花面积 1 190 万亩，皮棉总产 10.49 亿斤，分别占全国总产的 15.3％和 17.7％，皮棉亩产 88 斤，高于全国平均水平（76斤）[1]。最近几年棉花生产还在发展。本地区棉田过去多为一年一熟。以麦棉套作为主的一年两熟在 20 世纪 60 年代就开始试种，但限于当时的生产水平，加上思想上重视不够，直到 1980 年以后才有较大发展。河南省周口地区 20 世纪 70 年代麦棉两熟面积常年二三十万亩，1980 年一跃升到 72 万亩，占棉田总面积一半以上。1983 年套棉面积 172 万亩，占棉田总面积 70％[2]，山东省菏泽地区部分县达 80％。接茬夏播棉花虽有发展，但面积不大，棉田一熟面积在缩小，套作麦棉两熟成为棉田主要种植方式。

　　由于棉花的无限花序特性，生育期较长，收获较晚，麦棉套作两熟在土地耕翻、防病治虫、施用基肥及轮作倒茬等方面有一定的困难。那么其适应性如何，能否发展，又如何发展，这些问题目前尚未一致。本文主要从自然资源利用及资源转化为产品角度进行探讨。

2　黄淮平原气候资源能满足麦套棉两熟需要

2.1　热量资源丰富，可以麦棉两熟

　　黄淮平原地处暖温带南部，热量资源丰富，$\geqslant 0$ ℃积温 5 000～5 400 ℃·d，$\geqslant 10$ ℃积温 4 600～4 800 ℃·d，收麦到种麦期间有积温 3 000～3 500 ℃·d，可满足复种中熟品种玉米、大豆及各种早熟棉花，这比黄海平原—华北平原的黄河以北地区的 2 200～2 500 ℃·d 优越得多[3,4]。采用套作方式时，棉花全生育期积温 4 200～4 400 ℃·d，麦棉两熟的热量保证更高。

2.2　水分能满足中产水平两熟，光资源也较丰富

　　黄淮平原年降水 700～900 mm，折合每亩 467～600 m³。这种降水条件可满足小麦、棉花及大豆等

　　* 本文在完成过程中依次得到河南省淮阳县、周口地区，安徽省阜阳地区、宿县地区，江苏省徐州地区、淮阴地区及河南、安徽、江苏省农业科学院、江苏省气象局，河北省曲周北京农业大学试验站等有关单位许多同志的积极支持，在此一并表示感谢

作物中产水平的需要。本地区有大量的客水(过境径流水),浅层地下淡水也很丰富,若能充分利用,潜力是很大的。

本地区年总辐射 120~130 kcal/cm^2,年日照时数有 2 200~2 500 h,比江南优越。除连日阴雨偶尔对小麦、棉花产量有影响外,光照条件一般能满足作物需要,对复种影响不大。

2.3 旱涝灾害影响复种指数,使作物产量不稳

黄淮平原及毗邻地区降水年内分布不均,年际变化较大,容易造成一些旱涝灾害。本地区 6—10 月降水 500~700 mm,占年总量 70%~75%,其中 6 月下旬到 8 月中旬降水 300~450 mm,占年总量一半以上。年降水相对变率 15%~20%,6 月为 60%~85%,8 月为 50%~70%。多雨年降水与少雨年降水相差较大,河南省淮阳县多雨年降水 1 136.2 mm(1963 年),少雨年仅 423.6 mm(1966 年)。这种降水特点常造成旱涝灾害,如春旱、初夏旱、伏旱及冬旱,还有春多雨、夏涝与秋多雨等。旱涝对小麦、棉花等作物的播种、生长发育及收获都有较大影响,甚至会延误季节,影响复种。本地区约有 1/3 年份因旱涝而歉收,河南省淮阳县小麦因底墒不足,春季干旱或多雨而歉收的年份占 31%,棉花、大豆歉收也主要由旱涝造成[5]。

权衡利弊,由于黄淮平原资源较丰富,在品种安排及生产措施保证的前提下,黄淮平原气候资源是可以满足麦套棉两熟种植的。

3 黄淮平原麦棉套作两熟生态效益、经济效益高

3.1 麦棉套作两熟适应黄淮平原资源特点,能够较充分地利用全年的气候资源

种一季作物时,本地区热量资源有较多剩余,而接茬两熟又嫌紧张。水分、光照资源都较丰富,潜力很大。影响复种的主要气候因素是热量。

(1)黄淮平原早春、晚秋资源丰富,麦季光、温、水条件优越。黄淮平原冬季温度不很低,年绝对最低气温平均−14~−10 ℃。冬小麦播期较晚,可选用弱冬性及春性品种,晚至平均气温<15 ℃(10 月底—11 月初)时播还能安全越冬。多数年份越冬期小麦停停长长,能增加一两片绿叶,并已进入穗分化阶段。加上春季回温早升温慢,0 ℃始日在 2 月上旬,比北京早15~20 d,0~10 ℃之间有 45~50 d,积温 360 ℃·d 左右(京津地区约 30 d,200 ℃·d),小麦能长成大穗。5 月是全年气温日较差高峰,平均日较差 10~13 ℃,5 月也是光照高峰之一(另一高峰在 8 月),日照时数月总量 220~240 h,3~5 月降水 120~180 mm,占年总量 20%左右,加之光、温度日较差条件好,对小麦灌浆有利。小麦全生育期降水 220~340 mm,加上地下水位较高(1.5~3.0 m),浅层淡水丰富,小麦干旱年份不绝产,是旱地麦适宜区(表 1),一般年份旱地麦产量 300~500 斤。

表 1　黄淮平原小麦生长季气候条件(1950—1980 年平均)

地区		年绝对最低气温平均(℃)	春季 0~10 ℃天数(d)	5 月气温日较差(℃)	小麦生育期降水量(mm)	3—5 月降水量(mm)	5 月日照时数(h)
黄淮平原	淮阳	−10.2	50	12.6	277.1	155.8	228.5
	商丘	−11.3	47	12.6	232.9	130.0	252.6
	宿县	−13.1	51	12.4	293.6	167.0	228.4
	沛县	−13.8	48	11.8	226.3	129.4	233.4
	淮阴	−11.7	52	10.7	331.5	174.9	219.0
黄河以北地区	北京	−17.3	52	10.7	110.6	61.1	290.6
	曲周	−17.3	35	13.6	125.7	56.6	276.0
江南地区	南京	−8.1	57	9.4	453.7	266.6	195.1
	长沙	−5.2	125	7.5	775.6	596.0	121.6

注:长沙为 1951—1970 年平均

黄淮平原秋季降温晚,15 ℃终日在 10 月中旬,比北京晚 20 d。20～0 ℃也有 50～60 d,自秋粮收获到种麦 450～500 ℃·d 积温。10 月—次年 5 月降水 200 mm 以上,占年总量的 1/4。棉田一熟,仅利用 4—11 月的气候资源,其他月份特别是早春晚秋的资源基本上浪费了,复种指数小,土地利用率低。可见,要充分利用资源,种一季小麦是基础。

(2)接茬麦棉两熟弊多利少,影响资源作用。表现为:一是热量保证率低,季节非常紧张。中棉所10 号是早熟棉,全生育期要求≥10 ℃积温 3 150 ℃·d 以上,霜前花率才达 70％[6]。河南省淮阳县小麦 10 月下旬播,6 月上旬收,6 月 11 日—10 月 20 日积温 3 174 ℃·d,6 月 21 日—10 月 20 日积温2 910 ℃·d,7 月 1 日—10 月 20 日积温 2 644 ℃·d,因此夏棉需在 6 月 10 日以前种下(直播或育苗移栽),热量才有保证。但这在生产上是不太可能的。夏棉迟到 20％以后播,秋季种麦就受影响。二是初夏光热资源利用率低。夏棉最早在 6 月上旬播,7 月中旬现蕾,这阶段有 40 d,光照多,温度高,有一定降水(汛雨一般在 6 月底),光热水配合较好。夏棉群体小,叶面积不大,光能资源不能充分利用。三是初夏旱危害严重,影响当年与来年的资源利用。本地区初夏旱约两年一遇。据调查研究,旬降水20 mm以上则可夏播。本地区夏播概率虽比黄海平原高,但也要到 6 月下旬才达 80％左右(表 2)。初夏旱影响夏播,还间接影响到种麦。秋凉年份危害更严重,对资源充分开发利用不利。

表 2　黄淮平原夏播概率(1950—1980 年平均)　　　　　　　　　　　　单位：％

时间(旬/月)	黄淮平原				黄海平原		
	淮阳	宿县	徐州	淮阴	石家庄	衡水	邯郸
上/6	36	33	38	43	35	25	28
中/6	57	63	62	60	46	33	32
下/6	79	83	91	77	62	38	48

(3)麦套棉两熟资源利用较充分。首先,小麦利用了温度低时期(10 月下旬—次年 6 月上旬)的气候资源,把早春晚秋资源转化为产品(小麦籽粒及秸秆等)。其次,套播增加了棉花生长期,较充分地利用温度较高时期的资源。本地区升温不很快,水资源丰富,麦棉共生矛盾较小,棉花可在 4 月中下旬套入,5 月上旬出苗,到 6 月上旬收麦,共生期 30～50 d 以上。4 月中旬到 6 月上旬积温 1 200 ℃·d 左右,淮阳1 201 ℃·d,商丘1 191 ℃·d,泗阳1 252 ℃·d,加上收麦到种麦一段时间的积温,棉花全生育期积温 4 200～4 400 ℃·d,如淮阳 4 370 ℃·d,商丘 4 316 ℃·d,砀山 4 233 ℃·d。热量有保证,套种中熟品种还为高产优质打下基础。另外,收麦时套棉花已经现蕾,周口地区条件较优时棉花株高50 cm 左右,有 18 个蕾,7～8 个果枝,基本上不浪费初夏光热资源。套棉播期干旱威胁不大,还能缓和夏收夏播劳力及季节紧张矛盾。本地区春播概率较高,没有黄海平原那样"十年九旱"、"春雨贵如油",4月中旬可播概率大于 50 ％(表 3),加上套播的时间范围宽,故干旱威胁较小。由于套棉在麦收时有较大叶面积系数,根系也较深,对初夏旱有一定抗御作用,收麦后可安排其他作物的夏播,劳力紧张程度减轻,季节也缓和一些。

表 3　黄淮平原春播概率及春播时降水量(1950—1980 年平均)

项目	时间(旬/月)	黄淮平原				黄河以北地区			
		淮阳	宿县	徐州	淮阴	石家庄	惠民	衡水	邯郸
可播概率 (%)	上/4	29	38	29	30	15	15	17	16
	中/4	54	54	38	53	19	20	25	24
	下/4	75	71	76	70	31	30	29	44
	上/5	86	92	86	90	42	30	42	52
降水量 (mm)	4 月	67.1	66.0	67.5	58.8	26.7	33.3	27.9	31.2
	5 月	56.8	66.6	57.9	70.7	37.1	28.6	24.7	26.3

3.2 套棉气候生态适应性强,生育期早,生育进程与温度变化吻合得好,吐絮期长且温度较高

　　黄淮平原套棉与一熟春棉同期播,播期比夏棉早 30～50 d,现蕾开花,吐絮等各个生育期均较早(图 1、表 4)。淮阳县气象站 1983 年套棉 5 月 4 日播,9 月 25 日吐絮;夏棉 6 月 8 日播,10 月 10 日吐絮;套棉比夏棉相应早 35 d 到 25 d。套棉吐絮早,吐絮到种麦时间长,晚桃成熟度大,收花次数多,易获高产优质。淮阳县 10 月 20 日开始种麦,套棉吐絮到种麦天数 36 d,比夏棉多 25 d,多收三四次花。若麦棉套作的热量资源利用率为 100%,则麦棉平作的为 96%,春棉一熟仅 81%,可见套作的资源利用率高。

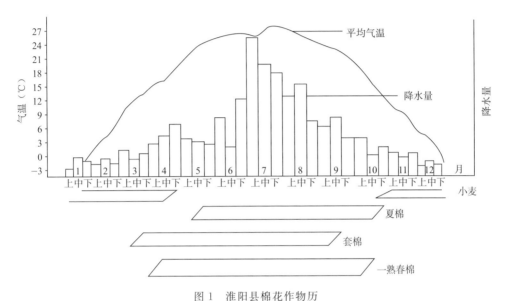

图 1　淮阳县棉花作物历

表 4　1983 年淮阳棉花生育进程

项目	生育进程(日/月)							吐絮—种麦(10 月 20 日)天数(d)
	播种期	出苗期	现蕾期	开花期	开花盛期	吐絮	吐絮盛期	
套棉	4/5	10/5	26/6	20/7	29/7	15/9	23/9	36
春棉	4/5	10/5	23/6	16/7	25/7	14/9	23/9	37
夏棉	8/6	14/6	12/7	8/8	14/8	10/10	31/10	11
套棉比夏棉早或多的天数(d)	35	35	16	19	16	25	38	25

　　从表 4 可以看出,套棉生育期进程与春棉相近,说明套棉共生受欺较小,对温度的适应性与春棉相似,苗期温度适宜,花铃期生长旺盛,气温在 25 ℃以上,吐絮后温度接近 20 ℃;而夏棉苗期温度 25 ℃以上,开花时温度开始下降,铃期 60 d,吐絮后平均温度仅 14.2 ℃(表 5),这会使大量的桃不能成熟或成熟不充分[7]。目前纺织部门对单强低的棉花不欢迎。单强除了与品种特性有关外,还与高温天数有关。品质较好的江苏沿江、沿海棉区开花后平均气温≥25 ℃天数 40～50 d,新疆棉区 60～80 d,淮阳春棉 44 d,套棉 40 d,夏棉仅 22 d,这是夏棉品质差的原因之一。对比起来,淮阳套棉比黄河以北的曲周春棉≥25 ℃天数还多,曲周≥25 ℃天数春棉 35 d,春套棉 31 d,夏套棉 12 d,夏棉 8 d。棉花另一品质指标为成熟度。研究表明,成熟度>1.6 为优质,<0.7 则无纺织价值,有效花积温(≥16 ℃)指标为 860 ℃以上[8]。以此计算,淮阳县 9 月 5 日前开的花才有效,否则影响种麦。1980 年秋暖,小麦可晚播几天,仍以 10 月 20 日种麦计,套棉盛花期到有效花截止期有 38 d,夏棉仅 22 d,说明套棉大部分花铃有纺织价值,品种较优。曲周套棉对温度的适应性与淮阳相似,虽然数值上不同,但趋势是相同的。总之,套棉适应性好,产量高而且潜力大,品质也较好(表 6)。

表5　淮阳1983年套棉、夏棉生育的温度条件

项目		播种—出苗	出苗—现蕾	现蕾—开花	开花—吐絮	吐絮—种麦(10月20日)	全生育期
套棉(5月4日播,7月20日开花)	间隔天数(d)	5	47	24	57	36	169
	活动积温(℃·d)	96.0	1 089.2	621.8	1 464.2	612.5	3 883.7
	平均温度(℃)	19.2	23.2	25.9	25.7	19.8	23.7
夏棉(6月8日播,8月8日开花)	间隔天数(d)	6	28	27	63	11	135
	活动积温(℃·d)	150.3	715.3	722.6	1 445.8	84.9	3 118.9
	平均温度(℃)	25.1	25.5	26.8	22.9	14.2	24.0

表6　曲周1984年套棉、夏棉生育的温度条件

项目		播种—出苗	出苗—现蕾	现蕾—开花	开花—吐絮	吐絮—种麦(10月10日)	全生育期
套棉(4月28日播,7月27日开花)	间隔天数(d)	12	51	27	60	16	166
	活动积温(℃·d)	215.2	1 243.9	731.3	1 467.2	295.8	3 953.4
	平均温度(℃)	17.9	24.3	27.1	24.5	18.5	23.8
夏棉(6月12日播,8月8日开花)	间隔天数(d)	2	29	21	59	5	116
	活动积温(℃·d)	53.2	781.8	579.5	1 341.9	81.9	2 838.3
	平均温度(℃)	26.6	27.0	27.6	22.7	16.4	24.5

3.3　套作麦棉两熟经济价值高

黄淮平原小麦因预留棉行而少收100多斤,而黄海平原棉麦套种的小麦少收200~300斤。大面积上,春棉亩产160斤,套棉120斤,夏棉90斤,单作小麦600斤,套作小麦500斤。按1983年收购价格,春棉与套棉(春花),每斤1.51元(有地膜覆盖的1.73元),夏棉(夏花)0.80元,小麦0.18元,则亩产值春棉一熟为241.60元,套作两熟田271.30元,接茬两熟田180.00元,套作两熟的产值最高,比接茬两熟多82.20元,比春棉一熟多29.60元。

春套棉两熟比粮食两熟的产值更是高得多,按周口地区资料[2]1980—1983年4年麦棉套播面积485万亩,产棉51 718万斤,产麦16.47亿斤,总产值13.67亿元。按四年平均的粮食单产,485万亩产麦(夏粮)19.80亿斤,秋粮14.42亿斤,总产值5.73亿元,单计这些,485万亩套作田多收入7.94亿元,合每亩多163.71元。

江苏的试验也表明,麦棉套作(套播、套栽)的产值、收入都是较高的[9],连续三年(1980—1982年)的试验中,麦行套栽棉花产量114.17斤,居首位;麦行套播次之,为97.83斤;麦后直播最低(41.10斤);总收入与净收入均以套栽棉最高(358.16元与301.12元),套播棉与麦后移栽棉的总收入均在300元以上;但净收入套棉(272.10元)高于移栽棉(254.15元),麦后直播棉总收入仅183.88元,净收入142.68元。综合其他因素,则麦棉套作(套棉与套栽)是较好的种植方式(表7)。

表7　不同种植方式产量产值(1980—1982年平均)

种植方式	夏粮(斤/亩)		玉米(斤/亩)		棉花(斤/亩)			总收入(元/亩)	净收入(元/亩)
	籽粒	秸秆	籽粒	秸秆	棉籽	皮棉	棉秆		
麦行套播	325.8	390.3	—	—	271.7	97.8	376.7	314.89	272.10
麦行套栽	326.7	290.0			317.1	114.2	383.3	358.16	301.12
麦后移栽	450.5	445.0	—	—	256.7	92.4	360.0	320.30	254.15
麦后直播	445.2	444.7			114.2	41.1	330.0	183.88	142.68
棉玉间作	309.5	278.7	390.1	383.3	207.8	77.1	333.0	304.20	220.45
粮食旱三熟	301.9	275.0	511.2(豆类290.5)	1 030.0	—	—	—	224.88	178.28

4　黄淮平原套棉发展前景

4.1　先进生产措施解决季节紧张问题

黄淮平原麦棉套作时间较充裕,在秋暖年与一般年份是可行的,因为黄淮平原热量资源较丰富,如河南省淮阳县≥0 ℃积温多年平均 5 267.2 ℃·d,暖年有 5 420 ℃·d 以上,如 1978,1977,1975 年。但冷年则不足 5 120 ℃·d,如 1976,1970,1969 年。秋凉年份小麦只能套在棉柴中,影响土地耕翻上肥,产量受影响,还可能导致小麦丛矮病。这要通过采用先进生产措施解决。

首先品种搭配要合理。套棉用高产的中熟、中早熟品种,要求早发稳长,吐絮集中。小麦采用强春性品种,棉花采用地膜覆盖或营养钵育苗移栽等技术,促进棉花早熟。据试验[11],与直播棉比较,地膜棉早吐絮 8~19 d,营养钵棉早 4~8 d,虽然费工,但产量高,纯收入还是增加。地膜棉亩产 175.5 斤,纯收入 259.38 元,比直播棉产量高 58.8 斤,多收入 53.22 元,周口的群众说:"地膜盖一盖,多收几十块"。营养钵棉亩成本虽比直播、套作多 15 元左右[9],但产值与纯收入都增加。因此,地膜覆盖和营养钵育苗移栽无论从产量、生态还是从经济上,效益都是高的。最近,周口地区试行"套种、地膜、营养钵三结合"植棉,河南省开始地膜小麦试验,这可为麦棉套种发展找到更新的道路。

4.2　提高农业生产水平,防灾抗灾,挖掘生产潜力,保证全年丰产稳产

黄淮平原过去生产水平低,自然灾害不少。一方面是水利条件差,保浇面积小,有 1/3 年份受旱涝影响而造成歉收。发展灌溉是必要的,而责任制后灌溉设施有不同程度破坏,有效灌溉面积下降,这应及早解决。另一方面,黄淮平原化肥、农药、机械等物质、能量投入低于全国平均水平,1983 年按耕地面积,阜阳地区化肥投入量 128 斤/亩,周口地区 108 斤/亩,按播种面积则仅有 60~70 斤/亩。按耕地平均,本地区的马力数、农用电数等都较低。而黄淮平原生产潜力很大,从单产上看,小麦高产已过千斤,皮棉 300 斤左右,比现在大面积产量高得多。黄淮平原普遍缺磷,一些轻盐碱土急需改良,在河北曲周,改良后盐碱土小麦单产 703 斤,棉花 178.1 斤（1983 年小区试验）,说明潜力很大。

4.3　合理布局作物,建立黄淮平原棉花生产基地

黄淮平原资源有明显优势,麦棉套种可以麦棉双丰收,套种岱字棉、斯字棉品种,可以高产优质,不但经济收益大,而且可以打入国际市场,扩大销路。黄淮平原除周口地区扶沟县是枯萎、黄萎病区,其他地区棉病仅零星发生。加上交通发达,紧靠工业城市,发展棉花是利国又利民的。我国其他棉区不是资源较差(如东北早熟棉区、黄海棉区),就是经济条件有限(如新疆棉区交通困难且人稀,有水分供应的土地少),或是土地潜力还有限（如江苏沿江、沿海棉区,目前棉花比例已相当高）,都不如黄淮平原棉区有发展前途。黄淮平原应该充分认识优势,并通过智力投资,推广先进技术,合理布局作物,特别在豫东、江苏徐州、皖北萧县、碭山县等宜棉区,尽快建成棉花生产基地。

参 考 文 献

[1] 中华人民共和国国家统计局.中国农业年鉴.北京:农业出版社,1982.

[2] 周口地区区划办公室.麦棉套种棉花栽培技术总结报告.油印本.1983.

[3] 韩湘玲.从黄淮平原的自然资源试论商品粮豆基地的建立.油印本.1983.

[4] 韩湘玲,等.黄淮海平原农业气候资源的初步分析.自然资源,1983,(4).

[5] 孟广清,等.淮阳农业丰歉年型的初步研究.油印本.1984.

[6] 刁光中,等.棉花优良品种——中棉所 10 号.北京:农业出版社,1983.

[7] 黄淮海地区农业资源综合开发利用课题组,淮阳县区划化办公室,淮阳县气象站.不同种植方式的作物生态适应性及生产力的研究小结.油印本.1983.

[8] 江苏省棉花气象条件研究协作组.棉花有效铃开花终止期温度指标的研究.农业气象科技,1981,(1).

[9] 蒋观直.棉花不同种植方式的增产效果和经济效益.中国农业科学,1984,(2).

[10] 徐州地区农业区划办公室.徐州地区农业区划.徐州地区农业区划办公室印,1983:117.

[11] 周口地区棉花研究办公室.棉花地膜覆盖试验示范总结:油印本.1983.

黄淮海平原棉花品质气候生态适应性分析[*]

韩慧君[1]　赵继玉[1]　韩湘玲[2]

(1.河南省气象局;2.北京农业大学)

摘　要:黄淮海平原气候生态条件宜于棉花生长。从南到北呈现气候差异,导致棉花品质类型多样。充分合理利用气候资源,将棉花纤维品质适应型与相宜的气候类型配合,可为国内外市场提供适用的棉花纤维。

关键词:黄淮海平原　气候生态　棉纤维品质

改善我国原棉经济现状,除了加强品质育种、引进优质棉种外,合理利用自然资源,将环境资源潜在生产力转变为棉花优质的直接效益,是十分重要的。

1　原棉品质的地域差异

棉花品质性状,虽属于遗传基因控制,但也受环境生态条件的深刻影响和制约。一定的气候条件有利于形成该环境下特定的品质类型。同一品种在不同的地区种植,其产品品质差异甚大,其中,气候生态条件就是一个重要的制约因子。如埃及长绒棉品种,在我国东南地区种植纤维长度大幅度下降,强度也变小;苏联中亚棉花品种,在我国新疆的吐鲁番地区生长适应性比其他地区显著,品种优点易于保持和提高。

考察黄河流域 12 年 1 262 点次棉花区域试验的纤维强度等四项经济指标,受气候条件影响颇为显著。同一品种在相同试验条件下,地点间、年度间品质变化如表 1。

表 1　棉纤维品质变化(1973—1984 年)

	项目	强度(g)	细度(m/g)	长度(mm)	成熟度
地点间	标准差	0.156 5	186.688 6	0.708 6	0.085 6
	变异系数 CV(%)	4.32	3.12	2.48	5.29
年度间	标准差	0.244 2	196.036 0	1.196 9	0.096 2
	变异系数 CV(%)	6.70	3.27	4.18	5.94

从表 1 可见,棉花纤维年度间变异大于地点间变异,气候生态条件作为外因的作用是明显的。选取 1973—1975 年及 1979—1982 年各 3 个棉花品种,纤维品质各性状列在表 2 和表 3。从表中可见:从北到南的变化趋势是单纤维强度逐渐增加,细度变粗,除周至点外,各点的纤维断裂长度差别较小;棉花花铃期缩短,霜前花产量明显增加。此外,表 3 中棉纤维品质较差的 3 个品种在各点之间差别较小。所以,初步认为,棉纤维品质的地理分布与各点的气候特点有关。

表 2　1973—1975 年棉花品质地理分布

地点	强力(g)	成熟度	细度(m/g)	断裂长度(km)	铃期(d)	霜前收花量(kg/亩)
北京	3.91	1.76	5 916	23.15	80.5	22.3
邯郸	4.06	1.86	5 860	23.69	—	55.2
西华	4.26	1.71	5 864	24.84	58.8	54.9
徐州	4.28	1.80	5 696	24.30	58.0	56.7

注:表中数据为岱字棉 16、岱字棉 45A、冀邯 5 号 3 个品种的平均值

* 原文发表于《华北农学报》,1987,**2**(4):139-143.

表 3　1979—1982 年棉花品质地理分布

地点	强力(g)	成熟度	细度(m/g)	断裂长度(km)	铃期(d)	霜前收花量(kg/亩)
周至	2.57	1.27	7 310	19.0	63.0	49.3
大荔	3.30	1.42	6 208	20.0	60.5	54.3
保定	3.48	1.56	6 038	21.0	54.3	59.6
临清	3.37	1.55	6 064	20.5	53.3	68.3
西华	3.39	1.60	5 773	19.6	55.4	77.5
徐州	3.32	1.59	5 899	19.5	55.8	69.5

注:表中数据为鲁棉 1 号、河南 79、豫棉 1 号 3 个品种平均值

2　不同地区棉花产量组成分析

将 1973—1982 年 10 个品种在 8 个试点的皮棉产量及组成项列在表 4。可看出:皮棉单产由北向南逐渐增加,保定和徐州点亩产相差 22.2 kg。皮棉单产中除去霜后花及僵烂花,所获好花产量则是以菏泽、运城、安阳一带较高,在其南、北均较低。保定点皮棉单产低,好花产量也低,是由于该区无霜期短、棉花生产力低所致。而徐州点则不同,一般年份皮棉单产和好花单产均最高,但减产的年份其减产幅度也最大,如霜前花 1976 年无,1979 年每亩仅有 15 kg,致使 10 年平均霜前好花产量较低。严重减产的年份,棉花一般在 8 月上旬开花,10 月上旬吐絮,这主要是由于苗期的低温阴雨天气造成晚发和大量落蕾,使开花结铃期推迟所致。西华点减产的年份,一般是花期间的多雨或大雨,增加幼铃脱落和烂铃、霜后花和僵花比例大(如 1976,1981,1982 年),但减产幅度小于徐州。所以,产量的年际波动主要由降雨量及其时段分布引起。

表 4　各地区棉花产量组成分析

项目	保定	邯郸	安阳	临清	运城	西华	菏泽	徐州	平均
皮棉单产(kg/亩)	62.6	67.6	74.3	77.5	79.6	79.2	82.2	84.8	76.0
霜前花率(%)	75.0	79.0	89.6	73.0	81.0	78.0	84.8	70.7	78.9
霜前好花率(%)	96.6	96.3	93.8	92.7	95.6	88.6	91.9	88.5	92.9
霜前好花单产(kg/亩)	46.1	53.0	61.6	53.6	61.4	56.4	65.3	55.1	56.6

注:表中数据为 1973—1982 年间 10 个品种的平均值

从以上分析认为:黄河流域棉区,北部棉花生产力低,霜前好花产量低,增产潜力不大。就所分析的 10 年时段来看,南部棉区比中部产量高,但稳定性较差,中南部一带生长的适应性较好。

3　棉纤维强度及成熟度与气候条件的关系

黄淮海地区 12 年品种区域试验中,主要品种棉纤维的强度和成熟度及变异情况表明,处于黄淮平原中南部的西华点与徐州点,棉纤维强度多年平均值较高且稳定。平原北部各点纤维强度稍逊且变异较大。棉纤维成熟度,西华点 89 次试验,平均值较高,徐州次之。北部试验点次结果反映出,多年纤维成熟度不及中、南部。

纤维要求强力大,且成熟度较高而不过熟。环境气候生态因素中,纤维强力受气温的影响较明显。平均气温、最低气温和气温日较差及其变幅影响纤维素的合成与淀积,进而影响纤维胞壁的厚度与结构。

棉花结铃期,即开花到吐絮期间(7—9 月),日平均气温高于 20 ℃ 的天数较多,20 ℃ 以上积温在 1 500 ℃·d 以上,日照充足,总日照时数在 350 h 以上,其间降水量适中(150～300 mm),且分配较均

匀。在此气候条件下,配合适宜的栽培措施,利于纤维达到较好的成熟度和较高的强力,其成熟度与强力大多分别能达到 1.7 和 4 g,这是目前纺织工业较满意的标准。

由于季风环流处于转换的过渡时期,本区自北向南有热量阶梯,递增的趋势明显。就平均状况来说,京、津、唐此期 20 ℃以上积温约为 2 000 ℃·d,至黄淮平原中南部,≤20 ℃积温已近 2 200 ℃·d。7 月本区正值盛夏,日平均气温多在 26 ℃以上,8—9 月,区内气温变化南北差异较明显。黄淮平原的冀中南、豫北等地,8 月以后日平均气温高于 20 ℃日数,只有 5%～10% 的年份可达 54 d 以上,多年纤维强度也较低,且变异较大,霜前花率 70% 左右。黄淮平原大部地区,8 月以后日均温≥20 ℃日数满 54 d 的年份可有 30%～36%。多年同一品种纤维强度、成熟度高于其北部点次。霜前花收摘量常年可达 80% 左右。浅山丘陵区由于秋季降温较早,热量条件稍差,同纬度的西部丘陵旱原棉花霜前花率多在 60% 以下,常年 9 月底前后日均温已低于 5 ℃,8 月以后 20 ℃以上日数达 54 d 的年份仅占 4% 左右。

此间日照时数南北差异不明显。降水量虽有年际和地域间变异,纬向变化幅度较小,北部虽年雨量少于南部,但夏雨集中程度较高,相比之下,此期降水量的变化、年际变率仍大于南北地域之间。7—9 月 150～300 mm 雨量为本区中雨年份,频率为 50% 左右。

本区棉纤维强力随 20 ℃以上热量资源多寡呈现差异。提高棉纤维强力的途径,应围绕提高热量资源利用率拟订技术措施。如大田地膜覆盖技术,可使中熟棉可提前 10 d 左右开花;育苗促早发技术,通常可使开花提前 10～20 d。这样至少有 200～300 ℃·d 积温可发挥自然生产力,从而有可能使开花结铃期与 6 月中旬前后起始的高温期(旬平均气温≥25 ℃)同步,多数棉铃的纤维加厚期可处于 20 ℃以上的环境。初秋冷空气来临时,更多棉桃的纤维已发育良好,即将成熟。

4 棉纤维长度、细度与气候生态条件的影响

棉纤维伸长期的气候生态条件,对纤维长度有一定影响。其中热量和水分是主要因素。分析结果表明:棉花全生育期的降水量和气温日较差的累积状况,以及前、中期土壤水分对纤维长度的作用较为明显。全期降水量累积较大,且均匀,或补充灌溉较适时适量,纤维长度表现接近其正常值,严重干旱或雨涝,纤维长度则明显缩短。夜间温度低限制纤维伸长,本区夏季昼夜气温不算过高,因此,日较差大必然夜温低,不利于纤维细胞伸长。随降水量、灌溉条件和蓄水技术的变化,近期内棉纤维长度在本区以中绒(26～28 mm)型为主,因雨量、热量的地域分异及水利灌溉的差别,而呈现多品色局面。冷凉、干旱地区(年份)多生产中绒偏短各长度组;温暖、丰雨地区(年价)易于生产中绒偏长的棉纤维。由于纤维伸长期水分条件和夜温不同,自北向南,由西向东可能在同一年份造成中绒类型中的短、中、长各长度组,从而丰富纤维品质的品色。

棉纤维细度的需求与长度、强度的各种搭配相宜,过粗过细都不宜纺织,纤维细度在形成过程中,主要受环境气温的影响,环境的平均气温和最低气温不同,纤维细度也常呈现出品色差异。

据调查,区内黄淮平原棉花纤维较长且细度相宜。这与其气候条件有关。初夏时节,正值棉花根系发育的最后时期,又是地上枝叶繁茂、丰产搭架的关键时段,北部海河平原干旱(6 月降水量少于 60 mm)的年份占 55%～70%;南部苏北平原则常遇梅雨;过渡地区黄淮平原则干旱较轻而无过湿,棉花根系发育好,为稳长健长和中后期抵抗逆境打下了良好基础。7—8 月多数地区雨量 300 mm 左右,雨势不强,连雨不多,雨过天晴,使棉花花铃期水、热、光兼得,有效花期与南北邻区相比,平均可延长 5～10 d,气候最佳期结铃率较高,品质与产量保证程度均较高。9 月棉花陆续吐絮,日照时数 200 h 以上的晴朗天气秋季可占 45%～60%。到 10 月大批棉桃吐絮期间,大于 45 ℃积温的温暖年份约占 70%～80%,空气湿度较小,日照也较足,对裂铃吐絮十分有利。海河平原后期热量稍差,徐淮与皖北热量条件好,但有连绵秋雨。设想以黄淮平原为中绒中等长度组生产基地,品质性状将比较稳定,其南、北面区可分别作偏长或偏短的搭配区域,使品种布局中绒长度得到适生环境,减少退化。

综上所述,黄淮平原区从京津唐到苏皖北,南北热量、水分等梯度明显,这些生态因素对棉花品质具有较深刻影响,应充分合理利用这种资源的地域差异,安排各品质类型,使棉花能够多品色优质生产。

黄淮海地区气候与棉花商品基地选建的研究[*]

韩湘玲[1]　　刘　文[1]　　李红梅[2]　　孟广清[3]

(1.北京农业大学;2.河北省气象局;3.河南省淮阳土地局)

通过"六五"期间对黄淮海地区气候生态与植棉的研究,提出将黄淮海地区建成我国最大的优质高产多品色商品棉基地[1-3]。根据黄淮海地区粮棉争地、产量不高、品质变差的问题,为进一步开发该地区农业气候资源和发展植棉业,实现 2000 年指标,于 1986—1990 年继续在淮阳、曲周进行田间试验,进一步对品种类型与气候、气候与品质、棉花种植制度、棉花生产力与商品基地选建等进行研究,并对黄淮海地区及全国有关棉区进行了调研与考察,提出黄淮海地区棉花商品基地建设的气候依据。

1 品种类型气候指标及分布

根据品种类型与环境统一体的原理,即通过品种类型使生物体适应以气候为主的环境条件。由于不同品种类型对外界环境条件的要求及适应程度不同,不同环境条件下适宜的品种类型亦不同。其中,气候条件起着决定性作用。我们在国内外对于品种类型与气候的关系研究基础上,综合分析各类指标的生物学意义,以确定统一的积温指标划分品种生态类型。

1.1 指标的确定

热量指标:综合分析各种积温指标[4-7]的生物学意义,认为≥15 ℃积温较为合理。

适播期:以日平均气温稳定通过 12～15 ℃ 始日为好,春季气温回升快的北方地区 12 ℃ 可播,春季气温回升慢的南方地区则 15 ℃ 才可播,为统一起见用 15 ℃ 作为棉花生长的起始温度。

生育终止日期:一般纤维伸长、加厚的最低气温为 15 ℃,后期 <15 ℃ 的积温对品种产量有较大的影响。故采用 15 ℃ 作为发育终止日期较合适。

最佳收花期:根据 1986—1987 年的试验分析,日平均气温稳定通过 15 ℃ 的终止日期为最佳收花期终止日(表 1)。

表 1　最佳收花期与气温稳定通过 15 ℃ 终止日期

最佳收花期	9 月底以前	10 月上旬以前	10 月中旬以前	10 月下旬以前
气温稳定通过 15 ℃ 终止日期(日/月)	29/9	10/10	20/10	30/10
地点(年份)	曲周(1986)	曲周(1986)	淮阳(1987)	南京(1987)

选用≥15 ℃ 积温为适宜品种类型的热量指标,统计了不同地区不同类型棉花播种初霜期间 ≥15 ℃ 的积温(表 2)。黄淮海北部年降水量 500～600 mm,但因分布不均,需进行播前贮水灌溉、蕾(期)水,伏旱年加灌花铃期水。由于春旱初夏旱频率高,对棉花影响较大,以苗蕾期最为敏感。热量虽是决定品种类型的主要因子,但在同一热量条件下,由于水分的差异,可使适宜品种类型发生不同程度改变,

*　原文发表于《地理科学》,1992,**12**(4):297-304.

主要表现在两个方面:一是品种的抗旱性能,如黑龙港地区降水少,且多为旱地,适宜种植耐旱类型品种,二是由于水分供应不同,影响作物生育。如黑龙港地区,在春旱年份,由于抗旱播种时间长,许多棉田到 5 月份才能播上种,甚至有的不能正常春播,因此,只有用早熟品种进行补种。而在同样的热量条件下,山前平原棉区由于灌溉条件好,能及时播种,为充分利用当地热量资源,可采用部分中熟品种。可见,降水、灌水条件是影响热量资源能否充分利用的重要因子。

表 2 黄淮海地区不同品种类型棉花的热量指标

品种熟性	特早熟	早熟	中早熟	中熟	中晚熟
生长期≥15 ℃积温（℃·d）	3 000～3 300	3 300～3 600	3 600～3 900	3 900～4 100	4 100～4 500
代表品种	黑山棉 1 号,晋棉 7 号,新陆早 1 号	中棉 10 号,辽棉 9 号,中 375,中 65,中 14 等	冀棉 10 号,豫棉 1 号	中棉 12,鲁棉 6 号	泗棉 2 号,鄂沙 28

1.2 品种类型分布

以≥15 ℃积温为指标,划分黄淮海地区(一季棉)三个品种类型区:

(1)早熟品种:主要分布在黄淮海棉区长城以南、保定以北,≥15 ℃积温为 3 300～3 600 ℃·d 的地区。

(2)中早熟品种:主要分布在黄海棉区,包括黑龙港棉区、山前平原棉区、鲁西北棉区,此外,还有山东胶莱河流域等棉区,≥15 ℃积温为 3 600～3 900 ℃·d 的地区。

(3)中熟品种:主要分布在苏北、皖北、豫东南、鲁西南,≥15 ℃积温为 3 900～4 100 ℃·d 的地区。

2 套复种的指标及界限

关于套复种指标的划定,前人工作较少[8-10],尤其未考虑不同套、复种类型及方式的气候生态指标。根据已有的研究结果,确定出适宜发展不同类型套复种的气候指标及发展界限,然后分析不同类型生态区的适宜种植方式,两熟发展前景及相应措施。

类型:棉麦套种两熟的类型多种多样,如图 1 所示。

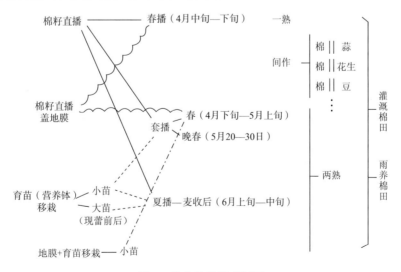

图 1 棉花种植类型框图

种植前提:棉花套复种是高度集约农业,对品种、水、肥、劳力、生产水平等的要求都很高,并需要及时供应才能发挥气候-土地资源的利用率。

水肥:是发展麦棉两熟的重要基础。黄河以北由于春旱、初夏旱发生频率高,棉麦套种共生期间少雨干旱,影响春播棉花的播(套)种出苗、保苗,伏旱则影响结铃,晚春套及夏播棉的苗期初夏危害频繁,而黄淮平原伏旱经常发生,初夏旱较普遍。大部分棉区发展套种需一定灌溉条件。此外,由于套复种所用的季节长,田间休闲及养地时间极少,尤其棉花消耗地力较强,而小麦又需高水肥,故发展套种两熟必须有无机、有机肥相结合的高肥投入。

品种:品种是发展两熟极关键的因素,一般用中熟棉品种(适春播)发展两熟,棉花产量较高,但热量不充足,季节紧张。而早熟棉品种适于晚春套,有利于套种的发展,但产量低于中熟棉品种。近几年为发展套复种成功培育了一些早熟性好的、播期弹性较大、对季节适应性较强的品种。如适晚春播的播期适应性强的中117,播种期可以从4月下旬初至5月中旬初,开花吐絮期与春播棉相当。适晚春播、夏播的品种有中10号、中375、中65、辽9、辽10、辽11,还有适春播的中12。此外,相应地培育出适晚播早熟的小麦品种,黄河以北适播期可由9月下旬延迟到10月上旬,如冀麦26、鲁麦3、鲁麦4。黄河以南黄淮平原可到11月上旬播种。这都十分有利于套种棉花的生育和产量、品质形成。

种植方式:同样的气候条件下,由于土壤肥力条件、水肥供应的差别,生产的目标不同,种植方式不尽相同。如粮棉占地比例,粮为主或棉为主,或粮棉并重,则带宽、行距及二种作物的间距也不同。

在土壤肥沃、水肥条件好的条件下,若以棉为主的可采用窄带套种,如(三一式),粮棉并重的可采用宽带(六二式)或窄带(一一式)。水肥条件中上等粮棉并重的可采用四二式或三二式。

在热量条件好、生产水平又高、人多地少的地区,随热量条件的增多,可用三一式晚春套,麦后育苗移栽、麦后复播等[11]。

不同种植方式的播期不同,共生期长短不一,导致采用的品种不同,产量品质均有差别。

指标与北界:不论采用什么种植类型、播种方式,麦棉两熟必须达到一定的产量、品质目标,则需确定一个标准,要求相应地有一定的熟量条件和季节节律的吻合度。

产量品质标准有二,一是棉麦套种(麦/棉)的小麦、棉花产量均需达到单作的80%以上。复种指数按200%计,霜前花率达80%以上。二是麦后复种棉花(麦—棉),小麦如单作产量不受影响,棉花麦后播,整个季节短,成功的复种则棉花产量为春棉产量的80%以上,霜前花率也达70%～80%。

指标确定的依据:在不同热量条件的地区,虽然可采用不同品种进行套、复种,但热量条件有基本要求,如前所述,如$\geqslant 15\ ℃$积温大于$3\ 000\ ℃·d$,结合最热月平均气温$>23\ ℃$是能否植棉的热量界限,在一定热量基础上,水分保证棉花生育所需才能种植。

共生期30～40 d:自收麦期往前推30～40 d,套种期则为4月下旬至5月上旬,可争取积温600～950 ℃·d。$\geqslant 15\ ℃$积温大于$3\ 900\ ℃·d$等值线以南地区则可套种中熟品种,若加上地膜或育苗移栽又可争取300～400 ℃·d左右的积温则可套种中晚熟品种,此线以北保定$\geqslant 15\ ℃$积温为$3\ 800\ ℃·d$,则只能套种早熟品种。这种较长的共生期,需带宽大于1.0 m。

共生期10～20 d:套种期5月20—25日,京唐地区套特早熟—早熟品种,保定地区套早熟品种。黄淮平原($\geqslant 0\ ℃$积温大于$5\ 200\ ℃·d$),可套种中早熟品种,采用窄带(三一式)。

可见,套种的可能性决定于当地的热量($\geqslant 15\ ℃$积温)。农耗与套耗积温(对某一气候区而言,该值为常数)及品种要求的积温,选择适宜品种是套种成败的关键。即春套要求$\geqslant 0\ ℃$积温大于$5\ 000\ ℃·d$,晚春套要求$\geqslant 0\ ℃$积温大于$4\ 800\ ℃·d$。

夏播:小麦生育期积温$1\ 700～2\ 300\ ℃·d$,麦后农耗5 d(约150 ℃·d),收麦—种麦农耗5～10 d(110～150 ℃·d),只能利用麦收后$\geqslant 15\ ℃$积温(B)减去夏秋农耗积温(C),植棉可利用积温$A=B-C$。

若育苗移栽,特别是大苗移栽可改变品种类型。按计算可复种北界应视棉花品种而异,$\geqslant 0\ ℃$积温大于$5\ 200\ ℃·d$的地区才有可能移栽复种。

3　气候与生产力

研究采用改进的联合国粮农组织(FAO)的农业生态区域法(AEZ)——逐级生产力方法,运用作物生产力估算与气候评价软件包[12]，按适宜当地的麦棉品种计算了棉花逐级（气候-土壤）生产力，进一步做了灌、肥、技订正（图2）。小面积个别年份已有出现 2 250 kg/hm² 以上的产量，则已达到或接近光温生产力水平，产量大于 1 500 kg/hm² 的地块则更多些。小面积则意味着条件极优的农田，个别年份则意味着光温条件极好的年型，根据在豫东南——淮阳县的多年水、旱地对比（其他条件一致，为中上等水平）试验得出不同年型的产量差异显著（表3）。

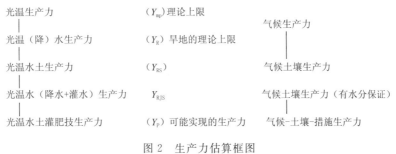

图 2　生产力估算框图

表 3　河南省淮阳县棉花年型与产量

年型	皮棉产量(kg/hm²)		浇水		年份
	水地	旱地	时间(日/月)	次数	
正常年份	1 162.5	1 000.5	6/8	1	1983
夏秋多雨(涝)歉收型	610.0	808.5	8/6	1	1984
初夏旱、秋阴雨歉收型	1 057.5	829.5	29/6,28/7	2	1985
初夏旱、伏旱、灌溉丰收型	1 189.5	753.0	9/6,15/7	2	1986
初夏湿润、秋暖丰收型		1 963.5		0	1987

苏北、皖北、鲁西北、鲁西南虽单产潜力最大，而按棉花生产力 Y_f 和2000年播种面积计算出的总产则以鲁西北、黑龙港为多（表4）。

表 4　黄淮海地区气候-土肥技近期可能总生产量

地区	山前平原	黑龙港	鲁西北	鲁西南	豫东南	皖北	苏北	山东丘陵	黄淮海地区
播种面积(10⁴ hm²)	47.3	66.7	76.7	33.3	56.7	21.3	13.3	16	333.3
生产量(10⁸ kg)	5.06	5.11	10.21	3.60	5.34	1.40	2.45	2.58	35.75
比1987年增产率(%)	28	20	17	37	41	39	42	29	28

以上生产力系多年平均气候资料计算出的，代表多年平均状况概率40%～50%。所计算的初夏湿润秋暖为丰收年可增产42%，初夏旱、伏旱产量最低，但若浇上水则产量可达丰收年型，比自然丰收年型产量还高，正常年份中上等生产水平旱地有 1 000.5 kg/hm²，比气候-土壤-措施生产力稍高，据我们研究，该地区棉花年型丰、歉、平年各1/3，也可证明计算的棉花生产力 Y_f 是可行的，黑龙港地区衡水的调研也有类似的结果。

生产力含产量和品质，一般只重视产量[13]。"六五"期间棉花产量大增，但品质下降，对棉纺工作影响很大。"七五"期间我们探索研究棉花品质与气候问题，对黄淮海地区植棉业的发展及商品基地选建提供依据，但这方面还待进一步研究。

4　商品基地选建

4.1　基础良好

黄淮海地区多数土壤适于植棉，轻盐碱地具有相对适应性。从全区看，棉花生育期间的光、温、水条件与气候节律基本吻合,黄淮平原热量、水分条件最优,但吐絮期间 9—10 月的日照时数,鲁西北及黑龙港地区较高(达 400～500 h),仅次于新疆,优于南方棉区,尤其是 9 月份日照>200 h,概率 70%～75%,日较差也较大。但该地区初夏旱概率大,秋季 20 ℃,15 ℃终止日比黄淮平原少 5 d 以上。棉花在本地区是一种耐旱作物,可在旱地上种植,但根据鲁西北、黑龙港地区植棉气候特点——初夏干旱、光照充足、秋季凉爽,建立基地需要逐步扩大浇水条件;根据不同类型,选用中早(或早)熟品种(表 5)。

"七五"期间黄淮海地区已是我国棉花重要生产基地,1987 年皮棉总产占全国 60%,有举足轻重地位[14](表 6)。

表 5　棉花生育期的气候特征

地区	气候类型	初夏旱、湿概率(%)		9 月日照>200 h 所占百分比 (%)	10 月积温 >450 ℃·d 所占百分比(%)
		6 月降水量 <60 mm	6 月降水量 >100 mm		
鲁西北—黑龙港	日照充足、初夏干旱、秋凉	55～70	10～20	70～75	20
豫东南、鲁西南	初夏多干旱、秋晴暖	50～65	20～25	45～60	70～80

表 6　黄淮海地区棉花面积和产量(1987 年)

地区	播种面积			总产			单产 (kg/hm²)
	面积 (10⁴ hm²)	占全区百分比 (%)	占全国百分比 (%)	总产 (10⁸ kg)	占全区百分比 (%)	占全国百分比 (%)	
山前平原	43.9	15	9	3.62	14	9	825
黑龙港	55.6	19	12	4.12	16	10	735
鲁西北	79.0	27	16	0.44	33	20	1 065
鲁西南	27.3	9	6	2.25	9	5	825
豫东南	39.7	14	8	3.13	12	7	795
皖北	10.6	4	2	0.85	3	2	810
苏北	15.5	5	3	1.42	6	3	915
山东丘陵	19.3	7	4	1.84	7	4	960
黄淮海地区	290.9	100	60	25.49	100	60	885
全国	484.4			42.45			870

4.2　成片商品基地

据黄淮海地区棉花生产现状和生产力估算(表 4),播种面积和总产都集中在鲁西北、黑龙港、黄淮平原的鲁西南和豫东南。

棉花除少量自留棉(2.5 kg/人)外,皆为商品量。按 2000 年增加棉花播种面积 42.7 万 hm²,并适当扩大灌溉面积(3 000 hm²),用气候-土地-肥技生产力作为估算单产计算出棉花可能产量、商品率、人均商品量等指标选建成片基地(表 7)。全区可提供商品量 29.96×10⁸ kg,人均 12.7 kg,商品量集中于鲁西北(9.73×10⁸ kg)、黑龙港(4.55×10⁸ kg)与豫东南(4.42×10⁸ kg)、鲁西南(3.34×10⁸ kg)等。这是以低平原为中心的集中片,共有商品量 21.4×10⁸ kg,占全国商品量的 73%。其次是山前平原(3.99×10⁸ kg)。山东丘陵、皖北、苏北则较少。人均量以鲁西北(50 kg/人)、鲁西南(32.8 kg/人)与黑龙港(20 kg/人)较多。及至 2000 年以前,鲁西北、黑龙港、豫东南和鲁西南这一连片 233.3 万 hm² 棉田建设为集中基地,共辖 166 个县,总产 24.0×10⁸ kg,单产 1 035 kg/hm²,提供商品棉 21.4×10⁸ kg,商品率 89%。

表 7　黄淮海地区棉花商品基地特征

地区		黄海平原		黄淮平原	
		黑龙港	鲁西北	鲁西南	豫东南
气候条件	≥0 ℃积温(℃·d)	4 700～5 000		5 000～5 400	5 000～5 400
	≥15 ℃积温(℃·d)	3 700～3 900		3 900 左右	3 900～4 000
	7—8 月>20 ℃天数(d)	110～120		110～120	
	7—8 月降水量(mm)	300～350		350～4 000	300 左右
	7—8 月日照百分率(%)	60～70		60 左右	
种植制度(类型)		一季春棉为主,晚春套<20%		春套为主,晚春套、夏播<30%～40%	
品种类型		中早熟	早熟	中熟	早熟

　　从自然条件看,集中片分为两片,即黄海平原与黄淮平原,由于热量差异、种植制度类型及品种类型不同,黄海平原以一季棉为主,晚春套比例小。黄淮平原以春套为主,晚春套、夏播比例高些。

参 考 文 献

[1] 韩相玲,曲曼丽,等.黄淮海地区农业气候资源开发利用.北京:北京农业大学出版社,1987:3-16,66-81.

[2] 韩湘玲,刘巽浩.黄淮海地区作物布局调整与商品基地选建.农业区划,1986,(6):57-83.

[3] 韩湘玲,李红梅.黄淮海地区商品棉生产基地建设的探讨.农业现代化研究,1989,**10**(4):58-57.

[4] 郝云理,赵玉金.山东省棉花气候生态分析//黄淮海地区农业气候资源开发利用.北京:北京农业大学出版社,1987:82-86.

[5] 阎宜玲.河北省种植制度气候分析及区划.耕作与栽培,1986,(1-2):69-76.

[6] Бабущцин Л Н. АяроЕлиатяческое равоЕиРоваииег хлодховой эоны среднев Аэид. ЯениЕград;Гидроетеоиэдат,1986:3-5,49-82.

[7] Бродсидй Е Г,Муцинов Ф А. Темдтнха УэбеЕсхов ССР. Тр САНИИ Госхомгндромета,1986,**121**(202):56-62.

[8] 王寿元,刘振英,董人伦.棉麦不同套种方式的生态效应和经济效益.中国棉花,1987,**14**(5):34-35.

[9] 山东聊城麦棉两熟技术开发试验协作组.套种棉早熟丰产栽培技术.中国棉花,1987,**14**(2):32.

[10] 王寿元,卢皖,刘振英,等.棉麦两熟栽培.北京:农业出版社,1990:70-72.

[11] 刘风理,等.麦棉套种.石家庄:河北科学技术出版社,1986:1-11.

[12] 王恩利,段向荣,吴连海,等.作物生产力估算与评价软件(CPAM)的设计与应用.计算机农业应用,1991,(1):18-23.

[13] Food and Agriculture Organization of the United Nations. Potential Population Supporting Capacities of Lands in the Developing World. Technical Report Project. 1982:9-28.

[14] 中华人民共和国农牧渔业部.中国农牧渔业统计资料.北京:农业出版社,1989:68-69.

黄淮海地区作物布局调整与商品基地选建[*]

韩湘玲　刘巽浩

（北京农业大学）

　　"六五"期间,黄淮海地区主要作物小麦、玉米、棉花、大豆、花生、芝麻等的生产和布局发生了较大的变化。小麦的面积 1983 年比 1981 年减少 50 多万亩,其中黄淮平原增加了 990 多万亩,黄海平原减少了近 1 400 万亩,而总产则增加了 196 亿斤,其中黄海平原增加了 65 亿斤,黄淮平原增加了 131 亿斤。玉米面积减少约 800 万亩,其中黄海平原减少 1 180 万亩,而黄淮平原增加近 400 万亩,产量增加约 28 亿斤。棉花的变化更大,1983 年比 1981 年增加了 1 200 多万亩,1984 年又增加 21 亿斤,约为 1981 年的 1.4 倍,比 1979 年增加了 5 倍。大豆面积则减少了（表 1）。而今后如何布局这些作物,以及能否建立商品基地,在生产和学术上都有不同的看法,通过调查研究,提出以下意见,供"七五"期间发展农业参考。

表 1　黄淮海平原 1981—1983 年期间主要作物面积和产量的变化

地区	小麦		玉米		棉花		大豆	
	面积(万亩)	总产(亿斤)	面积(万亩)	总产(亿斤)	面积(万亩)	总产(亿斤)	面积(万亩)	总产(亿斤)
黄淮平原	+995.9	+131.2	+383.8	31.4	+457.9	+6.8	−273.2	−7.7
其中:苏北	+284.7	+50.6	+55.6	+4.9	+47.36	0.8	−28.4	−0.4
皖北	+105.2	+2.1	−10.4	+0.2	−1.59	0.6	+72.1	+1.2
豫东南	+502.4	+56.6	293.6	26.8	+171.0	+3.2	−181.7	−5.8
鲁西南	+103.7	+21.9			+241.2	+2.2	−131.7	−2.7
黄海平原	−1 042.0	+6.5	1 183.4	−3.2	+796.5	+14.3	−397.3	−4.3
其中:黑龙港	−369.8	+24.8	−499.1	−15.2	+167.2	+3.7	—	—
黄淮海平原	−46.7	+137.7	−799.5	+28.3	+1 254.1	+21.1	−670.5	−12.0

　　注:"+"表示增加;"−"表示减少

1　建立黄淮平原冬小麦基地

1.1　黄淮平原冬小麦在我国和世界粮食生产中的地位

　　从世界主要产麦国的播种面积和总产看,我国的小麦播种面积居第二位,总产占第一位（表 2）。我国小麦的播种面积和总产在粮食中仅次于水稻,分别占粮食面积的 25.5%,占粮食总产的 21.0%（表 3）。黄淮海地区（黄淮海平原加山东丘陵,下同）面积和总产分别占全国的 37% 和 44%,远多于长江中下游各省。其中黄淮平原占黄淮海地区面积 48.9% 和总产的 52.1%（占全国 17.9% 和 22.1%）,亩产 462 斤（仅次于法国）,人均占有麦达 423 斤,均大大高于全国水平（表 4）。

　　从全国小麦面积分布图可见,黄淮海地区小麦占主要地位,黄淮平原又显得更为突出,豫东平原、皖

　　* 原文发表于《中国农业资源与区划》,1986,(6):57-83. 吴连海、瞿唯青参加了资料整理、统计、绘图工作

北、苏北、鲁西南平原东西 250 里 * 连成一片,形成世界上最大的两熟麦区(图 1)。

表 2　世界主要产麦国大麦播种面积和产量(1983 年)

项目 ＼ 国名	世界	中国	苏联	美国	印度	加拿大	法国	澳大利亚	日本
面积(亿亩)	34.42	4.36	7.63	3.70	3.47	2.05	0.70	1.90	0.03
总产(亿斤)	9 867	1 628	1 606	1 311	850	538	496	400	14
单产(斤/亩)	287	374	218	354	245	263	683	210	412
人均占有麦(斤/人)	215	160	595	565	119	2 184	915	2 697	11.8

表 3　我国主要粮食作物的播种面积和产量(1983 年)

项目	＼ 作物	粮食	水稻	小麦	玉米	高粱	谷子	薯类	大豆	其他
面积	面积(亿亩)	17.11	4.97	4.36	2.82	0.41	0.61	1.41	1.14	1.39
	占粮食面积百分比(%)	100	30	25	16	2	3	8	8	8
总产量	产量(亿斤)	7 745.5	3 379.6	1 630.6	1 364.1	167.0	150.8	584.8	159.3	273.3
	占粮食产量百分比(%)	100	43	21	18		2	8	2	4
单产(斤/亩)		453	680	374	483	411	246	415	172	197

表 4　黄淮平原小麦播种面积和产量(1983 年)

地区	项目	播种面积		总产		单产(斤/亩)	人均占有麦(斤/人)
		面积(万亩)	占全国百分比(%)	产量(亿斤)	占全国百分比(%)		
黄淮平原	合计	7 780.92	18	359.34	22	462	423
	苏北	1 574.58		80.10		509	379
	皖北	2 064.80		79.99		387	392
	鲁西南	825.70		46.76		506	473
	豫东南	3 315.84		157.49		475	456
黄海平原	合计	5 301.32	12	230.79	14	435	331
	山前平原	2 382.76		115.71		486	313
	黑龙港	1 583.95		50.11		318	318
	鲁西北	1 334.61		64.97		451	381
山东丘陵		3 220.19	7	128.27	8	398	258
黄淮海地区		16 302.40	37	718.40	44	441	351
全国		43 574.80		1 627.80		374	160

　　黄淮平原小麦的播种面积和总产比苏联、美国、印度、加拿大等国少得多,但单产却高得多。荷兰、西德、英国等亩产虽高达 600～700 斤,面积却极小。黄淮海地区中,黄河以北的黄海平原小麦面积达 5 300 万亩,但人均产麦量只有 313 斤,商品量小。而黄淮平原人均占有麦量达 423 斤,其中鲁西南、豫东南在 450 斤以上。

---

　　*　1 里＝0.5 km,余同

图 1　我国小麦面积分布图(1983 年)

1.2　黄淮平原小麦生态适应性

　　为什么黄淮平原的小麦占有这样的地位？主要是光、温、水配合良好,特别是天上水、地下水资源较丰富,旱地种麦能有较好的收成,加上生长季较长,一年两熟季节较为富裕,麦后可种植玉米、大豆、稻、花生、芝麻等作物,还可套种棉花。

　　温度:冬小麦喜凉但越冬不耐过低温度(小于−20～−22 ℃),早春穗分化要求低温持续时间较长,生育后期忌高温(5—6 月大于 25～30 ℃为不利)。冬小麦生长和产量形成的限制因子,首先是低温,它决定了冬小麦能否种植的问题。黄淮平原冬季极端最低温度−14.0 ℃以上,冬小麦安全越冬没有问题,可种植弱冬性和春性品种。

　　研究得出:春季升温快、冷凉期短的地区和年份,即春季 0～10 ℃持续日数越长则穗粒数越多,黄淮平原的淮阳 0～10 ℃日数达 49 d,比黄海平原长得多,因而穗粒数较多(但低于青藏高原)(表 5)。

表 5　春季 0～10 ℃日数与小麦穗粒数的关系

	山麓平原(北京)	黑龙港地区(曲周)	黄淮平原(淮阳)	江南(南京)	青藏高原(拉萨)	备注
0～10 ℃日数(d)	22	21	49	50	80	1961—1980 年
穗粒数	23～25	21～22	30～32	30～32	40～45	一般中高产水平

　　用红外线 CO_2 分析仪测到,气温在 22 ℃以上时小麦的净光合作用明显下降。比较不同地区小麦灌浆—成熟期间平均气温有同样结果,此期间平均气温小于 22 ℃的千粒重高。如青藏高原的拉萨此期为 14～15 ℃,十分有利于籽粒灌浆。黄淮平原此期间一般为 19～20 ℃,黄海平原则偏高,为 22～24 ℃,超过小麦适宜光合作用的上限(表 6)。

表 6　冬小麦灌浆—成熟期间气候条件(1950—1980 年)

项目＼地区	黄淮海地区			江南(南京)	青藏高原(拉萨)
	北京	郑州	淮阳		
平均气温(℃)	22～23	22	19～20	20～21	14～15
降水量(mm)	59.9	65.3	84.9	137.8	195.0
相对湿度(%)	57	59	69	75	65
日照(h)	293.0	335.9	296.4	232.9	450.0
千粒重(g)	28～34	34～40	38～40	31～35	42～48

可见,黄淮平原小麦生育的关键时期温度条件适宜,生长季又较长,除棉花地外,一般秋收后能有较充裕的时间准备种麦,冬前有足够的温度供分蘖扎根。整个生育期间温度条件黄淮平原在整个地区中是最优的。

水分:小麦起源于半干旱地区,因而适应于冬春有一定降水的半干旱草原气候,但产量不高。小麦忌过湿的条件,尤忌湿热,因而在江南适应性差。我国北方冬春干旱少雨,小麦的水分适应性则表现为喜水,小麦产量与水分呈正相关。在黑龙港流域一般水浇地亩产 350~400 斤,而旱地只有 100 斤左右。因此,在"六五"初期,我们提出了"麦随水走"(包括降水、灌溉水和地下水)的布局性意见。不同产量水平的耗水量(蒸散量)差别较大,据研究,亩产 300~600 斤的耗水量为 250~500 mm 以上。黄淮海平原北部的黄海平原,小麦生育季节中降水只有 150~200 mm,水分亏缺甚为严重。若加上常年伏雨形成的底墒 100 mm 左右,也满足不了较高产的需要。而黄淮平原不仅麦季降水量多达 230~290 mm,春季(3—5月)大于 120 mm,加上地下水资源丰富,无论是地下水补给量、年径流量都多,地表径流量比海滦流域多一倍,因而在干旱年景亩产也可达四五百斤。1982 年豫东大旱,小麦仍获丰收(表7)。

表 7　黄淮海水资源及其利用(陈志恺,1982)

地区	降水量 (mm)	年径流深 (mm)	地下水补给量 (10^8 m^3)	地面径流量 (10^8 m^3)	水资源总量 (10^8 m^3)	径流利用量		浅层地下水	
						径流利用量 (10^8 m^3)	占地面径流量的百分比(%)	开采量 (10^8 m^3)	占补给量的百分比(%)
淮河流域	894	240	338.7	645	889.5	313	48	87	26
黄河下游	654	121	16.8		36.6	—	—	—	—
海滦河流域	556	91.5	195	292	405.8	163	56	151	77

我们在黄淮海平原中的山麓平原(北京)、黑龙港地区(曲周)及黄淮海平原(淮阳)麦季进行裸地和麦田水旱地 1 m 土层土壤水分动态规律的研究得出:

(1)北京常年伏雨对底墒的补充量为 100 mm 多,夏涝年可达 150 mm 以上,伏旱时则不足 30 mm。近三年,在北京、曲周、淮阳三个麦田点的结果相似,伏旱年为<60 mm,夏涝年 200 mm 多,正常偏旱年 70 mm 左右(表8)。

表 8　不同地区伏雨补充麦田土壤水分贮存量　　　　单位:mm

地点	1983 年		1984 年		1985 年	
	补充量	年型	补充量	年型	补充量	年型
北京	48.9	伏旱	69.0	近正常	50.1	伏旱
曲周	−22.7	伏旱	212.5	多雨	48.3	伏旱
淮阳	—	—	218.3	多雨	—	—

(2)黄淮平原(淮阳)旱地麦季 1 m 土层土壤有效水分(196 mm)比山前平原的北京水浇地(164 mm)还多,原因是淮阳地下水位高,旱麦地 50~100 cm 土层土壤水分比北京水浇地多 70%(表9)。

表 9　不同地区冬小麦地土壤有效水分比较(1983—1984 年)　　　　单位:mm

处理(地点)	土层深度	0~20 cm	20~50 cm	50~100 cm	0~100 cm
旱地	淮阳	18.1	40.8	137.8	196.6
	曲周*	27.1	55.5	145.6	228.1
	北京	12.2	30.9	61.2	104.3
水浇地	北京	29.2	54.0	81.0	164.1

* 曲周因干旱播不下种而浇了底墒水

(3)从土壤水分动态资料分析,淮阳旱麦地与北京水浇麦地土壤水分比较,从播种—停止生长期间两地相近,返青—起身期间北京较多,孕穗—乳熟期间两地又相当,结果产量相近。而淮阳旱麦地比北京旱麦地产量高 1 倍以上(表 10)。

表 10　水、旱麦地 1 m 土层土壤水分比较(1983—1984 年)

处理	地点	灌水量 (mm)	生育期 1 m 土层土壤水分(mm)					产量 (斤/亩)
			播种—停止生长	返青—起身	起身—拔节	拔节—孕穗	乳熟—成熟	
水浇地	北京	271.1	260.8	254.0	232.6	249.8	270.7	878.3
旱地	淮阳	0	340.8	340.0	—	246.4	238.1	824.3
	北京	0	236.3	198.2	215.4	219.1	159.9	324.9

(4)灌溉效率以北京最高,每毫米水量可增加产量 2 斤左右,淮阳最低,不到 0.5 斤/亩。淮阳麦田灌溉效率极低甚至不起作用,而北京为 176%,曲周为 47%。

据研究,伏、春雨量和麦季雨量与产量呈正相关。黄淮平原南部沿淮河地区地势低洼易涝,但小麦在雨季前收获可避涝,可见,黄淮平原小麦的水分生态适应性是较强的(表 11)。黄淮平原光照条件虽不如黄海地区,但比江南为好,由于光、温、水配合得好,小麦生产力较高。从小麦生育期的光、温、水配合分析计算,黄淮平原的生产力高于其他地区。

表 11　黄淮平原麦季光、温、水条件与其他地区比较(1961—1980 年)

地区		气温(℃)		春季 0~ 10 ℃日数 (d)	降水量(mm)			日照(h)	
		极端最低 气温平均	灌浆—成熟期 间平均气温		麦季(10月— 次年 5 月)	底墒 (7—9 月)	春季生长季 (3—5 月)	春季生长季 (3—5 月)	麦季(10月— 次年 5 月)
黄淮 平原	淮阳	−13.1	19.5	49	286.6	388.3	165.3	718.0	1 709.5
	宿县	−13.4	19.3	51	288.1	482.4	172.0	611.2	1 476.6
	徐州	−11.8	19.4	51	276.9	472.4	160.4	627.0	1 477.4
	菏泽	−14.0	19.1	43	189.3	395.3	106.2	681.2	1 601.4
	商丘	−12.5	19.4	49	232.8	406.3	135.6	666.6	1 564.4
黄海 平原	沧州	−1.6	22.8	21	135.9	323.8	64.4	814.3	1 831.4
	德州	−17.4	22.5	40	135.4	398.7	72.7	736.8	1 674.7
山麓 平原	北京	−18.0	22.3	22	98.9	406.0	57.5	786.6	1 799.8
	石家庄	−17.0	23.7	39	136.1	363.1	70.1	780.5	1 789.6
	保定	−18.0	23.1	37	106.8	392.5	57.3	744.7	1 658.7

由于黄淮平原地区冬季温度较高,适宜种植春性品种的冬小麦,播种—出苗要求温度较低(15 ℃左右),因而可推迟播种,从而增加了秋收作物的生长季节。据淮阳县近年来种植春性较强的品种的经验,可在 11 月初播种,比一般播期推迟 10 d 以上,这样可在砍棉柴后播麦,利于麦棉套种。

土壤:黄淮平原土壤对小麦也是适宜的。土地平坦(利于灌溉与机械化),土层深厚,大部为潮土,pH 为中性偏碱,适于小麦生长发育。土壤质地多数为沙性壤土,宜于耕作。南部砂姜黑土耕性差,但及时耕作仍能高产。尽管土壤有机质含量不高(一般为 0.8%~1.2%),但并不是小麦生产的限制因素,只要施肥得当,小麦完全可获得稳定而高额的产量。"六五"期间土壤有机质并无显著变化,但小麦产量大幅度增加,这是和合理施用化肥直接相关的。

通过以上对麦季光、温、水条件的分析可见,黄淮平原的小麦是我国大面积生态适应性最好的地区,生产潜力较大。

1.3　社会经济条件可行性

黄淮平原在全国小麦生产中单位面积产量高,品质好,小麦又是当地群众喜爱的主要粮食,成本较低。该地小麦多数不灌水或灌水次数少,病害又比江南少,因而从成本比较,比黄河以北和江南低,经济效益好。

在黄淮平原麦田可实行两熟制,除上茬小麦外,下茬还可种植玉米、大豆、甘薯、芝麻等作物。这样,麦田虽占耕地比例较大(1983 年为 61%),但只占总面积的 38%,仍有半数以上的播种面积可以种植其他作物,利于多种经营,这就为建立小麦商品基地提供了可能性。

北京、天津缺粮,需要大量小麦,我国东北三省以及西北一些地区也是缺麦而又是以小麦为主粮的地区,因而为商品小麦提供了广阔而稳定的国内市场。今后,还可考虑向日本、东南亚出口。

黄淮平原地处我国腹地,位置适中,交通发达,又有便利的港口条件,利于商品运输。

1.4 对建设黄淮平原小麦商品基地的建议

黄海平原也是重要的小麦地区,但由于受到水的限制,面积难以扩大,其中黑龙港地区旱地麦仍占1/5 左右,今后还可适当缩减。因此,黄海地区主要以自给性生产为主,部分地区(如山麓平原)也可提供部分商品小麦。

黄淮平原上报耕地 1.3 亿亩,实有耕地约 1.5 亿~1.6 亿亩,利用其中的 60%~70% 即 0.9 亿~1.0 亿亩种植小麦是可能的。亩产以 500~550 斤计,则总产可达 500 亿~550 亿斤。该地区农业人口以 9 000 万计,则人均约 600 斤,商品率以 20%~35% 计,则可有 100 亿~200 亿斤商品量。如果加上黄海地区部分,如豫北的新乡地区、河北的石家庄地区,则商品量还可能再多一些。

无论是黄淮平原还是黄海平原,提高单产的潜力仍是不小的。黄淮海地区 1983 年报小麦单产 451斤,其中皖北只有 387 斤,黑龙港地区 316 斤,实际亩产还要少 20% 左右,即整个黄淮海地区约为 360斤,黄淮平原 370 斤,皖北 310 斤,黑龙港只有 250 斤左右。增产的前提是进一步增加投入,搞好农田基本建设,完善灌排系统,合理增施肥料,建设好良种基地,加强栽培管理与病虫害防治。

2 建立华北玉米基地

我国玉米生产无论是播种面积还是总产都仅次于美国,名列世界第二。单产较低,只高于世界平均水平(表 12)。

表 12 世界主要玉米生产国的面积和产量(1983 年)

项目 \ 国家	世界	美国	中国	巴西	印度	阿根廷	罗马尼亚	苏联	南斯拉夫	法国	匈牙利	希腊
面积(亿亩)	18.23	3.11	2.82	1.62	0.90	0.45	0.45	0.78	0.34	0.25	0.17	0.02
总产(亿斤)	6 752	2 097	1 364	376	140	177	210	320	209	200	138	25
单产(斤/亩)	370	674	483	233	156	397	467	411	616	788	793	1 023

玉米在我国粮食生产中面积和总产都仅次于稻谷、小麦,占第三位,单产高于小麦(见表 3)。黄淮海平原达 0.58 亿亩,总产 284.12 亿斤,低于苏联,高于罗马尼亚、阿根廷、南斯拉夫和法国等。若按黄淮海地区计,则播种面积 7 872 万亩,总产 384 亿斤,都占全国播种面积(28 236.3 万亩)与总产量(1 364 亿斤)的约 28%,面积多于东北三省地区,而总产量却低于东北地区(占全国的 24% 和 31%,单产623 斤)。黄淮海地区玉米播种面积与苏联相当,总产则较高于巴西(表 12、表 13)。

表 13 黄淮海地区玉米面积和总产在我国的地位(1983 年)

地区	面积		总产		单产(斤/亩)	玉米播种面积占总面积百分比(%)	人均玉米占有量(斤/人)
	面积(万亩)	占全国的百分比(%)	总产(亿斤)	占全国的百分比(%)			
黄淮平原	2 033.7	7.2	99.22	7.2	488	9.8	117
黄海平原	3 783.8	13.5	184.91	13.5	489	23.2	265
山东平原	2 055.0	7.3	100.00	7.3	488	22.5	202
黄淮海地区	7 872.0	28.0	384.00	28.0	478	—	—
东北	6 864.7	24.0	428.30	31.0	624	27.9	465
西南	5 289.9	19.0	174.50	13.0	330	18.9	107
全国	28 236.3		1 364.10		483	13.0	133

从全国玉米种植面积的分布看,玉米种植带从东北经华北、至西南形成一条斜带(图2),其中黄淮海地区的比重最大。整个华北地区与东北平原玉米相比,东北为一熟区,华北区为两熟区,全年生产潜力远大于东北(表13)。

图 2　我国玉米种植面积分布图(1983 年)

玉米是高产作物。最主要特点是:喜水肥,温度适中,最热月平均气温低于 20 ℃ 的地区不能种植,温度过高(7 月平均气温高于 27～28 ℃)也不利,而以月平均气温 23～25 ℃(夜温平均 15 ℃)为宜,≥10 ℃ 积温低于 2 500 ℃·d 的地区不如种小麦,年降水量高于 1 500 mm 的地区不如种水稻。

我国以吉林为中心的东北三省生态适应性最好,气温与降水动态与著名的美国玉米带相近(降水不如美国玉米带均匀),但土壤比较肥沃,因而是我国一年一熟玉米单产最高的地区。

与东北平原相比,黄淮海地区有短处也有长处。黄淮海平原≥10 ℃ 积温 3 600～4 800 ℃·d,7 月平均气温 23～27 ℃,年降水量 500～900 mm,基本能满足玉米生育要求。其短处是最热月温度偏高(长春 23 ℃、黄海北部为 25 ℃,其中冀北、胶东为 23～24 ℃,南部达 27 ℃),降水不如东北调匀,春旱、伏旱频率高。长处是生产季长、积温高,从收麦到种麦仍有积温 2 800～3 000 ℃·d,可实行小麦—玉米一年两熟;8—9 月份辐射强、日照时数多,利于籽粒灌浆;该地区雨季降水量保证率在 70%～80%、6 月中旬—9 月一般年份降水 400～600 mm,可满足玉米全生育期的需要,但播种季节 4 月下旬—6 月上中旬往往因干旱而影响适时播种,9 月份籽粒灌浆期间雨水也偏少。大部分玉米与上茬小麦在一起分布于水浇地上,因而可以人工灌溉,北部灌溉效益十分显著(表14)。土壤虽不如东北肥沃,但土层深厚,土质适宜于玉米生长。与我国其他地区相比,江南过热,降雨多,玉米生态适应性不如水稻;西南气候条件对玉米是适宜的,但因玉米多分布于丘陵坡地上,上层薄、生产力不如黄淮海平原;西北则受低温与缺水限制,只能种植在水浇地上,一年一熟。因之,黄淮海平原(重点是北部)是玉米适宜区,单产潜力甚大。其中,平原的北部优于南部(表15、表16)。

表 14　不同试验点玉米水旱地产量比较(1983—1985 年)　　　　　　　单位:斤/亩

地点	1983 年				1984 年				1985 年			
	春玉米		夏玉米		春玉米		夏玉米		春玉米		夏玉米	
	水地	旱地	水地	旱地	水地	旱地	水地	旱地	水地	旱地	水地	旱地
北京	917.4	627.2	912.5	499.8	970.2	737.2	966.1	450.9	980.0	967.6	784.7	880.1
曲周	—	395.2	898.8	645.0	860.8	834.9	694.7	672.8	638.8	577.3	859.8	播不下种
淮阳	—		781	723			766.7	681.0			694.4	647.2

表 15　黄淮海地区玉米生育期间的光、温、水条件

项目		黄淮地区				黄海地区			山东丘陵	张家口地区
		鲁西南、豫东南、皖北、苏北				黑龙港、山前平原、鲁西北				
		菏泽	淮阳	宿县	徐州	曲周	石家庄	德州	泰安	张家口
温度	麦收—20 ℃终止日（6月下旬—9月中旬）积温（℃·d）	2 601	2 590	2 621	2 601	2 317	2 290	2 309	2 540	—
	最热月平均温度（℃）	27.0	27.5	27.3	27.0	26.8	26.6	26.8	26.2	23.3
	日较差（8—9月）（℃）	9.4	9.8	9.4	8.8	10.4	10.2	10.0	10.4	12.1
降水量（mm）	全生育期（6月中旬—9月）	459.9	445.6	552.8	546.3	367.0	393.0	442.2	530.1	306.3
	抽穗—灌浆（7—8月）	312.5	304.9	385.0	380.9	281.0	305.7	346.4	381.4	233.1
日照（h）	全生育期（6—9月）	973.2	911.2	900.3	847.9	897.8	968.2	1 004.8	848.7	1 046.0
	灌浆期间（8—9月）	457.3	438	437.0	406.2	426.9	455.9	478.1	458.1	504.1
多年可播种的概率（%）	6月上旬	33	36	33	40	16	35	28	33	—
	6月中旬	56	57	63	65	32	46	39	44	—
	6月下旬	89	79	83	90	53	62	61	67	—

表 16　世界主要玉米生产国的气候条件与黄淮海地区比较（4—10月）

国名（城市）			要素	4	5	6	7	8	9	10
美国		（玉米带）圣路易	气温 T（℃）	13.4	18.8	24.0	26.3	25.2	21.6	14.9
			降水 r（mm）	73.0	91.0	82.0	82.0	91.0	97.0	60.0
南斯拉夫		贝尔格莱德	T（℃）	11.6	16.7	19.9	22.1	21.4	17.6	12.6
			r（mm）	58.0	73.0	76.0	60.0	59.0	44.0	60.0
意大利		罗马	T（℃）	13.7	17.9	21.8	24.7	24.4	21.2	16.5
			r（mm）	72.0	61.0	44.0	18.0	25.0	65.0	132.0
中国	东北	长春	T（℃）	6.7	15.0	20.1	23.0	21.3	15.0	6.8
			r（mm）	21.9	42.3	90.7	183.5	197.5	61.4	35.5
		沈阳	T（℃）	9.3	16.9	21.5	24.6	23.5	17.2	9.4
			r（mm）	39.9	56.5	88.5	196.0	168.5	82.1	44.8
	黄淮海地区	张家口地区　张家口	T（℃）	9.9	17.2	21.3	23.2	21.4	15.8	8.7
			r（mm）	15.6	30.5	55.2	119.5	115.3	45.8	20.0
		山麓平原　石家庄	T（℃）	14.4	21.1	21.7	26.6	25.0	20.1	13.7
			r（mm）	26.4	31.9	42.0	144.3	161.5	57.4	31.1
		保定	T（℃）	13.9	20.7	25.3	26.5	25.1	20.2	13.2
			r（mm）	21.0	28.4	55.9	164.3	189.2	38.9	25.2
		新乡	T（℃）	14.8	21.0	26.5	27.5	26.1	20.9	15.0
			r（mm）	38.9	32.5	67.8	168.1	133.2	73.7	35.3
		黑龙港　曲周	T（℃）	14.2	20.7	26.1	26.8	25.4	20.4	14.2
			r（mm）	31.1	22.3	54.6	194.2	86.8	42.7	36.0
		黄淮平原　淮阳	T（℃）	14.8	20.7	26.3	27.5	26.5	21.1	15.6
			r（mm）	73.5	59.2	71.4	177.9	127.0	83.4	51.6
		鲁西北　德州	T（℃）	13.8	20.7	25.6	26.8	25.5	20.4	14.0
			r（mm）	34.2	30.4	68.8	201.8	144.6	52.2	31.7
		山东丘陵　泰安	T（℃）	13.5	19.4	24.6	26.2	25.4	20.1	14.3
			r（mm）	40.8	40.4	85.7	226.1	155.3	81.3	40.5

玉米产量高,又是饲料之王,随着畜牧业的发展与对外贸易的开展,对玉米的需求不可低估。逐步建设华北玉米基地是适宜的。设想今后黄淮海地区 8 000 万亩玉米(黄淮海平原 6 000 万亩,山东丘陵 2 000 万亩),亩产以 650 斤计,则总产可达 520 亿斤。主要作本地区饲料用(部分食用),也可以用其中的 100 亿～200 亿斤向我国南方或日本、东南亚等地出口。

商品玉米基地的重点可放在华北的中北部,包括:燕山、太行山麓平原与山间盆地(河北省唐山、石家庄、保定、廊坊、张家口、承德地区)与胶东,其次是鲁西北、鲁中南和豫东平原北部(沙河以北)。黑龙港流域和黄淮平原南部则以自给为主,皖北、苏北玉米过少,为了促进畜牧业的发展,应适当扩大。

在布局上也可以做些调整:旱薄地沙地的玉米面积还可压缩,改为豆类、甘薯、谷子、花生等耐瘠或耐旱作物;部分涝洼地上可改为高粱或旱稻。但就总体发展来看,过多强调谷子与高粱并不适当,因谷子产量低。作为饲料的谷草其蛋白质含量并不比玉米高多少,高粱则受市场限制,水肥较好地块可适当恢复或发展玉米(看价格状况)。此外,为了促进畜牧业的发展,应积极推广青贮青饲用玉米,也可以采用粒饲兼用的品种,在收果穗后即将尚为青绿色的茎秆予以青贮。当然,以上基地建设与布局调整必须在合理的价格基础上,否则价格过低,玉米将难以发展。

3　建立优质和多品色型的全国最大棉花基地

3.1　黄淮海平原棉花生产在我国和世界上的地位

从世界范围看,按 1983 年的资料统计,棉花面积最多的是印度,占世界面积的 25%,但产量极低,每亩只有 24 斤。苏联的植棉面积占世界的 10%,单产却较高(118 斤/亩)。单产最高的是以色列,亩产 189 斤,但面积极少。美国面积、总产、单产都低于苏联。"六五"期间,我国棉花大发展,比 1978 年总产增长近 5 倍,播种面积跃为世界第二位(约占 1/5),总产为世界第一位(占 1/3),单产高于美国(表 17)。其中黄淮海平原发展最快。

表 17　黄淮海平原棉花面积和产量的地位(1983 年)

国名地区 项目	世界	美国	苏联	印度	埃及	巴基斯坦	巴西	以色列	澳大利亚	中国	黄淮海平原
播种面积(亿亩)	4.74	0.40	0.49	1.20	0.06	0.34	0.31	0.01	0.02	0.91	0.43
占世界播种面积百分比(%)	100	8.5	10.3	25.3	1.3	7.2	6.5	0.2	0.4	19.2	9.1
总产(亿斤)	284.84	32.70	56.7	28.9	8.5	13.52	11.99	1.59	3.05	92.7	46.11
占世界总产百分比(%)	100	12	20	10	3	5	4.3	0.6	1	33	16
单产(斤/亩)	60	75	118	24	135	40	39	189	169	102	108

1980 年黄淮海平原棉花播种面积为 2 692 万亩,1982 年 2 700 万亩,1983 年 4 280 万亩,1984 年达 5 400万亩,比 1982 年翻了一番。以整个黄淮海地区计,1983 年植棉 4 673 万亩,占全国棉花播种面积的 52%,总产棉花 52.68 亿斤,占全国的 57%。1984 年面积估计达 5 800 万亩,总产皮棉 60 亿斤以上,总产与面积均超过美国、苏联,占世界第一位。近年来,棉花生产的发展使我国从棉进口国(1982 年进口 16 亿斤)一跃而为世界第三大出口国(1984 年出口 4.0 亿斤)。

黄淮海平原各棉区与长江中下游棉区(苏南与江汉平原)比较,鲁西北棉区的面积远大于江汉平原棉区;黄淮平原棉区的面积和总产约为苏南棉区的 2 倍,分别占全国播种面积和总产量的 18% 和 19%;江南棉区全部播种面积和总产只分别占全国的 20% 与 21%;新疆植棉的自然条件虽好,但面积很小;辽南棉区则更小(表 18、图 3)。

表 18 黄淮海平原各棉区的播种面积、产量和我国其他地区比较(1983 年)

地区		播种面积		总产量		人均耕地(亩/人)	单产(斤/亩)	棉花占总播种面积的百分比(%)	棉花占耕地面积的百分比(%)	棉花占经济作物面积的百分比(%)	人均棉占有量(斤/人)
		面积(万亩)	占全国百分比(%)	产量(亿斤)	占全国百分比(%)						
黄淮海平原	黄淮平原	1 647.50	18	17.30	19	1.69	105	8	12.9	54	20.4
	苏北	287.96		3.36		1.52	121	6	9.7	53	15.9
	皖北	213.00		2.03		1.83	95	4	6.4	33	9.9
	豫东南	610.05		6.80		1.72	111	7	11.8	46	19.7
	鲁西南	545.50		5.11		1.69	94	25	38.6	94	57.9
	黄海平原	2 632.40	29	28.81	31	2.14	109	16	22.5	82	41.3
	黑龙港	493.08		5.49		2.40	111	10	13.9	57	34.9
	鲁西北	1 311.32		13.05	14	2.09	99	30	39.9	95	76.0
	合计	4 279.64	47	46.11	50	1.88	108		17.5	68	29.8
汾渭谷地		718.4	8	2.73	3	2.53	38	12	6.3	56	5
长江流域	苏南	737.24		9.90	11	1.23	134	9	18.1	63	24.6
	江汉平原	837.6		7.70	8	1.38	92	8	15.1	49	15.9
	四川盆地	201.0		2.15	2	1.12	107	1	2.0	13	2.1
	合计	1 775.84	22	19.75	21		111				
西北棉区(新疆、甘肃)		426.0	5	3.27	4	3.86	77		4.2	35	10
辽河流域棉区		82.0	1	1.04	1	2.44	127		1.5	19	2.9
全国		9 115.9	100	92.74	100	1.75	102	4	6.2	34	9.1

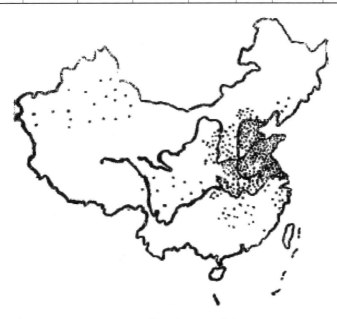

图 3 我国棉花种植面积分布图

3.2 黄淮海平原土地、气候适于植棉

据调查研究,我们认为黄淮海平原植棉的优势有:

土地资源潜力大。本地区地势平坦、土层深厚,有利于棉花生长。人均耕地 1.58 亩,比长江中下游棉区 1.01 亩多(其中江汉平原棉区 1.40 亩,苏南棉区 1.30 亩),其中鲁西北棉区 1.92 亩,黑龙港 2.25 亩,有的地区达 3.0 亩以上。此外,黄淮海平原还有相当面积不适宜种粮而适合植棉的旱薄地和轻盐碱地,如沧州地区不宜种粮而可植棉的耕地达 300 多万亩,这些地区种粮每亩只收几元,而植棉可获 80～100 元/亩,增加收益达几十倍。因此,在发展棉花生产中土地资源潜力大、粮食争地矛盾较小,有很大的回旋余地。虽本地区棉花占经作面积已达 82%,但占总播种面积只 14%(1984 年),其中豫东南、苏

北等黄淮平原地区,还可发展一部分棉麦套种。此外本地区的单产还不高,刚过百斤,而高产地块可亩产 200 斤皮棉。因此,在提高土地利用率上还有较大潜力。

黄淮海平原属于我国东部季风型农业气候区。具有半干旱、半湿润大陆性季风气候的特征。棉花生育期间,光、热、水的季节变化特点与棉花喜温好光、需水怕涝的生态要求基本吻合,气候生态条件利多弊少。与国外棉区比较,有较优越的气候特点,主要表现在前期少雨、光照利于蹲苗和健发;中期光、热、水丰沛且同季,利于提高结铃率:后期晴朗、温和较干燥,利于裂铃吐絮。

前期在播种出苗阶段,黄淮平原(商丘、周口)4—5 月降水量大于 100 mm,春旱少。而黄河以北(石家庄、惠民)4—5 月份降水小于 80 mm,多数年份必须抢响抗旱播种才能保证出苗。长江中下游棉区间期降水量大于 200 mm,往往苗病严重,需要开沟排水。5—6 月黄淮海平原的光照条件不仅是年内光资源最丰富的时期,且居国内同期之冠,配合较大的气温日较差(10～12 ℃),对棉花苗期健壮生长和促进早现蕾、早开花十分有利。6 月各地先后进入蕾期,此时透响雨是解除当年初夏旱为棉花丰产的搭架水。平原中南部(漯河—菏泽以南)多年平均 6 月份降水量大于 80 mm,仅需少量补充灌溉,便能满足棉花现蕾需要。平原北部,此期降水仅 60～70 mm,多数年份需灌溉才能保证正常生育。南方棉区同期正是梅雨季节,长江流域棉区 6 月降水量已多达 150 mm,湖南岳阳、江西彭泽和鄱阳常年 6 月降水量 200～300 mm,有些年份大于 400 mm,使植株疯长、郁闭,甚至需要人工排水。

棉花生育中期(花铃期)正值 7—8 月份盛夏季节,温度较高(24～28 ℃),高于 35 ℃和低于 15 ℃的不利日数极少,日照百分率 49％～66％,高于南方棉区,棉花常年结铃率 30％～50％,高于光照好而热量差的北部和光照差而热量好的南方棉区;黄淮平原 7—8 月雨水丰沛,又不算过分集中,大部分地区300～400 mm,不像京津唐过分集中(>400 mm),也不像南方棉区伏旱严重。上海、南通同期降水量仅140 mm 左右,湖南岳阳仅 200 mm 左右,往往连续 20 d 无雨,气温高,蒸发量大,伏旱导致蕾铃脱落。

生育后期 9—10 月正值棉花裂铃吐絮期,要求晴朗温和较干燥的气候条件。本区日照时数400～480 h,仅低于西藏和西北少数地区,晴朗少雨,平均相对湿度 60％～70％。同期南方多秋霜台风。9—10 月棉花需水量下降,黄淮海平原各地多年平均降雨量大地区在 100 mm 左右,而南方同期大于160 mm,不利吐絮。连阴雨年份加上高温常致烂铃严重。

黄淮海平原棉花生育期间,光、热、水配合较好,南方棉区虽热量充裕,但光照欠佳,不少年份伏旱严重,必须灌溉,才能保花、保铃,而另一些年份,降水偏多,几乎整个生育期内都可能需要排水。南疆棉区虽光照好,但整个生育期降水极少,无灌溉不能植棉。美国棉花带的阿肯色州小石城与我国黄淮海平原同纬度,该地区气候冬春多雨,夏秋干旱,仅靠自然降水量很低。

分析黄淮海地区的自然资源发展植棉是比较适宜的。但还应当注意到不利的因素,如春旱、初夏旱面积较大,常影响棉花播种和发棵。盐碱地春季返碱不利保苗。夏季降水量较大,年际间、地区间差异较大,平原北部地区雨量集中,局部多大雨,蕾铃脱落严重,有的年份低温出现早,霜后花增多,平原南部伏旱年份影响正常结铃等(表 19)。

表 19　黄淮海地区的气候特点与国内外其他棉区比较

棉区		代表点	≥10 ℃积温(℃·d)		降水量(mm)		
			7—9 月开花—吐絮期	10 月结铃期	6 月	7—8 月	5—10 月
黄淮海棉区	鲁西北	惠民	2 199	422	70.2	350.9	533
	黑龙港	沧州	2 227	428	76.4	398.1	578.3
	山麓平原	北 石家庄	2 199	425	42.0	305.7	468.1
		南 安阳	2 236	453	42.8	322.2	497.8
	鲁西南	菏泽	2 236	459	82.7	312.5	558.9
	豫东南	淮阳(西华)	2 309	484	71.4	304.9	569.8
	苏北	德州	2 300	484	95.7	380.9	671.2
	皖北	萧县砀山	2 291	474	89.7	339.0	614.4

棉区	代表点	≥10 ℃积温(℃·d)		降水量(mm)		
		7—9月开花—吐絮期	10月结铃期	6月	7—8月	5—10月
汾渭谷地	西安	2 197	425	52.2	171.7	447.2
	运城	2 271	440	61.4	204.9	446.1
长江流域	南通	2 371	530	168.6	305.3	748.6
	天门	2 432	539	171.0	258.3	728.1
新疆	东疆 吐鲁番	2 655	378	3.3	5.3	11.2
	南疆 和田	2 129	372	7.0	7.2	37.5
国外棉区	苏联中亚塔什干	2 182	391	12.0	7.0	
	埃及开罗	2 461	732	0.0	0.0	
	美国小石城	2 413	536	92.0	157.0	
	印度加尔各答	2 689	865	259.0	607.0	

3.3 纤维强度是否可以改善及品色是否可以多样

当前全国棉花生产中存在的主要问题是数量过多,目前国内棉花需要量70亿斤,1983年达92.7亿斤,1984年120.0亿斤,1985年稍降约82.0亿斤,积压严重(1985年积压1亿斤)。若我国棉花面积稳定在1983年水平即0.9亿~1.0亿亩,皮棉达140~150斤/亩,可达126亿~150亿斤,纺织部门预测:国内棉花消费量将增至约100亿斤,可剩余26亿~50亿斤供出口,在国际市场上有无竞争力主要看品质和多种品色,品质问题已成为本棉区兴衰的关键。主要表现为:一是纤维强度低,成熟度差,不符合纺织要求,黄淮海棉区品级(色泽、长度)优于南方棉区,但强度及成熟度低。纺织工业要求单纤维强度应在3.6 g以上,1982年鲁棉1号只有3.27 g。二是纤维长度单一,生产与棉纺不对口。据调查,纺织工业对强度和纤维强度的要求与实际生产供应的差别较大,如近年来黄淮海地区棉花的纤维强度<3.6 g,成纱受到影响,不同棉纱对纤维长度要求不同,一般中纤维要求60%,而生产的却少于30%(表20)。

表20 纺织工业对纤维长度的要求与实际供应的差别

	年份	33~35 mm	31 mm	29 mm	27 mm	25 mm	<23 mm
要求的纤维长度所占百分比(%)	1985	1	8	29	47	12	3
实际的纤维长度所占百分比(%)	1985	0.03	9	38	30	8	14
周口地区的纤维长度所占百分比(%)	1982	—	2	61	15	0.6	17
	1983	—	2	83	10	0.2	5

可见,供需矛盾很大,带来极大的浪费和经济上的亏损,纺织厂常以高价购入29 mm的中长纤维,充当27 mm的中短纤维使用,因而抬高了成本。为了解决这一问题,我们在"六五"期间组织了冀、鲁、豫三省有关单位在42个试验点上,从宏观与生态适应性的角度,协作攻关研究了这一问题,初步得出结果如下:

(1)盲目发展高产低质品种是棉花纤维强度下降的主要原因:Turher(1972)分析34个陆地棉品种6年以上的资料,认为纤维长度和强度的差异主要是基因型的差异,也就是说品质是由基因控制的。20世纪70年代初,有些品种(如岱15、岱16)纤维强度往往4 g左右,成熟度1.6~1.8,而80年代初推广品种如鲁棉1号,1977年单强为3.68 g,1982年降到3.27 g。据黄河流域棉区试验,不同品种纤维强度相差可达25%左右。一般早熟品种强度低些,中晚熟品种强度较高。

(2)气候与地区的差异对品质生产有重大影响:不同类型品种特别是优质品种是在一定的气候、土壤肥力条件下培育出来的,因此,品种的优劣既决定于品种本身的遗传特性,又受制于环境条件,特别是气候条件。如石家庄地区培育出来的冀棉 8 号,需水肥较多,在黑龙港旱薄地种植产量品质降低,如果在热量条件许可的地区推广早熟品种,或相反在生长期不许可的地区推广中晚熟品种都得不到良好的纤维品质。

纤维强度与气候:纤维的加强对温度十分敏感,大于 20 ℃及大于 25 ℃维持时间长,且结合光照足,较适宜的土壤水分,纤维长而粗,强力高而且长度细度适中,其中最主要的是要求一定的温度,强度的形成和成熟度的形成有正相关关系。据印度的研究,棉花成熟期如遇低温或温度日较差小,或降水过多则会降低强度。我们协作网对黄河流域棉区 1973—1983 年品种试验网资料与气候资料的统计分析(采用积分回归、偏相关、通径分析、逐步回归分析等方法)得出:温度是影响强度和成熟度的关键因子。单纤维强力形成的下限温度是 18～20 ℃,适宜温度为 27 ℃。本协作网在山东的研究得出:成熟度与结铃期间大于 20 ℃积温、开花后 30 d 内日照时数呈正相关,与开花后 30～60 d 降水量呈负相关,即要求一定的平均温度、积温、光照,而忌过多的水分。强度大于 4.0 g,成熟度高达 1.6～1.8,需要积温 1 500 ℃·d。据研究得出,开花吐絮期温度 25～30 ℃,对强度形成有利,温度过高(>35 ℃)也是不利的,此时期大于25 ℃的日数越长则越有利。我们用平行分析法分析我国各棉区得出:花铃期 $\overline{T} \geqslant 20$ ℃及 $\overline{T} \geqslant 25$ ℃日数与强度是正相关。本协作网河南点分析[*]得出,居于黄淮海平原中南部的西华县,12 年 89 次试验,强度均居黄河流域棉区首位,达 3.7 g,而靠北的鲁西北地区的临清县[**]平均为 3.5 g(表 21、图 4、表 22、表23)。

表 21　棉花纤维品质变化(1973—1984 年)[*]

项目		强度(g)	细度(m/g)	长度(mm)	成熟度
地点间	标准差	0.156 5	186.688 6	0.708 6	0.085 6
	变异系数 CV(%)	4.32	3.12	2.48	5.29
年度间	标准差	0.242 2	196.636 0	1.196 9	0.096 2
	变异系数 CV(%)	6.70	3.27	4.18	5.94

[*] 本协作点为河南省气象局

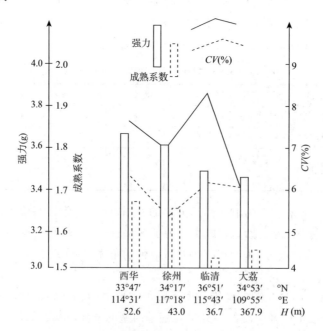

图 4　不同地点棉纤维强力、成熟度及其变异

[*]　包括山东省气象局、河南省气象局

[**]　现改为临清市,余同

表 22　不同地区气候条件

地点	>10 ℃积温(℃·d)			>20 ℃积温(℃·d)	气温日较差(℃)(7—9月)	降水量(mm)			日照(h)	
	5—9月	7—9月	10月	8月—20 ℃终止日		6月	7—8月	5—10月	5—10月	9—10月
北京	3 465	2 134	381	1 770.3	10.2	71.0	359.2	526.1	1 272.0	474.7
保定	3 609	2 208	409	2 027.8	10.1	55.9	353.6	502.3	1445.0	449.5
西华	3 751	2 282	474	2 091.0	9.6	74.8	285.7	561.1	1305.6	383.0
徐州	3 682	2 300	484	2 104.2	8.7	95.7	380.9	671.2	1 276.0	382.8

表 23　我国不同棉区温度条件与强度的关系

棉区		代表点	>25 ℃日数(d)	花铃期>20 ℃积温(℃·d)(开花—20 ℃终止日)	优质棉纤维强度(g)
西北—新疆棉区		吐鲁番	>120	3 015.1	≥5.0
江南长江流域棉区		天门	100	2 835.6	≥4.0
黄淮海棉区	黄淮平原	西华(淮阳)	90	2 466.3	3.8
	黑龙港	沧州(曲周)	75	2 140.4	<3.6
	鲁西北	惠民	70	2 292.5	<3.6

纤维长度与气候:纤维长度的形成对水分敏感,水分充足纤维长(和温度要配合),干旱可使纤维长度减少 3~5 mm。可见,纤维长度受制于降水量,也可通过灌溉来调节,自然降水条件下不同降水年型纤维长度不同,据研究,5—10月丰水年及灌溉棉田长度增加。

霜前花率与气候:霜前花率的大小也直接影响棉花品质。纤维形成的下限温度为 20 ℃,吐絮的下限温度为 15 ℃,15 ℃终止日越晚,8月—20 ℃终止日的天数越长,则霜前花率越高,强度也大。据山东省气象局的研究,霜前花率、纤维强度与温度的关系见表 24。

表 24　霜前花率、纤维强度与温度的关系

地区	15 ℃终止日	8月—20 ℃终止日>54 d 的频率(%)	霜前花率(%)	强度
冀中南、豫北	10 月初	5~10	<10	低
黄淮平原	10 月中旬	32	80	较高
西部	8 月底	4	<60	—

产量与气候:热量与水分的地区分布不同,对产量起了主要作用。黄河流域棉区 1973—1983 年期间,10 个推广品种的平均亩产由北向南递增,保定 125 斤,邯郸 135 斤,安阳 148 斤,临清 155 斤,西华 158 斤,菏泽 164 斤,徐州 169 斤。山东的研究得出,棉花的气候产量鲁西北为 150~170 斤,而鲁西南则为 190 斤。

(3)采取提高品质的有效措施:据以上分析,适宜开花吐絮期决定于温度并直接影响强力的形成。因此,根据适宜开花吐絮的气候条件确定适播期是确保优质的重要措施,棉花适播期温度为 12~15 ℃,按吐絮的下限温度 20 ℃向前推,大于 20 ℃积温为 1 500 ℃·d,即保证品质的下限开花期为 7 月中旬,根据播种—开花期的积温 1 500 ℃·d(早熟品种)~1 900 ℃·d(中晚熟品种)确定不同时间不同地区的适播期。

套种、地膜与品质:黄淮海地区相当一部分地区种植中熟品种棉花热量显不足,尤其是适于开花吐絮的高温不足。近年来采用套种、地膜覆盖这种既增产又提高品质的有效措施。由于合理的套种、地膜覆盖,可提高苗期温度,一般比春播可早现蕾、早开花,延长了开花—吐絮期间的高温持续时间,有利于弥补热量不足对品质的影响。据山东研究,地膜覆盖可使 4—6 月大于等于 10 ℃积温增加 200~400 ℃·d,使黄淮海棉区的热量达长江流域的水平。现蕾、开花、吐絮期提前 10 d,霜前花率提高

10%～20%，皮棉增产30%～50%。热量较足的黄淮平原，采用麦棉套种加地膜覆盖效果甚好，据我们1985年在黑龙港地区曲周点的套种加盖膜试验得出：4.8尺、6.0尺带套种品质与平播(对照)的相当，还可多收小麦400～500斤/亩，而3.6尺带因棉花受欺厉害，生育推迟，霜后花增加，品质下降。

　　综上所述，黄淮平原(包括豫东、鲁西南、皖北的萧县、砀山、江苏的徐州)棉花的品质，霜前花率与产量在黄淮海地区中都是最优的。比黄海平原的热量与水分优越得多，纤维强度和纤维长度都较好。与长江流域棉区相比，黄淮平原热量稍差，但光照和水分的季节分配较好，表现为品级好，但强度稍差，如果采用地膜覆盖、移栽等措施，则可延长生育期、克服热量不足的问题。

3.4　建立优质多品色型棉花基地

　　(1)从全国来看，新疆棉花的生态适应性最好，应积极发展，但面积所占比重不大；长江以南多阴雨，棉区似可进一步缩减，长江以北的江汉平原与南通棉区单纤维强度高(3.8～4.0 g)，应继续保留，由于耕地所限，也难以再扩大；辽宁特早熟棉区热量不足，应适当压缩，黄淮海地区光热、水、土资源以及交通市场等条件适宜，仍作为我国第一大棉花基地。面积多少应决定于国内外市场。从当前看，1984年面积显然过大(黄淮海地区达5 800万亩)，大致可调整至1983年(4 600万亩)水平，但要视市场状况而定。

　　(2)为了提高品质与单产，黄淮海棉区应适当南移，移至以周口地区为中心的黄淮平原中部的黄泛平原(豫东南、鲁西南的菏泽地区，皖北北部的萧县、砀山和徐州地区北部)。它的南界是淮北砂姜黑土的北界，这里是黄淮海地区中生态适应性最优区，应建设成为优质商品棉基地。其理由是：在黄淮海地区，棉花生态适应性由北部向中南部(以豫东南为中心的黄淮平原中部)逐渐变好；棉花产量与品质(纤维强度与长度)由北部向中南部变好；粮棉亩产比以黑龙港流域最小，其次为豫东南、皖北、徐淮、鲁西北较大。说明前者种棉花宏观经济上较合算，当前鲁西北、鲁西南棉花所占比重过大，轮作困难，而豫东南比重小(表25)，化肥是能量投入中的主要因素，以棉花亩产量/亩耕地化肥投入比计，黑龙港最高，鲁西北最低，豫东南较好(皖北虽也较高，但因比重小，用全地区化肥平均数所得出的产投比是不准确的)，黄淮平原交通、市场、港口、纺织业的基础也较好。

表25　黄淮海平原各地区棉花播面比例、粮棉亩产比与产投比

地区	棉花播种面积占总播种面积的百分比(%)		粮棉亩产比(%)	棉产出/化肥投入比
	1983年	1984年	1983年	
黄淮平原	7.93	10.78	4.48	4.0
苏北	5.79		4.82	3.9
皖北	3.93		5.05	6.5
鲁西南	25.24		4.55	3.2
豫东南	7.38		3.71	4.9
山前平原	11.67	12.49	3.62	4.1
黑龙港	10.26	17.27	2.43	5.7
鲁西北	29.70	33.04	4.69	2.9
黄淮海平原合计	11.57	14.37	4.06	4.1
黄淮海平原总面积(万亩)	4 279.6	5 345.2		

　　(3)由于市场对各类棉花需求不同，应将黄淮海地区建设成为多品色型的棉花基地。石德线以北的黑龙港地区可种植短绒(<26 mm)中强度的棉花，鲁西北、石德线以南的冀南、豫北种植中绒(26～28 mm)与长绒(28～31 mm)中强度棉花，黄淮平原则以长绒高强度为主。

　　(4)黄淮海平原中的黑龙港地区热量少、缺水，在黄淮海平原中棉花生态适应性相对较差。但是，从自然与社会经济条件综合考虑，该地区的棉粮产量比为1/7～1/6，而东部石家庄地区为1/11～1/10，在各种作物中棉花又是比较耐轻度盐碱和干旱的作物，因而保持一定的比例仍是必要的。今后，随着粮棉价格的调整，东部太行山麓平原棉花还可考虑适当东移。

(5)黄淮平原棉麦套种的气候生态适应性较好,资源利用率充分,全年生产力和经济效益都高。宽带麦棉套种(6 尺带、4.8 尺带以棉花为主)在有薄膜覆盖下,对棉花的产量与品质影响小,而每亩可多收400～500 斤小麦。这种方式可在平原中南部肥、水地上适当推广。麦后种植中棉 10 号等早熟品种,霜后花多,只宜在中南部搭配种植。

从总体上,如果将黄淮海平原种植面积稳定在 1983 年的 4 280 万亩水平(1984 年面积过大),则建议在"七五"期间调整如下:黄淮平原生态适应性最好,社会经济可行性也好,故面积稍增,由 1983 年总播种面积的 8%增至 10%(1984 年虽为 10.8%),面积为 2 067 万亩,主要增加豫东南比重,苏北、皖北不变,鲁西南适当压缩;山前平原多种经营门路广,粮棉亩产比大,面积可由 1983 年 11.7%减为 9%,共638 万亩;黑龙港产量品质不如黄淮平原,但缺水,适于植棉,粮棉亩产比低,可比 1983 年稍增,从10.26%增至 12%(1984 年虽达 17.27%),为 577 万亩,鲁西北适于植棉,但当前比例过大,生态适应性与粮棉亩产比等又不是最优的,因而应适当减少面积,从 1983 年的 27.7%减为 23%,为 1 010 万亩。这样的调整既考虑了"七五"至"九五"期间的宏观生态与经济效益,也照顾了原有的基础。

4 建立黄淮平原夏大豆基地

4.1 历史上传统产地

近 30 年来,世界大豆发展很快,1983 年世界大豆面积达 7.36 亿亩,总产 1 577 亿斤,人均大豆 3.2斤。美国、巴西、中国、阿根廷的播种面积占世界的 87.6%,其中我国播种面积和总产都列第三位,单产不高,人均占有豆只有 1.5 斤(表 26)。

表 26 世界主要大豆生产国的播种面积和产量(1983 年)

国家	美国	巴西	中国	阿根廷	苏联	印度	世界
播种面积(亿亩)	3.77	1.27	1.14	0.32	0.13	0.11	7.36
总产量(亿斤)	868.0	292.0	195.0	71.0	11.0	15.0	1 577.0
单产(斤/亩)	230	239	172	225	83	130	212

黄淮海平原历史上是我国第一大豆产区,面积曾超过 5 000 万亩,当前黄淮海平原大豆播种面积约2 600万～3 000 万亩,在东北之后,为我国第二大豆产区,人均占有大豆 47.2 斤,超过世界平均水平。可见,黄淮平原大豆在全国大豆生产中占有重要地位(表 27)。

表 27 我国大豆生产基本情况(1983 年)

地区	大豆播种面积		总产		单产 (斤/亩)	人均占有大豆 (斤/人)	大豆占本区总播种面积百分比(%)
	播种面积 (万亩)	占全国的 百分比(%)	总产 (亿斤)	占全国的 百分比(%)			
黄淮平原	2 597.8	23	40.1	21	154	47.2	12.6
黄海平原	530.0	5	8.4	4	157	12.0	3.3
东北地区	3 901.2	34	79.2	41	203	86.0	15.8
西南地区	935.6	8	9.3	5	99	5.7	3.3
华中中南	1 047.7	9	19.3	10	184	8.8	2.0
华南	708.4	6	8.0	4	113	6.4	3.5
全国	11 350.8	100	195.3	100	172	19.1	5.3

黄淮平原地区品种资源丰富多样,仅河南省 1982 年普查,全省保存大豆品种资源 1 200 余份,其中农家品种 470 余份,野生大豆 370 余份,半野生大豆 170 余份,农家品种中,有黄豆、青豆、双青豆、褐色

豆、花豆、黑豆及外黑内绿的药黑豆;也有百粒重达 30 g 以上的大粒品种。根据河南对 100 多份材料的分析,蛋白质含量多在 41% 左右,有的品种如"新葵大豆平顶式"高达 47%,脂肪一般 15% 左右。还有许多抗病虫害、高产的品种(系)。有些名贵的品种如淮阳"天鹅豆"、"尉氏大青豆"、"双青豆"等在国内外市场上享有盛誉。这就为内销和外贸奠定了良好的基础。

大豆在作物结构中占有重要地位。从 1983 年各地区各作物的种植比例可见表 28,驻马店、皖北(阜阳、宿县)等地区大豆都占耕地面积的 30% 左右而成为仅次于小麦的第二大主要作物,在周口、商丘、菏泽占 18% 左右,成为第三大主要作物(表 28、图 5)。

表 28　黄淮平原各地区大豆在作物构成中的比例(1983 年)

作物 ＼ 地区	周口	驻马店	商丘	阜阳	宿县	徐州	淮阴	许昌	开封	菏泽	济宁
小麦	70.0	64.7	58.0	65.4	61.9	61.2	55.3	67.4	59.9	58.3	55.1
玉米	24.9	15.6	25.7	3.4	1.6	21.7	13.0	26.2	25.9	15.0	26.7
大豆	17.9	35.7	18.6	31.4	29.2	13.6	12.5	15.5	14.6	18.4	8.4
棉花	30.3	3.7	13.1	5.3	11.0	13.6	8.2	2.5	12.6	40.0	21.1
水稻	0.2	1.8	0.0	2.1	0.3	25.1	67.5	0.0	2.9	0.3	9.1
甘薯	15.0	13.2	14.5	32.8	23.6	14.1	11.8	19.4	11.5	8.2	12.9

图 5　我国大豆种植面积分布图(1983 年)

4.2　气候、土壤、生态适应性较好

大豆喜温、喜水,生育适宜的温度是 20～25 ℃,开花结荚期适宜温度为 24～26 ℃,全生育期低于 15 ℃ 或日最高气温高于 35 ℃ 不利。蒸腾系数比玉米约大 1 倍,苗期稍耐旱(需水占全生育期 17%～20%)。花荚期耐轻涝(需水量占全生育期需水量的 25%～30%),此时期是大豆需水临界期,若缺水可减产 30% 左右。从总体来看,黄淮平原 6—9 月气温、降水、光照基本上可满足需要。将黄淮平原地区与黄海平原、东北以及美国玉米带(大豆区)和世界其他大豆产区比较(表 29),可见:

表 29 世界各大豆产区热量条件比较

国名	地区	物候期					热量条件						
		播种	开花	收获	全生育期		播种—开花			开花—收获			全生育期
		日期(旬/月或日/月)	日期(旬/月或日/月)	日期(旬/月或日/月)	日期(旬/月或日/月)	天数(d)	平均气温(℃)	积温(℃·d)	天数(d)	平均气温(℃)	积温(℃·d)	天数(d)	积温(℃·d)
中国	黄淮平原	5/6	上/8	下/9	中/6—下/9	112	26~27	1 320~1 380	51	23.5~24.5	1 440~1 490	61	2 800~2 900
	黄海平原	中下/6	上/8	中/9	中—下/6—中—下/9	92~102	25.5~27.0	1 050~1 360	41~51	22.5~25.5	1 150~1 300	51	2 800~2 900
	东北	下/4—中/5	上/7	上/9—中/9	下/4—中/9	123~153	16.4~21.0	1 050~1 300	61	20.0~23.0	1 500~1 800	72~82	2 400~2 800
美国	阿肯色	20/5	15/8	1/11	20/5—1/11	165	26.5	2 308.9	87	15.9	1 241.3	78	3 550.2
	密西西比	10/5	28/7	15/10	10/5—15/10	146	19.4	1 533.4	67	20.0	166.4	79	3 499.8
	印第安纳	5/6	31/7	15/10	5/6—15/10	142	24.0	1 345.8	56	19.4	1 477.8	76	2 823.6
巴西	南里约(349)	1/10	1/1	1/4	1/10—1/4	182	19.8	1 821.9	92	21.5	1 934.1	90	3 756.0
	格朗德州	30/11	31/1	33/5	30/11—31/5	182	21.1	1 368.3	62	18.5	2 214.3	120	3 582.8
南斯拉夫	塞尔维亚	20/4	10/6	1/9	10/4—1/9	198	15.5	946.5	61	21.7	1 770.7	137	2 717.2

热量:黄淮平原地区夏大豆生育期为 6 月中旬—9 月下旬,生育期平均温度高于其他地区,积温 2 800~2 900 ℃·d,与东北春大豆生育期(5—9 月)积温 2 400~2 800 ℃·d 基本相近,与美国印第安纳的 2 800~2 900 ℃·d 相近。收一季小麦后(300~500 斤/亩)还可种植中熟品种大豆,若延迟到 6 月下旬雨季到来播种,还有积温 2 500~2 600 ℃·d,故生育期间的热量对大豆是充足的。比较起来,黄海平原热量嫌不足,收麦—种麦可供大豆利用积温为 2 200~2 300 ℃·d,比美国的阿肯色与密西西比、巴西和黄淮平原热量都少(表 29),只能种早熟种。黄淮平原不足之处是,在同样积温条件下,生长期(110 d 左右)比东北(130~140 d)和美国(140~150 d)短,花荚期有时温度偏高,虽高温结合干旱概率不大,但仍影响籽粒形成。大豆的百粒重较低(黄淮平原 14~16 g、东北 17~20 g),属中小粒型,色泽较差。

水分:大豆生育需水量多。黄淮平原地区大豆生育期间降水量为 400~500 mm,基本上能满足大豆生育期所需,比美国、南斯拉夫多,与东北相当(表 30、表 31),但分阶段看,后期降水量不如东北。好在该地区地下水资源丰富,地下水位浅,为大豆需水提供良好条件。另一方面,由于降水量年际及季节分配不均,旱涝较多,主要有播前初夏旱、花荚期伏旱、夏秋涝。这些都影响了大豆的高产稳产。据河南省气象局的研究,5 月下旬—6 月上旬降水量小于 20 mm 则难以播种;花荚期出现伏旱的频率较高,达 40%~45%,但仍有100 mm 左右的降水(占生育期需水量的 20%),加上灌浆成熟期也有 100 mm 降水,故仍可维持一定的产量(150 斤左右)。若各生育期雨水适应,豫东南、徐州、皖北地区可亩产 200~300 斤,与东北和美国比较,东北伏旱概率小,但春旱概率达 70%,美国大豆产区多伏秋旱(表 31)。渍涝是黄淮平原大豆产区的重要威胁,7—8 月降水过多时易引起渍涝,尤其是地势低洼地块。6—9 月降水量超过 600 mm,受涝严重减产。如 1982 年夏涝,大豆亩产只有 82 斤,根据对淮阳大豆丰歉年成的分析,严重减产往往是连续旱或涝,但这样的年型在该地区只 10 年一遇,从长远看,仍要努力解决好水的问题,若能克服伏旱与夏涝,并采用适应性强的品种,适当施肥,则增产潜力比东北大。

表 30　大豆各生育期不同地区降水量　　　　　　　　　　单位:mm

生育期			播种—出苗		出苗—开花		开花—结荚		结荚—成熟		全生育期	
适宜耗水指标			21~30	日平均	105~150	日平均	126~180	日平均	168~240	日平均	420~600	日平均
各地实际降水量	黄淮平原	驻马店	28.7	2.9	251.5	6.1	106.0	5.3	159.5	3.9	545.7	4.9
		淮阳	16.3	1.6	225.5	5.5	92.2	4.6	108.5	2.6	442.5	4.0
		商丘	22.5	2.3	220.4	5.4	101.0	5.1	110.8	2.7	454.7	4.1
		阜阳	24.5	2.5	254.7	6.2	68.1	3.4	113.9	2.8	463.2	4.1
		宿县	23.6	2.4	280.5	6.8	102.6	5.1	120.7	2.9	527.4	4.7
		徐州	22.9	2.3	298.1	7.3	97.9	4.9	135.3	3.3	554.2	4.9
		淮阴	22.8	2.3	301.7	7.3	109.7	5.5	165.6	4.0	599.8	5.4
	黄海平原	濮阳	13.7	1.4	198.2	4.8	106.9	5.3	85.6	2.8	404.4	4.0
		曲周	17.4	1.7	248.4	6.1	61.6	3.1	68.0	2.2	395.4	3.9
		北京(夏)	31.6	3.6	192.5	6.2	175.4	8.8	81.0	2.6	485.0	5.3
		北京(春)	14.2	0.7	147.4	2.4	148.6	7.4	253.7	5.0	563.9	3.7
	东北	沈阳	31.9	1.6	171.2	2.8	155.6	7.8	227.6	4.5	586.3	3.8
		长春	23.6	1.2	154.6	3.0	138.2	6.9	171.9	3.4	488.3	3.4
		哈尔滨	19.0	1.0	139.3	2.7	117.7	5.9	124.5	3.0	400.3	3.0
		海伦	32.3	1.5	139.2	3.5	102.3	5.1	126.3	3.1	400.1	3.0

表 31　大豆产区降水量分配

国名		中国			美国			巴西		加拿大	南斯拉夫
地区		黄淮平原	黄海平原	东北	阿肯色	密西西比	印第安纳	南里约	格朗德州	哈罗	塞尔维亚
降水量 (mm)	播种—开花	240~330	210~260	111~160	261	263	183	405	276	130	194
	开花—成熟	200~270	130~250	270~350	194	194	199	411	536	153	159
	全生育期	450~660	390~490	400~500	455	457	382	816	812	283	353

光照:黄淮平原年日照时数虽少于黄海平原,但大豆生育期间,7—9月光条件较好,日照时数较多(表32),与美国玉米带大豆产区相似,有利于光合作用。黄淮平原光照与适当的热量、水分相配合,是种植大豆的有利气候条件。大豆比东北的脂肪含量较低,但蛋白质含量高。

表 32　大豆产区日照时数　　　　　　　　　　单位:h

地区	不同时段日照时数						
	播种—开花	开花—成熟	全生育期	7—8月	8月	9月	全年
北京	318.3	395.2	713.5	477.0	210.9	229.6	2 780.2
淮阳	387.8	437.0	824.5	467.1	239.7	199.5	2 354.6
阜南	397.8	430.1	827.9	492.6	249.3	183.1	2 300.9
宿县	381.9	436.3	818.2	464.5	240.1	194.6	2 282.1
徐州	354.1	406.1	760.2	414.7	219.8	186.4	2 317.0
哈尔滨	611.4	490.1	1101.5	496.8	245.2	229.3	2 638.6

黄淮平原土壤条件利多弊少。土地平坦,土层深厚,地下水资源丰富,地下水位较浅,故适宜大豆连片大面积种植。由于该地区大豆多分布于易涝、养分少的砂姜黑土地区(驻马店、皖北等),故应在继续治渍涝的基础上,改变耕作粗放与不施或少施肥的习惯。与东北、美国玉米带相比,黄淮平原的土壤养分与有机含量较低,这也正是该地区大量种植能够生物固氮的大豆的原因之一。大豆又为冬小麦创造较好的茬口,利于全年增产。

4.3　建议

根据"六五"期间我们对黄淮平原大豆产地进行了多次考察,并在北京、曲周、淮阳进行了定位试验,从生态适应性、经济效益、流通、生产力等角度研究建立商品大豆基地的可能性。大豆与其他作物的籽粒产量相比并不高,但投工少、投资少、成本低、纯收入高。据淮阳县统计,130 斤大豆比 250 斤夏玉米纯收入增加 15.2 元/亩,还有饼油之利,100 斤大豆一般可固定氮 3～4 斤,产 12～14 斤油、80 斤饼、100 斤豆秸,饼、秸都是好饲料,进而可以还田养地。

今后面积以 3 000 万亩计,亩产以 200 斤计,则可生产 60 亿斤大豆。过去该地群众以玉米、甘薯为主食时,掺以大量豆面,故大豆商品率低。近年来主粮已逐步转变为小麦,故大豆主要做豆制品用,商品率大为提高。以 50% 商品率计,则可有 30 亿斤商品大豆。

布局上以皖北、豫东的淮北低平原(以驻马店地区为中心)和鲁西南为主。

需要解决的问题:

(1)当前影响大豆生产的是收购价格低,收购量时有限制。该地区是南方十三省市大豆的重要供应基地,但受限于交通。如 1983 年驻马店地区铁路上实际拨给的车皮只为根据合同准备向南方各省运出大豆车皮数的 1/3,故交通问题需要解决。

(2)质量低、种子大小不一、混杂严重,传统出口的优良地方品种退化是影响对外出口和提高价格的重要原因,应从价格政策上鼓励优质优价。

(3)单产不高是生产中的主要问题。常年亩产仍停留在 150 斤左右,若能提高到 200～250 斤(这是不难做到的),则经济效益、商品量都将提高。影响单产的主要问题是受旱、渍涝与粗放管理,要重视伏旱高温年的灌溉以及排涝渍。为了逐步搞好商品基地建设,涝洼地要做好田间排水配套工程。

5 扩大花生、芝麻基地

黄淮海地区,1983 年油料作物面积为 2 488 万亩(其中黄淮海平原 1 063 万亩,山东丘陵 885 万亩),占全国油料总面积的 20%,总产约 54.9 亿斤,占全国的 26%,每农业人口人均 36 斤。其中花生 14% 万亩(占全国 45%),芝麻 515 万亩(占全国 44%),油菜 435 万亩(占全国 10%)。花生与芝麻面积在全国占有举足轻重的地位,已是全国性的商品基地。

花生的集中商品产地是山东丘陵,占我国花生出口量的 80%～90%。这里花生主要分布在海拔 100 m 的低缓丘陵,土壤多为沙砾土,≥10 ℃积温 3 500～4 000 ℃・d,降水量 500～800 mm,适于花生生育,这块基地仍应保持提高,但面积不宜过多扩大,防止重茬。黄淮海平原扩大花生种植有较大潜力,在平原约有 1 800 万亩沙土地,适于花生种植,砂姜黑土上花生的产量表现也不错,只要及时收获,扩大花生种植是可行的。今后重点产区可摆在黄淮平原、黑龙港地区,燕山与太行山、山前平原,充分利用黄河故道沙性土以及滦河、滹沱河、漳河沿岸沙土区,皖北也可适当发展。

芝麻的生态适应性相对较窄,它喜温暖,15 ℃以上才能发芽,开花至成熟期积温达 1 700 ℃・d 时,籽粒含油正常,若低于 1 450 ℃・d,含油量下降。稍耐旱,但又不耐长期干旱,又忌涝渍,受涝后易烂根,喜疏松的沙壤土与轻壤土,pH 为 5.5～7.5。这样,我国南方多阴雨与酸性土壤,西北干旱冷凉,东北(除辽宁外)温度不够,均不适于芝麻发展。黄淮海地区大部可种芝麻,在全国具有重要的位置,北部以一年一熟春芝麻为主。南部则以夏芝麻为主,主要集中于黄淮平原的豫东(沿河沿岸)与皖北,这里1983 年面积为 402 万亩(其中豫东大于 47 万亩,皖北 141 万亩),占全国的 34%,占黄淮海平原的 78%。豫东沙河沿岸温度水分适宜,多轻质土,利于出苗,应以此为中心搞好商品基地建设。当前主要问题是单产太低。1983 年每亩只产 68 斤,主要原因是耕作粗放、受渍涝。建议在布局上做适当的调整,将淮河北易涝土地改芝麻为豆类,将芝麻集中于不易涝的轻壤土上,同时加强管理,应用河南 1 号、驻芝 2 号等耐旱耐涝品种,并增施氮磷肥料。

试论黄淮海地区的自然资源及国家级作物商品基地的建设*

韩湘玲　刘巽浩　曲曼丽　王宏广

（北京农业大学）

摘　要：根据中国主要农业区——黄淮海地区的自然和社会经济条件，分析了该区小麦、玉米、大豆、棉花等在气候—土壤生态适应性的基础上，采用逐级生产力估算方法，计算出四大作物的商品量，论证了该地区建设为全国性四大作物商品基地的可能性。

关键词：黄淮海地区　四大作物（麦、玉、豆、棉）　商品基地

1　黄淮海地区的自然资源

黄淮海地区位于中国东部，东临黄海、渤海，西倚太行山、桐柏山，北以长城为界，南抵淮河北岸。它包括黄河、海河、淮河以及滦河诸河下游，是由河流沉积而成的广阔平原，面积 32×10^4 km²，占全国平原的 30% 左右，是全国最大的平原。本地区属暖温带半湿润、半干旱气候，兼南北所长，四季温、水分明，生长旺季光、温、水同季，且气候季节节律与冬小麦及多种喜温作物的生育进程近一致，可供多种类型间套复种二熟之需。年降水量 600～900 mm，由北向南逐增。黄河以北春旱严重，地下水、地表水资源短缺难以补充，但可引黄。黄河以南伏旱概率较大，不过水资源较丰富[1]。

（1）冬小麦

本区内黄淮平原 5 月平均气温 20 ℃（6 月初收麦），0～10 ℃ 期间日数大于 100 d（北京的 3 倍），麦季降水量 230～270 mm，3—5 月降水量大于 150 mm（黄河以北为 60 mm），是全国冬小麦气候生产力（光、温、水）高值区。与长江以南（春季雨水过多，湖南、江西地区甚至 3—5 月大于 500 mm，湿害严重）相比，更要优越得多（表 1）。

表 1　黄淮平原冬小麦生育期间水分特征（1950—1980 年）

地区	代表点	年降水量（mm）	生长期降水量(mm)		亩补充水量（kg）	水分特征
			全期	春季		
黄淮平原	淮阳	750.5	279.9	158.7	0～50	较适宜
	宿县	887.0	289.8	170.6	0～50	较适宜
	徐州	848.1	272.9	157.6	0～50	较适宜
黄海平原	北京	682.9	145.4	61.1	200～250	干
	石家庄	549.9	160.6	70.2	200～250	干
	衡水	500.3	124.9	61.3	200～250	干
江南	南京	1 026.1	437.2	266.5	排水	湿
	长沙	1 422.4	854.2	572.2	排水	过湿

（2）玉米

黄淮海地区降水与气温、日照与玉米生育要求大致相吻合。7—8 月期间平均气温一般大于 26 ℃，而山前平原、胶东半岛小于 26 ℃，夏播玉米开花—授粉期间 25 ℃左右，与东北玉米区长春相近，利于玉

*　原文发表于《自然资源学报》，1993，**8**（2）：105-114. 参加工作的还有王恩利、王青立、孟兆华、刘文等

米灌浆,故玉米生产潜力高。

（3）大豆

黄淮平原的皖北、豫东南生育期间积温 2 800～2 900 ℃・d(麦后 6 月中旬—9 月下旬)与东北平原一季大豆(4 月下旬—5 月上旬至 9 月上旬—9 月中旬)产区相当,但开花—成熟期间,降水量一般年成稍少于东北,总体上是适于大豆种植的,但伏旱概率达 40%(表 2)。

表 2　黄淮平原大豆生育期温、水条件

地区	代表点	降水量(mm)			生育期间积温 (℃・d)
		开花—结荚(126～180)	结荚—成熟(168～240)	合计(294～420)	
黄淮平原	淮阳	106.0	159.5	265.5	2 800～2 900 (6 月中旬—9 月下旬)
	宿县	102.0	120.7	222.7	
黄海平原	汉阳	106.9	85.6	192.5	2 200～2 600 (6 月中旬—下旬至 9 月中旬—下旬)
	曲周	61.6	68.0	129.6	
东北	沈阳	155.6	227.6	383.2	2 500～3 100 (4 月下旬—5 月上旬至 9 月中旬—下旬)
	长春	138.2	171.9	310.1	

（4）棉花

棉花生育期间的光温水条件与气候节律基本吻合,热量水分条件,黄淮平原最优,但吐絮期间 9—10 月的日照时数,鲁西北及黑龙港地区较高(达 400～500 h),仅次于新疆,优于南方棉区,尤其是 9 月份,日照＞200 h 的概率为 70%～75%,日较差也较大。棉花在黄淮海地区是一种耐旱作物,可在旱地上种植,但根据鲁西北、黑龙港地区植棉气候特点为初夏干旱,光照充足,秋季凉爽,建立商品基地需:①逐步扩大浇水条件;②根据不同类型,选用中早(早)熟品种(表 3)。

表 3　黄淮海地区棉花生育期的气候特征

区名	气候类型	初夏旱、湿概率(%)		9 月日照时数大于 200 h 所占百分比 (%)	10 月积温大于 450 ℃・d 所占百分比 (%)
		6 月降水量 ＜60 mm	6 月降水量 ＞100 mm		
鲁西北—黑龙港	日照充足,初夏干旱,秋凉	55～70	10～20	70～75	20
豫东南、鲁西南	初夏多干旱,秋晴暖	50～65	20～25	45～60	70～80

此外,1949 年以来,经过 40 多年的努力,黄淮海地区已由国家的"沉重包袱"变为重要的粮、棉、油商品基地[2]。

2　建设商品基地的原则

近 10 年来(1981—1990 年),我国已建设了 171 个商品基地县和商品基地*,这些基地的建立对促进农业商品供求平衡起了积极的作用。但我们认为商品基地建设已经面临了新的形势与新的阶段(国家对稳定商品供应的需要,基地县的进一步扩大)。因此,在做法上要发展到另一个台阶,即从零散的以县为单位的选择法向成片稳定系列化商品基地选建过渡。现在,既已提出要在黄淮海地区选建 252 个县的种植业商品基地,已占到本区县数的 2/3,这样,建设成片基地的时机已渐趋成熟,即:

（1）成片稳定性

除了特殊经济作物或小作物以外,应统一规划种植业商品成片稳定基地的建设。无论是小麦、玉米、大豆、棉花等,它们对农田基本建设与交通、能源、信息等农业基本建设的要求是相同的,而这些正是

＊　农业部计划司.我国农牧渔商品基地布局和建设规划研究.1988.

建设稳定基地的基础。在这个基础上,再分别满足不同作物生产流通中的特殊要求。最好以 10~20 年为步长,稳定不变,长期规划,分期实施达标。这种成片基地建设,有利于提高基地的后劲与综合生产能力,使基地真正成为国家在发展生产、供求平衡方面的一个支柱力量。印度旁遮普邦耕地只占全国的 2.9%,但却供应全国大米、小麦的 50%,就是一例。

（2）系列化

使农产品基地建设与农用工业建设、商业供销市场体系建设、仓库加工建设、科技推广中心建设挂起钩来,产前、产中、产后形成系列化。以避免投入经费的滥用与低效率的重复。基地选建基于社会经济发展的需要[3],也必须根据自然资源的可利用程度,其原则是:①根据全国与本区消费的需要(包括外贸);②自然生态适宜,光、温、水、土生产力高;③生产基础好,经济效益高;④连片性的人均占有量与商品量较多,商品率高;⑤与经济(工业、商业、交通、外贸等)发展前景相一致。

为此,涉及这种全国性的成片基地建设,要有一个跨部门的商品基地建设长期规划与分期实施计划,还要有一个跨专业部门的协调机构。

3　可能的商品量

本研究中涉及近中期(即 2000 年或稍后)商品粮量的目的不是对 2000 年做出预测,而是判断各地区间的差异,以便为商品基地建设提供背景资料。以 1987 年为基数,按耕地年减少 33.3×10^4 hm²,10 年减少 100×10^4 hm²,复种指数提高近 7%,约 133.3×10^4 hm²。两者相抵,净增加 33.3×10^4 hm²。这与当前结构相差不大。经结构调整后,根据各作物近中期潜力(Y_f),扣去口粮、种子粮,求算出商品总量。

令 G 为各县、区提供某作物的商品量,则: $G = Y_A - V \times P_{20} - AH$

式中,Y_A 为某作物在该县的总产量;V 为某作物在各县农业人口的人均需要量;H 为某作物的亩均用种量;A 为某作物在该县的播种面积;P_{20} 为 2000 年的农业人口预测值。

以 1987 年为基数,人口按 14.8‰增长率计算,用上述公式,分别求出各县、各区、各作物所提供的商品量。进而计算人均商品量与亩均商品量。鉴于饲料粮、工业用粮与上交出售粮之间相互消长性与商品性,故均列入商品量之列。估算的小麦、玉米和棉花的可能商品量列于表 4、表 5 中。

表 4　近期小麦、玉米、大豆可能商品量(Y_f)

地区	2000 年农业人口(万人)	小麦				玉米				大豆				总计	
		面积(10^4hm²)	商品量			面积(10^4hm²)	商品量			面积(10^4hm²)	商品量			商品量	
			总量(10^8kg)	人均(kg/人)	亩均(kg/亩)		总量(10^8kg)	人均(kg/人)	亩均(kg/亩)		总量(10^8kg)	人均(kg/人)	亩均(kg/亩)	总量(10^8kg)	人均(kg/人)
黄淮海地区	23 146	1 216.7	92.7	40	761.9	615.7	237.4	103	3 855.8	243.5	20.4	9	837.7	350.6	151
黄淮海平原	17 707	982.2	86.3	49	878.2	471.5	169.3	96	3 509.7	217.5	20.5	12	942.5	276.1	156
山前平原	4 278	216.7	15.6	36	719.9	155.6	63.9	149	4 106.7	29.2	1.2	3	411.0	80.5	188
黑龙港	2 250	109.9	-3.1	-14	-282.1	69.4	18.2	81	2 622.5	23.5	1.5	7	638.4	16.7	74
鲁西北	1 949	106.9	12.9	66	1 206.7	77.1	31.8	164	4 472.6	18.6	1.5	7	806.5	46.4	238
鲁西南	1 019	66.7	8.9	87	1 336.3	22.1	8.8	87	3 981.9	15.1	1.7	17	1 125.8	19.4	191
豫东南	3 673	227.9	20.4	56	895.1	95.1	32.0	87	3 364.9	52.2	4.0	11	761.9	56.3	153
皖北	2 255	140.3	20.7	92	1 475.4	25.2	3.6	16	1 428.6	56.9	8.1	36	1 423.6	32.4	144
苏北	2 284	113.9	11.0	48	965.8	33.0	11.1	49	3 363.6	21.8	2.4	10	1 100.9	24.5	107
山东丘陵	5 439	234.5	6.4	12	272.9	194.1	68.1	125	4 725.9	26	0.1	0	384.6	74.5	137

表 5　近期棉花可能商品量(Y_f)

地区	面积 (10^4 hm^2)	商品量			商品率 （%）	商品量占全国 百分比（%）
		总量（10^8 kg）	人均（kg/人）	单产（kg/hm^2）		
黄淮海地区	333.3	29.96	13.0	898.9	83.8	100
黄淮海平原	312.0	28.74	16.2	921.2	86.7	95.9
山前平原	47.3	3.99	9.32	843.6	78.8	13.3
黑龙港	66.7	4.55	20.21	682.2	89.0	15.2
鲁西北	76.7	9.73	49.9	1 221.6	95.2	32.5
鲁西南	33.3	3.34	32.8	1 003.0	92.9	11.1
豫东南	56.7	4.42	12.03	779.6	82.8	14.8
皖北	13.3	0.84	3.7	631.6	59.8	2.8
苏北	18.0	1.88	8.3	1 044.1	76.7	6.3
山东丘陵	21.3	1.22	2.3	572.8	47.3	4.1

4　四大作物商品基地的地域布局

商品基地选建，是在估算近中期（2000 年或稍后）作物生产力（Y_f）的基础上，考虑到可能提供的商品总量、亩均商品量、人均商品量以及社会经济等因素，首先将各作物以县为单位分成不同等级的商品基地县。然后，根据连片原则，选出最优的成片基地。

（1）黄淮平原 533.3$\times 10^4$ hm^2 小麦商品基地（图 1）：据中国农业科学院对我国粮食平衡的研究[*]，2000 年我国小麦将缺 420$\times 10^8$ kg，黄淮海地区有小麦 1 216.7$\times 10^4$ hm^2，近期总生产量 579$\times 10^8$ kg，商品量 93$\times 10^8$ kg，这将对全国小麦的亏缺起着举足轻重的作用。此外，山前平原与鲁西北有小麦面积 323.7$\times 10^4$ hm^2，商品量 29.6$\times 10^8$ kg，也有着重要的作用。

（2）山东山前平原 400$\times 10^4$ hm^2 玉米商品基地（图 2）：据预测，随着畜牧业的发展，2000 年玉米缺 64.1$\times 10^8$～516.0$\times 10^8$ kg。本地区发展玉米可就近供应短缺的南方各省。本地区有玉米 616.7$\times 10^4$ hm^2。2000 年前后总产 358$\times 10^8$ kg。其中山东与山前平原玉米单产高，商品量大，为 172.6$\times 10^8$ kg，占全地区商品量的 73%，故应作为集中成片国家级基地。并可借此积极发展该地区的畜牧业（重点是猪），同时将剩余部分供应邻近的华中、华东各省。

（3）皖北、豫东南 100$\times 10^4$ hm^2 夏大豆基地（图 3）：黄淮海地区 1987 年有大豆面积 243.5$\times 10^4$ hm^2，生产大豆 34.3$\times 10^8$ kg。据研究，"六五"期间和 2000 年全国与本地区大豆均有剩余，但南方缺，为了缓和我国食品和饲料中蛋白短缺的矛盾，应尽量保持一定的大豆面积与提高单产。这一片面积 109.1$\times 10^4$ hm^2，总产 15.2$\times 10^8$ kg。预计可提供商品 12.1$\times 10^8$ kg，占全地区的 59%。形成除了东北以外我国第二个大豆基地（表 6）。

（4）鲁西北、豫东南、黑龙港 233.3$\times 10^4$ hm^2 棉花基地（图 4）：目前，黄淮海地区产皮棉占全国 60%，是全国最大的基地。2000 年前，鲁西北、鲁西南、黑龙港、豫东南这一连片 233.3$\times 10^4$ hm^2 棉区建设为集中基地，总产 24.0$\times 10^8$ kg，提供商品棉 21.4$\times 10^8$ kg，并与纺纱、织布、印染、加工、服装等工业相结合，形成工农系列化。

---

[*]　中国农科院区划所.我国粮食供需平衡研究.1987.

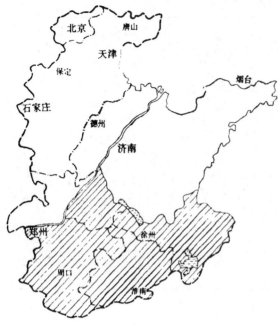

图1　黄淮海地区 533.3×10⁴ hm² 小麦成片基地

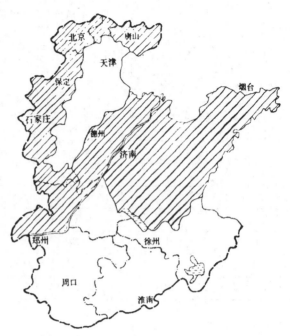

图2　"两山"400×10⁴ hm² 玉米成片基地

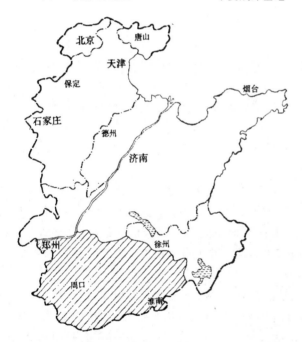

图3　皖北、豫东南 100×10⁴ hm² 大豆成片基地

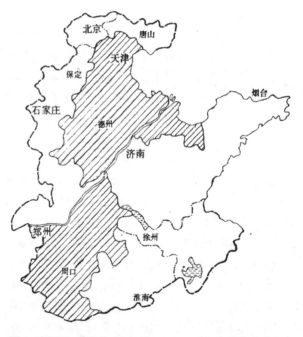

图4　鲁西北、黑龙港、豫东南 233.3×10⁴ hm² 棉花成片基地

表6　四大作物的成片商品基地选建方案

商品基地	县数 (个)	面积 (10⁴ hm²)	总产 (10⁸ kg)	单产 (kg/hm²)	总商品量 (10⁸ kg)	商品率 (%)
黄淮平原 533.3×10⁴ hm² 小麦基地	118	548.8	255.8	4 661.1	60.9	24
"两山"400×10⁴ hm² 玉米基地	220	393.1	238.9	6 077.3	172.6	73
皖北、豫东南 100×10⁴ hm² 大豆基地	81	109.1	15.2	1 393.2	12.1	80
鲁西北、豫东南、黑龙港 233×10⁴ hm² 棉花基地	166	233.3	24.0	1 028.7	21.4	89

　　为了统筹兼顾,进行合理的地域分工,需要对黄淮海地区各种基地有一个统一的规划,以便明确主次先后,有计划、有步骤地进行建设。

5 商品基地建设的建议

5.1 加速建设黄淮平原粮豆基地

粮食基地:主要是小麦,其次是稻谷、甘薯,玉米也有前景。苏北主要是麦—稻,在皖北多麦—大豆、麦—甘薯,豫东南则多麦—玉米。533.3×10^4 hm² 这么大面积连片两熟麦田在世界上实属首位。

大豆:历史上该地区就是我国最大的大豆基地,在品质上,脂肪含量低于东北大豆,但蛋白质却胜之。当前单产低的原因主要是投肥少,管理粗放,品种杂,涝渍仍是影响不稳产的重要因素。为此,必须集中建设好以豫东南与皖北为中心的大豆基地,努力提高单产与品质,作为供应南方 13 省的基地。

棉花:黄淮海地区虽不是我国最大产棉地,但不可忽视。据我们研究,豫东南、鲁西南、皖北的肖砀以及徐州等是黄淮海棉区中生态适应性最优地区。因生长期较黄河以北长,利于后期棉纤维的发育,增加强度与成熟度,也利于发展麦棉、油菜棉花两熟制。故今后面积还可适当扩大。

畜牧:本区人均粮食多,再加上有豆饼、棉籽饼、甘薯,为发展畜牧业提供了良好的饲料条件,利于发展瘦肉型猪、鸡以及肉役兼用牛、羊等。

本区作为全国性的重要农产品综合基地的建设,主要内容有:(1)治水要放到首位。新中国成立以来,国家对黄淮平原水利投资 112 亿元,在防洪、排涝、抗旱、灌溉等方面起了重大作用。江苏徐淮地区粮食产量从 20 世纪 50 年代年产 22.5×10^8 kg 增加到 1983 年的 108.5×10^8 kg,治水的功劳第一,可作为其他地区的榜样。"八五"期间,淮河仍要扩大洪涝出路,提高标准,排灌结合,实行梯级河网化。同时推动群众性的田间防渍涝工程的配套,争取在短期内恢复近十年内对农田灌排设施的破坏与废弃,将灌溉面积恢复到原有水平。并在此基础上,逐步扩大灌溉。(2)农用工业是基地建设的重要内容。包括化肥工业、饲料工业、农牧产品加工业等。建议利用本区丰富的煤、石油与水资源建设大型高效复合化肥厂。(3)与基地建设相配合,农村能源、交通、邮电、教育、科技推广服务体系、良种体系,均应有相适应的发展。

5.2 分期建设低平原以棉花为中心的综合基地

本区包括河北省黑龙港地区、天津大部以及鲁西北,地势低洼,属海河水系及黄河下游的冲积平原,经常发生洪涝盐碱灾害,是一个历史上低产多灾地区。

随着海河与鲁西北诸河的治理,地下水位下降,洪、涝、盐大为减轻。与此同时,灌溉面积扩大,生态条件改善,已逐渐成为全国性的主要棉花产地。同时,小麦、玉米粮食作物以及畜牧业也有了相应的发展。

鲁西北在水资源上得天独厚。淡水覆盖高达 80%,引黄灌溉年输水量达 $50 \times 10^8 \sim 60 \times 10^8$ m³,这为改善生态环境、促进棉粮丰收提供了优厚的条件,棉花播种面积常年占耕地 30% 左右,成为闻名全国的棉花产区。农田基本建设故应先走一步,完善基地各环节的配套。

黑龙港与鲁西北恰好相反,这里水资源缺乏,每亩不足 100 m³,咸水覆盖占 50%。目前,有效灌溉面积约占耕地一半,地下水已过度开采,采大于补。沧州衡水带,已出现漏斗。为此,必须实行节水农业,其中,种植耐旱的棉花(棉田灌水量一般为粮田的 1/4),是节水农业的重要一环。但是,从根本上讲,在基地建设中,首先仍要着手解决缺水问题,此外,黑龙港近海,又靠近京津两大城市,人均耕地又比较多(0.148 hm²/人),除 1/3 种粮,1/3 植棉与花生等经济作物,另 1/3 还可种些蔬菜、果树以至苜蓿等,并与棉纺、服装等工业相配套,繁荣农村经济。建设黑龙港片难度较大,故应从"八五"即开始动手,用较长时间(十年)将它建设成有一定现代化水平的以棉为主的综合基地。

5.3 保持"两山"粮棉老基地优势,发展多种经济

燕山、太行山山前平原(包括河北与河南的山前平原)与山东丘陵,这"两山"是黄淮海地区原有的粮

食、畜牧基地。灌溉基础好,水浇地面积占 2/3,无洪涝盐威胁,是历史上稳产高产地区。小麦、玉米、花生、水果在全地区中占有重要地位。它是全国性花生、水果基地,也是玉米、甘薯、肉类重要产区。小麦是省内基地。当前,随着人口增长与工业、乡镇企业发展,这两块老商品基地有走向衰退的趋势。我们建议,应该从政策上与技术上采取相应措施,刹住这种衰退的趋势,保持"两山"作为粮食、肉类、水果、花生的优势地位。同时,"两山"所对的地理位置,今后应逐步发展为环京津的肉蛋奶菜果供应基地与外贸出口基地。另外,水资源不足与地下水位下降问题也应着手解决。

"两山"中,燕山、太行山山前平原、粮田一年两熟的比较效益高于一熟棉田,应逐步高产稳产农田。同时,积极发展肉奶蛋菜果等为城市服务的商品,以及相应的工副业。山东丘陵花生种植面积占全国的22%,占全国花生出口的 80%～90%。水果总产量居全国之冠,烟台苹果、莱阳梨闻名中外,今后发展方向应是全国性的花生、水果、烤烟、柞蚕桑基地和省内粮食基地。

参 考 文 献

[1] 韩湘玲,曲曼丽.黄淮海地区农业气候资源开发利用 . 北京:北京农业大学出版社,1987.

[2] 中华人民共和国农牧渔业部.中国农牧渔业统计资料(1987).北京:农业出版社,1988.

[3] 刘志澄,等.中国粮食之研究.北京:中国农业科技出版社,1989.

土地–气候–作物生产力

气候-土地-农业生产力的研究[*]

韩湘玲　吴连海　王恩利

（北京农业大学）

摘　要：从气候-土地-农业生产的角度阐述了作物生产力的形成和影响因素，提出了在我国研究生产力的思路和方法，包括定位试验、能量-作物生产力的动态模拟、现实生产力与可行性生产力的比较分析、合理种植制度生产力模式以及合理的农业结构生产力模式等方法。

1　意义、概念与研究的进展

作物生产力的研究是当代农业发展战略研究的一个重要课题，农业发展的宏观决策首先需较确切地估算粮食及整个农业的生产力。

较确切地估算生产力是制定不同范围地区的农业发展规划和国家投资方案的依据，也是预测我国2000年及更长远时期土地承载力的基础。粮食及整个农业生产力的形成受制于不同气候-土地类型。生产力包括单项作物的生产力、年生产力（种植制度生产力）、合理农业结构（农林牧合理比例）的生产力，从而提出设计产量和设计作物布局、设计农业结构，将人类活动投入的物质能量和技术条件与自然资源提供的物质能量结合起来，使可能性变为可行性。这在人口较多地域广阔、气候土壤多样、经济条件差别较大的我国更显重要。为此，研究不同气候区及不同土地类型的农业生产力是当务之急。

作物生产力（crop productivity）的概念是从植被生产力引申而来的。植物生态学中的植物生产力是表示一定土地面积上一定时间内（年、季、时段、日）的植物增长量（指干物重），后发展为研究生产潜力，一般系指作物高产限度，即有潜在产量、潜力的意义。1975年10月在美国国家科学基金美国能源研究与开发及美国农业部和美国际发展组织等机构的赞助下，由美国密歇根州大学、州农业试验场和凯德林基金会主持，在密歇根州召开了一次提高农作物生产力的国际性学术会议，提出并讨论了氮素投入，碳素投入，水、土和矿质的投入，有害生物的防治，不良环境条件，植物的发展过程六个问题，对每个问题较详尽地讨论了生产力形成中的作用、研究方向与措施。20世纪70年代由美国的Lemon主持国际生物学大纲（IBP），组织全世界各国研究作物生产力问题，日本则在全国范围内组织了这项工作（JIBP）并持续7年之久。1980年在菲律宾国际水稻研究所（IRRI）召开的“国际作物生产力座谈会”上，各学科（作物栽培、作物生理、遗传育种、耕作、土壤学、农业经济、农业气候学等）共同研究讨论了生产力问题，主要研究：(1)不同作物不同种植制度在不同环境下的生产力；(2)不同环境下实现作物生产力的限制因子；(3)探讨从理论与实践上提高生产力的途径。

农作物生产力的高低，决定于其吸收并同化太阳辐射的能力。适宜的温度和水分对太阳辐射的转化起重要作用；适量的营养，没有其他不利的环境因素是获得高生产力的保证。人们对生产力的认识经过了一段历程，首先是从研究理想条件下的光合生产力着手，逐渐发展为考虑气候条件，作物本身的特征（C_3，C_4）及土壤因素（含水肥土地条件）、农业技术水平及社会经济条件，进而考虑作物种植比例、农业结构等。

综上所述，作物生产力系指农作物在一定的气候、土壤、社会经济条件下，转化太阳辐射为化学潜能

＊　原文发表于《农业资源和遥感》，1987，(试刊)：15-22,45.

的能力。

2　气候-土地-农业生产力

根据我国季风气候及地形复杂、土壤类型和一地农业生产多样的特点,一个地区的农业生产力的形成是极为复杂的,涉及不同土地类型(平原、山地等)、单一作物(含产量和品质)、多熟种植(全年)、各类作物最佳组合乃至农林牧最优结构生产力等。在国内外生产力研究的基础上,我们认为需进行气候-土地-农业生产力的研究,定义为:

$$\frac{\mathrm{d}pM(t)}{\mathrm{d}t} = f(C \cdot L_a, A_g)$$

式中,pM 为单位时间内(t)气候-土地-农业生产力;C 为气候因子,包括光、温、水(地上、地面、地下水);L_a 为土地因子,包括土壤特性(质地、厚度、水肥)、地貌特征、地形、海拔等;A_g 为广义的农业,包括不同生产水平,即能量、物质投入的水平不同,或单一作物、种植制度、作物组成比例及农林牧结构。

气候-土地-作物生产力的研究,难度是相当大的,必须运用计算机和系统的方法。做此项工作需要有:总体的目标和思路;扎实的试验和调查基础;在单项生产力的基础上进行。

目前,我国在这方面的工作刚刚起步,主要还是单项进行,完善可行性方法还需下很大工夫。

我们为开发利用黄淮海地区的农业资源,试图为农业发展规划,为国家投资方案决策提供依据,并预测 2000 年土地对人口的承载力,从各方面进行了生产力的探索研究。

(1)定位试验取得可行性生产力的依据,在该地区代表点上按中上等生产水平进行生产力田间试验或收集整理这方面的前人成果。在北京、曲周、淮阳进行多年试验的产量结果见表 1。

表 1　北京、曲周、淮阳的试验产量　　　　　　　　　　　　　　　单位:斤/亩

地点	小麦	玉米	大豆	麦+玉米	麦/玉米
山前平原(北京)	437.8	471.9	120.3	907.4	936.1
黑龙港地区(曲周)	399.5	430.4	203.3	707.9	823.1
黄淮平原(淮阳)	414.8	425.5	134.4	798.1	840.3

(2)进行能量-作物生产力的动态模拟探讨

作物的生长发育和产量形成是系统发育的结果,只有动态地模拟作物生产力的形成才能指出影响产量形成的关键因子。较准确地估测产量,然而进行田间试验不可能面很大,试验点也不可能很多,只能在代表性地区。这就需要模拟作物生产力的动态形成模式,推广到同一类型地区大面积的生产力估算。

若试验地田间管理基本相同,水分条件能充分满足作物生长的需要,则生产力函数可简化为:

$$\frac{\mathrm{d}w(t)}{\mathrm{d}t} = f(p) \times f(L \cdot T)$$

式中 $f(L \cdot T)$ 为光温影响因子,温度对作物生长发育、生产力形成的影响使用温度函数(FT),它是温度与作物相对生产率的对应关系。作物影响因子目前可调控的是叶面积系数,并且它是作物生产力形成的基础。因此,作物因子函数使用 $f(LAI)$。据美国 Dale 等的研究,能量-作物生长量 ECG 为:

$$ECG = (SR/600)[1 - \exp(-K, LAI)] \times FT$$

式中,SR 为太阳辐射($\mathrm{cal/cm^2}$);K 为作物的消光系数。

它表明作物在水分能充分满足,田间管理一致的条件下光、温的气候条件,以及作物的 LAI 对生产力形成的综合影响。

ECG 是作物生长率(CGR)的变化的自变量,由此可以计算出作物的生产力。

$$Y = \int_0^t (CGR)\,\mathrm{d}t = \int_0^t f(ECG)\,\mathrm{d}t = \sum_{i=1}^t f(ECG) \cdot \Delta t$$

利用北京地区 1980—1984 年的田间试验资料,计算了温度函数(FT),建立了叶面积系数模拟,计算出能量-作物生长量,建立了冬小麦、玉米等作物的能量-作物生产力的关系,进而计算出生产力,其结果较好地反映了可行性生产力水平。

(3)现实产量与可行性生产力的比较分析

据试验与调查,本地区可行性生产力旱地约为现实产量的 2 倍左右,水浇地则高出现实产量为 2～3 倍(表 2)。

表 2　产量比较　　　　　　　　　　　　　　　　　　　单位:kg/亩

地点	大面积产量	试验地产量	
		旱地	水浇地
北京	300～350	500～550	900～950
曲周	250～300	600～650	800 左右
淮阳	400～450	750～800	800～850

1)水分是生产力形成的限制因子

根据北京、曲周、淮阳三个不同试验点旱地上的生产力水平可得出,降水条件限制着生产力的提高。旱地上无论一年一熟还是一年两熟的生产力和水分利用率都是随降水量的增加而增加(降水量在正常值上限之内)。

施肥水平和降水条件相似时,三个试验点由于灌溉所产生的效益不同,因三个地区的自然降水条件不同,灌溉的重要性也不同,曲周降水最少,灌溉效益最大,其次是北京,最小的是淮阳。

从以上分析可知,黄淮海平原限制生产力的主要因子是水分条件,但在不同地区限制程度不同。其大小顺序为黄淮海平原的黑龙港地区的曲周最大,次为山前平原的北京,黄淮平原的淮阳最小。

2)复种对提高生产力起重要作用

一年两熟生产力高于一年一熟生产力,但在不同的降水条件下其增加幅度不同,无论是水浇地还是旱地,两熟生产力高于一熟生产力。降水较少时,水浇地条件下的效益显著高于旱地。当然,一年两熟需要较多的物质投入,才能得到较高的产出。因此,黄淮海平原在水分条件(降水和灌溉)、肥力投入较好时应大力发展一年两熟。

3)投氮水平对生产力形成重大作用

在旱地条件下,一年两熟处理中肥效率在各地不同。1983 年旱地北京、曲周、淮阳的肥效分别为 5.06,4.27,5.17 kg/kg,而水浇地条件下,肥效分别为 6.60,6.82,5.72 kg/kg,这主要是曲周的光温条件优于淮阳和北京,在保证供水时,肥料带来的效益就高,但旱地上由于淮阳降水优于曲周、北京,虽然光温配合不如曲周,但降水的影响对生产力的形成起了决定性作用。因此淮阳应增加纯氮投入,提高全年生产力。而北京则要水肥并举才能获得更大的效益。

比较试验点与当地的纯氮投入水平,可以看出:曲周、淮阳试验地旱地氮投入高于当地的平均水平其结果当地的生产力水平(含水浇地、旱地)只相当于试验中的旱地生产力,由此可以看出氮肥投入也是影响黄淮海平原生产力提高的一个重要因子(表 3)。

4)合理种植比例模式

合理种植比例一般考虑到多年平均状况,在季风气候地区,温度降水年际变化大,则应考虑年型。调整作物种植比例,使受灾减产率达到最小以获得最高生产力。

①合理作物比例模式的建立

由于季风气候年际间不稳定,非正常气候(灾害发生)引起作物量差异,其对策为合理的作物比例以获当地最高生产力。

设发生第 j 种灾害时,单位面积上的减产率为 y_j 则:

表 3 生产力与投入氮量比较表(1983 年)

地 点	项 目	蛋白质生产力(kg/亩)		纯氮投入(kg/亩)
		旱地	水浇地	
北京	试验	57.9	77.1	12.4
	当地	41.9		18.4
曲周	试验	33.8	55.6	13.3
	当地	25.7		10.0
淮阳	试验	55.1	62.3	11.9
	当地	34.4		6.3

$$y_j = \sum_{i=1}^{n} C_{ij} \cdot x_i \quad (j = 1, 2, \cdots, k)$$

式中,k 为灾害类型数;n 为作物种类数;C_{ij} 为第 i 种作物发生第 j 种灾害时单位面积的减产率;x_i 为第 i 种作物总播种面积的百分比(%)。

由于作物种植面积的限制和人民生活对农产品的要求,必须对各种作物的种植比例加以约束,使之在一定范围内变化,即:

$$L_i \leqslant x_i \leqslant G_i (i = 1, 2, \cdots, n), \text{同时必须有} \sum_{i=1}^{n} x_i = 100$$

这样比例模式就建立起来了。

②目标函数中系数的计算

目标函数中的系数为作物受灾减产率,计算公式为:

$$Q_i = \frac{A - a_i}{A} \times 100\%$$

式中,A 为某种作物丰产年的产量平均值;a_i 为发生第 i 类灾害的产量平均值;Q_i 为某种作物在发生第 i 类灾害时的减产率。

a. 丰歉年的确定

根据产量隶属度公式计算各作物历年产量隶属度,由实况及专家评议寻找各作物的产量临界隶属度,产量隶属度大于丰年临界隶属度的年份为丰产年,反之为歉产年。

产量隶属度公式: $$\mu m_i = \frac{m_i}{\max\{m_i, i = 1, 2, \cdots, n\}}$$

式中,n 为年代数;μm_i 为第 i 年某种作物的产量隶属度;m_i 为第 i 年某种作物的气候产量。

b. 灾害类型的划分

由气象因子隶属度公式计算历年各时段的气象因子隶属度。根据专家评议得出,各时段各作物的气象因子临界隶属度,气象因子隶属度不大于该值的年代就出现某种类型的灾害。

气象因子隶属度: $$\mu r_{ij} = \frac{\min(\bar{r}_j, r_{ij})}{\max(\bar{r}_j, r_{ij})} \begin{pmatrix} i = 1, 2, \cdots, m \\ j = 1, 2, \cdots, n \end{pmatrix}$$

式中,$\bar{y}_{ij}$ 为第 i 年第 j 时段的气象因子数值;m 为时段数;μr_{ij} 为第 i 年第 j 时段的气象因子隶属度;r_j 为第 j 时段丰产年的气象因子平均值。

$$\bar{r}_i = \sum_{j=1}^{I-2} r_{ij} / (I - 2) \begin{pmatrix} i \neq \max r_{ij}, \min r_{ij} \\ j = 1, 2, \cdots, m \end{pmatrix}$$

式中,I 为丰产年数;r_{ij} 为第 i 个丰产年第 j 时段的气象因子数。

③布局方案的优化

利用 0.618 优选法对优化模型进行抽样,从中挑出满意解。衡量结果优劣的标准是所确定的比例使作物减产率达最小,即得出作物的最优种植比例。

④确定各作物的种植面积

据总的作物播种面积和确定的最优作物种植比例计算出各种作物的种植面积,按此比例配置作物,即可得到不同情况下的最高生产力。

⑤合理的农业结构模式

合理的农业结构是农业结构生产力的基础。黄淮海地区面积广阔,纵跨 8 个纬度(32°~40°N),是我国商品粮、豆、棉等作物的主要生产基地之一,由于地域辽阔存在许多自然生态区,如豫东南、黑龙港、皖北、苏北、山前平原地区等,光、温、水等条件差异很大,形成了不同的气候类型;土壤类型也各不相同。因此,黄淮海地区作物的战略布局和农业结构必须考虑这些生态因子的地域差异。

现以豫东南和黑龙港地区为例:

a. 摸清生态条件及自然资源利用的特点

(a)气候特点

从两个地区水热等气候条件(表 4)看出:豫东南生长期较长,热量、降水资源都较丰富,且季节利用幅度较宽,降水季节分配均匀,光、热、水资源配合良好,但伏旱在一定程度上危害生产。而黑龙港地区光、热资源丰富,但降水少,对农业生产的发展影响较大。

表 4 不同类型地区气候条件比较

项目　　地点	水分条件(mm)					热量条件						光照
	年降水量	4—5月降水量	7—8月降水量	6月降水量	10月—次年5月降水量	年平均气温(℃)	≥10℃积温(℃·d)	≥15℃积温(℃·d)	6—9月积温(℃·d)	≥10℃持续日数(d)	≥15℃持续日数(d)	年日照时数(h)
黑龙港	500~600	50~60	270~350	50~70	≤150	11.0~13.5	4 100~4 500	3 600~3 910	2 900~3 100	210~220	160 左右	2 600~2 800
豫东南	650~1 000	100~120	70~120	280~330	≥250	14.0~15.3	4 650~5 000	3 920~4 100	3 050~3 100	240	170~180	2 200~2 400

(b)水、土壤、社会经济条件特点

除降水外,水资源还包括地表水和地下水。黑龙港地区地表水量少,浅层地下水已超采,使水位不断下降形成漏斗,并且咸水占 50% 左右。而豫东南地表水径流约 420 mm,是地下富淡水区,地下水位为 1.5~3 m,现 80%~90% 的灌溉水来源于地下水。

黑龙港地区耕地面积 3 500 万亩,盐碱地面积占耕地面积的 14.1%,这也是农业发展的一个限制因子。

土壤、社会经济条件中还包括人地比、人均占有物和交通情况等。

b. 摸清作物种类、种植制度、现状(面积、产量、复种指数)及生产中还存在的问题及对策。

c. 做出框图(图 1、图 2)。

d. 在框图的基础上,进一步逐项分析,运用系统分析的方法估算生产力。关于牲畜生产力的估算则需进一步深入。

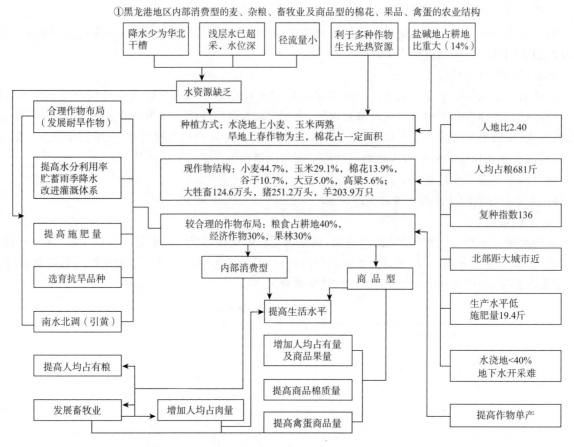

图 1　黑龙港地区农业结构框图

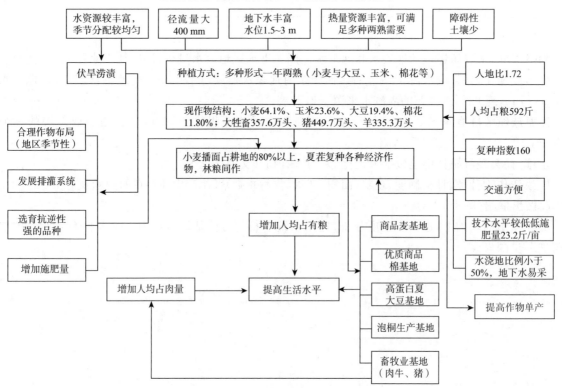

图 2　黄淮平原—豫东南地区农业结构框图

不同熟制生产力的研究*

韩湘玲　刘巽浩　孔扬庄

摘　要:在黄淮海平原北部地区较高水肥条件下,一年两熟比一年一熟具有较高的生产力。经济产量、热能量、蛋白质含量等约增加 77%～101%。同时提高了经济效益与能量产投比。一年两熟制从土壤中取走的无机养分较多,但有机质源也成倍增加。

根据生产力形成因素分析结果,在低生产水平或生长季较短的地方,应主攻叶面积,不要过高地提高复种指数。但在高生产水平而热量又允许的地方,实行适宜的多熟制是增加产量发展多种作物的重要途径。

近年来,对于熟制问题争论甚大。外国朋友韩丁、田村三郎等相继对中国的复种发表了批评意见[1-2]。国内有的学者也认为"自南到北不合理乱改耕作制度"是"粮食增产缓慢的重要原因"[3],这是涉及我国农业生产的一个重要战略问题[4,5]。为了进一步从理论与实践上研究这个问题,我们在 1973—1979 年研究华北地区种植方式的基础上[6],从 1980 年起设置了不同熟制生产力试验(作为全国不同气候带种植方式生产力试验的一部分)。

试验是在北京郊区东北旺公社进行的,这里的气候属暖温带的北缘,也是我国两熟制的北缘地区。历年平均温度 11.6 ℃,大于 0 ℃积温 4 549.1 ℃·d,年降水量 628.9 mm。1980—1981 年温度条件与历年相近,降水量偏少,只为历年同期平均值的 59.1%。作为生产力试验,我们选择的是水肥条件较好的土地。土质为轻沙壤土,耕层有机质含量为 1.36%,排灌方便,化肥施用量较高。主要有 8 个试验处理,其中一年一熟及一年两熟各 4 个,每处理两个重复,管理按中上等生产水平进行(表 1)。

表 1　试验处理与条件

熟制	序号	处理	品种	厩肥(斤/亩)	秸秆还田(斤/亩)	化肥(纯)(斤/亩)			灌水次数(次)
						N	P₂O₅	K₂O	
一年一熟	1	冬小麦	78-047 红粮 12	2 000	250	21.8	16.2	—	7
	2	春玉米	京杂六号	2 000	250	26.0	16.2	—	2
	3	春甘薯	553	2 000	250	13.0	16.2	25.0	1
	4	春大豆	承豆 1 号	2 000	250	6.0	16.2	—	1
一年两熟	5	冬小麦+夏玉米	1819+1382	2 000	250	37.8	16.2	—	8
	6	冬小麦+夏大豆	沃奇	2 000	250	29.8	16.2	—	8
	7	冬小麦/玉米	京杂六号	2 000	250	41.8	16.2	—	10
	8	冬小麦/玉米/玉米	京杂六号 1819·1382	2 000	250	49.8	16.2	—	10

注:符号"+"表示复种;"/"表示套种

测定项目:系统测定(10～15 d 一次)作物的绿叶面积、干物重(W)、生长期(D)、并由此算出叶面积系数(LAI)、净同化率(NAR)、作物生长率(CGR),叶-日积($LAI \cdot D$,平均叶面积系数与 D 的乘积)与光能利用率 E(%)。此外,不定期测定各种作物不同光温条件下的净光合率(用红外线 CO_2 气体分析

* 原文发表于《北京农业大学学报》,1982,**8**(4):59-68. 协助指导本试验工作的还有:姜秉权、宋秉彝、王世模、赵垂达、魏淑秋等同志。参加 1981 年工作的还有:黄家朝、杜荣、杨素钦、陈星、张地等同志。文内气象资料来源于北京市海淀区气象站,辐射资料来源于北京市气象台

仪)、田间小气候及土壤养分、根系状况等。成熟时测定生物学产量、经济产量及其构成因素、蛋白质含量,同时进行能量转换、物质循环与经济效益的分析等。试验的初步结果如下。

1　产　量

由表 2 可见:

(1)在一年一熟中,生物学产量(W)与热能量(H)以春玉米最高,其次序为春玉米>冬小麦>春甘薯>春大豆;经济产量以春甘薯最高(1 084.8 斤/亩),其次序为春甘薯>春玉米>冬小麦>春大豆。春甘薯与春玉米的经济产量(Y)约比春大豆多 2 倍,但是以粗蛋白含量(N)计,则春大豆居于领先地位,其次是春玉米和冬小麦,春甘薯最少。

(2)在一年两熟中,冬小麦套玉米获得了最高的生物学产量(4 483.6 斤/亩)、经济产量(1 692.3 斤/亩)、热能量(8 297.7 Mcal/亩)和粗蛋白含量(307.4 斤/亩)。这样的生产力大致为现有北京郊区粮食平均亩产的 2 倍多。在一年两熟中,小麦+夏大豆的产量最低,生物学产量为 2 461.7 斤/亩,经济产量907.7 斤/亩,热能量 4 581.3 Mcal/亩,粗蛋白也居于最低地位,为 205.6 斤/亩。这是因为在较好的水肥条件下,作为高产作物的玉米、小麦等充分发挥了它们的生产力,相对而言大豆生产力表现就较低(在较差的肥力条件下,大豆的生产力相对较高)。两茬平播(冬小麦+夏玉米)及三茬套种(冬小麦/玉米/玉米或大豆)处于中间地位。

(3)以一年两熟四种方式和一年一熟四种作物平均相比,两熟比一熟增加经济产量 77.1%、生物学产量 101.1%、热能量 101.6%、粗蛋白 76.9%。冬小麦套玉米比春玉米经济产量增加 78.8%、粗蛋白增加 100.9%。两茬平播(冬小麦+夏大豆)比一熟春大豆能量增加 100.3%、粗蛋白增加 43.8%。

(4)通过变量分析与 t 检验,整个试验的差异在极显著范围内,属于极显著或显著水平。

表 2　不同种植方式产量比较(1980 和 1981 年两年平均)

熟　制	序　号	处　理	经济产量(斤/亩)		生物学产量(斤/亩)	
			单　作	全　年	单　作	全　年
一年一熟	1	冬小麦	737.7	737.7±33.7	1 965.7	1 965.7
	2	春玉米	946.6	946.6±43.0	2 533.5	2 533.5
	3	春甘薯(折粮)	1 084.8	1 084.8±138.2	1 647.8	1 647.8
	4	春大豆	352.8	352.8±25.5	1 065.3	1 065.3
一年两熟	5	冬小麦 夏玉米	737.7 685.1	1 422.8±107.6	1 965.7 1 701.7	3 667.4
	6	冬小麦 夏大豆	737.7 170.0	907.7±24.0	1 965.7 496.0	2 461.7
	7	冬小麦 套玉米	690.9 1 001.4	1 692.3±7.9	1 870.1 2 613.5	4 483.6
	8	冬小麦 套玉米 套玉米	703.5 441.8 361.2	1 506.5±44.0	1 861.1 1 211.7 821.5	3 894.3

2　能量转换效率

在农田生态系统中,主要是通过作物将太阳能转化为生物化学潜能,日光能的利用率越高,则第一性生产力就越高。此外,与自然生态系统不同,在农田生态系统中必然有人工辅助能的投入,这种辅助能投入效益(以能量的产出与投入之比表示)高低,对整个农田生态系统生产力及其效率作用甚大[7]。

由表3可见:

(1)一年一熟生长期(出苗—成熟)光能利用率为1％左右(0.80％~1.48％),说明生产力已达较高水平,但从年光能利用率计,平均只有0.46％(0.35％~0.62％)。一年两熟每种作物生长期光能利用率与一年一熟差不多,但年光能利用率却比一年一熟增加近1倍,尤其是冬小麦套玉米,其年光能利用率高达1.11％。两熟比一熟增产约1倍。由此可见,在水、肥、热量条件允许的地方,适当提高复种指数是提高光能利用率、充分利用光热水资源的主要途径。

(2)从人工投入的能量效率看,一年两熟与一年一熟相比,能产投比不但没有下降,反而增加约60％。其原因是两熟种植人工的辅助能投入增加的并不多,但能的产出却比一熟增加很多。这一点是很值得重视的。

表3 不同熟制的光能利用率和投入能效益比较(1980—1981年两年平均)

熟 制	处 理	E%		能投入(MJ/亩)			产出 (MJ/亩)	能产投比
		生长期	全年	无机能	有机能	全部能		
一年一熟	冬 小 麦	1.08	0.50	1 701.6	4 725.0	6 426.6	14 190.6	2.21
	春 玉 米	1.48	0.62	1 662.6	4 565.0	6 277.6	18 284.4	2.94
	春 甘 薯	0.83	0.38	1 550.8	4 575.0	6 125.8	12 478.7	2.04
	春 大 豆	0.80	0.35	714.8	4 550.0	5 264.8	8 337.4	1.58
一年两熟	冬小麦＋夏玉米	1.20	0.91	2 527.7	4 877.5	7 405.2	26 533.5	3.58
	冬小麦＋夏大豆	0.89	0.66	2 163.7	4 925.0	7 088.7	18 151.1	2.56
	冬小麦/玉米	1.40	1.11	2 755.5	4 877.5	7 633.0	32 379.7	4.24
	冬小麦/玉米/玉米	1.22	0.96	3 134.0	4 902.5	8 036.0	28 169.6	3.51

注:无机能包括机器、燃油、化肥、农药、电,有机能包括劳力、畜力、种子、有机肥。均按一定标准折合为热量单位。产出的物质也折合为热量单位。能产投比即产出热量值与人工投入热量值之比。详见参考文献[7]

3 营养物质循环

生产力高的种植方式必然要从土壤中吸取较多的营养物质,这样下去地力会不会衰退?

在本试验中,有机肥水平较低,每亩只有2 000斤厩肥和250斤秸秆,化肥水平较高,一年过磷酸钙90斤。在这样的水平下,养分循环的结果见表4。

表4 不同种植方式养分平衡

熟 制	处 理	投入/移出比			有机质平衡	
		N	P_2O_5	K_2O	①	②
一年一熟	冬 小 麦	1.12	1.62	0.77	1.33	3.84
	春 玉 米	0.97	1.03	0.29	1.61	4.85
	春 甘 薯	0.92	1.81	0.81	1.55	2.70
	春 大 豆	0.78	2.18	1.04	1.49	2.95
一年两熟	冬小麦＋夏玉米	0.93	0.78	0.28	1.24	4.67
	冬小麦＋夏大豆	1.05	1.20	0.57	1.13	3.50
	冬小麦/玉米	0.85	0.63	0.20	1.53	5.80
	冬小麦/玉米/玉米	1.03	0.73	0.24	1.36	4.66

注:有机质平衡中,①施入有机肥(腐殖化系数＝0.25)与土壤有机质分解量(矿化率一作为0.03,二作为0.04)之比;②(施入有机肥＋生产的茎叶等)与土壤有机质分解量之比

（1）除甘薯外，未施钾肥（华北土壤一般不缺钾），故钾均呈负平衡，两熟比一熟尤甚。磷素在一年90斤过磷酸钙与2 000斤厩肥前提下，一年一作是够用的，而两熟却不足。氮素平衡较紧张，多数处理尚有亏损。如果一亩地厩肥增加到4 000斤的话，那么各处理均呈正平衡。

（2）从有机质平衡看，因为除有机肥外，每亩还翻入了250斤玉米秸秆，再加上各作物本身留在土壤中的根系，按腐殖化系数0.25、土壤有机质矿化率0.03～0.04粗略计算，平衡都是正的。更重要的是，从农业生态系统角度看，两熟增加了产量，也就是增加了有机质源，如果把经济产量部分（籽粒或薯块）移出本系统，而将茎叶等全部还田的话，那么土壤有机质的增加将比分解要多3～4倍。

由上可见，在多熟高产种植情况下，无机养分消耗较多，必须给予补充。但另一方面，有机质源却大为增加，这为改善土壤肥力提供了可能性。

4　经济效益

由表5可见：

（1）从一年一熟的四个处理看，亩产值差不多（大豆稍低一点），但小麦亩成本高（61.90元），所以纯收益（94.00元）与成本产值率（2.52）最低；春甘薯亩成本并不低（57.43元），但亩产值高（168.80元），所以纯收益较高；春大豆亩用工少（5个），投资少，纯收益高于小麦，成本产值率也较高，但由于单产低，所以斤成本并不低。

（2）一年两熟中，小麦套玉米由于产量最高，表现出亩产值、亩净产值、亩纯收益、成本产值率都最高，斤成本最低；小麦夏大豆两熟，虽然亩成本最低，但由于单产低，所以亩产值、亩净产值、亩纯收益、成本产值率均处于最低或较低位置，而斤成本却最高（0.083元）。其他两熟则处于中间状态。

（3）与一熟相比，两熟亩成本增加75.8%，但斤成本减少7.1%，而亩产值、亩净产值与亩纯收益却增加约75%～78%，可见两熟的经济效益较高，这与小麦在低产区的经济效益是不同的，根据1981年在黄淮海低产地区的调查，小麦亩产低于160斤时，亩纯收益表现为负数[8]。

表5　不同种植方式的经济效益

熟制	序号	处　理	亩产值（元）	亩成本（元）	斤成本（元）	亩净产值（元）	亩纯收益（元）	成本产值率（元/元）
一年一熟	1	冬小麦	155.9	61.90	0.084	109.30	94.00	2.52
	2	春玉米	151.9	55.04	0.058	112.16	96.86	2.76
	3	春甘薯	168.8	57.43	0.053	127.85	111.37	2.94
	4	春大豆	141.4	30.95	0.088	117.40	110.45	4.57
一年两熟	5	冬小麦＋夏玉米	263.2	86.01	0.061	205.00	177.19	3.06
	6	冬小麦＋夏大豆	223.5	75.66	0.083	168.70	147.84	2.95
	7	冬小麦/玉米	319.6	90.21	0.053	257.20	229.39	3.54
	8	冬小麦/玉米/玉米	275.0	101.99	0.068	208.60	173.01	2.70

5　生产力形成因素分析

生产力指的是，在一种特定的气候、土壤、社会经济条件下农作物利用这些资源转化太阳辐射能为生物化学潜能的能力。一般可用经济产量、生物量和热能量表示，并习惯以产量形成结构——即穗、粒重法——来进行分析。但单凭此法，难以鉴别生产力形成的实质以及它的动态变化，因此在本试验中将光能利用率作为反映生产力的一个重要指标。

光能利用率决定于光合效率、光合面积与光合时间这三个因素。用此三因素建立回归方程为：

$$E\% = -0.879 + 0.004X_1 + 0.060X_2 + 0.227X_3$$

经 F 检验,回归方程效果较好。三个因素不可剔除,其中 $X_1, X_2, X_3 (D, NAR, LAI)$ 在 $E\%$ 中的贡献分别为 $0.896, 0.419, 0.306$,即以 D 的贡献最大。

再进一步看,各个因素在生产力形成中的作用如表 6。

表 6 不同种植方式 $NAR, LAI, D, CGR, LAI \cdot D$ 与 $E\%$ 比较(1980 和 1981 年两年平均)

熟制	序号	处 理	NAR [g/(m²·d)]	LAI	D(d)	CGR [g/(m²·d)]	$LAI \cdot D$	年 $E\%$
一年一熟	1	冬小麦	6.7	1.68	153	9.6	257.0	0.50
	2	春玉米	10.6	1.83	116	16.5	212.3	0.62
	3	春甘薯	5.0	2.51	131	9.4	328.8	0.38
	4	春大豆	5.6	1.65	123	6.5	203.0	0.35
一年两熟	5	冬小麦	6.7	1.68	153	9.6	257.0	0.50
		夏玉米	11.6	1.47	86	14.9	126.4	0.41
		全 年	8.5	1.60	239	11.5	383.4	0.91
	6	冬小麦	6.7	1.68	153	9.6	257.0	0.50
		夏大豆	4.9	1.04	84	6.4	87.4	0.16
		全 年	6.1	1.45	237	8.5	344.4	0.66
	7	冬小麦	6.5	1.58	153	9.1	241.7	0.47
		套玉米	9.9	1.61	117	16.7	188.4	0.64
		全 年	8.0	1.59	270	12.4	430.1	1.11
	8	冬小麦	—	1.35	147	—	198.5	0.40
		套玉米	—	0.62	118	—	73.2	0.26
		套玉米	—	0.48	88	—	42.2	0.19
		全 年	—	1.18	265	—	313.9	0.85

注:序号 6 和序号 8 中数据用 1980 年资料进行统计

5.1 光合效率

不同种植方式的各种作物具有不同的光合效率。从遗传上改变作物的光合效率不是一件容易的事[9],但是通过种植方式的安排,人们可以选用光合效率较高的作物(或品种),也可以把作物安排在最适宜的季节与环境下以发挥其固有光合效率的潜力。

本试验用两种方法研究了光合效率。一是用红外线 CO_2 气体分析仪,测定不同光温条件下各种作物单叶的净光合率[$mgCO_2/(dm^2 \cdot h)$];二是通过田间取样(测干重、绿叶面积)计算其群体的净同化率(NAR,每天每平方米绿叶净生产的干重),后者受群体叶面积的大小影响很大,叶面积越大,受遮阴的叶子越多,净光合率就越低。初步结果如下:

(1)在较好的条件下(水、肥、光)玉米等 C_4 作物具有较高的净光合率与 NAR。1980 年测定结果:玉米、小麦、大豆与甘薯的净光合率平均为 $23.9, 13.5, 12.8, 10.9\ mgCO_2/(dm^2 \cdot h)$,这个趋势和村田吉男的结果是一致的[10],$NAR$ 为 $9.9 \sim 11.6, 6.7, 5.6, 5.0\ g/(m^2 \cdot d)$。由于玉米的 NAR 较高,决定了作物生长率(CGR)也较高(表 6)。可见,玉米在高水平下,增产潜力较大。在 $17 \sim 20\ ℃$ 较低温度下,小麦的净光合率比玉米还高,说明小麦适于在冷凉的季节生长。因而,在属于暖温带的黄淮海地区,既有不甚严寒的冬节,也有温暖的夏季,小麦、玉米一年两熟的生产力较高。

(2)玉米虽为喜温作物,但过高的温度反而使净光合率降低。当叶温超过 $33\ ℃$ 后,净光合率明显下降,与套玉米相比,春玉米生长期长,前期生长发育条件比套玉米好,但在这两年的产量并不比套玉米高,其重要原因之一是春玉米在抽穗—成熟期间光温条件较差,同时遇到了高温。据 1980—1981 年统计,春玉米在抽穗—成熟期间气温大于 $30\ ℃$ 的高温超过 30 d,而套玉米只有 16 d,因而春玉米叶子易早衰。相反,套种玉米处在较为适宜的温度范围。

5.2　光合面积

在大面积低水肥条件下,光合面积往往是决定产量的主导因素。Watson认为,决定产量的往往不是光合效率,而是叶面积多少[11]。1974—1978年试验中得出,在叶面积系数不高的前提下(玉米、小麦的 LAI 为1.37与1.50,最大 LAI 为2.00与3.67),玉米、小麦的产量与平均 LAI 和最大 LAI 呈高度相关,玉米平均 LAI 与产量的 $r=0.92$,小麦为0.71[12]。因此,在大面积中下等生产水平,增加叶面积应该是提高光能利用率与产量的主攻方向。在较好水肥条件的本试验中情况则有所不同。

从表6可见,除夏大豆外,各处理的 LAI 均较高,全生育期平均叶面积系数都在1.5以上,而最大 LAI 多在3~5之间(小麦4.92,春玉米3.35,春甘薯4.8,春大豆3.62,套玉米3.47)。此外,在一熟和两熟的各作物之间 LAI 差别并不大,所以光能利用率与 LAI 的相关不明显。1981年比1980年 LAI 普遍要大一些,相关更差。

5.3　光合时间

从本试验得出,在中上等水平下,光合效率与光合面积的增加潜力已较小,而增加光合时间,变一熟为两熟的作用就显得十分突出。表现在:

(1)从表6可见,在一熟与两熟各处理之间 NAR 与 LAI 差别并不大,而 D 却增加96.5%,与此相对应的 $LAI·D$ 也增加了52.5%,这对两熟增产起了决定性的作用,相关分析得出 $E\%$ 与 NAR 和 LAI 的相关不显著,而与 D 的相关系数达0.859。这些都说明,在较好水肥条件下,若生长季节与热量条件允许,增加 D 是提高 $E\%$ 与产量的重要因素。此外,由于两熟制延长了作物生育日数,因而也提高了全年的热量利用率,如每100℃·d积温各种方式两熟可生产80~100斤/亩干物质,一熟中则平均40斤/亩,春玉米也不足60斤/亩。可见,无论从理论上或实践上都应将 D 看成为一种重要的气候资源。

(2)要强调的是,D 的作用是在一定 LAI 的基础上才发挥出来的。根据1973—1978年16个玉米处理分为高 LAI 与低 LAI 两组,结果在高 LAI 组中,D 与产量相关系数远大于低 LAI 组[12]。因此,单纯用复种指数的多少并不说明产量的高低,应该综合地看 LAI 与 D 的乘积($LAI·D$)。在1979年试验中曾得出,低肥下的一年两熟 $LAI·D$ 为107.1,$E\%$ 只为0.30%,而高肥下的一年一熟 $LAI·D$ 值为194.5,$E\%$ 却达0.44%,高肥下的一年两熟 $LAI·D$ 值高达300.0,$E\%$ 上升到0.83%[12]。在本试验中,$LAI·D$ 与 $E\%$ 的相关显著,相关系数达0.809,信度0.01。一年一熟(春玉米)与一年两熟(冬小麦/玉米)相比,NAR 与 LAI 相差并不很大,但由于两熟的 LAI 延续时间长,所以全年的 $E\%$ 大为增加。

从以上生产力形成因素分析可以得出,在低水肥生产条件下,应该主攻 LAI 与 NAR,争取 LAI 增加到一定值并使 NAR 呈正常状况。在这种情况下,不宜过分强调复种指数。但是,在高水肥高 LAI 的条件下,在热量允许的地方,适当地延长 D,增加复种指数,增加 $LAI·D$ 值,效果是显著的。

6　讨论

通过试验及生产上的大面积调查研究得出:

(1)在黄淮海平原中,具有含量较高的水肥,以及热量条件允许的地方,一年两熟比一年一熟有较高的生产力。值得注意的是,合理的两熟不但提高了生物量、经济产量、热能量和粗蛋白质含量,充分地利用了气候资源,提高了经济效益与能量的产出投入比。关于复种对地力影响问题也要做具体分析,两熟产量高,从土壤中取走氮磷钾等无机元素多,这是无疑的,但从生态系统观点来看,两熟生产力高,固定空气中的碳素多,因而产生的植物有机质也大为增多,所以为增加土壤有机质提供了较多的有机质源。

(2)通过多年试验得出,复种是有严格的条件性的。在低水肥水平下或者在生长季节短的地方,决定产量的主要是 LAI,不适当地提高复种指数有时反而"二二得四不如一五得五"。在高水、肥,高 LAI 基础上,增加 D 或 $LAI·D$,保持适当的复种指数,对生产力形成起了突出的作用。

(3)联系到我国农业生产的现状,在 20 世纪 70 年代的中后期有些地方违反因地种植原则,南方双季稻,北方麦田两熟比例过大。现在各地正在进行相应的调整,这是必要的。但是如果因此笼统地否定两熟或三熟制,或者在有条件的地方(尤其在水浇地上)也过多地降低复种指数,这将对产量带来不利的影响,这种倾向在我国有的高产地区已出现,应引起重视。

(4)为了充分而合理利用自然资源,发展多种类型的多熟制(两熟或三熟)应是今后努力的方向。除了大力增加粮食作物以外,要把各种经济作物、大豆、绿肥、饲料、糖料等纳入种植制度中去,北方应重视旱作物,南方水田也要重视多熟制中旱作物的插入,实行水旱轮作。

参 考 文 献

[1] 中国农业机械学会. 美国友好人士韩丁对我国农业机械化的一些看法. 1977-10.

[2] 田村三郎,等. 对中国农业现代化的一些看法. 光明日报,1979-08-16.

[3] 侯学煜. 如何看待粮食增产问题. 人民日报,1981-03-06.

[4] 刘巽浩,王在德. 耕作制度改革主流必须肯定. 人民日报,1979-03-09.

[5] 刘巽浩,韩湘玲,孔扬庄. 论我国耕作制度改革及其研究耕作制度研究论文集. 中国耕作制度研究会编,1981.

[6] 刘巽浩,韩湘玲,赵明斋,等. 华北平原地区麦田两熟的光能利用、作物竞争与产量分析. 作物学报,1981,**7**(1).

[7] 刘巽浩. 我国不同地区农田能量转换效率的初步研究. 1981.

[8] 刘巽浩,韩湘玲,辛德惠,等. 黄淮海地区农业发展战略的初步探讨. 农业经济问题,1982,(1).

[9] Evans L T. The Physiological studies of Crop Yield//Crop Physiology. Evans[ed],1975.

[10] 加藤,宫地,村田. 光合成研究法. 共立出版株式会社,1981.

[11] Watson D J. Comparative physiological studies of the growth of field crops. *Ann Bot N S*,1947,**11**:41-76.

[12] 刘巽浩,韩湘玲,孔扬庄. 论作物的叶-日积及其应用//耕作制度研究论文集. 北京:农业出版社,1981.

黄淮海地区一熟与两熟制生产力的研究[*]

韩湘玲　刘巽浩　孔扬庄

（北京农业大学）

　　摘　要：1980—1984 年试验得出，在黄淮海平原水浇地以及降水较多的黄淮平原旱地，一年两熟比一年一熟生产力高近 1 倍，经济效益与能转换效率也高。高产的一年两熟制从土壤中成倍地取走养分，但有机质源却增加更多。

　　试验发现，在低水肥、低叶面积系数情况下，叶面积与产量相关密切，在生产上应主攻单产，不要过多提高复种指数；而在高水肥、高叶面积系数情况下，产量与叶面积相关不显著，而与光合时间相关密切，故应主攻光合时间，在生长季节允许的地方，实行一年多熟。

　　近年来，学术界对复种有不同意见[1-4]。有人认为复种劳而无获，因而建议长江以南应改变双季稻为单季稻，黄淮海地区应恢复到新中国成立前的二年三熟制。

　　为了合理利用资源，探索适合我国黄淮海平原地区的种植制度，1980—1984 年期间在黄淮海平原北部（北京）的水浇地上连续进行了五年田间试验，1983—1984 年又增加了水浇地与旱地对比，并在平原中部曲周县北京农业大学曲周试验站和平原南部淮阳县增加了两个试验点（表 1）。田间试验三个重复，灌水、施肥与田间管理均按当地中上等水平进行。

表 1　各试验点的位置、气候与土壤条件

试验点	地理位置	年平均温度（℃）	≥0 ℃积温（℃·d）	最热月温度（℃）	最冷月温度（℃）	无霜期（d）	年降水量（mm）	年日照时数（h）	土质	土壤有机质（%）
北京	40°01′N 116°20′E 黄海平原北部	11.7	4 531.2	25.3	−4.1	180	612.0	2 631.2	沙壤土	1.36
曲周（河北）	36°46′N 114°57′E 黄海平原南部	13.0	4 989.9	26.8	−2.9	203	500.0	2 453.9	壤土	0.80
淮阳（河南）	33°45′N 114°51′E 黄淮平原	15.5	5 267.2	27.5	−0.2	216	793.6	2 304.4	壤土	1.21

　　试验经历了不同的气候年型、热量与降雨量代表了历史上 75% 以上的年景，只是夏作物雨量偏少（代表 50% 历史年景）。

1　主要结果

　　(1)在满足灌溉条件下，通过 1980—1984 年这 5 年间北京点的试验得出：小麦、玉米一年两熟产量达 800 kg/亩左右，生物量达 1 950 kg/亩，年光能利用率(E)为 1% 左右；而一年一熟的产量为 400～475 kg/亩，生物量 1 100 kg/亩，年光能利用率为 0.5%～0.6%。小麦、玉米两熟比小麦、玉米一熟平均

　　[*] 原文发表于《作物学报》，1986，**12**(2)：109-115.

增产 89.7%。小麦、大豆两熟比小麦与大豆一熟平均增产 73.0%,蛋白质产量增加 48.6%(表 2)。

表 2 两熟与一熟的产量和光能利用率(北京水浇地,1980—1984 年平均)

熟制	处理	经济产量(kg/亩)	生物学产量(kg/亩)	粗蛋白量(kg/亩)	年光能利用率(%)
一年一熟	冬小麦	399.5	963.9	52.7	0.49
	春玉米	474.9	1 277.1	38.6	0.62
	春大豆	148.9	458.7	47.3	0.30
一年两熟	麦+玉米	817.4	1 810.8	85.1	0.91
	麦/玉米	840.5	2 065.2	88.5	1.03
	麦+大豆	474.9	1 203.1	74.4	0.65

注:"+"表示复种;"/"表示套种,余同

北京、曲周、淮阳三个试验点 1983—1984 年的结果是:一茬作物生产力水平三个点相似,而小麦、玉米两熟比一熟三个点平均增产分别为 102.7%,95.2% 和 95.1%,小麦、大豆两熟比一熟增产分别为 95.8%,82.1% 和 100.0%,光能利用率与产量趋势一致,淮阳点因辐射量较少,所以年光能利用率高于北京、曲周两点(表 3)。两熟生产力的优势是很大的。

表 3 不同地区水、旱地两熟和一熟产量与年光能利用率(年 E%)(1983—1984 年平均)

熟制		处理	北京		曲周		淮阳 *	
			产量(kg/亩)	年 E%	产量(kg/亩)	年 E%	产量(kg/亩)	年 E%
一年一熟	水浇地	冬小麦	437.8	0.50	399.5	0.56	414.8	0.66
		玉米	471.9	0.59	430.4	0.58	425.5	0.64
		大豆	120.3	0.27	203.3	0.45	134.4	0.50
	旱地	冬小麦	275.8	0.32	314.1	0.46	412.1	0.66
		玉米	341.1	0.44	307.5	0.41	344.0	0.53
		大豆	106.8	0.19	131.9	0.30	112.5	0.40
一年两熟	水浇地	冬小麦+玉米	907.4	0.91	797.9	0.95	798.1	1.27
		冬小麦/玉米	936.1	1.03	823.1	0.96	840.3	1.31
		冬小麦+大豆	546.5	0.65	548.9	0.89	549.2	1.18
	旱地	冬小麦+玉米	513.4	0.56	643.5	0.85	760.6	1.19
		冬小麦+大豆	314.4	0.45	398.3	0.62	524.6	1.05

* 淮阳为 1984 年资料

(2)处于黄淮平原的淮阳在旱地条件下,1984 年小麦、玉米与小麦、大豆两熟比一熟分别增产 1 倍和 3 倍。小麦、玉米两熟产量为 760.60 kg/亩,只比水浇地两熟 819.25 kg/亩产量少 7.2%(表 3),其主要原因是黄淮平原降水多,地下水补给资源丰富。经研究发现,黄淮平原旱地 1983—1984 年小麦生育期 1 m 土层水分有效贮存量平均为 201 mm,而北京点旱地只有 104 mm,水浇地也不过 167 mm。

(3)在黄淮海平原的旱地上,1983—1984 年小麦、玉米和小麦、大豆两熟与一熟相比较,北京点分别增产 66.5% 和 78.4%,曲周点增产 107.1% 与 78.7%。北京点旱地两熟比一熟增产的幅度比水浇地(102.7%)少得多。从绝对产量比较,北京的旱地小麦、玉米与小麦、大豆两熟只相应为水浇地的 56.6% 与 62.5%,曲周居中,相应为 79.4% 与 72.6%,都比淮阳的 92.8% 与 95.5% 要少(表 3)。另外,值得注意的是,北京点 1983 年与 1984 年是两个不同的气候年型,1983 年麦季降水超过常年(98.0 mm)为 159.0 mm,其中 4—5 月为 128 mm,因而旱地小麦、玉米两熟比一熟增产幅度大,达 51.9%,但在 1954 年麦季降水只为 58.0 mm,其中 4—5 月只为 42.7 mm,与常年(44.4 mm)接近,旱地两熟只比小麦、玉米一熟平均增产 46.1%,比一茬春玉米只增产 5.2%。

2　经济效益

北京五年试验水浇地小麦、玉米和小麦、大豆比一熟亩成本增加 53.6% 和 60.4%，但由于亩产值高 86.4% 与 63.4%，因而斤成本反而下降 16.4% 和 21.7%。亩净产值两熟增加 97.8% 和 67.4%，亩纯收益两熟分别为 217.20 元和 165.16 元，分别比一熟的 107.14 元和 89.47 元增加 102.7% 与 84.6%。每元的成本产值率小麦、玉米两熟比一熟高 22.7%，小麦、大豆则只高 3.1%（表 4）。

表 4　两熟与一熟经济效益比较（北京水浇地，1980—1984 年平均）

熟制	处理	亩产值（元）	亩成本（元）	斤成本（元）	亩净产值（元）	亩纯收益（元）	成本产值率（元/元）
一年一熟	冬小麦	165.78	54.63	0.070	131.00	111.14	3.10
	春玉米	155.04	51.91	0.054	117.95	103.13	2.99
	春大豆	120.30	30.83	0.114	96.05	89.47	3.92
一年两熟	麦＋玉米	290.09	81.48	0.051	240.29	208.59	3.64
	麦/玉米	307.82	82.16	0.049	251.93	225.65	3.83
	麦＋大豆	233.71	68.54	0.072	190.27	165.16	3.40

3　人工辅助能量转换效率

北京水浇地五年平均，小麦、玉米和小麦、大豆两熟比一熟全部能量投入增加 30.3% 与 28.6%，其中无机能量投入增加 51.6% 与 52.2%，但能量的产出却增加 76.4% 与 69.8%。因而两熟的能效率（能产投比）比一熟大，增加 16.6% 与 55.3%（表 5）。在能量构成中，两熟增加的能量主要是化肥，它对提高能效率起了重要作用。

表 5　一熟两熟能效率比较（北京水浇地，1980—1984 年平均）

熟制	处理	无机能投入（10^6 J/亩）	有机能投入（10^6 J/亩）	全部能投入（10^6 J/亩）	能产出（10^6 J/亩）	能产投比
一年一熟	冬小麦	1 688.5	2 071.2	3 759.8	14 172.6	5.17
	春玉米	1 731.2	1 927.2	3 658.5	18 620.0	6.99
	春大豆	904.5	1 903.1	2 807.6	6 843.2	3.65
一年两熟	冬小麦＋玉米	2 565.1	2 239.4	4 804.5	26 826.6	6.71
	冬小麦/玉米	2 619.6	2 239.4	4 859.0	30 323.4	7.47
	冬小麦＋大豆	1 972.8	2 251.3	4 224.1	17 836.0	5.67

4　养分平衡以及对地力的影响

(1)两熟比一熟多消耗 N、P、K 养分约 1 倍左右，故相应地应增加肥料投入，以维持土地的养分平衡。试验中两熟平均每亩施入氮（纯）12.36 kg、P_2O_5 4.48 kg、K_2O 1.40 kg（已扣去未利用部分）。由于产量高，移出多，故氮、磷、钾多数呈不平衡状态（表 6）。

(2)两熟比一熟增加了生物产量，因而增加了土壤有机质来源。如果把经济产量部分（籽粒）移出本系统，而将茎叶等全部还田的话，那么土壤有机质的增加将比分解要多 3~4 倍。在两熟情况下有机质平衡要比一熟情况下增加 17%~18%（表 6）。

表 6　不同熟制的养分平衡(北京水浇地,1980—1984 年平均)

熟制	处理	施入养分(kg/亩)			投入/移出比			有机质平衡	
		N	P₂O₅	K₂O	N	P₂O₅	K₂O	①	②
一年一熟	冬小麦	8.25	4.48	1.40	0.33	1.32	0.31	0.65	2.97
	春玉米	9.70	4.48	1.40	0.39	0.85	0.12	0.77	4.03
	春大豆	6.03	4.48	1.40	0.67	2.17	0.42	0.72	1.95
一年两熟	麦＋玉米	13.45	4.48	1.40	0.76	0.63	0.11	0.68	3.73
	麦/玉米	12.60	4.48	1.40	0.68	0.55	0.08	0.80	4.56
	麦＋大豆	11.02	4.48	1.40	0.75	0.99	0.23	0.64	2.88

注:①为在试验中的实际施肥情况;②为在除去籽粒外,全部植株还田的情况

5　水分平衡状况

(1)两熟耗水量大。北京 1983—1984 年水浇地两熟(小麦＋玉米)总耗水量 810.44 mm,其中降水 430.77 mm,灌溉水 324.4 mm,土壤贮存水 73.6 mm,它比水浇地一熟平均(394.8 mm)多 1 倍多;旱地两熟总耗水量为 465.7 mm,其中降水 431.9 mm、底墒贮存水 65.8 mm,而小麦、玉米一熟平均为 301.1 mm,两熟比一熟耗水量多 62.0%(表 7)。

表 7　不同熟制水分平衡状况与利用效率(北京,1983—1984 年)

熟制	处理	北京				
		作物生长期间水分状况(mm)				水分利用效率 [kg/(mm·亩)]
		降水量	灌溉量	土壤贮水量	总耗水量	
一年一熟	水浇地	冬小麦	114.8	244.2	27.7	386.7	1.13
		春玉米	393.3	90.2	−20.9	462.6	1.01
		春大豆	404.5	93.0	−5.9	491.6	0.36
	旱地	冬小麦	108.8	—	1245	232.8	1.18
		玉米	389.6	—	−20.0	369.4	0.92
		大豆	395.1	—	−40.6	354.5	0.30
一年两熟	水浇地	麦＋玉米	430.7	324.4	73.6	828.7	1.09
		麦/玉米	454.6	339.9	73.6	867.9	1.08
		麦＋大豆	430.7	328.8	67.4	826.9	0.66
	旱地	麦＋玉米	431.9	—	65.8	497.7	1.03
		麦＋大豆	431.9	—	41.8	473.5	0.72

注:土壤贮水量＝播种时 1 m 土层内有效贮水量−收获时 1 m 土层有效贮水量

(2)从水分利用效率看,在北京无论水浇地与旱地、两熟与一熟,对小麦、玉米的产量、水分利用效率为 1.0～1.1 kg/(mm·亩),水旱间无明显差别,曲周与淮阳旱地的水分利用效率则稍高于水浇地。

(3)1984 年测定发现,淮阳旱地上的土壤水分状况比北京水浇地上的还要好。在小麦生长最缺水期间,淮阳旱地只是在 5 月份表层土壤出现干旱,但 50 cm 以下仍是湿润的。小麦全生育期 1 m 土层内有效水量,淮阳旱地平均为 201.0 mm,北京水浇地为 167.0 mm,旱地为 104.0 mm。显然,在这种情况下,淮阳的旱地也可一年两熟。

6 叶-日积与间套复种的理论

(1)在中低产水平或旱地缺水条件下,叶面积与光能利用率或产量相关显著(表8)。从 1974—1978 年试验中得出,在平均叶面积系数(LAI)不高的前提下(玉米为 1.37,小麦为 1.50),产量(Y)与 LAI 高度相关。玉米平均 LAI 与产量的相关系数为 0.92,小麦为 0.71[5]。1983—1984 年在北京旱地条件下,$E\%$ 与 LAI 的相关系数高达 0.637 2,也证实了这一点(表8)。说明在大面积中、下等生产水平下,改善水肥条件增加叶面积是主要的。但是,在高水肥条件下情况有所不同,从表9可见,在水浇地条件下各作物平均 LAI 都在 1.5 以上,最大 LAI 则在 3~6 之间,一熟和两熟处理的各作物之间 LAI 差别也不大,因而光能利用率、产量与 LAI 的相关系数在零上下摆动(表8)。说明,在较高的 LAI 条件下,单纯靠 LAI 有困难,它要求与生长期(D)相结合。

表 8 光能利用率($E\%$)与产量(Y)组成因子的相关系数(北京)

项目	1980—1984 年水浇地	1983—1984 年水浇地	1983—1984 年旱地
$r(E\%\text{-}NAP)$	0.074 9	$-0.189\ 4$	0.059 1
$r(E\%\text{-}LAI)$	$-0.071\ 1$	0.152 1	0.637 2
$r(E\%\text{-}D)$	0.835 3	0.830 7	0.472 7
$r(E\%\text{-}LAI\cdot D)$	0.690 1	0.834 0	0.922 2
$r(Y\text{-}NAR)$	0.110 8	$-0.129\ 7$	0.101 8
$r(Y\text{-}LAI)$	0.020 3	$-0.029\ 9$	0.386 8
$r(Y\text{-}D)$	0.896 9	0.907 5	0.658 1
$r(Y\text{-}LAI\cdot D)$	0.804 0	0.861 2	0.908 5

表 9 不同熟制作物的光能利用率($E\%$)组成因素(北京水浇地,1980—1984 年)

熟制	处理	$E\%$	净同化率 [g/(m² · d)]	LAI	生长期 D (d)	$LAI \cdot D$
一年一熟	冬小麦	0.49	6.46	1.71	161	276.2
	春玉米	0.62	10.24	1.88	116	219.5
	春大豆	0.30	4.84	2.03	124	254.6
一年两熟	麦+玉米	0.91	7.62	1.70	250	424.4
	麦/玉米	1.03	8.20	1.62	279	449.4
	麦+大豆	0.65	5.68	1.71	246	422.2

(2)生长期(D)是提高光能利用率的重要因素。1980—1984 年光能利用率、Y 与 D 的相关系数高达 0.835 3 与 0.896 8,在三要素中是最突出者(表8)。说明随着生产水平的改善,光合效率与光合面积的潜力逐渐缩小,而增加光合时间,变一熟为两熟的作用就大。

与此同时,要强调的是,D 的作用只是在一定的 LAI 基础上才能发挥出来。1973—1978 年把 16 个玉米处理分为高 LAI 与低 LAI 两组,结果发现,在高 LAI 组中生长期(D)与产量相关系数为 0.42 而低 LAI 组则为 0.19[5]。说明单方面增加生长期(D)或复种指数而不伴之以一定的 LAI,则产量不一定有所增加。例如,1984 年北京旱地小麦+玉米和小麦+大豆两熟,年光能利用率分别只有 0.37% 与 0.31%,而水浇地一熟春玉米却为 0.55%,其原因是后者生长期(D)虽短,但 LAI 大。可见,单纯靠生长期(D)也难以大幅度提高产量,它要求与一定的 LAI 相结合。

(3)由上可见,LAI 与生长期(D)相结合或生长期与 LAI 相结合是提高光能利用率或产量的重要指标,称之为叶-日积($LAI \cdot D$)。1974—1978 年期间 16 个玉米试验处理中,Y 与 $LAI \cdot D$ 的相关系数高达 0.95,其方程式为:

$$Y = \frac{LAI \cdot D}{0.2731 + 0.00029 LAI \cdot D}$$

从表8可见,1980—1984年期间无论是水浇地或旱地情况下,光能利用率、产量与叶-日积的相关系数均达到极显著水平。因之,间、套、复种的主要目标都是为了提高叶-日积。用叶-日积作为衡量适宜复种的指标比通用的复种指数更能较好地反映其效益。从上例可见,复种指数高则生长期(D)高,但光能利用率与Y不一定高,而$LAI \cdot D$高低却与$E\%$或Y密切相关。其区别只是复种、套作着重从提高生长期(D)的角度来增加$LAI \cdot D$值,但是,两者都不能忽视生长期(D)与LAI的结合。

(4)欧美大部地处温带,多以一年一熟为主,因而一些欧美学者为了提高光能利用率或产量,着重强调了叶面积的作用[9]。在我国黄淮海地区和南方的暖温带与亚热带条件下,在强调叶面积的同时,要重视LAI与生长期(D)的结合,即叶-日积。根据以往十余年试验资料以及大面积的生产考察,从理论上得出:为了提高生产力,在低水肥、低LAI条件下,应以主攻叶面积为主,不宜过多强调复种;而在高水肥,高LAI基础上而生长季节又允许的地方,应主攻生长期(D)与$LAI \cdot D$,保持或提高复种指数。在黄淮海平原条件下的水浇地以及黄淮海平原LAI基数高的旱地,应以攻生长期(D)与$LAI \cdot D$为主,而在黄淮海平原水肥条件差的旱地上,应以攻LAI为主。

7 结果与讨论

(1)在黄淮海平原水浇地及黄淮海平原旱地粮田上应以一年两熟为主体,不但生产力高,而且经济效益、能效率、有机质还田率等均高。当然,必须投入相应的肥料与水分。在黄淮海平原旱地上,应以一年一熟为主,但在底墒充足,肥料多的情况下,并不排斥两熟的可能性,但尚须作进一步研究。

(2)在复种方式上,在黄淮海地区,套种与麦后复种应相互结合。套作在这里有较好的生态适应性[6,7]、麦后复种有利于全苗和机械作业,故应相辅相成。在平原北部生长季(长、短年变化较大)的一些地方,套种比重应大一点。

(3)在复种类型上今后要多样化,上茬除小麦外,可种植大麦、豌豆、油菜、蔬菜、饲料作物等,下茬除玉米、大豆外,可种植各种豆类(小豆、豇豆、绿豆等)、谷子、稻、向日葵、花生、芝麻、蔬菜、饲料牧草等。尤其要重视饲用豆类作物、青饲料作物等以促进畜牧业的发展。

参 考 文 献

[1] 刘巽浩,王在德. 耕作制度改革的主流应当肯定. 人民日报,1979-04-09.

[2] 刘巽浩,韩湘玲,孔扬庄. 论我国的种植制度改革及其研究//农业部编. 北方旱粮区南方水稻区耕作制度改革资料选编,1980.

[3] 田村三郎,等. 对中国农业现代化的一些看法. 光明日报,1979-08-16.

[4] 侯学煜. 如何看待粮食增产问题. 人民日报,1981-03-16.

[5] 刘巽浩,韩湘玲,孔扬庄. 论作物叶-日积及其应用//耕作制度研究论文集. 北京:农业出版社,1981.

[6] 韩湘玲,刘巽浩,孔扬庄,等. 小麦、玉米两熟气候生态适应性及生产力的研究. 自然资源,1982,(4).

[7] 韩湘玲,孔扬庄,陈流. 气候与玉米生产的初步分析. 农业气象,1984,(2).

[8] Watson D T. Comparative physiological studies of the growth of field crops. *Ann Bot N S*,1947,**11**:41-76.

气候与玉米生产力初步分析*

韩湘玲　孔扬庄　陈　流

（北京农业大学）

作物生产力的研究是农业科学上关注的重要问题之一。20 世纪 50 年代以来开始从能量转换的观点进行研究提出作物高产的可能性。60 年代后期组织了国际生产力协作网(IBP)，日本于 1966—1973 年组织了全国 16 个不同气候类型区对水稻、大豆、玉米和甜菜等进行生产力的研究，现在着手新的组织与深入研究。1980 年 9 月在菲律宾召开了国际作物生产力会议，交流了水稻、小麦、玉米和大豆等作物及种植制度生产力的研究成果，主要研究世界上水稻产区主要作物的生产潜力、产量提高的限制因子并探讨达到高产的途径。

本文采用的资料主要是根据在华北平原北部高生产水平条件下的不同种植方式的玉米田间试验，以 1980—1982 年为主，并选用 1978—1979 年部分资料，主要有经济产量(Y)、生物学产量(W)和叶面积动态资料及由此计算出的叶面积系数(LAI)、作物生长率(CGR)、净同化率(NAR)、光能利用率($E\%$)等，同时采用同期的气象资料，运用平行分析及回归分析法等，初步分析了气候对玉米生产力形成的影响，并探讨玉米气候生产力模式的建立。

1　玉米生产力形成因素的初步分析

气候因素是作物生产力形成的重要能量和物质。在一定生产水平下适应性强的品种在人工投入一定的物质能量时，某作物转化太阳辐射能为化学潜能的能力在很大程度上依赖于当地的气候、土壤。一般以产量(Y,W)、品质（蛋白质、脂肪、纤维、糖分等含量）、年光能利用率或指数表示。因此，作物生产力是由作物生物学规律（对光、温、水要求的生物学特征、C_3 或 C_4 作物特性、抗逆性等）、气候条件提供光、温、水的可能性（气候特点）及作物的气候生态适应性综合作用所形成的。即在一定的气候条件下由光合面积(LAI)、光合时间（生长期 D）、光合效率(NAR)的特征所表现。

1.1　光合面积

不同种植方式的玉米因处于不同季节的气候条件下，生长期内 LAI 的动态曲线不同，不同品种也有明显差异，如图 1 所示，春玉米为窄峰型，LAI 达最大值后迅速下降。尽管最大叶面积系数(LAI_{max})最高，平均叶面积系数($\overline{LAI}$)也较大，但成熟时 LAI 值(LAI_H)却较小。同一品种（京杂六号），5 月 18—21 日套入麦田的玉米，其 LAI 动态曲线为宽峰形，高峰维持时间较长，抽雄后 30 d 的 LAI ($LAI_{雄-30}$)大于 2，LAI_H 接近 2。夏播玉米虽 LAI_{max} 和 $\overline{LAI}$ 大于套播但 $LAI_{雄-30}$ 低于套播（表 1）。

LAI 的兴衰是作物气候生态适应性的表现，1981 年春玉米生育期中（拔节—灌浆）近 50 d 期间处于旬平均最高气温 26～30 ℃。抽雄到成熟期间(7 月 11 日—8 月 31 日)最高气温大于 33 ℃ 的日数达 13 d，占抽雄到成熟期间日数的 25%，LAI 达最高值(7 月 10 日)后即处于高温、高湿时期，促使 LAI 迅速下降。而套种玉米 LAI 达最大值(8 月 10 日)后，气温基本处于旬平均最高气温 26 ℃ 以下，抽雄到成熟期间(8 月 1 日—9 月 24 日)大于 33 ℃ 的日数只有 6 d，占 11%，致使 LAI_{max} 维持的时间较长。据测定叶面温度大于 33 ℃ 玉米光合效率急降，而在 25～30 ℃ 期间玉米的光合效率可达较大值。可见，温度条件对 LAI 的动态变化具有明显的影响（图 2）。套种玉米的 LAI 达最大值时 CGR 也达最高值，而春

* 原文发表于《中国农业气象》，1984，(2)：15-20。

玉米 LAI 达最大值时则 CGR 下降(图 2)。

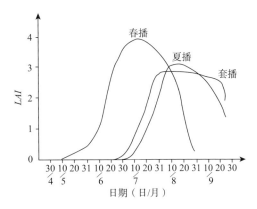

图 1　不同种植方式玉米 LAI 动态(1981 年)

(春播:4 月 20 日播种;套播:5 月 20 日播种;夏播:6 月 17 日播种)

表 1　不同种植方式玉米的 LAI 比较(1980—1982 年平均)

方　式	$W(g/m^2)$	$Y(g/m^2)$	$E\%$	$\overline{LAI}$	LAI_{max}	LAI_H	$LAI_抽$	$LAI_{抽-30}$
春播(4 月下旬)	1 982.7	730.9	0.65	1.88	3.89	1.01	3.52	2.64
套播(5 月中旬)	1 903.8	733.0	0.63	1.57	2.84	1.95	2.52	2.66
夏播(6 月中旬)	1 362.5	629.3	0.45	1.74	3.29	1.29	3.29	2.15

注:W,Y 为成熟时值,$E\%$ 为年光能利用率

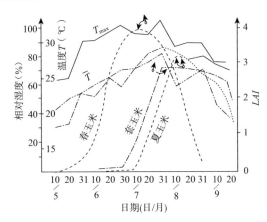

图 2　不同方式玉米叶面积动态及温湿条件(1981 年)

1.2　光合时间

(1)光合时间即进行光合作用的时间或天数,在一定 LAI 的基础上,光合时间的长短对生产力的大小起着重要作用。适宜 LAI 有较长的生长日数与适宜温度的配合,致使套种玉米形成的产量(W,Y)达较高值,分别为 1 903.8 g/m² 与 733.0 g/m²(表 1)。

(2)适宜的 LAI 需与 D 结合才能有较高的生产力:$LAI·D$ 与生产力的相关明显,如图 3、图 4 所示,$LAI·D$ 与 W 呈直线相关,但 $LAI·D(LAI>1$ 时)值过大则 Y 值下降,呈抛物线关系。在适宜的气候条件下,生长期长的作物,品种有较大的生产力,在生产水平较高的条件下,两熟比一熟增产潜力大,关键是 D 的增加。据 1980—1981 年不同熟制试验资料:$E\%$ 与 LAI,NAR,D 的偏相关统计分析,$E\%$ 与 D 的相关最好($r=0.965$,置信度$>99.9\%$),回归方程中对 $E\%$ 以 D 的贡献最大。

(3)如 D 相同则生产力决定于气候条件的配合:套种玉米采用中熟品种生育期比夏播玉米长,增产潜力大,尤其使抽雄到成熟期间天数延长。但同一品种(京杂六号)分别在春季 4 月下旬及晚春 5 月中旬播种,尽管出苗或抽雄到成熟期间的日数差别不明显,但因各时段所处的气候条件的差别而引起

LAI 的兴衰特征与光合效率和物质转移之差异,致使 Y 有所不同。

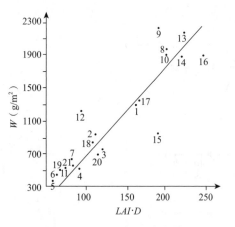

图 3 $LAI \cdot D$ 与 W 的相关

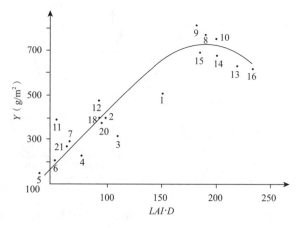

图 4 $LAI \cdot D(LAI>1)$ 与 Y 的相关

从表 2 可见,在 1981 年条件下不同播期的中熟品种玉米以晚春播(套种)的产量最高,趋势与 1980 年相同。因套种玉米苗期生长受小麦抑制,出苗期偏晚,生长势弱,但出苗—抽雄期积温高,麦收后田间光温条件又好,日较差累积值高,光温积大,则生产力较高。1982 年因夏季温度较低,套玉米吐丝期又遇风灾,而夏播玉米条件较之优越,两者产量几乎相等,1980—1982 年三年平均产值仍以套种为高,1973—1979 年有同样的结果。

表 2 不同种植方式玉米生育期气候条件与产量(1981 年)

方式	品种	生育期(日/月)				生育期(d)			气候条件				产量(斤/亩)	
		播种	出苗	抽雄	成熟	全生育期(D)	出苗—抽雄	抽雄—成熟	出苗—抽雄期间≥0℃积温(℃·d)	抽雄—成熟		光温积($\sum Q \cdot \Delta T$)	W	Y
										总辐射($\sum Q$, kcal/cm²)	日较差累积($\sum \Delta T$,℃)			
春播	京杂六号	30/4	9/5	11/7	31/8	114	63	51	1 481.7	21.36	469.5	100.3	2 493.5	889.6
套播	京杂六号	18/5	30/5	1/8	24/9	117	63	54	1 638.7	21.36	573.6	122.5	2 272.2	927.6
夏播	京黄 119	17/6	24/6	11/8	24/9	92	48	44	1 260.3	18.09	484.9	87.7	1 797.4	747.7

1.3 光合效率

净同化率(NAR)是表示光合效率的指标之一,系指单位叶面积上干重的增长率,即:

$$NAR = \frac{1}{L} \cdot \frac{dW}{dt}$$

上式基于短期内干重(W)与叶面积(L)的变化,而 L 和时间(t)是线性关系,因而只能计算某时段的 NAR,则:

$$NAR = \frac{1}{t_2 - t_1} \int_{t_1}^{t_2} \left(\frac{1}{L} \frac{dW}{dt} \right) dt = \frac{1}{t_2 - t_1} \frac{dW}{dt} \int_{t_1}^{t_2} \left(\frac{1}{L} \right) dt$$

将 $L_1 = Ct_1$,$L_2 = Ct_2$ 代入,则

$$NAR = \frac{1}{t_2 - t_1} \frac{dW}{df} \frac{1}{C} \int_{t_1}^{t_2} \frac{1}{L} dL = \frac{1}{t_2 - t_1} \frac{dW}{df} \frac{1}{C}$$

$$\ln L_2 - \ln L_1 = \frac{W_2 - W_1}{t_2 - t_1} \cdot \frac{\ln L_2 - \ln L_1}{t_2 - t_1}$$

不同种植方式玉米的 NAR 差别不明显。如图 5 所示,春播玉米 LAI_{max} 大,$\overline{CGR}$ 也较大,CGR 与 LAI 动态基本同步,但抽穗后 NAR 变化平缓。套种玉米则在 LAI 和 CGR 达高峰时 NAR 达最大值。可见 $LAI>3$ 时光合效率降低,按作物生长分析法 NAR,CGR 与 LAI 的关系式为:

$$NAR = CGR \cdot \frac{1}{LAI}$$

则 CGR 值的大小也可反映 NAR 的水平。从表 3 可见,套种玉米有最大的 CGR,在抽穗后 30 d 仍达 35.1 g/(m² · d)日的增长速度。

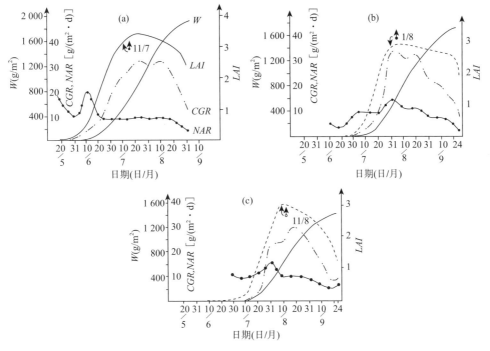

图 5　玉米生长特征动态图(1981 年)

(a)春播:4 月 30 日播种;(b)套播:5 月 18 日播种;(c)夏播:6 月 17 日播种

表 3　不同种植方式玉米的 NAR 与 CGR　　　　　　　　　　　单位:g/(m² · d)

方　式	$\overline{NAR}$	$\overline{CGR}$	$\overline{CGR}_{max}$	CGR	$CGR_{穗-30}$
春　播	9.1	16.9	38.0	43.1	24.8
套　播	10.5	16.5	38.8	48.2	35.1
夏　播	10.3	14.9	28.4	29.2	21.6

据统计,玉米 CGR_{max} 与 W,Y 和 $E\%$ 的相关系数分别达到 0.95,0.92 和 0.95(图 6)。

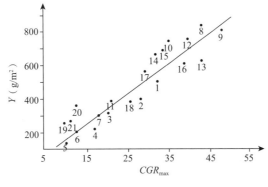

图 6　CGR_{max} 与 Y 的相关

1.4　生产力的形成

　　表征生产力指标的 W 和 $E\%$ 是同步的。不同种植方式玉米的 W 累积特征是不同的。玉米套种于麦行中,W 累积前期较缓,但麦收后田间小气候条件改善,中期生长迅速,后期光温条件优越,生长延续,属前缓中速后延型。而春玉米因前期温度过低生长也缓慢,其生长曲线的斜率较套玉米为小,夏玉

米略同。将干物质累积曲线模式化,能定量地说明其特征,按生长曲线的数学模式:

$$Y(N) = \frac{C}{1+e^{a-bN}}$$

计算出 1980—1981 年不同方式的斜率(b)与最大值的日期(a/b)值,套玉米的 b 值最大,生长最快在中后期,春玉米则近后期,夏玉米在中期。可见,套玉米的增产潜力较大(表 4、图 7)。

表 4 不同种植方式玉米的生长曲线特征与产量(1980—1981 年)

方　式	b	a/b	Y
春　播	0.083	107	946.6
套　播	0.135	88	1 001.4
夏　播	0.082	52	747.7

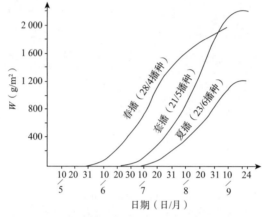

图 7 不同种植方式玉米干物重动态(1980 年)

从麦收后一个月玉米生长状况的测定与最后 Y 的比较看,麦收后一个月不论叶龄、LAI、W、CGR 以及 $E\%$ 值套玉米都比春玉米值小得多,而最终产量却相近(表 5)。可见,前期的生育状况对生产力的贡献是较小的。

表 5 不同种植方式的玉米在麦收后一个月(7 月 20 日)的生育状况与最后 Y 比较(1981 年)

方　式	可见叶/展开叶	株高 (cm)	LAI	7 月中旬			Y(斤/亩)
				W	CGR	$E\%$	
春播(4 月 30 日)	23/23	297	3.37	841.6	30.7	2.89	889.6
套播(5 月 18 日)	18/11	117	1.74	129.2	9.9	0.94	927.6
夏播(6 月 19 日)	13/8	65	1.02	56.9	5.1	0.48	757.7

不同种植方式玉米 W 的形成除分别与 $LAI \cdot D$ 和 NAR 及其间的气候条件密切有关外,W 本身反映了光温的利用特点。套播的热量($\sum t$)及辐射($\sum Q$)的利用率都较高(表 6)。套播生育期内积温比夏播多 588.3 ℃·d,辐射多 12.13 kcal/cm²,每亩增加 179.9 斤,即每增加 100 ℃,Y 增加 35.4 斤/亩,每增加 1 kcal/cm²,Y 增加 19.5 斤/亩。而从总的 $\sum t$、$\sum Q$ 看,春播与套播相近,Y 值也接近,差别在于阶段性的气候条件,即出苗—抽雄期间的积温与抽雄到成熟期间的光温条件,以日较差累积($\sum \Delta T$)作用更为明显,这已如上述。

表 6 不同种植方式玉米热量、辐射与 Y 的比较(1980 年)

方　式	出苗—成熟 $\sum t_{\geqslant 0℃}$ (℃·d)	Y [斤/(100 ℃·d)]	出苗—成熟 $\sum Q$ (kcal/cm²)	Y [斤/(kcal·cm²)]
春　播	2 806.1	32.3	52.23	17.4
套　播	2 829.7	35.4	51.33	19.5
夏　播	2 241.4	33.4	39.20	19.0

W,Y 基本上是同步的,但不同年份不同品种的经济系数(K)有差别,采用同样品种,则差别主要决定于气候条件。

2 玉米气候生产力模式建立的初步探讨

关于作物生产力的研究及生产力模式的建立,国内外从不同角度进行了各种探讨。本文则在不同种植方式玉米气候生态适应性分析和生产力形成各因素分析的基础上,用 4 年(1978—1981 年)田间试验的 13 个样本,按不同组合建立了两个回归方程(图 8)。

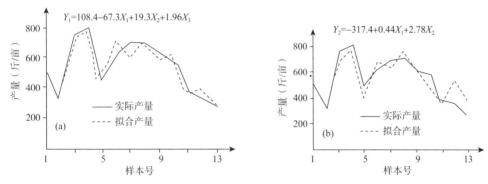

图 8 实际产量与理论产量的比较

(1)通过平行对比分析选出与生产力形成有关的生物学特征值和气候因子,通过计算机用逐步回归的方法筛选出三个因子建立回归方程

1)$LAI_盛(X_1)$ 与 $\overline{LAI}$ 相关很好,$r=0.93$,表征光合面积的大小。

2)$NAR_盛(X_2)$,表征光合效率的水平。

3)$W_盛\sum\Delta T_{盛-熟}(X_3)$,此为综合指标,表征前期生长状况与后期的光合效率。而 $W_盛$ 值高说明抽雄前生长条件有利,$\sum\Delta T_{盛-熟}$ 是日较差与日数的综合表示,$\sum\Delta T$ 值高则对抽雄到成熟时干物质的积累有利。

$$Y_1 = 108.4 - 67.3X_1 + 19.3X_2 + 1.96X_3 \tag{1}$$

(2)选用对生产力形成相关性大且生物学意义明确的气候因子建立方程

1)$\sum t_{出苗-盛}(X_1)$,表征玉米前期生育的长短及其间的热量条件。

2)$\sum\Delta T \cdot Q_{盛-熟}(X_2)$,表征干物质(70%~80%)主要形成时期的光温条件。

$$Y_2 = -317.4 + 0.44X_1 + 2.78X_2 \tag{2}$$

比较分析两个模式(表 7),以式(1)拟合较好复相关程度也高些,但其中 X_1 与 X_2 单相关并不比其他一些表达式密切程度更高。而式(2)计算方便,但拟合(ΔY)较差。生产力模式应包括:揭示生产力形成的规律,提出进一步提高生产力的途径和该地的潜力以及做产量预报等内容。关于这些问题,不论生产力形成各因子的适宜表达式,还是基本特征及应用等尚待进一步研究。

表 7 两个生产力模式的比较

回 归 方 程	复相关系数	t 检验	ΔY
$Y_1 = 108.4 - 67.3X_1 + 19.3X_2 + 1.96X_3$	0.97	显著	± 48
$Y_2 = -317.4 + 0.44X_1 + 2.78X_2$	0.89	显著	± 78

3 结论

(1)在良好的水肥前提下,气候条件尤其是适宜的温度对 LAI 的兴衰起重要作用。在华北地区套玉米处于较适宜的温度条件下,则适宜的 LAI 可维持较长的日数。

(2)D 是生产力形成的重要因素。但在 D 值相近的情况下(或同一品种),温光的组合对生产力的形成起主导作用。套播玉米比夏播玉米的 D,Q,T 都有利于生产力的形成,套播玉米与春播玉米相比,则 $\sum t_{出苗-熟}$、$\sum \Delta T_{出-熟}$ 及 $\sum Q_{出-熟}$ 较有利,因而生产力也较高。

(3)从两年试验中得出,生长曲线的斜率以套种玉米最大,是 D,LAI,CGR 与气候条件综合作用的结果。光热的利用率(每 100 ℃·d 积温、1 kcal/cm² 辐射形成的产量)也以套种为高。

参 考 文 献(略)

北京地区不同类型玉米生产力与光、温条件[*]

陈 流

（北京农业大学）

摘 要：通过应用生长分析法对北京地区春播、晚春播、套播和夏播玉米生产力构成因素的动态分析以及对同期光、温条件的平行分析表明：早发迟衰宽峰型叶面积动态曲线比生育期平均叶面积指数（$\overline{LAI}$）对产量作用更大。在北京地区要取得良好的叶面积动态要求抽雄之前气温较高，抽雄之后稍低。对生产力构成因素的动态分析还表明：抽雄之后生育天数多，截获的总辐射量大，以及该时段净同化率（NAR）高是提高玉米生产力的主要因素。籽粒灌浆期气温日较差大是经济系数高的气象原因。

两年的试验结果表明：晚春玉米和套玉米有较好的气候生态适应性。晚春玉米因生长前期的光、温条件而具有良好的叶面积动态和较长的生殖生长时间；套玉米虽生长前期受抑制，但麦收后处于较好的光、温条件，生长后期日较差大，有利于干物质向籽粒转移，经济系数较高。

1 前言

近一二十年来国内外科学家对作物生产力及其形成的研究做了大量工作。一些学者从农学的角度研究作物生产力，并注意分析构成生产力的各因素，如叶面积系数（LAI）、净同化率（NAR）、生长率（CGR）等，研究这些因子对产量的贡献以探索提高生产力的途径[1,2]。有些学者则主要从农业气候的角度进行研究，多数是从气候条件与最终产量的统计相关来探讨不同地区光、温、水对产量的影响[3,4]。从解剖生产力构成因素的动态变化与气候条件的关系来研究作物生产力还不多见。自1975年以来，北京农业大学种植制度与作物生态适应性课题组，对北京地区不同种植方式的玉米生产力进行田间试验，并对气候与生产力的关系进行初步分析。从理论上探讨 LAI、生长期（D）、叶-日积（LAD）及 NAR 对生产力的贡献，并对不同年型下春、套、夏玉米的气候生态适应性做了分析，指出，套播玉米有较强的生态适应性，在不同的气候年型下比夏播玉米产量稳定[5,6]。在此工作基础上，1981年和1982年继续进行中上管理水平的不同种植方式的玉米生产力的田间试验。本文根据试验结果，着重研究构成生产力的主要因素的动态变化与北京地区光、温条件的关系，探讨在当地气候背景下提高玉米生产力的途径。

2 田间试验的主要结果

田间试验是在东北旺试验地（$40°01'$N，$116°20'$E，海拔高度50 m）进行的。试验有四个处理：春玉米（4月下旬播），晚春玉米（5月20日播），套玉米（5月20日播），夏玉米（6月17—20日播）。采用北京地区当前种植面积较大的优良品种，春玉米为京杂六号，夏玉米为京黄113。结果如下：①四种类型玉米的生物学产量及经济产量的大小顺序为：晚春玉米、春玉米、套玉米和夏玉米。套玉米比春、晚春玉米生物产量低14%，但其经济产量仅少5%（表1）。②平均 LAI 和最大 LAI，套玉米在四个处理中最小，但其生物学产量及经济产量都比夏玉米高，其叶面积动态曲线呈较宽的峰型，达最大 LAI 以后，衰减速度缓慢，而夏玉米下降最快（图1）。下降速度慢弥补了平均及最大叶面积系数低的弱点，表明叶面积动态比生育期平均叶面积指数对产量有更重要的意义。③试验还表明关键期 NAR 对最后生产力形成影

* 原文发表于《北京农业大学学报》，1986，**12**（4）：409-415. 本文承韩湘玲先生指导并审阅

响较大。抽雄前后 NAR 高有利于作物的干物质生产,套玉米在抽雄前 20 d 至抽雄后 40 d 内平均
NAR 为 11.0 g/(m² · d),而春、晚春玉米和夏玉米都在 9 g/(m² · d)以下。从图 2 中可以看出玉米
NAR 动态变化的一般特征为生长初期最高,以后逐渐下降,但套玉米在抽雄前后 40 d 内为峰值。④经
济系数对籽粒产量有重要意义。经济产量的形成过程也就是干物质在经济器官的分配过程。本试验中
夏玉米经济系数最高,其次是套玉米、晚春玉米和春玉米(表 1)。根据 1982 年对不同类型玉米干物质
在各器官的分配(图 3)研究表明:套玉米和夏玉米茎的干物重在接近成熟时下降,贮存在茎内的可溶性
固态物质已向籽粒输送。且夏玉米茎部的干物质在抽雄后 10 d 就停止增长,抽雄以后植株制造的干物
质很快就向果穗输送。套玉米和夏玉米有相同趋势。收获时它们的茎重为 500 g,是总干重的 29.3%,
而春玉米和晚春玉米分别为 37.4% 和 33.7%,春玉米和晚春玉米茎部可溶性固态物质没有或很少向穗
部输送。这是春、晚春玉米经济系数低的原因。

表 1　田间试验主要结果(北京市农场局农科所)(试验地点:东北旺)

项目	时期	春玉米	晚春玉米	套玉米	夏玉米
$\overline{LAI}$	1981 年	1.94	2.30	1.64	1.76
	1982 年	2.18	2.52	1.41	1.98
	平均	2.06	2.41	1.53	1.87
生育期天数(d) (1981—1982 年平均)	出苗—抽雄	63	55	67	48
	抽雄—成熟	54	63	52	44
	出苗—成熟	117	118	119	92
NAR [g/(m² · d)]	1981 年	10.2	8.6	8.9	9.1
	1982 年	10.4	8.6	9.6	7.9
	平均	10.3	8.6	9.3	8.5
生物学产量 (斤/亩)	1981 年	2 493.3	2 492.3	2 272.2	1 796.1
	1982 年	2 863.6	2 968.4	2 388.3	1 837.6
	平均	2 679.0	2 730.4	2 330.3	1 816.9
经济产量 (斤/亩)	1981 年	889.6	890.1	927.6	747.7
	1982 年	1 030.4	1 103.7	929.4	930.5
	平均	960.0	996.9	928.5	839.1
经济系数	1981 年	0.36	0.36	0.41	0.42
	1982 年	0.36	0.37	0.39	0.51
	平均	0.36	0.37	0.40	0.47

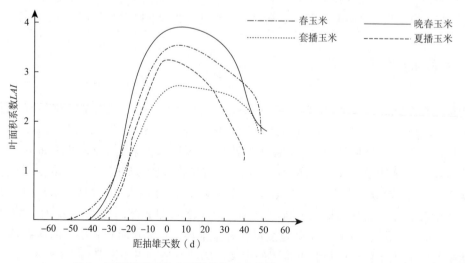

图 1　不同类型玉米叶面积系数动态曲线(1981—1982 年平均)

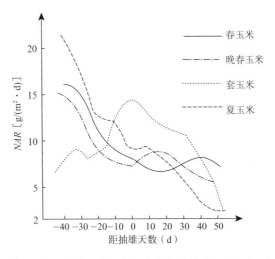

图 2　不同类型玉米 NAR 动态曲线(1981—1982 年)

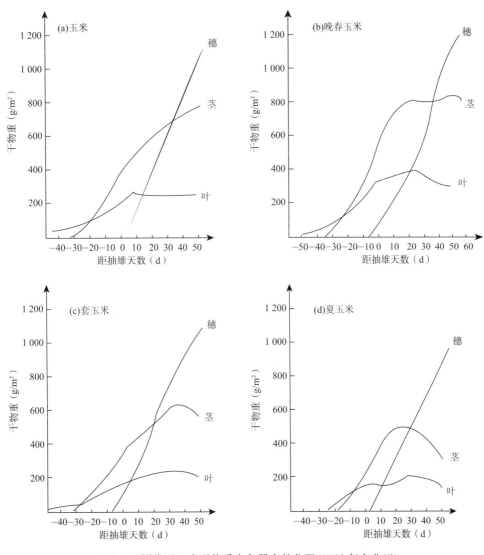

图 3　不同类型玉米干物质在各器官的分配(1982 年东北旺)

(1)叶面积的兴衰与光、温条件

1)若作物叶面积能迅速发展并尽快地覆盖田间,就能更多地截获太阳辐射能,晚春玉米比春玉米叶面积增长的速度快,春玉米和晚春玉米叶面积系数近似直线上升的日期都在抽雄前 30 d 开始,这时春玉米为出苗后 33 d,而晚春玉米仅出苗后 25 d,即直线上升期来得早(图 1)。其原因是生育前期晚春玉米所处的温度条件好,以候均温为例,一直到出苗后 50 d 晚春玉米比春玉米要高 1～2 ℃,而出苗后 10 d 左右差不多高 4 ℃。春玉米和晚春玉米在此段时间内总辐射最相近。辐射强度升降起伏,各有高低,故可认为叶面积增长的差异主要由温度引起。

2)最大叶面积系数与苗期的高温

最大叶面积系数除受种植密度、水、肥条件影响外,还受苗期的温度条件影响。1980—1982 年 3 年间 5 个春玉米及晚春玉米的资料表明:凡出苗后一个月温度高者最大叶面积系数也大,最大叶面积系数和出苗后 1 个月平均温度的升降同步。晚春玉米在 5 月底出苗,苗期正处在北京地区春季气温急升之后,温度条件正好接近玉米发育的最适宜温度,有利于叶片伸展,晚春玉米 1981 年及 1982 年两年平均叶面积系数为 3.97,比春玉米大 0.39。

3)叶面积衰亡速度与抽雄后的温度

套玉米叶面积递减率仅为春玉米的不到一半(表 2)。玉米叶面积衰亡的主要原因是高温,高温促进叶片的生理衰老从而导致干枯,当日最高气温大于 33 ℃,日数增多时叶面积衰减的速度明显加快。套玉米抽雄后 1 个月内日最高气温大于 33 ℃ 的日数平均为 2 d(1980—1982 年),而春玉米为 6.3 d。1981 年春玉米抽雄后日最高气温大于 33 ℃ 的日数为 10 d(表 3),其叶子衰亡的速度也大,为 0.064 LAI/d。

表 2　不同类型玉米叶面积递减率　　　　　　　　　　　　　　　　单位:LAI/d

递减率　处理 年份	春玉米	晚春玉米	套玉米
1981	0.064	0.05	0.022
1982	0.644	0.35	0.022

表 3　抽雄后一个月内最高气温大于 33 ℃ 日数　　　　　　　　　　单位:d

年份	春玉米(7 月 11 日—8 月 10 日)	晚春玉米(7 月 21 日—8 月 20 日)	套玉米(8 月 3 日—9 月 2 日)
1980	7	3	0
1981	10	11	4
1982	2	2	2
平均	6.3	5.3	2

4)叶面积动态与光能截获

关于温度与叶面积兴衰的关系,从实质上讲,叶面积及其动态决定了作物群体对光能的截获量,从而决定干物质的生产。利用 1982 年测定的消光系数 K 均值(0.51)(表 4)以及 $\Delta S = S(1-e^{-KF})$(S 为到达群体上方的辐射能,F 为叶面积系数),对群体截获的太阳辐射能进行估算,结果表明:抽雄前 20 d 至抽雄后 40 d 群体截获的太阳辐射能强度晚春玉米比春玉米多 10.4 cal/(cm² · d)(表 5),可见良好的叶面积动态能使作物群体获得更多的太阳辐射能。

表 4　玉米不同生育期消光系数(K)

生育期	京杂六号,密度 2 780 株/亩		1982 年
	株高(cm)	K	LAI
拔节	210	0.54	3.1
抽雄	290	0.48	3.5
吐丝后一周	290	0.40	4.0
乳熟	290	0.64	3.3
平均		0.51	

表 5　春玉米和晚春玉米抽雄前 20 d 至抽雄后 40 d 的太阳辐射能 S 及截获太阳辐射能 ΔS

项目	春 玉 米		晚 春 玉 米	
	S	ΔS	S	ΔS
总辐射(cal/cm²)	26 274.0	20 847.9	25 827.8	21 471.4
平均辐射强度[cal/(cm²・d)]	437.9	347.5	430.5	357.9

（2）光合时间与温度、辐射的相互关系

春玉米、晚春玉米整个生育期短,出苗至成熟平均温度基本相同(24.1 ℃和 24.0 ℃),但不同物候期差别较大,根据多年 5 d 滑动曲线分析春玉米和晚春玉米仅在抽雄前后 40 多 d 内温度条件相似(两条曲线交叉)。在抽雄前晚春玉米、套玉米温度高于春玉米,抽雄之后春玉米高于晚春玉米及套玉米,即春玉米出苗至抽雄的天数比晚春玉米多 7 d 而抽雄至成熟天数少 7 d。出苗后 1 个月平均气温与出苗至抽雄天数成负相关($r=-0.944, Q=0.01, n=9$)。

温度条件使作物生育期发生变化,反过来生育期的变化使作物不同阶段得到的太阳辐射量也发生变化。从全生育期总辐射看春玉米比晚春玉米多 1.7 kcal/cm²,但籽粒生长期间(抽雄至成熟)晚春玉米比春玉米多 2.3 kcal/cm²,占春玉米抽雄至成熟阶段得到的辐射总量的 10.6%(表 6)。

表 6　四种不同类型玉米生育期的辐射条件

辐射(kcal/cm²)　时段 年份	春玉米			晚春玉米			套玉米			夏玉米		
	出苗至抽雄	抽雄至成熟	全生育期	出苗至抽雄	抽雄至成熟	全生育期	出苗至抽雄	抽雄至成熟	全生育期	出苗至抽雄	抽雄至成熟	全生育期
1981	31.4	21.3	52.7	26.9	23.9	50.8	30.7	21.4	52.1	21.1	18.1	39.2
1982	28.6	22.1	50.7	25.1	24.1	49.2	29.8	22.4	52.2	19.0	18.3	37.3
平均	30.0	21.7	51.7	26.0	24.0	50.0	30.3	21.9	52.2	20.1	18.2	38.3

套玉米在生长前期虽受抑制,抽雄时积累的干物质最小,仅为 527.5 g/m²(春玉米、晚春玉米和夏玉米分别为 660,638 和 541.5 g/m²)。但因抽雄至成熟的天数为 52 d,比春玉米仅少 2 d,比夏玉米多 8 d,在此期间得到的辐射能为 21.9 kcal/cm²,高于春玉米及夏玉米,所以套玉米籽粒产量高于夏玉米,与春玉米相差不大。

（3）籽粒形成期的光、温条件

1）籽粒灌浆期间的日平均温度

Dutican 等称籽粒迅速增重阶段为有效灌浆时段,该时段是灌浆的关键期。有研究表明在日平均气温为 17～25 ℃范围内有效灌浆的速度随温度的升高而加快。

北京地区在 8 月 15 日以前,绝大多数年份日平均气温在 33 ℃的概率大。8 月 15 日—9 月 15 日气温在 20～25 ℃之间,最适宜于籽粒灌浆,9 月 15 日以后气温明显下降,9 月 25 日以后则低于 17 ℃(图 4)。

不同类型玉米有效灌浆阶段分别为:春玉米在 7 月 26 日—8 月 28 日,晚春玉米 8 月 5 日—9 月 16 日,套玉米 8 月 18 日—9 月 21 日。它们所处的气候背景各不相同,春玉米有一半时间生长在日平均气温 25 ℃以上的环境里,所以,开始灌浆速度较慢,晚春玉米开始一周处于最高温度下,后期气温条件较为适宜,套玉米基本上在适宜范围,但后期气温下降快,整个灌浆进程时间短。

2）籽粒灌浆期间气温日较差

气温日较差大,有利于玉米穗部干物质的累积,套玉米在籽粒灌浆期间气温日较差平均为 11.6 ℃,比春玉米高 2.5 ℃。抽雄之后不同时段的日较差除抽雄后 10 d 春玉米日较差比套玉米大以外,其余时段气温日较差均小于套玉米,晚春玉米介于二者之间。春玉米籽粒灌浆期间气温日较差小,干物质在穗部所占的比例最小,一直到成熟茎干重仍在增加,而套玉米从 40 d 起日较差在 10 ℃以上,茎干重在抽雄后一个月就下降,其可溶性固态物质开始向穗部转移(图 4)。

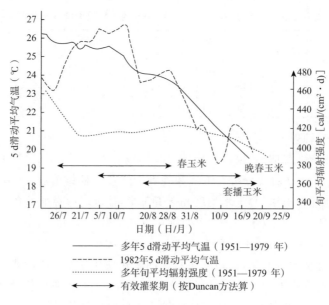

图 4　玉米籽粒形成期间的光温条件（1951—1979 年）

3　结　论

(1)光合面积(*LAI*)对玉米生产力的形成起重要作用。生育期平均 *LAI* 虽然反映了群体繁茂的程度,但更重要的是要有一个良好的叶面积动态。抽雄之后绿叶面积衰亡的速度小,对玉米在抽雄之后保持相对较高的生产力极为重要。抽雄之后高温(日最高气温大于 33 ℃)日数多是绿叶面积衰亡快的主要气象原因。生产上除加强后期水肥管理使绿叶面积相对稳定期较长外,还可以在种植日期上做适当调整,使籽粒灌浆期处于北京地区高温期结束后(8 月中旬至 9 月下旬),也是一项很重要的趋利避害的措施。

(2)北京地区四种不同类型玉米因各自所处的气候背景不同,在生产力形成上有不同的特点:春玉米虽生长天数长但作物生长发育过程对环境的要求与气候季节变化的规律不能很好配合,抽雄前处在高温季节,叶子早衰,气候生态适应性差,生物学产量和籽粒产量均不高,且一年只能种一季,年生产力低;从一年一季生产力看晚春玉米叶面积发展与温度配合较好,表现出较强的适应性;套玉米虽前期在麦田中受抑制,最大叶面积系数小,但后期叶子衰亡慢,籽粒形成期因气候适宜,气温日较差大,经济系数高,籽粒产量也较高,夏玉米生长天数少(*D* 小),可以通过加大密度取得较大的 *LAI*,但因 *D* 小,进一步增加 *LAD* 较困难,增产潜力比套玉米小。

参 考 文 献

[1] 武田友四郎.产量界限与高产理论//作物光合作用与物质生产.北京:科学出版社,1979:469-486.

[2] 韩庆辰.玉米主要光合性状与产量关系及遗传效应分析.作物学报,1983,**80**(4).

[3] Nelson W L, Dale R F. Effect of trend or technology variables and record period on prediction of corn yield with weather variables. *Journal of Applied Meteorology*, 1978,**17**(7).

[4] 魏淑秋,于沪宁.栾城气候资料对夏玉米生产影响的统计学分析.自然资源,1981,(4).

[5] 刘巽浩,韩湘玲,赵明斋,等.华北平原地区麦田两熟的光能利用.作物竞争与产量分析.作物学报,1981,**17**(1).

[6] 韩湘玲,刘巽浩,孔扬庄,等.小麦玉米两熟气候生态适应性及生产力研究.自然资源,1982,(4).

[7] Linvill D E, Dale R F, Hodges H F. Solar radiation weighting for weather corn growth models. *Agronomy Journal*, 1978:257-263.

[8] Evans L T. Crop Physiology: Some Case Histories Cambridge University Press, 1975.

黄淮海地区冬小麦、夏玉米生产力评价及其应用[*]

王恩利　韩湘玲

（北京农业大学）

　　粮食作物的生产处于气候-土地-作物系统中，一定数量的土地是一地区粮食生产的基础。土地生产粮食作物的能力受制于本地区的气候和土壤状况以及投入到土地上的物质能量、农技水平和对土地的合理经营与使用的程度。对一地区作物的生产力进行评价，对农业发展和规划具有战略意义。

　　作物生产力的高低，主要依赖于当地的气候资源、土地资源和人工投入的物质能量和技术。气候因素主要包括辐射、温度、水分等因子；土壤因素则包括土质、土层厚度、土壤肥力、有机质含量、盐渍度、坡度、方位等因子；人工投入是指投入肥水的多少及技术水平的高低。随着农业技术的发展与提高，许多限制作物生产力的因子得到改善。通过对一地作物生产力进行评价，找出该地区限制作物生产力的主要因子，通过人工措施减轻限制因子的影响，是提高作物生产力的关键。

　　本文系用联合国粮食及农业组织（FAO）计算作物生产力的农业生态区域法，根据我国实际情况对某些参数进行了修正，估算和评价了黄淮海地区冬小麦和夏玉米的光温和光温水生产力，并进行了土壤订正；大体估算了本地区其他主要作物的生产力和土地的潜在人口支持能力，并完成了一套地区生产力评价的数据库和程序库。

1　方法

1.1　FAO 农业生态区域法思路

　　（1）农业生态区域法的光温潜力（y_{mp}）计算式如下：

$$y_{mp} = 0.5 \cdot b_{gm} \cdot C_L \cdot C_N \cdot C_H \cdot N \tag{1}$$

式中，b_{gm} 为当作物的最大叶面积值为 5 以上时对所达到的最大总生物量生产率 $[kg/(hm^2 \cdot d)]$。

　　当 $P_m \geqslant 20\ kg/(hm^2 \cdot h)$ 时：

$$b_{gm} = F(0.8 + 0.01P_m)b_0 + (1 - F)(0.5 + 0.025P_m)b_c$$

　　当 $P_m < 20\ kg/(hm^2 \cdot h)$ 时：

$$b_{gm} = F(0.5 + 0.025P_m)b_0 + (1 - F) \cdot 0.05P_m \cdot b_c$$

　　F 为一天中阴天占的比例

$$F = (A_c - 0.5R_g)/0.8A_c$$

式中，A_c 为晴天最大入射有效短波辐射 $[cal/(cm^2 \cdot d)]$；R_g 为实测入射短波辐射 $[cal/(cm^2 \cdot d)]$；b_0，b_c 分别为全阴天和全晴天时标准作物的最大总干物质生产率 $[kg/(hm^2 \cdot d)]$；C_L 为作物的叶面积订正系数；C_N 为作物在生育期平均的日平均温度下呼吸消耗时的净干物质订正系数；0.5 为假定全生育期的平均总干物质生产率为最大总干物质生产率的一半的订正系数；N 为生育期天数；C_H 为收获指数。

　　（2）对 y_{mp} 进行降水订正求自然降水生产力（y_R）

$$y_R = y_{mp} \cdot \sum_{i=1}^{r} I_{yi} \tag{2}$$

　　* 原文发表于《中国农业气象》，1990，**11**（2）：41-46。

式中，r 为作物生育期的阶段个数；$I_{yi} = \left[1 - k_{yi} \left(1 - \dfrac{ETA_i}{ETM_i} \right) \right]$ 为第 i 阶段的产量降低率；k_{yi} 为第 i 阶段作物产量对水分的反应系数；ETA_i 和 ETM_i 分别为作物第 i 阶段的实际蒸散量和最大蒸散量（mm）。

1.2　FAO 方法分析、参数选取与修正及光温和光温水生产力的土壤订正

（1）农业生态区域法中两个假设的合理性分析

图 1 是据我们的课题组的试验资料，表 1 是由图 1 得出的值。

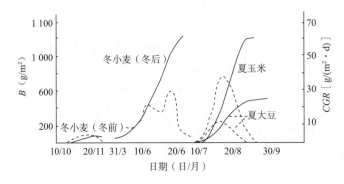

图 1　冬小麦、夏玉米、夏大豆干物质累积（B）和作物生长率（CGR）变化图

实线为干物质累积（B）；虚线为作物生长率（CGR）

表 1　冬小麦、夏玉米、夏大豆生育期干物质累积 B、平均 CGR 以及最大 CGR 和 B_m（1984 年）

作物生育期	干物质累积 B（g/m²）	达最大 CGR 时干物质 B_m（g/m²）	最大 CGR [g/(m²·d)]	平均 CGR [g/(m²·d)]
冬小麦（播种—越冬）	80	45	2.5	1.3
冬小麦（返青—收获）	1 165	520	30	16.5
夏玉米	1 245	750	37.5	19.53
夏大豆	500	250	12.5	6.62

由图 1 和表 1 可以看出，夏玉米的 B 累积呈 S 形曲线，CGR 基本上呈正态分布，平均 $CGR \approx 1/2 CGR_m$（最大 CGR），$B_m \approx 1/2 B$，说明对夏玉米方法的假设是合理的。而冬小麦的干物质累积曲线则成为冬前和冬后两段。两段的干物质累积皆呈 S 形曲线，冬前冬后的 CGR 曲线出现不规则，但平均的 CGR 基本上是最大 CGR 的一半；达最大 CGR 时累积的干物质量近似于全段累积的一半。因此可以认为冬小麦的冬前和冬后两段皆基本满足二假设。在计算时，本文即把冬前和冬后积累的干物质量分别算出，加在一起为全生育期累积的总干物质量，乘以收获指数为小麦的光温生产力。分两段计算比把两段合成一段算更符合方法本身的假设。

（2）y_{mp} 计算中参数的修正

在计算 y_{mp} 的过程中，参数 C_H，C_L，C_N 等应据当地的作物品种和生长的实际情况进行选取。在进行 C_H，C_L 订正时，若有百分之几的误差，可直接使 y_{mp} 增高或减少百分之几，造成结果不合理。特别是最大光合速率 P_m 值，随作物种类不同有很大的不同。按 FAO 给出的资料冬小麦属 I 类作物，其最大光合速率 P_m 在最适温度（20 ℃）时 $P_m = 20$ kg CH₂O/(hm²·h)，而据现有的资料发现，冬小麦的 P_m 已达 28.7 kg CH₂O/(hm²·h)，表 2 是参照本课题组的观测资料得出的冬小麦 P_m-T_D 关系与 FAO 提供的资料比较。由表 2 中可以看出 FAO 提供的冬小麦 P_m 值偏低。本文的计算采用本课题组测定的冬小麦 P_m-T_D 关系值（表 2）。

表 2 冬小麦的 P_m-T_D 关系

温度 T_D(℃)	5	10	15	20	25	30	35	40	45
试验资料值 P_m[kg CH$_2$O/(hm^2・h)]	7.1	21.5	28.7	28.7	21.5	7.1	0	0	0
FAO 提供的 P_m[kg CH$_2$O/(hm^2・h)]	5.0	15.0	20.0	20.0	15.0	5.0	0	0	0

所得出的夏玉米的 P_m-T_D 关系与 FAO 提供的资料差不多,即采用 FAO 资料(表 3)。

表 3 夏玉米的 P_m-T_D 关系

温度(℃)	5	10	15	20	25	30	35	40	45
P_m[kg CH$_2$O/(hm^2・h)]	0	0	5	45	65	65	65	45	5

据本课题组的调查试验资料,各作物的收获指数和最大叶面积系数选取如表 4。

表 4 各作物的收获指数和最大叶面积系数

作物	收获指数 C_H	最大叶面积系数
冬小麦	0.45	5
夏玉米	0.50	5
夏大豆	0.30	4

需要说明的是植物的光合作用仅在白天进行,而呼吸作用则昼夜进行。因此求算 P_m 值时,应以白天温度查算,而求取干物质订正系数 C_N 时则应采用 24 h 平均温度。

白天温度采用如下公式进行计算:

$$T_D = T_{max} - 1/4(T_{max} - T_{min}) \tag{3}$$

式中,T_D 为旬平均白天温度(℃);T_{max} 为旬最高温度平均值(℃);T_{min} 为旬最低温度平均值(℃)。

(3)对 y_{mp} 进行水分订正求算 y_R 中参数的选取与计算

在计算 y_R 时,用到的参数有:作物各阶段的需水系数 K_c,作物各阶段的产量反应系数 K_y 和作物播前的土壤有效水分贮存量 S_{oo},在 K_c 的选择上,本文参照了 FAO 提供的 K_c 值和本课题组研究成果;因国内还没有对 K_y 值研究,K_y 的选取仅参照 FAO 的资料,各作物各阶段的 K_c,K_y 值选取如表 5。

表 5 各作物的生育阶段划分及各阶段的 K_c,K_y 和 C_H 值

作物	参数	播种—越冬	返青—拔节	拔节—抽穗	抽穗—成熟
冬小麦	K_c	0.60	0.8	1.05	1.0
	K_y	0.20	0.2	0.55	0.5
	C_H	0.45			
		播种—分枝	分枝—开花	开花—成熟	
夏大豆	K_c	0.8	1.1	0.8	
	K_y	0.2	0.8	1.0	
	C_H	0.3			
		播种—拔节	拔节—抽穗	抽穗—成熟	
夏玉米	K_c	0.20	1.1	0.9	
	K_y	0.35	1.30	0.55	
	C_H	0.50			

关于播前有效水分贮存量 S_{oo},按照 FAO 的方法 S_{oo} 等于播前 n 旬的降水之和减去 K_a 与前 n 旬的可能蒸散之积。其中 n 值和 K_a 值随地区变动。

对于黄淮海地区大面积的计算选出对于各站合适的 n 和 K_a 值,我们认为比较困难而没有必要。据北京、曲周、淮阳等点的土壤水分资料分析,冬小麦播前的土壤有效水分存贮量大约等于 7—9 三个月降水之和的 1/3。本文的计算中,小麦的 $S_{oo} = 1/3 \times (P_7 + P_8 + P_9)$

夏玉米生长期间,整个黄淮海大致处于雨季,降水较多。本地区北部,由于雨季来临相对较

晚,常使玉米播不下种,但用本法计算时,以 $S_{\infty}=0$ 算,夏玉米也基本无亏缺。因此本文对夏玉米水分订正时,若夏玉米播前 10 d 内降水小于 20 mm,则认为播种是困难的,在自然降水的情况下,即要再延 10 d 才能播种,而成熟期不能延迟。由于生育期的缩短而造成的产量降低,即归于降水不足所致。

(4)对光温潜力和光温水潜力进行土壤订正

影响作物生产的土壤因子包括土壤质地、土层厚度、土壤有机质、土壤坡度等。综合考虑各因子及专家的经验等,进行土壤订正采用如下方法:

1)土壤分类:黄淮海地区的土壤分布(图略)是参照 FAO 的世界土壤图和我国的土壤分类法,采用专家评议法得出的。黄淮海地区的主要土壤大致可分为 10 类(表 6)。

2)土壤产量反应系数:基于小麦和玉米对不同类型土壤的适应性,将上述 10 类土壤归并成 5 级,其对小麦和玉米的产量影响订正系数为 C_S(表 7)。

进行作物生产力的各县土壤订正时,先查出每个县的主要土壤类型,然后以其 C_S 乘以本县的 y_{mp} 或 y_R,得出作物的光温土和光温水土生产力(y_{ms} 和 y_{RS}):

$$y_{ms}=y_{mp} \cdot C_S \qquad (4)$$

$$y_{RS}=y_R \cdot C_S \qquad (5)$$

表 6　黄淮海地区的主要土壤分类

编号	土壤类型	主要质地	土层厚度(m)
1	冲积性沙土、潮土	轻沙壤	4
2	沙土	沙土	4
3	砂姜黑土	黏土	7~8
4	褐土(丘陵区)	淤土、壤土	<1
5	褐土、草甸褐土(扇形平原)	淤土、壤土	>10
6	草甸褐土、浅色草甸土	淤土、壤土	>10
	轻盐化潮土(15%)	沙壤土	10
7	浅色草甸土、盐化潮土(25%~30%)	轻壤	10
8	滨海盐土	盐土	<1
9	淋溶褐土、棕壤	壤土、淤土	2
10	山地棕壤	淤土	1

表 7　冬小麦、夏玉米土壤适应性

适应级别	土壤类型	产量订正系数 C_S
I 级	⑤	1.00
II 级	① ④ ⑥ ⑦	0.85
III 级	③ ②	0.75
IV 级	⑨ ⑩	0.65
V 级	⑧	0.50

2　数据库建立

计算作物的生产力和土地的人口承载能力,对一地区的土地资源进行评价,是一件相当复杂的工作。鉴于此,我们收集了黄淮海地区 136 个气象站气候资料,135 个县的农业资料,并据本课题组试验资料和 FAO 的资料选取计算过程中的有关参数,使用 dBASE-Ⅲ 建立了农业资料库、气候资料库和计算参数库;联合运用 dBASE-Ⅲ 和 BASIC 语言完成了生产力计算的程序库(图 2)。

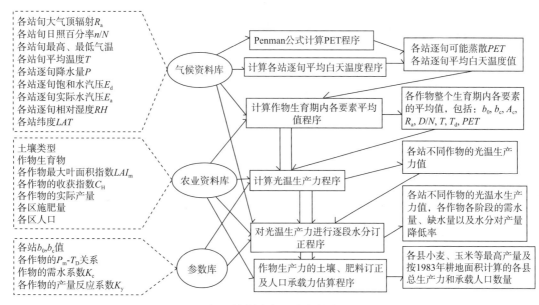

图 2　资料库与程序库的设置

3　结论

(1)冬小麦的光温生产力北高南低,高值区在山前平原区,可达 680 kg/亩。黄河以北地区高于 640 kg/亩(图 3)。低值区在山东的沂蒙山区,在 620 kg/亩以下。黄淮平原约 640 kg/亩。

夏玉米的光温生产力呈北低南高型(图 4),黄淮平原 750～800 kg/亩,黄河以北地区 650～750 kg/亩。

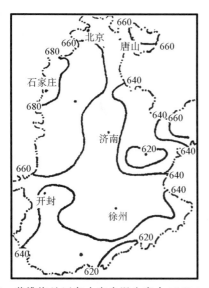

图 3　黄淮海地区冬小麦光温生产力(单位:kg/亩)

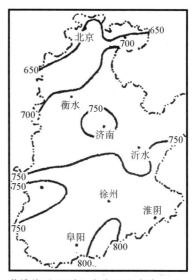

图 4　黄淮海地区夏玉米光温生产力(单位:kg/亩)

(2)从自然降水量上看,黄淮平原小麦和玉米的水分亏缺较少,南部小麦全生育期水分亏缺在 100 mm 以下,苏北、皖北基本无亏缺(图 5),小麦的光温水生产力 600～650 kg/亩(图 6);夏玉米 y_R 达 750～800 kg/亩(图 7)。南部水热资源丰富,易获高产。黄河以北地区,小麦生育期间出现严重的水分亏缺,亏缺量从黄河附近的 150 mm 至黑龙港地区中心的 250 mm 以上(图 5)。旱地情况下由于水分不足导致小麦减产一半以上,小麦的光温水潜力降至 300～500 kg/亩(图 6)。本地区雨季来临较晚,常因初夏旱影响播种,9 月籽粒灌浆期间雨水也偏少,导致玉米的光温水生产力降低至 700 kg/亩以下;但光温条件好,灌溉地上的小麦、玉米有较高的潜力。

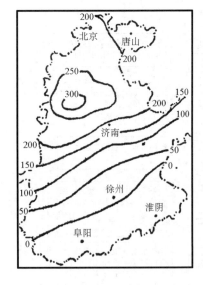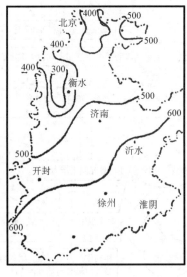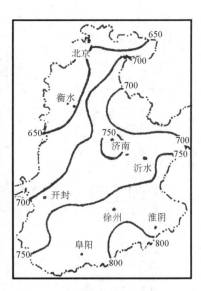

图 5　黄淮海地区冬小麦全生育期　　图 6　黄淮海地区冬小麦光温水生　　图 7　黄淮海地区夏玉米光温水生
　　　　水分亏缺量(单位:mm)　　　　　　　产力(单位:kg/亩)　　　　　　　　产力(单位:kg/亩)

(3)黄淮海地区的土壤除渤海湾沿岸属滨海盐土,整个平原地区上层深厚,土壤盐碱化面积小,程度轻,易于改良,土质多属沙壤至黏土。多数平原地区土壤对小麦和玉米的产量系数在 0.65 以上,有适当的肥料供应,小麦和玉米易于高产。黄淮海地区通过合理的经营和改造,小麦 400 kg/亩,玉米 500 kg/亩可望实现。

(4)假设肥料供应充足,综合考虑光、温、水、土因子,把冬小麦和夏玉米分成了 5 个区:Ⅰ区黄淮海平原旱地水分适宜、土壤次适宜区。主要增产措施为合理经营与有效施肥;Ⅱ区为山前平原旱地水分不适宜、土壤最适宜、灌溉地最适宜区;Ⅳ区为黑龙港旱地小麦不适宜、玉米次适宜、土壤次适宜、灌溉地适宜区。Ⅱ、Ⅳ两区水分亏缺严重,应注重增加灌溉设施,并以肥带水,提高水分利用率,Ⅲ区为山东半岛及豫北旱地水分次适宜,土壤次适宜,灌溉地适宜区。应注重增加肥料投入,提高肥水效率;Ⅴ区为渤海湾沿岸小麦玉米最不适宜区,土壤改良是增产的关键。

(5)如能做到黄淮海地区作物地的全部灌溉和充足的肥料供应,且粮食面积从 1983 年不减少,到 2000 年若人均粮食分别为 400,450,500 kg,则人口年增长率的理论上限值分别为 3.3‰,2.6‰ 和 1.95‰,若人口增长率超过 1.9‰,到 2000 年,黄淮海地区人均粮食远远小于 500 kg。

参 考 文 献

[1] FAO. Report on the Agro-ecological Zone Project. 1978.

[2] 种植制度生产力课题组. 黄淮海地区作物生态适应性及生产力研究报告. 北京农业大学,1985.

[3] 张地. 不同作物光合特性的研究. 云南科技,1987.

[4] 王道龙. 农作物需水系数及其影响因子初探. 北京农业大学学报,1985.

[5] 韩湘玲,曲曼丽. 黄淮海地区农业气候资源分析. 黄淮海地区农业气候资源开发利用. 北京农业大学,1987.

[6] 韩湘玲. 黄淮海地区干旱特点与农业发展. 北京:北京农业大学出版社,1987.

[7] 崔读昌,等. 中国主要农作物气候资源图集. 北京:气象出版社,1984.

[8] FAO. 估算水面潜在蒸腾和蒸散量的 PENMAN 实用法. 农业气象监测与作物收成预报,1979.

[9] 马文,[美]詹森 E. 耗水量与灌溉需水量. 熊远章,译. 北京:农业出版社,1982.

[10] 黄秉维. 自然条件与作物生产——光合潜力. 农业现代化概念——光能与气候资源利用,1978,(3).

[11] de Wit C T,et al. A Dynamic Model of Plant and Crop Growth//Potential Crop Production, a Case Study. 1971,99:117-142.

[12] 梁荣欣,等. 水稻的气候土壤生产力估算. 自然资源,1984,(2).

中国东部地区冬小麦生产力估算及其应用[*]

吴连海　　韩湘玲

（北京农业大学）

1 东部地区冬小麦生产在全国的地位

我国东部地区包括长城以南,岷山、大雪山以东,相当于极端最低气温平均−20 ℃、1月平均气温−8 ℃以南以东,一般年份冬小麦大面积安全越冬的地区。

据统计,该地区冬小麦播种面积占全国84%,总产达683.7亿 kg,占全国总产86%,其中以黄淮海地区比重最大(表1)。

表1　中国东部地区冬小麦产量(1987年)

地区	播种面积		总产量	
	面积(亿亩)	占全国百分比(%)	产量(亿 kg)	占全国百分比(%)
黄淮海	2.08	57	492.5	62
长江中下游(含江淮平原)	0.54	15	111.7	14
西南	0.41	11	76.5	10
华南	0.02	1	3.0	0.04
全国	3.68		788.7	
东部地区总计	3.05	84	683.7	86

我国冬小麦生产占粮食作物的第二位,总产为粮食作物的22%。研究该地区冬小麦的生产力,以充分利用气候、土壤、作物资源,对我国农业发展、粮食达标有重要意义。

2 生产力的概念与小麦生产力的形成

作物生产力系指农作物在一定的气候、土壤、社会经济条件下,转化太阳辐射能为化学潜能的能力。它决定于作物种类(品种类型)、当地的气候、土地状况、社会经济条件(含人工投入的物质、能量、技术)。

作物生产力的形成是在大气-作物-土壤这一开放系统内进行的。生产力的高低一方面取决于作物遗传特性及其对环境条件的适应性、环境资源的数量、质量及对作物的适宜度;另一方面还取决于技术水平和物质能量投入。环境条件可分为光、热、水和土壤等。而社会经济技术水平包括优良品种的选用、肥料、排灌条件、栽培措施等。环境与社会经济技术条件对作物生产力的影响极其复杂,但它与气候条件关系最为密切。

小麦生产力的层次可分为:光温生产力、气候生产力(光、温、降水)、气候-土地生产力(光、温、降水、土)、光温水生产力(降水加灌水)、光温水土生产力、光温水土肥技生产力等,本文只对前三项进行讨论。

(1)光温生产力:是作物在最佳条件下产量的理论上限。系指当地最优品种、最适土壤和最佳的管

* 原文发表于《中国农业气象》,1990,**11**(8):53-54.此文为简报

理水平下,肥、水充分满足作物的需要,仅由当地的光温条件所决定的作物生产能力。

(2)气候生产力:是旱地作物产量的理论上限。系指自然降水条件下仅由于水分的不足而使光温生产力降低的生产能力。

(3)气候-土地生产力:为旱地作物的产量上限。即在自然降水条件下,考虑当地土壤对生产力的影响而降低了生产能力。

(4)光温水生产力:是指在一定灌溉水平下,使光温降水生产力提到可供灌水量的生产力。

(5)光温水土生产力:进行当地实际种植该作物的土壤订正后的生产力。

(6)光温水土肥技生产力:进行当地可供肥条件和技术管理水平订正后的生产力。

3　估算方法

选用荷兰 Wageningen 大学提出的 SUCROS 模式,以天为时间步长进行计算,考虑作物叶面积动态变化与光合总量间关系,根据我国的环境与作物状况对 SUCROS 模式中有关参数进行修正并做了某些补充,主要是:

(1)修正作物最大光合速率。

(2)建立发育速度模式,考虑不同生态区的温度和适播期。

(3)模拟叶面积动态,根据不同生态区叶面积动态的差异进行。

(4)同时考虑水分不足和水分过多引起干物质下降作用。

(5)对生长季水分平衡的各个项做较全面的分析并简化。

(6)对土壤肥力、养分、地形等对生产力的影响进行订正。

4　结果分析与建议

冬小麦高光温生产力区主要位于黄淮海地区(650～750 kg/亩),中等生产力区处于江淮地区(500～650 kg/亩),中下等生产力区位于长江下游(300～500 kg/亩),低生产力区位于长江中游及华南。

气候生产力高值区处于江淮、黄淮平原(550～600 kg/亩),此地区以北小麦生长季降水不足,以南水分过多,都引起生产力降低,黄海地区的黑龙港不大于 250 kg/亩。

气候-土地生产力的高值区位于黄淮平原(400～450 kg/亩),其次为黄海地区山东丘陵(200～300 kg/亩),以南的长江中下游(200～300 kg/亩),最低值区在华南(＜100 kg/亩)。

从以上的分析,气候、土壤提供冬小麦生产力形成的自然物质和能量,在我国东半部以黄淮海地区最高,而又以黄淮平原及江淮最突出。根据长期生产实践,黄淮海地区小麦播种面积、总产占东部麦区分别为 70% 左右,占全国 60% 左右。可见以黄淮海地区为重点建立小麦商品基地是十分重要的。在黄河以北水分是主要限制因子,为此,通过开源节流、提高水分利用率降低水分耗损率至为关键,黄淮、江淮平原则光温水配合较好,面积大,应首先建为我国成片大面积的商品麦基地。

参 考 文 献(略)

黄淮海地区冬小麦气候-土地生产力与商品麦提供量*

王恩利　韩湘玲　曲曼丽

（北京农业大学）

摘　要：在作者几年作物生产力研究基础上，对本地区冬小麦的气候生产力进行评价，并估算不同水分水平下黄淮海各区提供的商品麦量。

据 1985 年农业资料统计，黄淮海地区冬小麦 1.78 亿亩，占耕地面积的 57%，亩产 236.5 kg，总产 420 亿 kg，占粮食总产的 48%。冬小麦播种面积和总产分别占全国的 40% 和 49%；其中黄淮平原的面积 0.8 亿亩，总产 192 亿 kg，均占全区的 45%。可见，黄淮海地区特别是黄淮平原冬小麦生产所占的地位。对黄淮海地区冬小麦生产能力、2000 年可能达到的水平以及本地区所能提供商品麦量的研究，对本地区的气候土地资源利用和经济发展有极为重要的意义。

1　计算方法

（1）光温生产力（Y_{MP}：潜力 I）：最佳条件下的理论上限，记为"水平 I"。计算采用 FAO 农业生态区域法，对其中一些参数按黄淮海地区的特点进行了修正。

（2）光温降水生产力（Y_R：潜力 II）：旱地产量的理论上限，记为"水平 II"。光温降水生产力采用 FAO 产量反应系数法计算。

以上两项计算中采用的作物参数等值取自北京农业大学农业气象系作物生态课题组的试验资料。

（3）只补足拔节—抽穗或抽穗—成熟期间亏缺的水分可达到的产量上限（潜力 III、潜力 IV），记为"水平 III、水平 IV"。

$$Y_P(3) = Y_R/Iy(3)；Y_P(4) = Y_R/Iy(4)$$

式中，$Iy(i)$ 为第 i 阶段的产量指数。

（4）土壤订正

1）土壤订正系数（C_S）

土壤产量降低率（CYD）定义为：在水分、养分等要素充分满足时，由于土壤的不适宜而使作物的产量降低的百分数。土壤订正系数（C_S）定义为：

$$C_S = 1 - CYD$$

采用下列因素，由专家综合评判把黄淮海地区的所有土壤分为 8 级，确定 C_S：①土壤质地；②土层厚度；③土壤侵蚀状况；④土地坡度；⑤土壤排水状况；⑥地下水位；⑦目前土壤肥力；⑧实地调查资料。

在此，简单地把以上 4 个潜力的土壤订正系数看成相等，得出在实际土壤条件下可达 4 个水分水平的产量。

* 原文发表于《中国农业气象》，1992，**13**（1）：10-13。

2)某县的土壤系数按不同土类的面积加权平均：

$$C_{\mathrm{S}}(i) = \sum_{h=1}^{l(i)}[A(i,h) \cdot C_{\mathrm{S}}(h)]/\sum_{h=1}^{l(h)}(i,h)$$

式中，$C_{\mathrm{S}}(i)$ 为第 i 县的土壤系数平均值；$C_{\mathrm{S}}(h)$ 为第 h 种土壤的土壤订正系数；$A(i,h)$ 为第 i 县第 h 种土壤的面积；$l(i)$ 为第 i 县的土壤种类。

各县的土壤类型及其相应面积由全国土壤图上查出。各县的 Y_{MP}，Y_{R}，$Y_{\mathrm{P}}(3)$，$Y_{\mathrm{P}}(4)$ 按计算点上的值内插。各县的光温土、光温水土、潜力Ⅲ土、潜力Ⅳ土生产力分别由 Y_{MP}，Y_{R}，$Y_{\mathrm{P}}(3)$，$Y_{\mathrm{P}}(4)$ 乘以各县 $C_{\mathrm{S}}(i)$ 得出。

第 q 地区第 i 水分水平的小麦总产：

$$TY(q,i) = \sum_{k=1}^{n(q)}[Y_{\mathrm{S}}(q,i,k) \cdot A(q,k)]$$

式中，$Y_{\mathrm{S}}(q,i,k)$ 为第 q 区第 k 个县第 i 水平土壤订正后的产量（kg/亩）；$A(q,k)$ 为第 q 区第 k 个县的作物面积；$n(q)$ 第 q 区的县个数。

第 q 地区第 i 水平的小麦平均亩产：

$$MY(q,i) = TY(q,i)/\sum_{k=1}^{n(q)}A(q,k)$$

(5)2000 年施氮量、小麦面积与农业人口

2000 年的施氮量取自《全国化肥区划》，据各区产量对施氮量的反应曲线确定平均施肥水平下的小麦产量；小麦面积按 1985 年面积在不同地区有所增减；农业人口从 1985 年按年增长率 1.48% 计算。

(6)商品粮量计算

2000 年人均粮按 200 kg，每亩小麦留种量按 12.5 kg 计算。某区某种灌水水平下提供的商品麦为这一水平的总产减去总口粮和总留种量。

保持 1985 年灌水量时提供的商品粮量如下计算：

第 q 区饱浇麦地面积：$S_{\mathrm{area}}(q) = 0.5 \times 0.8 \times$ 各区水浇地面积

（假设水浇地中有 50% 基本饱浇，基本饱浇中 80% 完全满足冬小麦需求）

旱地麦面积：$R_{\mathrm{area}}(q) =$ 各区冬麦面积 $- S_{\mathrm{area}}(q)$

小麦总产：$TYP(q) = Y(q,1) \cdot S_{\mathrm{area}}(q) + Y(q,2) \cdot R_{\mathrm{area}}(q)$

商品粮量按上述方法计算。

2 结果分析

2.1 冬小麦生产力(图略)

(1)光温生产力：黄淮海地区在水肥供应充足（以下称为第一灌水水平），采用良种良法的高技术条件下，冬小麦的光温生产力可达 640～680 kg/亩，黄河以北为 650～680 kg/亩，黄河以南为 640～650 kg/亩。高值区在太行山山前平原，达 660～680 kg/亩以上；低值区在黄淮平原，为 640 kg/亩左右。这与 3—5 月份的日照时数的分布相一致。另在山东的沂蒙山区（沂源、沂水、诸城、蒙阴一带）出现一个 620 kg/亩的低值区，这是由于这一带小麦的生育期较短所致。

(2)光温降水生产力：在高管理技术、充分供肥的雨养条件下（以下称为第二灌水水平），由于黄河以北大部分地区麦季降水远不能满足小麦的水分需求，而使冬小麦的光温降水生产力大幅度降低。黄河以北地区光温降水生产力在 300～500 kg/亩，低值区在麦季缺水最严重的黑龙港地区的南宫、束鹿和保定地区的定县一带，为 300 kg/亩左右。自黄河向南，由于水分亏缺逐渐减轻，小麦的光温降水生产力也渐渐提高至 600 kg/亩以上。黄淮平原南部麦季降水基本能满足小麦需求，光温降水生产力达到光温生产力。京津地区小麦的光温降水生产力为 400 kg/亩左右，河北唐山地区以北，由于水分亏缺较

少,冬小麦的光温降水生产力达 500～600 kg/亩。

(3)在实际的土壤条件下,黄淮海地区冬小麦的光温土壤生产力高值区在山前平原和鲁西等地,达 550～650 kg/亩,这与本区麦季充足的光照和良好的土壤条件(土壤订正系数 $C_S=0.8～0.9$)相联系。低值区在渤海湾沿岸的大片滨海盐土地上,为 300～450 kg/亩,这是由本地的土壤不适宜所致。黄淮平原大部为 450～530 kg/亩;北京地区为 500～580 kg/亩。这一潜力值可认为是本区饱浇地上现有品种冬小麦可达到的产量上限。

(4)在自然降水条件下,光温水土生产力的低值区由渤海湾沿岸延伸到河北的衡水地区和保定地区南部,在 300 kg/亩以下,这是由土壤和水分不足的双重影响所致。高值区则在鲁南、苏北一带,在 500 kg/亩以上;本区水分和土壤对小麦产量的影响皆较小而形成了冬小麦光温水土生产力的高值区。京津地区为 300～400 kg/亩,黄淮平原大部为 450～530 kg/亩。这可认为是本区旱地上现有品种冬小麦可达到的产量上限。

(5)预测 2000 年的施氮量。在方法中提到的 4 种灌水水平下,在土壤订正的基础上再进行肥料订正,即可得出 2000 年高管理技术下 4 种灌水水平的可得产量。再考虑 2000 年的技术水平进行技术订正,可得出 2000 年黄淮海各区冬小麦的实际产量(表1)。

表 1 黄淮海各大区 2000 年各灌水水平高管理技术下和实际的冬小麦产量   单位:kg/亩

区名	县数	高管理技术				2000 年水平			
		水平 I	水平 II	水平 III	水平 IV	水平 I	水平 II	水平 III	水平 IV
山前平原	76	507.75	334.57	371.64	458.14	473.23	311.20	345.71	427.08
黑龙港	59	460.51	307.88	332.88	427.66	368.41	246.30	266.30	342.13
豫北鲁西北	63	418.84	316.79	330.00	404.74	372.85	281.79	294.04	360.04
黄淮平原	112	427.89	397.74	399.62	423.61	386.65	359.66	361.29	382.79
山东丘陵	76	440.00	395.00	396.00	435.00	352.00	316.00	316.80	348.00

2.2 冬小麦商品粮

(1)2000 年黄淮海各区在高管理水平下(不进行技术订正)和考虑可达到的技术水平进行技术订正后,不同灌水水平下可提供的商品麦数量列于表 2。表中包括了 4 个灌水水平和保持 1985 年各区灌水水平下各区能提供的商品麦数量。

表 2 黄淮海各大区 2000 年各灌水水平下高管理技术下和实际管理技术下的冬小麦商品粮产量   单位:10^8 kg

区名	县数	高管理技术					2000 年水平				
		水平 I	水平 II	水平 III	水平 IV	1985 年	水平 I	水平 II	水平 III	水平 IV	1985 年
山前平原	76	38.75	4.88	12.13	29.05	10.71	32.01	0.31	7.07	22.97	5.75
黑龙港	59	33.99	7.84	12.12	28.36	11.76	18.20	−2.71	0.72	13.70	0.42
豫北鲁西北	63	46.85	19.16	22.78	43.01	23.23	34.45	9.73	13.09	30.96	13.34
黄淮平原	112	160.35	135.97	137.47	156.82	137.41	127.05	105.21	106.51	123.85	106.49
山东丘陵	76	44.74	29.57	29.91	43.01	30.97	15.07	2.93	3.20	13.72	4.05
黄淮海总计	386	324.68	197.42	214.41	300.30	214.08	226.78	115.47	130.59	205.20	130.05

(2)由表中的数值可以看出:若 2000 年能达到较高的技术条件,则黄淮海各区均有商品麦提供,最少的山前平原区可提供 10.71 亿 kg,黄淮平原最多,可提供 137.41 亿 kg,黑龙港地区 11.76 亿 kg,豫北鲁西北和山东丘陵地区各提供 23.23 亿和 30.97 亿 kg,整个黄淮海地区可提供商品麦 214.08 亿 kg。考虑 2000 年可达到的技术水平进行技术订正后,黑龙港地区还能提供 0.42 亿 kg,山东丘陵和山前平原地区提供 4 亿～5 亿 kg,豫北鲁西北提供 13.34 亿 kg,黄淮平原提供 106.34 亿 kg,整个黄淮海地区总共可提供商品麦 130.05 亿 kg。由此可见,黄淮海地区特别是黄淮平原作为商品麦基地大有潜力。

3　结论与建议

黄淮海各区冬小麦的光温土、光温水土、潜力Ⅲ土和潜力Ⅳ土潜力分别代表了在充分灌水、自然降水、满足拔节—抽穗期间水分和抽穗—成熟期间水分时可达到的产量上限。从黄淮海各区 1985 年的小麦产量来看,在各区只达到光温土潜力的 32%～48%、光温水土生产力的 46%～64%、潜力Ⅲ土的 42%～59%、潜力Ⅳ土的 35%～50%(表 3)。可见,不论在灌溉地还是水浇地上,小麦产量提高的潜力都很大。

表 3　黄淮海各大区冬小麦可达到的产量上限及 1985 年产量与此上限的比值

区名	县数	产量上限(kg/亩)					1985 年产量与各区产量上限的比值			
		光温土 (Y_{MS})	光温水土 (Y_{RS})	潜力Ⅲ土 (Y_{3S})	潜力Ⅳ土 (Y_{4S})	1985 年产量 (Y_{85})	Y_{85}/Y_{MS}	Y_{85}/Y_{RS}	Y_{85}/Y_{3S}	Y_{85}/Y_{4S}
山前平原	76	507.75	334.57	371.64	458.14	249.40	0.44	0.64	0.59	0.49
黑龙港	59	460.51	307.88	332.88	427.66	169.50	0.32	0.46	0.42	0.35
豫北鲁西北	63	418.84	316.79	330.00	404.74	251.50	0.48	0.62	0.59	0.50
黄淮平原	112	427.89	397.74	399.62	423.61	240.00	0.46	0.50	0.50	0.46
山东丘陵	76	440.00	395.0	396.00	435.0	243.00	0.46	0.51	0.51	0.47

仅通过增加施肥和提高管理技术水平,水浇地上冬小麦产量可提高 50%～68%,旱地麦产量可提高 36%～50%,尤以黑龙港地区可提高的潜力最大。从水分方面来看,在黄河以北地区,光温水土生产力只达到光温土生产力的 60%～70%,某些地方还不到一半,如能增加灌水量,产量的提高也可达 40%～50%。尤其在黑龙港地区,水分是小麦生产的最主要的限制因子。

由此可见,黄淮海地区特别是黄淮平原冬小麦可挖掘的潜力是很大的。整个黄淮海地区增加肥料供应、合理用水,特别是黄河以北地区增加水分供应,提高水分的利用效率、以肥调水是提高冬小麦产量的关键。

根据以上分析,提出以下建议:

(1)各地区根据各地区的特点,发挥优势,提高单产都有潜力;

(2)国家应将重点放在黄淮平原保证肥料供应,适时用水,建好良种基地,提高技术水平等,贮藏运输等方面系列化,建立我国最大麦仓;

(3)制定合理价格和调整政策保护农民种粮积极性。

参 考 文 献

[1] Van K H, Wolf J. 农业生产模型. 杨守春,等,译. 北京:中国农业科技出版社,1990.

[2] 张地. 不同作物光合特性研究. 云南农业科技,1987,(6).

[3] 王道龙. 农作物需水系数及其影响因子初探. 北京农业大学学报,1985.

[4] 崔读昌,等. 中国主要农作物气候资源图集. 北京:气象出版社,1984.

[5] 邓根云,等. 我国的光温资源与气候生产力. 自然资源,1980,(1).

[6] 龙斯玉. 我国小麦生产力的地理分布. 南京大学学报(自然科学版),1983,(3).

冬小麦、夏玉米两熟北缘区近吨粮模式与潜力分析*

韩湘玲　钟阳和　陈侠群　孔扬庄　郑曼曼

试验田地处怀柔县城西北,燕山山脉浅山丘陵区的北宅乡的一渡河村。运用作物-大气-土壤-措施系统的观点,针对冬小麦、夏玉米两熟北缘区的地理、气候、土壤特点,总结该村多年的实践经验,探讨复种两熟吨粮模式及其关键配套技术。

1 怀柔县一渡河村的地理、气候、土壤特点

1.1 地理位置

怀柔县位于北京地区北部,其北部和西北部是军都山的一部分,全县地势自西北向东南倾斜,南部是平川,为山前平原暖区。一渡河村位于怀柔县境内的浅山丘陵区(40°18′N,116°37′E,海拔 92 m),处于偏暖区的南缘地带,其东、北、西三面环山,南面为丘陵,构成一个典型的小盆地。怀九河从村西南向东北纵贯盆地,主要粮田集中在河东盆地中部。

1.2 气候特点

(1)年平均气温偏低,大于 0 ℃积温少。该村年平均气温约 10.4 ℃,比怀柔平原区偏低,大于 0 ℃积温只 4200 ℃・d 左右。与县平原区、北京海淀区和河北沧州一年两熟区相比,分别少 400,400 和 600 ℃・d。处于冬小麦、夏玉米复种两熟的北缘地区,下称北缘区(表 1)。

表 1 冬小麦、夏玉米一年两熟不同类型区的气候特点

区 名	地 名	气温(℃)				气温日较差(℃)		年日照时数(h)	空气相对湿度(%)	
		年平均	1月平均	7月平均	积温 $\sum t_{\geqslant 0℃}$ (℃・d)	5月下旬—6月中旬	9月		5—6月	7—8月
北缘区	一渡河	10.4	−5.8	24.7	4 200	15.2	10.8	—	60～70	>80
山前平原区	怀柔	11.7	−5.6	25.7	4 600	13.2	9.4	2 730	55	76 左右
冀北平原区	海淀	11.6	−4.6	26.0	4 600	13.2	10.0	2 780	50～60	70～80
冀中平原区	沧州	12.4	−4.2	26.0	4 800	—	—	2 700	50～60	70～80

资料年代:沧州、海淀为 1950—1980 年,怀柔为 1960—1990 年,一渡河村按怀柔站订正,日较差为 1992 年值

(2)温度的有效性高。日最高气温比平原稍低,而且最低气温比平原明显低,日较差大,因而气温的有效性高。

该村日平均最高气温与平原区差别较小,在生长季中只低 1.5～1.6 ℃,9 月差值最小,为 0.1～0.2 ℃,而日平均最低气温明显低于平原区。因此,日较差比怀柔平原区大,尤其是 4—6 月和 9—10 月,可达 13.0～14.0 ℃,日较差最大的旬在 5 月下旬—6 月中旬和 9 月的 3 个旬,5 月下旬—6 月中旬比怀柔平原和海淀区高 2.0 ℃,9 月高 1.0 ℃左右。对冬小麦、夏玉米干物质积累和籽粒形成极为有利。

* 节选自《现代吨粮技术与实践》,北京:中国农业科技出版社,1995:256-267.

（3）日照时数较少。怀柔县平原区年日照时数为 2 730 h,北京海淀为 2 780 h,河北沧州为 2 700 h。一渡河村主要农田位于盆地中部,受山体阻挡,日照时数比该县平原区略偏少。

（4）空气相对湿度较高。该村空气湿度明显高于怀柔平原区,5—6 月和 9 月平均相对湿度高约 10%,较高的空气湿度可减少小麦干热风的危害,但也为病害发生创造了条件,使一渡河村成为小麦白粉病多发区。7—8 月相对湿度大于 80%,利于夏玉米大小斑病的发生,这些都一定程度的影响产量。

（5）灾害频繁,除春季、秋季降水少,干旱较重发生频率最大以外,有冬小麦白粉病、玉米大小斑等多种病危害,多雨或高温干旱导致玉米花期不遇以及雹灾等交替发生,影响产量。

1.3　土壤类型

该村在河流及浅山的影响下,成土过程复杂,农田由不同高度的阶地、盆缘台地、坡地等组成,主要粮田土壤为河漫滩冲积土,土层厚薄不一（30～200 cm）,土壤质地多为轻壤土,土壤肥力中等。地块零碎,由于人工造田,河东农田 400 多亩,由 17 块组成。

1.4　农田基本建设的巨大成效

由上可知,该村要实现亩产吨粮,主要限制因子是热量不足和土壤条件较差,在现有科技水平下改变大气候热量条件是不可能的,但改变土地条件,提高生产水平是可行的。

新中国成立以来,针对该村农田旱、薄等问题,一渡河村在党支部的领导下,长期坚持改土造田,平整土地,打井修渠、兴修水利、筑路建库、改善农田环境和生产条件,取得巨大的成就。

仅近四年,就整治农田 9 块,搬运 30 多万土方（面积达 300 余亩）,使农田较为集中成片、土层加厚、地面趋向平整;新打深井 1 眼,重修怀九河载流坝 1 座,并新修清水、鸡粪水水泥灌渠及西北坡灌渠共 4 500 m;修路近 12 km;建机库和料库 2 栋（1 346 m²）、圆筒形粮库 4 座等。同时,不断更新农机具（1993 年初次使用玉米播种机和收割机）,大大提高了农业生产效率,缩短了农耗时间,增强了抗灾能力,从而充分利用地表、地下水资源,河水、井水灌溉双配套,克服不利因素,取得较大的增产效益。近 20 年来粮食总产量稳步提高,至 1991 年粮食总产量为 1979 年的 1.7 倍,为实现吨粮打下了坚实的物质基础。

2　产量构成特征

2.1　冬小麦、夏玉米两熟大面积产量高于 850 kg/亩

据 1991—1993 年实测产量面积的统计,年均约有 200 亩左右。两熟平均单产高于 850 kg/亩,各年分别为:859.8,856.0,924.1 kg/亩,已达到吨粮水平（表 2）。

表 2　冬小麦、夏玉米及两茬复种高于 850 kg/亩（12 750 kg/hm²）地块的产量（一渡河）

年　　份		1991			1992			1993		
作　　物		冬小麦	夏玉米	小麦+玉米	冬小麦	夏玉米	小麦+玉米	冬小麦	夏玉米	小麦+玉米
产量	（kg/亩）	377.8	482.0	859.8	398.0	488.0	856.0	415.3	508.8	924.1
	（kg/hm²）	5 667.0	7 230.0	12 897.0	5 970.0	7 320.0	12 840.0	6 229.5	7 632.0	13 861.5
总产量（万 kg）		69 893	89 170	159 063	92 336	113 216	205 542	82 233	100 734	182 967
测产面积（亩）		185（占播种面积的 43%）			232（占播种面积的 54%）			198（占播种面积的 46%）		

2.2　夏玉米产量对吨粮的贡献比平原地区小

两茬作物产量比较,夏玉米比冬小麦高出 100 kg/亩。在较低产地块中,冬小麦的产量为 300～350 kg/亩,夏玉米为 450～500 kg/亩,而两熟大于 950 kg/亩的农田,冬小麦为 400～450 kg/亩,夏玉

米为 500～550 kg/亩。其中,"二十亩地"1992—1993 年冬小麦、夏玉米产量相当。

2.3 三种产量年型

两熟产量最高值均可达 950 kg/亩以上,三年分别为 980.3,978.9,981.3 kg/亩,1992,1993 年产量最高值均出现在示范田"下一过河"(表3)。

三年中全村最高产地块麦玉两熟达 981.3 kg/亩(14 719.5 kg/hm²),小麦最高产地块达 485.6 kg/亩(7 284.0 kg/hm²,"下一过河"),玉米最高产地块 584.7 kg/亩(8 770.5 kg/hm²,"沙果崖")。

表3 一渡河两熟产量及产量最高地块 单位:kg/亩(kg/hm²)

年份	产量			地 块
	小麦＋玉米	冬小麦	夏玉米	
1991	980.3(14 704.5)	425.5(6 382.5)	554.8(8 322.0)	水利沟子
1992	978.9(14 683.5)	440.8(7 242.0)	538.1(8 109.0)	下一过河
1993	981.3(14 719.5)	485.6(7 284.0)	495.7(7 663.5)	下一过河

1990—1991 年,冬小麦、夏玉米生育后期多雨、寡照、日较差小,因而千粒重是 3 年中最低的。

1991—1992 年,冬小麦全生育期气候条件较好,千粒重高,但因穗数过少,没有发挥该年的气候优势,产量受到影响。夏玉米在抽雄到吐丝期降水量过多,造成授粉不良,秃尖多,且因空气湿度较大,发生大小斑病,产量居中。

1992—1993 年,小麦生育期间的气候条件居于两年之间。玉米则因热量足,后期光照好,日较差大,产量是 3 年中最高的。但也因穗数少,灌水不及时,影响千粒重和资源潜力的充分发挥。

1993—1994 年,入冬降温过快,冬小麦抗寒锻炼差而受冻害,品种不当的受害最重;夏玉米品种选用不当,大小斑病重,并遭干旱高温危害,中期雨水过多,花期不遇,成熟度较差,并发生草荒,两季均明显减产。

这四年分别是较低产、中等产量、较高产和减产年型。

2.4 冬小麦、夏玉米产量构成特点

冬小麦亩产大于 400 kg 的产量构成为:(33～40)万穗×28 粒左右×(37～47)g,穗粒数、千粒重皆比平原区高。其中,冬小麦穗粒数最高可达 28.4 粒(1992 年),千粒重最高可达 47.2 g(1992 年)。

夏玉米大于 450 kg/亩的产量构成为:(4 000～4 800)有效穗×(110～130 g)穗粒重,千粒重大于 300 g,其中,穗粒重最高可达 130 g(1993 年)(表4)。

表4 冬小麦、夏玉米的产量构成

作 物		冬小麦(平均>400 kg/亩)						夏玉米(平均>450 kg/亩)						
产量构成		亩穗数(万穗)	穗粒数(粒)	千粒重(g)	亩产(kg/亩)	测产面积(亩)	总产(万kg)	株数(株/亩)	穗数(穗/亩)	穗粒重(g)	空秆率(%)	亩产(kg/亩)	测产面积(亩)	总产(万kg)
年份	1991	40.4	28.0	36.7	413.1	101	4.17	4 393	4 127	121.2	5.7	500.0	135	6.75
	1992	33.1	28.4	47.2	443.0	250	11.07	4 748	4 592	108.4	3.8	497.4	232	11.54
	1993	39.2	28.3	40.2	432.8	213	9.22	3 973	3 880	129.1	2.9	500.8	250	12.52

可见该村产量构成中,冬小麦的穗粒数、千粒重有优势。夏玉米千粒重与平原区相当,穗粒重较小,掌握好易控制的穗数才能发挥资源潜力。

3 两熟吨粮模式

从上述表明,一渡河村通过长期治理的农田具有明显的成效,产量逐年提高。但因大于 0 ℃积温仅

4 200 ℃·d,季节紧的问题难以解决。因此,只能在现实条件下走自身的高产路子。

冬小麦不同品种全生育期要求的积温 1 800～2 300 ℃·d,夏玉米不同成熟期品种类型要求 2 100～2 700 ℃·d。在充分利用当地资源避抗不利因素的基础上,为要在 4 200 ℃·d 积温条件的地区种植两茬作物,实现两茬亩产达吨粮的目标,提出了"两紧互让"的组合模式。

(1)"两紧"。"两紧"系指冬小麦、夏玉米受热量不足的限制,两茬作物生育期短、季节紧、接茬紧。为解决"两紧"的矛盾,首先要选定品种类型。为确保冬小麦高产,只能采用要求积温为 1 800～2 000 ℃·d 的冬性早熟品种。在农耗为 100 ℃·d 条件下,剩余积温只有 2 100～2 300 ℃·d。因此,玉米也只能种植早熟或中早熟品种(表5)。据研究积温相差 130 ℃·d,每亩产量相差 80 kg,如该村 1992 年早熟品种京黄 134 玉米产量比中早熟品种中单 120、农大 66 产量低 12%～20%(70～100 kg/亩)。因此,为获取较高产量则力求采用中早熟品种。

表5　玉米不同成熟度类型品种对产量的要求(黄淮海平原区)

成熟类型	早　熟	中 早 熟	中　熟
生长期(d)	85～90	95～100	105～115
≥10 ℃积温(℃·d)	2 100～2 200	2 300～2 400	2 500～2 700
代表品种	京黄 113、119、134,京白 107	烟三 6 号、京白 7 号、农大 54、中单 120	丰收 105、中单 2 号、丹玉 6 号、郑单 2 号、博单 2 号、掖单 4 号、京杂 6 号

注:积温 2 250 进为 2 300,2 450 进为 2 500

由于一渡河村日平均气温低于平原区,从平原引入的品种其生育期相应要延长 5～10 d。如京黄 134 品种在北京城郊东北旺农场生育期为 90 d 左右,引入一渡河村后则为 95～100 d。中单 120 生育期原为 95 d 左右,引入后则为 100～105 d,京早 10 号在北京为 110 d 左右,1994 年引入后,6 月 21 日播种至 10 月初收获时,仅处在乳熟到乳熟末。因此,在引入新品种时,必须考虑到这一热量因素的特点。

实践证明,一渡河村在"两紧"的条件下,当前采用冬小麦早熟品种"京 411"和夏玉米中早熟品种"中单 120"是良好的品种组合。

(2)"互让"。"互让"系指在品种类型确定后,冬小麦适当推迟播期和提前收获;夏玉米适当早收,互为对方让出积温,以保证籽粒都达到蜡初—蜡中收获。冬小麦由适播改为晚播,冬前减少 1～2 个分蘖,并且早收 2～3 d 才能让出 100～120 ℃·d 积温供玉米晚期灌浆并尽量早播之用;夏玉米早收 2～3 d 可为冬小麦让出 100 ℃·d 积温,以保证晚播适度,有一定的分蘖数。

(3)"两定"。系指定品种成熟期类型和播、收期。按夏玉米 6 月 20 日—9 月 30 日和 6 月 25 日—10 月 5 日,积温分别为 2 282.0 ℃·d 和 2 232.9 ℃·d,6 月 20 日—9 月 30 日种植的中早熟品种能成熟(蜡中)的概率有 3/4 年份,而难以种植中熟品种。而 6 月 25 日播只 39% 年份可种中早熟品种。一渡河比怀柔平原区热量少 130～135 ℃·d,怀柔平原区生育期 6 月 20 日—9 月 30 日,有 1/4 年份可种植中熟品种(表6)。

表6　怀柔平原区及一渡河玉米生育期热量供应不同品种类型的概率(1960—1990 年)

地　点	播种—收获期(日/月)	≥10 ℃积温历年平均(℃·d)	品种类型					
			早熟(2 100～2 200 ℃·d)		中早熟(2 300～2 400 ℃·d)		中熟(>2 500 ℃·d)	
			年次	概率(%)	年次	概率(%)	年次	概率(%)
怀柔	20/6—30/9	2 412.0	31	100	23	74	8	26
平原区	25/6—5/10	2 367.9	31	100	27	87	4	13
一渡河	20/6—30/9	2 282.0	31	100	23	74	0	0
	25/6—5/10	2 232.9	31	100	12	39	0	0

据知,该村三年种植中单 120 号玉米,6 月 23—25 日播种到 9 月底 10 月初收获可达蜡初—蜡中,达蜡中收获则需 6 月 20—22 日播种,而 6 月 25—30 日播种收获时只能达乳中,但必须达蜡初才有可能

获得470～500 kg/亩(7 050～7 500 kg/hm²)的产量,要高于500 kg/亩(7 500 kg/hm²)产量就需要在蜡中成熟,还必须采用灌浆速率快的品种。不同年份不同播期成熟程度不同,如1991年因播期迟,6月25日前播种的地块少于50%。收获时乳熟占75%,无蜡中成熟的,而1993年6月20—22日播种的蜡初占54%,蜡中占46%(表7),无论适时收麦期有多长,为确保玉米尽早播种,冬小麦必须在6月20日以前收获。为使冬小麦在收前达蜡初—蜡中,也就必须采用早熟灌浆速率快的品种。

实践证明,中单120玉米在6月23日前力争早播,9月底10月初收,冬小麦在10月5—10日种,6月20日左右收,两茬收获时均可达到蜡熟初—中期,分别可获400～450和500～550 kg/亩产量。播、收期的组合见表8。

表7 不同年份玉米收获时成熟度与产量的关系(品种:中单120;一渡河)

年份	不同成熟度收获的产量[kg/亩(kg/hm²)]			不同成熟度的测定面积概率(%)		
	蜡 中	蜡 初	乳 熟	蜡 中	蜡 初	乳 熟
1991	＞550 (8 250)	—	450～470 (6 750～7 050)	25	0	75
1992	—	470～500 (7 050～7 500)	450～470 (6 750～7 050)	0	75	25
1993	500～570 (7 500～8 550)	470～500 (7 050～7 500)		46	54	0
播期(日/月)	20/6—22/6	25/6—30/6				

表8 冬小麦、夏玉米一年两熟的播收期(日/月)组合

冬 小 麦		夏 玉 米	
播种期	收获期	播种期	收获期
30/9	18/6—19/6	19/6—20/6	30/9
5/10	19/6—20/6	20/6—21/6	2/10—3/10
8/10	20/6—21/6	21/6—22/6	4/10—5/10
10/10	20/6—21/6	21/6—22/6	6/10—7/10

综上所述,"两紧、互让、两定组合模式"的关键是"两定",一是在选定品种类型基础上选用适宜的品种。冬小麦要选适应当地冬冷和季节紧的气候特点、能安全越冬的冬性早熟、抗逆性强、灌浆速率快的高产优质品种;夏玉米则需选抗病性强、灌浆速率快的中早熟品种。二是确定适宜的播收期。

(4)两熟高产形成特点与指标

1)产量形成特点

北缘区由于地理位置及地形影响,气候条件有其特点,作物生长发育与平原区也有所不同。

冬小麦:为了照顾两茬高产,冬小麦只能适当晚播。在秋季温度正常的年型,10月5—9日播种的麦苗冬前只有400 ℃·d左右的积温,越冬前麦苗主茎四叶—四叶一心,具有1.5～2.0分蘖,这种苗情已属晚播麦的壮苗。10月13日以后播种的麦苗,则不能分蘖。

由于晚播,以及北缘区气温偏低,小麦生育期延后,抽穗期较平原区晚3 d左右,因此,成熟期(蜡熟中期)一般出现在6月21—22日,收获期较平原区晚。

由于北缘区早春气温偏低,而且升温缓慢,小麦穗分化期间气候条件有利。在决定小穗数目的重要时期,单棱至护颖分化和单棱至雌雄蕊分化期间≤7.5 ℃和≤10.5 ℃有利小穗分化的温度出现的日数多于平原区,使主茎小穗数达19个以上,为小麦高产提供了重要的库容,为增加穗粒数打下了基础。

籽粒灌浆期间气温适宜,最高气温不低于33 ℃以上及最低气温≥16.5 ℃,日最高灌浆速率平均可达2.5 g/d左右,因此,北缘区气候有利小麦形成高千粒重,一般可高于平原区4 g左右。

冬小麦在冬前及冬后3月中旬前露出叶鞘的分蘖,其成穗率主茎第一蘖为96%～100%,第二蘖为85%～88%,因此,冬小麦在不过晚播条件下,可采取主茎穗与分蘖穗并重的途径达到40万～43万/亩

有效穗及 400～450 kg/亩(甚至更高)的产量。

总之,北缘区在选用适宜的早熟品种,及确定播期播量的基础上针对性的采用技术措施,可充分利用较冷凉及光温水配合良好、利于冬小麦生育和籽粒灌浆的气候资源,以实现亩产 400～450 kg 的产量目标。

夏玉米:确定适宜的品种和适当的播收期更为重要。因为夏玉米不同播期和不同品种类型的收获期相差较大,同时收获可从乳熟到蜡中,影响产量可相差 100 kg 左右。实践表明,1992 年采用中早熟品种中单 120 的产量比 1991 年(采用多个品种),1994 年(京早 10 号为主)产量高出 20%～30%。

夏玉米因生长季节温度偏低,穗粒形成受到一定程度的影响,但是籽粒形成期灌浆条件较好,品种的灌浆速率较快,弥补了在较凉夏季对喜温作物热量不足的影响,千粒重仍不算低,保证 4 000～4 500 有效穗则可获 500～550 kg/亩产量。但夏玉米产量在吨粮中作用小于平原区。

全年大于 0 ℃积温 4 200 ℃·d 地区,冬小麦复种夏玉米两熟热量是劣势条件,但该地两茬作物的籽粒灌浆期间(5 月下旬—6 月中旬及 8 月下旬—9 月下旬),光温配合好,特别是日较差大于平原区则是独特的优势。如 1992 年,一渡河与海淀同期的日较差分别为 15.2 和 13.2 ℃,冬小麦千粒重则分别为 45～47 g 与 40～42 g,灌浆高峰期灌浆速率最高可达 2.42 g/d。

夏玉米灌浆籽粒形成期处于 8 月下旬—9 月下旬,平均气温较低,只有 19～20 ℃,最高气温平均 26～27 ℃,最低气温平均 14 ℃,热量水平低于平原区。而因日较差大,达 11～13 ℃,热量有效性较高,采用灌浆速率快的中早熟(中单 120 号)品种,高峰期的灌浆速率为 11.0 g/d,最高达 12.5 g/d。千粒重达 300～320 g,与顺义采用中熟品种(>300 g)相近。

2)高产指标

实现高产目标的穗、粒、重及植株性状指标如下(表 9)。

表 9　北缘区冬小麦、夏玉米两熟亩产吨粮的指标

	冬 小 麦	夏 玉 米	
产量(kg/亩)	≥450	≥500	
品种类型	穗粒并重型	平展型品种	紧凑型品种
有效穗数(穗/亩)	40 万～45 万(基本苗 20 万～22 万,总茎数:冬前 60 万～80 万;春后 90 万～105 万)	4 000～4 300	4 500～5 000
穗粒数或穗粒重	28 粒左右	120 g 左右	
千粒重(g)	40～45	>300	
最大叶面积系数	5.0～5.5	4.0～4.5	
生物量(kg/亩)	1 000 左右	1 100 左右	
经济系数(%)	0.43～0.45	0.46～0.50	

4　两熟吨粮田关键配套技术

选定品种类型、确定播期(夏玉米力争早播)后的关键技术是:合理密植,狠抓播种质量,确保适宜亩穗数及适时适量灌水施肥。

4.1　合理密植确保适宜亩穗数是当前冬小麦、夏玉米高产、稳产的关键

(1)冬小麦采取主茎穗与分蘖穗并重实现 40 万左右成穗数。冬性早熟小麦品种其晚播期限于冬前有 1.5～2.0 个主茎蘖,为此,常年播期为 10 月 5—9 日,基本苗为 20 万～22 万/亩,头水肥需在 3 月底至 4 月初实施,以提高分蘖成穗率,起保蘖增穗作用。

(2)夏玉米季节紧,全生育期约 2 300 ℃·d 积温,而且生育后期气温下降较快,穗重形成受到限制,单穗重一般 120 g 左右,最高不超过 140 g,因此,平展叶型品种达亩产大于 500 kg,需确保 4 000～

4 300有效株数（紧凑型则需 4 500～5 000 株/亩）。

从三年产量形成的结构表明：冬小麦穗数处于 33 万～40 万穗之间，粒数 28 粒以上，千粒重 40～45 g，其中 1992 年是丰产年型，千粒重、穗粒数都是三年中的最高值，分别为 47.2 g、28.4 粒，亩产也最高，为 443.0 kg(6 645 kg/hm²)。可见，千粒重起了重要作用，由于亩穗数少，1992 年的增产潜力没有发挥。玉米则以 1993 年生育期的光照条件最好，大面积单产最高，其有效穗数、空秆率是三年中最低的，主要由于穗粒重高(134 g/穗)，如能增加穗数，仍有增产潜力。

从两茬作物的叶面动态看，最大叶面积系数不足，小麦密度低的年份(1992 年)最大才 4.3，玉米(1993 年)则只有 3.50，可见在光合时间光合效率不变的情况下光合面积过低影响产量潜力的发挥。

4.2　狠抓播种质量、确保亩穗数

苗全、齐、匀、壮是确保亩穗数的基础。该村虽土地几经平整，但仍大平小不平，机播易造成播种深度不同，出苗不齐。

冬小麦：由于出苗不齐造成苗壮弱不匀、弱苗冬季易遭冻害，不利来年生长。

夏玉米：因地表不平，影响出苗整齐度问题比冬小麦更为突出。同时初夏易旱，墒情不足(1993 年)或播后遇雨(1992 年)土壤板结。造成早播不早出，并影响苗全匀壮导致穗数不足，影响产量更为明显。因此，播种前力求平整好土地，掌握好机播深度，还需按期定苗，存优去劣。

4.3　适时适量灌水施肥以提高水肥的利用率

(1)灌水

全年生育期降水供应不足，以麦季更为严重。玉米籽粒灌浆时期缺水不可忽视。怀柔县年降水量历年平均 657.4 mm，但分配不均，小麦生育期平均降水量 162.4 mm，占全年降水量的 25%，约占小麦需水量的 1/3，玉米生育期多年平均降水量 500 mm 左右，占全年降水量的 78%，从总量看与玉米需水量相符，其中，7—8 月 411.3 mm，占全期的 81%～84%，但雨季有径流 60～70 mm，而籽粒形成期降水只有 58.3 mm，远不能满足需要，可见冬小麦全生育期间及夏玉米水分关键期缺水严重。

按全年 600 mm 以上降水的季节分布规律，根据作物生理、生态需水特点及土壤的贮存雨季水的底墒作用(100 mm 左右)。全年每亩需灌水 400～460 mm(260～300 m³)。两季作物蒸散量约 950 mm。(蒸发＋蒸腾，一般也称耗水量)，水分利用率(1 mm 水分生产的产量)为 1.1～1.2 kg/(亩·mm)。

对该地经三年灌水实践总结认为：

冬小麦一般需灌冻水(11 月下旬入冬前)、起身拔节水(3 月底—4 月初，穗分化二棱末期)、拔节水(4 月 20 日左右，药隔期)、孕穗水(5 月初)、灌浆水(5 月下旬)、麦黄水(6 月上旬)共七水，约 340～400 mm(230～260 m³)。除冻水、麦黄水需要量大些(60 mm 左右，相当于 40 m³)，其余各水均为 35～40 mm(23～26 m³ 左右)。

夏玉米一般年份只需一次灌浆水(9 月 5—6 日)，灌量 60 mm 左右(40 m³)，夏旱年份则需补充提苗水和拔节水(下/6、底/7)。

作物水分利用率指 1 mm 耗水形成的产量[kg/(亩·mm)]，与产量成正比与蒸散量(耗水量)成反比，直接反映作物水分利用的效率。

水分利用率(WUE)的表达式为：

$$WUE = Y/ET \quad [kg/(亩·mm)]$$

式中，Y 为产量；ET 为蒸散量。

1992—1993 年冬小麦产量较高，耗水量偏低，水分利用率达 1.03 kg/(亩·mm)，高于玉米[1.00 kg/(亩·mm)]。1991—1992 年，因夏玉米产量明显高于小麦，而只灌水一次，耗水量又较少，水分利用率高于 1.28。从全年高产麦＋玉米的水分利用率两年相近，1992 年稍大于 1993 年(分别为 1.05 与 1.01)。

1992 年小麦全生育期处于较好气候年型，但因穗数较少，且蒸发量加大，土壤耗水量增加，又遭黑穗病危害，浇水时期和数量不当等都影响了产量而影响水分利用率。若灌水期、灌水量适宜，水分利用率可比 1993 年提高,同时,1993 年冬小麦头两水灌期过早,若合理灌水则水分利用率还可提高。1993 年玉米亩穗数也低,仅此一项单产可提高,则可望提高全年的水分利用率以经济用水。

(2)施肥

该村土壤肥力属中等水平,全年供氮 30 kg/亩左右,N：P＝1.5：1,有机肥 1.5 m³ 情况下,产投比为 0.8 kg/1 kg N(冬小麦、夏玉米分别为 0.88 与 0.71)。氮肥利用率(1 kg N 生产的籽粒千克数)为 34.5 kg/1 kg N(冬小麦、夏玉米分别为 34.2 与 34.7)。

冬小麦为保分蘖成穗、促小穗分化,春季浇头水时结合轻施化肥(占追肥总量 30％),为保花增粒,结合二水时重施化肥(占 70％)。

夏玉米则前重种肥,穗肥(分别占追肥总量的 20％和 60％)后轻(粒肥占 20％)。

据土壤肥料辅助试验的结果,该村农田在投入基肥 1 500 kg、磷肥适当及少量施硼肥时,增产明显。

该村的特色是勤浇鸡粪水,有较好的肥效,经化验:每浇一次鸡粪水,一般约 33 m³,相当于亩施氮 1.35 kg,P_2O_5 0.16 kg,K_2O 0.54 kg,在处理防污染的情况下,是一项省肥低耗、提高肥效的途径。

实现吨粮的综合配套措施如下所示(表 10)。

表 10 实现吨粮的综合配套措施(一渡河)

作物		冬 小 麦						夏 玉 米
品 种		冬性、早熟						中早熟
主栽品种特性		穗粒并重型、抗病、抗倒、灌浆速率快						适应性强、抗病、抗倒、灌浆速率快
代表品种		京 411						中单 120
最佳播期		秋常年 10 月 6—8 日,秋暖年型 10 月 8—10 日,秋凉年型 10 月 3—5 日						6 月 20—22 日
基本苗或亩有效穗		20 万～22 万(总茎数:冬前 60 万～80 万,春后 90 万～105 万;成穗数:40 万～45 万)						平展型 4 000～4 300 株 紧凑型 4 500～5 000 株
行 距(cm)		15						70
灌水	时间	冻水	起身水	拔节水	孕穗水	灌浆水	麦黄水	灌浆攻籽水
		11 月下旬	3 月底—4 月初	4 月 20 日左右	5 月初	5 月下旬	6 月上旬	9 月 5—6 日
	水量(mm)	60	40 左右	40 左右	40 左右	40×2	60	60
		(遇伏旱年浇底墒水酌情而定)						(提苗水及拔节水视降水量而定)
施肥	时间	3 月底—4 月初;4 月 20 日左右						种肥穗肥 7 月下旬,粒肥 8 月中旬
	施肥量占追肥总量的百分比(%)	30;70						20;60;20 (后期用鸡粪水补粒肥)
其 他		①进一步平整土地,缩短毛渠间距;②提高机播质量;③及时防治病虫草害						

5 潜力、问题与前景

5.1 潜力

作物生产力是在光、温、水、土、肥合理管理及最优良的品种的综合作用下形成的。在水、肥、土、管理和品种最适的条件下,一地区的光温条件形成的产量是当地的气候产量,考虑到土壤条件和形成自然条件下的生产力。随着科学技术的进步,生产水平的提高,将大大提高自然生产力,并将逐渐趋近光温生产力。

(1)远期约有 1/4 的产量潜力。按改进的 FAO 农业生态区方法估算的一渡河村在品种适宜、水肥供应适合、管理恰当条件下冬小麦、夏玉米远期尚有 1/4 的产量潜力,目前高产地块平均单产分别为 439 kg/亩和 503 kg/亩。

(2)近期有提高 10％左右产量的可能性。按现有的研究成果和实践经验,该村无论冬小麦或夏玉米产量在各年型下都有潜力。

冬小麦:1992 年下一渡河亩产 443 kg/亩,成穗数只 33 万,若增至 40 万按每 1 万穗折增产 11.0 kg (165.0 kg/hm²),则每亩可增加 77 kg(1 155 kg/hm²),再调整灌水期增加千粒重 1 g,以每克增产 9 kg (135 kg/hm²),防止黑穗病发生每亩增加 15 kg(225 kg/hm²)产量,冬小麦产量即可达到 544 kg/亩 (8160 kg/hm²),为光温生产力的 91%,但这种年份三年一遇,则约为光温生产力的 75%(450 kg/亩)。 1993 年个别地块(下一过河 20 亩)已达亩产 485.6 kg。其中,穗数增加的潜力最大,在当地的现有技术 和生产条件可达 40 万~45 万穗/亩,甚至部分地块还可达 50 万穗/亩,有较大潜力,但在阴雨年型,如 1991 年不能大于 40 万穗。

夏玉米:1993 年平均亩产 500.8 kg/亩,有效株只有 3 764 株,若增至 4 200~4 300 株,按亩增加 100 株增产 12 kg(180 kg/hm²)计,每亩可增 52 kg(780 kg/hm²)~64 kg(960 kg/hm²)。仅此一项可使 产量提高到 565 kg/亩(8 475 kg/hm²),若调整好灌水期使千粒重增加,产量还可以提高,达到光温生产 力的 68%。不同年型产量平均可达 540 kg/亩(8 400 kg/hm²),这样,将达到光温生产力 65%。目前个 别地块(沙土地沙果崖 24 亩)亩产已达 584.7 kg。如果用紧凑型品种可增加到 5 000 株/亩,也还有一 定潜力。

5.2 问题

(1)灾情不可忽视。通过对怀柔县 30 年气候资料的分析表明:冬小麦、夏玉米生育期间的热量条件 每十年平均无明显变暖趋势,只冬季一月份气温变暖明显,从 20 世纪 60 年代的 -8.9 ℃ 到 80 年代的 -5.0 ℃,冬小麦可种植弱冬性品种,但极端最低温度 70—80 年代相近,60 年代则较暖。1993—1994 年初冬降温剧烈,冬性品种冻害轻。可见,种植冬小麦仍应以冬性品种为主,并且两熟季节紧的问题依 然存在。降水年际间的变化也没有改变当地作物生育期中降水少、干旱的特征。因此对该村的灾害年 型引起的减产切不可忽视,需要进一步摸清规律采取有效措施。

根据对小麦、夏玉米各生育阶段的年型分析得出,温度和降水的年际波动对产量形成和措施采用关 系很大。

1)冬小麦冻害。冬小麦冬季正常和冬冷两种年型出现的概率共 62%,加上冬初急降温、秋季锻炼 不足引起的冻害,则冬季可能受冻害的年份近 70%。因此,防冻是不可忽视的。冬麦采取冬性品种,适 时播种和灌冻水,并适时镇压耙耱麦苗等。

2)干旱或多雨。麦季个别年份降水过多,或在 3 月上旬—5 月中旬,或在 5 月下旬—6 月中旬降水 量大于 120 mm,如 1991 年 5 月下旬—6 月中旬为 259.3 mm,90% 以上年份干旱,重旱年占 9%,如 1992—1993 年 5 月下旬—6 月中旬,降水量小于 30 mm,适时适量灌水极为重要。1991—1993 年因灌 水不当,过早或过晚都达不到抗旱的目的。夏玉米生育期内降水分配不均,虽旱涝交替发生,仍以干旱 为主。9 月降水量大于 100 mm 的概率只占 9%,80% 以上的年份干旱少雨,大喇叭口—灌浆期,或多雨 或高温干旱引起花期不遇,概率约为 30%;由于雨季降水多、湿度大引起病害发生危害也不轻。

(2)提高生态经济效益尚待研究。目前高产地块全年水分利用率 1.01~1.02 kg/(亩·mm),亩经 济效益较低,产投比全年只有 1.64~1.84(产出值/成本),都需进一步提高。此外,据初步测定籽粒秸 秆氮含量稍高,还需进一步研究。

(3)农田基本建设水平与机械化水平有待提高(详见《整治土地实现农业机械化,提高劳动生产率和 土地生产力》一文)。

(4)复种类型单一,适宜搭配品种较少,主要是冬小麦、夏玉米复种,品种分别适宜的不多,特别是玉 米的成熟度不易保证,小麦玉米搭配的良好组合只有一种。

5.3 前景

5.3.1 近期

(1)调整种植类型,如安排 1/4 的农田麦豆两熟。经几年实践,夏大豆在一般情况下可获 120~

150 kg/亩(1 500～2 250 kg/hm²)的产量,由于夏大豆生长期短,可适当晚播(6月下旬)9月下旬就可收获,缓和了季节紧张的矛盾,而且夏大豆蛋白质含量较高,品质较玉米为好,而且有根瘤固氮,可改良土壤,这样既可省化肥,经济效益又高。通过种植夏大豆,搭配一部分麦豆两熟,减去较晚播玉米的面积,可使其他地块的夏玉米和冬小麦都能适时播、收,对全田全年稳产、优质、高效都有利;或者麦玉、麦豆隔年种植,两年平均产量也在850 kg/亩以上;或者采取麦收前撒播包吸湿剂的种子于麦行间可争取季节;或者在一部分农田种植蔬菜,一方面可以缓和种麦玉两熟的季节紧张,又可调节群众生活。

(2)技术改进,如土地进一步平整,减少畦埂面积,提高土地利用率,减少机收造成粮食损失,提高农机效率,尽量减少农耗,争取多一天的灌浆时间,有利于产量的提高,采用多种提高抗灾能力的技术等。

(3)农牧结合,在发展养鸡业的前提下,增加牛羊的圈养,发展养牛业,充分利用秸秆和山地草资源,以增加全村收入,改善群众生活。

5.3.2　长远设想

首先是选用新培育的早熟、高产、优质、抗逆性强、灌浆速率快的冬小麦、夏玉米、夏大豆品种,确保高产、稳产、优质。其次是在农田大平的基础上进一步全面平整,并提高机械化作业和水利化水平,以确保播、收及时,出苗早、全、匀、壮,从而不断提高土地、水肥利用率和经济效益。最后研制现代化作物生长调控决策系统,并实施于生产。包括年型预报并按年型提出针对性的有效对策。

6　小结

(1)研究揭示出在冬小麦、夏玉米两熟北缘区,大于0 ℃积温为4 200 ℃·d的热量条件下高产形成的规律,即在当地土壤和肥力水平下,针对性地采取综合配套技术措施,尽量能充分利用当地麦季较适宜的温度、气温有效性高的特点和两季作物籽粒灌浆期间良好的光温配合以及水分供应充足的优势,可获得冬小麦高于450 kg/亩和夏玉米高于550 kg/亩的产量。肯定了该地区在一定面积上实现吨粮的可能性,以及近期还有增产10%的可能性潜力。其中冬小麦高产稳产的潜力大于玉米。

(2)提出了冬小麦、夏玉米全年"两紧互让的组合模式",即根据当地全年两茬作物季节紧、农事紧的现实,冬小麦、夏玉米之间在利用热量上要互让,使全年热量资源得以充分合理利用。其关键一是要选用适宜的作物品种类型和品种;二是确定两茬作物的适宜播种、收获期以便相互协调,而玉米要力争早播。当前条件下,冬性、早熟、灌浆速率较高的冬小麦品种京411和中早熟、抗逆性强、灌浆速率较高的夏玉米品种中单120,是良好的品种组合。冬小麦适宜的播种期和收获期分别为10月5—9日和6月18—21日,夏玉米适宜播种期和收获期分别为6月20—22日和10月3—5日。

(3)根据当地晚播冬小麦分蘖成穗规律,提出采用主茎与分蘖成穗并重来获取40万～45万/亩有效穗的高产类型,不一定采用以往晚播麦1株1穗依靠主茎成穗的大播量途径。

四种饲料作物生产力比较研究[*]

葛继新　孔扬庄

（北京农业大学）

农牧结合发展畜牧业,已成为黄淮海地区解决城乡人民日益增长的对肉、奶、蛋、皮毛等畜产品需求的主要和最可靠的途径。它的基本条件是农区要有足够的饲料生产能力。作者于 1986—1987 年连续两年在黄淮海地区南部的淮阳县和北部的北京进行了田间试验,初步探讨不同饲料作物在不同地区的生产力,即干物质、能量、粗蛋白产量,包括总生物量、籽粒、秸秆(秧藤)三部分。

1 试验设计

(1)试验地点:北京市东北旺农场科技站(40°01′N,116°20′E,海拔 50 m)和河南省淮阳县城西 2.5 km 小孟楼试验站(33°44′N,114°51′E,海拔 46 m)。

(2)土质:北京试验点地势平坦,土层深厚,肥力中上等。0～50 cm 为壤质土,50～100 cm 为沙壤土 (80～100 cm 层有礓石),1 m 层土壤容重 1.3～1.4 g/cm³,田间持水量 22%～23%,耕层有机质 1.66%,排灌方便。淮阳试验地状况与北京相似,耕层有机质 1.21%,属中等肥力水平。

(3)试验地面积:北京 5 亩,淮阳 6 亩,两年试验在同样肥力条件下进行。

(4)作物:有四种春(播)作物(玉米、大豆、甘薯、大麦),三种夏(播)作物(玉米、大豆、甘薯),春大麦是夏作物的前茬。作物品种:北京试验点:春玉米 1986 年京杂 6 号,1987 年京白 16;夏玉米两年均为京黄 119;春大豆为承豆一号,夏为早熟 7 号(两年同);春夏甘薯两年均为徐薯 18。淮阳春夏玉米均为博单 1 号,大豆春夏两年均为跃进 5 号,春夏甘薯两年与北京相同。

(5)小区排列:顺序排列,每一处理设三个重复,小区面积 18～20 m²,试验地周围均设保护区。

(6)测定项目:动态测定每半个月一次(出苗、成熟),有叶面积系数,亩鲜干重测产用常规方法进行。各作物粗蛋白含量测定采用凯氏定氮法,总能量换算系数参考《中国饲料成分及营养价值表》一书整理。

(7)田间管理:按当地中上等水平进行。

(8)收获期:作青饲(贮)用在生物量最大时,即乳熟或鼓粒期收获;粒用即成熟时收获。

2 气候背景

试验年度内,从热量条件看,北京 1986 年是偏暖年型(春暖、秋常),年平均气温 11.9 ℃,大于 0 ℃积温 4 669.1 ℃·d,1987 年属正常年景(春冷、秋暖),年平均气温为 11.6 ℃,大于 0 ℃积温 4 476.8 ℃·d。淮阳 1986 年热量属正常年;1987 年属偏冷年,0 ℃以上积温比常年少 150 ℃·d。

从降水量看,北京点 1986 年属正常年型,年降水量 672.5 mm,比历年平均值(644.2 mm)稍多;1987 年降水量偏少,为 584 mm。淮阳点 1986 年降水量 482 mm,比常年(751.2 mm)少约 270 mm,属典型的春夏连旱年,作物生长期(3—8 月)降水量 263 mm,比常年同期少 52%;1987 年降水量 760 mm,属正常年型。作物生长期(3—8 月)降水量 533.5 mm,接近常年平均值(549 mm),试验结果基本有地区代表性。

---

　* 本文在韩湘玲教授指导下完成

3　试验结果

3.1　不同作物的饲料价值

不同作物在同样气候、土壤、管理条件下,所提供的饲料价值不同。不同地区各作物的干物质、能量和粗蛋白产量也有所不同(表1)。

表1　不同地区各作物相对于玉米的产量(干物质、总能)　　　　　　　　　　　　　单位:%

地区	作物	饲　用		粒　用					
		生物量		生物量		籽　粒		秸　秆	
		干物质	总能	干物质	总能	干物质	总能	干物质	总能
北京	春玉米	100	100	100	100	100	100	100	100
	春大豆	53	55	36	37	30	31	39	41
	春甘薯	95	97	91	91	148	147	49	53
	春大麦	51	48	43	44	47	46	40	43
	夏玉米	100	100	100	100	100	100	100	100
	夏大豆	54	51	38	39	30	31	35	36
	夏甘薯	75	80	95	93	122	121	63	68
淮阳	春玉米	100	100	100	100	100	100	100	100
	春大豆	69	65	73	71	22	20	119	126
	春甘薯	108	109	142	142	171	183	90	97
	春大麦	51	51	48	47	33	33	62	62
	夏玉米	100	100	100	100	100	100	100	100
	夏大豆	67	63	74	72	34	31	106	112
	夏甘薯	110	111	135	135	169	179	86	93

(1)干物质和能量产出相当:不论饲用或粒用,黄淮海北部的北京,以玉米为100,则甘薯为90~95,大豆36~55,大麦45~50,南部的淮阳有所不同,以玉米为100,甘薯为110,大豆为65~70,春大麦51。其中籽粒产量,以玉米为100,北京甘薯为120~148,大麦47左右,大豆约30;淮阳则比北京高,甘薯为169~180,大麦较小(33),大豆相当(20~34)。秸秆产量仍以玉米为100,北京甘薯为49~68,大豆35~41,大麦40左右;淮阳则比北京高,甘薯为86~97,大豆106~126,大麦为62,这是由于不同作物在不同地区的生态适应性不同所致,大豆在淮阳的气候生态适应性优于北京。

(2)粗蛋白产量:据在北京的试验,春作物总生物量中粗蛋白产量玉米、大豆相当,甘薯约为玉米的80%,大麦约为75%,夏作物玉米、大豆、甘薯三者相当。籽粒粗蛋白产量,春大豆是春玉米的160%多,夏大豆是夏玉米的近130%,甘薯最少,为玉米的70%左右;秸秆中粗蛋白产量,以玉米为100,大豆只近50,而夏甘薯为148(表2)。

表2　各饲料作物相对于玉米的粗蛋白产量(北京,1986—1987年)

作　物	饲　用	粒　用		
	生物量	生物量	籽　粒	秸　秆
春玉米	100	100	100	100
春大豆	104	106	167	47
春甘薯	84	82	68	97
春大麦	72	76	75	77

作物	饲用	粒用		
	生物量	生物量	籽粒	秸秆
夏玉米	100	100	100	100
夏大豆	98	107	128	49
夏甘薯	102	102	74	148

此外,据《中国饲料成分及营养价值表》介绍,粗蛋白的含量大于 20％为蛋白质饲料,小于 20％为能量饲料。据此,本试验四种饲料作物中大豆是重要的蛋白质饲料,尤其是籽粒的粗蛋白的含量高达40％,而其余三种作物均为能量饲料,因玉米的生物量大,亩粗蛋白产量与大豆接近,夏甘薯秧藤的粗蛋白产量则更高。

3.2 低生产水平下,大豆蛋白质生产比玉米具有优势

尽管玉米是能量饲料作物,畜牧界公认大豆在蛋白质含量、蛋白质消化、消化蛋白质、能量和粗脂肪含量,以及消化能等方面优于玉米(表3),另外作为青饲料用时,玉米青贮蛋白质浓度不及大豆青干草高。离开大豆或其他豆科作物,仅依靠玉米等禾本科作物的籽粒或秸秆,是不能配成标准饲料的(要求粗蛋白含量达到 15％)。

在肥力水平等相同的田块上,大豆、玉米各亩施 8 kg P_2O_5(基肥)、另外玉米亩施 10 kg 纯氮(基肥、追肥各半)时,大豆和玉米亩产蛋白量接近,尤其是做精饲料的籽粒,大豆粗蛋白产量是玉米的 1.6 倍(春作)或 1.3 倍(夏作)。在与上述同样的田块上,不施任何肥料,大豆亩产蛋白质比玉米高。春大豆比春玉米高 15％,夏大豆比夏玉米高 38％(表4)。甚至,不施肥时大豆蛋白质产量也比施肥的玉米高(表5)。据试验,施肥对大豆的增产效果不明显,这是由于不同作物的生物学特性决定。

表 3 玉米和大豆的饲用价值比较

作物	蛋白质含量(％)	蛋白消化率(％)		消化蛋白质(％)		消化能(Mcal/kg)		总能(Mcal/kg)	粗脂肪(％)
		牛	绵羊	牛	绵羊	牛	绵羊		
玉米	9.7	69	74	7.5	7.2	3.92	4.01	4.22	4.2
大豆	42	90	82	37.5	37.5	4.03	4.04	4.88	19.2

表 4 不施肥时大豆、玉米粗蛋白产量比较(北京,1987 年)

春作物	粗蛋白产量(kg/亩)	夏作物	粗蛋白产量(kg/亩)
春大豆	128.2	夏大豆	127.0
春玉米	111.9	夏玉米	92.3
大豆比玉米高出的百分比(％)	15	大豆比玉米高出的百分比(％)	38

表 5 大豆(不施肥)与玉米(施肥)粗蛋白产量比较(淮阳,1986—1987 年) 单位:kg/亩

处理	不施肥		施肥	
	春大豆	夏大豆	春玉米	夏玉米
饲用	57.1	61.8	54.0	50.2
粒用	54.2	60.2	45.5	41.5
粒用	30.7	46.7	28.9	26.7

另外,经过统计,1985 年黄淮海地区各作物每亩经济部分粗蛋白平均产量,若大豆为 1,则花生为1.3,小麦为 0.9,玉米为 0.7,棉花为 0.6,甘薯为 0.3。可见,在实际生产中,也反映了大豆等豆科作物是重要的蛋白质途径,在目前比较低的生产水平下,提供数量较多的植物蛋白。

3.3 饲用和粒用栽培的生产力比较

饲用处理系指乳熟期(禾本科)或鼓粒期(豆科)收获,粒用处理指籽粒成熟期收获。

(1)禾本科作物:北京,以粒用密度为 1,饲用密度为 1.5~1.6,1986—1987 年两年平均的干物质和粗蛋白产量,饲用比粒用稍占优势(表 6)。淮阳,以粒用密度为 1,则饲用密度为 1.4~1.6,1986—1987 两年平均的干物质、能量产量饲用比粒用明显高。1987 年比 1986 年更突出,这是由于淮阳 1986 年是典型的春夏连旱年,水分供应不足,高密度的优势降低;淮阳 1986 年作物生长期(3—8 月)降水量比常年同期少 52%,淮阳两年平均干物质饲用比粒用多产 20%~34%,能量多产 17%~33%(表 7)。

表 6 最大生物量时饲用、粒用生物量比值(北京,1986—1987 年)

作 物	密度(株/亩)			生物量	粗蛋白产量
	饲用	粒用	饲/粒	饲/粒	饲/粒
春玉米	6 000	4 000	1.5	0.94	1.08
夏玉米	8 000	5 000	1.6	1.04	1.01
春大麦	—	—	1.5	1.09	1.18
春大豆	33 333	18 000	1.85	1.36	1.30
夏大豆	40 000	24 000	1.7	1.68	1.24

表 7 饲用与粒用生物量比值(淮阳,1986—1987 年)

作 物	密度			干物质(饲/粒)			能量(饲/粒)		
	饲用	粒用	饲/粒	1986 年	1987 年	平均	1986 年	1987 年	平均
春玉米	6 500	4 000	1.6	1.08	1.42	1.25	1.05	1.35	1.20
夏玉米	6 500	4 000	1.6	1.10	1.30	1.20	1.07	1.26	1.17
春大麦	—	—	1.4	1.12	1.56	1.34	1.10	1.56	1.33
春大豆	30 000	20 000	1.5	—	1.05	1.05	—	0.97	0.97
夏大豆	30 000	20 000	1.5	1.02	1.26	1.14	0.91	1.17	1.04

(2)豆科作物:北京,以粒用密度为 1,则饲用密度为 1.7~1.9,两年平均以粒用产量为 1,则饲用产量是:干物质为 1.30(春作)或 1.24(夏作),能量为 1.2(春作)或 1.30(夏作),粗蛋白质的情况则不同,饲用粒用产量接近。淮阳,以粒用密度为 1,饲用则为 1.5,饲用优势不明显。尤其是处在严重干旱条件下的春大豆,饲用几乎表现不出优越性,而较正常的 1987 年,饲用比粒用优势较突出。无论北京还是淮阳,夏作物生长季内光热水充足,配合较好,利于饲用处理高密度下作物的茎叶生长。因而,夏作物饲用对粒用的增产效果,比春作物好。

饲用为粒用密度的 1.5~1.9 倍时,一般饲用栽培总是表现出优势,优势大小视年型、作物生长季内光热水配合条件以及不同气候区而定。气候土壤条年好,优势就大。在黄淮海地区南部禾本科饲用优势明显,可比粒用增产 20%~34%,黄淮海地区北部豆科优势明显,可比粒用增产 20%~50%。

3.4 检验结果

经 t 检验(两地趋势一致):无论是粗蛋白、干物质或者是作物所固定的能量,禾本科(以春夏玉米为代表)与豆科的差异是显著的。若以产出干物质和能量为目的,应种植禾本科作物,它比豆科作物平均高出 1 倍左右的干物质和能量;若以生产粗蛋白饲料为目的,则豆科作物比禾本科的玉米平均多产出近 65%的粗蛋白。

4 结论

(1)在中上等肥力下,玉米是能量饲料作物,甘薯块是高能作物,大豆籽粒是重要的蛋白质补充饲料,夏甘薯秧藤的粗蛋白亩产量也较大。

(2)禾本科(玉米、大麦)总生物量的能量产量为豆科大豆的 1.8~2.8 倍。

(3)高生产水平下,总粗蛋白质产量玉米与大豆相当,春大麦为春玉米的 75%左右,春甘薯为春玉米的 80% 左右；夏作玉米、大豆、甘薯三者相当。低生产水平下，大豆粗蛋白产量比玉米高。

（4）同一作物如玉米，能量产量饲用可比粒用高 5%～30%，粗蛋白产量高 10%～26%；生物量最大时收获，饲用比粒用生物量可多出 14%～46%。豆科相似。

（5）不同作物不同地区不同气候年型，饲料作物的饲料价值，不尽相同，降水丰年不但产量高，饲用比粒用的优势也大。黄淮海地区南部禾本科如玉米，饲用栽培优势大，北部豆科大豆饲用栽培优势大。

黄淮海地区粮食作物生产力与商品基地的研究[*]

韩湘玲　　曲曼丽　　刘巽浩

（北京农业大学）

1　远期可能有一倍的增产潜力

对资源与作物生产力的科学估算是制定农业发展战略、区域开发规划与商品基地选建的基础。

1.1　逐年作物生产力估算法

本课题研究作物生产力的目的在于分别了解不同地区最高的、远期的与近期的生产潜力，一方面对长远的可能性做出适当的估计，另一方面要为近期（如 2000 年）的农业发展、区域开发与商品基地建设打好基础。为此，我们对各种方法进行了比较与筛选，最终确定联合国粮农组织的农业生态区法作为基础。此法考虑因素较多，比较严格可行，但一些指标与参数不适合我国情况，因而进行了多次修正与检验。继之又从我国情况出发，对自然气候生产力进行了土壤修正、灌溉修正、肥料与技术修正，形成并确定了一整套方法、参数与程序。并由此分级估算出光温生产力、光温水（降水）生产力、光温水（降水、灌水）土生产力、光温水土灌肥技（术）生产力等。

光温生产力（Y_{mp}）：指在土、肥、水、技术等因素都能充分满足作物的要求，而仅由当地的光温条件所决定的作物生产力。这是生产力的理论上限。

光温降水生产力（Y_R）：由自然降水而修正的光温生产力。

光温水（降、灌）土生产力（Y_{RIS}）：指由灌溉和土壤条件修正的光温水生产力。这里的灌溉指的是该地区实际可灌面积或近期内可能达到的可灌面积。这项生产力是一种在可见到的远期内（例如 30～50 年），经过人们对客观世界的可能干预（肥料、技术等充分保证，水仍有限）下所能达到的最大生产力。它比光温生产力要接近可以实现的水平。所以，用这项作为在我国有较大灌溉面积条件下远期潜力的指标。

光温水土肥技生产力（Y_f）：指的是经肥料与技术水平对 Y_{RIS} 修正后的生产力。它更接近于生产实际。在本研究中，我们设定 2000 年肥料用量比当前（1987 年）增加 30%，因而，这个 Y_f 就在一定程度上反映了近期（2000 年或稍后）的可能生产力。

1.2　三大作物生产力

小麦：本地区小麦 Y_{mp} 在 630～660 kg/亩左右，北部稍大于南部，但差异不大，这个纪录在生产上尚未出现（表 1）。Y_R 南北差异较显著，北部的南宫一带最低为 300 kg/亩，只为南部黄淮平原的一半。从自然生态适应性看，本区热量条件是适于小麦生育的，但进入 5 月后温度迅速上升，灌浆期缩短到 30 d 左右（青藏高原达 60 d 以上）。因而多年来，即或在小面积有水分保证的麦田也未稳定通过 500 kg/亩大关。按现有模型计算，本地区小麦的 Y_{RIS} 在 500 kg/亩左右，但考虑到现采用的方法未能反映季节特征、品种潜力限制以及倒伏等风险系数，此数值可能偏高。到 2000 年前后经过肥料与技术修正，争取从当前的 242 kg/亩提高到 300 kg/亩是有可能的，但再上升则难度加大。

* 原文发表于《农业区划》，1991，(6)：5-9. 参加此项研究工作的还有王恩利、孟兆华、王青立、王宏广、段向荣、马世铭、吴连海等

玉米：本地区玉米以套种或夏播为主，它的生产潜力在粮食作物中是最大的。由北向南平均 Y_{mp} 可达 $800\sim1\,000$ kg/亩，其中套玉米 977 kg/亩，夏播玉米 832 kg/亩。在生产实际中，山东掖县[*]李登海已经在小面积试验田上达到了这个水平（1989 年已超过 900 kg/亩）。这里玉米生产力高的主要原因是生态适应性好，玉米对光、温、水、土的要求与当地条件吻合度高。玉米远期生产潜力（Y_{RIS}）约为 660 kg/亩，这是在肥料充分保证灌溉有所改善情况下大面积可能达到的水平。近年来，上冲叶型杂交种的出现，为达到 Y_{RIS} 提供了条件。至于近期生产潜力（Y_f），全地区平均为 387 kg/亩，比 1957 年增产 100 kg/亩。我们认为，经过努力是可能达到的。1987 年山东丘陵平均亩产已达 357 kg/亩，就是一例。

表 1　小麦、玉米、大豆三大作物逐级生产力　　　　　　　　　单位：kg/亩

地区	小麦					玉米					大豆				
	Y_{mp}	Y_R	Y_{RIS}	Y_f	Y_{g7}	Y_{mp}	Y_R	Y_{RIS}	Y_f	Y_{g7}	Y_{mp}	Y_R	Y_{RIS}	Y_f	Y_{g7}
黄淮海地区	650	549	504	317	242	905	647	657	387	286	331	253	227	118	94
黄淮海平原	651	542	505	312	242	925	655	669	370	264	331	252	226	117	90
山前平原	663	469	522	324	242	876	609	659	369	272	318	230	219	121	94
黑龙港	662	459	461	267	172	840	577	565	288	191	313	221	197	115	82
鲁西北	651	521	494	336	250	865	611	618	395	315	315	246	206	123	120
鲁西南	655	569	516	305	247	1013	761	823	424	268	330	267	237	121	99
豫东南	643	575	504	287	232	1026	722	717	358	247	336	247	218	98	75
皖北	641	604	516	325	264	1067	790	772	398	242	340	275	249	124	85
苏北	634	620	513	344	288	1007	763	730	460	330	346	281	248	141	111
山东丘陵	645	579	500	349	245	848	598	556	446	357	328	260	233	128	126

夏大豆：大豆单产较低，用本方法估算出来的理论潜力（Y_{mp}）达 $300\sim340$ kg/亩。到目前为止，本区生产与试验田均尚未见到这个纪录。比较现实的是经过肥料技术修正的近期潜力（Y_f），平均为 118 kg。比 1957 年增产 26%。当前大豆品种混杂，管理粗放，施肥灌水少，如果逐步实行集约种植，提高单产是有潜力的。

1.3　远期粮食可能有一倍增产潜力

根据上述小麦、玉米、大豆生产力以及推算出来的其他粮食作物生产力，并考虑到各作物在结构中比重的变化，得出黄淮海全地区与各分区远期与近期的粮食生产潜力。

从表 2 可见，从远期生产力看，小麦比当前（1987 年）增产 1.18 倍，玉米 1.30 倍，大豆 1.42 倍。整个粮食增产为 1.2 倍。换言之，如果肥料与技术等不是限制因素，灌溉有一定改善情况下，存在着增产一倍或稍多的可能性。

表 2　黄淮海地区远期与近期粮食潜力　　　　　　　　　单位：10^8 kg

地区	远期潜力（Y_{RIS}）				近期潜力（Y_f）				1987 年水平			
	小麦	玉米	大豆	粮食	小麦	玉米	大豆	粮食	小麦	玉米	大豆	粮食
黄淮海地区	919.8	606.7	82.9	2 099.5	578.5	357.8	43.1	1 295.9	422.2	264.0	34.2	956.4
黄淮海平原	744.0	473.2	73.7	1 687.1	458.9	261.3	38.1	997.3	356.1	186.8	29.3	734.6
山前平原	169.7	153.8	9.6	402.9	105.2	86.2	5.3	239.7	78.7	63.6	4.1	174.7
黑龙港	75.8	58.8	7.0	180.5	43.9	30.0	3.7	99.2	28.5	19.9	2.9	64.5
鲁西北	79.3	66.0	5.8	171.6	53.9	42.2	3.4	113.1	40.2	33.6	2.2	83.6
鲁西南	51.6	27.3	5.4	99.2	30.5	14.1	2.8	55.7	24.7	8.9	2.2	40.5
豫东南	172.3	102.2	17.1	343.1	98.1	51.0	7.7	184.5	79.3	35.3	5.8	138.7
皖北	108.6	29.2	21.3	240.9	68.4	15.0	10.6	142.5	55.5	9.2	7.2	106.1
苏北	87.6	36.2	8.1	248.9	58.8	22.8	4.6	162.6	49.2	16.4	3.6	126.5
山东丘陵	175.9	120.2	9.1	412.4	119.6	96.4	5.0	298.7	86.1	77.2	4.9	221.8

---

*　现已撤销，余同

从近期生产潜力(Y_f)看,小麦、玉米、大豆与粮食相应增产 37%,36%,26% 与 35%,也即 1/3 左右。为了要达到这个水平,必须使肥料以及其他相应的技术水平提高 30%。如果 2000 年能增加 30% 的肥料与相应的技术水平,那么,这就反映了 2000 年的生产潜力。

2　10 年内建设麦、玉米、大豆三大全国性成片商品基地

2.1　可能的商品量

本研究中涉及近期(例如 2000 年或稍后)商品粮量的目的不是对 2000 年做出预测,而是判断各地区间的差异,以便为商品基地建设提供背景资料。

经结构调整,根据各作物近期潜力(Y_f),扣去口粮、种子粮,求算出商品总量、人均商品量与亩均商品量(表 3)。鉴于饲料粮、工业用粮与上交出售粮之间相互消长性与商品性,故均列入商品量之列。

表 3　近期小麦、玉米、大豆可能商品量(Y_f)

地区			黄淮海地区	黄淮海平原	山前平原	黑龙港	鲁西北	鲁西南	豫东南	皖北	苏北	山东丘陵
2000 年农业人口(万人)			23 146	17 707	4 278	2 250	1 949	1 019	3 673	2 255	2 284	5 439
小麦	商品量	面积(万亩)	18 250	14 733	3 251	1 649	1 604	1 000	3 419	2 105	1 708	3 517
		总量(10^8 kg)	92.7	86.3	15.6	−3.1	12.9	8.9	20.4	20.7	11.0	6.4
		人均(kg/人)	40	49	36	−14	66	87	56	92	48	12
		亩均(kg/亩)	51	59	48	−19	81	89	60	98	64	18
玉米	商品量	面积(万亩)	9 235	7 073	2 334	1 041	1 067	332	1 426	378	495	2 162
		总量(10^8 kg)	237.4	169.3	63.9	18.2	31.8	8.8	32.0	3.6	11.1	68.1
		人均(kg/人)	103	96	149	81	164	87	87	16	49	125
		亩均(kg/亩)	257	239	273	175	299	266	224	94	224	315
大豆	商品量	面积(万亩)	3 653	3 262	438	353	279	227	783	854	327	39.0
		总量(10^8 kg)	20.4	20.5	1.2	1.5	1.5	1.7	4.0	8.1	2.4	0.1
		人均(kg/人)	9	12	3	7	7	17	11	36	10	0
		亩均(kg/亩)	56	63	28	43	55	76	51	95	73	−2

近期小麦、玉米、大豆可能商品量为 350×10^8 kg。扣去饲料粮约 250×10^8 kg(1987 年为 194×10^8 kg,到 2000 年增加 30%),实际可供非农业人口用粮、出售、工业用粮等商品粮约 100×10^8 kg。要达到这个目标,不花很大的力量是难以做到的。从总体看,小麦、大豆重点在南部黄淮平原,玉米重点在北部与山东丘陵。

小麦:全区商品量 92.7×10^8 kg,人均 40 kg,商品率 16%,其中黄淮海平原总商品量为 61×10^8 kg,占 66%,人均 66 kg,为黄海平原的 2 倍多。其次,山前平原、鲁西北、山东丘陵还有一定余粮,黑龙港则为负数。

玉米:全区玉米商品量 237×10^8 kg,商品率(包括饲料在内)66%,人均商品量 103 kg。最多的是山东丘陵(68×10^8 kg)与山前平原(64×10^8 kg)。其次是鲁西北、鲁西南与豫东南(共约 73×10^8 kg)。黑龙港、苏北、皖北较少。

大豆:全区大豆商品量 20×10^8 kg,商品率 47%,人均商品量 9 kg。商品量最多的是皖北与豫东南(共 12.1×10^8 kg),人均大豆皖北达 37 kg。其他则较分散。

2.2　10 年内建设小麦、玉米、大豆商品基地

根据上述商品量与建设成片商品基地的原则,建议集中力量在 2000 年前除棉花基地外,建成以下三大片小麦、玉米、大豆全国性商品基地。

(1)黄淮平原 8 000 万亩小麦商品基地:据中国农科院对我国粮食平衡的研究,2000 年我国小麦将

缺 420×10^8 kg,因发展小麦商品基地是首要任务。黄淮海地区有小麦 1.825 亿亩,各地均有分布。近期总生产量 579×10^8 kg,商品量 93×10^8 kg。从表 4 可见,以县为单位的一级县有 54 个,面积 3 942 万亩,商品量 52.7×10^8 kg;二级县 58 个,商品量 42×10^8 kg;三级县 61 个,商品量 20×10^8 kg。其中,黄淮平原 118 个县成片基地自然生态适应性最好,年雨量 700～900 mm,小麦生产潜力最大,可能提供商品量 61×10^8 kg,约占全地区 66%(表 4、表 5)。这将对全国小麦的亏缺起着举足轻重的作用。此外,山前平原鲁西北有小麦面积 4 856 万亩,商品量 29.6×10^8 kg,也有着重要的作用,可作为二级的河北与山东省的小麦基地。

(2)山东、山前平原 6 000 万亩玉米商品基地:据预测,随着畜牧业的发展,2000 年玉米缺 64.1×10^8～516.0×10^8 kg。"六五"期间全国有余,但南方缺。本地区发展玉米可就近供应南方各省。本地区有玉米 9 235 万亩,2000 年前后总产 355×10^8 kg。据分析,本区以县为单位玉米基地共 164 个,其中一级县 60 个;二级县 40 个;三级县 64 个,共有面积 6 162 万亩,产量 238×10^8 kg,商品量 178×10^8 kg。其中山东与山前平原玉米单产高、商品量大,为 $1 745 \times 10^8$ kg,占全地区商品量的 72%,故应作为集中成片国家级基地(表 4、表 5)。并可借此积极发展该地区的畜牧业(重点是猪),同时将剩余部分供应邻近的华中、华东各省。

(3)皖北、豫东南 1 500 万亩夏大豆基地:黄淮海地区 1987 年有大豆面积 3 653 万亩,生产大豆 34.3×10^8 kg。据研究,"六五"和 2000 年全国与本地区大豆均有剩余,但南方缺。为了缓和我国食品和饲料中蛋白短缺的矛盾,应尽量保持一定的大豆面积与提高单产。据表 4 分析,本区有一级县 21 个,二级县 57 个,三级县 49 个,共有面积 2 696 万亩,总产 32×10^8 kg,商品量 21.4×10^8 kg。主要集中在皖北、豫东南,这一片面积 1 637 万亩,总产 15.2×10^8 kg,预计可提供商品粮 12.1×10^8 kg,占全地区的 59%,形成东北以外我国第二个大豆基地(表 4、表 5)。

表 4 三大作物以县为单位分级的商品基地

作物	分级	县数(个)	面积(万亩)	总产(10^8 kg)	亩产(kg/亩)	总商品量(10^8 kg)	商品率(%)
小麦	一级商品县	54	3 942	134.5	341.2	52.7	39
	二级商品县	58	4 909	154.9	315.5	41.9	27
	三级商品县	61	3 183	101.9	320.1	20.3	20
玉米	一级商品县	60	2 776	111.9	403.1	89.0	80
	二级商品县	40	1 500	58.3	388.7	42.8	73
	三级商品县	64	1 886	67.9	360.0	46.4	68
大豆	一级商品县	21	942	11.7	124.2	9.2	80
	二级商品县	57	1 153	13.1	113.6	8.6	70
	三级商品县	49	601	7.1	118.1	3.6	50

表 5 三大作物成片商品基地选建方案

商品基地	县数(个)	面积(万亩)	总产(10^8 kg)	亩产(kg/亩)	总商品量(10^8 kg)	商品率(%)
黄淮平原 8 000 万亩小麦基地	118	8 233	255.8	312	60.9	24
"两山" 6 000 万亩玉米基地	220	5 896	238.9	405	172.6	73
皖北、豫东南 1 500 万亩大豆基地	81	1 637	15.2	141	12.1	80

在地域分工上的战略部署是:集中力量加速建设条件优越的黄淮海平原小麦、大豆基地;努力保持山东与山前平原原有的玉米、小麦、甘薯、猪的优势,积极发展多种经济。至于鲁西北与黑龙港低平原的棉花基地,则分期分批进行建设。

烟草商品基地选建

王 谦　陈景玲

（河南农业大学）

　　黄淮海地区是我国烤烟主要产区之一,其中黄淮海地区烟草久负盛名,历史上山东"青州烟"及河南"许昌烟"均以质量好闻名,在国内国际市场上具有一定声誉。

1　地位与问题

　　统计数字中可以看出,黄淮海烟叶生产在全国处于重要地位,种植面积仅次于西南地区,而总产量有些年却高于西南地区,占全国比例近 40%,产值近 10 亿元。当前,黄淮海烟区普遍存在着品质下降、产量不稳定、产需失控的问题,其主要原因即布局不尽合理、种植分散。具体表现在:1)由于烤烟商品率高、效益好,有些地区不考虑烤烟的生态适应性,在气候及土壤条件不适宜的地区盲目发展,造成质量下降。2)由于国家在经济政策方面的"优质优价"体现的不充分,使优质烟区的优势得不到充分发挥,不适宜区得不到控制。3)由夏烟改为早春烟,移栽期过于提前,加重了春旱对烟叶的影响。4)种植分散不利于先进技术的推广应用和经营管理的改善。

　　综上所述烤烟生产的主要问题为布局不合理、种植分散,因此很有必要对黄淮海烟区进行生态经济分析,充分发展生态适宜区的优势集中种植,压缩非适宜区面积,增加农业收益,提高烤烟质量。本文从烤烟适宜的土壤、气候条件出发分析了黄淮海地区的农业气候条件,找出了烤烟适宜的种植区,结合交通及能源等条件提出了建立基地的可能性,为烤烟集中种植,即基地建设提供了依据。

2　生态适应性分析

2.1　烤烟对土壤、气候条件的要求

　　影响烤烟品质的条件主要为气候和土壤,此外栽培、管理、烘烤等也有一定的影响,但栽培、烘烤等措施可通过人们的努力加以改善,而气候及土壤条件是目前人们无法改变的,只能趋利避害,选择适宜区种植。

　　(1)土壤条件:土壤对烟草生长和烟叶质量有较大影响,烤烟对土壤的基本要求是:排水良好并有较好的持水力,供氮能力便于调节,无有害因素,一般适于轻壤土—中壤土及沙砾质的重壤土,有机质含量 1% 左右。pH 为 5.0~7.0,土壤含氮量在 45 ppm 以下,含盐量低于 0.08%,含氮量低的土壤,优质烤烟最适宜的范围是 pH 为 5.5~6.5,土壤含氮量低于 30 ppm,土壤盐分在 0.06% 以下。一般而论,棕壤、潮棕壤、褐土、淋溶褐土等较适宜优质烟种植。地形以岗地、丘陵地为好,自然坡度在 15° 以下的丘陵地较为适宜。

　　土壤颜色在一定程度上可以作为是否适宜种植烟草的标志,通常土壤颜色呈红色或黄色较好,呈灰色或黑色的土壤上生产的烟叶往往质量低劣。Garnez 在总结了美国烤烟产区的土壤性状后指出,作为适宜种植烤烟的标志,"土壤颜色比土壤质地更确切"。烤烟质量仅次于美国而居世界第二位的津巴布韦,烟区土壤也偏红或呈黄色。我国的情况也如此,不论南方还是北方,优质烟产区的土壤颜色均偏红。

我国学者也提出：土壤以红土为最好，红土＞红黄土＞立黄土＞油沙土＞两合土＞砂姜黑土。

（2）热量条件：烤烟生育期的热量条件以＞15 ℃的活动积温达 3 000 ℃・d 最适宜优质烤烟生产，小于 2 600 ℃・d 烤烟难以完成正常的生长发育过程，一般要求大于 2 800 ℃・d。移栽期一般要求日平均气温稳定回升至 15 ℃以上，旺长期适宜温度为 20～25 ℃，其中以 24～25 ℃最为适宜，超过 35 ℃对品质有一定的影响，成熟期要求在 20 ℃以上。小于 17 ℃则品质较差。

（3）水分条件：烟草带水分有前期少、中期多、后期又少的特点，烤烟苗期需水量一般为 80～130 mm，旺长期需水在 180～280 mm，成熟期为 100～180 mm，生育期总需水量 350～500 mm，生育期内降水过多或过少对烤烟品质都有影响。苗期只要保证移栽成活，适当的干旱对品质影响不大，但一进入旺长期必须保证水分供应，若缺水易使叶片小而粗糙。影响产量和品质，成熟期降水不宜过多，以便适时落黄采收，此期若水分过多常造成贪青晚熟，烘烤难度大，同时过多的降水还会造成淋溶，把叶面正常的胶质和养分冲去，影响烘烤后的光泽和品质。

（4）光照条件：烤烟大田期（移栽—收获完）要求日照时数 500～600 h，日照百分率为 40％，而黄淮海地区 6—8 月平均日照时数在 700 h 以上，完全可以满足烤烟的要求。而且河北太行山前丘陵地区日照时数还有些偏多，由于烤烟对日照时数没有明确的上限指标，因此在分析黄淮海气候条件时没有考虑日照。

2.2　黄淮海地区土壤条件适宜区

优质烤烟适宜的土壤主要是棕壤和褐土类土，而由黄淮海地区烤烟适生土壤分布图（图略）可以看出，本区烤烟适宜土壤主要分布在山区及山前丘陵，如燕山南部丘陵区、太行山前丘陵区、豫西浅山区山东丘陵和皖北丘陵区等，既符合烤烟对土壤条件的要求，又满足地形有一定自然坡度的要求。

2.3　适宜土壤区内的热量条件

适宜土壤区内大部分地区热量条件都可以满足要求。只是北部山区少数县热量条件较紧张，5 月下旬移栽期气温回升不够高，整个生育期热量条件都较紧张。大于 15 ℃的活动积温小于 2 800 ℃・d，9 月上旬成熟期气温已降至 20 ℃以下，不利成熟。另外，山东半岛的海阳、莱阳、诸城等热量条件也较差，移栽期和成熟期温度都偏低。还有少数沿海县，极端温度出现时间比内陆地区落后，使移栽期温度偏低，但若将生育期后推一旬，热量条件即可满足要求，如烟台、日照等。通过对适宜土壤区内大于 15 ℃积温进一步分析，可将该区分为热量条件较好（大于 2 900 ℃・d）、中等（2 800～2 900 ℃・d）、较差（小于 2 800 ℃・d）三个区，热量较差的区域在烤烟生育前期或后期温度达不到指标要求，不宜发展烤烟；热量中等的区域虽然全生育期积温略显紧张，但各生育期温度均处在适宜范围之内，能满足优质烟生产需要。

2.4　土壤、热量条件适宜区中的水分条件

由于土壤适宜区多分布在浅山丘陵区，灌溉条件差，因此自然降水的多少及其在烟草生育期内的分配与烟草需水量是否相配合，对能否生产出优质烟叶起着决定性的作用。

根据烤烟各生育期需水指标，黄淮海地区降水可分为四种类型：

（1）各生育期降水均偏多。黄淮海地区中的豫东南、皖北、苏北及鲁西南等南部地区降水偏多，各生育期平均降水量均超过需水指标上限，苗期、旺长期、成熟期降水均偏高，特别是成熟期，大于200 mm 的概率在 50％左右。降水条件限制了优质烤烟的生产，不宜种植。

（2）前期适宜，旺长期及后期均偏涝，包括燕山山前及山东半岛，该区苗期平均降水量在需水范围，但旺长期和成熟期平均降水量均超出需水上限，但与Ⅰ区比降水有所减少，虽然降水条件在一定程度上限制了烤烟种植，但少量发展一些以满足本地市均需求也是必要的。

（3）太行山山前旱涝不均区。本区苗期干旱严重，多数县平均降水量低于指标，且约有 40％～60％的年份降水小于 50 mm。旺长期多年平均降水是基本在适宜指标范围内，但降水变率大，多阵雨，旱年

和涝年时有发生。成熟期以邢台以北地区略偏涝。且有 40％左右的年份大于 200 mm,邢台以南到豫北的安阳、鹤壁等县成熟期降水量小于 180 mm,在适宜范围之内,只要能解决苗期的灌溉问题是可以适当发展的。

(4)各生育期降水均适宜。该区包括豫西及豫东南部分县和山东丘陵大部分地区,该区降水各生育期分布均匀,平均降水量均在指标范围内,豫西及豫东南部分县的降水条件要略优于山东丘陵,豫西及豫东南部分县降水多年平均值除苗期少部分地区外都在适宜指标范围内,苗期小于 500 mm 降水概率为 30％左右,旺长期大于 300 mm 概率多在 20％以下,成熟期降水平均值亦都在适宜范围内,大于 200 mm 概率多在 30％以下,而山东丘陵的特点是,苗期干旱概率小,小于 500 mm 的概率多在 20％以下,中后期降水量接近指标上限或略超过指标上限,旺长期小于 150 mm 的概率都在 20％以下,但大于 300 mm 的概率却在 40％～60％,成熟期降水大多数在适宜范围之内,只有少数县略超过指标上限,总之豫西豫东南部分县和山东丘陵这两个区的降水条件在黄淮海地区的土壤、温度适宜区中属于最好的,应作为重点区发展烤烟种植。

2.5 不同生态区内烤烟的质量和潜力

根据以上对黄淮海地区的土壤、温度和降水条件的分析,可以看出黄淮海地区生态适宜区有以下几个:

(1)豫西、豫东南烤烟适宜区;

(2)山东丘陵西北部烤烟适宜区;

(3)山东半岛烤烟次适宜区;

(4)燕山山前烤烟次适宜区;

(5)南阳盆地烤烟可种区;

(6)山东丘陵南部烤烟可种区;

(7)太行山山前烤烟可种区。

烤烟是收叶片的作物,产量很容易提高,但产量过高会影响烟叶质量,因此目前生产上普遍提出限产,国外如美国、加拿大、日本等国都把产量限定在 150～750 kg,而我国认为平原烟区暂以 200 kg,丘岗区以 175 kg 作为产量上限可能比较适宜。而 1987 年山东丘陵已达 182 kg。所以烤烟生产中的主要问题是如何提高质量,就全国来说,20 世纪 50 年代末到现在,烤烟质量逐步下降,出口量由 50 年代出口量占世界总贸易的 18％减少到 5％左右,价格不及美国的一半,甲级卷烟中所用的上等烟也由 50 年代中期的 5％～6％降为不足 2％,而且等级合格率甚低。因此烤烟不同于其他作物,它的潜力应放在质量上。

河南省有悠久的种烟历史,生态环境条件很适宜烤烟种植,烤烟质量仅次于云南省。

由前面分析可知,豫西、豫东南土壤适宜光照充足,热量丰富,降水与烤烟各生育期配合良好,旱涝发生少,是黄淮海地区生态环境条件最好的地区,历年生产中曾出现过很高的上等烟比例,襄城县乔庄大队 1965 年种植烤烟 68 亩。每亩单产 190 kg,上等烟比例达 41.6％,上中等烟比例占 95％以上。1984 年襄城县烟农贾修德种烟 1.46 亩,上等烟比例达到 59.6％,中等烟为 40.0％,上中等烟为 99.6％。由此可知,该区如果加强田间管理,调整好移栽期,提高烘烤技术,上等烟比例达到 60％,上中等烟达到 95％以上是完全可以实现的。而当前上等烟比例却参差不齐,平均约 20％左右,少的只有 4％～5％,上中等烟比例在 50％～85％。因此潜力很大,尤其是上等烟。

山东丘陵西北部烤烟适宜区的土壤、光照和温度条件都与豫西、豫东南区相似,虽降水稍偏多,但相差较少,因此上等烟比例不应与豫西、豫东南相差很多,且上等烟比例也达到 50％以上的报道。1987 年上中等烟比例达 84％。而目前上等烟比例较低,主要生产县也不突破 20％。

山东半岛和燕山山前烤烟次适宜区的生态特点是:土壤条件适于烤烟种植,光照充足,温度条件基本满足需要,降水与烤烟生育期的分配特点是前期适宜,干旱年份少,旺长期及成熟期降水偏多。时有涝害和淋溶,对上等烟比例有一定影响,而且目前种植面积很小,质量偏低,晾晒烟有一定的种植,但少量的烤烟种植,也曾得到较好的效果,北京昌平种植的烤烟曾受到好评,该区烤烟生产的限制因素是田间管理技术和烘烤技术。

南阳盆地、山东丘陵南部可种区,土壤、光照和温度条件都较优,只是降水较多,使烤烟生长的各生育期都偏涝,但由于是丘陵坡地,排水良好。所以目前有较为集中的种植,但严重的淋溶,限制了烤烟质量,中等烟比例虽然较高,可达 70%～80%,但上等烟比例很少突破 10%,潜力较小。

太行山山前烤烟可种区,主要存在两个问题:(1)土壤中氯离子含量偏高,超出优质烟区的指标;(2)降水频率过大,旱涝不定,且前期干旱严重,而后期涝的可能性又大,所以产量一直较低,在 100 kg 左右。因此目前烟农以提高产量为目标,很少顾及质量,多选用一些多叶型的老化品种,使上等烟比例很低(不到 1%),但该区如果能做到产质兼顾,质量会大幅度提高,尤其是邢台以南地区。除苗期较旱以外,旺长期和成熟期的降水量都很适宜,旱涝发生概率较小,如果解决了移栽的困难和旱情,提高田间管理和烘烤技术,能保证单产在 100 kg 以上,质量赶上或超过南阳盆地和山东丘陵南部可种区。

3 生态-经济分析

根据各个生态区中 1985 年及 1987 年的现实产量资料(表 1),分析得出按 1980 年均价计算各区亩纯收益在 56～107 元不等,多数烟区达 100 元左右,豫西、豫东南烟区总纯收益 2.5 亿多元,山东丘陵西北部达 1 亿多元。

表 1 黄淮海地区 1987 年烤烟面积与产量

地区	山前平原	黑龙港	鲁西北	鲁西南	豫东南	皖北	苏北	山东丘陵	黄淮海地区
平均亩产(kg/亩)	139.60	120.20	181.30	161.90	156.00	142.50	154.20	181.90	163.60(142.30%)
播种面积(万亩)	9.08	0.99	4.24	0.31	138.42	36.27	3.64	111.95	304.90(22.20%)
总产(10^8 kg)	0.13	0.01	0.08	0.005	2.16	0.52	0.06	2.04	4.99(26.00%)

注:黄淮海地区数值中括号内数据为该地区的平均亩产、播种面积和总产占全国的百分比。

黄淮海地区目前达到的最高质量是上等烟占 60%,上中等烟 99.6%,要使大面积种植达到这个标准,则要求土壤、气候条件适宜,栽培管理精细,品种移栽期采摘期选择好,肥料配比适当,烘烤设备和技术提高。

豫西、豫东南和山东丘陵西北部烟区土壤及气候条件都很适宜烤烟种植,同时其他问题也是有条件解决的,河南、山东烟农种烟经验丰富,又有河南农业大学、河南省农业科学院、青州市中国农业科学院烟草研究所等科研单位提供栽培技术和品种上的指导,只要农业部门重视,栽培管理、移栽期、采摘期及肥料配比等都很容易解决。烤烟区都有一定的烘烤设备和较好的烘烤技术,同时河南、山东煤资源丰富,运输便利,因此到 2000 年使上等烟比例达到 55%,上中等烟达 95% 是完全可以实现的。

黄淮海地区目前种植面积最大的是襄城县。1987 年种烤烟 18.55 万亩,占该县总耕地面积的 22%,而适宜区内的其他县多不足 10 万亩,发展的潜力很大。豫西、豫东南适宜区总耕地面积 3 540 万亩,到 2000 年若 15% 的耕地来种烤烟则可达 500 多万亩,亩产按 140 kg/亩计算,则每年可产烟叶 70 万 t 以上。山东丘陵西北部适宜区约有耕地 1 300 多万亩,1987 年烤烟种植只有 76.90 万亩,不到 6%,到 2000 年若能提高到 15%,对烤烟面积可达 200 万亩,可产烟叶 28 万 t,两个适宜区合计近 100 万 t,相当于 1985 年全国总产量的 48%,1987 年的 61%。相当于黄淮海地区 1985 年总产的 122%,1987 年的 167%。按 1980 年平均价格计算,总产值可达 13.9 亿元。

山东半岛和燕山山前次适宜区,种烟很少或没有烤烟种植,但从生态环境上来看比较适宜烤烟种植,山东省区划时也把山东半岛作为生态适宜类型,1910 年英国人曾在威海试种过烤烟,并很快发展起来;1977—1978 年栖霞县也试种过,当地烟厂反映效果较好,后因未纳入国家计划,以及管理上的问题而停种。燕山山前的昌平县也曾有过少量种植而且反映也不错。该区环境条件适宜生产优质烤烟。如果豫西、豫东南和山东丘陵西北部适宜区烤烟不能满足国内,国际需求时,可以在该区发展。

4　烤烟商品基地选择

（1）根据以上生态环境和经济分析，黄淮海烤烟基地应选在豫西豫东南和山东丘陵西北部

1）高商品量区

该区主要包括豫西、豫东南的许昌地区大部分县和豫北的浚县、新乡、博爱、济源等县。山东丘陵西北部的潍坊、安丘、沂源、东平、曲阜等市县。

2）中等商品量区

该区包括山东半岛的掖县、栖霞等11个县和燕山山前昌平、顺义、玉田、丰南等15个县。目前虽然几乎没有烤烟种植，但由于生态环境条件较适宜烤烟种植，生产潜力很大。该区有大面积的烤烟适宜种植土地，但在目前适宜区的潜力都不能完全发挥的情况下，不宜种植。今后只有在适宜区生产不能满足国内外市场需求的情况下，有计划地稳步发展。

商品基地县名如表2。

表2　黄淮海地区烤烟商品基地县

高商品量区	长葛　许昌　许昌郊区　临颍　午阳　叶县　襄城　浚县　汲县　新乡　获嘉　武涉　修武　博爱　温县　济南市郊区　历城区　章丘　长清　平阴　淄博　青州　安丘　临朐　昌乐　曲阜　兖州　汶上
中等商品量区	烟台　莱阳　蓬莱　招远　掖县　栖霞　牟平　文登　荣城　滨州市　昌平　顺义　三河　大厂　平谷　蓟县　玉田　丰润　滦县　丰南　滦南

（2）关于布局调整的建议

1）合理利用自然资源，扬长避短，趋利避害。烤烟适宜山区丘陵地，因此应把烤烟尽量安排在丘陵岗地上，这样既能扬山丘区烟叶质优之长，避其粮食单产较低之短，又能扬平原区粮食单产较高之长，避其烟叶质量较差之短，使粮烟各得其所，竞相增长，充分而合理地利用资源。

2）烤烟生产必须坚持因地制宜，适当集中的方针，为逐步实行区域化，专业化生产打下基础，要大力宣传调整布局的必要性和紧迫性，使地方领导和群众乐于配合。

参 考 文 献

[1] 陈瑞泰,等.山东省烤烟科技区划研究报告.1984-12.

[2] 全国烟草种植区划研究协作组.全国烟草种植区划研究报告.1985.

[3] 轻工业部烟草工业科学研究所.烤烟栽培.1981.

[4] 刘鉴家.关于提高河南烤烟品质的四个问题//河南省烟草优质高效益综合技术研究总结暨论文汇编.1982—1987: 30-33.

[5] 陈瑞泰,等.我国烟草生产现状.中国烟草,1982,(1):1-9.

芝麻商品基地选建

陈景玲　王　谦

（河南农业大学）

1　地位与问题

芝麻是一种喜温、怕涝、较耐旱的作物,具有生育期短、种子含油量高、营养丰富、用途广、经济价值高的特点,在国际植物遗传资源委员会中被列为优先作物,芝麻油和芝麻制品畅销国内外市场,是重要的工业原料和出口创汇商品。我国芝麻播种面积居世界第二位,但总产却居世界第一,所以我国芝麻在国际贸易中占有重要地位。

黄淮海平原是我国芝麻主要产区,总面积常年在600多万亩,近全国种植面积的一半,芝麻单产一直不高,亩产只有36 kg。芝麻种植主要分布在豫东沙河沿岸、皖北、苏北、河北省的太行山山前平原、黑龙港等地。

本地区气候温和,雨量适中,日照充分,较为适合芝麻生长发育。种植制度一般以黄河为界,黄河以北为一年一熟或两年三熟的春芝麻生产区,黄河以南为一年两熟或两年五熟的夏芝麻生产区。但夏春芝麻播种期都在5月下旬温度稳定达到20 ℃前后。所以本文在分析各地气候条件时选择统一的生育期时段进行计算。

芝麻生产的主要问题是亩产低,经济效益不高,但芝麻并不是低产作物,如河南省平与县郭楼乡太平村100亩芝麻平均亩产75 kg。湖北省襄阳太平乡村1978年近1万亩芝麻平均单产75 kg。1984年中国农业科学院油料所在江淮平原试验中最高亩产可达140 kg[1]。可见芝麻生产的潜力是很大的,芝麻又是小麦的前茬,而黄淮海地区是全国主产麦区,所以在适宜芝麻种植的地区发展芝麻生产很有必要。

芝麻低产的原因基本可归纳为两个方面:一是种植分散,管理粗放,往往不管理、不浇水、不施肥;二是旱涝灾害多。芝麻对水分反应非常敏感,种子小,花期长,过多过少的降水都易造成旱涝灾害,而本区降水变率较大,气候灾害较多。如河南省1949—1982年的34年中只因受涝使单产下降到20 kg以下的达14年之多。另外由于管理粗放,撒播不做畦,不注意灌排条件,遇旱不灌,遇涝无法排,更加重了旱涝害的危害程度。

总的来看,黄淮平原雨水多的年份较多,加之排水不利,对产量影响较为严重,使原来就不高的产量降得更低,遇大范围少雨年份,也出现旱灾,对产量造成影响,但概率少,对产量的影响也不如雨水偏多影响大,正如农谚所说:“天旱收一丰,雨涝不见面”;豫东北、鲁西北、黑龙港地区以旱为主;山前平原和山东丘陵主要问题是热量紧张。

2　生态适应性分析

2.1　芝麻生产的限制因子

（1）水

芝麻是中等需水作物,但对水分多少反应非常敏感,稍耐旱,主要怕渍,全生育期需降水量280～

550 mm,需水规律是前期少,中期特别是始花至终花期耗水最多,占全生育期的53%,后期又少,终花至成熟需水占全生育期的19.7%,由于芝麻种子小,苗期根系微弱,吸水能力差,要求适宜土壤含水率为16%～20%,水分过多易受渍,导致生长不旺或死苗,过少出苗率或生长迟缓、幼苗老化,在黄淮地区芝麻苗期的5月下旬到6月上旬比较干旱,对播种和保足苗有一定影响,但苗期对水分要求较少,只要有一定的底墒或少量的降水就基本可以保证苗数,特别是黄河以南的夏芝麻区,5月下旬雨水已开始增多。不像3—4月份那样干旱,所以一般来说苗期水分条件不是限制因子,当进入6月下旬,芝麻开始现蕾,对气象条件反应敏锐,需水量也有所增加,但不耐渍,降水量不可过多,一般应在150 mm以下[2],而此时黄淮海地区雨季即将来临,降水量增大,且地区分布不均匀,年变幅大,南部和沿海降水偏多,易影响苗期的正常生长和产量的形成。开花期是决定产量和品质的关键阶段,耗水量最多,且不耐旱涝,一般要求降水120～300 mm,过多时受渍,使花蒴籽粒发育不良,可能使产量下降20%左右,含油量下降3%,过少受旱,使果轴不能伸长,蕾花大量脱落。而此时正是黄淮海地区的雨季,降水集中且变率大,区域分布也不均匀,旱涝灾害各地经常发生,为了区别各地发生旱涝的可能性大小,选用降水量的相对定距变率(ER)来表示降水量的稳定性:

$$ER = \frac{\frac{2}{N}(\left|\sum_{t}^{N_b} R_{ib} - N_b \times B\right| + \left|\sum_{t=1}^{N_b} R_{ia} - N_a \times A\right|)}{A + B}$$

式中,A,B分别为芝麻开花期需水量的下限和上限,即A=120 mm,B=300 mm;R_{ib},N_b分别为大于上限的降水量及次数;R_{ia},N_a分别为小于下限的降水量及次数,$N = N_a + N_b$。ER越小说明降水量偏离适宜范围越少,对芝麻生长发育越有利。

成熟期是保证芝麻产量的最后而又关键的阶段,该期需要少量的降水,一般要求小于110 mm,降水过多易受渍。而此期受渍将严重影响产量,一般可减产39%～66%,含油量降低6%～8%,而黄淮海南部和沿海地区却有很多年份降水量在110 mm以上,王震庭[2]对商丘、汝南、淮阳、南阳四区县1954—1980年分析得出,27年中出现降水量大于110 mm的总数18年,其中歉年为9年,平年为6年,因此成熟期降水量偏多成了目前芝麻生产的主要限制因子之一。

综上所述,芝麻生产的水分限制因子主要有:①现蕾期的降水量,本文选用6月下旬至7月上旬80%保证率的降水量(即小于此降水量的概率为80%);②开花期的降水量,本文选用7月中旬至8月中旬降水量的相对定距变率ER;③成熟期的降水量,本文选用8月下旬至9月上旬保证率80%的降水量(小于此降水量的概率为80%)。

(2)温度

芝麻是喜温作物,生长发育的最适温度为20～32 ℃,全发育期要求积温为2 500～3 000 ℃·d,芝麻播种在5月中下旬,而此时黄淮海平原地区温度都基本稳定通过20 ℃,完全能满足芝麻发芽的需要,以后温度逐渐上升,对芝麻生长发育越来越有利,现蕾期开花期积温都能满足,进入8月下旬以后气温开始降低,北部地区尤为明显,而芝麻成熟期需要天气晴好,温暖的天气,480 ℃·d以上的积温可保证较大的千粒重和较高的含油量,同时籽粒饱满,品质好,过早的降温往往造成芝麻歉收,即成熟期积温不足是黄淮海地区芝麻生产的限制因子之一,因此本文选用8月下旬至9月上旬大于15 ℃的活动积温作为一个因子,并计算保证率80%以下的积温值进行分析。

(3)日照

芝麻在生长发育过程中需要充足的阳光,前期光照条件好、发苗快、营养面扩展迅速,在早间早管的条件下,可促苗稳长,现蕾、开花早,中期光照条件好,可促进蕾花发育,果轴伸长快,后期阳光充足,可提高根系活力,养分形成、吸收、输送加快,含油量和品质提高,芝麻长期处在阴雨条件下,易造成幼苗徒长,结蒴部位提高,中期株间郁蔽,病害大量发生,使产量和品质下降。黄淮海大部分地区日照基本满足芝麻生长发育需要,只是降水集中的7—8月份,南部和沿海地区平均日照不足300 h,对开花和授粉有一定的影响,易造成落花落苗,影响产量,因此本文选用7月中旬至8月中旬的平均日照时数作为一个因子。

（4）土壤条件

芝麻适于微酸性至微碱性的土壤，pH 为 6～8，一般在沙质土壤、土质疏松、结构良好、排水方便的土壤条件下，出苗整齐一致，生长发育良好，根系扩展快，黄淮海平原地区多为沿河轻质壤土、沙土、砂姜黑土和一部分褐土和潮土，比较适合芝麻的生长发育。

3　分区

在黄淮海地区内选有一定代表性，资料年代尽可能长（一般 25 年以上）的站点，共 23 个，每个站分别计算出上述九个因子的数值，然后通过对数据的均一化处理后求出各站点间的相似系数 S_{ik}，取 λ＝0.8 可将全黄淮海地区分为四个区，它们与其他站点相似系数较小，代表山区情况；另取 λ＝0.9，可将 I 区分为 I$_A$，I$_B$ 区（图 1 略）。

I$_A$. 皖北、豫东南芝麻最适宜区：该区包括豫东南平原和豫北，山东省部分县，以及皖北的大部分县，该区气候及土壤条件均适宜芝麻种植。现以菏泽、开封、太康、汝南四个站作为代表点来分析该区气候条件可知，各关键因子基本在适宜指标范围内，热量条件好，日照充足。降水适中，花蒴期的降水相对定距变率 ER 值在黄淮海地区最小，适宜降水量以外的降水概率也较小，为 35％左右，非常有利于芝麻花蒴的生长发育。现蕾期和成熟期菏泽、汝南两站降水稍偏多。

本区土壤主要为沙性土，透水性好，不易渍涝，满足芝麻所要求的高燥土壤条件。

I$_B$. 黑龙港、鲁西北芝麻适宜区：包括黑龙港地区、鲁西北地区、皖北豫南及鲁西部分县。该区日照条件都在指标范围内，光照充足，除沧州略少外，都在指标以上。热量条件也较适宜；降水最主要是偏多，现蕾期和成熟期降水量均在指标之上，花蒴期的降水变率大，ER 值多在 40％左右，大于 300 mm 的概率在 30％以上，小于 120 mm 的概率也近 20％，旱涝发生的可能性大，对芝麻生长发育很不利，但从光、热、水、气候因子综合来看还是比较适宜芝麻种植的，生产上要重视抗旱。

II$_A$. 苏北、鲁南芝麻次适宜区：该区包括苏北地区和鲁南的日照、莒南、临沭、郯城等县，由代表点清江，日照的资料可知，该区热量充足，成熟期积温达 490 ℃·d，日照略有不足，各生育期降水均较多，现蕾期降水量高出指标（150 mm）50 mm，成熟期高出指标近 100 mm，花蒴期 ER 值也很大，达 55％左右，超过上限指标的概率亦达 40％之多，过多的降水使该区芝麻涝渍害严重，不宜大面积种植，小面积种植也应采取起垄种植，以便排涝。

II$_B$. 燕山山前和山东半岛不适宜区：该区成熟期积温明显不足，花蒴期日照也偏少，降水无论现蕾期、花蒴期、成熟期均偏涝，这样的条件很不利于芝麻生产，且易涝害、病害并发。

III. 太行山前芝麻不适宜区：该区包括太行山前的邢台以北地区，该区成熟期积温小于指标下限，日照条件不足。成熟期和现蕾期降水基本满足要求，花蒴期降水变率大，ER 值在 50％以上。积温和日照的不足限制了该区芝麻生产，若选用生育期短的品种，可以因地因时少量种植一些，以供应本地需求。

IV. 燕山、太行山及豫西山区不适宜区：该区的主要问题是成熟期热量不足，积温只有 400 ℃·d 左右，使芝麻不能正常成熟，降低了其千粒重和含油量。当然这里不排除在山区暖带或局部较暖的地区可以少量种植，大面积发展是不适宜的。

4　商品基地选建

由以上对黄淮海地区的生态条件与芝麻分区，可以确定皖北、豫东南芝麻最适宜区为高商品量区，黑龙港、鲁西北适宜区为中等商品量区。

4.1　高商品量区

该区包括皖北大部分县，豫东南平原和豫北部分平原县，1987 年芝麻播种面积约占该区耕地面积的 5%～6%,为黄淮海地区芝麻的主要产区(表 1)。但作为商品量基地,目前的面积和产量还远远不够,若 2000 年加强田间管理,使亩产达到 75 kg 以上,则总产量可达 28 万 t,扣除自留量和播种量,可提供商品量 21 万 t。

表 1　1987 年芝麻的面积与产量

地区	山前平原	黑龙港	鲁西北	鲁西南	豫东南	皖北	苏北	山东丘陵	黄淮海地区
平均亩产(kg/亩)	32.67	35.17	58.35	59.15	33.94	36.05	43.20	68.99	36.0(90%)
播种面积(万亩)	33.09	92.54	7.86	7.10	230.68	206.42	4.94	8.6	617.0(48%)
总产(10^8 kg)	0.180	0.325	0.046	0.042	0.783	0.744	0.021	0.059	0.20(42%)

注:黄淮海地区数值中括号内数据为该地区的平均亩产、播种面积、总产占全国的百分比

4.2　中等商品量区

该区在高商品量区的外围,包括黑龙港地区、鲁西北地区和皖北、苏北、豫南的部分县,1987 年芝麻播种面积约占该区耕地面积的 2% 左右,种植较分散。作为中等商品量区,各县应适当集中种植,因地制宜提高种植比例。

芝麻的基地建设中,应注意消除芝麻是低产作物的错误认识,给芝麻生产以应有的重视,逐步消灭目前生产中存在的栽培管理问题、选用优良品种,因地制宜的稳步发展,则黄淮海地区芝麻生产的前景是可观的。

参 考 文 献

[1] 詹英贤.论芝麻低产及其改进途径.北京农业大学学报,1985,11(3).

[2] 王震庭.河南省芝麻农业气候条件分析//河南省加快农业发展学术讨论会会议材料,1981:1-5.

土地的人口承载潜力研究中作物生产力
估算方法评价*

吴连海

（北京农业大学）

　　人口、资源和环境是当今面临的重要问题。土地资源能否满足未来人口对农业生产的需求也是世界上日益受到关注的重大问题,而要回答这些问题就必须对土地资源、食物生产,以及人口承载潜力进行定量研究。

　　一个地区在一定的生产技术条件下,人类对资源利用的程度,反映了土地的生产力,而土地的生产潜力是在一定社会发展阶段,人们对资源的最大利用水平。土地类型多样,用途也多样,从而使土地的潜在生产能力包括的范围更广。但是我国人民的食物结构以粮食为主,畜牧业大多也是以粮食间接转化的,商品蛋肉的供应主要来自农区,所以仅以粮食作物计算我国土地人口承载力基本符合我国的实际情况。基于这一前提,人口承载能力研究的重心由土地生产力转移到耕地生产力。

　　耕地生产力是在水分供应适宜、作物生长发育、产量形成所需的营养要素得到充分满足、无杂草病虫害、管理措施最佳的前提下,作物最优品种在其可能生长期内,由一地的气候、土壤条件所决定的生物化学潜能,它是全年的耕地生产能力。而这种能力又是以单一作物为基础的,因此正确估算各种作物的作物生产力是研究土地的人口承载潜力的基础。

1　作物生产力估算方法

1.1　光温生产力

　　光温生产力的估算方法基本上有三类:在光合生产力基础上的温度订正,光温生产力形成的动态模拟和光温生产力综合模式。

　　第一类方法所需资料一般只有作物的生长期、温度和辐射,极易得到,因此计算容易。但它们是在光合生产潜力基础上的温度订正方法求算光温生产力,缺乏理论依据,难以真实地反映一地的光温资源对作物生产力形成的影响,因此,在土地的人口承载潜力研究中以光能利用率为基础,进而利用温度订正函数建立模式计算作物的光温生产潜力是不适于计算作物生产力的。

　　动态模拟模式都考虑到了群体的动态进程,分析作物的光合和呼吸,直接应用作物的光合作用与光反应之间关系,考虑全面,机理性较强,但对各种作物的计算都要求有较高的作物生长和环境因子之间的定量表达,在目前情况下不易实现,因此,在土地的人口承载潜力研究中也不宜于采用此类模式。

　　光温生产力的综合模式综合考虑了作物的品种特性和作物生长发育及产量形成的动态进程以及作物光合、呼吸与光温之间的关系,思路严谨,机理性较强,这类模式主要有 Wageningen 法和农业生态区域法。

　　Wageningen 法是国际土地开垦与改良协会采用的一种方法,其依据是根据早期进行的试验,它主要适用于苜蓿、玉米、高粱、小麦等。该方法虽然机理性也比较强,但所适用的作物比较少,不利于推广,特别是在土地的人口承载潜力研究中,所涉及的作物远远超过所适用作物的种类,因此,研究中不宜采

　　*　原文发表于《中国农业气象》,1992,**13**(1):26-27.

用此模式。

　　由 Kassam 为联合国粮农组织农业生态区域项目研制的模式——农业生态区域法,是根据 de Wit 的概念而建立起来的。农业生态区域法除具有一般综合模式的优点外,还比较全面地考虑了影响作物生长发育的气候因素,所用的气候指标都是常规气象观测的数据,并且所用的参数可以根据作物的特点进行调整,用于大面积的作物生产力计算比较容易实现。因此,在进行土地的人口承载力的研究中使用农业生态区域法计算作物生产力是可行的,但在应用该模式时应注意两点:

　　(1)叶面积指数订正

　　模式中最大作物生长率的计算公式是假定该值出现时,地面全部被作物绿叶所覆盖,此时的叶面积指数相当于 5,因此,叶面积指数的订正是对作物生长率出现最大值时对最大作物生长率的订正。我们的试验表明,最大叶面积指数与最大作物生长率出现的时间基本上是同步的。

　　(2)最大 CO_2 同化速率与温度的关系

　　作物的光合是在白天有太阳辐射的条件下进行的,因此,模式中考虑光饱和时最大 CO_2 同化速率与温度的关系时,所使用的是白天平均气温。

1.2　气候生产力

　　雨养农业条件下,作物生产力的计算就必须考虑到水分对生产力影响。产量与水分的关系虽然研究较多,但理论上的定量方法还不多见,因此,多采用根据试验资料确定的经验方法。在众多的经验方法中我们认为 Doorenbos 等所提出的关系式较为适合于估算水分对作物产量的影响。该模式是联合国粮农组织所推荐的用于灌溉计划的一种方法,也是计算作物气候生产力时考虑水分订正的一种方法。FAO 给出了不同作物不同发育时段和全生育期的产量反映系数,这些值是在假设相对产量和相对蒸散量之间的关系为线性关系,而且相对蒸散量大于等于 0.5 时得出的,若小于 0.5 时,则所给出的产量反映系数就不一定符合实际。

2　作物生产力估算中的参数确定

　　使用农业生态区域法确定作物的光温生产力和气候生产力,所用到的参数必须根据作物的特点进行确定。通过我们的试验和综合前人成果,对某些参数进行了修正和改进。

　　农业生态区域法所用的不同作物类型、温度条件与光饱和点时的 CO_2 交换速率的关系是根据非洲国家的一些试验得出的,由于品种的改良,品种对温度的适应性也有所改变,因此,我们在计算小麦、玉米、大豆和水稻 4 种作物生产力时采用了新的数值关系。

　　栽培系数和产量反应系数对不同的作物品种是不同的,虽然 FAO 提供了一套系数,但这些数据有些是不符合中国的实际情况,根据我们的试验和近年的成果对 4 种作物的这两个系数进行了修正。

　　对于某一地区或季节而言,当土壤水分亏缺时,作物生产力就会下降,而土壤水分过多,也会降低作物生产力,因此,计算作物生产力在考虑水分亏缺对产量影响的同时,必须要考虑水分过多对产量的影响,特别是在我国季风气候盛行的地区更应该考虑水分过多的问题。所以我们在计算小麦、玉米和大豆的生产力时,就考虑了水分过多对这些作物生产力的影响。

冬小麦生产力估算方法研究*

吴连海　　韩湘玲

（北京农业大学）

摘　要：在综述前人工作的基础上，对作物生产力的概念重新进行了阐述，提出作物生产力包括多层次的含义，各层次生产力代表不同的生产水平且限制因子不同，并对各层次生产力进行了定义。从大气-作物-土壤系统出发，探讨了冬小麦的生长发育及产量形成与各环境因子、能量投入之间的定量关系，采用动态模拟和统计分析相结合的方法，利用 dBASE Ⅲ 和 BASIC 语言，建立起了冬小麦生长发育及生产力形成的动态模拟软件——MOGRO 模式，该软件可以根据不同需要对不同地区的冬小麦干物质累积、叶面积变化及土壤水分平衡进行计算，并可计算各层次的生产力。

关键词：冬小麦　生产力　计算方法

1　作物生产力估算的重要性

在未来的几十年内，中国的人口增加、耕地减少已是基本趋势，粮食生产正在并将继续成为困扰中国的重大问题。解决和缓解我国粮食生产的压力，除严格控制人口的迅速增长和非农业占用耕地以外，关键是利用现有耕地并提高耕地的生产力。而提高耕地的生产力，有两条途径，一是适当扩大复种指数，二是提高作物单产。

目前我国粮食的实际单产为 175 kg/亩左右，按 20 亿亩耕地计算，到 2000 年若平均增产 50～75 kg，则总产可增加 4 500 万～7 000 万 t，可见靠增加单产是解决粮食问题的重要方面。但我国耕地的生产潜力究竟有多大，这是决策者所关注的重点之一。迫切需要从自然资源的角度研究提高单产的可能性，以解决粮食生产的问题。据预测，如果要在 2000 年达到粮食自给，只小麦一项我国就必须再增产 1 500 万 t，我国的小麦生产潜力有多大？要达到此目标，需要增加多少投入？增产潜力最大的地区在哪里？这些问题都需要给予明确的回答。而作物生产力的估算提供了作物的理论产量，定量地表达了在一定气候、土壤及农业技术水平下作物可能达到的生产能力，预示农业发展前景。作物生产力评价不仅可以作为制定国家或地区农业发展规划、确定投资方向及有关农业政策的依据，也是估算土地人口承载能力的基础。作物生产力的动态研究，则揭示作物生育规律、产量形成与环境条件相互作用机制，对定量分析资源利用程度、潜力、产量限制因素等，都是一种有效的手段，因而对作物生产力的研究在理论和实践上的意义都十分重大。

2　研究方法

（1）作物生产力概念

国内外学者在研究作物生产力时，提出了不同的生产力概念，如光合潜力气候生产力[1]等，但这些概念所包含的意义及各生产力之间的关系有些混淆，本文在前人研究的基础上，从系统的角度对作物生产力的概念进行重新阐述。作物生产力是在一地的气候、土壤、社会经济及最优的管理水平、

*　原文发表于《自然资源学报》，1991，**6**（1）：80-87.

无杂草病虫害条件下,某一作物现有最优品种在其可能生长期内通过生物学特性利用外界条件转化太阳辐射能为生物化学潜能的能力,其单位可为单位面积的干物质重量或经济器官重量、蛋白质重量或热能。作物生产力具有时空变化的特征,随着社会经济条件的改善、优良品种的选育、作物对一地环境条件适应程度的加强都会使作物生产力得到逐步提高。作物生产力包含有四个方面的含义:土地生产力、气候生产力、光温生产潜力和光合生产潜力。这些生产力分别代表了不同的生产水平。光合生产力是产量的理论上限,这只是一个期望值,是生产力的最高层次,具有空间分布的特征;光温生产力是高投入水平下的特定作物在一地可能达到的作物产量上限;气候生产力是自然降水条件下可能达到的作物产量上限;土地生产力是作物实际可能实现的产量水平,它们都具有时空分布的特征。

作物生产力的形成是在大气-作物-土壤这一开放系统内进行的。生产力的高低一方面取决于作物遗传特性及其对环境条件的适应性及环境资源的数量、质量及对作物的适宜度;另一方面还取决于技术水平和物质投入。环境条件可分为光、热、水和土壤等。而社会经济技术水平包括优良品种的选用、肥料、排灌设施、栽培措施等。环境与社会经济技术条件对作物生产力的影响极其复杂,但与气候条件关系最为密切(图1)。

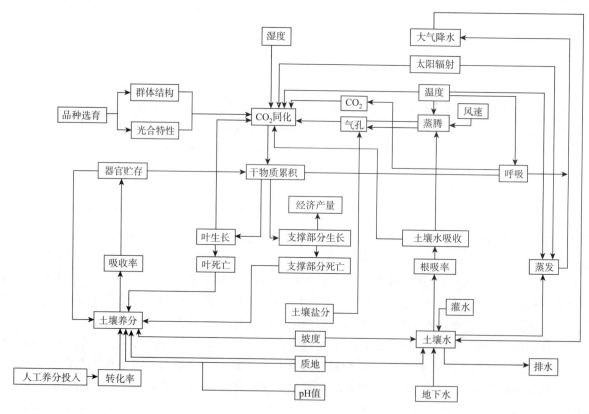

图 1　作物生产力形成与环境的关系

(2)小麦的光温生产潜力

通过对计算作物光温生产潜力各种方法进行比较,荷兰 Wageningen 大学提出的 SUCROS 模式较好,因为它可以以日为时间步长进行计算,而且考虑了作物叶面积的动态变化与作物光合总量之间的关系[2]。SUCROS 模式中所用的不同作物类型、温度条件与光饱和点时的 CO_2 交换速率(P_m)的关系是在 20 世纪 50 年代得出的,由于作物品种的改良,新的作物品种交换速率的提高,对温度适应性的变化,其旧关系数值已远远不能适应新品种的这种变化。近几年就作物品种在不同温度条件下达到光饱和点的 CO_2 交换速率[3-5]已有许多报道。因此,本文对原来所使用的 P_m 与温度的关系曲线进行了修正。根据北京农业大学农业气象系作物生态生产力室的研究,冬小麦在适宜温度范围内最大交换速率与温度条件遵从于 B 函数。其具体形式为：

$$P_m = \begin{cases} 0.013\ 1 \times T^{1.553\ 3} \times (35-T)^{1.123\ 5} & (0\ ℃ < T < 35\ ℃) \\ 0 & (T \leqslant 0\ ℃\ 或\ T \geqslant 35\ ℃) \end{cases}$$

冬小麦在不同的发育期内,对环境条件的要求不同,其各种代谢过程和生长状况也不相同,因此,在建立光温生产力模式时,必须考虑到冬小麦的发育速度,并对不同地区建立起相应的发育速度模式。冬小麦的发育速度虽然受多种因子的影响,如太阳辐射强度、光照、温度的上下限和积温等,但最主要的还是与生育期内的热量条件密切相关,特别是与积温的关系更优于用其他指标表示的热量条件。冬小麦为了完成发育要求一定的积温,虽然不同品种间所要求的 ≥0 ℃ 积温存在着一定差异,但相同品种类型基本一致。本文根据最冷旬平均气温将全国冬小麦种植区划分为冷冬、温冬和暖冬三大种植区域,其指标分别为最冷旬平均气温低于 −2 ℃,0~−2 ℃ 和大于 0 ℃。冷冬区域冬小麦越冬期间地上部死亡,温冬区域地上部缓慢生长,并能长出 1~2 片叶,暖冬区域则无越冬期。在不同区域内,冬小麦完成发育所需积温不同,根据全国不同气候区种植制度生产力试验资料,得出各区冬小麦全生育期及各发育阶段所需的积温(表 1)。某一地区播期是否适宜,对培育壮苗、安全越冬和形成较高产量都有直接影响。因此冬小麦的发育速度模式中除考虑到积温外,对适播期也给予了充分的考虑[6,7]。

表 1　不同区域各发育阶段所需 ≥0 ℃ 的积温　　　　　　　　　　　单位:℃ · d

区域	播种—出苗	出苗—分蘖	分蘖—越冬	返青—拔节	拔节—抽穗	抽穗—成熟	全发育期
冷冬区	100	240	240	380	380	775	2 115
温冬区	100	240	240	250	375	800	2 005
暖冬区	130	255	250		550	750	1 935

冬小麦的光温生产力模式中考虑到了其叶面积的动态变化对群体光合作用的影响,因此对叶面积动态的模拟也是模式中不可缺少的一部分。叶面积的动态变化牵扯到干物质的分配、叶面积与干物重之比和叶面积本身的生理过程。根据观测资料,对不同生长区域内的绿叶干重占干物质累积的比重随生育进程的变化建立了模式。

(3)水分与作物生产力

农田蒸散包括小麦群体蒸腾及土壤蒸发,在水分得到充分满足时,其农田蒸散就转化为农田的潜在蒸散,而冬小麦的光温生产潜力的假设前提之一则是在其生长期内水分能得到充分满足,因此可以认为麦田潜在蒸散量是小麦在形成光温生产力时所需水分的上限值,光温生产力与潜在蒸散之比值则可认为是冬小麦的水分利用效率,即单位耗水量所形成的干物质重量或产量。根据麦田的实际蒸散和水分利用效率即可计算出实际水分供应条件下的冬小麦生产力。对于某一地区或季节而言,当土壤水分亏缺时,作物生产力就会下降,而土壤水分过多的地区,由于渍害和湿害等也会降低作物生产力。汪宗立等[8,9]对小麦湿害及耐湿性从生理学的角度进行了研究,根据其成果确定冬小麦各生育阶段因水分过剩而引起的干物质降低率:出苗—越冬为 0.2,越冬期为 0.19,返青—成熟为 0.12。

从对作物生产力与水分的关系看出:无论水分亏缺还是水分过剩都必须搞清农田土壤水分的动态变化。本文在研究作物生产力与水分的关系时对农田水分平衡公式中的各平衡分量都进行了定量分析,从而确定土壤水分的动态变化。

(4)作物生产力与土壤、地形的关系

小麦的环境因子,除气候因子之外,还有土壤因子。不同土壤条件下作物的适宜程度不同,最终表现在产量的差异上。影响土壤质量的因素主要包括土壤肥力、土壤质地、土地坡度、土层厚度、土壤 pH 值及含盐量等。本文将前人的研究成果加以归纳、综合、分析,对土壤因子与生产力的关系建立不同模式。土壤、地形因子众多,根据"最小限制律"原理,土壤及地形因子对小麦生产力形成的限制因素取决于上述各因子中对小麦生产力形成限制最严重的因子。如坡度、土层厚度、土壤质地、土壤 pH 值、土壤含盐量分别达到相对生产力的 1.0,0.95,0.72,0.90,1.0,则土壤地形因子所形成的相对生产力为0.72。当然在不同地区土壤、地形对生产力的限制因素是不同的。

(5)养分与作物生产力

土壤肥力是土壤的物理、化学、生物等性质的综合反映,土壤的各种基本性质都能通过直接或较为间接的途径,影响作物生长,当然这些条件互有影响,而且在不同的情况下,影响作物生长的主导肥力条件也不相同。土壤中的氮、磷含量不仅受制于气候条件,而且也受土壤类型、土壤物理化学性质的影响,氮、磷对作物的有效性取决于氮、磷形态转化过程,小麦易于吸收的氮、磷元素主要是铵态氮、硝态氮和正磷酸态磷,因此利用碱解氮、速效磷指标表示土壤肥力的高低,综合我国的小麦田间试验资料[10,11],得出土壤肥力与基础生产力的关系式为:

$$YF = \begin{cases} 2.089N + 2.465\,6P - 0.003\,63NP & (P, N \neq 0) \\ 0 & (P = 0 \text{ 或 } N = 0) \end{cases}$$

式中,N,P 分别为土壤中碱解氮、速效磷含量(ppm);YF 为基础生产力(kg/亩)。

由于土壤肥力不同,养分供应水平也不同,因此不同土壤肥力对施肥增产效应也不同,土壤对某养分供应量愈高,作物所吸收的该养分元素的土壤依存率也愈高,该养分元素的肥料增产效应愈低。为了能反映出这一特点,本文根据基础生产力将土壤肥力分为三个等级,高肥力水平、中肥力水平和低肥力水平,其指标分别为基础生产力≥200 kg/亩,120~199 kg/亩,<120 kg/亩。

氮肥投入量与生产力的关系曲线可用下面方程表示:

$$YN = a + (A - a) \times [1 - \exp(ct)]$$

式中,YN 为由氮肥所决定的小麦生产力(kg/亩);a 为由土壤肥力所形成的基础生产力(kg/亩);A 为在气候、土壤、土壤肥力条件下,在最适化肥投入时最大生产力,即土地生产力(kg/亩);t 为纯氮投入量(kg/亩);c 为参数。

在中等、低肥力下,由于施入氮素,使得氮、磷的交互影响作用加强,因此除考虑氮肥因素外,还对磷肥作用进行了评价。

3 模式的检验

通过对影响冬小麦生长发育及产量形成的因子分析,在长城 0520C-H 微机上利用 dBASE Ⅲ 和 BASIC 语言建立起了冬小麦生长模式软件——MOGRO 模式。系统采用树状交叉程序结构,共分资料输入、输出、计算及分析四大部分,其中计算部分又分为冬小麦发育、光温生产力、气候生产力、水分平衡、土地生产力和实际生产力计算。

本文利用作物生态-生产力研究室在北京东北旺所取得的田间试验资料对模式进行验证。发育阶段出现日期计算值与实际值表现出很好的一致性(表2),根据实际发育阶段所计算出的旱地冬小麦干物质、叶面积指数以及土壤水分平衡的动态变化与实测值具有较高的吻合性(图2、图3、图4)。因此该模式在我国冬小麦种植区域内具有一定的普遍使用价值。

表 2　发育期的计算日期与实际日期比较

发育期	播　种	出　苗	分　蘖	越　冬	返　青	拔　节	抽　穗	成　熟
计算日期(日/月)	2/10	7/10	22/10	20/11	10/3	14/4	7/5	11/6
实际日期(日/月)	29/9	5/10	22/10	22/11	12/3	15/4	6/5	12/6

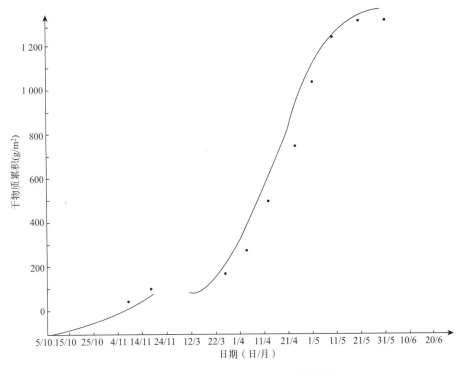

图 2 冬小麦地上部干物质累积动态模拟

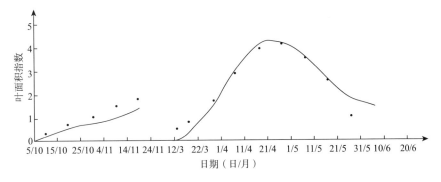

图 3 冬小麦叶面积动态模拟

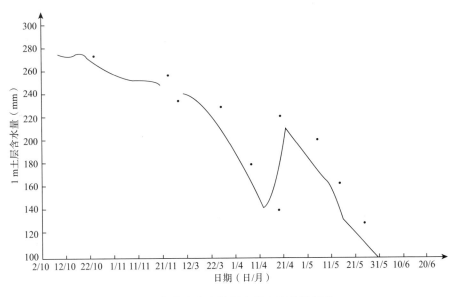

图 4 冬小麦生育期间土壤水分平衡模拟

4　讨论

MOGRO 模式在土壤水分平衡子模式中将各平衡分量都考虑了进去,比简化的土壤水分平衡模式前进了一步,并且注意到土壤水平衡动态变化对冬小麦的生长及产量形成的影响。由于土壤的田间持水量一般不是一个常量而受多种因子的影响。因此,在有试验材料的地区,土壤水分平衡使用稳定数值的土壤水势表示更为优越,并且利用土壤水势表述土壤水分含量,也是今后研究土壤水的发展方向,降水向土壤的入渗受多种因子的控制,如降雨强度、降水前土壤水分的分布,不同土壤的渗透速率等,因此研究降雨在土壤中的入渗过程是提高模式精确度的关键一步,由于受资料的限制,在子模式中还没有对入渗过程进行详细的模拟,计算比较笼统,在对模式改进时,应对此过程给予重视。

作物的蒸散包括作物蒸腾和土壤蒸发,蒸腾除受气候、作物群体结构、土壤水分供应以外,还受植株水势、根分布、根吸水效率及气孔开张度等因子的影响,这些因子对蒸腾的作用极为复杂,本文在模拟作物蒸散时,仅考虑了气候、作物群体结构和土壤水分供应等因子,其他因子均忽略,这与实际情况存有误差。

土壤因子对冬小麦生长、产量形成的影响虽给予了充分的考虑,但 pH 值与生产力的关系只是引用国外材料,在我国的适应程度还待进一步研究。

营养元素对冬小麦生长发育、产量形成而言,是不可缺少的因素之一,营养元素的利用率在不同发育期、不同土壤类型上和土壤水含量下是不同的,本模式只是利用统计方法研究了大量营养元素中氮、磷对冬小麦产量的影响,对冬小麦吸收营养元素及土壤养分供应的动态变化还欠考虑,此外,微量元素的作用也没有考虑。

作物生长发育产量形成的系统模拟还仅仅起步,根据国外的经验建立一个较为完善的作物生长模式,需要组织大量的人力物力,进行长期的田间试验和实验室测定,系统地取得参数,但我国目前还缺乏这方面的工作,只有多学科联合,根据各自学科的特点,研究作物生长发育、产量形成的生理过程和对环境的反应,才能真正完善作物生长模式。

参 考 文 献

[1] 邓根云,冯雪华.我国光温资源与气候生产潜力,自然资源,1980,(4).

[2] Penning,de Vries F W T,*et al*. Simulation of Plant Growth and Crop Production Centre for Agricultural Publishing and Documentation. 1982.

[3] 张地,等. 在不同生态条件下光合特征的初步分析.云南科技,1987,(6).

[4] Evans L T,Wardlaw I F, Fischer R A. Wheat//Evans L T, Crop Physiology. Cambridge University Press,1980.

[5] 焦德茂.主要农作物光合特性解析与在生产上的应用Ⅲ.小麦不同生育阶段限制光合能力的主要环境因素.江苏农业科学,1983,(12).

[6] 韩湘玲.小麦//农业气候学.北京:农业出版社,1987.

[7] 龚绍先.粮食作物与气象.北京:北京农业大学出版社,1988.

[8] 汪宗立,丁祖性,娄登仪,等.小麦湿害及耐湿性的生理研究Ⅰ.小麦个体发育过程中对土壤过湿反应的敏感期.江苏农业科学,1981,(4).

[9] 汪宗立,丁祖性,娄登仪,等.小麦湿害及耐湿性的生理研究Ⅱ.不同生育期土壤过湿对小麦某些生理过程的影响.江苏农业科学,1981,(6).

[10] 安徽省小麦高产优质低耗栽培技术体系研究课题组.淮北地区冬小麦亩产 300～400 kg 氮磷化肥便于施用的研究.安徽农业科学,1988,(3).

[11] 何静安.论砂姜黑土的磷肥效应与优化施用技术.华北农学报,1988,**3**(1).

作物生产力的生态区域法存在的问题及改进

王恩利

（北京农业大学）

1　生态区域法模式中两个假设的合理性分析

在 AEZ 的模式中，简单地把所有作物的生物量生长曲线都假定为 S 形曲线，把作物的净生长率曲线假定为正态分布曲线。这种假设就意味着把作物的生长期看成了相互对称的两个阶段，在前一阶段，作物的净生长率由 0 开始逐渐达到最大；在后一阶段，作物的净生长率由最大值与前一阶段相对称地逐渐变为 0，完成作物的整个生长期，作物的生物量累积曲线呈标准的 S 形曲线，净生长率的最大值出现在净生物量累积曲线的拐点处。这虽然对大多数普通作物来说是基本符合的，但对某些作物和某些新的作物品种就可能不相符合。因为有些作物品种的生长期并不像假设中那样对称，有些作物品种在收获部分收走以后还在继续生长。这就会使作物全生育期的平均生长率不等于生长期内出现的最大生长率的一半，在出现最大生长率时累积的生物量也不等于全生育期总生物量的一半，前面所描述的模式就不能用来计算作物的生物量了。解决这一问题的最简单的办法就是在模式中不以全生育期平均值求作物全生育期累积的生物量，而是以逐旬或逐月为单位，逐步求算作物的生物量累积。这需要每旬或每月作物的叶面积指数，但对于某一类型的作物来说，叶面积指数的生长曲线类型基本上是相似的，只是数量上有差异，可以用作物的相对叶面积指数方程和最大叶面积指数来描述一类作物的叶面积动态变化。

$$LAI(t) = LAI_m \cdot RLAI(t)$$

式中，LAI_m 为作物的最大叶面积指数，玉米为 4，小麦为 5；$RLAI(t)$ 为 t 时刻的相对叶面积指数，是相对生长天数的函数：

$$RLAI(t) = f[RD(t)]$$
$$RD(t) = Day(t)/GD$$

式中，$RD(t)$ 为相对生长天数（0～1）；$Day(t)$ 为出苗后的天数；GD 为作物总的生长期天数。

作物的生物量累积可按下列公式计算。

t 时刻的总干物质生产率（$b_{gm}(t)$）可按下式计算：

当 $p_m(t) \geqslant 20$ kg/(hm² · d) 时

$$b_{gm}(t) = f(t) \cdot [0.8 + 0.01p_m(t)] \cdot b_o(t) + [1 - f(t)] \cdot [0.5 + 0.025p_m(t)] \cdot b_c(t)$$

当 $p_m(t) < 20$ kg/(hm² · d) 时

$$b_{gm}(t) = f(t) \cdot [0.5 + 0.025p_m(t)] \cdot b_o(t) + [1 - f(t)][0.05p_m(t)] \cdot b_c(t)$$
$$f(t) = [A_c(t) - 0.5R_s(t)]/[0.8A_c(t)]$$
$$R_s(t) = [0.25 + 0.45N(t)] \cdot R_s(t) \cdot 59$$

$p_m(t)$ 决定于作物类型和平均白天温度 $T_d(t)$。

$$p_m(t) = p_{mm} \cdot k(t)$$

式中，p_{mm} 为光饱和点时最适温度下的最大光合速率；$k(t)$ 为 t 时刻的相对光合速率，决定于作物的类型，可表示为：

$$k(t) = \frac{2[T_d(t) + B] \cdot (T_{max} + B)^2 - [T_d(t) + B]^3}{(T_{max} + B)^3}$$

若 $k(t) > 1$，则 $k(t)$ 取 1；式中 B 为常数，T_{max} 为 p_{mm} 对应的温度。

$$b_g(t) = b_{gm}(t) \cdot CL(t)$$

$$CL(t) = 2.475\,70 \cdot 10^{-3} + 0.322\,41\,LAI(t) + 8.636\,16 \cdot 10^{-3}(LAI(t))^2$$
$$- 0.013\,28(LAI(t))^3 + 1.330\,47 \cdot 10^{-3} \cdot (LAI(t))^4$$

$$R(t) = k \cdot h_g(t) + c(t) \cdot B_a(t)$$

$$c(t) = c30 \cdot (0.044 + 0.001\,9T(t) + 0.001\,0 \cdot T(t)^2)$$

t 时刻的净生长率可表示为：

$$b_a(t) = b_g(t) - r(t)$$

$t + \Delta t$ 时刻的净生物量为：

$$B_a(t + \Delta t) = B_a(t) + b_a(t) \cdot \Delta t$$

当 $t = 0$，$B_a(0) = 0$，对于逐旬计算 $\Delta t = 10$，逐月计算 $\Delta t = 30$。上式中的 $T_d(t)$，$T(t)$，$N(t)$，$R_a(t)$，$R_g(t)$，$b_c(t)$，$b_o(t)$ 分别为 AEZ 模式中对应各项在第 t 旬（或月）的平均值。

按上述公式逐步计算累加，当 $t = GD$ 时的 B_a 为作物完全生育期累积的净生物量。

2　光温潜力计算中参数的修正

在计算作物的光温潜力时，将要用到作物的收获指数(CH)，作物的叶面积系数(LAI)和作物在不同温度下光饱和点时的叶光合速率(p_m)，这些值都要根据要计算的作物在当地的实际情况加以选取，否则就会使计算变得不合理。特别是按上述逐旬或逐月方法计算作物的生物量累积时，必须首先模拟所计算的这一类作物的相对叶面积增长方程，这可以通过实际的叶面积测值资料来模拟获得。

p_m 值也会随不同的作物品种而变化。如按 FAO 给出的资料，冬小麦属 I 类作物，其最大光合速率在最适温度($20\ ℃$)时为 $20\ kg\ CH_2O/(hm^2 \cdot h)$；而黄淮海地区的资料已证明，冬小麦的最大光合速率值已达到 $28.7\ kg\ CH_2O/(hm^2 \cdot h)$，因此按 FAO 资料算出的冬小麦的光温潜力必然会低于黄淮海地区的实际值。下表给出了本课题组根据在黄淮海地区的试验与调查资料选定的冬小麦光温生产力的计算参数值(表 1)。

表 1　各类作物在不同白天温度下的 p_m 值

白天温度 (℃)	$p_m[kg\ CH_2O/(hm^2 \cdot h)]$			
	I 类作物	II 类作物	III 类作物	IV 类作物
5.00	6.89	0.00	0.00	0.00
10.00	20.86	5.00	0.00	0.00
15.00	27.84	45.00	20.00	5.25
20.00	27.84	65.00	37.50	47.25
25.00	20.86	65.00	40.00	68.25
30.00	6.89	65.00	40.00	68.25
35.00	0.00	45.00	37.50	68.25
40.00	0.00	5.00	10.00	47.25
45.00	0.00	0.00	0.00	5.25

3　水分订正部分求光温水生产力中存在的问题

(1)生长时段划分上的问题

作物的最大蒸散量决定于当时的可能蒸散量和作物的生育阶段，即作物叶面积的大小或作物覆盖地面的程度，在 FAO 的方法中求作物的最大蒸散量时所用到的作物需水系数 K_c 值就是据作物覆盖地

面的程度来划分的,划分的标准为:

　　1)季初阶段:从发芽到覆盖10%的土地。

　　2)发育阶段:从覆盖土地10%到覆盖土地80%。

　　3)季中阶段:从覆盖土地80%到开始成熟。

　　4)季末阶段:从开始成熟到收获。

　　而在根据作物的相对蒸散差额来求算作物各生长阶段的减产率时,要用到作物各生长阶段的产量反应系数(K_Y),选取 K_Y 值时,要按作物的生育期进程划分的生长阶段选取,FAO的划分的生育期包括:

　　1)营养生长期;

　　2)开花期;

　　3)产品形成期;

　　4)成熟期;

　　5)全生育期。

　　存在的问题是,我国作物生育期的记载既不同于选取 K_Y 值时 FAO 的划分标准,而且没有作物地上部分覆盖程度的记载,又没有自己试验得出的 K_C 和 K_Y 值,因此,一方面要选用 FAO 的这两个系数值,但仅据我们的生育期资料又无法选取这些值。在计算中采用了比较简单的办法,即采用我们的生育期资料,据 FAO 的资料值来估算出相对于我们各生育期的 K_C 和 K_Y 值。采用的作物的生育期和参数值见表2、表3。

表2　计算中采用的各作物的生育期

作物名称	生长阶段1	生长阶段2	生长阶段3	生长阶段4
冬小麦(冬前)	出苗	越冬		
冬小麦(冬后)	返青	拔节	抽穗	成熟
春小麦	出苗	拔节	抽穗	成熟
玉米	出苗	拔节	抽穗	成熟
大豆	出苗	开花	产品形成	成熟
棉花	出苗	现蕾	开花	吐絮(20 ℃终日)

表3　各作物的收获指数(C_H)及各生长阶段的 K_C 和 K_Y 值

作物名称	阶段数	C_H	K_{C1}	K_{C2}	K_{C3}	K_{Y1}	K_{Y2}	K_{Y3}
冬小麦(冬前)	1	0.40	0.60			0.20		
冬小麦(冬后)	3	0.40	0.70	1.05	0.90	0.20	0.60	0.40
春小麦	3	0.40	0.70	1.05	0.90	0.20	0.60	0.40
春玉米	3	0.45	0.60	1.10	0.90	0.40	1.50	0.80
平播夏玉米	3	0.45	0.60	1.10	0.90	0.40	1.50	0.80
麦套玉米	3	0.45	0.60	1.10	0.90	0.40	1.50	0.80
春大豆	3	0.35	0.60	0.95	1.00	0.20	0.80	1.00
夏大豆	3	0.35	0.60	0.95	1.00	0.20	0.80	1.00
早稻	4	0.50	1.10	1.10	1.20	1.17	1.17	1.40
中稻	4	0.50	1.10	1.10	1.20	1.17	1.17	1.40
晚稻	4	0.50	1.10	1.10	1.20	1.17	1.17	1.40
棉花	3	0.10	0.60	1.00	0.90	0.20	0.50	0.25

　　这虽然简单地解决了部分问题,而且这样选取的 K_Y 值或许还能合理,但 K_C 值必然产生了相当大的误差。可能的解决办法只能采用作物的叶面积动态资料,据叶面积的动态来划分出相应于 FAO 方法中各时段的作物生长时段。为了能准确地选择 K_Y 值,按 FAO 的方法划分出所计算作物的生育时期长度也是十分重要的。因此我们需要的资料还应包括:

1）作物的生育期动态；

2）按 FAO 标准划分的作物的生育期。

对某种特定的作物来说，以上两项可用相对生长期的方法来解决。因为对某种特定的作物来说，各时期的长度相对于总生长期的长度的比例是相对固定的。

（2）作物实际蒸散量计算中的问题

作物的实际蒸散量决定于土壤中对作物的有效水的总量。土壤中对作物有效水的总量决定于作物的类型、土壤中水分的多少、最大蒸散量的大小以及作物的根深。由于缺乏作物的根深资料，在计算中采用了作物生长后期的平均根深，这样使总的作物根深显大，所计算的土壤中对作物的有效水数量大于实际的有效水量，这会使作物前期的缺水减产率偏小，作物的光温水生产力偏大。因此，准确的计算还需作物各生长阶段的根深资料。

（3）计算最后的光温生产力值中的问题

作物由于在生长期内受到水分亏缺的影响，作物的生产力就会由光温生产力降低到作物的光温水生产力，对籽粒作物来说，可能出现下面的几种情况：

1）作物生长期内均匀地轻度缺水，或某一生长阶段出现不十分严重的缺水，这会使作物的生物量和籽粒产量均降低。

2）生长前期的某一时段内严重缺水会造成植株死亡，仅形成一点生物量，而不会生成任何籽粒。

3）籽粒形成期出现严重缺水，使其不能正常成熟，虽有很大的生物量，但只是很低的籽粒产量，且产品品质很差。

在计算作物的光温生产力时是把作物的总生物量乘以作物的收获指数而得出的，这在作物正常生长时是合理的。但当作物受到水分亏缺影响后，在出现以上几种情况时，就不能采用在正常状况下的收获指数来得出作物的光温水生产力了。而且，作物的产量反应系数只适用于作物的相对蒸散不足额小于 0.5 时，在水分亏缺严重不足的情况下，就不能使用 FAO 的 K_Y 值，在这种情况下计算作物的生产力，至少要解决下面几个问题：

1）确定各种作物在不同生育时期其光合产物向作物的根、茎、叶和籽粒的分配系数，特别是在不同逆境条件下各时期的分配系数。

2）确定作物不同时期水分亏缺对其生物量的定量影响系数。

3）确定作物不同生长时期造成作物死亡的临界水分亏缺值。

试论我国气候耕地与粮食[*]

韩湘玲

（北京农业大学）

我国人多耕地少,随着城乡建设的发展,耕地会不断减少,而人口却日益增加,对粮食的需求量上升,矛盾甚为突出。其主要出路是:充分利用较优越的气候资源提高耕地生产力。

气候—土地资源提供了农产品形成的基本物质和能量,地球上不同气候区有着不同的作物种类、熟制、农业结构,结合社会经济条件决定了农业发展途径和土地承载人口的能力。

我国主要农区处于世界上独特的温带、亚热带季风气候区,与世界主要国家比较,我国农区的特点是:

(1)亚热带季风气候区的耕地面积大、复种的潜力大,大于 0 ℃积温 $>5\,500$ ℃ · d,年雨量 $>1\,000$ mm。一年可两熟、三熟,年生产力较高的耕地占 36%(美国 7%,苏联 4%),约 5.0 亿亩,若复种指数达到 200%,则相当于 10.0 亿亩,可为耕地面积的 2/3。

(2)水热同季,可种植多种生产力较高的喜温作物,如玉米、水稻。

据统计,复种增加 1%,相当于播种面积增加 1 450 万亩。到 2000 年,复种指数可比 1985 年增加 10%～12%,相当于播种面积增加 1.5 亿亩,每亩按 1985 年亩产 300～400 斤,约 500 亿斤粮食。增加复种的重点在南方尤其是冬闲田。

(3)提高单产:我国有一定面积单产 $>1\,000$ 斤/亩的农田,但中低产田面积约占耕地的 65%。据计算,黄淮海地区小麦、玉米、水稻等作物的实际产量只为气候产量的 70%～80%,为光温生产力的 40%～60%,可见在增加化肥、灌溉面积和科学管理的基础上,提高单产的潜力是很大的,1983 年比 1977 年亩增产 100～300 斤,若至 2000 年平均亩增产 100～150 斤,总产量增加是可观的。

(4)提高水分利用率:我国主要农区虽年雨量在 600～1000 mm,但水是限制生产力的关键因子、水田水浇地是耕地中的精华。据我们的试验和考察,水浇地比旱地增产 0.5～3.0 倍,有灌溉条件可采用复种多熟。从全国灾情看,旱灾是普遍的,北方有冬春连旱、江南有伏旱。我国水田水浇地近 7.0 亿亩,二熟以上地区有 5.5 亿～5.6 亿亩,故播种面积相当于 11 亿亩,占粮食播种面积的一半,若到 2000 年增加水浇地水田 0.6 亿亩,全部复种 70% 种粮,产量是可观的。雨养农业若提高农田施肥水平,加强田间管理,可提高水分利用率,获较好的经济效益。据季风气候特点,北方雨季降水集中,土壤深厚的华北平原、黄土高原伏雨可春用,华北雨季降水约可贮存 67 m³/亩。据我们试验,旱作冬小麦高产可达 500～700 斤/亩,玉米 600～700 斤/亩,1 mm 水可多 2～3 斤粮,比大面积产量分别多 200～300 斤/亩。因此,在我国广大地区必须灌溉农业与雨养农业并举,以充分利用雨季降水、节约用水提高水分利用率。

(5)重点发展东部地区,其中黄淮海地区是重中之重:东部是指年雨量线 500 mm,大于 0 ℃积温 2 500 ℃ · d 以东地区,包括东北平原、黄淮海地区、长江中下游和华南地区。东部地区是我国的主要农区,拥有 80% 的耕地,据 1985 年资料统计,农业总产值占我国 90%,从农业气候条件看,具有较大的生产潜力:①水热资源丰富;②暖温带及其以南地区有提高复种指数的可能;③增产潜力高;④产投比高。为此,我们认为,从农业气候条件看,我国农业发展的战略重点应在东部。

黄淮海地区是重中之重。黄淮海地区位于东部地区的中部,大部分地区土地平坦、土层深厚、近三十年来得到较好的治理,且位于中原交通较发达,现农牧业生产占全国第二位,仅次于长江中下游。

---

* 此文为摘要

　　黄淮海地区,从作物生态适应性及综合多种因子分析,可建成我国小麦、玉米、夏大豆、棉花、油料、温带果树、畜牧业等基地,是我国农业发展最有潜力的地区。而西北地区,生产水平较低,水土不协调,特别是受水限制,沙化、盐渍化都较严重,应予以重视,通过种草(饲草)、灌木,保护现有土地资源,在相当长时间内农业难以有较大发展。

耕地问题对策*

韩湘玲

（北京农业大学）

1 耕地减少的危机

按统计,自1949年以来,我国人口从5.417亿增至10.411亿,增加了0.92倍,而耕地除20世纪50年代平均年增加952万亩外,以后逐年减少,1981—1985年平均每年减少738万亩。1985年人均耕地1.4亩,比50年代初的2.8亩少了一半,若每年按700万亩的速度减少,到2000年人均只有1.08亩,至2050年只剩下0.67亩,比1985年广东省人均耕地0.73亩还少。若按每年1 000万亩速度减少,则到2050年人均只有0.51亩。若以1957—1985年每年减少800万亩计,比一个京(津)地区的耕地面积(630万亩或670万亩)还多,若按1983—1985年平均每年减少1 135万亩计,相当于减少一个宁夏回族自治区(1 192万亩),若按1984—1985年减少1 512万亩计,则减少近一个福建省(1 891.8万亩),详见表1。

表1 我国人均耕地的变化(1949—1985年)

年份	人口变化率(%)	年耕地变化量(万亩)	耕地变化率(%)	人均耕地(亩/人)
1949—1960	+1.85	+952	+0.66	2.63
1961—1970	+2.29	−559	−0.35	2.10
1971—1980	+1.75	−274	−0.17	1.62
1981—1985	+1.07	−738	−0.49	1.44
1983—1985	+0.84	−1 135	−0.59	1.42
1984—1985	+0.79	−1 512	−0.76	1.41

2 增加复种指数的潜力不可忽视

复种潜力在有耕地的基础上才能发挥。

2.1 复种增产的作用

据统计,自1952年以来,复种指数从130%增加到151%,由于复种增加了播种面积5.0亿～7.0亿亩。1949—1985年耕地平均15.373亿亩,播种面积21.963亿亩,粮食播种面积18.057亿亩。1985年耕地面积剩下14.527亿亩,播种面积21.544亿亩,粮食播种面积16.327亿亩。可见,部分粮食和全部经济作物(3 357亿亩)均在复种地上种植,实际上我国1/2的棉花、绝大部分的油料(油菜、花生、芝麻)、豆类和麻类、绿肥、部分糖料都是在间套复种下种植的。

若按现在水平,复种指数增加1%,播种面积可增加1 450万亩。

据我们课题组织在黄淮海地区的熟制试验表明:如两熟区北缘的北京,两熟比一熟亩增产0.5～

---
* 本文系根据1987年3月30—31日在北京农业大学召开的耕地问题研讨会上作者的发言整理

2.0 倍,纯收入增加 80% 以上,并为增加土壤有机质提供了碳源。

2.2　增加复种的必需条件

历史上虽然由于复种的地区过于靠北、海拔过高,面积过大,造成过失误,但仍以成功的经验为主。增加复种的必需条件如下:

(1)热水条件的保证:复种,包括共生期小于 1/2 生长期的套种。首先要有热量条件,即在大于 0 ℃ 积温 3 600~4 000 ℃·d 地区,可种带田,复种指数 130%~150%,在大于(4 100±100)℃·d 的地区才能两熟,大于(5 900±200)℃·d 的地区可三熟,我们在种植制度气候区划中,将黄淮海地区划为水浇地二熟旱地二熟一熟区。也就是热量条件可两熟,若无足够降水或无水浇条件则只能一熟。

(2)足够的投入——肥料、人(机畜力)、能源、水利等,在水热条件保证下若人均耕地多,机畜力不足也难以实现。

(3)高科学技术水平,涉及作物种类(品种)搭配、播收时期、密度的选定、施肥、灌水的时期、数量、套种技术、完整的栽培耕作技术及管理水平等,都影响复种的效果。

2.3　复种的增产潜力

(1)1976 年、1978 年全国复种指数达 151%,"六五"期间下降,1983 年只有 146.4%,相当于减少播种面积 6 000 多万亩,大部分可以恢复利用。

(2)据各地的实践,到 2000 年,在增加化肥水利的基础上,复种指数比 1985 年增加 10%~12% 是可行的,相当于增加 1.5 亿亩耕地。按每亩 350~400 斤计,约合 500~600 亿斤粮。

(3)增加复种的重点地区是南方,热、水条件充沛的华南三省,近年复种指数下降的幅度最大,如广东省 1977—1985 年下降 27%,广西下降 52.6%,福建下降 20%,这些地区缺粮也最严重。而目前冬闲田面积达 8.0% 以上,利用这部分冬闲田潜力是不小的。长江中下游与西南也有相当部分冬闲田,潜力最大的华南三省若复种指数比 1985 年增加 50%~60%,可增加 200 亿斤,解决沿海缺粮问题。

长江中下游及其以南的地区,大于 10 ℃ 积温 5 000 ℃·d,年雨量 1 000 mm 以上,1977—1980 年平均产量 300~600 kg,东北、华北 100~300 kg,西北则大于 100 kg。及至 1983 年,全国产量都有提高,南方增加 100~150 kg,北方 50~150 kg,而西北只增加 50 kg。南方增产最快,可见自然条件对增产潜力起着重要作用。

3　应重视季风气候引起的旱涝灾害和所供的水分资源

我国季风盛行,是世界上独特的季风气候区(主要在东部),其优越性是光温水同季,不同于同纬度的温带、亚热带地区的干旱半干旱特征,但降水的季节、年际分配不均引起频繁的旱涝灾害也是其特点之一。

3.1　1984—1985 年平均减产 300 亿斤

据 1949 年以来的统计,每年成灾面积 20 多亿亩,其中 80% 以上是由旱涝引起(其中旱灾占 45% 以上,涝灾占 30%~40%)。受害面积与降水的特多或极少直接相关,历史上最大成灾面积可达 4 亿亩(1961 年旱灾 2.798 亿亩,占 70%),1978 年 3.787 亿亩(旱灾 2.621 亿亩,占 70%),洪涝最重的年份为 20 世纪 50 年代、60 年代,成灾面积可高达 80%~90%,70 年代最高为 30%。30 多年来由于农田水利建设,抗旱排涝能力已大大加强,但就 1984 年及 1985 年的情况,旱涝成灾面积仍达 2.848 亿亩(旱 45%,涝 38%)。其中绝收面积占 24%(642 万亩),即平均每年减产 6 700 万亩耕地,按粮食播种面积占总播面积的 75.8% 计为 5 100 万亩,按平均粮播种面积亩产(462 斤)计,则损失粮食 230 亿斤,若其余受灾面积 2.173 5 亿亩相当粮食播种面积 1.6 亿亩。按减产 1 成计相当于减少粮食 70 亿斤(或 1 600

万亩地),与绝收面积加起来,1984—1985 年至少平均减少粮食播种面积 670 万亩,减产 300 亿斤,相当于减少一个江西省或黑龙江省的粮食总产量(306.7 亿斤或 286.0 亿斤)。

3.2 不论北方南方,旱灾都非常普遍

1985 年从全国看水灾受害大,据统计,全国绝收面积占播种面积的 3.3%,其中旱灾占 1.4%,涝灾占 1.9%,但除东北地区发生特大水灾,绝收面积由涝灾引起外,华南地区 80% 由涝灾引起,其余地区则主要由旱灾引起,尤其是华北和西南(表 2)。

表 2　旱涝绝收面积与危害估算(1985 年)

绝收面积占该地区播种面积百分比(%)　类型 ＼ 地区	全国	东北	西北	华北	长江流域	西南	华南
涝	1.9	11.4	0.7	0.7	0.2	0.4	2.5
旱	1.4	0	1.2	2.4	1.4	2.2	0.6
总计	3.3	11.4	1.9	3.1	1.6	2.6	3.1

华北、西南由旱灾引起绝收减产损失的产量可达 4 600 万和 4 300 万斤,相当于减少北京(4 400 万斤)、上海(4 300 万斤)或青海(2 000 万斤)、宁夏(2 700 万斤)之和。因此,必须重视灾害引起的农区耕地的损失。

3.3 积贮雨季降水的作用大

据测定,常年情况下,华北平原麦收后经雨季到种麦时期 1 m 土层的土壤水分增加约100 mm,通过冬季土层的冻融作用,可保持到次春 4 月初,相当于 1 亩地 67 m³,若按 3.0 亿亩耕地计达 200 亿 m³,土壤水库的贮存作用不可忽视。根据对本地区的水浇地、旱地作物与水分关系的试验,水浇地、旱地1 mm 水分都可生产 2 斤粮食,相当于 1 m³ 水生产 3 斤粮。雨季流失的水分约为贮存的 2 倍,需重视如何减少这些损失。

总之,要正视季风气候的特点,搞好排涝贮水工程,提高土壤贮水能力。

4　提高单产是关键的对策

人口的增加及耕地的减少是必然趋势,不断提高单产则是关键的对策,这方面我国在小面积上有成熟的经验和明显的成效。若耕地按每年 1 000 万亩减少,及至 2050 年人口 15.0 亿,只要耕地亩产大于 1 800 斤,则人均粮还可达 1 000 斤。

我国具有精耕细作的传统,20 世纪 20 年代全国 197 个高产县 6 858 万亩耕地单产超过 1 000 斤,而日本 4 440 万亩耕地亩产只 880 斤。又如苏州地区大面积耕地亩产(1978 年)1 531 斤,是世界上少有的。此外,烟台地区、石家庄地区都有大面积高产经验。

目前,北京地区小麦亩产平均 500 斤,玉米 650 斤,小麦玉米两熟年高产可达 1 170 斤,实际粮食年亩产 1985 年还不到 550 斤,为该地区光温生产力的 23%。我们在北京地区多年试验(小麦玉米两熟)可达 1 600～1 800 斤,是该地区光温潜力的 72%,大面积麦玉两熟年亩产 1 170 斤,为该地区光温潜力的 47%。可见,提高单产的潜力还是相当大的,随着品种的改良,科学技术水平的提高,还会有变化。

4.1 抓耕地的精华

耕地仍然是农田用地的精华。据研究,一亩耕地生产力(以 1983 年作为基础)相当于 20 亩草原、5

亩林地,提供了 14％的年生产量、90％的产值,是农用地中之重[*]。

我国主要农区的自然条件、热量及光照较好,水资源是限制生产力的关键因子。水田和水浇地是耕地中的精华,通过在衡水地区的考察,1/4 的水浇地生产的粮食占 3/4,即 3/4 的旱地只生产了 1/4 的粮食。我们在华北平原北(北京)、中(曲周)、南(淮阳)部的水浇地、旱地的对比试验表明,水浇地比旱地增产 0.5～2.0 倍,有水的条件可采取复种多熟,我国不论北方、南方,旱的问题尤为普遍。因此,要格外珍惜水田、水浇地。我国现有水田、水浇地近 7.0 亿亩,除 2.0 亿亩位于一熟地区,则 5.0 亿亩所在地区属二熟、三熟区,故播种面积大于 10.0 亿亩,占粮食播种面积的一半。若到 2000 年增加 0.6 亿亩水地,复种指数按 200％计,其中 80％种粮可增加 1.0 亿亩粮食耕地。若每亩增产 160 斤,复种地区的水地则可增加产量 1 800 亿斤。

水田、水浇地除少量高产田外,大部分为中产、中高产田,只要增加肥料投入和提高科技水平,增产的潜力相当可观。

低产田的障碍因子较多,低水平的增产对总产的作用不如中产田,若改造好需大量投入。

4.2　抓增产的综合效应

对新中国成立以来的农业统计资料运用多元回归方法进行统计分析(种植品种更换未计)得出:

$$y = -342.82 + 16.34x_1 + 3.65x_2 + 3.55x_3$$

式中,y 为粮食单产(斤/亩);x_1 为化肥纯量(斤);x_2 为粮食耕地复种指数(％);x_3 为有效灌溉面积(％)。

其复相关系数 $r = 0.988\ 3$,通过 F 检验,信度为 0.01,误差为 ± 20.98。其中,x_1 贡献最大,为 0.680,x_2 为 0.210,x_3 为 0.187。

若其他因子不变,每增加 1 斤纯氮,粮食增产 16.34 斤,复种指数每增加 1％,粮食增产 3.65 斤,有效灌溉面积增加 1％,则粮食增产 3.58 斤。可见,从历史的水平看,增加化肥的作用最大,及至 1985 年全国平均耕地亩施化肥折纯 24.5 斤,1979 年埃及亩施化肥折纯 28 斤,意大利 25 斤,西德、日本 63 斤,我国的水平还是相当低的。

在三个因子都发生变化的条件下,增产潜力就更大。若有效灌溉面积不变,复种指数从 151％增加到 161％,化肥纯量从 25 斤/亩增加到 30 斤/亩,单产可增加 115 斤/亩,若有效灌溉面积增加,则产量更高(表 3、表 4)。

到 2000 年,若人口增加到 12.5 亿人,人均占有粮按 800 斤/人计,年耕地按 500 万亩减少,则单产需 750 斤/亩(1985 年 520 斤/人)。

表 3　按 2000 年 12.5 亿人、2050 年 15 亿人、人均粮 800 斤计算耕地面积和粮食产量

耕地年减量(万亩)	2000 年总耕地面积(万亩)	2000 年人均耕地面积(亩/人)	2000 年耕地亩产最低值(斤/亩)	2050 年总耕地面积(万亩)	2050 年人均耕地面积(亩/人)	2050 年耕地亩产最低值(斤/亩)
100	143 769	1.15	695.56	138 769	0.93	864.75
200	142 269	1.14	702.89	132 269	0.88	907.24
300	140 769	1.13	710.38	125 769	0.84	954.13
400	139 269	1.11	718.03	119 269	0.8	1 006.13
500	137 769	1.1	725.85	112 769	0.75	1 064.12
600	136 269	1.09	733.84	106 269	0.71	1 129.21
700	134 769	1.08	742.01	99 769	0.67	1 202.78
800	133 269	1.07	750.36	93 269	0.62	1 286.60

---

[*]　刘巽洁. 我国农用地现实生产力比较、分析初报. 耕作与栽培,1986,(5).

续表

耕地年减量（万亩）	2000年总耕地面积（万亩）	2000年人均耕地面积（亩/人）	2000年耕地亩产最低值（斤/亩）	2050年总耕地面积（万亩）	2050年人均耕地面积（亩/人）	2050年耕地亩产最低值（斤/亩）
900	131 769	1.05	758.9	86 769	0.58	1 382.98
1 000	130 269	1.04	767.64	80 269	0.54	1 494.97
1 100	128 769	1.03	776.58	73 769	0.49	1 626.7
1 200	127 269	1.02	785.74	67 269	0.45	1 783.88
1 300	125 769	1.01	795.11	60 769	0.41	1 974.69
1 400	124 269	0.99	604.71	54 269	0.36	2 211.21
1 500	122 769	0.98	814.54	47 769	0.32	2 512.09
1 600	121 269	0.97	824.61	41 269	0.28	2 907.75
1 700	119 769	0.96	834.94	34 769	0.23	3 451.35
1 800	118 269	0.95	845.53	23 269	0.19	4 244.93
1 900	116 769	0.93	856.39	21 769	0.15	5 512.43
2 000	115 269	0.92	867.54	15 269	0.1	7 859.06

表4　按2000年12.5亿人，2050年15亿人，人均粮1 000斤计算耕地面积和需达到的粮食产量

耕地年减量（万亩）	2000年总耕地面积（万亩）	2000年人均耕地面积（亩/人）	2000年耕地亩产最低值（斤/亩）	2050年总耕地面积（万亩）	2050年人均耕地面积（亩/人）	2050年耕地亩产最低值（斤/亩）
100	143 769	1.15	869.45	138 769	0.93	1 080.93
200	142 269	1.14	878.62	132 269	0.88	1 134.05
300	140 769	1.13	887.98	125 769	0.84	1 192.66
400	139 269	1.11	897.54	119 269	0.8	1 227.66
500	137 769	1.1	907.32	112 769	0.75	1 330.15
600	136 269	1.09	917.3	106 269	0.71	1 411.51
700	134 769	1.08	927.51	99 769	0.67	1 503.47
800	133 269	1.07	937.95	93 269	0.62	1 608.25
900	131 769	1.05	948.63	86 769	0.58	1 728.73
1 000	130 269	1.04	959.55	80 269	0.54	1 868.72
1 100	128 769	1.03	970.73	73 769	0.49	2 033.37
1 200	127 269	1.02	982.17	67 269	0.45	2 229.85
1 300	125 769	1.01	993.89	60 769	0.41	2 469.36
1 400	124 269	0.99	1 005.88	54 269	0.36	2 764.01
1 500	122 769	0.98	1 018.17	47 769	0.32	3 140.11
1 600	121 269	0.97	1 030.77	41 269	0.28	3 634.69
1 700	119 769	0.96	1 043.68	34 769	0.23	4 314.19
1 800	118 269	0.95	1 056.91	23 269	0.19	5 306.17
1 900	116 769	0.93	1 070.49	21 769	0.15	6 890.53
2 000	115 269	0.92	1 084.42	15 269	0.1	9 823.83

综上所述，总结出我国耕地危机及对策如图 1。

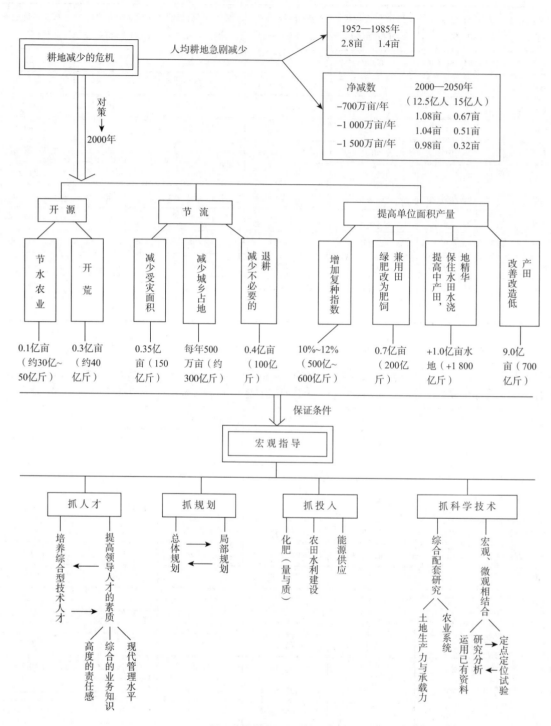

图 1　耕地危机及对策框图

系统模型的开展及有关研究方法

关于农业气候区划方法几个问题的讨论[*]

韩湘玲

（北京农业大学）

1963 年 12 月在武汉召开的全国气象工作会议上，提出要开展农业气候区划工作。为使我们的教学适应这一工作需要，紧密结合生产，最近，我们组织同学学习了国内已做的农业气候区划，在这次会上又学习了江苏、四川、新疆、湖南等省（区）的经验，结合国外的有关成果，谈一点学习心得，供大家讨论，不当之处，希批评指正。

1　农业气候区划的作用

农业气候学是研究农业生产和气候之间相互关系的时空分布规律性，为农业生产因时因地因作物制宜和稳产高产提供气候依据的一门学科。它首先是研究农业生产与气候之间的关系，这就必须了解农业生产过程和农作物的生物学特性，以及它们与当地气候间的关系，即当地气候对农业生产的利弊条件。最后，分析研究气候和农业生产之间的时（季节和年间变化）、空（地区分布和垂直分布）分布的规律性。在揭示客观规律的基础上，为农业生产因时因地因作物制宜和稳产高产提供气候依据，从而充分利用当地有利的气候资源，克服和改造不利的气候条件，有效地为社会主义农业生产服务。离开生产，就不能达到为农业生产服务的目的，农业气候学就没有存在的必要。

根据我国实践经验，农业气候为农业生产服务的形式，主要有三种，即农业气候分析与鉴定、农业气候资料服务手册和农业气候区划。任何一种服务形式，都必须紧密结合生产，从生产中存在的问题出发，根据不同任务加以确定。

农业气候分析与鉴定：应抓住当地农业生产中的关键气候问题（专题性的），弄清作物和气候间的关系，确定农业气候指标，然后用指标去分析鉴定地区气候对农业生产的利弊。这种服务形式，目前在我国开展得很广泛，尤其是广大的县站服务得比较好，深受农业生产部门的欢迎。

农业气候资料服务手册：是一种以单点（当地有代表性的）为基础的农业气候鉴定汇集，并附有当地常用的气候和农业气候资料。这种形式可为领导和农业技术人员提供参考资料。是他们所迫切需要的。但目前所用的服务手册，尚未很好结合农业生产，因此，效果不很显著。

农业气候区划：在农业气候鉴定的基础上，将农业气候的时空分布规律，落实到地图的地区界线上，为农业生产战略分布做参考。

按照国外（主要是苏联）的经验，农业气候区划应是先鉴定，后手册，再区划，它是农业气候鉴定的高级阶段，所以一般是在大量农业气候鉴定，即进行热量、水分、气象灾害及各主要作物气候鉴定，以及完成了地区农业气候资料服务手册的基础上才进行的。从我国情况来看，完全不需要这样做，江苏省农业气候区划的经验即可说明。他们是抓住了当地农业生产中的关键问题——稻麦两熟中的季节利用问题进行鉴定，做出区划的。实践表明，这样做出的区划，不仅结合了生产需要，服务效果好，而且工作进展提高得快。虽然这是一个初步的轮廓，但可由粗而细，逐步完善。

可是这三种服务形式是相互联系，互相促进的，应根据生产任务的需要而定。目前，农业生产规划和农业区划，迫切要求我们开展农业气候区划，这应根据需要与可能条件积极进行。

＊　原文发表于《气象通讯》,1964,(8):17-20.

2　农业气候区划必须目的明确、任务具体

　　农业气候区划的目的,是为农业生产规划和农业区划,从战略上提供气候依据。

　　农业气候区划的任务,是从农业生产的具体要求出发,进行农业气候鉴定,挖掘出发展农业生产所需要的气候资源,揭示出不利的气候条件及其危害的规律性,并提供防御途径。为农业的合理布局,逐步实现农业技术改造,以及为农业稳产高产提供气候依据。当前应为改制、稳产高产农田的建设和确定等提供可靠的气候依据,以保证最大限度地利用地区气候资源,克服不利的气候条件。但在不同地区,具体任务还有所不同。

　　任务具体了,分析鉴定的对象也就明确,可以有的放矢地进行统计,这样区划效果就会显著。如江苏省的区划抓住了以稻麦两熟为主的种植制度问题,了解到除三麦越冬时期以外的热量,都能为二熟制所利用,以及三麦的下限温度为日平均气温稳定大于 3 ℃以后,便可将稻麦两熟对热量的要求计算出来,并鉴定出省内稻麦两熟的地区分布特点和各地水稻品种搭配的特点及其保证程度。计算工作问题很明确,避免走弯路。若是任务不具体,主观地制定出一套统计项目,或者是笼统地了解一些问题后,就急于进行各种统计,则是徒劳无功的。例如:了解到本地区双季稻的合理布局关系到稳产高产,也了解到双季稻在省内布局的现况,及其产量不稳定的因子主要是水,不再细心研究具体情况和问题,就按国外现有水分指标进行统计,那仍然不能称之为任务具体,效果是达不到的。

　　由此可见,目的明确、任务具体是决定农业气候区划速度和服务质量的前提条件。

3　指标是农业气候区划的依据

　　农业气候区划,是遵循着农业气候相似理论,在农业气候鉴定的基础上,以对农业地理分布具有决定意义的农业气候区划指标为依据,将一个地区划为若干个分区,来研究各地区的农业气候条件。在相对稳定的条件下,农业生产和气候是客观的统一体,作物长期种植在一个地区之后,在固有的遗传特性的基础上适应了当地外界条件,而变成它本身的要求,从而构成一定的生物学特性。

　　所谓农业气候相似,对农业生产来说,地区的相似性不是一般的气候条件的相似,而是对作物生长发育及其产量形成具有决定性作用的农业气候条件的相似。就是说所确定的相似地区,不仅是组成的气候要素特征相似,而是要考虑到它的农业意义。在农业气候鉴定的基础上,选出农业地理分布具有决定意义的农业气候指标,来进行划区。

　　农业气候区划指标,是用来划区的农业气候指标,农业气候指标系指反映当地的气候特征与作物对气候要求间的气候要素值(有时不用相应的气候要素值,而以日数和日期表示之)。农业气候指标与气候指标,往往在形式上相同,如 $\sum t_{\geqslant 0\,℃}$、$\sum t_{\geqslant 5\,℃}$、$\sum t_{\geqslant 10\,℃}$、降水量、日照时数等,但就农业气候指标的本质意义来说,还在于它是否具有农业意义。它必须根据当地生产的气候问题,从群众经验和农业气候资料中分析得出,而不能硬搬外国、外地的指标,来鉴定本地区的气候条件。如江苏省生长期热量资源,可以 $\sum t_{\geqslant 3\,℃}$ 表示,而东北、西北就不一定如此。而且对于不同作物对象也不一样,如北京气温稳定通过 0 ℃以后,早春作物(春小麦、豌豆)陆续播种,要求温度比较低的果木开始萌动,因此考虑整个生长期的温度利用应从 0 ℃开始计算。因为北京的日较差大,日平均气温稳定达 0 ℃时,白天温度远高于 0 ℃,可供作物利用,夜间虽低于 0 ℃,但不至于受冻害,所以高于 0 ℃时期,作物已可以有效地生长了。

　　农作物生长发育及其产量形成,对气候条件的要求,主要不外是光、热、水分。但在不同地区、不同季节,各种作物所要求的主导因子不同,因此表示农作物和气候间的指标因子也不一样,必须因时因地因作物制宜确定。而各种因子的表达方式多种多样,如热量可用大于某温度以上的积温,某时段的平均温度、绝对最高温度、最低温度、温度日较差等。水分可用降水量或不同形式的水分平衡表达式等。这也必须做具体分析,以反映出当地作物与气候间的关系。我们认为选定农业气候指标应具备三个条

件。即：

(1)从生产需要出发,具有农业意义(或生物学意义);

(2)能反映当地气候与作物生长发育及产量形成的关系;

(3)计算使用方便。

用来分区的农业气候区划指标,则要求能反映出地区农业生产特点的明显差异,即气候条件决定农业生产的地理分布特点。选出的指标值应有一定的保证程度,并考虑到各地的气候特点,划区的指标应是农业气候等值线,也就是说同一条线,在各地数值不同,但有效性意义相同。

我们用农业气候区划指标划出的区,即是用客观标准,将农业气候条件相同的地区划在一起。在这个农业气候条件相同的区里,农业气候特征相似,可以根据客观规律来布局各地农业生产,采取利用和改造的有效措施。可见,划区指标是正确划分农业气候区的重要依据,依据越是充分,划出的农业气候区越能反映客观实际,效果也越显著。

目前我国大多数地区,影响农业稳产高产的农业气候问题,我个人认为主要是作物品种的合理配置和改制的种植制度问题,以及以旱涝为主的气象灾害问题。但在不同地区,由于气候、土壤、作物不同,影响稳产高产的主导因子也不同,各因子的主次地位不同,影响因子多寡不同,因此区划分级的主导因子和等级划分,不能千篇一律,一级必须是热量,二级是水分,三级是气象灾害。对于指标的表达方式也不能做出硬性的规定,如热量必须是 $\sum t_{\geqslant 10\,℃}$,甚至企图将全国区划与世界的一致起来,各省的与全国统一起来,这些主张与各省农业气候区划的目的任务是不相符的。虽然农业气候资源的利用和气象灾害的防御,不外是光、热、水分,但在各地表现出的主要矛盾不一样,所以,分级指标因子和等级的划分,也需因地制宜,否则不能解决实际问题。

4 调查是农业气候区划的重要方法

过去,我们对农业气候区划的“科学性”和困难条件这一方面考虑得比较多,而对客观形势的需要与现实可能条件这一方面,则有所忽视,估计不足,缺乏群众观点,对几年来农业气象工作成绩和经验认识不足,尤其是对群众经验在农业气候区划中的作用体会不深。

教学人员到生产中去,总结群众经验,是在教育革命中提出的,当时我们曾做过不少的调查研究,但由于思想上扎根不深,地盘不巩固,因此,当1961年强调科学分析后,就只注意念国内外的书本条条,过分强调所谓“严格严密”及单项田间试验,而对下乡调查,总结群众经验则放松了,时间少了,逐渐对生产实际和农民群众疏远了。去年在农业生产的大好形势冲击下,又下公社去看了看,感到群众对要求掌握科学的心情非常强烈,这深深教育了我们,同时更加深了我们对群众经验的认识。在这次会上通过局长的报告和几个省的经验介绍,特别是江苏省的调查研究经验,我们进一步体会到了这个问题的重要性,认识到从生产实际出发,搞调查研究,总结群众经验,是进行区划的多快好省的方法,也是发展我国农业气象科学带有方向性的一个问题。

群众对农业生产和自然的客观规律的认识,有着极其丰富的经验,乍看是粗糙的,但是却包含着丰富的内容,是宝贵的财富,是书本上所没有的,就是在气候和农业气象资料中,也是难以直接分析整理出来的。群众对农业气候方面的经验,主要有以下几方面：

(1)当地农业生产中的主要气候问题及其分布的规律性;

(2)当地气候特点、年际变化、季节变化、地区分布(水平的和垂直的)的规律性;

(3)当地农业生产的历史变化、作物种类、品种、种植制度、栽培方式的演变及其原因;

(4)农业丰歉年成及其原因;

(5)农业气象、气候指标,如风害指标、土壤温度指标等;

(6)利用当地气候资源和战胜气象灾害的途径和办法。

可见,农业气候区划工作,只有认真总结群众经验,才能多快好省地进行。但总结群众经验不是记下农民的口述,便可以轻易得到的,而必须结合运用气象、气候、农业气象学原理,通过地区间的对比分析和资料分析鉴定,以及田间试验,才能将群众经验学到手,并加以提高。这才能大大加快工作进度,避免自己从头摸起。

但是,总结群众经验,是比较困难的,不能完全搬书本条条,而必须活学活用书本知识。要真正把群众经验学到手,我们体会在调查研究时需注意几点:

(1)调查的态度必须端正,要有甘当小学生的思想,坚持和群众同吃、同住、同劳动,否则就不能建立起阶级感情,不会有共同的语言。不甘当小学生,拜农民为师,就不会虚心学习和理解他们的经验和谚语,他们就会对我们有戒心,不把经验尽力教给我们,这样是不能学到东西的。

(2)必须关心当地农业生产上的重大问题,关心群众提高生产水平,所渴望解决的生产难题,并尽力帮助研究解决;否则,调查就可能成为领导、群众的负担。所以,调查必须有明确的生产服务观点,而不能带框框去,为自己找材料。同时需要有起码的农业知识。

(3)调查应点线面结合,以点为主;专题与综合调查相结合,以专题为主;领导、群众和农业技术员相结合,以群众为主。

(4)调查之后,要认真分析研究,分析矛盾,深入本质,并结合气候资料进行鉴定。

(5)学习外地经验,要结合本地具体条件,进行调查研究。目的在于精通它,应用它,在实践中加以提高,使方法切合实际,避免生搬硬套。

总之,在进行农业气候区划中,我们必须正确处理好人与资料之间的关系,发挥人的主观能动作用,而不为它们所束缚。资料是人积累的,要人来使用,方法是人在实践中总结出来的,要靠人来改进提高。农业气候的规律性是要人从生产斗争中去逐步认识的,问题在于人用什么样的思想方法去使用资料和方法。正确的思想方法,可以推进方法的改进,不正确的思想方法可以把自己的手足裹住。因此,首先必须思想革命化,才能打破旧框框,创造性地运用前人的成果,因时因地制宜地进行区划。我们应该带着农业气候区划问题,活学活用,改进思想方法,从而创造出具有我国特点的中国化的农业气候区划科学技术方法。

关于"界限温度"确定方法的讨论[*]

韩湘玲　孔扬庄

（北京农业大学）

1 界限温度的概念和意义

界限温度系指日平均气温稳定升到（或降到）某值,此值以上（下）反映了植物生长发育（起止）的新阶段或农事活动新的转折。在农业气候资源分析中常采用 0 ℃,5 ℃,10 ℃,15 ℃,20 ℃各等级。也就是在已有气温资料的基础上,确定某界限温度作为指标,便于掌握自然物候特征和植物的生育规律,及时采取栽培措施,使农业生产获得稳产、高产。

0 ℃——春季日平均气温稳定上升至 0 ℃,是冬小麦开始返青、早春作物播种发芽的温度指标,并可进行早春田间工作（耕地、锄划）。

10 ℃——春季日平均气温稳定上升至 10 ℃,是喜热作物播种发芽的温度指标,也是杏花始花期的起始温度。

20 ℃——秋季日平均气温稳定降至 20 ℃以下是喜热作物如玉米、高粱灌浆成熟的缓慢时期,也是播种冬性小麦的开始。

鉴于作物气候统一体的规律,作物生育进入新的阶段,要求一定的温度条件,达到或降到某一界限温度,即会出现一定的物候特征。

2 界限温度的统计方法

在气候资料统计中,界限温度的统计方法有直方图法、候平均稳定通过法、五日滑动平均法及偏差法等[1]。

当前台站采用五日滑动平均法。将几种方法用北京(1940—1976 年)气温资料进行比较,得到不同的起止日期和积温(表 1)。

在农业气候分析中,究竟采用什么方法,衡量统计方法的尺度应从农业意义来判定。

表 1　不同统计方法的界限温度起止日期(日/月)(北京,1940—1976 年)

方法 界限温度		0 ℃				10 ℃				20 ℃			
		平均	最早	最晚	80%以上保证程度	平均	最早	最晚	80%以上保证程度	平均	最早	最晚	80%以上保证程度
春	滑动平均法	2/3	13/2	21/3	13/3	6/4	22/3	30/4	11/4	25/5	7/5	20/6	1/6
	偏差法	1/3	2/2	17/3	9/3	4/4	25/3	15/4	10/4	20/5	6/5	8/6	26/5
	候平均法	23/2	23/1	13/3	8/3	7/4	23/3	18/4	13/4	25/5	8/5	8/6	3/6
秋	滑动平均法	26/11	7/11	14/12	20/11	23/10	5/10	10/10	19/10	11/9	6/8	23/9	5/9
	偏差法	5/12	13/11	27/12	25/11	29/10	17/10	11/11	21/10	16/9	29/8	30/9	10/9
	候平均法	9/12	13/11	3/1(次年)	28/11	27/10	18/10	13/11	23/10	15/9	23/8	28/9	8/9

　＊　原文发表于《农业气象》,1984,5(3):55-57.

3　选定统计界限温度方法的尺度——农业意义

界限温度主要反映某种作物的某个物候特征。若采用的统计方法确定的界限温度不能反映植物物候特征,则这种方法在农业气候分析中无意义。

用北京的气温资料,计算不同等级的界限温度起止日期及积温,对五日滑动平均法、偏差法、候平均法进行比较可看出:

(1)根据群众和科技人员经验,北京地区水浇地一般年份,3月初小麦返青。滑动平均法和偏差法都相近(表1),候平均法较不稳定。

(2)10 ℃为杏花始花期[2],用1950—1962年逐年杏花始花期与气温资料对比,滑动平均法与偏差法都相近,候平均法稍偏晚(表2)。

表2　不同统计方法日期与杏花始花期(日/月)

年　份		1950	1951	1952	1953	1954	1955	1956	1957	1958	1959	1960	1961	1962	平均
杏花始期		1/4	6/4	4/4	5/4	5/4	8/4	12/4	13/4	6/4	27/3	31/3	26/3	4/5	4/4
稳定通过10 ℃日期	滑动平均法	8/4	13/4	29/3	14/4	26/3	20/4	4/4	12/4	9/4	22/3	2/4	28/3	5/4	5/4
	偏差法	25/3	31/3	31/3	6/4	29/3	5/4	7/4	15/4	9/4	25/3	2/4	28/3	7/4	3/4
	候平均法	28/3	3/4	3/4	18/4	28/3	28/4	8/4	13/4	13/4	23/4	3/4	28/3	8/4	6/4

(3)根据近几年玉米灌浆成熟的状况,常年与凉年两种方法统计结果相近,暖年用偏差法统计符合实际情况,而滑动平均法则抹去一大段可利用的热量资源(表3)。

表3　不同统计方法20 ℃终日与玉米安全成熟期(日/月)

方　法	常　年				凉　年			暖　年	
	平　均	最　早	最　晚	80%以上保证程度	1974年	1976年	1977年	1975年	1978年
					玉米灌浆差			玉米灌浆好	
滑动平均法	11/9	6/8	23/9	5/9	13/9	11/9	11/9	12/9	30/8
偏差法	16/9	29/8	30/9	10/9	14/9	12/9	12/9	28/9	2/10

北京暖年玉米安全灌浆期可延至9月底,用滑动平均法提前半月至一个月(如1975和1978年)。

(4)从不同年份积温的比较看(表4):0~0 ℃,10~10 ℃期间两种方法统计的积温相近;10~20 ℃,麦收~20 ℃期间常年相差100 ℃·d左右,暖年相差300~350 ℃·d;20~20 ℃期间分别相差200和230 ℃·d;凉年则两种方法相近。这样方法上的差别影响品种的选用,玉米不同品种类型要求的积温是有很大差异的,早熟种为2 100~2 200 ℃·d;中早熟为2 300~2 400 ℃·d;中熟为2 500~2 700 ℃·d;早晚熟为2 800~2 900 ℃·d;晚熟为≥300 ℃·d。如麦收之后平播玉米,勉强可种早熟种玉米,遇到凉年不能成熟,暖年甚至可种中熟种。但用滑动平均法统计不能反映暖年实况,与界限温度终止日一样。而偏差法统计结果符合暖年实况。

表4　不同方法统计各时段积温　　　　　　　　　　单位:℃·d

时段 ＼ 方法	常　年			凉　年(1976年)			暖　年(1975年)		
	滑动平均法	偏差法	差值	滑动平均法	偏差法	差值	滑动平均法	偏差法	差值
0~0 ℃	4 622.5	4 637.5	−15.0	4 230.8	4 261.8	−31.0	4 800.7	4 796.0	3.7
10~10 ℃	4 205.6	4 279.8	−74.2	3 914.3	3 885.8	28.5	4 464.5	4 464.5	0.0
10~20 ℃	3 555.5	3 672.1	−116.6	3 304.9	3 304.9	0.0	3 195.4	3 489.1	−293.7
麦收~20 ℃	2 190.7	2 272.6	−81.9	2 052.0	2 052.0	0.0	2 170.4	2 522.1	−351.7
20~20 ℃	2 701.4	2 917.3	−215.9	2 620.7	2 620.7	0.0	2 901.6	3 143.0	−231.4

据以上初步统计分析认为,用偏差法统计界限温度的起止日期较好,只是偏差法比较麻烦,但在计算机时代是易行的。以上只一个点资料尚不够完善,建议在不同气候区进行平行分析(气温资料与物候资料)以总结出适用的农业气候统计方法。

参 考 文 献

[1] 北京农业大学农业气候教学组.农业气候实习大纲.1965.
[2] 竺可桢,宛敏渭.物候学.北京:科学出版社,1963.

农作物需水系数及其影响因子初探[*]

王道龙

（北京农业大学）

摘　要：用两个"彭曼修正式"分别计算了华北几种主要农作物的需水系数 k_c，并对影响 k_c 的因子进行了初步探讨，其中主要讨论了计算可能蒸散量（PET）的公式和生产水平对 k_c 的影响。

1　前言

作物需水系数（k_c）是指作物不同生育阶段的需水量（ET_m）与可能蒸散量（PET）的比值（$k_c = ET_m/PET$）。最初是为了计算作物需水量、水分亏缺和不同供水条件下的作物产量而引入的[1-3]。目前还用它来分析降水条件对农作物的利弊程度与供需矛盾，制定合理灌水方案，进行旱涝分析、区划和作物区划等[4-7]。但国内目前的一些分析多引用前人或国外计算的 k_c 值。实际上，不同的生产水平、栽培管理措施和气候条件等都对 k_c 值的大小有影响。不加选择地引用会扩大或缩小所计算的作物需水量，从而影响分析结果的正确性。我们根据曲周、北京和淮阳两年的田间试验结果，对华北地区目前中上等生产管理水平和半干旱气候条件下的作物需水系数进行了计算，并与前人的结果对比，对影响 k_c 值的因子进行了初步探讨。

2　试验设计、测定及计算方法

（1）试验设计

试验地分别设在河北省曲周县北京农业大学试验站、北京市东北旺农场和河南省淮阳县，1 m 土层的土质为轻壤—中壤，肥力中上等，排灌条件完善。采用小区试验，小区面积 6 m×10 m，每个处理 3 个重复。作物有冬小麦、玉米、高粱、谷子、大豆和棉花。按当地中上等水平管理。

（2）土壤湿度测定

用土钻取土，每 15 d 测定一次，主要发育期加测。测探 1 m，每 10 cm 一层，每个处理 3 个重复。所取样本称取湿重后，置 105 ℃烘箱内烘干称重。

（3）作物需水量 ET_m 的计算

以水浇地上作物生育期间的蒸散量 ET 代替作物需水量 ET_m，根据对土壤湿度测定资料分析，作物各生育期间的土壤水分基本上都在适宜范围之内，所以可以认为蒸散量就是作物需水量。用农田水分平衡公式求出：

$$ET_m = ET = W_0 + R + U - G - W_1 \tag{1}$$

式中，W_0 和 W_1 分别为一定时期 1 m 土层内起始和终止的土壤水分贮存量；R 为同期降水量或灌水量；U 为地下水补给量；G 为水分流失量（包括径流和渗漏）。U 在计算时可忽略不计，因根据观测资料，地下水位在 3 m 以下，补给甚少。G 与多种因素有关：降水前的土壤水分贮存量（M）、土壤质地［通透性（P）和田间持水量（C）］、降水量（r）、降水强度（I）、地面坡度（V）和降水期间的蒸散（ET'）等都对 G 有影响。根据实验地的实际情况，地势平坦，土壤质地为轻壤至中壤，通透性较好，且有区埂阻挡，一般灌水

---

* 原文发表于《北京农业大学学报》，1986，**12**(2)：211-217. 本文是在韩湘玲老师指导下完成的，曲曼丽老师提出宝贵意见。由于土壤湿度测定上的原因，北京取冬小麦、玉米和大豆的资料；淮阳仅取冬小麦的资料

$50\sim70$ mm,$10\sim15$ min 可全部渗下。所以,可以假定达不到田间持水量不产生径流,这样可以不考虑坡度 V、土壤通透性 P 和降水强度 I 的影响,G 只与下列因素有关:

$$G = M + r - C - ET' \qquad (G \geqslant 0) \qquad (2)$$

式中,M 为降水前 1 m 土层土壤水分贮存量;r 为一次降水过程的降水量;C 为田间持水量;ET' 为降水期间的蒸散量,根据前一阶段的日平均蒸散量近似求出。

(4)可能蒸散量 PET 的计算

为了与国内已有的研究做对比,也为了使在运用不同的彭曼(Penman)修正式进行计算时采用相应的作物需水系数,本文用国内比较常用的两个公式[1,3]分别计算 PET,求出各自的 k_c 值:

$$
\begin{aligned}
PET^{[1]} = \{ &\Delta[(R_a) \cdot [1 + 0.098 \cdot (\lg h - 2)] \cdot (0.202 + 0.643 n/N') \cdot \\
&(1 - r') - S\sigma T a^4 \cdot (0.39 - 0.58\sqrt{e_a}) \cdot (0.10 + 0.90 n/N)] + \\
&\gamma 0.16(1 + 0.51 u_2) \cdot (e_s - e_a) \} / (\Delta + \gamma)
\end{aligned} \qquad (3)
$$

$$
\begin{aligned}
PET^{[3]} = \{ &W\{[(1 - a) \cdot (a + b \cdot n/N) \cdot R_a] - [\sigma T k^4 \cdot (0.56 - \\
&0.79\sqrt{e_a}) \cdot (0.10 + 0.9 n/N)]\} + (1.0 + 0.54^* u) \cdot 0.26 \cdot \\
&(e_a - e_d) \} / (1 + W)
\end{aligned} \qquad (4)
$$

3 计算结果及分析

我们用(3)式和(4)式计算了几种主要农作物的需水系数 k_c,将结果列于表 1 和表 2。

将表 1 和表 2 中的结果进行对比,并将我们的结果与国内已有的结果进行对比,可以看出如下问题。

(1)采用公式不同所得 k_c 值不同

公式(3)和(4)尽管都是彭曼公式的修正式,但计算结果是有差异的。以冬小麦为例(表 3),用公式(3)计算的结果明显的大于公式(4)的结果。其他作物两个公式的计算结果也有差异。用非参数统计中符号检验的方法检验两个公式计算结果的差异显著性,发现凡是发育期处在 10 月和 3—7 月中旬这一时段的,两个公式的计算结果差异都显著,这一时期的作物需水系数一般公式(3)的结果大于公式(4)。分析其原因,主要是公式(4)风的系数取值考虑了温度变化的影响,当风的系数经过订正时,两公式计算结果的差异就显著,当风的系数取用彭曼原式的 0.54 时,两公式的差异就不显著(表略)。

可见,由于不同公式对某些气象要素对蒸散的影响考虑的不同,计算出的结果差异很大,前人也做过这方面的研究[1]。所以,在应用时,应根据所用计算 PET 的公式,选择相应的 k_c 值计算作物需水量。

(2)生产水平不同作物需水系数不同

将我们的计算结果与前人的结果[1]进行对比,在目前华北中上等生产水平下,作物前期的需水系数要比 20 世纪 50 年代末和 60 年代初期的大,而生育中期相差不大,如冬小麦(表 4)。这主要因为在生产水平提高的情况下,作物生长旺盛,叶面积系数增加,使作物生育前期的蒸散增加所致。以小麦为例,20 世纪 60 年代的产量水平在 $500\sim600$ 斤/亩,而我们的实验地小麦产量在 $800\sim900$ 斤/亩。从表 5 看出,在两种产量水平下,叶面积系数是差异很大的。但在生育中期,当叶面积系数达到一定的值(一般是大于 3)后,蒸散量随叶面积系数的变化很小,所以,k_c 的值过去和现在差异很小[8,9]。目前的一些分析中,特别是计算旱地作物需水量时很少考虑到群体叶面积系数大小对作物需水量的影响。

(3)由于国内外情况不同,作物需水系数值也差异很大

虽由于所用发育期时段的不同无法将文献[2,3]的 k_c 值直接与表 2 中的结果对比。但可粗略地看出,除中期之外表 2 中几种作物的 k_c 值大于文献[2,3]中的值(表略)。从国内的一些分析[用(4)式计算 PET]中所引用的 k_c 值看,差异是很大的。如冬小麦,除拔节—抽穗期之外,其他时期显然要比表 2 中的值小得多(表 6)。

---

* 根据温度变化情况进行订正,详见文献[8]

表 1 几种主要农作物的需水系数 k_c [公式 (3)]

冬小麦

	冬前	越冬	返青-拔节	拔节-抽穗	抽穗-成熟	全生育期
k_c	0.83	0.54	1.01	1.24	1.19	1.00
精确度 $\sigma/\sqrt{n}$	0.033	0.025	0.029	0.017	0.068	0.038
离散系数(%)	11.2	12.5	7.6	4.2	15.1	9.6

棉花

	播种-现蕾	现蕾-开花盛	开花盛-吐絮盛	吐絮盛-停止生长		全生育期
k_c	0.72	1.15	1.26	0.68		1.00
精确度 $\sigma/\sqrt{n}$	0.051	0.049	0.039	0.033		0.044
离散系数(%)	20.4	12.3	9.2	13.9		9.8

高粱

	播种-拔节	拔节-抽穗	抽穗-成熟	全生育期
k_c	0.71	1.11	1.18	0.94
精确度 $\sigma/\sqrt{n}$	—	—	—	—
离散系数(%)	—	—	—	—

玉米

	播种-拔节	拔节-抽穗	抽穗-成熟	全生育期
k_c	0.75	1.14	0.98	0.98
精确度 $\sigma/\sqrt{n}$	0.035	0.063	0.047	0.039
离散系数(%)	13.5	15.8	12.3	10.3

谷子

	播种-拔节	拔节-抽穗	抽穗-成熟	全生育期
k_c	0.68	1.02	0.94	0.92
精确度 $\sigma/\sqrt{n}$	0.024	0.020	0.061	0.035
离散系数(%)	6.1	3.4	11.2	6.5

大豆

	播种-开花	开花-结荚	结荚-成熟	全生育期
k_c	0.73	1.09	1.19	0.96
精确度 $\sigma/\sqrt{n}$	0.043	0.056	0.057	0.052
离散系数(%)	14.2	12.6	11.8	12.7

表 2 几种主要农作物的需水系数 k_c [公式 (4)]

冬小麦

	冬前	越冬	返青-拔节	拔节-抽穗	抽穗-成熟	全生育期
k_c	0.79	0.55	0.89	1.11	1.10	0.89
精确度 $\sigma/\sqrt{n}$	0.031	0.029	0.032	0.016	0.029	0.034
离散系数(%)	9.9	14.2	9.6	4.4	7.2	9.4

棉花

	播种-现蕾	现蕾-开花盛	开花盛-吐絮盛	吐絮盛-停止生长		全生育期
k_c	0.65	1.08	1.31	0.70		0.94
精确度 $\sigma/\sqrt{n}$	0.063	0.073	0.057	0.043		0.046
离散系数(%)	21.6	15.2	9.8	13.8		11.0

高粱

	播种-拔节	拔节-抽穗	抽穗-成熟	全生育期
k_c	0.64	1.02	1.18	0.91
精确度 $\sigma/\sqrt{n}$	—	—	—	—
离散系数(%)	—	—	—	—

玉米

	播种-拔节	拔节-抽穗	抽穗-成熟	全生育期
k_c	0.67	1.07	1.10	0.94
精确度 $\sigma/\sqrt{n}$	0.035	0.066	0.052	0.030
离散系数(%)	15.1	17.6	13.4	8.4

谷子

	播种-拔节	拔节-抽穗	抽穗-成熟	全生育期
k_c	0.62	0.98	1.00	0.90
精确度 $\sigma/\sqrt{n}$	0.040	0.020	0.067	0.033
离散系数(%)	11.3	3.6	11.6	6.9

大豆

	播种-开花	开花-结荚	结荚-成熟	全生育期
k_c	0.68	1.08	1.20	0.93
精确度 $\sigma/\sqrt{n}$	0.046	0.054	0.057	0.027
离散系数(%)	16.7	12.2	11.7	6.4

表3 不同公式计算的冬小麦 k_c 值对比

公式＼发育期	冬 前	越 冬	返青—拔节	拔节—抽穗	抽穗—成熟	全生育期
(3)	0.83	0.54	1.01	1.24	1.19	1.00
(4)	0.79	0.55	0.89	1.11	1.10	0.89

表4 冬小麦需水系数对比

需水系数＼发育期	冬 前	返青—拔节	拔节—抽穗	抽穗—乳熟	乳熟—蜡熟	蜡熟—成熟
本文 k_c	0.83	1.01	1.24	1.19	1.19	1.19
文献[1] k_c	0.76	0.91	1.23	1.22	0.98	0.78

表5 冬小麦不同产量水平下的叶面积系数(曲周,1983—1984年)

产量水平(斤/亩)＼发育期	停止生长	起 身	拔 节	抽 穗	乳 熟
600	0.72	1.2	2.7	4.5	3.5
900	1.0	1.8	4.1	7.7	4.8

表6 国内引用的冬小麦需水系数与表2中的值对比

出处＼发育期	冬 前	越 冬	返青—拔节	拔节—抽穗	抽穗—成熟
引用 k_c 值	0.50	0.20	0.75	1.10	0.70
表2中 k_c 值	0.79	0.55	0.89	1.11	1.10

  造成差异的原因是多方面的。由上述可知,生产水平不同和所用公式不同都会造成 k_c 值的不同。计算 PET 的公式有多种,但文献[2,3]中的 k_c 值并未说明是用哪个公式计算出来的。直接引用 k_c 值易产生误差。即便是用同一公式,由于气候类型的不同,其计算结果与实际的差值也不同,之所以产生众多的彭曼修正式,就是这个原因。

  由于国内外 k_c 值的不同,如果直接引用国外的值进行计算,就会产生较大误差。以1984年旱地冬小麦的计算结果为例,用表6中两组 k_c 值分别计算其水分亏缺率 $D[D=(ET_m-ET)/ET_m\times100\%]$,从计算结果看,差异是很大的,以抽穗—成熟期的亏缺值来看,用表2中的 k_c 值计算 $D=31.9$,而引用国外的 k_c 值计算 $D=-7.0$ (表7)。显然 $D=-7.0$ 是不合适的,与实际情况不符。在1984年春季降水条件下,旱地小麦不可能不缺水。尽管用表2中的 k_c 值计算旱地的作物的需水量和水分亏缺也有一定误差,但可以看出,还是要比引用值计算高得多。

表7 不同 k_c 值计算的旱地小麦需水量(ET_m)和水分亏缺率(D)对比(曲周,1984年)

项目＼发育期		冬 前	返青—拔节	拔节—抽穗	抽穗—成熟
实测蒸散量 ET(mm)		54.6	68.9	29.8	133.4
PET(mm)		74.7	90.1	66.6	178.1
D	引用 k_c 计算	-46.4	-2.0	59.3	-7.0
	表2中 k_c 计算	7.5	14.1	59.7	31.9

  综上所述,作物需水系数并不是个不变的量,它实际上随生产水平、气候条件以及所用计算 PET 公式等的不同而改变,具有一定的地域性和局限性。在目前由于资料所限,引用国人或国外的结果进行

分析研究,作为一种方法的探讨还是可以的,但要使分析结果准确,在选用 k_c 值时应根据实际情况而定。

4　讨论

目前国内外求出的作物需水系数大多是根据灌溉地上的土壤水分测定结果计算出来的。这就存在一些问题。一是由于灌水量的控制问题,使得作物生育期间的土壤水分并不一定都是最适宜作物生育的,这样就会影响到 k_c 值的准确性。另外,根据有关研究,作物轻度干旱下,光合效率反而比在适宜的土壤水分下为高;有些作物苗期受旱蹲苗,虽当时的苗情受影响,但后期的干物质累积量和产量反而增高;在高产水平下,有些作物适当控制前期的土壤水分,产量也不会降低甚至增产[10-12]。这就涉及如何定适宜蒸散量即计算 k_c 时的 ET_m 的标准问题。这些都是值得进一步探讨的。

参 考 文 献

[1] 陶祖文.农田蒸散和土壤水分变化的计算方法.气象学报,1979,**37**(4).

[2] FAO. Yield Response to Water,FAO Irrigation and Drainage. FAO Rome,1979;33.

[3] 韩思明.如何估算作物最大的生产潜力及不同供水条件下的作物产量(油印).1981.

[4] 郑剑非.北京市冬小麦气候生产潜力及干旱期间最佳灌水方案.农业气象,1982,(4).

[5] 张桂芝,等.冬小麦的需水规律与合理灌溉措施.北京农业参考,1982,(3).

[6] 鹿洁忠,等.河北省邯郸地区麦田水分收支状况//北京农业大学农业资源遥感研究所.农业气候与小气候讨论会材料,1985.

[7] 冷石林,等.黄淮海平原春玉米干湿指标和分区的研究.农业气象,1983,(3).

[8] 韩湘玲,等.北京地区冬小麦水分供应的初步鉴定//北京农业大学农业气象专业.农业气象科研总结汇编.1963.

[9] Teare I D, et al. Crop-water Relations. New York,1983.

[10] 山仑,等.小麦灌浆期生理特性和土壤水分条件对灌浆影响的研究.植物生理学通讯,1980.

[11] 吉林省农科院土肥与耕作栽培所大豆栽培专业.大豆灌水有效期连续灌水效果及其规律的初步研究//大豆科研资料汇编,1973.

[12] Mirhadi M J,等.粒用高粱生产性能的研究 V.氮肥和缺水对籽粒产量、氮素吸收与运转的影响.杂粮作物,1983.

作物生产力估算与评价软件(CPAM)的设计与应用[*]

王恩利　段向荣　吴连海　曲曼丽　韩湘玲

（北京农业大学）

摘　要：CPAM 是在 IBM 及长城机上完成的估算与评价作物生产力的软件,可方便地用来建立农业气候数据库,估算灌溉地和雨养条件下作物的产量潜力、评价作物不同生育阶段的水分盈亏状况及其他环境条件的利弊,找出产量形成的限制因子;还可提供农业气候服务。

作物生产力系指某种作物在一地区的生产能力,它决定于当地的气候、土地等状况和人工投入的物质能量和技术。作物生产力是地区和国家级土地资源评价和农业及土地规划的重要指标,随着人口的增多和对粮食需求量的增加以及耕地数量的减少,必然要求提高单位面积上的产量。

近年来,国内正在进行华北地区商品粮基地选建和土地潜在人口支持能力的研究,极需一套能对大范围地区作物生产能力评价的模式和软件。梁荣欣、高亮之等分别提出了作物的气候生产力计算模式[1-4],但由于使用的参数较多且难以得利,使方法不能大范围使用,而且逐项订正过程中也存在一些问题。使用常规气候资料和农业资料,按我国的实际情况总结一套作物系统和计算参数,以软件的形式使数据的管理、处理和运算过程标准化,使我国大范围地区的作物生产力及气候资源评价成为简单易行,便是接下来将要叙述的模型和软件的宗旨。

1　基本思路

作物的生产力决定于作物种类以及当地的气候、土地因子和人工投入的能量和技术,要对作物的生产力进行评价,就必须有尽可能详细的气候资料(包括气温、降水、相对湿度、太阳辐射等)、土壤资料(土壤质地、土层深度、盐渍化程度和土壤水分等)、作物资料(作物类型、各生长期的时期和长度,叶面积、收获指数等),还应包括当地的管理技术水平和投入状况等参数。

首先,所用的资料应基于国内大部分地区现有资料的水平,资料应是易于获得的。模式的建立中,气候资料以旬(或月)为计量单位,某些难以得到的资料在模式中能根据地区位置和现有资料自动换算出来(如太阳辐射资料),作物资料采用国内常规观测的生育期且仅取作物的最大叶面积指数,土壤湿度仅取作物播前土壤有效水分含量。尽量减少难得到的资料的使用,并在模式中总结了一套适合我国条件下的气候、作物和计算参数[5-7]。

估算作物的生产力,作物的光合作用、呼吸作用与温度、辐射等因子的关系式是必需的,逐一得到每种作物的关系式是困难而复杂的。为此,把不同作物按其生态适应性分组,每一组内的作物采用统一的作物环境因子关系模式,使在误差不太大的情况下,对各种作物的生产力估算变得可能和简单化。

第二,数据的管理方式应做到简单适用,而且应与国内流行的数据管理方式相一致。作者采用dBASE-Ⅱ数据库,使每项气候、土壤和作物资料等独立存放,采用统一的汉字格式,使大量数据的管理和处理简单化,并能保证其他研究工作简单方便地使用已形成的数据库。

第三,数据的输入、管理,各部分的运算模式和结果输出等组成一完整的软件(CPAM),它能自动生成标准的数据格式文件和按用户要求计算气候因子值和作物生产力等项目,并以数据库保存计算结果,

[*]　原文发表于《计算机农业应用》,1991,(1):18-23。

以汉字报表和图形输出,计算模式之间,模式与数据之间以及数据与数据之间相互独立,用户可以方便地查找、修改和替换。

2　CPAM 软件作物生产力计算步骤

作物生产力的计算的基本框架参考联合国粮食及农业组织(FAO)农业生态区域法(AEZ),其中的计算关系式、作物参数、水分参数和气候参数按我国的实际情况进行了修改和订正,作物生育期的划分转换成了国内常规记录的形式,主要计算步骤如下:

光温生产力(Y_{mp}):

(1)由 de Wit 表查算各站点各月的标准作物全晴天和全阴天的生长率(b_c,b_o),全晴天光合有效辐射和大气上界的辐射(A_r,R_A)。

(2)计算各站点的旬平均白天温度 T_D。

(3)求算各站点 b_o、b_c、A_r、R_A、日照百分率(n/N)、平均温度(T)、T_D 从作物出苗到成熟整个生育期内的平均值和作物生育期天数 G。

(4)计算实际入射短波辐射(R_g)(亦可直接用实测的实际入射短波辐射值)。

(5)计算白天中阴天占的份数(F):
$$F=(A_r-0.5R_g)/(0.8 \cdot A_r)$$

(6)按作物种类各生育期内白天平均温度(T_D)求算作物的最大叶光合速率(P_m)。

(7)以 de Wit 公式计算标准作物的最大总干物质生产率 b_{gm}。

　　当 $P_m \geqslant 20$ kg/(hm² · h)时:$b_{gm}=F(0.8+0.01P_m)b_o+(1-F) \cdot (0.5+0.025P_m)b_c$

　　当 $P_m < 20$ kg/(hm² · h)时:$b_{gm}=F(0.5+0.025P_m)b_o+(1-F) \cdot (0.05P_m)b_c$

(8)叶面积校正(C_L)。

(9)净干物质修正系数(C_N):以生育期内平均的 24 h 日平均温度(T)代入下式求维持呼吸的比例系数 C_t:
$$C_t=C_{30} \times (0.044+0.001\ 9T+0.001\ 07T^2)$$
$$豆科:C_{30}=0.028\ 3;非豆科:C_{30}=0.010\ 8$$

净干物质修正系数 C_N 为:$C_N=0.72/(1+0.25 \times C_t \times G)$

(10)查出计算作物的收获指数(C_H)。

(11)生长期为 G 天的作物的光温潜力 Y_{mp} 为:
$$Y_{mp}=0.5 \cdot C_H \cdot C_L \cdot C_N \cdot G \cdot b_{gm}$$

光温水气候潜力(Y_t):

(12)以 Penman 公式计算各站逐旬可能蒸散 PET。

(13)把作物的整个生育期划分为 n 个生育时段。

(14)计算各生育时段的总蒸散量 PET_i。

(15)查出作物各时段的作物需水系数 K_{ci} 和产量反应系数 K_{yi}。

(16)计算各生育时段作物需水量 ETM_i:
$$ETM_i=K_{ci} \cdot PET_i$$

(17)计算各生育时段内各旬作物实际耗水量总和 ETA。

每旬值按下面方法计算:

当本旬降水量(P)加上上旬土壤有效水分贮存量($S_{0上}$)大于本旬的作物需水量(ETM)时,即 $P+S_{0上} > ETM$ 时,则本旬 $ETA=ETM$,本旬留给下旬的土壤有效水为:$S_{0下}=P+S_{0上}-ETM$;如果此值超过了田间持水量 FC,则 $S_{0下}=FC$。

反之,当 $P+S_{0上} < ETM$ 时,本旬 $ETA=P+S_{0上}$,$S_{0下}=0$。

作物播前土壤有效水分贮存量为 S_{00}。

把每旬值相加得阶段总和。

(18)计算各生育阶段的需水满足率(V_i):
$$V_i = ETA_i / ETM_i$$

(19)计算各生育阶段的产量降低率(U_i):
$$U_i = K_{yi}(1-V_i) \times 100\%$$

(20)计算各生育阶段的产量指数(I_{yi}):
$$I_{yi} = (1-U_i) \times 100\%$$

(21)自然降水条件下作物的气候生产力 Y_r 为:
$$Y_r = Y_{mp} \cdot \prod_{i=1} I_{yi}$$

3 CPAM 的结构与功能

CPAM 总体采用树状结构(图 1),分为五个一级模块:原始资料库的建立与修改模块,参数修改和生产力计算模块,其他计算和资料及结果输出模块。每一模块中有许多选择项分连许多子模块(或选择项),选择每一项可按屏幕提示运行来完成不同的计算或处理。计算时,CPAM 自动从原始资料库中取资料,计算完后又把结果放在结果数据库中,每一步运算时,将显示放结果的文件名,然后显示运行状况。

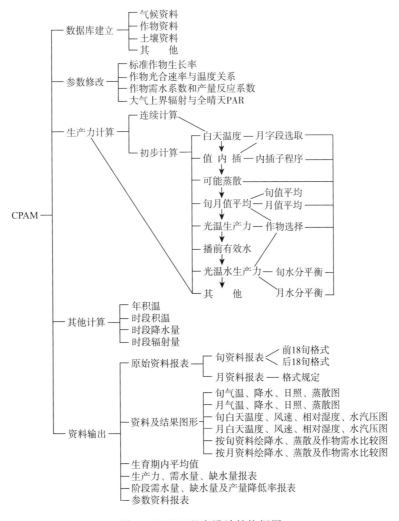

图 1 CPAM 程序设计结构框图

CPAM 在设计上考虑了以最少量的键盘输入使运算顺利进行,数据文件全部采用 dBASE-Ⅱ 的数据文件格式。数据文件名在 CPAM 中进行了统一规定,用户也可按指定的格式把各文件改成自己习惯的名字。

CPAM 的命令文件采用 dBASE-Ⅱ 命令文件与 BASIC 程序文件混合。按其指定格式备全计算需要的原始数据,CPAM 即可计算作物的光温、光温水等生产力值以及作物生育期内任一时段内的辐射、温度及水分等值。使用 CPAM 可以估算不同地区不同作物在灌溉或雨养条件下的产量上限;可以估算作物不同生育阶段的水分需求量、当地降水量、水分的不足额以及由于水分不足而造成的产量降低率,从而制定有效的灌溉计划,把有限量的水分用在作物需水的关键时期,提高水分的利用率及作物的产量,CPAM 计算的不同时段的辐射、温度及降水等值可以用来分析当地一年中各时段的气候资源状况及其对作物的利弊,计算出的生产力值可与当地作物的现实产量相比较,找出形成二者差距的原因(限制因子),可据此提出相应的增产措施和增产潜力的大小,还可用来估算一地区土地的潜在人口支持能力,为国家制定人口政策提供依据。

4　运行与检验

CPAM 在长城和 IBM 及其兼容机上的 DOS 或 MS-DOS 下运行,需 512K 内存和双磁盘驱动器计算机用汉字操作系统启动以后,CPAM 系统盘插入 A 驱动器,在 A>提示后键入 CPAM 并回车,即可进入 CPAM 软件的主菜单(图 2)。

——===主　菜　单===——

1. 原始资料库建立与修改。　　　4. 其他计算。
2. 参数修改。　　　　　　　　　5. 资料及结果输出。
3. 生产力计算。　　　　　　　　E. 退出。

请打入任一数字或按"E"退出

图 2　CPAM 主菜单

主菜单共有 5 个选择项,根据用户的要求,选择相应的数字,即可进入各个子模块,并完成不同的功能。当子模块执行完毕后返回主菜单,用户可进行新的选择。否则键入"E",自动退出 CPAM 软件,返回操作系统,运行流程如图 3 所示。

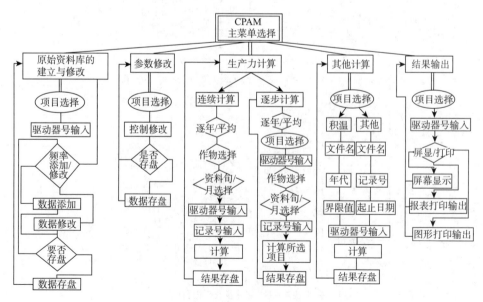

图 3　CPAM 运行流程框图

　　CPAM 的资料及结果输出模块可将资料及运算结果分别以报表和图形的方式在打字机上输出，汉字报表和图形可使用户方便地分析作物的生产力和当地农业气候资源状况。输出模块菜单如图 4 所示。

```
              资料及结果输出模块
    ========================
    1. 原始资料报表输出。

    2. 资料及结果图形输出。

    3. 作物生育期内要素平均值。

    4. 光温生产力、光温水生产力、总需水量、总降水量、总缺水量。

    5. 作物各阶段的需水量、降水量、缺水量及产量降低率。

    6. 参数输出。
    - - - - - - - - - - - - - - - - -
    E. 返回
    ========================
          请打入任一数字或按"E"退出
```

图 4　CPAM 输出模块

　　CPAM 软件包已于 1988 年 7 月 29 日通过国家自然科学基金委员会组织的鉴定，并已应用于全国 1/400 万土地生产潜力和人口承载力的研究，为编制全国土地利用总体规划提供了依据。CPAM 使不同地区不同气候条件下各种作物的生产力评价变得简单易行，大大提高了工作速度和质量，便利了 1/400 万全国土地生产力的研究。此外，CPAM 也已应用于黄淮海地区商品粮基地的研究课题，计算了此项目中的冬小麦、夏大豆、棉花等作物的生产力，使课题得以顺利完成。许多省、县级的气候生产力计算和土地资源评价研究中，也相继采用了 CPAM，收到了较好的效果。

参 考 文 献

[1] 梁荣欣. 水稻的气候土壤生产潜力估算. 自然资源, 1984, (2).

[2] 高亮之, 等. 苜蓿生产的农业气候计量机模拟模式——ALFAMOD. 江苏农业学报, 1985, **1**(2).

[3] 邓根云, 等. 我国的光温资源与气候生产力. 自然资源, 1980, (1).

[4] 龙斯玉. 我国小麦生产力的地理分布. 南京大学学报: 自然科学版, 1983, (8).

[5] 王恩利, 韩湘玲. 黄淮海地区冬小麦、夏玉米生产力评价及其应用. 中国农业气象, 1990, **11**(2).

[6] FAO. 估算水面潜在蒸发和蒸散量的 PENMAM 实用法. 农业气象监测与作物收成预报, 1979.

[7] 王道龙. 农作物需水系数及其影响因子初探. 北京农业大学学报, 1986, **12**(2).

生长期长度的计算与应用[*]

吴连海　韩湘玲

（北京农业大学）

1　生长期长度的概念

一个地区能否种植某种作物,首先取决于温度条件。若具有作物生育的适宜温度,在雨养农业条件下,降水量则决定了作物的生长期长度以及作物生产力的形成。为了能充分考虑温度和降水条件同时对作物生育期长度的影响,联合国粮农组织提出了雨养农业条件下"生长期长度(Length of Growing Period)"的概念,就是降水和温度共同使作物得以生长的持续时间,用"天(d)"来表示。据研究[1]降水量等于或大于潜在蒸散量的一半时,则认为水分条件可以满足作物生长发育的需要,而月平均气温高于5 ℃作物开始生长。如果在灌溉条件下能提供作物生育所需的水分,即使无降水,生长期长度只是由温度条件所决定。因此生长期长度表明了一地的温度、降水自然资源的优劣以及二者的配合程度,这比过去曾对生长期长度(广义)的定义为"作物能生长的时期,一般指春季日平均气温高于 0 ℃开始,至秋季日平均气温低于 0 ℃终止时期之间的日数"[2]要全面。

联合国粮食及农业组织计算生长期时所提出的参数为:日平均气温大于 5 ℃,并且降水大于或等于同时期潜在蒸散量的一半。按此计算出我国生长期长度与实际情况出入很大。我国大多数地区在日平均气温高于 0 ℃就可以种植喜凉作物。故本文以日平均气温高于 0 ℃,结合降水大于或等于同期潜在蒸散量的一半为雨养农业条件下的作物生长期,这更适合我国的实际情况。

2　生长期长度的计算方法

热量生长期的长度如一般的>0 ℃期间日数,下面只阐述水分生长期及水热共同确定的生长期长度的计算。

(1)水分生长期的计算

采用彭曼公式的修正式计算各旬(月)自由水面的蒸发量作为最大可能蒸散量(PET)。

利用各旬(月)的最大可能蒸散量与相对应的各旬(月)降水量比较,得出由水分条件所确定的生长期,其具体指标是 $P = PET/2$,式中 P 为旬(月)降水量。生长期的开始是 $P \geqslant PET/2$,其结束期是 $P < PET/2$,如果在此期间内出现 $P > PET$,则在 $P < PET/2$ 之后加上雨季储蓄的底墒水后水分完全蒸散所需要的天数。若研究黄淮海地区一般年份雨季储蓄的底墒水约 100 mm,占 7—8 月降水的 $1/3$[3],水分满足上述指标的持续时间为由水分确定的生长期,若全年 $P < PET/2$ 则该地区由水分确定的生长期为零。

(2)水热生长期长度的确定

根据水分生长期和热量生长期,确定既能满足水分要求又能满足热量要求的持续日数,该期间就是由水分和热量共同确定的所谓"生长期长度"。

---

　* 原文发表于《中国农业气象》,1990,**11**(4):49-50.

3 黄淮海地区生长期长度分布特征

黄淮海地区属于暖温带半湿润、半干旱气候区,以日平均气温高于 0 ℃为热量指标,则生长期长度黄河以北为 180 d,黄河以南>210 d,黄淮平原南部高达 300 d(图 1);若按≥5 ℃计算,北京一带生长期长度只有 120 d(图 2),显然与实际情况不符合。>0 ℃与≥5 ℃持续日数的差值从南向北逐渐减少,南部最多达 60 d,黄河以北 35~40 d(图 3)。

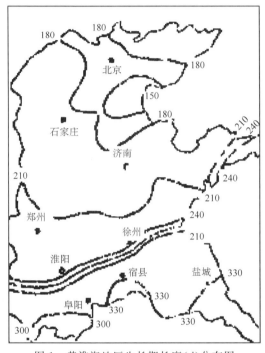

图 1 黄淮海地区生长期长度(d)分布图
(热量条件按>0 ℃计)

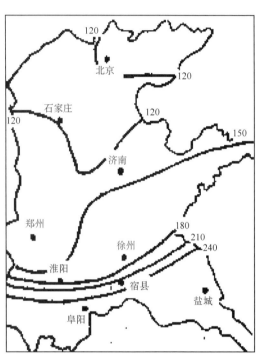

图 2 黄淮海地区生长期长度(d)分布图
(热量条件按≥5 ℃计)

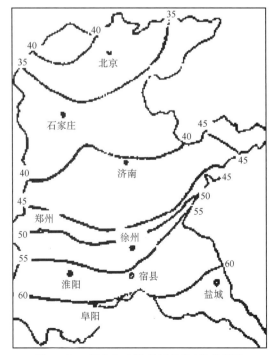

图 3 >0 ℃与≥5 ℃持续日数(d)差值图

　　由于黄淮海地区的年降水分布由北向南逐渐增多,因此往南制约生长期长度的水分因子越来越居于次要地位,这样,生长期长度主要由温度决定。>0 ℃和≥5 ℃两种参数计算生长期长度的差异由南向北逐渐减少,这是因为北部大陆性气候较强,春秋季节气温变化剧烈,0 ℃和 5 ℃的初终日期相差较小,而南部受海洋性气候影响较大,春秋季节的温度变化平缓,0 ℃和 5 ℃的初终日相差较大。另外,南部降水条件比较优越,水分因素对生长期的影响小,所以生长期长度的差异主要由 0 ℃和 5 ℃初终日之间的差异所造成。

　　由图 1 可见,东海、邳县*、徐州、沈丘、上蔡、泌阳、唐河一线存在一个生长期长度变化明显的地带,跨越此带,生长期长度相差 60 d 之多,这说明水分条件在其附近发生了较大的变化。此带以北地区水分限制着农作物的生长发育及多熟种植,特别是早春的干旱影响着作物的播种,而该带以南地区则水分条件明显好转,春季水分不成为农作物播种或越冬作物生长发育的限制因子。

参 考 文 献

[1] Food and Agriculture Organization of the United Nations. Land Resources for Populations of the Future. Rome,1984.

[2] 北京农业大学农业气象专业. 农业气候学. 北京:农业出版社,1987.

[3] 韩湘玲,瞿唯青,孔扬庄.从降水-土壤水分-作物系统探讨黄淮海平原旱作农业和节水农业并举的前景.自然资源学报,1988,(2).

---

　　* 现改为邳州市,余同

用选优法确定淮阳县作物种植比例的探讨

吴连海[1]　韩湘玲[1]　曲曼丽[1]　齐修体[2]

(1. 北京农业大学；2. 河南省淮阳县区划办公室)

1　问题的提出

淮阳县位于黄淮平原的豫东部分，耕地面积 150.1 万亩，人均耕地 1.5 亩。全县地势平坦、土层深厚、土质较好。主要农业气候特点是：热量资源可供多种两熟，水分资源较丰富，可满足粮、豆、棉中产两熟所需，光热水同季；旱涝灾害在一定程度上危害生产。新中国成立 35 年来，作物产量有一定的波动，五种主要作物的变异系数范围为 34.3％～69.5％，这对作物的高产、稳产极为不利（表 1）。

表 1　淮阳县五种主要作物的产量变异量(1954—1983 年)

作物 项目	小麦	玉米	大豆	棉花	甘薯
平均产量(斤/亩)	191.8	242.6	124.2	50.2	368.0
标准差(斤/亩)	113.4	119.0	42.7	34.9	130.7
变异系数(%)	58.0	49.0	34.3	69.5	35.5

引起产量波动的主要原因是降水量的季节变化及年际差异大引起的旱涝灾害，并且不同时期的旱涝对不同作物影响程度不同，造成减产的程度亦不同。如果能根据降水年型确定合理的作物种植比例，就可以把损失减少到最小的程度。

线性规划是在研究生态系统、自然资源的合理开发利用中进行决策和分配的一种工具。本文采用各种数字方法建立优化模式，根据旱涝各类发生对作物的影响，利用优选法确定淮阳县较为合理的作物种植比例。

2　资料来源及方法

(1)历年逐旬降水资料(1954—1983 年)取自淮阳县气象站。

(2)小麦、玉米、大豆、甘薯和棉花的历年(1954—1983 年)产量(约占整个播种面积 90％左右)，各作物播种面积等资料取自淮阳县统计局，并根据初步分析剔除与实际产量不符的产量资料。

(3)利用三年滑动平均法消除非气候因子对年际间产量的影响，求出气候产量，即：

$$气候产量＝实际产量－趋势产量$$

因得出的气候产量有正有负，根据所有的气候产量，采用都加 50 个的办法，以消除正负号之别，所引起的误差只是系统误差，并不影响计算结果。

本文所采用的多种数学方法之间的配合及整个计算过程见流程图(图 1)。

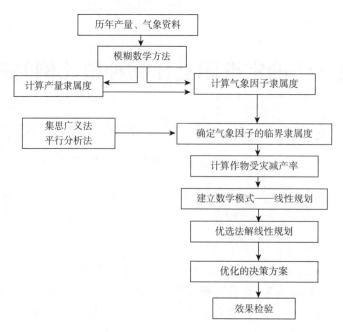

图 1　优化流程图

3　作物受灾减产率的计算

由于降水季节的变化使得不同作物生长的关键时期出现的时间不同,确定如下的旱涝类型:

春旱、春多雨:系指 3 月—5 月中旬雨水不足或过多,此时期是冬小麦从返青到成熟的阶段,4 月份各种春播作物处于苗期阶段。

初夏旱涝:系指 6 月上旬—6 月中旬雨水不足或过多。此时各种夏播作物处于播种至出苗时期。

伏旱、涝:系指 7 月下旬—8 月雨水过多或不足。这段时间内,夏播作物由营养生长转入生殖生长,要求较多的水分,水分过多或过少均不利。

夏秋旱、涝:系指 8—9 月雨水过多或不足。多数作物都处在灌浆结实期和成熟期。

秋旱、秋多雨:系指 9 月下旬—10 月中旬雨水不足或过多。这段时间内棉花处在生长的后期,而冬小麦开始播种。

(1)产量隶属度的计算

隶属度表示元素 x 属于模糊集合的程度,它的大小反映了元素 x 对于模糊集的从属程度并在 $[0,1]$ 区间取值。即表示所研究因子的利弊程度。隶属度的确定带有主观性,通常是根据经验或统计而定。

产量隶属度计算公式为:

$$U_{m_i} = \frac{m_i}{\max(m_i)} \qquad (i=1,2,\cdots,n)$$

式中,U_{m_i} 为第 i 年某种作物的产量隶属度;m_i 为第 i 年某种作物的气候产量。

产量隶属度的计算主要用于各年型的确定。根据公式计算出五种作物的产量隶属度,并根据集思广益法、平行分析法确定各种作物的临界隶属度(U_K^T)。以棉花为例,计算产量隶属度(表 2),进而挑出五种作物的临界隶属度,即作为划分丰歉年的标准(表 3)。

(2)气象因子隶属度的计算

气象因子隶属度计算公式为:

$$U_{ij} = \frac{\min(T_j \cdot r_{ij})}{\max(T_j \cdot r_{ij})} \qquad (i=1,2,\cdots,n;j=1,2,\cdots,m)$$

式中,r_{ij} 是第 i 年第 j 时段的气象因子(降水)数值;m 为时段数;U_{ij} 为第 i 年第 j 时段的气象因子隶属

度。若 $\bar{r}_j$ 是第 j 时段丰产年的气象因子平均数值,则有

$$\bar{r}_j = \sum_{i=1}^{l-2} r_{ij}/(l-2) \qquad (i \neq \max r_{ij}, \min r_{ij}; j = 1, 2, \cdots, m)$$

式中,l 为丰产年年数;r_{ij} 为第 i 个丰产年第 j 时段的气象因子数值。

表 2　棉花的产量隶属度

年代	产量	隶属度	年代	产量	隶属度	年代	产量	隶属度	年代	产量	隶属度
1955	59.7	0.849 2	1962	53.7	0.763 9	1970	63.0	0.896 2	1977	50.3	0.715 5
1956	40.7	0.578 9	1963	42.7	0.007 4	1971	45.3	0.644 4	1978	50.3	0.715 5
1957	53.3	0.758 2	1964	57.3	0.815 1	1972	48.0	0.682 8	1979	66.3	0.231 9
1958	53.0	0.753 9	1965	34.7	0.493 6	1973	67.0	0.953 1	1980	61.2	0.870 6
1959	48.0	0.682 8	1966	63.0	0.896 2	1974	34.7	0.493 6	1981	47.9	0.681 4
1960	54.0	0.768 1	1968	53.3	0.758 2	1975	64.3	0.914 7	1982	20.6	0.293
1961	44.7	0.635 8	1969	35	0.497 9	1976	41.3	0.587 5	1983	70.3	1.000

表 3　各种作物的产量临界隶属度

作物	小麦	玉米	大豆	甘薯	棉花
歉年临界隶属度(U_2^T)	0.50	0.35	0.45	0.40	0.65
丰年临界隶属度(U_1^T)	0.75	0.70	0.90	0.60	0.85

注:$U_{mi} \geqslant U_1^T$ 为丰年,$U_{mi} \leqslant U_2^T$ 为歉年

根据以上两式就可计算出 5 种作物的气象因子隶属度,即可知不同时段降水对作物产量形成的利弊。如从棉花不同时段的气象因子隶属度(表 4),通过集思广益法、平行分析法,从中找出不同时段的临界隶属度,则是各种作物的气象因子的临界隶属度,即不同时段降水影响丰歉的指标值。

表 4　棉花不同时段的气象因子隶属度

隶属度＼时段＼年份	1	2	3	4	5	隶属度＼时段＼年份	1	2	3	4	5
1955	0.72	0.06	0.51	0.54	0.93	1970	0.78	0.51	0.95	0.88	0.44
1956	0.86	0.23	0.43	0.72	0.13	1971	0.63	0.63	0.64	0.90	0.99
1957	0.87	0.40	0.95	0.60	0.30	1972	0.61	0.55	0.92	0.63	0.63
1958	0.80	0.97	0.58	0.64	0.07	1973	0.73	0.26	0.67	0.54	0.89
1959	0.98	0.81	0.20	0.37	0.77	1974	0.48	0.06	0.80	0.88	0.70
1960	0.86	0.39	0.83	0.75	0.70	1975	0.67	0.99	0.83	0.75	0.72
1961	0.89	0.55	1.00	0.98	0.72	1976	0.96	0.07	0.46	0.88	0.52
1962	0.37	0.77	0.33	0.39	0.27	1977	0.84	0.07	0.65	0.63	0.07
1963	0.64	0.52	0.40	0.37	0.72	1978	0.22	0.49	0.98	0.60	0.67
1964	0.49	0.52	0.84	0.44	0.77	1979	0.76	0.98	0.67	0.48	0.26
1965	0.63	0.07	0.87	0.65	0.51	1980	0.66	0.68	0.50	0.69	0.63
1966	0.85	0.00	0.91	0.39	0.65	1981	0.41	0.97	0.67	0.83	0.60
1968	0.58	0.00	0.92	0.72	0.84	1982	0.42	0.50	0.23	0.39	0.82
1969	0.59	0.44	0.72	0.65	0.70	1983	0.62	0.80	0.74	0.99	0.94

注:1 为春季;2 为初夏;3 为伏夏;4 为夏秋;5 为秋季。表 5 同

由表 5 中的临界隶属度就可划分各年的灾害类型,即:春旱、春多雨、初夏旱、涝、伏旱、涝、夏秋旱、涝和秋旱、秋多雨。

表 5　各作物不同时段的临界隶属度

时段 \ 作物 (U^T)	小麦	玉米	大豆	甘薯	棉花
1	0.6				0.5
2			0.25	0.4	0.4
3		0.45	0.6	0.6	0.6
4		0.6		0.4	0.6
5	0.3			0.4	0.6

（3）作物受灾减产率的计算

作物受灾减产率的计算公式为：

$$Q_i = \frac{A - a_i}{A} \times 100\%$$

式中，A 为某种作物丰产年的产量平均值；a_i 为发生第 i 类灾害的产量平均值；Q_i 为某种作物在发生第 i 类灾害时的减产率。

由于降水的年际变化，不同的年代、作物受灾类型不同，如 1982 年伏涝，而 1968 年初夏旱，但有些有连旱、连涝或旱涝交替的情况发生，如 1962 年的伏涝和夏秋涝、1956 年的伏涝和秋旱等。因此就必须对各种可能出现的灾害类型计算出作物受灾减产率（表 6）。

表 6　各种作物减产率矩阵表

$Q_i(\%)$ 作物 \ 灾害类型	春旱	春多雨	初夏旱	初夏涝	伏旱	伏涝	夏秋旱	夏秋涝	秋旱	秋涝	伏旱、初夏旱	伏涝、初夏旱	伏涝、初夏涝	夏伏旱、伏旱	夏秋涝、伏涝	伏旱、秋涝	全年旱	全年涝
小麦（X_1）	22.0	48.1	—	—	—	—	—	—	46.8	0.0	—	—	—	—	—	—	31.6	40.2
玉米（X_2）	—	—	50.1	61.3	66.4	69.5	69.0	75.1	—	—	—	65.9	47.3	66.9	82.0	—	69.0	92.6
棉花（X_3）	33.4	29.0	21.5	27.5	25.9	28.1	8.4	35.6	32.0	25.1	—	22.5	37.6	26.4	32.3	27.6	14.4	37.2
大豆（X_4）	—	—	35.4	56.2	63.6	60.0	—	—	35.6	—	—	—	—	—	—	—	44.4	70.8
甘薯（X_5）	—	—	38.2	72.9	34.4	107.2	61.3	—	49.9	42.2	13.2	—	72.1	41.0	—	23.0	85.0	100.0

4　优化模式的建立及计算结果

确定合理的作物种植比例的目的是在某种气象灾害发生时，使作物总的受灾减产率尽可能达到最小，这就是优化模式中的目标函数。

设发生第 j 种灾害时，单位面积上的减产率为 y_i，则 $y_i = \sum_{i=1}^{5} C_{ij} X_i (j = 1, 2, \cdots, k)$，式中，$k$ 为灾害类型数；C_{ij} 为第 i 种作物发生第 j 种灾害时单位面积上的减产率；X_i 为第 i 种作物占 5 种作物总播种面积的百分比（%）。

由于作物种植面积的限制和人民生活对农产品的要求，必须对各种农作物的种植比例加以约束，使之在一定的范围内变化，即：

$$L_i \leqslant X_i \leqslant G_i (i = 1, 2, \cdots, 5)，同时必须有 \sum X_i = 100\%。$$

至此该问题可描述为：在 $L_i \leqslant X_i \leqslant G_i$ 的区间选取一组最优的 X_i，使 y_i 达到最小。

参照历年 5 种作物的种植比例，并采用集思广益法确定出各种作物种植比例的变化区间（表 7）。

表 7 作物种植比例变化区间表

作 物	小 麦	玉 米	棉 花	大 豆	甘 薯
对应变量	X_1	X_2	X_3	X_4	X_5
变化区间(%)	40~60	9~20	5~25	9~18	6~10

利用优选法(0.618 法)对优化模型进行抽样,从中挑出满意解,整个程序的流程图如图 2 所示,计算步骤为:固定某一种作物的比例,使它按照一定的步长增加,将其余的变量用 0.618 法进行确定,如果某一种作物的种植比例确定后,总的种植比例大于 100%,则继续用 0.618 方法确定下一个变量的数值,如果小于或等于 100%,将所有比例相加得一值 T,然后对各种植比例进行数学处理,即 $100X_1/T$ 使 $\sum X_i = 100\%$,利用处理过的 X_i 计算受灾减产率 y_i,将 y_i 按大小进行排队,打印出 y_i 和 X_i,从而得出满意解。

针对不同的灾害类型,用优选法对优化模式进行优选,可得出不同灾害类型下抵御灾害的合理的作物种植比例,做出两种决策方案,以第一方案最优(表 8)。假若能做出中长期的年型预报,则选择与其相对应的作物种植比例进行农业生产,效果会更好。

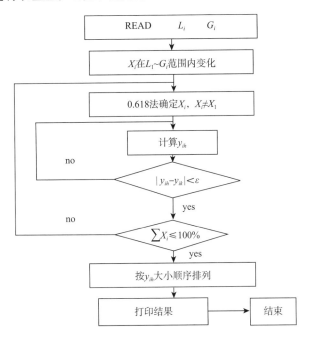

图 2 优选法解线性规划框图

表 8 实况与计算结果对照表 单位:%

年型	作物种植比例					单位面积减产率
	小 麦	玉 米	棉 花	大 豆	甘 薯	
初夏旱(1977 年,实况)	44.8	16.2	8.3	13.5	17.2	21.3
初夏旱(计算)	58.4	12.2	9.4	12.6	7.3	15.1
伏涝(1982 年,实况)	48.5	11.7	10.0	20.9	11.6	35.9
伏涝(计算)	57.0	10.4	10.3	15.1	7.3	27.0

5 效果检验

用过去的历史资料同计算结果进行比较,尚属满意。如 1982 年受伏涝影响较严重,与 1977 年初夏旱的实况和计算比照,由于甘薯、大豆、玉米种植比例的减少和小麦比例的增加,在伏涝年型条件下,就可以比实际增加8.9%的产量。同时也可看出不同作物在伏涝灾害下种植比例调整的幅度不同,对总减产率的贡献程度也不同。在初夏旱的条件下,也有类似情况。

6　讨论

(1)优化模型确定以后,我们曾利用线性规划的单纯形法、随机抽样法进行求解,但效果却都较差,单纯形法是线性规划的传统解法,但针对农业问题似乎有不可弥补的缺陷,因为许多变量的解都是人为规定的上限值或下限值(占总变量的60%~70%),这对农业生产是没有指导意义的。随机抽样法虽然较单纯形法进一步,但工作量特别大,虽然现在已利用计算机进行计算,但由于它的随机性,抽样中符合约束条件的概率极小,因此浪费了大量的计算时间。

(2)表9是不同灾害类型条件下的作物种植比例,如对初夏旱,较优的种植比例为:小麦58.4%,大豆12.6%,玉米12.2%,棉花9.4%,甘薯7.3%;若只出现初夏涝,则小麦、甘薯的面积应适当减少,扩大棉花、大豆、玉米的播种面积。

此外,从优化的结果(表9)可以看出,小麦、甘薯的种植比例相对稳定,说明这两种作物在该地的生态适应性较强,而其他作物则应在不同年型下,考虑合理布局和种植方式问题。

表9　合理布局决策　　　　单位:%

灾害类型			春旱	春多雨	初夏旱	初夏涝	伏旱	伏涝	夏秋旱	夏秋涝	秋旱	秋涝	伏旱、初夏旱	伏涝、初夏旱	伏涝、初夏涝	伏涝、夏秋涝	伏旱、夏秋旱	伏涝、秋旱	全年涝	全年旱
第一方案	总减产率		14.3	25.2	15.1	25.1	18.7	27.0	11.1	15.2	31.4	5.2	4.8	9.6	14.0	12.2	13.0	3.8	54.7	37.9
	作物种植比例	甘薯	7.6	7.0	7.3	6.3	7.2	7.3	7.1	9.4	7.7	7.0	6.4	7.2	7.3	7.3	7.3	7.0	6.3	10.0
		小麦	54.1	46.7	58.4	49.8	56.0	57.0	56.1	40.1	53.0	56.0	50.9	57.1	57.6	57.8	57.5	55.4	49.8	41.5
		大豆	15.7	17.8	12.6	13.8	15.3	15.1	14.6	9.1	16.0	14.6	14.1	11.5	12.1	11.7	11.7	15.4	13.8	10.6
		玉米	14.3	18.9	12.2	13.7	10.0	10.4	8.0	17.7	14.6	13.3	11.0	14.9	15.0	15.1	15.1	14.5	13.0	13.3
		棉花	8.4	9.5	9.4	17.2	11.4	10.3	14.2	23.6	8.6	9.0	17.6	9.2	8.1	8.1	8.1	7.8	17.2	15.8
第二方案	总减产率			27.4	17.1	26.6	20.7	29.3	11.8	15.4		5.4	5.1	10.9	14.9	13.9	14.2	4.0	55.5	38.1
	作物种植比例	甘薯		7.6	7.1	6.5	7.2	7.2	7.0	7.0		6.9	6.6	6.9	6.9	6.9	6.9	6.8	6.5	8.7
		小麦		51.8	53.8	46.6	51.7	52.4	51.8	40.1		51.7	47.5	52.7	53.1	53.3	53.3	51.2	46.6	40.3
		大豆		15.7	14.4	14.7	17.2	17.0	16.4	9.3		16.4	15.2	13.0	13.7	13.3	13.3	17.2	14.7	9.8
		玉米		16.6	14.0	13.9	11.2	11.7	9.0	17.7		14.9	11.8	16.9	17.0	17.2	17.2	16.2	13.9	17.6
		棉花		8.4	10.8	18.3	12.8	11.6	15.9	23.6		10.1	18.9	10.4	9.2	9.2	9.2	8.7	18.3	23.5

(3)不同作物对水分的敏感程度不同,某一作物在不同的发育时期对水分的敏感程度也不同,由于目前天气预报的手段限制,对不同时段降水量的预测不够准确。同时在某一年份,针对不同作物有可能出现几种旱涝灾害类型,这就为作物布局、充分合理地利用自然资源带来了一定的困难。为了指导大面积的作物布局,并使作物种植比例的确定简单易行,可以利用历年的年降水量分析年型,针对不同的旱涝年型确定不同的作物种植比例,此外由于小麦、甘薯在本地的生态适应性较强,在布局和种植方式中主要考虑大豆和棉花的种植比例问题。

根据历年降水统计分析,淮阳县主要灾害是涝害,从总体上看,年降水量≥1 000 mm为涝害年,其出现频率为24%,即4年一遇,因此在作物布局上应着重考虑涝害对作物的影响,适当压缩棉花的播种面积,扩大夏大豆播种面积。另外,涝年主要出现伏涝,为避免棉花关键期出现在伏涝发生的时间里,在棉花种植比例中应适当扩大春播棉的面积比例,压缩麦套棉花的比例。与涝害相比,干旱影响较小,出现频率为10%(年降水量小于500 mm),即10年一遇,若根据气候统计分析和长期天气预报(即短期气候预测),能确定当年为干旱年型,在作物布局时应扩大棉花的种植比例,发展麦套棉。由于大豆对水分缺乏较棉花敏感,应适当压缩夏大豆的种植比例,使作物总产的减产幅度变小。

（4）本文仅考虑了主要灾害对作物布局的影响，如何利用优化方法考虑自然条件、社会条件等对作物布局的影响还有待于进一步研究。

参 考 文 献

［1］梁荣欣. 农业系统工程引论. 东北农学院,1983.

［2］韩湘玲,等. 淮阳县农业丰歉年型初步分析//黄淮海平原资源开发利用的研究. 北京农业大学,1984.

［3］张嘉林,吴连海,陈流. 优选法在"S"形曲线模拟中的应用. 北京农业大学学报,1985,**11**(2).

黑龙港易旱麦田节水省肥模式的探讨[*]

陆诗雷　韩湘玲

（北京农业大学）

　　摘　要：通过对 1986—1987 年度影响小麦产量及经济收益的三因素（氮肥、磷肥、浇水）五水平二次通用旋转回归设计及辅助试验结果的分析、模拟及优化，试图找到本地区以肥调水、节水灌溉的依据，为农业生产服务。

　　关键词：冬小麦　易旱麦田　节水省肥模式

1　试验设计

　　试验地设在北京农业大学曲周试验站（114°57′E,36°46′N,海拔 39.6 m），为改造好的盐碱地，排灌条件完善，地力基本均匀，耕层有机质含量 1%。

　　试验采用三因素二次通用旋转回归设计（星号臂值 $R=1.682$），安排小区 20 个。另有辅助试验小区 10 个。

　　在影响小麦产量的诸因素中，选择施氮量（X_1）、施磷量（X_2）和生育期内灌水量（X_3）三因素栽培措施作为决策变量。变量设计水平见表 1。

表 1　变量水平编码表（$R=1.682$）

变量名 \ 水平		变化间距	−R	−1	0	+1	+R
X_1	纯 N(kg/亩)	4.46	0	3.04	7.5	11.96	15
X_2	纯 P_2O_5(kg/亩)	2.98	0	2.03	5	7.96	10
X_3	灌水(mm/亩)	107.0	0	73	180	287	360

2　主要计算方法

2.1　实际蒸散量用农田水分平衡法求算

　　考虑 1 m 土层的水分收支：

$$ET = (W_0 - W_1) + P + U + I - R_u - S \tag{1}$$

式中，ET 为某一时段的实际蒸散量（mm）；W_0，W_1 分别为某一时段起始和终止时 1 m 土层内土壤水分贮存量（mm）；P 为同时期降水量（mm）；I 为灌溉量（mm）；U 为地下水补给量（mm）；R_u 为径流量（mm）；S 为渗漏量（mm）。

　　径流量 R_u(mm)：因冬小麦生育期间无高强度降水，所以无径流形成，故 $R_u=0$。

　　因小麦生育期间地下水位一直于 2.5 m 以下，故地下水补给量 U 也认为为零。至于渗漏量 S 因灌

───────────────
　　* 原文发表于《中国农业气象》,1992,**13**(4):44-46,52.

水强度不大(每次不超过 35 m³/亩),故 S 也忽略不计。

2.2　二次通用旋转回归设计各回归系数的计算

二次通用旋转回归设计试验结果的回归方程形式为:

$$y = b_0 + b_1 x_1 + b_2 x_2 + b_3 x_3 + b_{12} x_1 x_2 + b_{13} x_1 x_3 + b_{23} x_2 x_3 + b_{11} x_1^2 + b_{22} x_2^2 + b_{33} x_3^2 \tag{2}$$

各回归系数的计算公式为:

$$\begin{cases} b_0 = K \sum_a y_a + E \sum_{j=1}^{3} \cdot \sum_a x_{aj}^2 y_a \\ b_j = e^{-1} \sum_a x_{aj} y_a \\ b_{ij} = m_c^{-1} \sum_a x_{ai} x_{aj} y_a \\ b_{jj} = (F-G) \sum_a x_{aj}^2 y_a + G \sum_{j=1}^{3} \sum_a x_{aj}^2 y_a + E \sum_a y_a \end{cases} \tag{3}$$

$$(i=1,2,3;j=1,2,3)$$

式中,K,E,F,G,e,m_c 均为常数。

并经回归方程的显著性检验,回归系数的显著性检验,还计算了经济收益。

3　结果分析

3.1　试验年度的气候背景

(1)冬小麦生育期间处于降水常见年型

试验年冬小麦生育期间总降水量 114.2 mm,比历年平均(1960—1987 年)的 142.6 mm 少 28.4 mm,春季 3—5 月降雨 48.1 mm,占历年平均的 73%(3—5 月降水历年平均 65.8 mm),属春重旱年型(指标 $R_{3-5月} < 60$ mm),历史出现频率 65%,十年六至七遇,属曲周地区降水常见年型。

(2)光热条件利于小麦生长发育

试验年度冬小麦生育期间总日照时数 1 271.6 h,比历年平均 1 184.6 h 多 87 h,光照充足。小麦生育期间大于 0 ℃积温 1 914.4 ℃·d,比历年平均(2 051.3 ℃·d)稍少,但能满足半冬性中熟品种冀麦 15 所需热量 1 500~2 000 ℃·d 的要求。

3.2　肥、水对提高麦田耗水和水分利用率的作用

(1)旱麦地能有效利用土壤贮水

自然旱麦田(不施肥、不浇水)的土壤水分变化规律为秋季(10 月上旬—12 月上旬)缓慢失墒,冬季(12 月上旬—3 月上旬)内部调整,春季(3 月上旬—6 月上旬)强烈失墒,至麦收时土壤表层 0~20 cm 土层含水量小于 30 cm,50 mm 等水线降至 60 cm 土层处,80 mm 等水线由种麦时处于 100 cm 土层处降至 120 cm 土层处。小麦生育期间 0~100 cm 土层总耗水量 161.0 mm,消耗的土壤贮水(总耗水量减去降水量)为 46.8 mm,水分利用率 0.270 kg/(mm·亩)。

不施肥的浇水麦地小麦生育期间土壤水分变化是,土壤表层(0~20 cm)土壤含水量一直维持在 60 mm,80 mm 等水线一直处于 70 cm 土层附近,小麦一生 0~100 cm 土层总耗水量 476.4 mm,仅利用土壤贮水(总耗水量减去降水量和灌水量)2.2 mm,比不施肥旱地麦少耗 44.6 mm 的土壤贮水,水分利用率也仅有 0.050 kg/(mm·亩),还不到不施肥旱地麦水分利用率的 1/5,见表 2。所以不施肥旱地麦比不施肥水地麦不仅能充分利用土壤贮水,而且水分利用率也高。

表 2　不同施肥水平下水、旱地小麦耗水量、产量及水分利用率(小麦生育期降水量 114.2 mm)

施肥情况	水处理	灌溉量 (mm)	总耗水量 (mm)	消耗土壤贮水 (mm)	产量 (kg/亩)	水分利用率 (kg/(mm·亩))
不施肥	旱地	0	161.0	46.8	43.5	0.270
	水地	360	476.4	2.2	23.5	0.050
施肥*	旱地	0	273.0	158.8	177.9	0.652
	水地	360	606.9	132.7	332.9	0.549

* 施 N 7.5 kg/亩,P_2O_5 5 kg/亩

施肥旱地和施肥水地的土壤水分变化规律虽大致相同,但麦收时旱地麦田土壤表层(0~20 cm),含水量仅 21.0 mm,70 mm 等水线降至 100 cm 土层处,小麦一生耗水 273.0 mm,消耗土壤贮水(总耗水减去降水)158.8 mm。而水地麦收时土壤表层(0~20 cm)含水量仍有 30 mm,70 mm 等水线处于 80 cm 土层处,小麦一生 0~100 cm 土层耗水 606.9 mm,但消耗土壤贮水(总耗水量减去降水量和灌水量)仅为 132.7 mm,所以旱地比水地多耗土壤贮水 26.1 mm,其水分利用率为 0.652 kg/(mm·亩),也高于水地的 0.549 kg/(mm·亩)。因此,施肥旱地比施肥水地能充分利用土壤贮水。

(2)施肥有助于提高水分利用率

通过 100 cm×100 cm 土壤剖面不同深度根长计算,不同水、肥处理各土层(0~20,20~35,35~50,50~100 cm)根长占 0~100 cm 土层总根长百分比的比较见表 3。经 u 检验得出,施磷肥明显增加 35~50,50~100 根长占 0~100 cm 土层总根长的百分比,所以施磷肥有助于根的下扎。

从表 2 施肥与不施肥水旱地麦的对比中,施肥旱地比不施肥旱地多耗 112.0 mm 的土壤贮水,施肥水地比不施肥水地多耗 130.5 mm 的土壤贮水,并且施肥旱地、水地的产量和水分利用率均高于不施肥的旱地、水地。所以施肥能更好地利用土壤贮水,提高产量和水分利用率。

表 3　土壤各层根长占 0~100 cm 整层根长百分数比较

处理 施肥类别	区组	埋深(cm) u 值	0~20	20~35	35~50	50~100	$u0.01$
N	(−R 0 0)	A	−0.577 5	−0.410 4	−0.692 2	6.782 6*	2.576
	(R 0 0)	B					
P_2O_5	(0 −R 0)	A	9.40*	3.23*	−7.12*	−10.19*	
	(0 R 0)	B					
S	(0 0 −R)	A	−5.82*	−9.89*	2.91*	13.44*	
	(0 0 R)	B					
N,P	(R 0 0)	A	−6.677*	−10.74*	4.23*	9.815*	
	(0 −R 0)	B					
N,P	(−R 0 0)	A	4.57*	1.956*	−4.9*	−7.13*	
	(0 R 0)	B					
N,S	(−R 0 0)	A	9.638 6*	4.303*	−4.459 5*	−15.556*	
	(0 0 −R)	B					
N,S	(R 0 0)	A	3.603*	6.60*	−1.73	−5.82*	
	(0 0 R)	B					
P,S	(0 −R 0)	A	13.66*	5.409 5*	−7.12*	−19.66*	
	(0 0 −R)	B					
P,S	(0 R 0)	A	−1.156 5	−7.30*	2.984*	1.518	
	(0 0 R)	B					

注:u>0.01,说明处理效果显著;u>0,说明 A 处理此层根长占 0~100 cm 整层根长百分比大于 B 处理,否则小于 B 处理

　　由最后产量及耗水量计算出的不同水、肥处理的 5 种组合下水分利用率的比较(表 4)知,在试验的 5 种水、肥组合处理中,均是 +1 水平编码值(施氮 11.96 kg/亩或施磷 7.96 kg/亩)比 -1 水平编码值(施氮 3.04 kg/亩或施磷 2.03 kg/亩)水分利用率高(即表中差值为正)。所以,适当多施肥能提高水分利用率。

表 4　不同水、肥条件下多施与少施水、肥的水分利用率的比较(差值)

因子上下水平	类别	另二因子水平编码		氮肥 [kg/(mm·亩)]	磷肥 [kg/(mm·亩)]	水 [kg/(mm·亩)]
1	-1	1	1	0.195	0.115	0.002
1	-1	1	-1	0.010	0.012	0.104
1	-1	-1	1	0.096	0.014	0.186
1	-1	-1	-1	0.004	0.006	0.196
R	-R	0	0	0.314	0.264	-0.103

　　(3)浇水过多降低水分利用率

　　从表 2 中水、旱地比较结果知道:多浇水麦地比旱地显著提高土壤上层(0~20 和 20~35 cm 土层)的根长的比重(占 0~100 cm 土层中总根长的百分比大),但 35~50 和 50~100 cm 根长占 0~100 cm 土层根长的百分比明显低于旱地。从氮和水、磷和水的交互作用对根的影响一样可看出,多浇水无助于根的下扎。这样,其抗倒伏能力差,致使 5 月 1 日雨后遇 4 m/s 的风即大片倒伏,使水地麦千粒重比旱地明显下降。

　　关于多浇水不利于作物充分利用土壤贮水已如前述。表 4 中 5 种不同施肥水平条件下,多浇水(287 mm 或 360 mm)与少浇水(73 mm 或 0 mm)麦地的水分利用率比较可知,所有 5 种水平的施肥条件下,均是多浇水处理的水分利用率低于少浇水或不浇水处理的水分利用率。所以,多浇水不利于提高水分利用率。

　　综上,适当多施化肥(氮肥、磷肥)不仅能促根下扎,使作物能充分利用土壤贮水,而且能明显提高穗粒数、茎粗、株高和千粒重,从而提高水分利用率。而多浇水却无助于根的下扎,不利于作物充分利用土壤贮水,虽能显著增加穗粒数,不明显增加茎粗及株高,但明显降低千粒重,降低了水分利用率。

　　所以,在黑龙港地区水分危机日渐严重的今天,发展农业只能走适当多投肥少用水的节水灌溉之路,这样,不仅可节约灌溉用水,而且还能充分有效地利用土壤贮水,为汛期蓄水提供大容量的土壤水库。

4　结论

　　通过对 1986—1987 年度冬小麦试验结果分析得出,在冬小麦生长季内曲周地区常见重旱年型条件下:

　　(1)施肥有助于根的下扎,明显提高穗粒数、茎粗、株高和千粒重,促进作物更好地利用土壤贮水,提高水分利用率,达到以肥调水的目的。

　　(2)旱地麦能较充分地利用土壤贮水。多浇水明显增加穗粒数,但降低千粒重,降低水分利用率,与节水无益。

　　(3)适量多投氮、磷化肥而适当少浇水可以达到适量少投氮、磷化肥而适量多浇水的同样产量和经济效益,为本地区以肥调水、节水灌溉提供了依据。同时,也为富水区以水调肥、省肥农业提供参考。

　　(4)中低生产投入水平下(施 N<7.5 kg/亩,施 P<5 kg/亩,灌水<180 mm 或<120 m³/亩),适量多施化肥,特别是适量多施磷肥对增产增收有益。

参 考 文 献

［1］贺多芬.我国北方五省冬小麦生长期的自然水分条件及对产量的影响.中国农业科学,1979,(4).

［2］任萌汉,张俊生.旱地冬小麦产量和气象要素关系初探.山西农业科学,1981,(4).

［3］李玉米,俞宝屏.土壤深层储水对作物稳定增产的作用.中国农业科学,1965,(3).

［4］韩湘玲.黄淮海地区的干旱特点与农业发展//韩湘玲,曲曼丽,等.黄淮海地区农业气候资源开发利用.北京:北京农业大学出版社,1987.

［5］张群喜,等.土堆水分状况对物质运移及作物生长影响.土壤学报,1983,**20**(4).

［6］韩湘玲,等.从降水-土壤水分-作物系统探讨黄淮海平原旱作农业和节水农业并举的前景.自然资源学报,1988,(2).

农业气候资源信息系统*

王恩利　　韩湘玲

（北京农业大学农业气象系）

摘　要：农业气候资源信息系统（ACRIS）是以综合的农业气候信息处理为重点，通过模块组合而设计研制成的一个可操作的运行系统。该系统具有作物生长季分析、地区作物生产力评价、作物生态区、作物小麦、玉米、棉花生育的计算机模拟、种植制度及其生产力评价等系列化多功能。实现了利用气候资料和作物参数的定量描述，可以数据和图形动态显示不同发育阶段的叶面积、茎、叶、粒重和蒸发、蒸腾及需水量的模拟结果，可以利用气候和作物资料进行作物产量综合评价等，确定产量形成的限制因子及当地的作物搭配和种植制度。

关键词：农业气候　信息系统　作物产量　综合评估

农业生产的目的就是在当地的自然条件下充分利用自然资源，以最少的投入产出尽可能多的或高效益的农业产品。在自然环境条件中变化最为活跃的就是气候，地区之间气候的不同使得不同地区具有不同的作物种植类型、作物分布与农业结构，在特定的地区必须选择适应于该地区气候条件的作物才能收到较好的效益。而地区内年际间的气候波动造成了农业生产的不稳定，年内的气候变化使我们必须选择最为合适的种植季节。因此，在一个地区内，必须根据不同的年型采取不同的种植决策才能最充分地利用当地的气候资源。从农业生产与气候条件的关系来看，农业气候的研究工作大致可分为两大方面：一是战略上的或宏观上的研究，来确定在不同地区适宜种植什么样的作物，应采取什么样的作物搭配和种植类型，什么样的作物应该种多大的面积等才能最为充分地利用气候资源，取得最高的收益。二是战术上的或生长季内的研究，来回答在生长季内应怎么样管理作物，何时播种，何时灌水，何时施肥等问题，才能使不同年型下一年内作物的产量最高。为了解决这两方面的问题，农业气候工作者做了大量的工作，包括农业气候区划，种植制度气候区划，种植业、畜牧业气候区划等方面的战略性工作和确定作物的最佳播期，适时灌水等方面的战术性工作。

农业气候资源信息系统是一个内容极广泛的概念，本文重点讨论农业气候资源信息系统中的作物和种植制度气候资源信息系统，而且只讨论黄淮海地区和几种作物，旨在为进一步开发研究提供思路和工具。

1　农业气候资源信息系统方面的研究进展

气候作为农业生产的重要环境条件早已被人们所认识，但把气候作为一种资源来看待的时间则不长，气候条件或气候资源好坏的评价往往是对特定的目的或目标而言的，对于农业，这种好坏的评价就称为农业气候的分析与评价。在国内，从 20 世纪 60 年代初开展农业气候学教学和研究工作以来，农业生产的气候条件分析与农业气候区划工作取得了很大的成绩，这些工作使农业气候环境的定量描述，促进了农业地域分布和农业区域工作，随着农业气象、农学、土壤等学科研究的进一步探入，人们更加认识到作物的生长与产量形成是环境因子的复杂函数。国外从 60 年代初出现的各种各样的作物生长或产量模型把特定气候环境条件与作物的产量联系在一起，使农业气候资源评价有了一个定量的指标——

＊　原文发表于《中国农业气象》，1993，**14**（4）：24-29。

作物产量。农业气候资源信息系统的研究可以说就是在这些研究基础上发展的。

自 20 世纪 60 年代开始,de Wit 根据作物叶片光合作用与温度和辐射的关系和作物的冠层结构,计算了作物冠层的光合速率和作物的群体生长率[1]。70 年代,他们系统地完成了农作物同化,呼吸和蒸腾的模拟和作物生长的初级模拟器,把作物生育和产量形成的主要过程和气象因子之间的变化联系起来[2]。随后,Penning de Vries 等总结了 40 年来荷兰 Wageningen 大学等单位在作物生长模拟中积累的大量知识和经验,并与 de Wit 一起把作物生产划分为 4 种生产水平,完成了在营养充足,水分适宜,无病虫害条件下的作物生长及产量形成的模拟模型,以及水分亏缺和养分不足条件下的作物生长模拟模式[3-4]。现在,这些模式正在应用之中,并与施肥、灌溉、病虫害模式相结合,为作物生产提供预测、调控和管理手段。

20 世纪 70 年代初,由美国农业部农业研究署(USDA-ARS)主持,以 Ritchie 教授为首组织了土壤学家、作物生理学家、农学家和计算机学家开始研制 CERES(Crop-Environment Resource Synthesis)的小麦、玉米等生长的模拟模型[5]。与此同时,USDA-ARS 又主持了棉花作物模拟模型的研制,至今,CERES 已完成了小麦、玉米、水稻、大豆、高粱、大麦、花生、马铃薯等作物的模拟模型。并把棉花模型与专家系统相结合,建成了 GOSSYM/COMAX 棉花管理模型。这些模型从作物生长的基本过程开始,考虑了作物的品种特性、生长发育过程、气候因素的变化、土壤特性、耕作制度、灌溉和施肥状况等,把作物生长与产量形成和环境条件融合于一完整的系统,可以用于制定生长季内的措施决策,也可为农学、作物学科提供研究方向,具有很高的学术研究和应用价值。

近几年来,国内的许多学者也开展了作物生长发育和产量形成的计算机模型和作物生产管理计算机辅助决策系统的研究。北京农业大学、江苏省农业科学院、沈阳农业大学、中国农业科学院等单位分别进行了小麦、水稻、玉米和棉花生长的计算机模型研究,并于 1991 年分别完成了小麦生产管理的计算机辅助决策系统,水稻发育和群体光合生产的动态模拟模型和水稻栽培计算机模拟优化软件等系统,玉米高产栽培措施模式,以及棉花高产优质优化决策模型,部分已投入具体的应用。

以上的工作,大大地推动了农业气候资源信息系统的研究,它建造了农业气候资源信息系统的主体—作物生长模式的雏形。而且,简化的作物生产力模式也已经用在气候资源评价和利用上。

20 世纪 70 年代后期,联合国粮农组织在对发展中国家的土地资源评价和土地的潜在人口支持能力估算中,把气候资源的清查与各种不同作物对气候、土壤的要求结合起来,并提出了生长季的气候定义和计算方法,计算了不同地区的生长季长短,并采用 de Wit 等的作物产量模型,把不同作物在不同地区的生产能力定量地计算出来。进一步结合土肥和社会经济条件,确定作物在不同地区的适宜性,形成了一套完整的系统[6]。此后,这一方法先后被世界各国所采用[7]。80 年代初期,奥地利国际应用系统研究所 Parry 和 Carter 等在评价气候波动对农业生产的影响中,总结和分析农业气候模型的结构输入和输出,以产量为目标使之能对气候的波动及其对农业生产的影响做出评价[8-9]。1981 年 9 月 20 日在 Caracas 召开了第一次美洲农业气候模型与信息系统讨论会(the First Interamerican Symposium on Agroclimatic Models and Information Systems),在 Cusack 主编的 *Agroclimate Information for Development* 一书中总结了这方面的成果,强调了气候信息对世界农业的重大影响,明确提出了农业气候模型、信息系统等的概念及其建立和应用的实例,并分析了这一系统应用中的问题和应用前景,明确地把气候作为一种资源来评价其对经济规划、农业发展的作用[10]。

但在以上的这些工作中,没有明确提出农业气候资源信息系统的具体计算机计算格式和框架,大多数只是对某一项目或内容的农业气候信息处理、分析和应用工作。

考虑到气候既是农业生产的重要自然环境,又是农业生产的重要资源,为把气候信息能及时准确地用于指导农业生产,充分合理地利用气候资源,北京农业大学农业气象系经过 10 年的研究,初步提出了农业气候资源信息系统的总体框架和组成。

2　农业气候资源信息系统的组成

农业生产实质上是通过作物这一主体,在当地的自然环境条件下,辅以特定的人工投入,把自然资源转化为人们可以直接利用的物质(粮食、蔬菜、水果、纤维等)的过程。在农业生产系统中,其第一目标是满足人们的基本生活需求,第二目标则是获取最大的经济、社会、生态效益。一切农业生产活动都是为实现这两个目标而进行的,但都受当地自然条件或资源数量的制约。也就是说,第一性生产是基础。决定第一性生产的因子包括气候、土壤、水肥投入、作物品种、病虫害的发生特点以及当地的技术管理水平。农业气候资源信息系统研究,首先必须考虑这些因子之间的相互关系,并利用这些关系来分析当地环境条件和作物品种配合下的生产效果,然后,才能考虑经济水平和市场需求。气候和土壤是地域分布的,它们在很大程度上又决定了作物类型和病虫害的地域分布规律,而水肥投入和管理水平则是由经济条件决定的。农业气候系统的研究应包括气候的空间和时间变化对作物分布和作物生长的影响,并探讨不同气候或天气条件下土壤水分和养分对作物的有效性问题,以及不同气候或天气条件下病虫害的发生规律及其对作物生产的危害机制,并以人们的需求和市场作为辅助的决策因子,研究作物的品种选择、栽培管理、收获与储藏等。农业气候资源信息系统是研究不同气候条件下不同作物品种的适应性、生长习性和生长能力,这种生长习性和能力与气候节律的吻合性,以及这种生长能力所要求的水分和肥料水平。这种水分和肥料水平是灌溉和施肥的依据。由此而研究不同气候或天气条件下土壤水分和养分的有效性,确定土壤中对作物有效的水分和养分数量,分析其对作物要求的满足程度和对作物产量的影响。另外,还应探讨不同气候或天气条件下病虫害的发生规律及其对作物生产的危害机制。因此,农业气候资源信息系统研究以基本的气候资料、土壤资料、作物特性参数、相应的农业资料和农业气象试验资料为基础数据,以作物生长、发育与产量形成和环境条件的关系为分析依据,以作物生长和产量形成的计算机模型为工具,研究不同地区的作物布局、种植制度类型和生长季内的措施决策,提出相应的农业气候服务和决策支持。从这一点上来说,我们认为一个完整的农业气候资源信息系统主要由以下几个部分组成:

2.1　数据库

数据库可分为原始资料和结果两个部分,原始资料数据库存储基础的原始资料,结果数据库存储模拟和计算的结果。

原始数据库主要包括:气候数据库;土壤资料库;作物资料库;农业资料库;农业气象试验资料库。结果数据库则主要存储模式运行和分析的结果,包括不同气候年型下:(1)不同作物的合理播期和种植类型方式;(2)不同作物的产量形成动态数据;(3)不同作物的需水量和需水量动态;(4)当地的土壤条件下不同作物的缺水动态与养分亏缺动态;(5)作物水分和养分亏缺对产量形成的影响数据;(6)病虫害的发生对作物生产的影响情况等。

2.2　作物生产模型

在建立作物生产模型时,使用 de Wit 等提出的生产水平划分是非常有效的。他们把作物生产系统划分成了 4 种生产水平。在生产水平 1,作物的整个生长期内,生长是在有充足的养分和土壤水分的条件下进行的,作物的生长完全取决于光温条件。在生产水平 2,至少有一部分时间的生长受水分不足的限制,但当水分满足以后,生长速度就会提高到光温条件所能允许的生长速度。在生产水平 3,至少有一部分时间的生长受缺氮的影响,在生长期的其余时间里受到水分和光温条件的影响。在生产水平 4,生长受到缺磷或其他矿物质不足的限制。在其 4 种生产水平之后,可以继续考虑病虫害对作物生长的影响等。

在第 1 生产水平下,作物生长模型包括 6 个子模型:(1)作物发育模型;(2)作物冠层光合作用模型;(3)呼吸作用模型;(4)干物质分配模型;(5)作物器官发生与形成模型;(6)产品品质模型。

在第 2 生产水平下,由于水分不足,作物开始受到水分亏缺的影响。因此,必须建立水分亏缺条件下的作物生产模型。包括 3 个子模型:(1)潜在土壤蒸发与作物冠层蒸腾模型;(2)土壤水分平衡与实际蒸发、蒸腾模型;(3)水分亏缺对作物产量影响模型。

在第 3 和第 4 生产水平下,就要考虑养分亏缺条件下的作物生产模型。

另外,在作物生产模型中,还必须包括以下 2 个子模型:(1)障碍性土壤与作物生长的模型;(2)病虫害的发生发展及对作物生长的危害模型。

已初步完成:(1)作物发育进程的模拟模型——CDSM;(2)小麦生长模拟模型——WIT-SIM;(3)玉米生育的模拟模型——CORSIM;(4)棉花生育的模拟模型——COTSIM。

2.3　种植制度模型

种植制度模型是作物生育期模型与产量模型的具体应用,是确定地区作物种植安排的重要工具。种植制度包括以下子模型,它们与前述的生产水平相联系:(1)无限制条件下种植制度模型(生产水平1):依照作物发育期模型确定作物季数与作物季节安排,并根据无限制条件下(生产水平1)的作物生长模式来评价作物的产量。(2)生产水平 2(如雨养条件下)的种植制度模型:在雨养条件下,某种作物产量可能会降低。如果降低到收益小于投入或产/投比不高时,则要更换作物,改变种植制度。(3)考虑水肥投入和土壤条件的种植制度模型。(4)考虑常出现的灾害或病虫害的种植制度调整模型。(5)考虑当地特殊资源的种植制度:如当地有温泉或冷水源,则可发展某些经济作物形成特有的种植制度类型。

2.4　作物生产力评价模型——CPAM

为了能定量地评价地区的农业气候资源,确定不同气候区、不同地点、不同作物的生产能力和评价不同作物在不同地区的适应性,合理地布局作物,充分有效地利用气候资源,王恩利、段向荣等于1989年完成了地区作物生产力评价模型——CPAM。它能利用常规的旬或月气候资料来评价不同作物在不同地区的生产能力,分析地区级作物选择中可能出现的气候问题,为大范围的战略性决策提供科学依据,也可为地理信息系统提供土地生产力信息。

2.5　农业生态区模型

为农业布局、土地生产潜力估算的农业生态区模型——AGECOZ,1987 年由联合国粮农组织(FAO)与中国合作的土地生产潜力的研究进行了气候清查,由吴连海等 1990 年完成的 AGECOZ 模型可计算水热生长期并可进行作物适应性分析等[11]。

2.6　决策支持与专家系统

决策支持与专家系统在农业气候资源信息系统中把原始数据与模型的模拟结果结合在一起,对结果数据进行农业意义的信息解释,来确定最后的农业生产决策(包括农业类型、结构、种植制度和生长季内的具体措施等),并能对所做出的农业决策进行效益评价。它包括一个农业数据解释器,一个知识库和一个决策支持器。

2.7　农业气候服务系统

农业气候服务系统是以农业气候资源信息系统中的原始数据库、结果数据库提供农业气候服务的。它可以以报表、图形等形式提供年内和年际间的农业气候资料,分析不同季节和作物生长的不同时段内的农业气候因子状况,计算用户所要求的不同时段的特定农业气候因子的数值,分析其对作物生产的利弊。另外,农业气候服务系统承担为其他学科提供农业气候资料和服务的任务。

3　农业气候资源信息系统研究中存在的问题和未来发展

总的来说,农业气候信息系统描述的对象有 3 个:大气、作物、土壤。在计算机上,对大气、作物和土壤的描述是以数据来实现的,而它们三者之间的关系则是以数学模型来描述的。在数据方面,气候资料较为完备,月、旬、日资料在不同的气象站都有记载。土壤资料方面,全国土壤普查完成以后,各地的土壤资料也基本完备,许多土壤信息可以从土壤图上查出。地理信息系统(GIS)中也已建立了比较完备的土壤数据库,农业气候资源信息系统可与 GIS 共享土壤资料。但在作物方面,总结得很不够。构造农业气候信息系统时表征或描述作物的资料到底需要哪些,作物数据库应当具备什么样的结构等,都没有系统的研究过。在 FAO 农业生态区课题研究中,虽比较详细地划分了不同作物的生态型、生长期,及其对气候和土壤的要求等,但也未能完成一套较为方便的作物数据库。我们国家的科学研究在作物栽培学、农业气象学等方面,虽积累了不少作物的生长发育与环境因素之间关系的资料,并分别发表于不同的杂志和书本上。但缺乏系统的整理,使对农业气候资源信息系统的研究遇到了困难。作物气象还有待于系统、细致和深入的研究。

农业气象试验资料虽已累积了多年,但还不能满足建立信息系统的要求,对作物生长发育、产量形成与气候和土肥条件详细的平行观测试验资料十分欠缺,影响了系统中对影响这些过程的环境同步分析工作和建模,计算机工作难以开展。现在积累起来的试验资料,由于观测项目不全,资料的时间跨幅太大,使其难以使用。为了加速和完善农业气候资源信息系统的研究,农业气象试验的设置与观测方法应及时地加以改进。应按不同作物的生物学规律和特性加强作物品种的阶段发育、生长、产量形成等项目与气象条件的更为详细的平行观测试验。在一个新品种出现后,应及时地以分期播种和地理播种试验获取观测资料,并运用 ACRIS 求出作物发育、生长、产量形成等对气候条件反应的品种系数,更进一步推动作物气象的定量化研究。

在土壤-植物-大气系统中,作物是将气候资源转化为人们可利用的生物资源的主体,而作物生产的好坏最终决定于当地的辐射与温度节律、有效土壤水分的数量、可利用养分的数量和病虫害的影响等。因此,在作物生产系统中包含了许多生物和物理、化学过程。最主要的过程包括:(1)农业环境(资源)的波动;(2)植物的阶段发育;(3)植物的光合、呼吸和植物的干物质累积与消耗;(4)植物的叶蒸腾与植物根系对水分和养分的吸收;(5)土壤水的运动;(6)土壤养分的变化过程;(7)地表水的蒸发、径流和水分渗入;(8)作物干物质的分配与转化;(9)病虫害的发生发展及其对作物生长的影响过程等。现在,对气候波动的分析还不够完善。对植物阶段发育的生理机制了解还很少,试验观测资料也不完备,极大地影响了作物发育期模式、作物干物质分配和种植制度模式的建立工作。因此,在对作物生长研究的同时,要加强对作物发育的研究。到目前为止,对作物光合、呼吸的研究较多,而对干物质的分配与转化由于其与作物的阶段发育相联系,又强烈地受环境条件变化的影响,研究的资料还比较少。此外,还应加强对不同气候和土壤条件下作物根系的生长过程,根系对水分和养分的吸收过程以及作物生长与产量形成与土壤,肥水等因子关系的定量研究,以确定植物生育与产量形成与气候、土壤肥料等因子群的数学模型。植物保护方面则应加强对植物病虫害发生发展模型的研究,对这一系列过程的研究,需要气象学与气候学、植物生理学、植物病理学、水文学、地理学、土壤物理学、土壤化学、土壤微生物学和作物生态学等学科的共同合作与努力,单一学科是无法完成的。因此,在计算机与系统设置方面,也需要各学科的通力合作,做到数据共享和通用模型的共享。

地理信息系统(GIS)、农业气候资源信息系统(ACRIS)、农业气象情报预报系统、病虫害的发生发展模拟与预报系统、作物育种系统、作物生产系统和农业经济预测系统构成了整个农业系统主要部分。农业气候资源信息系统是其中一个不可缺少的部分,随着其进一步的研究和发展,将形成一个与 GIS等其他系统共行的完整的系统,它将补齐 GIS 和其他系统中气候资源和农业生产力信息的空缺,形成一套完备的气候、作物数据库和相应的农业气候模型。通过相应学科的共同努力,农业气候信息系统必将形成一个包括下列内容的完整的信息系统:(1)地区潜在生长季计算与生长季内农业气候资源评价;(2)作物的发育期模式;(3)无限制条件下种植制度的确定(第 1 阶段);(4)无限制条件下的作物生长模式与种植制度生产力上界(气候资源量度);(5)作物水分关系模式;(6)农田水分平衡模式与水分胁迫下的作物生长模式;(7)雨养条件下的作物产量、阶段缺水量及其对产量的影响分析;(8)雨养条件下的种植制度调整(第 2 阶段);(9)地区水资源分析与灌溉模式;(10)第 3 阶段的种植制度调整;(11)植物的养分吸收与土壤养分平衡;(12)养分胁迫生理与养分胁迫下的作物生长模式;(13)地区投肥水平分析与施肥模式;(14)病虫害的发生发展模式;(15)除草、喷药决策;(16)当地的技术与投入水平与实际产量;(17)最终的作物选择与方式;(18)市场、价格的变动与种植决策;(19)气候变化对作物生产的影响评价;

(20)现有生产系统对未来环境的影响评价。

参 考 文 献

[1] de Wit C T. 1965. Photosynthesis of Leaf Canopies Center for Agricultural Publications and Documentation，Wageningen.

[2] de Wit C T，*et al*. 1978. Simulation of Assimilation，Respiration and Transpiration of Crops. Center for Agricultural Publishing and Documentation，Netherlands.

[3] Penning de Vries F W T，*et al*. 1982. Simulation of Plant Growth and Crop Production. Center for Agricultural Publishing and Documentation(Pudoc)，Wageningen，Netherlands.

[4] Penning de Vries F W T，*et al*. 1989. Simulation of Ecophysiological Process of Growth in Several Annual Crops. Pudoc，Wageningen，Netherlands.

[5] Ritchie J T，*et al*. 1984. CERES-Wheat，A Yield for Wheat. AgRISTARS Report，Columbia.

[6] FAO. 1986. Yield Response to Water，Rome.

[7] FAO/AGO-A. 1982. Assessment of Land Resources for Rainfed Crop Production in Mozambique. Moz/75/11. Field Document No. 37.

[8] Parry，Martin，*et al*. 1987. The Impact of Climatic Variations on Agriculture：Introduction to the IIASA/UNEP Case studies in Semi Arid Regions. IIASA & UNEP.

[9] Carter T R，Konijn N T，Watts R G. 1984. The Role of Agroclimatic Models in Climate Impact Analysts. Working Paper. IIASA，Austria.

[10] Cusack D F. 1983. Agroclimate Information for Development：Reviving the Green Revolution. Westview Press Ino. U. S. A.

[11] 吴连海，韩湘玲. 生长期长度的计算与应用. 中国农业气象，1990，**11**(4)：49-50.

棉花生长发育模拟模型研究进展[*]

刘　文　　王恩利　　韩湘玲

（北京农业大学）

摘　要：简述了国内外棉花生长发育模拟模型的研究概况，各模型的特点及存在的问题和研究方向。

作物生产的计算机模拟是近 20 年来随农学理论及现代计算机技术的发展而发展起来的[1]，是当今农业发展进入信息时代的重要课题，是农业系统模拟中必不可少的部分。它以系统的观点，引入有关的植物生理学、生态学、农业气象学、土壤学及农艺学等科学的研究成果和机制，结合气象因素、土壤特性和农艺措施，在大田控制条件下进行大量研究和数据处理，应用数学推导，把生长发育过程概括成简略的公式，编制成计算机程序，进行模拟试验和建模预测，从而检验作物生长发育是否正常，据此制定作物管理对策并进行人工调控，同时，还可简化和缩短复杂的试验过程。国内外已对多种作物建立了模拟模型。这些作物包括棉花、玉米、小麦、苜蓿、水稻等[2-6]。其模型成为描述和理解作物生长发育的有力工具，并逐步与施肥、灌溉、病虫害模型相结合，为作物生产预测、预控提供依据[3,7-8]。

棉花是重要的经济作物，自 20 世纪 60 年代以来，棉花生长模拟的研究在国外得到迅速发展，各种各样模式或模型相继建成。按模型的物理属性和方法论可将其分为简单模型和复杂模型两大类。

复杂模型力求从作物生长机理出发，结合环境因子，从作物的内部过程也解释作物生长发育和产量的形成。这类模型以美国的 GOSSYM 模型为代表[2]。1970 年，美国亚利桑那州 Stapleton(1970)发表了第一个棉花的模拟模型，提供了该方面研究的良好基础[9]。随后，Stapleton 等将这第一代模型发展成为 COTTON 模型[10-11]。与此同时，Duncan(1971,1972)在密西西比州建立 SIMCOT 模型。该模型以气象站资料和土壤特性资料作为输入，模拟"标准的"单株生长发育过程。Baker 等、Hesketh 等在此基础上把有关植物营养学理论应用模型中，估测碳水化合物生产和碳水化合物的胁迫对果实脱落和形态发生的影响[12-13]，James 增添了氮素估算，从而建立了第二代棉花模拟模型——SIMCOT Ⅱ[14]，该模型可以用来模拟水分充足条件下棉花的光合作用、呼吸作用和器官建成，但其中土壤因子、根际系统对棉株生长发育的影响考虑极为粗糙。自 1976 年，Baker 和 Lambert 致力于改进上述模型，丰富了温度和水分胁迫以及氮素胁迫影响棉花生长发育和器官形成等方面的资料，并提供了棉花根际土壤系统模拟模型——RHIZOS[15]。于 1983 年创立了第三代棉花模拟模型——GOSSYM(Gossypium Simulation Model)[2,16]。GOSSYM 模型是一个以土壤要素(土壤物理学性质、土壤养分和水分等)为初始条件，以气象要素(光照强度、昼夜最高和最低温度以及降雨量)为驱动变量，以关键农艺措施(如施氮肥、灌溉、喷脱叶剂等)为控制变量的系统动力模型。该模型是迄今为止最完善的动态机理性模型，其核心内容是：对棉株内氮素和糖类(碳水化合物)物质供求平衡进行系统分析，用供应的营养与潜在需求的营养比例指数反映棉花胁迫程度，营养胁迫表现为延缓棉株各器官形成、延缓生长发育及引起蕾铃脱落。GOSSYM 模型已在不同的环境下接受检验和校正[17-18]。现在美国棉花带 15 个植棉州应用。1984 年将专家系统 COMAX(作物管理专家系统 Crop management expert 的缩写)加到 GOSSYM 中形成 GOSSYM/COMAX 以后的 5 年间，从 2 个商品棉生产用户发展到1989 年的 130 户，这已成为实用程序。

另外，Jones 等建立了 COTCROP 模型，此模型详细考虑了棉花各部分之间的关系及环境因子和害

──────────
　* 原文发表于《中国农业气象》，1992，**13**(2)：52-54，59。

虫对棉花生长发育的影响[19]。荷兰的 Mutsaers 建立了 KUTUN 模型（A Morphogenetic Model for Cotton），对棉花生长发育过程和形态发生进行模拟[20]。

上述这一类复杂模型是在变量对作物生长和产量形成的影响机理及相互关系的基础上建立的，提示了棉株体内的多种生理过程的因果关系，解释性较强。另一方面，这种模型通常包含一系列假说或假定，对实际生理过程作简化处理。这些假说或假定能否客观地反映真实情况，有待于进一步探讨，因此，这类模型主要用于理论研究，但近十几年来，模拟模型与专家系统结合，许多研究结果已经能够投入实际应用。美国的 GOSSYM/COMAX（美国农业部农业研究处设在密西西比州的作物模拟研究组研制的棉花生产管理系统），使用了大量的实验资料，详尽地描述了棉花生长的主要过程，同时又具备实际针对性[17]，它以产量形成模型 GOSSYM 为基础，同时包括有计算土壤水分的程序 MOIST，根据土壤水分、温度和播种深度资料确定出苗的程序 EMERGE，以及调节收获过程和产品初加工程序，HAPYSIM，可用于指导生产实际，类似的还有 COTFLEX（美国得克萨斯州农业及机械大学为棉花生产研制的系统）、CALEX（美国加利福尼亚州大学研制的棉花灌溉管理系统）等。

与此同时，许多研究者致力于组建不同程度的简单模型，即仅用简单方法描述作物生产知识和有关机制，通过统计手段建立起作物产量或其他性状与一个或多个环境变量之间的经验统计模型。Mangel 等利用棉花果器（即蕾、花、铃）数与产量之间的回归关系，建立一个简单的模型，用以反映棉盲椿象的危害对产量的影响[21]。澳大利亚的 Hearn 等也建立了包括蕾铃发育在内的 SIRATAC 模型（澳大利亚防治棉花害虫的一个计算机系统），在 Hearn 的作物模型中，描述了总果节数、载铃量与脱落数之间的简单数学关系[22]。蕾铃的发育归纳为由三个因素所决定：即当时的果节数、结铃数和积温。蕾的脱落归结为生理胁迫所致，生理胁迫不是由碳水化合物的供求比来计算的，而是由它们的替代物棉株的大小和载铃量来表达的，因而大大精简了模型。Sheng 等组建了 HELET，改进了 Hearn 等的模型，并加进水分胁迫，用于表达棉铃虫咬食和人工摘除蕾对棉花产量的影响[23]。

简单模型是从大批测定的数据或经验中归纳出来的，经统计分析而得，一般不能反映内部机制，解释性能欠佳。并且，这类模型的生长参数的适应性差，若将模型运用到其他地区或不同类型田块，要求重新估计模型参数，但此类模型简单明了，大多可应用于生产管理。

我国棉花生长发育的计算机模拟研究开展较晚，与国外存在较大差距。将已做的工作归纳起来可分为两种类型：

（1）简单的描述模型：刘斌章[24]用回归方程描述了岱字 15 号棉株的蕾、花、铃动态，用以估计棉花红铃虫危害对产量的影响，潘学标等[25]以棉花生育日序为自变量，用 Logistic 方程模拟分析了优质棉的发育动态，并对棉株不同生育期的长势长相做出判断，以确定相应的栽培措施。郭海军等[26]建立了时间和棉花不同生育性状之间的回归方程，并分析找出农艺措施因子（肥、密、水）与各模型中参数的回归关系，来模拟预测不同措施条件下棉花群体生长发育的动态，为优化方案的实施提供诊断指标和参数。这类描述性模型比较直观，但在不同年度和地区由于环境因子的改变其结果变得不准确，适应性不广。

（2）较为复杂的半机理模型：吴国伟等[27]以 SIMCOT Ⅱ 为基础，模拟了棉株了生长发育过程。其模型考虑了净光合产物在各器官之间的分配，从营养供求状况来控制蕾铃脱落，利用以生理时间（PT）为变量的 Logistic 方程来模拟蕾铃生长过程，并模拟以棉虫危害蕾铃对产量的影响。潘学标等[28]通过考虑太阳辐射日总量和太阳辐射利用率的变化，逐日计算群体净生长量，根据各器官干物质与总干重比例生理时间的关系式，及棉铃发育与温度的关系，建成棉花生长发育与形态发生及产量形成模拟模型（CGSM）。潘学标等利用 CSMP 语言（连续系统模拟语言），对 F. W. T. Penning Devries（1989）等研制的用于禾谷类作物生长与潜在产量模拟的模型 LID 进行调试与参数修改，在棉花生育模拟上做了尝试[29]。郭向东等[30]基于 SIRATAC 于 1985 年新添的作物模型，进行了参数估计与修正，形成了一个棉花生育动态模拟预测系统，同时，李秉柏等[31]综合考虑作物的遗传特征和温度、日长两个环境因子作用，建立了逐日模拟的生育期模型和叶龄模型，具有较强的解释性。以上这些模型均是以假设水肥条件得到满足的前提下建立的，而且光温影响的机制亦有待完善，在水分胁迫条件下的模拟模型国内还很少报道。唐仕芳等[32]在这方面做了有意义的工作,但模型中参数较多,从而使模型的应用有很大的局限性。

刘文等[33]在前人研究的基础上,以每天的太阳辐射、气温、降水等气象要素为驱动变量,建立了棉花生长发育、形态发生及产量形成的动态模拟模型,该模型可在潜在生产条件和水分限制条件两个层次上运行。利用太阳辐射、叶面积指数、植株干重等来计算净光合产物和干物质累积。净光合产物的模拟考虑了棉花光呼吸、维持呼吸和生长呼吸作用,并考虑了衰老、脱落及吐絮对维持呼吸的影响。干物质在各器官间的分配系数作为发育期的函数。模型从碳水化合物营养供求状况和降水强度来控制蕾铃脱落。利用蒸腾/同化比率来确定水分胁迫对植株总干物质增长的直接影响和对蕾铃脱落的间接影响。这种动态模拟模型,对棉花生产管理决策、产量潜力预测、环境胁迫效应及病虫害防治的研究均有较大的意义,但模型中有些参数和过程还需进一步验证、修订和充实,使之具有更好的适应性。

参 考 文 献

[1] 朱德峰,费槐林. 国外作物生产系统计算机模拟研究进展//北京农业大学农业系统工程室. 作物生产计算机调控系统的研究. 北京:北京农业大学出版社,1990.

[2] Barker D N,Lambert J R,Mckinion J M. GOSSYM:A Simulator of Cotton Crop Growth and Yield. South Carolina Agricultural Experiment Station,Technical Bulletin 1089,1983.

[3] Ritchie S W,Shula R G. Leaf water content and gas-exchange parameters of two wheat genotypes differing in drought resistance. *Crop Science*,1984,**30**:105-111.

[4] Penning de Vries F W T,Jansen D M,Ten Berge H F M,*et al*. Simulation of Ecophysiological Processes in Several Annual Crops. Simulation Monographs,PUDOC,Wageningen,The Netherland,1989.

[5] 高亮之,金之庆,黄耀,等. 水稻计算机模拟模型及其应用之一水稻钟模型——水稻发育动态的计算机模型. 中国农业气象,1989,**10**(3):3-10.

[6] 冯定原,邱新法,黄桔梅. 我国夏季感热温度的分布. 气象,1989,**15**(6):21-26.

[7] Mckinion J M,Baker D N,Whisier F D. Application of the GOSSYM/COMAX system to cotton crop management. 1989,**31**(1):55-65.

[8] Lemmon H. COMAX:An expert system for cotton crop management. *Science*,1986,**222**(4759):29-33.

[9] 盛承发. 棉花作物模拟模型的研究进展. 生态学进展,1989,**6**(1):19-25.

[10] Stapleton H N,Meyers R P. Modelling subsystems for cotton—the cotton plant simulation. *Trans ASAE*,1971,**14**:950-953.

[11] Stapleton H N,Buxton D R,Baker D N,*et al*.Cotton:A computer simulation of cotton growth. Arizona Agric. Exp. sth. Tech. Bull. No. 123,1973.

[12] Baker D N, *et al*. Simulation of growth and yield in cotton:I. Gross phtosynthesis,Respiration and Growth. *Crop Sci*,1972,**12**:431-435.

[13] Hesketh T R,Dourmashkin R R,Payne S N. Lesions due to complement in lipid membranes. *Nature*,1971,**233**(5322):620-623.

[14] Mckinion J M,*et al*.SIMCOT:A Simulation of cotton growth and yield. In computer simulation of a cotton production system. A User's Manual. ARS-S-52,1975:27-82.

[15] Baker D N,Lambert J R,Mckinion J M. GOSSYM:A Simulator of cotton crop growth and yield. S. C. Agricultural Experiment Station Technical Bulletin,1983,No1089.

[16] Baker D N,*et al*. GOSSYM:A Simulator of cotton crop dynamics//Computers Applied to the Management of Large-Scale Agricultural Enterprises. Proc. VSA-VSSR Seminar,Moscow,Riga,Kishinev,1976:100-123.

[17] Reddy V R,*et al*. Estimation of parameters for the cotton simulation model Gossym:Cultivar differences. *Agricutural Systems*,1988,**26**:111-122.

[18] Reddy V R,*et al*. Application of Gossym to analysis of the effects of weather on cotton yields. *Agricultural Systems*,1990,**32**:83-95.

[19] Jones J W,Brown L G,Hesketh J D. COTCROP:A computer model for cotton growth and yield. Miss Agr. Exp. Sth. Inf. Bull,1979,**69**:117.

[20] Mutsaers H J W. KUTUN:A morphogenetic model for cotton (*Gossypium hirsutum* L.). *Agricultural Systems*, 1984,**14**(4):229-259.

[21] Mangel M, *et al*. Modeling *Lygus hesperus* injury to cotton yields. *J Econ Entomol*,1985,**78**:1 009-1 014.

[22] Hearn A B, Daroza G D. A simple model for management application for cotton (*Gossypium Hirsutum* UL). *Field Crops Research*,1985,**12**:49-69.

[23] Sheng C,Bates T E. Comparison of zinc soil tests adjusted for soil and fertilizer phosphorus. *Fertilizer Research*, 1987,**11**:209-220.

[24] 刘斌章.岱字-15 号棉花果实动态模型及其与棉红铃虫相互关系的初步研究.昆虫学研究集刊,1984,**4**:85-96.

[25] 潘学标,蒋国柱.高产优质棉花的生长发育模拟模型//北京农业大学农业系统工程研究室.作物生产计算机调控系统的研究.北京:北京农业大学出版社,1990.

[26] 郭海军,蒋国柱. 在控制水分条件下棉花高产优质生育与产量模型研究Ⅱ.群体生育优化模型. 棉花学报,1992,**4**(增刊):38-44.

[27] 吴国伟,翟连荣,李典谟,等. 棉花生长发育模拟模型的研究. 生态学报,1988,**8**(3):201-210.

[28] 潘学标,邓绍华,蒋国柱. 高产棉花太阳辐射能利用率及干物质分配规律研究. 棉花学报,1992,**4**(增刊):53-62.

[29] 潘学标,龙腾芳,董占山,等. 棉花生长发育与产量形成模拟模型(CGSM)研究. 棉花学报,1992,**4**(增刊):11-20.

[30] 郭向东,肖荧南,陈端生. 棉花管理专家系统的设计. 农业工程学报,1991,**7**(2):66-71.

[31] 李秉柏,方娟. 棉花生育期模拟模型的研究. 棉花学报,1991,**3**(2):59-68.

[32] 唐仕芳,别墅,等. 水分胁迫下棉花生长发育动态模拟研究//北京农业大学农业系统工程研究室.作物生产计算机调控系统的研究.北京:北京农业大学出版社,1990.

[33] 刘文,王恩利,韩湘玲. 棉花生长发育的计算机模拟模型研究初探. 中国农业气象,1992,**13**(6):10-16.

棉花生长发育的计算机模拟模型研究初探*

刘　文　王恩利　韩湘玲

（北京农业大学）

摘　要：以每天的太阳辐射、气温、降水等气象要素为驱动变量，建立了棉花生长发育、形态发生及产量形成的动态模拟模型。模型可在潜在生产条件和水分限制条件两个层次上运行，干物质在各器官间的分配系数作为发育期的函数。利用太阳辐射、叶面积指数、植株干重等来计算净光合产物或干物质积累。模型根据温度对出叶速率的影响及顶芽、腋芽分化的同伸关系，模拟和预测主茎叶数、果枝数、果节数、蕾铃的发生，并从碳水化合物营养供求状况和降水强度来控制蕾铃脱落。利用蒸腾/同化比率来确定水分胁迫对植株总干物质增长的直接影响和对蕾铃脱落的间接影响。该模型对棉花生产管理决策、产量潜力预测、环境胁迫效应及病虫害防治的研究均有较大的意义。

关键词：棉花　生长发育　模拟模型

棉花是重要的经济作物。自 20 世纪 60 年代以来，棉花生长模拟的研究在国外得到迅速发展，各种各样模式和模型相继建成。按模型的物理属性和方法论可将其分为简单模型和复杂模型两大类。

复杂模型力求从作物生长机理出发，结合环境因子，从作物的内部过程来解释作物生长发育和产量的形成。这类模型以美国的 GOSSYM 模型为代表[1]。该模型是迄今为止最完善的动态机理性模型，其核心内容是：对棉株内氮素和糖类（碳水化合物）物质供求平衡进行系统分析，用供应的营养与潜在需求的营养比例指数反映棉花胁迫程度，营养胁迫表现为延缓棉株各器官形成、延缓生长发育以及引起蕾铃脱落。另外，Jones 等[2]建立了 COTCROP 模型，此模型详细考虑了棉花各部分之间的关系及环境因子和害虫对棉花生长发育的影响。荷兰的 Mutsaers[3]建立了 KUTUN 模型（A Morphogenetic Model for Cotton），对棉花生长发育过程和形态发生进行模拟。

简单模型是从大批测定的数据或经验中归纳出来的，一般不能反映内部机制，解释性能欠佳，但此类模型简单明了，大多可应用于生产管理，如澳大利亚的 Hearn 等建立的 SIRATAC 模型[4]。

我国棉花生长发育的计算机模拟研究开展较晚，与国外存在较大差距。刘斌章、潘学标、吴国伟等、郭向东等、李秉柏等在这方面做了不少工作[5-9]，但都是以假设水肥条件得到满足为前提，而且光温影响的机制亦有待完善。在水分胁迫条件下的模拟模型国内还很少报道，唐仕芳等[10]在这方面做了有意义的工作，但模型中参数较多，从而使模型的应用有很大的局限性。

本文试图在前人研究的基础上，进一步弄清生育期、生长、呼吸、干物质分配、蕾铃消长、水分胁迫等方面的机理过程，建成逐日模拟的棉花生长发育与产量形成动态模拟模型，为生产上制定栽培管理决策提供依据。

1　棉花生长发育计算机模拟模型的建立

本文在前人研究的基础上，建立了棉花生长发育的数学模型（包括生育期、生长、形态建成、水分平衡等的数学模型），模型有以下主要特点：

（1）发育期模拟同时考虑了温度和光照两个环境因子的影响，而不只是简单地用度日法。

---

*　原文发表于《中国农业气象》，1992，**13**（6）：10-16.

（2）干物质分配系数是作物发育阶段的函数，而不是植株年龄的函数，较国内同类研究迈进一步。

（3）考虑了衰老、脱落、吐絮铃重对维持呼吸的影响。

（4）蕾铃的脱落考虑了碳素营养生理胁迫和降水强度的影响。

（5）模拟了水分限制条件下棉花生长发育过程。水分利用与棉花作物生产之间的关系采用了蒸腾/同化比率的概念。因土壤蒸发的那部分水分对作物干物质生产并不起作用，因此在模拟土壤水分平衡时将棉花作物蒸腾与土壤蒸发分开计算，更有效地订正了水分亏缺对棉花作物生物学产量的减产作用。同时，由于水分亏缺降低 CO_2 总同化率，减少了蕾铃碳水化合物供应量，从而考虑了水分胁迫对蕾铃脱落的间接影响。

（6）在水分平衡模拟时，考虑了地下水进入根层的毛管上升水。并且考虑了由于根系生长根层加深而增加的根层土壤贮水量。

2　模型的整体结构

棉花生长发育、产量形成模拟模型由数据管理模块、模拟计算模块、结果输出模块三大部分组成。其中模拟计算模块又分为生育期模型、生长模型（光合作用、呼吸作用子模型，干物质分配子模型、叶面积动态子模型、形态发生模型、蕾铃生长发育模型、土壤水分动态模型、产量形成模型 7 个子模型）。各部分的作用及相互关系如图 1 所示。

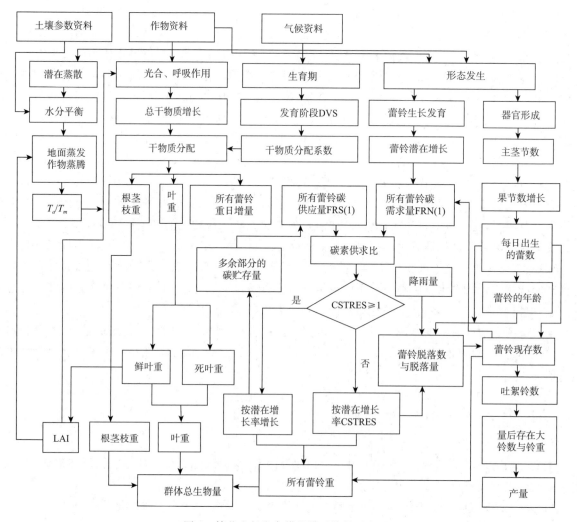

图 1　棉花生长发育模拟模型结构示意图

3　模型的主要功能与程序设计

（1）数据管理模块

可根据用户要求，选择调用不同地点、不同年份气候资料、不同品种的作物资料以及土地资料和模型参数，并可随时修改部分原始数据文件。

（2）模拟计算模块

模拟预测不同年份不同品种不同播期：①生育期；②主茎叶龄（主茎节数）、果节数、蕾铃数、脱落数、成铃数、吐絮铃数；③有效蕾终止日和棉铃纤维停止生长日期（≥15 ℃终日）；④土壤水分含量逐日变化动态；⑤作物需水量、耗水量、作物最大蒸腾量与实际蒸腾量，并由此得出棉花逐日缺水量及水分胁迫相对减产率（相对于最高产量的减产量）；⑥棉花生物学产量、籽棉产量与皮棉产量。

（3）结果输出模块

能自动生成数据格式文件，按用户的要求，选择输出项目、图形屏幕显示、报表屏幕显示和打印等输出方式。

（4）模型的运行过程采用下拉式菜单提示，即主菜单和子菜单在同一屏幕显示，移动光标，选择各项，即可完成不同的功能。使用方便、迅速、直观。

根据各子模型之间的关系，利用 QBASIC 进行程序设计编程，整个模型的程序设计结构框图如图 2 所示。

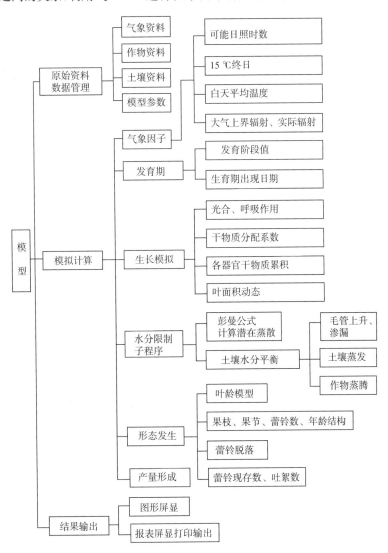

图 2　模型的程序模块组成示意图

4　原始资料数据文件的建立

(1)气象资料数据文件

利用 dBASE Ⅲ 建立不同地点逐年的气象资料数据库,储存逐日平均气温(℃)、日最低气温(℃)、逐日平均风速(m/s)、逐日实际日照时数(h)、逐日相对湿度(%)、逐日降水量(mm)。

(2)作物资料数据文件

1)棉花生育期数据库:储存不同年份、不同品种、不同田间试验处理的棉花生育期观测资料。

2)棉花不同品种干物质分配系数数据文件:储存各器官干物质分配系数。

(3)土壤资料数据文件

1)土壤水含量动态观测资料数据库:储存逐年棉田土壤贮水量动态变化观测值。

2)不同年份土壤水分含量初值数据文件:储存出苗期的根层土壤贮水量、潜在根层贮水量初值、幼苗根深(mm)。

3)不同质地类型土壤水分参数数据文件:储存该质地类型的孔隙度(cm^3/cm^3)、田间持水量(cm^3/cm^3)、凋萎湿度(cm^3/cm^3)、土壤质地常数(1/cm),用于土壤体积含水量与基质吸力之间关系计算公式。

(4)模型参数数据文件

1)不同品种棉花生育期模型参数文件:储存该品种棉花不同生育阶段的 K(基本生长期系数)、A1(增温促进系数)、A2(高温抑制系数)、G(感光系数)值。

2)不同品种棉花叶龄模型参数文件:储存该品种棉花不同生育阶段的 K_0、A 值。

5　参数的选取

(1)生育期模型中参数的确定

根据有关文献报道[11-13],棉花各生育时段的最高、最适和最低温度及临界日长参数值列在表 1 中。

表 1　棉花各生育阶段的温度、日长参数值

(综合文献资料得出)

生育阶段	下限温度 T_L(℃)	最适温度 T_O(℃)	上限温度 T_H(℃)	临界温度日长 D(h)
播种—出苗	14	26	20	—
出苗—现蕾	17	26	35	12
现蕾—开花	19	28	35	12
开花—吐絮	15	26	35	—

由于在棉花一生中各生育阶段对日长反应的敏感程度不同,播种—出苗主要是受气温、土壤温度、土壤湿度、播种深度的影响;开花—吐絮棉铃的发育速度和铃重增长主要取决于温度条件,因此,这两个生育阶段的感光系数 G 值取 0。生育期模型中的四个参数利用农业气候资源信息系统中作物发育模拟模块求出。利用作物生态-生产力课题组在河南省淮阳县的试验资料,求得中棉 12 品种各个发育阶段的参数值见表 2。

表 2　各生育阶段的生育期模型参数(品种为中棉 12)

(据北京农业大学农业气象系作物生态-生产力课题组资料模拟得出)

生育阶段	K	A_1	A_2	G
播种—出苗	$-2.000\ 0$	$0.500\ 0$	$1.500\ 0$	0
出苗—现蕾	$-2.000\ 0$	$0.500\ 0$	$2.018\ 5$	$-1.000\ 0$
现蕾—开花	$-0.708\ 5$	$0.972\ 6$	$0.592\ 3$	$-0.981\ 6$
开花—吐絮	$-3.752\ 4$	$2.056\ 8$	$1.804\ 2$	0

(2)干物质分配系数的确定

综合河南淮阳(1990 年)、湖北武汉(1990 年)、河南安阳(1989 年)、江苏盐城(1989 年)等地中棉 12 棉花各器官干物质累积动态观测资料来求取系数。方法是先利用生育期模型模拟发育进程和逐日发育阶段值,然后查出观测日期的发育阶段值,由观测日期的分配系数内查出每个发育时期光合产物向每个器官的分配比例(表 3)。

表 3　棉花净光合产物在根、茎、叶、果之间的分配系数

发育阶段值	根　茎	叶	果　实
1.000	0.250	0.750	0.000
1.329	0.293	0.707	0.000
1.572	0.295	0.705	0.000
1.882	0.361	0.634	0.005
2.098	0.432	0.560	0.008
2.442	0.501	0.453	0.046
2.790	0.438	0.419	0.143
3.289	-0.400	0.280	0.320
3.372	-0.247	0.254	0.499
3.677	-0.089	0.061	0.855
4.000	-0.100	0.020	1.080

(3)叶龄模型中的参数 K_0 和 A

由于缺乏实测资料,本模型暂采用李秉柏等[9]模拟泗棉 2 号在江苏省各地的出叶速率而得到的各阶段的 K_0 和 A 值,然后在计算机上逐一调整。结果见表 4。

表 4　棉花叶龄模型参数 K_0 值和 A 值

发育阶段	K_0	A
出苗至第一片真叶	-0.463	3.707
第一片真叶至现蕾	-0.678	2.928
现蕾至开花	-1.055	0.782 2
开花至吐絮	-1.611	2.827

(4)单个蕾(铃)重增长曲线中的参数

用大于 12 ℃的有效积温表示铃龄(生理时间 PT),则单铃重(BW)增长曲线形式如下式:

$$BW = \frac{BW_{\max}}{1 + be^{-m \cdot PT}}$$

用实际观测资料,用统计回归方法求出方程中的参数。由于缺乏实测资料,直接采用吴国伟[7]给出的单铃重(BW)随其铃龄(生理时间 PT)而变化的关系式:

$$BW = \frac{8.2842}{1 + be^{5.3701 - 0.0073 \cdot PT}}$$

(5)模型中模拟终止日期的确定

众多的研究表明,日平均气温 15 ℃是棉铃生长发育的基础温度(或下限温度)。因此,本模型取日平均气温≥15 ℃终日为模拟终止日。

6　模型的运行与输出

模型输出项目与格式如下:

(1)图形屏幕显示

1)叶面积增长动态逐日模拟曲线;

2)各器官干物质及总干物质累积动态逐日模拟曲线;

3)土壤水分盈亏状况逐日模拟曲线;

4)棉花籽棉产量与皮棉产量。

(2)报表屏幕显示和打印输出

1)棉花各发育阶段出现日期模拟表;

2)主茎叶龄出现的模拟日期及相应的总果节数表;

3)棉花生育期间不同日期已出现的主茎叶片数及蕾铃消长动态表;

4)棉花各器官干物质及总干物重增长动态表;

5)不同发育阶段的水分亏缺量与生物学产量减产率;

6)棉花生育期间土壤含水量变化动态模拟表;

7)光合产物在棉花根、茎、叶、蕾铃之间的分配系数表;

8)棉花生育期模拟模型参数表。

7　模型的有效性检验

利用河南省淮阳县的试验资料对模型进行验证。试验处理为露地直播春棉,供试品种为中棉 12。试验田土壤类型为壤土,平均总孔隙度为 0.503 cm³/cm³,田间持水量为 0.343 cm³/cm³,土壤凋萎系数为 0.093 1 cm³/cm³,平均地下水位深度为 3.180 m,试验年度为 1987,1985,1990 年。

(1)发育阶段出现的日期

生育期模拟值与实测值表现出较好的一致性(表 5)。误差天数在 7 d 以内。由于棉花具有无限生长习性,其现蕾、开花、吐絮等生育期的观测标准不好掌握,例如见絮期至吐絮期 10 d 左右。因而实际观测生育期天数本身可能就存在 5～7 d 的误差。

表 5　生育期的计算日期与实际观测日期(日/月)比较

年份	发育期	播种	出苗	现蕾	开花	吐絮
1987	计算日期	14/4	23/4	10/6	7/7	21/8
	实现日期	14/4	24/4	12/6	10/7	28/8
1988	计算日期	10/4	19/4	31/5	22/6	15/8
	实现日期	10/4	19/4	2/6	25/6	14/8
1989	计算日期	18/4	29/4	12/6	6/7	24/8
	实现日期	18/4	28/4	16/6	6/7	25/8

(2)皮棉产量模拟

用模型模拟 1987,1988,1990 年的皮棉产量,结果表明,模拟值与实测值不同年份之间变化趋势相同,1987 年产量最高,1990 年次之,1988 年产量最低(表 6)。通过对 3 年棉花实际生育期间气象条件进行分析,1987 年棉花各生育阶段气候条件优越,雨量充沛,光照好。1988 年春旱、夏旱,棉花生育前期及蕾期需水临界期降水少,而吐絮期降水偏多,且降水日达 16 d(1987 年吐絮期只有 3 d 雨日),不利于棉铃成熟、吐絮,影响产量。1990 年吐絮期降水也较多,但晴天多,光照条件好,故产量也较高(表 7)。因此,说明模型在一定程度能反映气候条件不同造成的产量差异。由于模拟为当地当时播种条件下的光温潜在产量和雨养条件的气候潜在产量,假设前提是最佳的栽培措施,无病虫害,肥料适宜条件,而实际产量受生产条件和技术水平限制较大,因而模拟值较实测值高。

表 6　皮棉产量的模拟值与实测值

年份	模拟产量(kg/hm²)		实际皮棉产量 (kg/hm²)
	潜在生产条件	水分限制条件	
1987	2 273.80	2 228.80	1 048.5
1988	1 990.02	1 778.55	883.5
1990	2 041.62	1 974.06	918.0

表 7　棉花生育期间的气象条件

年份	播种—出苗			出苗—现蕾			现蕾—开花			开花—吐絮			吐絮—平均气温 ≥15 ℃终日		
	积温 (℃·d)	日照 (h)	降水 (mm)	积温 (℃·d)	日照 (h)	降水 (mm)	积温 (℃·d)	日照 (h)	降水 (mm)	积温 (℃·d)	日照 (h)	降水 (mm)	积温 (℃·d)	日照 (h)	降水 (mm)
1987	171.1	85.9	16.4	994.7	342.7	188.4	702.0	170.7	97.4	1 320.7	319.7	156.5	1 114.1	405.6	70.4
1988	147.3	71.7	0.0	947.9	298.2	119.8	638.3	154.5	11.6	1 049.5	333.8	296.9	1 264.0	346.5	171.4
1990	170.5	72.4	5.3	1 181.8	344.4	195.0	578.2	151.2	29.4	1 063.2	249.0	258.6	1 485.7	427.0	101.6

　　(3)干物质累积动态模拟曲线

　　模拟 1990 年水分限制条件下棉株各器官及总干物重累积动态与实测值比较,变化趋势相似。但观测值明显高于模拟值(图 3)。分析其可能误差的原因是:观测脱落部分重量采用定株观测方法,观测称重时所取样株又太少,难免代表性不够强。并且 1990 年平播春棉前期施肥过多,造成徒长,植株株型大。模拟效果有待于今后进一步验证。验证资料的获取注意应包含脱落部分干重。

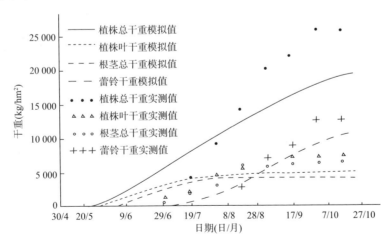

图 3　干物质累积动态模拟值与实测值比较(河南省淮阳县,1990)

　　(4)叶面积动态的模拟检验

　　用模型模拟 1987,1990 年的叶面积系数变化(图 4、图 5),模拟值与测定值随时间的变化趋势一致。但 1987 年模拟结果叶面积前期升高较快,后期下降也快,误差来源主要是:模型中假定叶片枯死速率和比叶重两个参数都为常数。叶片枯死率和比叶重应随发育阶段、土壤条件变化,植物缺水时叶片萎蔫,以减少蒸腾损失。

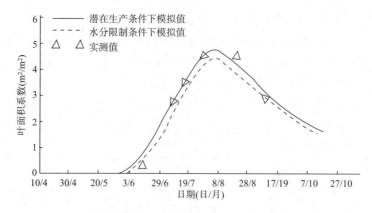

图 4　叶面积系数模拟值与实测值比较(河南省淮阳县,1987)

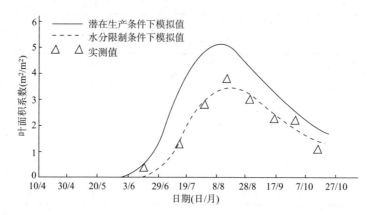

图 5　叶面积系数模拟值与实测值比较(河南省淮阳县,1990)

潜在生产条件下与水分限制条件下的叶面积模拟值比较,1990 年差值较大,是由于出苗—现蕾阶段缺水,影响了营养生长。而观测值落在两条线之间,是由于 1990 年 5 月底灌溉一次,改善了出苗—现蕾期间的水分状况。

(5)蕾铃发生与脱落

由表 8 可见,果节数与蕾铃脱落的模拟结果与实测差别较小,说明本模型模拟形态发生是可行的。从表中还可看出实测脱落数较模拟值高。这是因为实际条件下还存在害虫、施肥等因素影响蕾铃脱落。因此模型还有必要补充这些因子的作用。

表 8　果节数、蕾铃脱落数模拟值与实测值

日期 (日/月)	模拟值(个/株)		实测值(个/株)		模拟值与实测值差值(个/株)	
	果节	脱落	果节	脱落	果节	脱落
20/7	40.9	9.1	31.9	7.0	9.0	2.1
1/8	50.0	18.0	45.5	9.5	4.5	8.5
15/8	56.6	26.5	59.5	22.0	−2.9	4.5
1/9	56.6	30.7	59.5	34.5	−2.9	−3.8
15/9	56.6	32.0	59.5	39.0	−2.9	−7.0
1/10	56.6	32.4	59.5	39.0	−2.9	−6.6

(6)土壤水分动态模拟检验

用 1990 年的 1 m 土层土壤含水量观测资料来检验模拟效果(图 6)。结果表明:模拟值与实测值变化趋势一致。

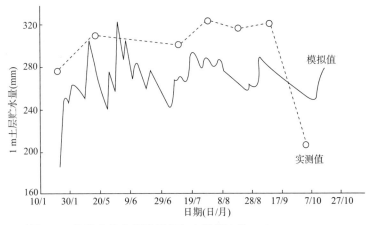

图 6   土壤贮水量变化模拟值与实测值比较(河南省淮阳县,1990)

8   结 论

(1)本模型是国内首次较为完整的棉花生长发育的模拟模型。

(2)机理性较强。

(3)功能较全面。通过模拟验证,证明本模型模拟棉花生长发育与产量形成是基本可行的。它可用于模拟和预测不同生产水平条件下棉花生育期、主茎叶数、果节数、蕾铃脱落、吐絮动态及总干重和各器官干重、叶面积系数和产量,并能预测有效蕾终止日和棉铃纤维停止生长日期(日平均气温稳定通过15 ℃终日)。

(4)模型采用菜单显示运行,操作方便,易于被用户接受,只要具备模型所需的原始资料和模型参数,就能很方便地模拟不同地点、不同年份、不同品种、不同土壤类型、潜在生产条件和雨养条件下的棉花生长发育与产量形成过程,并能提供大量的输出信息。

但由于时间、资料和试验条件有限,一些机理过程还不清楚,如水分胁迫和氮素胁迫对棉株形态建成的滞迟作用,氮素胁迫和病虫害的作用,不同栽培措施如密度、施肥水平、化控等因素对棉花生长发育的影响等有待于进一步研究。

参 考 文 献

[1] Barker D N,Lambert J R,Mckinion J M. GOSSYM:A simulator of cotton crop growth and yield. South Carolina Agricultural Experiment Station,Technical Bulletin 1089,1983.

[2] Jones J W, Brown L G, Hesketh J D. COTCROP:A computer model for cotton growth and yield. *Missi Agri Exp Sta Inf Bull*, 1979,**69**:117.

[3] [荷]范柯伦 H,等. 农业生产模型——气候、土壤和作物. 杨守春,等,译. 北京:中国农业科学技术出版社,1990.

[4] Hearn A B, Roza Da G D. A Simple model for crop management applications for cotton. *Field Crops Research*, 1985,(1):49-69.

[5] 刘斌章. 岱字-15 号棉花果实动态模型及其与棉红铃虫相互关系的初步研究. 昆虫学研究集刊,1984,(4):85-96.

[6] 潘学标.蒋国柱.高产优质棉花的生长发育模拟模型//北京农业大学农业系统工程研究室.作物生产计算机调控系统的研究.北京:北京农业大学出版社,1990

[7] 吴国伟,翟连荣,李典谟,等. 棉花生长发育模拟模型的研究. 生态学报,1988,**8**(3):201-210

[8] 郭向东,王敏华,等.一个用于棉花生育动态模拟、预测的小计算机系统.计算机农业应用,1991,(1):75-79.

[9] 李秉柏,方娟. 棉花生育期模拟模型的研究.棉花学报,1991,**3**(2):59-68.

[10] 唐仕芳,别墅,等.水分胁迫下棉花生长发育动态模拟研究//北京农业大学农业系统工程研究室.作物生产计算机调控系统的研究. 北京:北京农业大学出版社,1990.

[11] 中国农科院棉花研究所. 中国棉花栽培学.上海:上海科学技术出版社,1983.

[12] [苏]罗宾 E A. 棉花生理学. 陈恺元,等,译. 上海:上海科学技术出版社,1983.

[13] 邱训明,宋宝初,刘德清.棉花结铃期的温度指标.气象,1980,(4):19-20.

作物生长发育模拟模型研究[*]

潘学标　　韩湘玲

（北京农业大学）

对作物生长过程进行模拟有两个目的：一是要了解作物生长的状态及产量；二是要了解作物生长发育与产量形成对环境变化和栽培措施的反应，以便做出有利于高产、优质、高效益的管理决策。

1　作物生长发育模拟的发展过程和现状

20 世纪 60 年代以来，随着计算机技术和光合作用测定技术的发展，作物生长模拟也得到了发展，国际上出现了许多作物生长模型。

荷兰的 de Wit 教授经过近 30 年的研究，经历了初级模型，第一、二生产水平综合模型，综合与概要模型三个阶段，基本上建成了较系统的理论模型。目前他们的研究主要着眼于通过研究植物形态和维持呼吸，并通过与其他科学领域的模型结合起来以进一步完善 BACROS 和 SUCROS。1989 年，Penning de Vries 等建成了 MACROS 包含 L_{10}，L_1Q，T_1L，L_2C，L_2SU，L_2SS 等模块，可将各子模块与作物、土壤、气候数据组合模拟所需要的情形[1]。

荷兰的模拟模型从理论建模出发，逐渐走向应用，它们的建模思想在国际上有很大的影响。de Wit 根据生长限制因子对作物生产系统分为四个生产水平，并依次在各生产水平上建立模型。

根据模型的特点和目的，又分为初级模型、综合模型和概要模型。初级模型由于在解释性水平上认识仍是模糊的，因而其结构简单。综合模型表示了内部基本元素被了解的系统，并且综合了这方面的大量知识，如 BACROS，而概要模型则是综合模型的简缩，去掉一切多余繁杂的计算，如 MACROS。不同类型的模型在不同的方面具有不同的重要性价值。

美国于 20 世纪 60 年代开始大量进行作物光合生理、水分生理、营养生理方面的系统研究，为建立作物生长模型奠定了基础。在美国，较有影响的模型有 CERES（Crop Environment Resource Synthesis）和 GOSSYM，美国的模型更注重于应用。

20 世纪 70 年代初，在美国农业部农业研究局（USDAARS）领导下，以密执安州立大学教授 Ritchie T J 为首组织了农学、生理、土壤、气象、水文和计算机等专业的数十位科学家经过几年研究，于 70 年代中期推出了 CERES 小麦 1.0 版的模拟模型，在这一模型中，考虑了品种遗传特性、天气、土壤性状对作物生长发育和产量的影响，后来又增加了土壤和氮素变化及其对作物生长和产量的影响并建成玉米、高粱、水稻、谷子和大麦等作物模型，一起构成 CERES 作物模型。

美国的棉花生育模型是有一定理论基础和适用性的动态解释性模型。在 GOSSYM 建成以前，他们已经有过建立棉花模型的经验。Stapleton 等[2]于 1971 年在亚利桑那州建立第一个棉花生育模型后，1971—1972 年，Duncan[3]在密西西比州建立了 SIMCOT 模型，它以光合作用和呼吸作用为基础，模拟棉花的产量形成。1975 年，McKinion 在 Baker，Hesketh 和 James 等的研究工作基础上，引入植物营养学理论，建成可以模拟适宜灌溉条件下的光合作用、呼吸作用和器官形成，可用来描述生理胁迫的 STMCOT Ⅱ 模型[4]。后来，Baker 等丰富了温度和水分胁迫及氮胁迫方面的内容，研制了根际土壤系统

* 原文发表于《世界农业》，1993，（9）：13-15.

模拟模型 RHIZOS,在此基础上于 1983 年建立了 GOSSYM 模型[5]。其后他们又丰富和发展了模型并逐步投入使用,不断改善模型,还增加了化学调控模块,并与专家系统 COMAX 连接成可直接用于指导生产的系统。

澳大利亚的棉花计算机管理系统也开始得较早。1976 年开始建立棉花害虫计算机管理系统 SIRATAC。在 SIRATAC 中,Hearn 等建立了一个简单的棉花模型[6]。在这个模型中,描述了总果节数、载铃数与脱铃数之间的简单数学关系,蕾铃发育归纳为由三个因素所决定:果节数、结铃数和积温。蕾铃的脱落归结为生理胁迫所致,由植株的大小和载铃量来表示,而不是像 GOSSYM 一样用碳和氮的平衡来表示。棉株的发育由一个正反馈和负反馈控制,当总果节数越大时,表明叶面积系数越大,光合产量越多,新的果节产生越快,这是正反馈;但是随着总果节的增大满足一定生理要求后,青铃数增大,铃载量增大,营养需求量增大,新的果节产生变慢,并伴随脱落现象,这是负反馈。依据这两个基本的控制机制,就可逐日模拟棉株的蕾花铃的产生、发育、脱落或成熟的全过程。在 SIRATAC 的基础上,澳大利亚 CSIRO(科学与工业研究机构)的科学家还研制了棉田灌溉计算所管理系统(Hydrologic),用以制定灌溉计划估算棉花作物需水量,利用气象和人工供水数据预测棉花生育进程和产量。在以上两个系统的基础上,发展成棉农花艺计算机管理系统(OZCOT),它主要由棉花生育模型、水分平衡模型,氮素平衡和农艺、气象、土壤数据组成,可应用于灌溉管理、氮肥管理、生理分析和作物生育进程、收花期及产量预报诸方面。

国内在作物生长模拟方面起步晚了近 20 年,在研究规模和研究水平上目前都存在很大差距。但由于近几年学习了国外的先进建模思想和引进了一些模型,促进了我国作物模型的发展。江苏省农业科学院自 20 世纪 80 年代初以来经过几年研究,建立了水稻栽培计算机模拟优化决策系统(RCSODS),较好地模拟水稻生长发育,产量形成并能进行施肥、病虫害防治等管理决策;北京农业大学建成农业气候资源信息系统(ACRIS),其中的作物模拟模型能较好地以太阳辐射、气温、降水为驱动变量模拟小麦、玉米、棉花的生长发育和产量形成。中国农科院棉花所及北京农业大学也建立了棉花生产管理模拟与决策系统(CPMSS/CGSM)。

2 典型模型的结构与功能

2.1 CERES 模型

CERES 作物模型是应用系统工程原理、动力学方法和计算机技术构造的作物—土壤—大气系统的动态模拟模型。它系统地研究了作物生长、器官发育和产量形成等方面的形态和生理特征,并研究外界环境对作物光合作用、呼吸作用、蒸腾作用以及光合产物的选择、转化等一系列物理、化学过程的影响,在模型中表现为 5 个方面:(1)品种的遗传特性及天气条件对作物发育过程的影响;(2)叶片、茎秆和根系的生长;(3)生物量的累积和分配;(4)土壤水分的利用和分配;(5)氮素的输送和分配。

该模型是以天气气候条件和土壤理化性状为非可控因子,而作物品种、肥料、灌溉为可控因子,不受地域、气候和土壤类型等的限制,可以模拟作物在自然环境下生长、发育和产量形成的动态进程,作物产量的预测以及提供节水、施肥的决策信息。CERES 程序采用模块化结构,由主控程序和若干个子程序组成。主要有:(1)土壤水分平衡子程序(WATBAL),它计算土壤径流、渗透、土壤蒸发、植物蒸腾、植物吸收的水分、水分亏缺和根系分布等若干个模式组成;(2)氮素平衡子程序(NTRANS),它由计算土壤矿化速率、固氮、氮的硝化等模式组成;(3)物候发育子程序(PHENOL),计算发育阶段和发育过程;(4)生长子程序(GROSUB),由计算叶片生长、叶片衰老、叶面积的扩展、光的截获和光合作用以及植株不同器官的生物量的分配、茎秆、根和穗生长等组成。这些子程序定量地表示了作物生长发育的五个基本过程。此外,CERES 还包含有读文件、写文件、日期转换成日序和打印输出等子程序。

国际农业技术转让基准站网(IBSNAT)以 CERES 模型为核心,将作物模型、数据库管理系统和应用程序三者有机地结合组成农业技术转让决策支持系统(DSSAT),用于作物生产管理。

2.2　GOSSYM 模型

　　GOSSYM 也是由若干子程序构成的。READ 子程序向模型输入有关数据。CLIMAT 调入气象站资料及辐射、温度、纬度数据,并进行量纲转换。SOIL 计算向植物提供矿质营养、土壤与植物水势、估计碳氮在根区的淀积,并可调用施肥子程序 FRTLIZ、降水和灌溉 GRAFLD、蒸腾和蒸发 ET、氮素的矿化与硝化等子程序。PNET 计算冠层的光合作用和呼吸作用,GROWTH 计算各器官潜在的和实际的生长量,而其中根的生长量则在 RHIZOS 中计算。RUTGRO 子程序计算根系各部分潜在的和实际的干物质,计算地上部分生长的水分胁迫参数;NITRO 由 GROWTH 调及计算植株内氮胁迫的强度,决定代谢物的分配,确定蕾铃脱落问题,记载植株上的器官数量、成熟状态或脱落前停留的时间,计算生理胁迫反应的蕾铃脱落。计算完成后按一定格式输出结果。

3　存在的问题与发展方向

　　自 20 世纪 60 年代以来,随着计算机技术和模拟技术的发展,作物模拟模型已具有较高的水平。但模型是系统的简化,许多方面与真实系统还存在差距,因而在实际应用中不同程度上暴露出问题。荷兰的模型理论性强为举世公认。但在 MACROS 模型中,还仅限于模拟理想化的第一生产水平或水分不足的第二生产水平,氮素不足的情形还在研究,磷、钾尚未述及。所有著名模型中一般都还未考虑到磷、钾及其他大量元素的吸收和运转,更未涉及微量元素。在模型中,一般光合作用、呼吸作用、蒸腾作用、总干物质生产量和发育的关系都比较明确,但干物质分配比例及其调节还不能尽如人意,根生长的研究也存在较多的困难和局限,对于株间和种间竞争,也避而不谈。衰老对生理过程有很大的影响,但在一些模型中并没有考虑群体年龄结构的影响。由于模型需要大量的数据,有些数量关系并不很可靠,因而作物模型在可靠性验证与有效性检验两方面都存在一定困难。此外,简单的模型适应性较差,而复杂模型需要的参数多,计算耗时长,都不便直接在生产中应用。这些都有待于改善和扩展。

　　在我国,应在着眼于应用的同时,逐步加强理论研究。由于模型尚难包含全部的环境因素,因此同一作物在不同的生态区有可能参数不同,不同品种的参数也不同。引用国外的模型和研究结果时要考虑到参数的适宜性。作物生理和作物生态是建立作物模型的基础,优秀的模型无不建立在广泛的研究基础上。改善实验条件,脚踏实地地进行实验研究是建立有效的作物模型的保证。此外,要建立适用于生产的模型,了解作物栽培理论,研究栽培措施对作物生长发育和产量形成影响的定量关系也是不可忽视的,只有不断纳入新的作物生理生态理论和新的栽培技术,所建的模型才有生命力。

参 考 文 献

[1] Penning de Vries F W T,Jansen D M,Ten Berge H F M,*et al*. Simulation of Ecophysiological Processes in Several Annual Crops. Simulation Monographs,PUDOC,Wageningen,the Netherland,1989.

[2] Stapleton H N, Meyers R P. Modelling subsystems for cotton—the cotton plant simulation. *Trans ASAE*,1971,**14**:950-953.

[3] Duncan W G. Simulation of growth and yield in cotton:A computer analysis of the nutritional theory. *Proe Bell Wide Cotton Prod Res Conf*,1971,**78**:45-61.

[4] Mckinion J M,Jones J W,Hesketh J D. SIMCOT Ⅱ:A simulation of a cotton growth and yield. In computer simulation of a cotton production system,A User's Manual. ARS-S-52. 1975:27-82.

[5] Barker D N,Lambert J R,Mckinion J M. GOSSYM:A simulator of cotton crop growth and yield. South Carolina Agricultural Experiment Station,Technical Bulletin 1089,1983.

[6] Hearn A B, Roza Da G D. A Simple model for crop management applications for cotton. *Field Crops Research*,1985,(1):49-69.

GOSSYM 模拟模型在黄淮海棉区的验证*

董占山[1]　　韩湘玲[2]　　潘学标[1]

(1. 中国农业科学院棉花研究所；2. 中国农业大学)

摘　要：利用 1990 年(正常年型)中国农业科学院棉花研究所(安阳)的试验资料,对 GOSSYM 进行了较全面的验证,结果表明,通过适当调整模型品种参数,GOSSYM 基本上可以模拟中熟品种中棉所 12、中早熟品种中棉所 17、早熟品种中棉所 16 的生长发育和产量的形成过程,并针对存在问题提出了对 GOSSYM 模型进行修改的建议。

关键词：棉花　GOSSYM　模拟模型　品种参数　验证

黄淮海棉区自然资源条件优越,为我国的粮棉集中产区之一,1983 年棉花播种面积和总产超过全国半数。该区地势平坦、土层深厚、土质疏松、排水良好、光照充足、水热适中、春季气温回升快、秋季多晴朗天气,这些条件有利于棉花的早发、稳长和吐絮,是我国主要的集中产棉地带。选此区为研究基地,进行不同熟性棉花品种的试验,验证棉花模拟模型 GOSSYM 的有效性,具有极大的现实意义。本研究是在前人研究的基础上,对从美国引进的棉花模拟模型 GOSSYM 进行验证或修改,为该地区开发利用该模拟模型提供理论和实践依据。试验研究在地处黄淮海平原腹地的河南安阳中国农业科学院棉花研究所进行,选用在该区大面积推广的中熟品种中棉所 12、中早熟品种中棉所 17 和早熟品种中棉所 16 为试验材料,以广泛验证 GOSSYM 模型对不同熟性品种类型的反应,以便充分发现问题,修改模型,获得一个可在该地区使用的棉花模拟模型。

1　GOSSYM 简介

1969 年,Stapleton 在亚利桑那州开始研制棉花模拟模型,之后形成了 SIMCOT 和 SIMCOT Ⅱ 模型,随之,Baker 等[1]于 1983 年研制出了 GOSSYM 模拟模型,又经过 10 年的努力,完善和扩充的 GOSSYM 已成为著名的棉花生产管理系统 GOSSYM-COMAX 的核心。GOSSYM-COMAX 系统是一个农场级棉花生产管理系统,GOSSYM 提供关于棉花生长发育等生理学方面的信息,COMAX 则制定出关于施肥、灌溉和植物生长调节剂等方面的决策方案。GOSSYM-COMAX 已在美国棉花带各州 300 多个农场使用,平均每公顷可以增加 169 美元的纯收益。

GOSSYM 模拟模型是一个动态模型,能在生理过程水平上模拟棉花的生长发育和产量形成。该模型本质上是一个表达植物根际土壤中水分和氮素与植株体内碳和氮的物质平衡的模型,包括了水分平衡、氮素平衡、碳素平衡、光合产物的形成与分配、植株的形态建成等子模型。在 GOSSYM 模型中,植株光合、生长、形态发生部分的模拟步长(或模拟时间)以天为单位,而与土壤水分再分配有关的部分的模拟步长为一天 10 次。

GOSSYM 模型有两个突出的特点,即强机理性和实用性,其机理性表现在模型中的各种关系是从 SPARNET 装置中获得的,具有较高的可靠性和广泛的代表性。模型能够模拟植株地上部分的光合、呼吸、物质积累和分配、器官建成等生理过程;同时能够模拟植物根际 2 m 深土壤的水分、氮素的移动、作物根系的生长等物理和生理过程,还可以模拟棉株对各种环境变量的反应,如逐日的太阳辐射、最高

*　原文发表于《棉花学报》,1996,**8**(6):318-322.

和最低气温、风速、降雨等气象条件,以及种植密度、行距、耕作措施、施氮肥和灌溉等农艺措施。模型的实用性表现在其输出内容丰富、详细,可以满足科学研究和棉花生产管理的不同需要。

GOSSYM 模型使用一个品种参数文件,包括 48 个参数,其中有依品种的、依温度的参数和一些填补目前知识空缺的参数。这些参数主要是作为方程的截距或斜率,或作为棉花植株生育性状的上下限来使用。依品种的参数比较容易获得,如可以在育种者那里得到铃的最大尺寸,发育期和主茎节位与果节之间的时间间隔是依温度的参数,也比较容易得到,其他参数很难从直接的观测得到,采用数值仿真的方法[2]得到。本研究通过数值仿真获得的中棉所 12、中棉所 16、中棉所 17 的品种参数。

2 GOSSYM 模型的验证

GOSSYM 模型虽然已于 1986 年开始在美国棉花带广泛应用,且取得了良好的效果,但是,当其被引入我国时,由于我国棉花生产管理、棉花品种、气候、土壤的特殊性,必须对其进行验证和修改,取得土壤参数、品种参数等必要的数据,才能使用。

2.1 材料与方法

1990 年,选用 3 个在黄淮海棉区表现较好的推广品种(中棉所 12、17、16)为试验材料,在河南安阳中国农业科学院棉花研究所试验场进行田间试验。中棉所 12 于 4 月 13 日播种,密度 4.5 万株/hm²,中棉所 17 于 5 月 3 日播种,密度 6.0 万株/hm²,中棉所 16 于 5 月 22 日播种,密度为 7.5 万株/hm²,80 cm 等行距,6 行区,行长 10 m,4 次重复,7 月 4 日施饼肥 75 kg/hm² 和尿素 112.5 kg/hm²,8 月 10 日喷缩节安 60 g/hm²。在生长季节中,自 5 月 22 日至 9 月 25 日每隔 10 d 调查一次,测定株高、主茎节数、果节数、蕾数、铃数,并用 LI-3 000 叶面积仪测定全部叶面积。

2.2 中棉所 12 的验证结果

用 GOSSYM 对 1990 年在河南安阳中国农业科学院棉花研究所的试验资料进行模拟,模拟值与实测值拟合的直线回归方程见表 1。

表 1 中棉所 12 的 GOSSYM 模拟值(y)与实测值(x)的直线回归方程

指标	N	回归方程	R^2	F 值
株高	14	$y=2.93+1.05x\pm3.41$	0.993	1 821.00***
主茎节数	15	$y=0.041+1.08x\pm1.80$	0.956	306.30***
单株蕾数	15	$y=-4.02+1.22x\pm5.64$	0.897	121.67***
单株果节数	13	$y=0.87+1.00x\pm4.53$	0.977	509.40***
单株铃数	9	$y=1.79+1.18x\pm4.23$	0.891	65.17***
叶面积系数(LAI)	12	$y=0.350+1.01x\pm0.55$	0.918	122.38***

对中棉所 12 的模拟结果与实测值进行比较发现,GOSSYM 的模拟值总的来说和实测值吻合。在打顶之前,株高和主茎节数的模拟值和实测值能较好地吻合,打顶以后,棉株基本上不再长高,模拟株高还在缓慢增加,主茎节数也在增加。叶面积系数(LAI)的模拟值在全生育期内均较实测值高一些;单株总果节数、蕾数和铃数的模拟值与实测值很接近。由表 1 可以看出,对 6 个棉花性状,GOSSYM 模拟值与实测值均具有高度的正相关关系,株高、主茎节数、单株总果节数、叶面积系数 4 个指标模拟值与实测值的回归系数均接近 1,说明它们的拟合度较高;单株蕾数、单株铃数 2 个指标的拟合程度次于前者。

GOSSYM 模拟的皮棉产量为 1 709.3 kg/hm²,实际皮棉产量为 1 569 kg/hm²,二者的相对误差为 8.2%,在允许误差范围内。

为了检验所得到品种参数的有效性,用 GOSSYM 模拟了 1988 和 1989 年两年不同栽培条件下中棉所 12 的皮棉产量表现(表 2)。由表 2 可知,GOSSYM 可以较好地模拟不同年型不同栽培条件下中棉所 12 的生长发育及产量的形成过程,皮棉产量的模拟值与实测值较接近,相对误差的平均值为 9%,但 1988 年的模拟结果偏差较大,但基本在允许误差范围内,原因可能是管理措施(使用时间是估计的)不一致造成的。

表 2　不同年份不同栽培条件下中棉所 12 的模拟结果

年份	密度 (万株/hm²)	纯氮量 (kg/hm²)	缩节安量 (g/hm²)	皮棉实际产量 (kg/hm²)	皮棉模拟产量 (kg/hm²)	皮棉模拟产量与实际 产量之差(kg/hm²)	相对误差 (%)
1988	4.50	165	30	1 254.2	1 401.1	146.9	11.7
1988	4.50	75	0	1 042.4	1 412.3	369.9	35.5
1989	3.90	180	30	1 828.5	1 726.0	−102.5	−5.6
1989	4.35	150	37.5	1 741.5	1 771.0	29.5	1.7
1989	4.30	135	45	1 746.0	1 743.0	−3.0	−0.1
1989	5.25	120	45	1 825.5	1 698.1	−127.4	−7.0
1989	4.50	112.5	0	1 785.0	1 759.8	−25.2	−1.4

以上结果证明通过适当调整模型参数,GOSSYM 基本能够用来模拟黄淮海槐区中熟棉花品种的生长发育及产量的形成过程,但其中存在一些问题,如不能较好地模拟中棉所 12 生育前期长势较弱的特点,叶面积系数偏大等;另外,在实际作物打顶之后,养分的分配会转向生殖生长,而模拟作物不能模拟这种特性。虽然,最后的模拟皮棉产量与实测值较为接近,但作为一个完善的作物模拟模型,欲在科学研究和棉花生产中应用的话,还需要对其进行必要的修改。

2.3　中棉所 17 的验证结果

用 GOSSYM 对 1990 年在河南安阳中国农业科学院棉花研究所做的中棉所 17 试验进行模拟,其模拟值与实测值拟合的直线回归方程见表 3。

表 3　中棉所 17 的 GOSSYM 模拟值(y)与实测值(x)的直线回归方程

指标	N	回归方程	R^2	F 值
株高	14	$y=0.28+1.01x\pm3.944$	0.988	1 104.91***
主茎节数	14	$y=2.61+0.688x\pm2.362$	0.891	106.53***
单株总果节数	11	$y=-2.16+1.02x\pm5.73$	0.940	158.01***
单株蕾数	14	$y=1.87+0.822x\pm5.177$	0.745	38.07***
单株铃数	14	$y=-1.56+1.21x\pm1.043$	0.956	279.15***
叶面积系数	11	$y=0.24+0.909x\pm0.337$	0.969	307.64***

中棉所 17 的 GOSSYM 模拟值与实测值比较表明,株高和主茎节数在打顶前拟合得很好,打顶以后,实际作物基本不再长高,模拟作物还在慢慢长高,这是需要改进的。叶面积系数(LAI)的模拟值与实测值基本上吻合,但后期模拟作物的叶面积系数居高不下;单株总果节数、蕾数和铃数的模拟值与实测值也比较接近,但蕾的模拟值较实测值偏差较大,且后期模拟作物出现二次生长,这可能与株高的继续增高、主茎节数持续发生有关,另外模拟作物的单株成铃数较实际作物的多一些。

由表 3 可以看出,中棉所 17 的 GOSSYM 模拟值与实测值具有高度的相关关系,除单株蕾数外,其余指标的模拟值与实测值的回归方程的决定系数均大于 0.9。株高、单株总果节数、叶面积系数 3 个指标模拟值依实测值的回归系数均接近 1,说明它们的拟合度较高;单株蕾数、株铃数、主茎节数 3 个指标的拟合程度仅次于前者。

最后的模拟产量为 1 445.9 kg/hm²,实际产量为 1 356 kg/hm²,二者的相对误差为 6.7%。单从皮棉产量这一综合指标来说,采用表 1 中棉所 17 的品种参数,利用 GOSSYM 模型基本上可以模拟中棉所 17 的生长发育及产量形成,但其中也存在不少的问题。

2.4　中棉所 16 的验证结果

用 GOSSYM 对 1990 年在河南安阳中国农业科学院棉花研究所的中棉所 16 的试验进行模拟,模拟值与实测值拟合的直线回归方程见表 4。

表 4　中棉所 16 的 GOSSYM 模拟值(y)与实测值(x)的直线回归方程

指　标	N	回　归　方　程	R^2	F 值
株高	14	$y=4.77+0.987x\pm6.003$	0.977	549.05***
主茎节数	12	$y=1.08+1.00x\pm1.041$	0.975	436.24***
单株总果节数	10	$y=-2.98+1.17x\pm5.351$	0.939	137.79***
单株蕾数	15	$y=4.05+0.846x\pm5.974$	0.657	26.82***
单株铃数	13	$y=-0.607+1.19x\pm1.144$	0.944	202.59***
叶面积系数	11	$y=0.217+0.918x\pm0.347$	0.965	271.76***

对中棉所 16,GOSSYM 的模拟值总的来说与实测值吻合。株高和主茎节数在打顶前拟合得较好,打顶以后,实际作物基本不再长高,模拟作物还在慢慢长高。叶面积系数(LAI)的模拟值在吐絮之前与实测值较吻合,但是吐絮之后,模拟值一直偏高,这与中棉所 17 的情况相似。单株总果节数、蕾数和铃数的变化模拟值与实测值较为接近,其中,从蕾数的变化图上也可以看到模拟作物后期出现了二次生长。

由表 4 可以看出,GOSSYM 模拟值与实测值具有高度的相关关系,除单株蕾数外,其余指标的模拟值与实测值的回归方程的决定系数均大于 0.9。株高、主茎节数、叶面积系数 3 个指标模拟值依实测值的回归系数均接近 1,说明它们的拟合度较高;单株总果节数、单株蕾数、单株铃数 3 个指标的拟合程度仅次于前者。

最后的模拟产量为 1 395.5 kg/hm²,实际产量为 1 362 kg/hm²,二者的相对误差为 2.5%。单从皮棉产量这一综合指标来看,通过适当调整品种参数,GOSSYM 基本上可以模拟早熟棉花品种中棉所 16 的生长发育及产量形成,但是也存在与中棉所 17 相似的问题。

3　结论与讨论

GOSSYM 已在美国棉花带的 14 个州使用了近 10 年,至 1993 年已有 300 多个农场使用,模拟结果大多比较理想,已成为美国棉农的好帮手。这与众多科学家在各州对 GOSSYM 模型的广泛验证,逐步完善 GOSSYM 模型的工作是分不开的。

在对 GOSSYM 模型进行验证时,最好是利用人工气候箱等可控装置,对模型的各个细节进行全面的验证;而后用大面积的生产资料对模型进行实际应用效果的确定,这种验证应该有多种气候和土壤条件下的结果,才能全面公正地对模型做出评价。

通过用河南安阳中国农科院棉花研究所 1990 年(正常年型)三种类型的品种对 GOSSYM 验证,单从皮棉产量这一综合指标来看,可以认为,通过适当调整 GOSSYM 原有的品种参数,并取得模拟棉田的土壤特征参数,建立起土壤特征文件,在我国黄淮海棉区,基本上可以用 GOSSYM 模拟春棉和夏棉的生长发育规律和产量形成过程,所以可以将棉花模拟模型 GOSSYM 引入我国,应用到我国棉花科研和生产上,或集成到适合我国国情的棉花生产管理系统中。

但是,从 GOSSYM 对各个生育指标的模拟来看,模型还存在一些与我国棉花生产实际不相适应的地方,如打顶的问题,早熟与中早熟棉花品种的二次生长问题;另一方面,模型还需要用生物量动态变化资料进行验证,以全面确定其模拟物质分配关系与实际情况的符合程度。总之,本文只是初步对 GOS-SYM 模型进行了验证,还需要进一步深入研究,对 GOSSYM 模型做出适当的调整或修改,以便在我国更好地利用。

虽然验证了模型的有效性,可以将它作为科学研究和生产管理的工具加以应用。但是,在实际应用中存在着不少问题:(1)模型品种参数的获得:对一个新的品种,必须建立一套品种参数,这个过程是比较复杂的,需要详细调查该品种在不同气候条件下的表现,获得试验数据集,对模型进行全面验证,以获得可靠的品种参数;(2)土壤特征参数的获得:GOSSYM 模型利用了一个包括许多参数的土壤特征文件,它是作物根际土壤过程模拟模型 RHIZOS 所要求的,其中的参数确定必须由土壤科学家协助进行。

为了在我国棉花生产中应用棉花模拟模型,不仅需要对模拟模型进行修改完善,以适合我国的国情,同时也需要改善我国棉花中出现的品种多乱杂、良种退化的现象,搞好优良品种的提高复种,实行统一供种,这样会有利于棉花生产本身,也有利于应用棉花模拟模型,使我国的棉花生产逐步走上现代农业的轨道。

参 考 文 献

[1] Baker D N,Lambert J R,McKinion J M. GOSSYM:A simulator of cotton growth and yield. *S C Agri Exp Stn Tech Bull*,1983:1089.

[2] Boone M Y L,Porter D O,McKinion J M. Calibration of GOSSYM:Theory and Practice. *Computer and Electronics in Agriculture*,1993,**9**:193-203.

黄淮海地区棉花生产管理系统*

董占山　　韩湘玲

（北京农业大学）

摘　要：综合运用作物模拟技术、知识工程技术，建立了黄淮海地区棉花生产管理系统（COTMAS）。它由棉花模拟模型（GOSSYM）、棉田管理专家系统（CMES）、图形用户界面（GUI）和数据库组成，可以对棉花生产管理中的氮肥、水和植物生长调节剂（缩节安）的管理提供辅助决策，并应用 COTMAS 对黄淮海棉区的代表品种中棉所 12、中棉所 17 的种植密度和株行距配置进行了计算机模拟试验，结果分析表明：模拟试验选出的最优配比基本上与生产实际相吻合。

关键词：棉花　模拟模型　生产管理系统　专家系统　自然资源

　　我国棉花总产量居世界首位，但平均单产低于世界先进植棉国家的水平。国外在棉花生产管理系统的研究上已取得了极大的成功，特别是美国 GOSSYM-COMAX 系统已在美国棉花带 14 个植棉州广泛使用[1,2]。为了提高我国棉花生产管理水平和加快高新技术在我国棉花生产中的应用，有必要在我国开展棉花模拟模型和生产管理系统的研究[3-5]。

　　黄淮海棉区地处我国黄淮海平原，自然资源条件优越，为我国的粮棉集中产区之一。1983 年，该区棉花播种面积和总产量超过全国半数，地势平坦、土层深厚、土质疏松、排水良好、光照充足、水热适中、春季气温回升快、秋季多晴朗天气，这些条件有利于棉花的早发、稳长和吐絮，是我国最主要的集中产棉地带[6,7]，将此区作为研究的基地，具有极大的现实意义。

　　黄淮海地区棉花生产管理系统（COTMAS，Cotton crop Management System in Huang-Huai-Hai Region）是用 BORLAND PASCAL 7.0 运用面向对象编程技术编写而成的[8]，源程序 1.8 万余行，字节数近 600 KB。编译后的执行程序可以在 MS WINDOWS 3.1 操作系统下运行。

1　系统的结构

　　棉花生产系统是一个受作物本身、天、地、人多种因素制约的复杂系统，在系统内部，各因素间又相互依存、相互制约。在这个系统中除各种不可控因素外，人是系统的主要控制者。在进行棉花生产管理时，首先要了解棉花自身依外界环境的生长发育规律（即建立棉花模拟模型）；然后根据这种规律性，人为地对系统的平衡进行调整（即建立棉花管理专家系统），以期达到棉花高产、稳产、优质、高效（高经济效益、高社会效益和高生态效益）。

　　棉花生产管理系统是一种高度综合的计算机程序系统，它把棉花模拟模型、棉花管理专家系统和优化决策模型及其他辅助模型有机地结合，充分利用专家对棉花生产管理的已有知识和经验，依赖棉花生产中棉花自身的生长信息反馈，对棉花生产的日常管理和出现的具体问题，进行实时实地的在线式管理决策[9]。

　　黄淮海地区棉花生产管理系统 COTMAS 由以下几部分组成：图形用户界面（Graphic User Interface，GUI）、棉田管理专家系统（Cotton crop Management Expert System，CMES）、棉花模拟模型（GOSSYM）和数据库组成。图 1 显示了棉花生产管理决策系统的基本结构和几个组成部分之间的关系。

　　* 原文发表于《自然资源学报》，1996，**11**（2）：164-169。

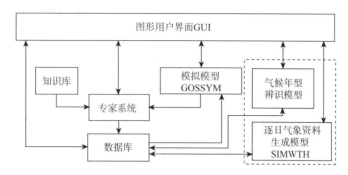

图 1　棉花生产管理系统的基本框架

2　系统的组成

2.1　图形用户界面(GUI)

图形用户界面是用户与 COTMAS 系统打交道的接口,用户通过它可以把系统需要的信息输入数据库和操纵各种分析决策功能,也可以把数据库中的信息提取出来。

COTMAS 的 GUI 是一个 WINDOWS 对话框,其中包含 12 个代表不同功能的位图图标,用户只要在图标上点按鼠标左键,就可以执行系统提供的功能,使用方便。各功能项的对话框也是由不同的按钮和其他控制组成的,与 WINDOWS 环境是协调一致的,只要用户会操作 WINDOWS 系统,就会操作 COTMAS 系统。

2.2　棉田管理专家系统(CMES)

在棉花播种出苗之后,棉农即开始对棉田进行动态管理,某项管理措施的使用与否及使用时间成为棉田管理的中心议题,在大面积的棉田管理中,需要专家的指导才能取得良好的社会、经济和生态效益。在棉花生产管理中的决策,主要是根据棉花当时的长势和长相,即旺弱,提出近期的管理措施,如施肥、灌水、喷缩节安等。

采用面向对象程序设计方法中的对象来表示棉田管理的实体单位。将棉田管理中的知识规则化,用程序表达出来,编写到作物管理对象的方法中,在进行决策时,只要通过消息传递,调用决策方法,进行推理,在规则的引导下,经过多次运行 GOSSYM 模型,分析模拟结果,确定使用农艺措施的时期和用量,向用户推荐管理决策方案。

棉田管理专家系统实际上是对棉花田间管理提供定性和定量决策的专家系统,它目前由氮肥管理、水管理和植物生长调节剂 3 个子专家系统组成。在 CMES 中,知识以对象表示,知识与处理知识的方法相互依存。

2.3　棉花模拟模型(GOSSYM)

GOSSYM 模拟模型是一个动态模型,能在生理过程水平上模拟棉花的生长发育和产量形成。该模型本质上是一个表达植物根际土壤中水分和氮素与植株体内碳和氮的物质平衡的模型,包括了水分平衡、氮素平衡、碳平衡、光合产物的形成与分配、植株的形态建成等子模型[10]。

GOSSYM 模型可以模拟棉花对外界条件的反应,如逐日的太阳辐射、最高和最低气温、风速、降雨等气象条件,以及种植密度、行距、耕作措施、施氮肥和灌溉等农艺措施。在该模型中,植株光合、生长、形态发生部分的模拟步长(或模拟时间)以天为单位,而与土壤水分再分配有关的部分的模拟步长为一天 10 次。

通过用 1990 年(正常年型)3 种类型的品种对 GOSSYM 验证表明:通过适当调整 GOSSYM 的品

种参数,并取得模拟棉田的土壤特征参数,建立起土壤特征文件,基本上可以用 GOSSYM 模拟黄淮海棉区春棉和夏棉的生长发育和产量形成。因此,可以将 GOSSYM 模型引进我国,在我国棉花科研和生产上应用,或集成到适合我国国情的棉花生产管理系统中。

2.4　数据库

数据库是 COTMAS 的信息集散地,用户输入的信息一般以文件形式存储在磁盘上,这些文件构成了 COTMAS 数据库的主体,CMES,GOSSYM 生成的数据也存储在磁盘上。

在图 1 中还包括了气候年型辨识模型 IDCLIM(Identifying Climate Pattern Model)和逐日气象资料生成模型 SIMWTH(Simulator of Weather),它们还没有与 COTMAS 相连接,但在系统设计时已留下接口,模型一旦成熟就可以连接到系统中。

3　系统的功能

3.1　在棉花生产管理中的应用

(1)灌溉日期和灌溉量的决策

根据水分胁迫、灌水对最终产量的效应和距成熟期的时间进行决策。GOSSYM 预报由于缺水而引起的水分胁迫的时间,然后,根据棉花各时期的需水量初定灌溉基量,CMES 通过多次执行 COSSYM 做出减轻或消除水分胁迫的灌溉方案。

(2)施氮时间和用量的决策

根据氮素胁迫、施肥对最终产量的效应和对营养生长的作用来决策。GOSSYM 预报由于缺氮造成的氮素胁迫时间,然后根据预计要达到的皮棉产量推算出作物的需氮量,再由 CMES 多次执行 GOSSYM 制定出减轻或消除氮素胁迫的施氮肥方案。

(3)植物生长调节剂决策

植物生长调节剂能降低株高,促进光合产物向生殖部分分配,缓解营养生长过快带来的负效应。缩节安是当前我国最流行的植物生长调节剂,其使用时间和用量依赖于棉花的生育状况。缩节安的使用时间一般分蕾期、初花期和花铃期,在正常年型下,蕾期每公顷喷施 0~15 g,初花期每公顷喷施 30~60 g,花铃期每公顷喷施 45~60 g[11]。GOSSYM 能模拟缩节安的实际使用效果,然后由 CMES 对缩节安的使用日期和用量做出决策。

(4)皮棉产量估计

利用 GOSSYM 模型,可以对模拟棉田的棉花皮棉产量,提前 1 个月左右进行估产,但还不能对大面积的棉花产量进行预测。

3.2　在棉花科学研究中的应用

(1)作物试验设计的模拟

当作物模拟模型通过广泛的验证,证明其有效性后,可以用它作为一种研究的辅助工具,通过给出一定的试验因子水平,在计算机上进行模拟试验,可以快速有效地找出有效可行的试验方案,而不必用传统的回归设计或正交设计,在田间进行大规模的试验。在作物播种之前,利用作物模拟模型可以优选出作物种植密度、株行距配置、播种期等,提出播前决策方案。

(2)研究作物(棉花)与外界环境条件的关系

作物模拟模型原本就是模拟作物在不同的外界环境条件下的生长发育和产量形成过程的,所以它是研究作物对外界环境条件反应的有力工具。

(3)棉花品种选育中的应用

在棉花新品种的选育过程中,当一个新的品系育成之后,要将其送往各地进行品种区域试验,一般通过 2~3 年的试验,表现良好的品系即可在适应的地区进行推广种植,但这个过程需要花费较多的人力和物力。若在新品系育成之后,用作物模拟模型来模拟该品系在不同的生态环境条件下的表现,从而决定其适宜种植区域,再组织试验,可以减少试验的盲目性,加速新品种的推广应用。

(4)作物生产潜力的研究

一个地区作物(棉花)的气候生产潜力和土地生产潜力是多少,该地区有无进一步开发的前景,可以通过模拟模型来研究。

4　系统的应用实例

棉花生产管理系统 COTMAS 可以在多方面应用,今用它确定棉花种植密度与株行距的合理配比。作物模拟模型的一个优点是可以在计算机上快速地模拟作物在不同的条件下的生长发育和产量,即可以快速地进行计算机模拟试验,从试验结果中找出规律,为生产管理提供辅助决策。

今用 GOSSYM 模型,对中棉所 12 和中棉所 17 进行种植密度和行距的配比试验,结果分别见表 1、表 2,播种期分别是:中棉所 12 为 4 月 13 日,中棉所 17 为 5 月 3 日。

表 1　中棉所 12 的种植密度和行距的配比试验皮棉产量　　　　　　　单位:kg/hm²

行距 (cm)	种植密度(万株/hm²)					平均
	1.5	3.0	4.5	6.0	7.5	
60	1 377	1 399	1 391	1 382	1 369	1 384
80	1 580	1 713	1 707	1 686	1 669	1 671
100	1 569	1 917	1 953	1 938	1 902	1 861
120	1 466	1 851	1 946	1 959	1 781	1 801
平均	1 498	1 720	1 749	1 741	1 680	1 678

由表 1 可知:中棉所 12 号适宜的种植密度是 3.0 万~6.0 万株/hm²,适宜的行距是 100 cm。计算机试验的结果和实际相吻合。中棉所 12 是中熟棉花品种,株型松散,植株高大,果枝较长,需要较大的营养空间,一般中高产棉田最佳的种植密度为 4.5 万株/hm² 左右[12]。

表 2　中棉所 17 的种植密度和行距的配比试验皮棉产量　　　　　　　单位:kg/hm²

行距 (cm)	种植密度(万株/hm²)					平均
	4.5	6.0	7.5	9.0	10.5	
60	1 249	1 252	1 240	1 226	1 220	1 237
80	1 477	1 511	1 513	1 505	1 487	1 499
100	1 446	1 513	1 426	1 376	1 336	1 419
平均	1 391	1 425	1 393	1 369	1 348	1 385

由表 2 可知:中棉所 17 号的适宜种植密度是 4.5 万~7.5 万株/hm²,行距 80~100 cm 为宜,预期可以获得 1 462~1 513 kg/hm² 的皮棉产量。对中棉所 17,育种工作者提出的栽培方案为:4 月 28 日—5 月 8 日播种,种植密度 6.0 万~5.7 万株/hm²,行距 90 cm。

5　结果与讨论

本文在验证 GOSSYM 模型可以在我国黄淮海棉区使用的基础上,对黄淮海棉区植棉知识和经验进行提炼,建立了一个可解释 GOSSYM 输出结果、对指定棉田的动态管理提供决策的棉田管理专家系统 CMES,可以对棉田水、氮和植物生长调节剂的管理提出辅助决策。并建立了一个可以在 WINDOWS 下运行的图形用户界面(GUI),它为用户提供一个输入和输出数据的友好编辑环境,以及操作

GOSSYM 和 CMES 的接口。集成 GOSSYM,CMES 和 GUI,建成了黄淮海棉区棉花生产管理系统 COTMAS,它可以对选定的棉田进行实时的动态管理决策。

　　农业生产是一个复杂的巨系统,需以系统论、控制论和优化决策论的基本原理为指导,以充分利用资源和维护资源为条件,达到农业持续发展的目的。作物管理系统是实现这一目标的先进技术,这也是国际上研究的焦点之一。同时,一方面在作物管理系统中加入农业气候年型模型,可以针对不同气候年型采用不同的技术措施,达到平年丰产、丰年更丰产、歉年少减产;另一方面,也是更重要的一方面,就是作物管理系统可以与地理信息系统(GIS)集成,对大区域内的农业生产进行实时动态监测和产量估测,为区域的开发治理提供先进的技术手段,为国家决策部门提供科学的决策依据。

参 考 文 献

[1] Lemmon H E. COMAX:An expert system for cotton crop management. *Science*,1986,**233**:29-33.

[2] McKinion J M,Baker D N,*et al*. Application of the GOSSYM/COMAX system to cotton crop management. *Agric Syst*,1989,**31**:55-65.

[3] 董占山,潘学标,等.棉花生产管理决策系统 CPMSS/CGSM//全国首届青年农学学术年会论文集.北京:中国科学技术出版社,1992:427-432.

[4] 董占山,潘学标,等.棉花生产管理决策支持系统 CPMSS 的设计与实现.计算机农业应用,1994(1):16-19.

[5] 董占山.棉花生产计算机管理系统的研究现状与对策.中国农学通报,1994,**10**(4):41-43.

[6] 韩湘玲,曲曼丽,等.黄淮海地区农业气候资源开发利用.北京:北京农业大学出版社,1978:66-75.

[7] 王素云.我国棉花生产专业化地带的特点及发展.农牧情报研究,1993,(4):12-18.

[8] Tom S. Borland Pascal 7.0 programming for Windows. Random House. Inc.1993.

[9] 董占山.作物生产管理系统的理论与发展//中国科学技术协会第二届青年学术年会论文集.北京:中国科学技术出版社,1995:56-60.

[10] Baker D N,Lambert J R,McKinion J M. GOSSYM:A simulator of cotton growth and yield. *S C Agri Exp Stn Tech Bull*,1089,1983.

[11] 潘小康,董占山,等.棉花高产的调控措施与诊断指标的研究.计算机农业应用,1999,(专刊):80-85.

[12] 蒋国柱,邓绍华,等.棉花高产优质栽培措施优化决策模型研究.棉花学报,1990,**2**(1):51-57.

一个可用于栽培管理的棉花生长发育
模拟模型——COTGROW[*]

潘学标[1]　　韩湘玲[2]　　石元春[2]

(1. 中国农业科学院棉花研究所;2. 中国农业大学)

应用作物模型的理论和方法,借鉴国外同类模型的经验,笔者在多年田间试验研究的基础上,针对土壤—棉花—大气系统,研制完成了一个融棉花生长发育、产量形成及常规栽培管理为一体的模拟模型。其核心部分由碳素平衡、发育与形态发生、水分平衡、氮素平衡、栽培措施和输入与输出等模块构成,利用了作物生理生态学、土壤物理学、植物营养学、农业气象学的理论知识和棉花生产管理经验,可根据土壤和气候数据、模拟播种期、密度、地膜覆盖、去早蕾、打顶、喷缩节安、喷乙烯利、灌溉和施肥等单个或组合措施条件下的棉花生长发育、产量和品质形成,还可模拟 2 m 土层内各土层的土壤水分状况、氮素状况及植株各部分的含氮量和最终棉株对氮、磷、钾的吸收量。根据所输入栽培措施的模拟结果,可提供优化的管理决策。

COTGROW 考虑了以下方面:(1)在碳素平衡中,光合作用与光通量密度和 CO_2 的关系、不同棉株器官生长所需葡萄糖的差异;(2)棉花整枝和打顶条件下,棉花的形态发生和单个器官的生长发育过程;(3)土坡水分运动和棉株蒸腾作用过程对不同土层水分的吸收;(4)氮素在棉株内的移动和变化过程;(5)棉株对磷和钾的吸收;(6)中国棉花栽培的主要常规措施。

利用 1985—1994 年中国农业科学院棉花研究所(河南安阳)的田间试验结果进行模型检验表明,模型模拟的产量与实际产量较吻合,拟合指数在 0.88 以上;株高、主茎展开叶数、果枝数、蕾铃数、叶面积系数和单株干物重动态也有较好的一致性,模拟土壤水分变化的峰谷与实际相吻合,平均拟合指数达到0.88;基本上能反映土壤的氮素状况和棉株对氮、磷、钾的吸收;与美国的 GOSSYM 模型相比,模拟的产量误差相近,因模型中考虑了打顶的措施,其模拟的株高、主茎节数精度较 GOSSYM 高,模拟的株蕾数、株铃数和叶面积系数也与实际更接近。研究结果表明,COTGROW 模型基本上可用于不同管理措施下的棉花生长发育和产量形成模拟,但模型仅在河南安阳 10 年的气候条件下进行检验,还有一些处理的模拟值与实际值尚存在一定的偏差,需要对模型进行多点多品种验证和进一步改善,以便使模型具有更广泛的适应性和更广阔的应用前景。

* 原文发表于《中国农业科学》,1996,**29**(1):94-96.

项目信息:国家自然科学基金资助项目,编号 39170474。此篇为摘要。

COTGROW:棉花生长发育模拟模型*

潘学标[1]　　韩湘玲[2]　　石元春[2]

(1. 中国农业科学院棉花研究所;2. 中国农业大学)

摘　要:COTGROW 模型是应用作物模型的理论和方法,借鉴国外同类模型的经验,在多年田间试验研究的基础上,根据中国棉花生产管理的实际,研制完成的一个融棉花生长发育与产量形成及常规栽培管理为一体的动态模拟模型。该模型的核心部分由碳素平衡、发育与形态发生、水分平衡、氮素平衡、栽培措施和输入与输出等模块构成,可根据土壤和气候数据模拟播种期、密度、地膜覆盖、去早蕾、打顶、喷缩节安、喷乙烯利、灌溉和施肥等单个或组合措施条件下的棉花生长发育、产量和品质形成,还可模拟 2 m 土层内各土层的土壤水分状况、氮素状况及植株各部分的含氮量和棉株最终对氮、磷、钾的吸收量。利用模型模拟不同栽培措施对棉花产量的影响结果表明,各种措施的产量拟合指数都在 0.85 以上;模拟安阳 1985—1994 年不同气候条件下的产量也具有很好的一致性,但模型还需要在其他类型气候和土壤条件下进行检验。

关键词:COTGROW　棉花　生长　发育　模拟　模型

棉花生长发育模拟模型是土壤-棉花-大气-措施系统中的生理过程和物理过程的数学表达,它可通过计算机重现棉花生长发育的动态过程。棉花模型也是棉花生产系统的简化和知识总结。

目前国外已经建立了 10 余个棉花模型[1-16],其中最著名的是美国的 GOSSYM 模型[6]和澳大利亚的 OZCOT 模型[8]。二者都是从简单到复杂经历了 20 多年的发展历程并已在生产中取得较好的应用效果。GOSSYM 模型自开始面向生产应用以来已有 10 余年,从 1984 年开始时的 2 个用户发展到 1990 年的 14 个州 300 多个农场。据统计,使用 GOSSYM-COMAX 系统每公顷每年可增收 169 美元[17],它可为棉农提供施肥、灌溉、喷生长调节剂等经济合理的管理决策并预测适宜的收花期。GOSSYM 从 1968 年开始研究时,还只是反映光合作用和干物质生产的简单描述性模型,20 世纪 70 年代后投入了大量人力物力,进行多学科协作,用 10 个可控温度的 SPAR 系统研究棉花的生育规律和生理过程,引入植物营养学理论来考虑碳素平衡和蕾铃脱落,利用土壤物理学原理对土壤中的水和氮运移进行了详细的描述,经过多年的研究和发展,1983 年发表了有影响力的 GOSSYM 模型[6]。1984 年开始与专家系统 COMAX 结合成以模型为基础的专家模拟管理系统[10],以后又逐年进行了改善,推出更新的版本[18]。国内开展棉花模型研究较晚,开始时多为描述性模型或引用国外模型[1,2,19],后来潘学标等[20]和刘文等[3]建立了简单的棉花生长发育动态模型,李秉柏等[4]建立了棉花发育期模型,但从深度和广度上看都还与国外模型存在差距。

棉花是我国的重要经济作物,我国又是世界上最大的产棉国之一,棉花生产有着重要的经济地位。发展持续农业和加强现代化科学管理是今后棉花生产的一个发展方向。我国棉田面积大,利用棉花生产管理决策支持系统进行生产管理,具有潜在的应用价值。美国和澳大利亚在这方面已取得了很好的效益和经验。我国加强这方面的研究也是大势所趋。基于模型的决策支持系统的核心是棉花的模拟模型。我国目前已有的棉花模型无论理论上还是应用上都不完善,难以解释复杂的棉花生育过程和适应生产管理的需要,国外棉花模型由于开发的生产背景与我国不尽相同,亦不宜全盘引入国外模型。因此,就有必要在国内外棉花模型的研究基础上,博采众长,结合我国生产的实际,研制一个通用性较好的棉花模型。

本研究的基本思路是立足理论,面向应用,针对黄淮海地区棉花生产发展实际情况,以一熟春棉为研究的出发点,兼顾麦套春棉和短季棉,通过研究棉花碳素代谢、水分平衡、氮素平衡、干物质生产与分

---

* 原文发表于《棉花学报》,1996,**8**(4):180-188.国家自然科学基金资助项目。本论文也是潘学标博士论文的一部分。

配和环境条件及栽培措施的关系,建成接近大田生产实际,能够逐日模拟棉花生长发育,预测产量、品质的动态机理性模型,应用该模型可对黄淮海地区棉花生产进行模拟管理,并根据当年实际情况推荐播期、密度、施肥、灌溉、打顶、喷生长调节剂等有效的管理决策。

1 模型的建立

COTGROW(COTton GROWth and development simulation model for culture management)是集气象、土壤等环境条件和栽培管理措施为一体的棉花生长发育动态解释性模型,它以天气条件为驱动变量,以土壤条件为基础,栽培措施为影响因子,碳素平衡为核心,综合考虑土壤和植株的水分和矿质营养平衡共同对棉株生长发育、形态发生与脱落和产量、品质形成的影响。模型的模拟步长为 1 d。该模型用 QUICK BASIC4.5 编程,为模块化结构,文件管理,易于读写,可进行数据列表显示和实时图形显示,主程序和子程序共 4 000 余行。程序要求计算机配置具有 VGA 图形适配器和较快的运算速度,在IBM 兼容机 486-DX2/66 上正常运行一遍约需 1 分 20 秒。

模型的建立应用动态模拟的方法,参考美国 GOSSYM 模型中的物质平衡、单个器官生长发育及按器官潜在生长进行干物质分配的原理[6],荷兰 MACROS 模型的水分平衡和按器官物质构成确定生长呼吸的原理[21,22]及澳大利亚 OZCOT 模型的单株载铃反馈控制原理[8],在我国的田间试验结果和生产背景的基础上,着重详细地描述土壤-棉花-大气系统中的主要生理和物理过程,并重考虑模型的理论性和实用性,形成可用于生产管理的棉花生长发育动态模拟模型,力求使模型具有适应性广、适用性强的特点。

2 模型的结构

COTGROW 的总体结构由输入、输出和模拟部分构成。输入部分包括气候数据、土壤数据、作物数据和栽培措施,输出部分包括数据输出、图形输出、棉株图输出和文件输出。其中最重要的部分是模拟部分,由碳素平衡、发育与形态发生、水分平衡、氮素平衡、磷钾吸收和栽培措施 6 个模块组成(图 1)。

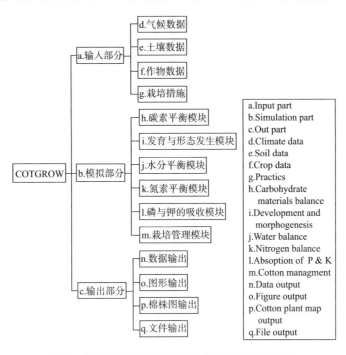

图 1 棉花生长发育模拟模型 COTGROW 的结构

2.1　碳素平衡模块

碳素平衡模块是根据 GOSSYM 模型中的"物质平衡"的原理[6]重新研制的。不同的是,在该模块中,用 Michaelis-Menten 方程考虑单叶净光合速率与光合有效辐射、CO_2 浓度和温度等环境因素的关系,以单叶光合速率和棉株群体中的光分布为基础,计算群体的光合速率、生长呼吸速率和维持呼吸速率。并假设一个碳水化合物缓冲库,供棉株光合速率低时维持呼吸和生长需要,根据各器官的潜在生长计算次日的需碳量,并依据碳水化合物供应量计算碳供需比,由此控制碳水化合物的分配和棉株各器官的实际生长。

2.2　发育与形态发生模块

在这一模块中,主要模拟棉花的发育期,各个器官的发生、扩展或伸长。在 GOSSYM 中,器官发生间隔和器官发育速率都由滑动平均温度的曲线方程确定[7]。在本模型中,器官发生和发育速率由≥12 ℃的有效积温来计算。用 0,1,2,3 分别代表棉花出苗、现蕾、开花和吐絮各个发育期,生殖器官分为蕾、花、幼铃、成铃、裂铃、吐絮铃和脱落 7 种形态,各个发育期和蕾铃形态级具有各自的发育速率。

2.3　水分平衡模块

水分平衡模块根据土壤物理学原理、土壤水分状况和棉株对土壤水分的利用特性来研制,主要过程是根据气候和群体状况计算棉田潜在和实际蒸发、蒸腾量,计算水分的入渗和径流,并对各层土壤水分进行重新分配;计算各层土壤含水量和有效水分含量,根据根系分布体积比例计算根层各层的蒸腾吸收水分量。本模型假设 2 m 以下的土壤水分含量基本不变,地下水位较深且忽略地下水对根层的影响;将 2 m 土层平均划分为 10 层,每层 20 cm。模拟方法和主要过程按荷兰的作物模型[21,22]进行。

2.4　氮素平衡模块

氮素平衡模块包括土壤内氮素平衡和棉株内氮素平衡两个部分,并通过氮素吸收联系起来。土壤氮素平衡考虑土壤全氮量、无机氮、氮素的矿化、施肥、氮素的挥发、氮素在土壤中的流动和植株吸收;植株氮平衡包括棉花根、茎、果枝、叶片、叶柄、花蕾、铃壳、纤维和种子各个器官的生长需氮量、总氮量、可移动氮量和总吸收氮量,计算植株动态总氮量、含氮量、死亡器官损失氮量,并计算最终收获时的全株剩余氮量、纤维和种子氮量(收获走的氮量)。

2.5　磷素与钾素吸收模块

目前各个棉花模型包括 GOSSYM 在内均尚未考虑磷和钾的作用,而我国大部分棉田已表现出施磷和施钾有效,未包含磷钾的作物模型显然不够完整。但由于缺乏资料,描述土壤中磷和钾的运动过程还较困难。本模型仅根据棉花器官的平均养分含量,估计各器官和全株的磷、钾总量,从而得出磷钾的吸收量,为推荐棉田施肥量提供参考。

2.6　栽培管理模块

栽培管理模块根据生产管理经验和部分田间试验结果研制,栽培措施可通过对棉株生存环境的影响及棉株自身生长的干预来加速、延缓或限制棉花生长发育。栽培措施对棉花生长发育过程的影响较复杂,尽管有一定的规律性。但不易获得有代表性的定量关系,故在研制模型时需要合理采用经验表达方法。

栽培管理模块考虑种植制度、播种期、密度与行距、地膜覆盖度、去早蕾数、打顶时间或留果枝数、灌溉、施氮肥、喷缩节安和喷乙烯利等栽培措施。

2.7　模型的输入输出模块

输入子模型包括气候数据输入、土壤数据输入、作物数据输入和栽培数据输入四大部分。

气候数据输入:需要输入地名、经纬度、海拔高度、年份和气候数据。

土壤数据输入：将土壤分为 10 层，每层 20 cm，共 200 cm。土壤数据包括与土壤水分和养分两个方面有关的土壤物理和化学参数、基本数据和初始数据。

作物数据输入：作物数据包括品种、品种类型、遗传参数和作物生长的初始值。其中遗传参数包括：①最大光合速率；②光补偿点；③CO_2 补偿点；④最大单叶面积；⑤初始相对叶面积生长率；⑥平均叶片寿命；⑦主茎叶发生速率；⑧果枝发生速率；⑨果节发生速率；⑩各发育阶段发育速率；⑪蕾铃各阶段发育速率；⑫平均最大全铃重；⑬器官平均最大生长速率；⑭最大标准比茎重；⑮比茎重增长率；⑯比叶重相对生长率；⑰平均最大纤维比强度、平均纤维 2.5% 跨长、最大麦克隆值和最大单纤维强度；⑱平均衣分率。作物的初始数据输入包括：最初的单株根重、茎重、叶重、叶面积等。

栽培措施输入：包括种植制度、播种期、密度与行距、地膜覆盖度、去早蕾数、打顶时间或留果枝数、灌溉日期和灌溉量(mm)，施肥的日期和纯氮量(t)，喷缩节安的日期和用量、喷乙烯利的日期和用量。

模型的输出包括实时的数据输出、图形输出和株式图输出，及计算完成后的文件输出。文件输出可以记录最后 6 次运算的结果、输出或记录模拟过程中的主要生理过程、生长发育状态、形态发生动态、水分状况、氮素状况、产量和品质形成等。

3 模型的功能

COTGROW 是考虑了气候、土壤、栽培措施对棉花生理和生长发育过程影响的较为复杂的过程模型，可在一定程度上解释棉花的生长发育、形态发生和产量形成过程，输出结果较为丰富，因而具有较强的功能。在固定的输入条件下，模型具有如下功能：

(1)可模拟棉株的生长发育和形态发生

模型可模拟棉花播种后出苗、现蕾、开花、吐絮的时间，可模拟各个节位叶片和蕾铃逐日的发生、发育状态和生长状况，从而得到逐日的棉株各器官重、总重、株高和叶面积等结果。

(2)可模拟棉株的产量和品质形成

模型可反映每个蕾铃发育的气候背景及其所处的状态，因而可在一定程度上反映单铃的产量和纤维品质，通过逐铃计算，得到青铃、吐絮铃、霜前产量和总产量及平均的纤维品质。

(3)可模拟各层土壤水分和氮素分布

模型将潜在根层分为 10 层，可通过数据和图形清楚地了解逐日各层土壤水分和氮素变化状况。

(4)可模拟棉株各类器官的氮素变化状况

模型根据各器官对氮素的需求和土壤氮素供应来模拟棉株氮素平衡，通过模型可在一定程度上了解根、茎、叶、蕾铃等各种器官及全株的氮素含量变化。

(5)可模拟棉株的生理过程

模型可模拟棉花单叶和群体的光合作用和蒸腾作用过程，从而可了解棉花逐日的光合速率、碳素缓冲库贮存量、蒸腾速率、蒸发速率及其累积量，了解碳素、氮素和水分胁迫状况。

当改变输入条件时，模型立即做出反应并得到相应的模拟结果，因而模型经校正和检验后还具有如下使用功能：可模拟不同气候条件下棉株的生长发育和产量形成过程；可模拟不同土壤条件下棉株的生长发育和产量形成过程；可模拟不同栽培管理条件下棉株的生长发育和产量形成过程；可模拟遗传参数改变时棉株的生长发育和产量形成过程，如叶片光合速率增加或降低、叶片寿命延长或缩短后棉株的反应等，通过模型分析，可为遗传育种和栽培管理提供参考。

4 模型的应用

4.1 模拟不同措施对棉花产量的影响

在大量的田间试验中，选取同一试验中单一措施处理水平不同其他措施相同的小区比较其皮棉总产量的模拟误差(表1),结果表明,追施氮处理的模拟结果误差在 7.2% 以内,1987 年播期较早和适宜的误差较小而晚播的误差较大,而 1993 年误差较小,说明模型中棉铃着生部位与环境的关系还有待探讨;密度适宜和较大时误差小而密度稀时误差较大,说明密度小时株间竞争关系或个体的潜在生长还需调校。模型模拟喷缩节安(DPC)、灌溉、盖地膜的不同处理误差较小;模拟去早蕾时出现 1987 年不去蕾处理的模拟产量偏高的现象,而其他年份(1993,1994)所有处理都不去早蕾,误差却较小,说明蕾铃脱落部分与载铃量及环境的关系还有待进一步分析。

表 1　不同栽培措施对棉花皮棉产量影响的模拟比较

年份	措施	处理	模拟产量 (kg/hm²)	实收产量 (kg/hm²)	绝对误差 (kg/hm²)	相对误差	AI 平均值
1986	施氮(kg/hm²)	75	1 965.8	1 924.5	41.3	2.1	0.95
		187.5	2 013.0	1 930.5	82.5	4.3	
		300	2 077.5	1 938.0	139.5	7.2	
1987	播期(月-日)	04-10	1 818.0	1 714.5	103.5	6.0	0.87
		04-20	1 722.0	1 723.5	−1.5	−0.1	
		04-03	1 842.0	1 399.5	442.5	31.6	
	施氮(kg/hm²)	0	1 687.5	1 768.5	−81.0	−4.6	0.97
		150	1 722.0	1 723.5	−1.5	−0.1	
		300	1 752.0	1 668.0	84.0	5.0	
	密度(万株/hm²)	1.5	2 031.0	1 461.0	570.9	39.0	0.85
		4.5	1 722.0	1 723.5	−1.5	−0.1	
		7.5	1 617.6	1 516.5	101.1	6.7	
	喷 DPC(g/hm²)	0	1 735.1	1 683.0	52.1	3.1	0.96
		30	1 722.0	1 723.5	−1.5	−0.1	
		60	1 821.8	1 662.0	159.8	9.6	
	去早蕾(个/株)	0	1 940.6	1 513.5	427.1	28.2	0.87
		8	1 722.0	1 723.5	−1.5	−0.1	
		16	1 686.9	1 533.0	153.9	10.0	
1989	灌溉量(mm)	33.4	1 701.3	1 693.5	7.8	0.5	0.99
		82.5	1 729.1	1 680.0	49.1	2.9	
		165.0	1 494.8	1 489.5	5.3	0.4	
1993	播种期(月-日)	04-10	1 037.9	991.5	46.4	4.7	0.95
		04-20	1 006.8	1 125.0	−118.2	−10.5	
		03-05	1 051.5	1 054.5	−3.0	−0.3	
1994	灌溉量(mm)	0	1 599.8	1 549.5	50.3	3.2	0.98
		60(2 次)	1 611.3	1 590.0	21.3	1.3	
	盖地膜	盖单行 F	1 688.4	1 603.5	84.9	5.3	0.97
		不盖 N	1 611.3	1 590.0	21.3	1.3	
	密度(万株/hm²)	3.0	1 657.1	1 392.0	265.1	19.0	0.89
		4.5	1 443.0	1 375.5	67.5	4.9	
		6.0	1 425.6	1 641.0	−215.4	−13.1	
		9.0	1 479.6	1 590.0	−110.4	−6.9	

拟合指数(Agreement Index,AI)可用来表示模拟值与实际值的符合程度:$AI = 1 - \left| \dfrac{Y_i - X_i}{X_i} \right|$。式

中,AI 为拟合数,Y_i 为模拟值,X_i 为实际值,当 $AI=1$ 时模拟误差最小。表 1 结果表明,所有措施的平均 AI 值都在 0.85 以上,其中施氮、灌溉、盖地膜、喷缩节安等措施均在 0.95 以上。总之,本模型模拟播种期、密度、施氮肥、灌溉、盖地膜、喷缩节安等我国的常规栽培措施对产量的影响是可行的,有较好的一致性,但密度过低时误差还较大,有的措施如播期和去早蕾等,不同的年份效果不同,因而还有待于今后进一步调校。

4.2 模拟不同年型气候条件对棉花产量的影响

利用 1986—1994 年安阳逐日气象数据,采用相同的初始条件和栽培措施输入,比较年际间的产量差异。输入的标准栽培措施为:播种期:4 月 20 日;行距:100 cm;打顶时间:7 月 30 日;喷缩节安:6 月 20 日 15 g/hm²,7 月 10 日 30 g/hm²,8 月 5 日 45 g/hm²,施纯氮:7 月 10 日 45 kg/hm²,7 月 30 日 90 kg/hm²;密度:4 500 株/hm²;灌溉:全生育期不灌溉;土壤初始条件:土壤水分 0.20 cm/cm;0～20 cm 土层全氮含量为 0.092 5%,无机态氮含量(硝态氮＋氨态氮)为 51 mg/kg。经逐年模拟,得到不同年份的模拟结果(表 2)。

表 2 安阳 1986—1994 年基本气候特点和模拟的皮棉产量

项目	1986 年	1987 年	1988 年	1989 年	1990 年	1991 年	1992 年	1993 年	1994 年
4—10 月活动积温(℃·d)	4 654	4 703	4 666	4 593	4 651	4 618	4 614	4 392	4 676
4—10 月降水量(mm)	257	483	501	454	574	429	319	350	635
4—10 月日照时数(h)	1 640	1 566	1 472	1 511	1 624	1 557	1 521	1 345	1 490
皮棉产量模拟值(kg/hm²)	1 905	1 579	1 193	1 881	1 811	1 818	1 674	987	1 736
当年实际产量(kg/hm²)	1 930	1 620	1 124	1 785	1 746	1 476	—	1 011	1 550
模拟误差(kg/hm²)	—25	—41	69	96	63	342		—26	186

模拟结果表明,在安阳自然气候条件下,生长期中不灌溉,1986 年产量最高,1989,1990,1991 年为其次,1988 年和 1993 年为低产年,其余年份为中到高产。对比当年的田间试验产量可知,模拟的棉花产量年际变化与实际年际变化相符,且差别较小。从气候条件看,温度高和日照充足是获得高产的基本条件。但光、温、水的分布与配合对产量也有很大的影响,1988 年 7—10 月辐射量偏少[23],1993 年整个生长季都表现为低温寡照是导致出现产量低谷的原因。1987 年 8 月之前偏旱,因而在不灌溉的条件下模拟的产量比实际偏低。1991 年花铃期受第 4 代棉铃虫危害[24],而本模型尚不能考虑虫害影响,因而实收产量比模拟产量偏低较多。以上分析表明,用本模型分析气候对产量的影响效果很好。

4.3 棉花生产管理模拟与决策推荐

计算机模拟试验结果表明,不同年份,栽培措施的效果不同。即根据气候条件制定管理措施,有利于趋利避害,获得高产优质,这正是计算机模拟管理的优势之一。

实际进行管理决策时,可根据气候与土壤数据,按高产栽培管理经验,通过有意识地改变播种期、密度、灌溉、施氮、化学调控、地膜覆盖、打顶、去早蕾等措施,形成不同的栽培措施组合进行输入模拟。在无决策系统的情况下,可通过人工比较各次模拟的产量、品质和经济效益,从而推荐出高产优质高效的管理决策。也可采用田间试验设计的方法(如旋转回归设计)。在计算机上进行模拟管理试验,再对模拟结果进行统计分析,从而得到优化的栽培管理组合措施,为推荐实际管理决策提供参考。

还可根据水分胁迫指数和氮素胁迫指数动态变化曲线,决策灌溉和施肥的时间和用量,通过多次模拟,获得较理想的灌溉或施肥方案。

以下为根据水分胁迫指数变化进行安阳 1987 年灌溉管理模拟决策的一个实例,基本输入措施与本文 4.2 节相同,水分胁迫指数值(实际蒸腾与最大蒸腾的比值)为 0 到 1,1 为供水充足,0 为缺水。模拟步骤、灌溉方案和产量结果见表 3。

表3　1987年气候条件下灌溉模拟的方案与皮棉产量

方案序号	灌溉方案		产量（kg/hm²）	与方案1的产量比
	灌溉日期（月-日）	灌溉量（mm）		
1	全生育期不灌溉	—	1 578.8	1.000
2	06-10,07-10	各30	1 626.8	1.030
3	06-10,07-10	各50	1 495.5	0.947
4	06-10,07-10,07-25,09-20	各30	1 712.1	1.084
5	06-10,07-10	各30	1 678.4	1.063
	07-25,09-20	各50		
6	06-10,07-10,07-20,07-30,09-15,09-30	各30	1 746.9	1.106

（1）全生育期不灌溉（图2a）

水分胁迫指数在第170天（6月19日），210天（7月29日）和290天（9月27日）出现水分胁迫低谷，随后水分胁迫的缓解与降水量有关，这时模拟的皮棉产量为1 578.8 kg/hm²。

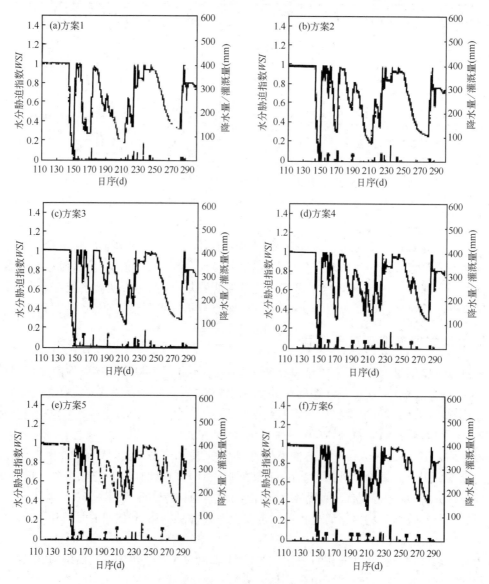

图2　不同灌溉措施下的棉田水分胁迫指数变化

（—为水分胁迫指数变化曲线，|为日降水量，■—为灌溉量）

（2）2 次灌溉，6 月 10 日（第 161 天）和 7 月 10 日（第 191 天）各灌溉 30 mm（图 2b）

蕾期和初花期水分胁迫得到缓解。模拟的皮棉产量提高到 1 626.8 kg/hm²。

（3）2 次灌溉，6 月 10 日（第 161 天）和 7 月 10 日（第 191 天）各灌溉 50 mm（图 2c）

蕾期和初花期水分胁迫得到较大程度缓解，甚至第二次灌溉后供水过足，营养生长旺盛，蕾铃脱落增加，但 9 月 27 日仍有水分胁迫，模拟产量为 1 495.5 kg/hm²。

（4）4 次灌溉，6 月 10 日（第 161 天），7 月 10 日（第 191 天），7 月 25 日（第 206 天）和 9 月 20 日（第 263 天）各灌溉 30 mm（图 2d）

蕾期、花铃期和吐絮期的水分胁迫都得到缓解，模拟产量提高到 1 712.1 kg/hm²。

（5）4 次灌溉，6 月 10 日（第 161 天）和 7 月 10 日（第 191 天）各灌溉 30 mm，7 月 25 日（第 106 天）和 9 月 20 日（第 263 天）各灌溉 50 mm（图 2e）

蕾期、花铃期和吐絮期的水分胁迫都得到明显缓解，花铃期和吐絮期水分供应更充分，但模拟产量反而回落到 1 678.4 kg/hm²。

（6）6 次灌溉，6 月 10 日（第 161 天），7 月 10 日（第 191 天），7 月 20 日（第 199 天），7 月 30 日（第 211 天），9 月 15 日（第 258 天）和 9 月 30 日（第 273 天）各灌溉 30 mm（图 2f）

全生育期的水分胁迫都得到较好缓解，水分供应较均匀，模拟产量提高到 1 746.9 kg/hm²。

从以上 6 次模拟结果（表 3）比较可知，少量多次灌溉既有利于水分胁迫的缓解，又利于提高产量，但次数过多的灌溉虽可增产，但效益不明显，甚至下降，因而以第 4 次模拟的 4 次灌溉各 30 mm 为宜。如继续进行更多次数的灌溉时间和灌溉量模拟比较，有可能获得更佳的参考决策。

5　结论

5.1　建成表达我国棉花生理过程较复杂的模拟模型

COTGROW 与过去国内发表的棉花模型[1,3,4,20]相比，无论理论上还是应用上都有很大的扩展，较强的机理性使其有可能具有较广泛的地区适性，考虑棉区普遍采用的常规栽培措施，使其具有较大的应用潜力。与国内模型相比，有如下进展：（1）考虑棉花单叶和群体的光合作用和呼吸作用，根据器官的物质成分计算生长呼吸，根据器官潜在生长确定干物质分配；（2）模拟单株的形态发生和发育，计算逐个器官的生长和发育状态；（3）分层计算棉田土壤水分平衡；（4）增加了氮素平衡模块和棉株对磷和钾的吸收；（5）包含有栽培管理措施模块。

与国外棉花模型相比也很有特色，表现在：（1）在碳素平衡中同时考虑光合作用与光通量密度和 CO_2 的关系，并考虑到不同棉株器官生长所需葡萄糖的差异；（2）考虑到棉花整枝和打顶条件下棉花的形态发生和单个器官的生长发育过程；（3）考虑了土壤水分运动和棉株蒸腾作用过程对不同土层水分的吸收；（4）更详细地考虑了氮素在棉株内的移动和变化过程；（5）考虑了棉株对磷和钾的吸收；（6）考虑了中国棉花栽培的主要常规措施。

5.2　模型具有较强的模拟功能和较高的模拟精度

模型经检验后可以模拟不同气候、土壤和我国栽培措施条件下的棉花生长发育、形态发生、产量和品质形成及生理生态过程，模拟不同土层土壤水分、氮素状况，棉株对养分的吸收及棉株器官的氮素变化等。模型具有丰富的输出，可多侧面地反映模拟条件下的棉株生长发育状态。

对安阳气候条件下模拟不同组合栽培措施产量与实际产量结果比较表明，模型的模拟结果与实际较吻合。平均拟合指数都在 0.85 以上，其中盖地膜、施氮肥、灌溉和喷缩节安几项措施的拟合指数都在 0.95 以上，具有较好的一致性。

参 考 文 献

[1] 吴国伟,等.棉花生长发育模拟模型的研究.生态学报,1988,**8**(3):201-210.

［2］郭向东,王敏华,等.一个用于棉花生育动态模拟、预测的小计算机系统.计算机农业应用,1991,(1):75-79.

［3］刘文,韩湘玲,等.棉花生长发育模拟模型研究初探.中国农业气象,1992,13(6):52-54.

［4］李秉柏,方娟.棉花生育期模拟模型的研究.棉花学报,1991,3(2):59-58.

［5］潘学标.作物生长发育模拟模型的研究进展与现状//第一届全国青年作物栽培作物生理学术会文集,北京:中国农业科技出版社,1993:340-346.

［6］Baker D V,Lambert J R,Mckinion J M. Gossym:A simulator of cotton growth and yield,1983. South Carolina Agricultural Experiment Station Technical Bulletin,1989.

［7］Hearn A B,*et al*. A simple model for crop management application for cotton. *Field Crops Research*,1985:12-49.

［8］Hearn A B. OZCOT:A simulation model for cotton crop management. *Agricultural Systems*,1994,44:257-299.

［9］Jones J W,Brown L G,Hesketh J D. COTCROP:A computer model for cotton growth and yield. Missi. *Agr Exp Stn Inf Bull*,1979,69:117.

［10］Lemmon H E. COMAX:An expert system for cotton crop management. *Science*,1985,233:29-33.

［11］McKinion J M,*et al*. SIMCOT I:A simulation of cotton growth and yield. 1975. In computer simulation of a cotton production system—A user's manual. ARS-S-52:27-82.

［12］Mutsaer N J W. KUTUN:A morphogenetic model for cotton Gossypium hirsutum L. Doctoral thesis. Agricultural University,Wageningen,1982.

［13］Plant R E,Wilson L T,*et al*. CALEX/cotton:An expert system-based management aid for California cotton growers. 1987 Proc,beltwide cotton Prod. Res. Conf. ,203-206.

［14］Stone,V D *et al*. COTFLEX. a modular expert system that synthesizes biological and economic analysis:the pest management advisor as an example. 1987 Proc. beltwide cotton Prod. Res. Conf. ,74-197.

［15］Stapleton H V,*et al*. Cotton:A computer simulation of cotton growth. *Arizona Agri Exp Sts Tech Bull*,1973,206:124.

［16］Whisler F D,*et al*. Crop simulation models in agronomic systems. *Advance in Agronomy*,1986,40:141-208.

［17］McKinion J M,*et al*. Application of the GOSSYM/COMAX system to cotton crop management. *Agric Sys*,1989,31:55-61.

［18］McKinion. J M,Wagner T L. GOSSYM/COMAX:A decision support system for precision applications of nitrogen and water//Shiyuanchun & Cheng Xu（Ed. ）Integrated Resource management for Sustainable Agriculture. Beijing Agri. Univ. Press. 1994:32-38.

［19］潘学标,蒋国柱,等.高产优质棉花生长发育模拟模型研究//北京农业大学科研处、系统工程室.作物生产计算机调控系统的研究.北京:北京农业大学出版社,1991:73-79.

［20］潘学标,龙腾芳,等.棉花生长发育与产量形成模拟模型(CGSM)研究.棉花学报,1992,4(增刊):11-20.

［21］范柯伦 H,等.农业生产模型——气候、土壤和作物.杨守春,等译.北京:中国农业科技出版社,1990.

［22］Penning de Vries F W T,*et al*. Simulation of ecophysiological processes of growth in several annual crops,Pudoc,Wageningen,1989.

［23］潘学标,邓绍华,等.高产棉花太阳辐射能利用率及干物质分配规律研究.棉花学报,1992,4(增刊):53-62.

［24］邓绍华,蒋国柱,等.棉花化学调控与产量关系的数学模型研究.棉花学报,1992,4(增刊):45-52.

作物多熟种植模拟模型研究

冯利平　韩湘玲

（中国农业大学）

20 世纪 60 年代以来,电子计算机特别是微型计算机在生物科学领域得到了广泛的应用。在作物科学中,作物模拟作为一个新的研究领域和一门技术,得到了不断的发展和应用,日益显示出它在作物生长发育和产量预测、栽培措施试验和优化农艺方案的决策制定、农业新技术的推广以及耕作制度研究和育种研究等方面的潜在价值。本文回顾了作物生长模拟模型研究的进展,介绍了作物模拟研究在作物间套作多熟种植研究中的应用趋势和美国新近研制的作物多熟种植模拟系统 CROPSYS,同时,探讨了开展作物多熟种植模拟模型系统研究的必要性及其应用前景。

1　作物模型研究进展与应用

作物生长发育过程的计算机模拟,简称作物模拟,是将"大气-作物-土壤"作为一个连续系统,应用系统分析的原理和方法,在已有作物生长及产量形成的理论认识基础上,综合有关学科的理论和研究成果,对作物的生长发育、光合生产、器官建成和产量形成过程及其与环境因子和栽培措施的关系,以及环境因子的变化动态等构建数学模型,然后在计算机上进行动态的定量分析和作物生长发育与产量形成过程的模拟研究。这种用于作物模拟研究的数学模型就是作物生长模拟模型。作物生长模拟模型的研究大致经历了三个时期。

（1）20 世纪 60 年代为作物模拟研究开创时期

作物模拟最早是由荷兰的 de Wit 和美国的 Duncan 创立的[1-2]。早期的模型主要是对作物光合生产进行模拟,如玉米光合生产的计算机模型、玉米叶面积与叶片角度对群体光合作用影响的模型等,解释作物与环境间的数量关系,与实际应用尚差距较远。同时,作物模拟研究还远未被人们所接受,研究的规模还很小。

（2）20 世纪 70 年代—80 年代中期是作物模拟研究在深度与广度上同时发展的时期

这个时期作物模拟研究发展较快,在美、荷、英、澳、日和苏联等国家研制成十多种作物模拟模型,如棉花、小麦、水稻、大麦、黑麦、马铃薯、高粱、玉米、甜菜、苜蓿、三叶草、向日葵和白菜等,并涉及作物生态系统中环境因子的模拟,对一些重要的作物生理过程的数量化研究亦日趋深入。

典型的模型有美国的棉花生长模拟模型 GOSSYM[3-4]、CERES 模型[5-6]及荷兰的简单通用的作物生长模型 SUCROS[7]和一年生作物生长模拟模型 MACROS[8]。此外,较为成功的作物模型还有:土壤侵蚀影响生产力计算者 EPIC[9]、大豆生长发育模型 SOYGRO[10]及小麦生长发育模型 TAMW[11]等。

我国的作物模拟模型研究始于 20 世纪 80 年代初期,在水稻、棉花等作物模型及个别生理过程模拟研究方面做了不少工作,如水稻计算机模拟模型（RICEMOD）[12]、水稻产量形成的生长日历模拟模型 RICAM[13]、水稻群体物质生产过程的计算机模拟模型研究[14]及棉花生长发育模型[15]等。在 20 世纪 90 年代研制出较为大型的小麦生长发育模拟模型 WHEATSM[16]、棉花生长发育模拟模型 COT-GROW[17]、棉花蕾铃发育及产量形成模拟模型 COTMOD[18]及其他一些模型[19-21]。

（3）20 世纪 80 年代末至 90 年代是作物模拟向综合化、大型化与应用化方面发展的时期

通过作物模拟技术与人工智能技术如专家系统与决策系统的结合,开发了多种作物生产管理决策系统和专家系统软件,加强了模型的应用性和综合性。主要的系统有:棉花模拟与生产管理专家系统

GOSSYM/COMAX[4],它具备作物模拟、生产管理、科研应用等多方面的功能;农业技术转让决策支持系统 DSSAT[10]是美国 IBSNAT 以 CERES 作物模型为核心,将作物模型、数据库管理系统和应用程序三者有机地结合而组成的系统,它能帮助决策者和粮食贸易商分析估算作物的产量,同时为农民提供不同气候年景和不同的生产条件下合理的栽培管理措施咨询信息,并可对一种或几种作物进行大田试验;水稻栽培计算机模拟优化决策系统 RCSODS[22],是我国研制的一个大型作物模拟模型系统,它将水稻生理生态的计算机模拟技术和水稻栽培的优化决策原理相结合,适合不同气候、土壤、品种、稻作制度和育秧方式下的水稻栽培,可用于制定主要水稻品种的常年优化决策,制作水稻高产栽培模式图,也可根据气象条件和苗情变化制定当年的栽培优化决策等。此外,其他一些作物生产管理决策系统有:澳大利亚北方小麦生产管理决策支持系统(WHEATMAN)[23],荷兰研制的水稻生产模拟与系统分析软件 SARP[24],以及我国的小麦生产管理计算机辅助决策系统[25],棉花生产管理模拟与决策系统(CPMSS/CGSM)[26],北京地区的小麦管理专家系统(ESWCM)[27]及玉米生产管理的专家咨询系统[28]等。

2　应用作物模拟技术研究作物多熟种植——作物多熟种植模拟系统的研制

多熟种植是多层次、多结构的复杂的作物生产系统,对于多熟种植的理论和技术国内外曾做过大量的研究,取得了不少研究成果,对生产起到重要的指导作用。由于多熟种植的复杂性,运用作物模拟技术研制多熟种植模拟系统,可以对不同的多熟种植模式进行系统的、动态的和较为深入的模拟分析研究。这里的多熟种植模拟系统就是综合有关的多熟种植理论和研究成果,利用不同的多熟种植模式的试验和积累的资料和气候、土壤资料,应用系统原理和作物模拟技术,在已有的单个作物单作的生长模拟模型的基础上,建立的作物复种、间作、套种等不同种植类型的生长发育与产量形成过程,选择合适的种植方式、作物搭配和合适的种植季节并提供生产决策支持,以及进行生产力评价和生产的风险评估等。

从作物的生长特性及其与环境因子间的关系看,多熟种植方式较单作要复杂得多。单作是在同一地块上种植一种作物的种植方式,它的作物单一,群体结构单一,生育进程和生育状态比较一致,全田对环境条件的要求也一致,并且在作物生长过程中只存在种内关系。而多熟种植则情况不一,复种方式与单作相类似,对于间套作等方式,不同的作物之间构成了人工复合群体,个体间既有种内关系,又有种间关系,作物生长存在共生期,使得作物与作物之间,作物与环境之间的关系变得复杂起来。因此,在建立模型时要充分考虑各种竞争和互补的关系,这是多熟种植模拟系统与作物单作的模拟模型的显著不同之处。

在前面《作物模拟研究进展与应用》一节中集中介绍了作物单作的模拟与生产决策系统。随着作物模拟研究的深入和作物多熟立体种植研究的发展,进入 20 世纪 90 年代国内外已开展了一些有关作物多熟种植模拟系统方面的研究,如我国进行了"种植制度及其生产力评价模型"的研究[29],美国新近研制的模拟作物多熟种植系统的 CropSys(版本 2.0)[30]等,但与单作相比,其研究的深度和规模还有很大的差距。

模拟作物多熟种植系统的 CropSys 是为评价作物多熟种植管理决策而研制的。CropSys 是在 IB-SNAT 工作的基础上建立的。它的第一个版本包括 CERES 玉米[5-6]和 SOYGRO[10]中的子模型,以及关于光的竞争和土壤水分竞争的过程级模型。两个单作模型在一个沿用传统边界定义的子过程结构之内。组建的复合模型可处理各种多熟种植问题,包括混作、间作、带状间作、两熟和三多熟种植、套作的管理。GropSys 版本 1.0 已用有限的田间数据进行过检验。1.0 版本的 CropSys 中没有包括最主要的氮素循环和生物固氮过程,以及其玉米与大豆的组合在热带的绝大多数地区没有多大的实际意义,CropSys 的应用范围很小。于是对 CropSys 进行改进,研制了 2.0 版本。CropSys 新的版本采用面向对象的设计原理,对 CropSys 的结构重新进行定义,应用新的结构连接 IBSNAT 的一系列 CERES 模型:陆稻、玉米、小麦、大麦、高粱、黍、苜蓿,大豆模型 SOYGRO 和 SOYNIT(该模型包含有固氮模块),以及芋属(*Colocasia*)和黄体芋属(*Xanthosoma* spp.)的 SUBSTOR-Aroid 初级版本,此外还增加了作物间对水分、土壤氮素和光竞争的过程级子模型,从而增强了 CropSys 的功能。在 CropSys 的设计中考虑了如下一些过程和因素:①不同层次土壤的化学和物理性状;②逐日天气条件;③耕作和残茬管理;④灌溉;⑤施氮肥;⑥播种期,可以是不同共生期的间套作种植,也可以是复种方式;⑦株距,让用户控制群体密度、行宽、行布局,包括在带状间作中的不同类型;⑧生育期与植株状况(株高和紧凑性)的品种差异。

　　CropSys 运用土壤模型连续提供不同作物的水分和氮素收支状况,通过在一个系统继承框架内重新编制作物模型来实现复种管理的功能。新版本模型可用作风险评估和生产决策支持。它可以模拟各种作物的复种、两种作物的间套作种植和休闲,利用 IBSNAT 的 DSSAT 中的随机策略分析功能,可以对预期天气条件下的不同种植方式及其管理措施的不同组合(如不同播种期、株距、品种、灌溉和施氮量等)的情况进行评估,分析其总产量和经济效益等。

3　作物多熟种植模拟系统的特点与应用前景

　　(1)作物多熟种植模拟系统的特点
　　作物多熟种植模拟系统是综合有关的多熟种植理论和研究成果,以及已有的作物单作的生长模拟模型,在对多熟种植不同方式下作物的生长和产量形成及其与生态环境因子间关系的动态变化的研究基础上建立的,考虑群体内作物间的竞争和互补效应、资源的竞争和互补效应,能够在计算机上以一定的时间步长动态地模拟不同种植方式下作物的生长发育过程和环境因子的变化等。因此,它具有机理性、解释性、动态性和综合性强的特点。
　　(2)应用前景
　　1)研究种植制度的新的手段和方法
　　作物多熟种植系统模拟为研究种植制度提供了新的手段和方法。由于多熟种植的复杂性,运用作物模拟技术研制多熟种植模拟系统,对不同的多熟种植模式进行系统的、动态的和较为深入的分析研究,定量地分析多熟种植条件下作物的生长发育与产量形成过程,可以较为深刻地认识多熟种植的机理和特点,有可能使种植制度研究再迈新步。
　　2)提供生产决策支持和风险评估
　　利用多熟种植模拟模型模拟不同种植方式、不同管理措施及可能预料到的天气条件、土壤条件变化情况的各种组合下作物生产和产量情况,从而选择合适的种植方式、作物搭配和合适的种植季节,以及相应的栽培措施,提供生产决策支持和指导,有助于生产管理的科学化、集约化,从而提高作物生产水平和资源的利用率。
　　作物生产的风险评估对于制定相关政策和安排农事活动是很重要的,这种评估依靠大田试验或其他方法很难完成,而模拟方法为进行风险评估提供了有效的手段。通过模拟和预测,可以提供非常有用的信息,为科学决策提供依据,以降低生产成本、减少风险。同样地,利用多熟种植模拟系统还可进行种植类型的分析、不同种植制度下作物生产力的评价,对生产中存在的问题进行分析等。
　　3)作为教学的辅助手段
　　多熟种植模拟模型可以使学生较系统地了解多熟种植的机理,了解作物间套作种植及复种等方式下作物的生长情况和特点,帮助学生深入理解耕作学的相关内容和复杂的生产系统。

参 考 文 献

[1] de Wit C T. Photosynthesis of leaf canopies. *Agricultural Research Reports*(Wageningen),1965,**663**:1-57.

[2] Duncan W G,Loomis R S,Williams W A,*et al*. A model for simulating photosynthesis in plant communities. *Hilgardia*,1965,**38**:181-205.

[3] Baker D N,Lammert J R,Mckinion J M. GOSSYM:A Simulation of Cotton Crop Growth and Yield,S. C. Expt. Bull. Technical Bulletin No1089,South Caroline Agri. Experiment Station,1983:125.

[4] Mickinion J M, *et al*. Application of the GOSSYM/COMMAX system to cotton crop management. *Agricultural System*, 1989, **31**: 55-65.

[5] Ritchie J T, Otter S. Description and performance of CERES-Wheat: A User-Oriented Wheat Yield Model, In ARS Wheat Yield Project. ARS-38. Natl. Tech. Info. Serv., Springfield, VA. P. 1985: 159-175.

[6] Jones C A, Kiniry J R. CERES-Maize, Texas A & M University Press, College Station, 1986.

[7] van Keulen H, Penning de Vries F W T. A summary model for crop growth, in Simulation of Plant Growth and Crop Production, Penning, de vries, van laar, H. H. (eds) Wageningen, 1982.

[8] Penning de Vries F W T, *et al*. Simulation of Ecophosyological Process of Growth in Several Annual Crops. Simulation Monographs, PUDOC, Wageningen, Netherlands, 1989.

[9] Williams J R, Jones C A, Kiniry J R, *et al*. The EPIC crop growth model. *ASAE*, 1989, **32**: 497-511.

[10] Jones J W, Boote K J, Hoogenboom G, *et al*. SOYGRO V5. 4—Soybean Crop Growth Simulation Model Users' Guide. University of Florida, 1989.

[11] Maas S J, Arkin G F. TAMW: A wheat growth and development simulation model, Program and Model Doc. No. 80-3, Texas Agricultural Experiment Station, Blackland Research Center, Temple, 1980.

[12] 高亮之, 等. 水稻计算机模拟模型及其应用. 江苏农业科学院研究报告第一号. 江苏省农科院, 1989.

[13] 戚昌瀚, 等. 水稻生长日历模拟模型及其应用——生态因子与水稻产量形成的模拟与调控研究. 江西农业大学学报: 作物模拟模型专刊, 1991, (2).

[14] 黄策, 王天铎. 水稻群体物质生产过程的计算机模拟. 作物学报, 1986, **12**(1): 1-8.

[15] 吴国伟, 等. 棉花生长发育模拟模型的研究初探. 生态学报, 1998, **8**(3): 201-210.

[16] 冯利平. 小麦生长发育模拟模型(WHEATSM)的研究[D]. 南京: 南京农业大学, 1995.

[17] 潘学标. COTGROW: 棉花生长发育模拟模型[D]. 北京: 北京农业大学, 1995.

[18] 马新明. 棉花蕾铃发育及产量形成的模拟模型(COTMOD)[D]. 南京: 南京农业大学, 1996.

[19] 赵中华. 棉花生长发育模拟模型的研究[D]. 太谷: 山西农业大学, 1994.

[20] 张宇, 陶炳炎, 等. 冬小麦生长发育的模拟模式. 南京气象学院学报, 1991, **14**(1): 113-121.

[21] 刘文, 王恩利, 等. 棉花生长发育的计算机模拟模型研究初探. 中国农业气象, 1992, **13**(6): 10-16.

[22] 高亮之, 金之庆, 黄耀, 等. 水稻栽培计算机模拟优化决策系统(RCSODS). 北京: 中国农业科技出版社, 1992.

[23] Hamilton W D, Woodruff D R. Role of computered-based decision aids in farm decision making and in agricultural extension//Muchow R C, Bellamy J A. Climatic Risk in Crop Production: Models and Managements for the Semiarid Tropics and Subtropics. CAB International. Wallingford, 1991: 411-423.

[24] Penning de Vries F W T, *et al*. Simulation and Systems Analysis for Rice Production(SARP). PUDOC, Wageningen, Netherlands, 1991: 269.

[25] 黄金龙, 郁明谏, 等. 小麦生产管理计算机辅助决策系统的研制//北京农业大学科研处, 农业系统工程研究室. 作物产生计算机调控系统的研究. 北京: 北京农业大学出版社, 1991: 1-10.

[26] 董占山, 潘学标, 等. 棉花生产管理决策系统 CPMSS/CGSM. 棉花学报, 1992, **4**(增刊): 3-10.

[27] 赵春江. 一个基于模型的小麦管理专家系统(ESWCM)//第一届全国青年作物栽培作物生理学术会文集. 北京: 中国科学技术出版社, 1993: 47-57.

[28] 魏军, 戴俊英, 等. 玉米生产管理专家咨询系统的研究. 玉米科学, 1994, **2**(1): 45-47.

[29] 王恩利, 段向荣, 吴连海, 等. 作物生产力估算与评价软件(CPAM)的设计与应用. 计算机农业应用, 1991, (1): 18-23.

[30] Caldwell R M, Hansen J W. Simulation of multiple cropping systems with cropsys. *Systems Approaches for Sustainable Agricultural Development*, 1993, **2**: 397-412.